耕地资源质量与土壤环境监测评价新方法

周生路 李如海 王君櫹 刘 斌 王黎明 等 著

科学出版社

北 京

内 容 简 介

为适应自然资源管理向"数量-质量-生态"三位一体转变的新的形势要求,本书依托自然资源部野外科学观测研究基地"耕地质量-江苏东海、宜兴野外基地",在国土资源部公益性行业科研专项、国家重点研发计划专项、国家自然科学基金项目和江苏省科技支撑计划等的支持下,基于土壤样点、空间预测和赋值方法综合优化下的县域耕地资源质量等级评价,基于大数据分析方法的省域耕地资源质量等级评价,基于大气-土壤-作物多介质系统监测的耕地污染风险评价和源解析,基于监测-模拟的城市地区土壤、大气多环芳烃分布变化、来源和风险预警,基于溪流溶解态有机质监测的土壤环境变化的效应评价,基于污染物湖泊沉积记录的资源环境保护效应评价等方面,对基于新方法的耕地资源质量与土壤环境监测评价进行了较系统的探索。

本书可供自然资源、国土空间规划、经济管理、生态环境保护、农林、城市与区域规划等方面的科研、教学和管理人员以及有关企事业单位的科技工作者参考,也可作为高校土地资源管理、自然地理、经济地理、城市规划、资源与环境科学等专业的教学研究参考资料。

审图号:苏 S(2019)028 号

图书在版编目(CIP)数据

耕地资源质量与土壤环境监测评价新方法/周生路等著. —北京:科学出版社,2021.11

ISBN 978-7-03-063865-6

Ⅰ.①耕⋯ Ⅱ.①周⋯ Ⅲ.①耕地资源-资源评价-研究 ②耕作土壤-土壤环境-土壤监测-研究 Ⅳ.①F303.4 ②X833

中国版本图书馆 CIP 数据核字(2019)第 295269 号

责任编辑:王腾飞/责任校对:杨聪敏
责任印制:张 伟/封面设计:许 瑞

科 学 出 版 社 出版

北京东黄城根北街 16 号
邮政编码:100717
http://www.sciencep.com

北京厚诚则铭印刷科技有限公司 印刷

科学出版社发行 各地新华书店经销

*

2021 年 11 月第 一 版 开本:787×1092 1/16
2021 年 11 月第一次印刷 印张:29 1/2
字数:700 000

定价:198.00 元
(如有印装质量问题,我社负责调换)

序

自然资源是人类赖以生存和发展的基础，也是地球和生态系统的重要组成部分。随着经济社会的快速发展，自然资源数量减少、质量下降、生态破坏等问题已成为当前最突出的矛盾之一，以牺牲资源环境来实现经济增长的做法将导致区域自然资源枯竭、生态系统崩溃。为此，单纯的数量管理已无法满足当前经济社会的发展需求，迫切要求自然资源管理向"数量-质量-生态"三位一体管理转变，即以自然资源数量管理为基础，重视自然资源的质量提升，显化自然资源的生态功能。中国是人口大国，粮食安全是保障社会稳定的重要基础。耕地是粮食生产必不可缺的自然资源，而耕地土壤环境又直接决定农产品安全和人体健康，耕地资源和土壤环境的保护已引起普遍关注，并开展了广泛的相关研究，国家也相继制定和实施大量的相关政策措施。自然资源利用与整个经济社会和生态系统相联系，随着经济社会发展水平的提升、生态环境保护意识的加强，耕地资源、土壤环境的保护和研究也在不断深入和拓展。一方面，进一步确立耕地资源和土壤环境保护"数量-质量-生态"的三位一体理念，加强新技术、新方法的运用，开展耕地和土壤环境的系统监测与评价；另一方面，应开展相关法规措施实施对耕地资源和土壤环境保护的影响效应评价，为相关法规措施的修订完善，以及新的法规措施的制定提供依据。

为此，《耕地资源质量与土壤环境监测评价新方法》一书依托自然资源部野外科学观测研究基地"耕地质量-江苏东海、宜兴野外基地"，在前期"江苏省农用地资源分等研究""江苏省典型区域农用地土壤重金属时空变化与土地利用对策研究"的基础上，在原国土资源部公益性行业科研专项"耕地等级变化野外监测技术集成与应用示范"（201011006），国家重点研发计划专项课题"地质高背景农田重金属污染风险评价与防控体系"（2017YFD0800305），国家自然科学基金项目"基于大数据方法的省域耕地质量等级精细评价研究"（41771243）、"城市土壤封闭对生态系统服务影响的机理与风险评估"（41671085）、"区域发展典型过程下城市土壤 PAHs 的空间分布及其形成机制研究"（41801066），以及江苏省科技支撑计划"江苏耕地污染防治科技示范工程"（BE2015708）等的支持下，探索基于新方法的应用并开展耕地资源质量与土壤环境监测评价。主要内容包括：①土壤样点、空间预测和赋值方法综合优化下的县域耕地资源质量等级评价；②运用大数据分析方法的省域耕地资源质量等级评价；③基于大气-土壤-作物多介质系统监测的耕地污染、风险评价和源解析；④基于多介质逸度模型的城市土壤多环芳烃累积模拟预测和风险预警；⑤基于溪流溶解态有机质监测的土壤环境变化的效应评价；⑥基于污染物湖泊沉积记录的资源环境保护效应评价。

通过该书的研究发现，土壤样点、空间预测和赋值方法的优化尤其是综合运用，能够较好地提升区域耕地资源质量评价的结果精度；大数据分析可以有效开展省域大尺度耕地资源质量评价，综合提升耕地质量评价的效率、精度和精细化水平；基于大气-土壤–作物多介质系统监测和来源综合解析,可以有效揭示耕地系统重金属污染的综合风险及其来源,研究样区太湖湖西宜兴蠡河流域耕地系统大气、土壤和作物重金属污染的时空分布特征明显,生态风险形势严峻,其中 Cd 生态风险最高,污染来源主要有燃煤工业、交通活动、农业活动和地质背景;利用改进的多介质逸度模型能够较好地进行城市土壤多环芳烃累积的模拟预测,揭示其时空特征和健康风险,研究样区南京城市土壤多环芳烃含量分布受到自然和人为多种因素的影响,空间分异明显,存在潜在风险并会不断加剧,应加强管控和动态监测;土地利用变化显著影响溪流溶解态有机质的来源和组成特征,基于溪流溶解态有机质监测可有效评价土壤环境变化的影响效应;利用湖泊沉积记录能够较好地重建模拟区域污染历史,评价资源环境保护的影响效应。

该书对推进资源环境监测评价研究的深入发展,以及国土空间规划、国土生态修复整治等其他相关工作具有重要的指导意义。

中国科学院院士

赵其国

2019 年 12 月 30 日

目　　录

第1章 绪 论

1.1 本书创作背景

1. 新时期自然资源数量-质量-生态"三位一体"的管理，对耕地和土壤资源的监测评价提出了新要求

自然资源是人类赖以生存和发展的基础，也是地球和生态系统的重要组成部分。随着经济、社会的快速发展，自然资源的数量、质量、结构及空间布局等要素深受人类活动影响，工业化、城镇化造成的自然资源数量减少、质量下降、生态破坏等问题逐渐成为目前最突出的矛盾之一。中国是人口大国，粮食安全是保障社会稳定的重要基础，然而经济建设过程中非农建设造成了自然资源尤其是耕地资源的大规模减少。1990年以来，中国耕地面积累计减少超过1000万hm^2以上，每年减少约69万hm^2。同时，无序开发建设、自然资源的过度开发利用等导致了土地荒漠化及沙化等一系列生态问题，自然生态保护已迫在眉睫，如何合理利用自然资源、促进生态环境可持续发展已引起全球学者的普遍关注。资源利用与整个社会的宏观经济系统相联系，随着区域经济发展，人们的生态环境保护意识随之增强，生态建设技术不断创新，以牺牲资源环境来实现经济增长的方式将导致区域自然资源枯竭、生态系统崩溃。为此，单纯的资源数量管理已无法满足当前经济社会的发展需求，迫切要求自然资源管理向数量-质量-生态"三位一体"管理理念转变，即以自然资源数量管理为基础，重视自然资源的质量提升，显化自然资源的生态功能。

目前，在自然资源数量管控方面，我国已经建立了比较完整的技术支撑体系，通过多轮次的土地调查、自然资源调查以及年度更新调查等，已全面掌握了耕地、林地、草地、水面等自然资源的数量及空间分布，建立耕地、林地、草地、水面等自然资源占补实时台账，基本实现了逐图斑及时和准确掌握自然资源数量及其变化情况，达到了自然资源数量精细化管理的要求。自然资源的质量管理方面，经过国土、农业等部门多轮次以县级为基本行政单位的样点调查、土壤采样、测试和分析评价，耕地资源质量等级的本底数据已基本掌握。自然资源的生态功能管护方面，目前尚未形成成熟、系统的调查、评价及管理体系，是当前自然资源管理短板，需进一步加强。

为此，应积极探索耕地和土壤资源监测评价的新方法、新途径，尤其是要加强耕地和土壤生态环境的监测评价，以适应新时期自然资源数量-质量-生态"三位一体"管理的新要求。

2. 当前耕地资源质量评价的效率、精度和精细化水平，与自然资源管理的要求仍有很大差距，评价方法仍需不断改进

为加强耕地资源的质量管理，在国内外相关研究的基础上，我国对耕地资源质量评价的指标体系、评价方法、评价程序及评价成果确定等相继制定了相应的标准规范，也

建立了比较完整的耕地资源质量等级本底数据,但评价的效率、准确性以及精细化水平等,与当前自然资源管理的要求还有很大差距,仍需不断地研究探索。其中以下4个方面在耕地资源质量评价方法改进研究中应受到特别重视。

(1)土壤属性指标是耕地资源质量评价指标体系的关键内容。指标体系的构建是耕地资源质量评价的关键工作之一,目前尚未形成统一的评价指标体系,但土壤一直是耕地资源质量的关键和核心要素(傅伯杰,1990;周生路等,2004;陈印军等,2011)。随着指标信息获取手段的多样化,自然、社会、经济、生态、环境等因素不断进入监测指标体系,耕地资源质量评价指标越来越全面,体系结构也越来越庞大,可以多方面、全方位、系统性地反映耕地资源质量(张凤荣等,2001;孔祥斌等,2007)。目前,自然资源和农业部门从不同的应用目的出发,建立了不同的耕地资源质量评价指标体系。其中,自然资源部门的《农用地质量分等规程》(GB/T 28407—2012)确定的全国耕地资源质量评价指标共3大类12个,立地条件(3个):地形坡度、地表岩石露头度、障碍层距地表深度;土壤条件(6个):土壤有机质含量、土壤酸碱度、有效土层厚度、表层土壤质地、剖面构型、盐渍化程度;利用条件(3个):排水条件、灌溉保证率、灌溉水源。农业部门的《耕地地力调查与质量评价技术规程》(NY/T 1634—2008)确定的全国耕地地力评价指标共6大类66个:气象(7个)、立地条件(18个)、剖面性状(5个)、土壤理化性状(21个)、障碍因素(7个)、土壤管理(8个)。耕地地力质量评价侧重于直接指导农民种植施肥,指导农业生产,从而提高耕地粮食产量;农用地质量分等侧重于国家对土地的宏观管理,提高资源生产能力,从而保护耕地。虽然两套评价体系出发点不同,但无论是国土资源部门还是农业部门的耕地资源质量评价体系,土壤属性指标都是评价指标体系的关键组成部分,关系到耕地资源质量评价结果的准确性及应用价值,因此土壤数据的应用在耕地资源质量评价中具有重要的地位。

(2)土壤数据的合理使用是耕地资源质量评价精度的重要保障。目前我国耕地资源质量评价可整合利用的抽样调查数据主要有三类:一是按土壤类型布点采样调查的土壤数据,如耕地地力调查数据、测土配方调查数据等,这是当前耕地资源质量评价土壤采样调查数据的主要来源;二是按网格法布点调查的土壤数据,如多目标区域地球化学调查的土壤数据;三是其他如按乡、村行政区布点采样调查耕地资源质量动态监测的土壤数据等。对耕地资源质量评价而言,三种抽样调查各有优劣。按土壤类型布点充分考虑了同一土壤类型在空间上相对均质的这一特征,但土种单元空间分布较为复杂且单元面积大小不均,一些面积较大的土种单元布点往往较多,而面积较小的土种单元布点较少甚至没有布点,过量布点会造成资源浪费,抽样点过少则造成代表性不足。按网格布点调查点位空间分布均匀,但没有考虑区域的空间异质性,造成在空间差异小的地区样点过密,而在空间差异较大的地区则样点不足,降低采样数据的代表性。按行政区布点抽样便于管理与数据调查,但样点分布过少且布点随意性过大。因此,在整合利用各类土壤调查数据进行耕地资源质量评价时,对布点过多区域如何进行样点及数据的优化利用,对布点过少区域如何进行样点及数据的预测补充,对优化整合后的数据如何进行精度检验评估等均有待进一步研究。

(3)优化的空间抽样是提高评价效率与精度的重要手段。目前耕地资源质量评价中,对土壤样点的使用还没有考虑优化选择的问题,无论精度如何均是全部使用,还未考虑通过对样点数量及布局进行优化以提高评价精度。空间抽样方法的运用为这一问题的解决提供了有效的手段。空间抽样方法是探索如何实现在一定的成本约束下(既定的样本数量),通过合理布设样点和科学推断估计,获得尽可能高精度的抽样结果;或者,如何通过合理布设样点和科学推断估计,利用尽可能少的样点数量,来得到满足精度要求的抽样结果。目前建立了遗传算法、模拟退火等相应的计算机演化算法(Haining,2003;Wang et al.,2013;Diaz-Avalos and Mateu,2014;Goodchild,2013),并在国内外耕地资源质量或土壤质量调查采样点空间布局研究领域受到广泛重视。但是,现有空间抽样理论的应用研究主要针对单一指标或属性的空间抽样推断,而耕地资源质量涉及土壤的众多属性及土地利用等各种因素,样点的布设需要考虑多指标的空间关联性,如何在耕地资源质量评价中通过空间抽样方法对样点数量及布局进行优化的提高评价效率与精度,还有待进一步研究探讨。

(4)数据处理的标准化、精细化是耕地资源质量评价的发展趋势。随着土地管理、农业集约化水平的发展,耕地资源质量成为土地评价的重点内容之一。经过多年的深入探索,我国耕地资源质量评价已经全面开展,形成了丰富的成果,建立了较为完善的耕地资源质量本底数据库。随着信息技术的发展,3S 技术、计算机技术等被广泛应用于耕地资源质量评价中,耕地资源质量评价的信息化程度逐渐提高,耕地资源质量评价体系、方法与程序被进一步完善与改进,向标准化、精确化、智能化方向发展(郧文聚和黄元仿,2014)。2000 年,全国第一轮农用地分等成果比例尺为 1∶10 万或更小,主要以计算机辅助的人工处理为主;而到 2011 年第二轮农用地分等成果比例尺已达到 1∶5000,开发了各类软件系统,主要以人工辅助的计算机处理为主。目前,对耕地资源质量评价方法的研究主要集中在耕地资源质量的内涵界定、评价体系的建立以及耕地资源质量等级划分方法的研究等方面,自然资源部门的《农用地质量分等规程》(GB/T 28407—2012)以及农业部门的《耕地地力调查与质量评价技术规程》(NY/T 1634—2008)对耕地资源质量评价中的基础参数、评价指标、等级划分进行了标准化规定,是目前为止最为权威的耕地资源质量评价标准,但两套体系对于耕地资源质量评价中参评因素的数据处理仍没有提出标准的、优化的技术方法。

3. 大数据分析从数据本身出发,通过海量数据的深入挖掘和非线性关系的解析,为耕地资源质量评价提供了新的方法手段

针对当前耕地资源质量评价存在的效率低、耗时长、精细化程度不够的问题,国内外学者一直在对耕地资源质量调查评价普遍采用的抽样调查估计推测全体的方法进行研究改进(Cressie and Wikle,2015),并通过整合利用多源土壤数据(孙亚彬等,2013)、空间插值优化(Wei et al.,2015)以及运用遗传算法(Haining,2003;Goodchild,2013)、模拟退火算法(张淑杰等,2013)进行样点空间优化等方法来提高评价精度。

但就作者在江苏省东海县的前期相关研究来看,全县耕地总面积 122 482hm²,1∶5000 土地利用图上耕地图斑 56 965 个,耕地质量等级评价土壤属性的各类样点共 1442 个,约占耕地图斑的 2.5%,每个样点覆盖约 84.9hm²。显然,以如此密度的样点来估计推断评价全县耕地质量,很难保证结果的准确度,更谈不上精细化的要求。抽样调查估计推

测全体的方法属于传统的样本分析方法，旨在寻求以最少的数据获得最多的信息，并特别强调数据的精确性(Shin and Choi, 2015)。而区域耕地质量评价所整合利用的多源土壤数据，由于调查时间、处理测试方法等的差异，数据存在可比性问题并影响评价的精度。另外，耕地质量等级评价省级成果按照分区评价逐级汇总方法在县市成果基础上逐级汇总而成，这势必造成评价结果精度的进一步减损。

近年发展起来的大数据分析方法，强调使用所有数据分析，允许数据优劣掺杂、不全面和不精确(Roth and Almeida, 2015；Wei et al., 2015)。大数据分析通过寻找事物之间的相关关系而非因果关系，比以往方法更容易、更快捷、更清楚地分析事物，通过找到现象的良好关联物，捕捉现在和预测未来(李德仁等，2014；Suthaharan, 2014)。大数据分析无须在还没有收集数据之前就把分析建立在早已设立的少量假设的基础之上，而是直接由数据说话，用数据驱动的大数据相关关系分析法，取代基于假设的易出错的方法，不易受偏见的影响(李国杰和程学旗，2012)。大数据分析能看到一些以往分析无法发现的细节，更清楚地看到样本无法揭示的细节信息，产生额外价值，获得新的发现、新的观点(宋杰等，2014；Li et al.，2016)。目前，大数据技术的应用主要在商业领域(Rabl et al.，2013；隋殿志等，2014)，工程和科学领域也逐渐开展大数据的探索研究(Cheng et al.，2014)。

近年来，我国相关部门及科研工作者开展了大量的土地资源调查评价。国土资源部1999年在全国部署开展了第一轮农用地质量调查评价，2002年在全国部署开展了多目标区域地球化学调查，2009年完成了第二次全国土地调查，2011年在全国部署开展了第二轮耕地质量调查评价，2011年在全国试点开展了耕地质量等级监测。农业部2006年在全国试点开展耕地地力评价，地方农业部门开展了长期的测土配方土壤调查，等等。这些工作按照不同的目的要求，进行了大量的实地调查、采样和室内测试分析，积累了众多耕地质量、土壤属性、土地利用、地形、光温等类型的少量数据，以及海量遥感数据。其中，Landsat TM等像元面积与耕地图斑面积接近。如果将这些不同类型、不同来源、不同时期的数据信息共同构建成大数据集，根据总体即样本开展相关的大数据分析，建立遥感像元耕地质量与样点土壤属性、土地利用、地形、光温条件等之间的关联关系，从而对耕地质量变化进行细节和多样性的分析探索，揭示耕地质量局地和细微的变化，多方位探究引起变化的原因机制，改变以往主要依据土地质量与参评因素之间定量关系假设并调查收集相关数据开展土地质量评价的传统方法，有望对土地评价的理论方法产生根本性创新，并使耕地质量评价和结果更加贴近国土资源精细化管理的要求。

4. 大气-土壤-作物多介质污染物的系统监测、评价和来源解析，是耕地污染修复管控和耕地生态系统健康对策的重要依据

工业文明的兴起与发展，给人类社会带来了巨大的收益，极大地提高了生产效率，促进了社会经济的飞速发展。同时，一些负面的影响随之而生，工业污染、生态环境破坏，给人类的生存和发展带来了新的威胁与挑战。在众多的负面问题中，土壤、植物及大气环境的安全性为人们所特别关注。土壤、植物和大气安全的议题中，又以重金属污染为重中之重。重金属在环境中很难被降解，具有累积性、持久性、潜伏性和生物富集放大等特点，可在大气、土壤、水体和生物体之间不断迁移、转化和富集(Zeng and Wu,

2013)。20 世纪发生的十大环境公害事件中有两起直接由重金属污染引起。重金属污染事关人类的健康与生存，是国内外环境领域研究的重点(Wang et al., 2016)。耕地是粮食的主要产地，其生态安全直接关系到粮食安全和人类的生命健康安全(朱青等，2004)。因此，耕地系统重金属污染近年已成为生态环境研究的热点。

目前对耕地系统重金属的研究，其对象多限于土壤和作物，研究的内容较多是对土壤和作物中重金属元素全量及各化学形态含量的统计学分析(钟晓兰等，2010)，不同区域土壤重金属污染的风险评价(Han et al., 2018)，土壤-植物系统重金属迁移转化机理(Chen et al., 2017)，土壤-植物重金属污染的临界值(Shi et al., 2015)等方面，而对于重金属元素在耕地系统大气、土壤、植物等环境介质的污染特征、风险评价以及污染源解析等方面系统而全面的探究较少，特别是对籽粒重金属污染的初级源头的解析更是空白。

重金属在各环境介质中时时刻刻都在进行着迁移、转化和富集，其以多种形态、不同形式存在于大气、土壤、水体和生物体等环境介质中。因此，无论哪个环境介质出现了重金属污染，都会使整个系统出现重金属污染，影响整个系统的环境质量。土壤与岩石圈、水圈、大气圈和生物圈连接在一起，处于大气圈、水圈、生物圈和岩石圈的界面，既是这些圈层的支撑者，又是它们长期共同作用的产物(赵其国，1994)。土壤为植物的生长提供了支撑，动物及人类的食物也直接或者间接来自植物，因此，土壤是介于生物界与非生物界之间的纽带，土壤环境的质量决定了植物产品的数量和质量，最终通过食物链影响到动物及人类的生存与发展。植物会从土壤中吸收、积累重金属，其过程和机制主要涉及三个过程：植物根系对土壤重金属的吸收，重金属从根系向地上部分的转运，以及重金属在植物地上部分的累积过程。其中，根系吸收是土壤中重金属离子进入植物体内的第一步。之后，重金属在植物体内迁移，即重金属进入植物根细胞之后会从植物的根部向其他地上器官如叶片、茎和果实等转移。由于植物-土壤之间的相互作用非常复杂，植物根系对重金属的吸收依赖于土壤重金属的化学形态和生物可利用性(刘领，2011)。此外，植物叶片也能够吸收累积大气环境中的重金属气溶胶(Sobanska et al., 2010)。在某些大气降尘 Pb 浓度较高的地区，叶片的吸附与吸收对植物累积 Pb 的贡献要比植物经根系吸收再向地上部分转运大得多。与此同时，叶片吸收的重金属也能向下移动。因此，利用植物进行大气重金属污染监测也被广泛研究(Gonzalez et al., 2010)。

耕地系统重金属来源有自然和人为两个方面。自然来源的重金属来自岩石风化、土壤形成以及生物地球化学循环等过程；人为来源主要来自工业、农业生产及生活过程(Lin et al., 2017)。人为的重金属来源是造成耕地生态系统重金属污染的最主要因素。耕地系统重金属污染源的精确解析对保障农产品安全和人体健康具有非常重要的意义(Yang et al., 2017)。

为此，应加强以重金属"污染特征-风险评价-污染源解析"为主线，对耕地系统中紧密相连的大气、土壤和作物等环境介质进行完整而系统的研究，以进一步认识重金属元素在耕地系统多种环境介质的归宿、分配以及风险和来源。

5. 城市土壤多环芳烃等污染不断加剧，严重威胁生态和健康安全，应加强其分布累积和风险评价研究

随着城市化水平的不断提高，当今世界的城市人口已经超过了农村人口(Buhaug and

Urdal，2013）。而与此同时，城市地区"工业三废"、汽车尾气以及生活垃圾的产生数量与日俱增，从而造成城市环境质量不断恶化，这种趋势在我国尤为明显，近年来各地频发的雾霾天气就是一个明显的例子。土壤作为城市环境中的一种重要介质，是城市地区众多污染物排放的汇聚地，但是土壤的环境承载力是有限的，这就必然导致城市土壤环境质量下降进而影响城市居民健康。我国正处于城市化和工业化的快速发展阶段，经济发展与城市环境问题的矛盾日益凸显。土壤污染特征相对于大气、水体等环境介质来说具有一定的"隐蔽性"，不易被人们直接觉察，因此，需要引起人们更大的重视。此外，城市土壤与密集的城市人群接触密切，可通过水体、大气等介质影响城市环境质量，通过食物链影响食品安全，因此城市土壤关系着众多生命的健康与安全。多环芳烃(PAHs)作为一类最早被列入致癌物质名单的有机污染物，已经成为我国最普遍的污染物之一。近几年来的许多研究表明，我国多个地区的城市土壤正受到 PAHs 不同程度的污染(Yang et al.，2015；章迪等，2014)，而且这种污染也出现在许多发展中国家和地区(Stajic et al.，2016)。值得注意的是，国外很多发达国家城市土壤 PAHs 的含量也在一定程度上影响着城市居民的健康(Vane et al.，2014)。因此，城市地区土壤 PAHs 污染已经趋向全球化。

国内外学者对城市土壤 PAHs 开展了大量的研究，大部分集中在含量水平、来源解析、空间分布以及生态或健康风险评估这几个方面，另外也开展了一些影响它们累积的相关性因素研究，但是这些研究往往只重点关注城市土壤 PAHs 的一些静态问题，对它们的影响因素研究存在一定的片面性。由于城市地区的发展存在一定的规律性，土壤 PAHs 的累积往往是受到城市高强度人为活动影响的结果，而目前鲜有结合城市经济发展特征以及一些非人为影响因素来定量化表征城市土壤 PAHs 的累积，并模拟其累积变化的研究。通过模型来模拟环境污染物的累积过程和预测未来趋势是目前研究污染物动态变化的主要方法之一。多介质逸度模型是目前国内外模拟有机污染物环境归趋过程应用最广泛的模型，可用来模拟和预测城市各环境介质中有机污染物的迁移和传输过程，由于该模型考虑了污染物的关键环境过程、所用参数相对较少、模拟效果优良，被国内外众多学者推荐。然而该模型由于存在均匀相假设的缺陷，其模拟的准确性大大降低。另外，大部分应用该模型来模拟 PAHs 环境过程的研究往往忽视了对于不同分子量 PAHs 的适用性问题，一律以有机碳含量是决定环境介质吸附有机污染物最关键因素的假设来模拟它们的环境过程，这就可能会导致模拟结果的不精确。

为此，应重视加强城市土壤 PAHs 的调查评价研究，分析城市土壤 PAHs 分布特征，找出城市土壤 PAHs 累积的关键影响因素，实现城市土壤 PAHs 含量与影响因素关系的定量表征；改进多介质逸度模型的精度，耦合城市土壤 PAHs 含量的关系方程，模拟其历史累积过程，并结合情景模拟预测未来累积趋势；根据模拟和预测结果对研究区土壤 PAHs 的累积进行健康风险评估和风险预警等级划分，并提出环境管理的相关政策建议。这些研究的开展对于改善城市生态环境，实现城市经济与环境的协调发展具有重大的指导意义。

6. 溪流有机质和沉积污染物的变化分析，是流域土壤环境变化和资源环境保护效应评价的新途径

内陆水环境在全球尺度或区域尺度的垂向-纵向碳循环中发挥着重要的作用。在流域

范围内，源头溪流如同毛细血管一样交织成密集的河网，其流经长度可以占到河网总累积长度的60%~80%(Wipfli et al., 2007)，承载着流域运载输出的总有机碳75%的运力(Butman et al., 2012)，溪流有机质是参与全球碳循环的重要载体。同时，溪流有机质在维持溪流水生生态系统的结构和功能方面发挥着关键的作用(何伟等，2016)。尤其是溶解态有机质(DOM)为水生环境食物网提供重要的物质和能量，也驱动着其他营养元素(如氮)的循环过程，进而维持水生生态系统的结构与功能的完整性(van Beusekom and de Jonge, 2012)。在微生物转化下，容易降解的有机质也可被转化成为难降解的有机质，成为水体中稳定的有机碳、氮素库(Benner, 2011)。另外，有机质也可以吸收光照调节水环境的温度-热量平衡或使生物免受紫外线伤害，与污染物(如重金属、多环芳烃等)(Broder and Biester, 2015)或酸碱性物质结合作为水环境胁迫的调节剂。更高的溶解态有机质不仅会提高大肠杆菌形成消毒副产物的可能性，也可直接或间接地加剧水体富营养化，给人类的健康带来更高的风险(Chuang et al., 2013)。

根据河流连续性的概念(river continuum concept)，河流系统(lotic system)在流域内是一个纵向且相互联结的完整的水生生态系统。因此，溪流或河流有机质和其他营养物质输入、迁移及转化等动态信号可以反映流域内气候、地貌、土地利用、土壤环境及水文过程的变化(高常军，2013)。溪流DOM由一系列具有不同化学结构和反应特性的分子组成，这些特征(如含量、来源、分子大小与结构、生物有效性等)决定溪流生态系统的结构和功能，最终影响下游更高等级的河流、湖泊乃至海洋的生态系统功能(Kominoski and Rosemond, 2011)。近一个世纪以来，人类剧烈的活动在改造着流域景观特征、水文路径及生态过程，进而改变了溪流有机质的特征及生物地球化学循环过程。为此，国际环境问题科学委员会(SCOPE)开始关注全球碳和氮的生物地球化学过程的相关研究。在全球范围内，城市化和农业集约化都加速了流域土地利用景观的破碎化，形成了错综复杂的景观格局，不仅改变了流域水环境的生态系统功能的发挥(Parr et al., 2015)，同时也强烈改变了土壤的生态环境状况，且两者之间相互印证。在快速发展的中国，研究源头溪流有机质来源与动态及其对城市化、农业集约化下土地利用和土壤环境变化的响应机制，可有效评价流域土地利用和土壤环境变化及其效应，并为流域自然资源利用和生态环境保护的决策、管理提供科学依据。

我国由于缺乏 PAHs 和重金属的生产和排放等的历史数据，至今未有可靠的连续PAHs 和重金属历史污染信息，因此难以分析掌握区域 PAHs、重金属等污染的历史变化。1978 年后，我国工业迅速发展，人口持续增长，经济以粗放型模式发展。这种发展方式消耗较大，成本较高，产品质量难以提高，经济效益较低导致环境中污染物浓度迅速增大，环境质量日益下降。在 20 世纪末、21 世纪初我国政府开始重视环境的重要性，加强了环境保护，颁布了一系列环境保护法律措施。这些环境保护法律措施有没有作用，作用有多大，如果没有环境保护措施，现阶段区域的污染状况达到什么程度，未来应放缓、保持还是进一步加强环保力度，要回答这些问题，必须探索建立相应的方法和量化指标来评价分析这些法律措施实施的环境保护效应及其对污染减排的贡献。

湖泊沉积物是水域生态系统的重要组成部分，由区域河流运移颗粒物、大气沉降物和河床侵蚀物等组成。湖泊沉积物能够保存流域土壤污染、水体污染和大气污染等引发的湖水生态环境和沉积环境变化等丰富信息(Itoh et al., 2017)。近代湖泊沉积物由于其时间尺度上的高分辨率、研究指标的多样化，成为重建短尺度气候变化的重要研究对象，其在恢复数百年、十年、年，乃至季节性等较短时间尺度的气候和环境变化上有着其他自然历史记录无法替代的优势(Li et al., 2018)。PAHs和重金属都有较强的疏水性，其在进入水体后被水体中的颗粒物吸附并沉积(Wijaya et al., 2016)，由于压实作用最终使沉积物成为持久性的和有毒污染物的主要存贮地。因此，可以通过湖泊沉积柱采样和测试分析，重建近百年来湖泊沉积物中PAHs和重金属的历史变化，开展其物源分析和历史变化的模拟预测，并通过实测值与模拟预测值的对比等来定量评价分析环境保护法律措施实施效应及其对环境污染物减排的贡献。

1.2　本书主要内容

在上述背景下，本书在"江苏省农用地资源分等研究""江苏省典型区域农用地土壤重金属时空变化与土地利用对策研究"的基础上，依托自然资源部野外科学观测研究基地"耕地质量-江苏东海、宜兴野外基地"，在国家重点研发计划专项、国家自然科学基金项目、原国土资源部公益性行业科研专项、江苏省科技支撑计划等的支持下，探索基于新方法的应用开展耕地资源质量与土壤环境监测评价。各章研究内容如下：

1. 土壤样点、空间预测和赋值方法综合优化下的县域耕地资源质量等级评价

以黄淮海平原的典型农业县，同时也是自然资源部野外科学观测研究基地的江苏省东海县为研究区，依托国土资源部公益性行业科研专项"耕地等级变化野外监测技术集成与应用示范"(201011006)，在耕地质量等级监测140个样点土壤样品采集和测试的基础上，进一步补充收集多目标地球化学调查、耕地地力调查等其他来源的土壤样点数据，基于研究区土壤样点分布的空间异质性和疏密性特征，以提高县域耕地质量评价精度和效率为目标，在RS、GIS、Matlab编程等技术的支持下，采用地统计分析方法、土壤-景观模型、模拟退火算法等，分析土壤属性预测精度与样点疏密程度的关系，针对耕地质量评价中土壤样点的空间疏密性分区，分别开展样点稀缺区土壤属性的预测优化、样点密集区参评土壤样点数量及布局的优化、评价单元土壤属性数据赋值方法优化等研究，并在此基础上综合运用各优化方法对研究区耕地质量进行评价，分析比较其精度与耕地质量等级，补充完善成果精度水平。

2. 运用大数据分析方法的省域耕地资源质量等级评价

以地处长三角经济发达的江苏省为研究区，在国家自然科学基金项目"基于大数据方法的省域耕地质量等级精细评价研究"(41771243)等的支持下，在耕地质量等级监测土壤样品采集测试及多目标地球化学调查、耕地地力调查等数据的基础上，融合土壤数据、遥感数据、气象数据、土地利用数据和社会经济数据等，研究大数据方法耕地质量评价中能否应用及如何应用的问题。首先，梳理影响耕地质量的驱动因素与被驱动因素，建立研究的基础大数据集，通过谷歌云计算基础部件组合构建云计算平台；其次，运用深度学习方法，建立全卷积神经网络模型进行江苏省域较大尺度的耕地质量等级预测评价，通过准确度、召回系数和精度F1值对训练拟合结果进行精度评价，并分析精度的

空间差异和影响因子；然后，在上述研究基础上，将深度学习方法与面向对象方法融合，进行江苏全省耕地质量评价，分析评价结果精度对大数据方法改进的响应，研究分析方法融合对大数据耕地质量评价结果精度的影响，探讨大数据分析的方法改进和应用策略。

3. 基于农田大气-土壤-作物多介质系统监测的耕地污染风险评价和源解析

依托江苏省科技支撑计划"江苏耕地污染防治科技示范工程"(BE2015708)和国家重点研发计划专项课题"地质高背景农田重金属污染风险评价与防控体系"(2017YFD0800305)等，选取位于太湖湖西水利分区的典型小流域——宜兴蠡河流域为研究区域，以耕地系统大气、土壤和农作物三类环境介质为研究对象，从"污染特征-风险评价-污染源解析-污染防控"这一主线出发。首先，分析大气、土壤和作物重金属的时空分布特征；其次，利用地累积指数、内梅罗综合污染指数、潜在生态风险指数和风险评估编码对上述三类介质进行生态风险评价，并利用美国环保局(US EPA)提供的健康风险评价模型对多环境介质多暴露途径多重金属污染的健康风险进行综合评价；然后，联用定性源识别方法包括元素含量描述性统计、地理信息系统(GIS)空间分析、元素相关性和富集因子法和定量源解析方法包括正定矩阵因子(PMF)分析、清单法和同位素分析，对区域内大气、土壤和作物分别进行重金属污染源解析，并结合土壤和大气污染源解析的结果对籽粒重金属的初级源头进行了定量解析；最后，基于以上分析的结果，提出适合本区域农田重金属污染的防控管理对策。

4. 基于多介质逸度模型的城市土壤-大气多环芳烃累积模拟预测和风险预警

在国家自然科学基金项目"城市土壤封闭及其对土壤碳库的影响研究"以及江苏省科技支撑计划"江苏耕地污染防治科技示范工程"(BE2015708)的支持下，选取具有一定代表意义的南京主城区作为研究区域。首先，研究城市土壤 PAHs 的分布和来源，总结城市土壤 PAHs 分布的影响因素，并利用多元线性回归模型实现了其关系的定量表征；其次，改进并利用改进后的多介质城市模型(multimedia urban model, MUM)模拟当前城市环境中 PAHs 在各环境介质中的分配和传输过程，获取 PAHs 在土壤介质中分配和传输过程的相关参数；然后，将所得城市土壤 PAHs 关系方程耦合于多介质逸度动态模型来模拟城市土壤 PAHs 的历史累积过程，并结合情景模拟预测其未来累积趋势；最后，根据模拟和预测结果分析研究区城市土壤 PAHs 累积的时空变化特征，评估当前及未来研究区城市土壤 PAHs 累积对人体造成的致癌风险，并提出环境管理的相关政策建议。

5. 基于溪流溶解态有机质监测的土地利用、土壤环境变化的效应评价

在国家自然科学基金项目(41301227)和国土资源部公益性行业科研专项课题"长三角经济发达地区土地生态空间管控红线划定技术示范"(DCPJ121504-01)的支持下，以北太湖典型城乡交错景观带梅梁湾流域作为研究区。首先，沿城市化水平梯度(以不透水表面百分比作为依据)，选取 24 个典型源头溪流，其中包括城市渠道、农田及自然林地溪流，每种类型各 5 个，将自然林地溪流作为参照，在 2014 年 3 月～2015 年 3 月期间，共采集来自 24 个源头溪流监测点的 144 个涵盖不同季节的水体样品；其次，基于流域内土地利用类型、地形、降水、土壤性质及地表径流有机质浓度等时空数据，利用泥沙输移分布(SEDD)和污染负荷应用(PLOAD)模型对流域水体输入通量的评估，为典型溪流中有机质的陆源输入通量的估算提供方法支持；然后，结合实验室微生物培养实验，综

合利用荧光激发发射矩阵光谱三维荧光光谱-平衡因子分析法(EEMs- PARAFAC)、紫外/可见光吸收光谱(UV/Vis)、排阻色谱技术(SEC-OCD-OND)及木质素标记法等多元分析技术，进一步研究典型溪流溶解态有机碳(DOC)和有机氮(DON)的输出特征、来源及组成，揭示城市化和农业集约化通过非点源的途径对溪流 DOM 生物地球化学过程的影响机制，分析评估基于溪流溶解态有机质监测进行土壤环境变化效应评价的可行性。

6. 基于污染物湖泊沉积记录的资源环境保护的效应评价

依托江苏省科技支撑计划"江苏耕地污染防治科技示范工程"(BE2015708)和国家重点研发计划专项课题"地质高背景农田重金属污染风险评价与防控体系"(2017YFD0800305)，选取西太湖为研究区域。首先，采集太湖西部沉积柱和表层沉积物，以及研究区土壤和两年的大气降尘等，通过 ^{137}Cs 和 ^{210}Pb 测年分析，确定沉积柱中每层样品的沉积年代和沉积速率；其次，重建了西太湖沉积物及太湖水近百年来的多环芳烃历史浓度和通量，探讨不同历史时期内多环芳烃(PAHs)的变化特征及人类活动的影响，结合 Pb 同位素特征和 PAHs 特征分子比进行 PAHs 的物源解析；然后，运用回归分析、

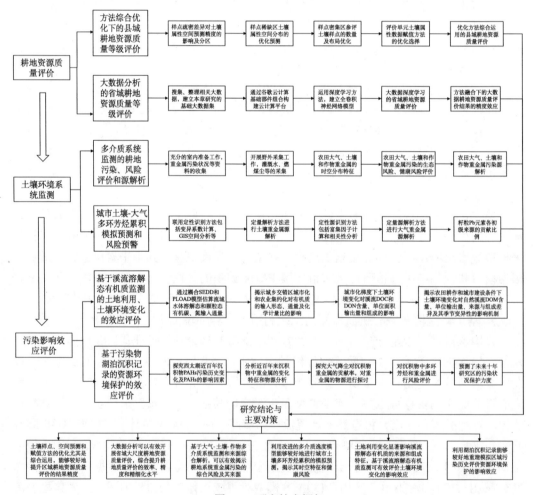

图 1-1　研究技术框架

冗余分析、相关性系数和显著性检验等统计分析定量计算 EC 组分、有机碳(TOC)、不同粒径沉积物等对 PAHs 的吸附作用,同时对比分析沉积柱中近百年来重金属的变化特征和大气降尘中重金属的时空特征,结合大气传输的前向轨迹模型分析降尘对研究区土壤和沉积物的影响,并通过地累积指数(I_{geo})、苯并芘当量法(BaP)、潜在生态风险评价指标(RI)、健康风险评价来评估污染物的风险状况;最后,通过选定参数,建立神经网络模型,定量计算环境保护力度对研究区苯并芘和镉的保护效应,并预测未来十年研究区的污染状况。

研究的技术框架如图 1-1。

参 考 文 献

陈印军, 王晋臣, 肖碧林, 等. 2011. 我国耕地质量变化态势分析[J]. 中国农业资源与区划, 32(2): 1-5.

傅伯杰. 1990. 土地评价研究的回顾与展望[J]. 自然资源, (3): 1-7.

高常军. 2013. 流域土地利用对苕溪水体 C、N、P 输出的影响[D]. 北京: 中国林业科学研究院.

何伟, 白泽琳, 李一龙, 等. 2016. 水生生态系统中溶解性有机质表生行为与环境效应研究[J]. 中国科学: 地球科学, 46(3): 341-355.

孔祥斌, 刘灵伟, 秦静, 等. 2007. 基于农户行为的耕地质量评价指标体系构建的理论与方法[J]. 地理科学进展, 26(4): 75-85.

李德仁, 张良培, 夏桂松. 2014. 遥感大数据自动分析与数据挖掘[J]. 测绘学报, 43(12): 1211-1216.

李国杰, 程学旗. 2012. 大数据研究: 未来科技及经济社会发展的重大战略领域——大数据的研究现状与科学思考[J]. 中国科学院院刊, 27(6): 647-657.

刘领. 2011. 种间根际相互作用下植物对土壤重金属污染的响应特征及其机理研究[D]. 杭州: 浙江大学.

宋杰, 郭朝鹏, 王智, 等. 2014. 大数据分析的分布式 MOLAP 技术[J]. 软件学报, 25(4): 731-752.

隋殿志, 叶信岳, 甘甜. 2014. 开放式 GIS 在大数据时代的机遇与障碍[J]. 地理科学进展, 33(6): 723-737.

孙亚彬, 吴克宁, 胡晓涛, 等. 2013. 基于潜力指数组合的耕地质量等级监测布点方法[J]. 农业工程学报, 29(4): 245-254, 302.

郧文聚, 黄元仿. 2014. 中国农用地质量发展研究报告(2013)[M]. 北京: 中国农业大学出版社.

张凤荣, 安萍莉, 胡存智. 2001. 制定农用地分等定级野外诊断指标体系的原则、方法和依据[J]. 中国土地科学, 15(2): 31-34.

张淑杰, 朱阿兴, 刘京, 等. 2013. 基于模拟退火法的土壤样点设计方法研究[J]. 土壤通报, 44(4): 820-825.

章迪, 曹善平, 孙建林, 等. 2014. 深圳市表层土壤多环芳烃污染及空间分异研究[J]. 环境科学, 35(2): 711-718.

赵其国. 1994. 土壤圈及其在全球变化中的作用[J]. 土壤, 1: 4-7.

钟晓兰, 周生路, 李江涛, 等. 2010. 土壤有效态 Cd、Cu、Pb 的分布特征及影响因素研究[J]. 地理科学, 30(2): 254-260.

周生路, 李如海, 王黎明. 2004. 江苏省农用地资源分等研究[M]. 南京: 东南大学出版社.

朱青, 周生路, 孙兆金, 等. 2004. 两种模糊数学模型在土壤重金属综合污染评价中的应用与比较[J]. 环境保护科学, 30(3): 53-57.

Benner R. 2011. Biosequestration of carbon by heterotrophic microorganisms[J]. Nature Reviews Microbiology, 9(1): 75.

Broder T, Biester H. 2015. Hydrologic controls on DOC, As and Pb export from a polluted peatland–the importance of heavy rain events, antecedent moisture conditions and hydrological connectivity[J]. Biogeosciences, 12(15): 4651-4664.

Buhaug H, Urdal H. 2013. An urbanization bomb? Population growth and social disorder in cities[J]. Global Environmental Change, 23(1): 1-10.

Butman D, Raymond P A, Butler K, et al. 2012. Relationships between ^{14}C and the molecular quality of dissolved organic carbon in rivers draining to the coast from the conterminous United States[J]. Global Biogeochemical Cycles, 26(4): 1-15.

Chen L, Gao J H, Zhu Q G, et al. 2017. Accumulation and output of heavy metals in Spartina alterniflora in a salt marsh [J]. Pedosphere, 28(6): 884-894.

Cheng T, Wang J, Haworth J, et al. 2014. A dynamic spatial weight matrix and localized space–time autoregressive integrated moving average for network modeling[J]. Geographical Analysis, 46(1): 75-97.

Chuang Y H, Lin A Y C, Wang X, et al. 2013. The contribution of dissolved organic nitrogen and chloramines to nitrogenous disinfection byproduct formation from natural organic matter[J]. Water Research, 47(3): 1308-1316.

Cressie N, Wikle C K. 2015. Statistics for Spatio-Temporal Data[M]. Hoboken: John Wiley & Sons.

Diaz-Avalos C, Mateu P J J. 2014. Significance tests for covariate-dependent trends in inhomogeneous spatio-temporal point processes [J]. Stoch Environ Res Risk Assess, 28: 593-609.

Gonzalez M, Elustondo D, Lasheras E, et al. 2010. Use of native mosses as biomonitors of heavy metals and nitrogen deposition in the surroundings of two steel works [J]. Chemosphere, 78(8): 965-971.

Goodchild M M. 2013. Prospects for a space-time GIS [J]. Annals of the Association of American Geographers, 103(5): 1072-1077.

Haining R. 2003. Spatial Data Analysis: Theory and Practice [M]. Cambridge: Cambridge University Press.

Han W, Gao G, Geng J, et al. 2018. Ecological and health risks assessment and spatial distribution of residual heavy metals in the soil of an e-waste circular economy park in Tianjin, China [J]. Chemosphere, 197, 325-335.

Itoh N, Naya T, Kanai Y, et al. 2017. Historical changes in the aquatic environment and input of polycyclic aromatic hydrocarbons over 1000 years in Lake Kitaura, Japan[J]. Limnology, 18(1): 51-62.

Kominoski J S, Rosemond A D. 2011. Conservation from the bottom up: forecasting effects of global change on dynamics of organic matter and management needs for river networks[J]. Freshwater Science, 31(1): 51-68.

Li S, Dragicevic S, Castro F A, et al. 2016. Geospatial big data handling theory and methods: A review and research challenges[J]. ISPRS Journal of Photogrammetry and Remote Sensing, 115: 119-133.

Li Y, Zhou S, Jia Z, et al. 2018. Influence of industrialization and environmental protection on environmental pollution: A case study of Taihu Lake, China[J]. International Journal of Environmental Research and Public Health, 15(12): 2628.

Lin Y, Han P, Huang Y, et al. 2017. Source identification of potentially hazardous elements and their relationships with soil properties in agricultural soil of the Pinggu District of Beijing, China: Multivariate statistical analysis and redundancy analysis [J]. Journal of Geochemical Exploration, 173(2): 110-118.

Parr T B, Cronan C S, Ohno T, et al. 2015. Urbanization changes the composition and bioavailability of dissolved organic matter in headwater streams[J]. Limnology and Oceanography, 60(3): 885-900.

Rabl T, Poess M, Baru C, et al. 2013. Specifying Big Data Benchmarks: First Workshop, WBDB 2012, San Jose, CA, USA, May 8-9, 2012 and Second Workshop, WBDB 2012, Pune, India, December 17-18, 2012, Revised Selected Papers[M]. Berlin: Springer.

Roth K A, Almeida J S. 2015. Coming into focus[J]. The American Journal of Pathology, 185(3): 600-601.

Shi Y X, Wu S H, Zhou S L, et al. 2015. Mapping critical loads of heavy metals for soil based on different environmental effects[J]. Environmental Science, 36(12): 4600-8.

Shin D H, Choi M J. 2015. Ecological views of big data: Perspectives and issues[J]. Telematics and Informatics, 32(2): 311-320.

Sobanska S, Uzu G, Moreau M, et al. 2010. Foliar lead uptake by lettuce exposed to atmospheric fallouts: raman imaging study[J]. Environmental Science & Technology, 44(3): 1036-1042.

Stajic J M, Milenkovic B, Pucarevic M, et al. 2016. Exposure of school children to polycyclic aromatic hydrocarbons, heavy metals and radionuclides in the urban soil of Kragujevac city, Central Serbia[J]. Chemosphere, 146: 68-74.

Suthaharan S. 2014. Big data classification: Problems and challenges in network intrusion prediction with machine learning[J]. ACM SIGMETRICS Performance Evaluation Review, 41(4): 70-73.

van Beusekom J E E, de Jonge V N. 2012. Dissolved organic phosphorus: An indicator of organic matter turnover?[J]. Estuarine, Coastal and Shelf Science, 2012, 108: 29-36.

Vane C H, Kim A W, Beriro D J, et al. 2014. Polycyclic aromatic hydrocarbons(PAH) and polychlorinated biphenyls(PCB) in urban soils of Greater London, UK[J]. Applied Geochemistry, 51: 303-314.

Wang C, Yang Z, Zhong C, et al. 2016. Temporal-spatial variation and source apportionment of soil heavy metals in the representative river-alluviation depositional system[J]. Environment Pollution, 216: 18-26.

Wang J F, Xu C D, Tong S L, et al. 2013. Spatial dynamic pattern of hand-foot-mouth disease in China[J]. Geospatial Health, 7(2): 381-390.

Wei H, Du Y, Liang F, et al. 2015. A kd tree-based algorithm to parallelize Kriging interpolation of big spatial data[J]. GIScience & Remote Sensing, 52(1): 40-57.

Wijaya A R, Ohde S, Shinjo R, et al. 2016. Geochemical fractions and modeling adsorption of heavy metals into contaminated river sediments in Japan and Thailand determined by sequential leaching technique using ICP-MS[J]. Arabian Journal of Chemistry, 12(6): 780-799.

Wipfli M S, Richardson J S, Naiman R J. 2007. Ecological linkages between headwaters and downstream ecosystems: Transport of organic matter, invertebrates, and Wood Down Headwater Channels 1[J]. Journal of the American Water Resources Association, 43(1): 72-85.

Yang X, Ren D, Sun W, et al. 2015. Polycyclic aromatic hydrocarbons associated with total suspended particles and surface soils in Kunming, China: distribution, possible sources, and cancer risks[J]. Environmental Science and Pollution Research, 22(9): 6696-6712.

Yang Y, Christakos G, Guo M, et al. 2017. Space-time quantitative source apportionment of soil heavy metal concentration increments[J]. Environmental Pollution, 223: 560-566.

Zeng H, Wu J. 2013. Heavy metal pollution of lakes along the mid-lower reaches of the Yangtze River in China: intensity, sources and spatial patterns[J]. International Journal of Environmental Research & Public Health, 10(3): 793-807.

第 2 章 土壤样点、空间预测和赋值方法综合优化下的县域耕地资源质量等级评价

2.1 耕地质量评价方法完善研究概况

2.1.1 评价内容与指标体系的完善

1. 国外研究

国外对耕地质量的研究主要集中于土壤质量的内涵界定及评价上，耕地质量一般采用最能体现土壤质量本质的土壤性质来进行评价和表达。20 世纪 80 年代之前，如何保障粮食需求仍是世界各国面临的主要问题之一，国外土地评价以粮食产量为导向进行耕地质量研究。20 世纪 80 年代以后，发达国家粮食产量迅速增长，已完全满足了国内的粮食需求，而环境污染等问题逐渐凸显出来，国外土地评价的重点开始向粮食产量、粮食品质与环境健康三者并重的方向发展。近年来随着土壤退化以及环境污染问题越来越突出，农产品安全问题愈发受到关注，各国学者开始立足于土壤环境和人类健康等指标进行土地评价研究。

随着全球工业化和城市化进程的不断推进，全球环境问题和人类健康问题开始成为社会关注的热点，土壤质量评价也逐渐向土壤环境质量、健康质量研究方向重点发展，土壤生物多样性、土壤质量退化、污染土壤修复等成为土壤质量研究的主要内容。此时，土壤质量的评价指标不再是单纯的土壤肥力属性，土壤对环境污染的消解功能、土壤环境对动植物健康的影响及人类利用活动对土壤条件的改善等成为土壤学研究的热门课题，土壤环境状况成为土壤质量评价指标体系的重要组成部分。20 世纪 90 年代，美国召开了两次土壤质量评价学术讨论会，重点讨论了土壤质量评价指标体系建立、评价指标的获取及定量化方法，以及土壤资源的合理可持续利用等重要议题。随后美国学者 Doran 和 Parkin 于 1994 年出版了 *Defining Soil Quality for a Sustainable Environment* 一书，首次从生产力、环境质量和动物健康三个角度界定了土壤质量的内涵，明确土壤质量应从这三个方面进行评价，土壤质量的保持、提升与管理也应该以这三个方面为目标。

国外对耕地质量评价指标体系的研究还体现在对模型的研究上，将耕地质量分解为不同的方面来确定评价指标体系。经济合作组织(OECD)认为，人类活动对自然环境和资源造成了巨大压力，极大地改变了自然环境和资源状态，而为了维持人类自身生存环境的健康，人类通过环境、经济或管理等政策措施来改善环境质量，因此于 1993 年提出了 PSR(压力-状态-响应)框架模型进行世界环境状况的评价。FAO 与世界银行根据不同的应用对象，以 PSR 模型为基础分别建立了不同的土地质量指标体系，FAO 指标体系重点考虑土壤的动态变化指标，而世界银行的指标体系主要针对农业生态区的人工生态系统重点考虑了人类活动因素。由于 PSR 模型主要针对环境问题而建立，不能反映土地质

量变化的驱动因素，无法根据土地质量变化的结果采取相应的响应措施。为进一步针对土地质量评价结果探究土地质量变化的原因，联合国可持续发展委员会(UNCSD)提出了土地质量评价的 DSR(驱动力-状态-响应)模型，其运用将为土地管理及使用者提供科学有效的评价体系。在耕地质量评价中运用 DSR 模型建立评价指标体系，评价区域耕地的质量状况，探究耕地可持续利用的策略，可为耕地保护及农业生产提供科学依据。

2. 国内研究

与国外相比，随着国内学者对耕地质量内涵的进一步认识，耕地质量评价指标体系的研究也在不断深入。我国耕地质量评价工作伊始，肥力指标为主的土壤质量是耕地质量评价的主要内容，之后国内学者不断加入自然、社会、经济、生态等要素，使得耕地质量评价指标体系愈加完善。近年来随着我国土壤污染问题的逐渐凸显，土壤健康质量也逐渐成为耕地质量评价的研究热点。但无论哪种评价体系，土壤一直是耕地质量的关键和核心要素。

1958～1960 年，我国开展了第一次土壤普查，以土壤农业性状为基础，首次基本掌握了全国的土壤类型、面积、分布状况和基本特征。1979～1985 年，全国第二次土壤普查调查了耕地的立地条件、生产能力等，主要进行了不同比例尺、不同用途的土壤制图工作，编制了不同级别的土壤志，为我国土壤学研究奠定了重要的基础。1986 年，我国以水分、热量、土壤等自然条件为主要评价因素，结合第二次土壤普查成果划分耕地生产潜力的差别，但此评价主要为定性评价。20 世纪 90 年代后期，"土壤质量"概念被引入国内，推动了我国耕地质量评价研究的发展。国土资源部出台了农用地分等、定级和估价三个规程讨论稿，从不同的角度评估了耕地的自然条件、利用水平及其经济价值，为农业生产、土地管理及政府决策等不同部门的应用提供了科学依据，形成了具有中国特色的耕地质量评价体系(吴群，2002)。侯立春等(2003)利用 GIS 技术，考虑地形地貌条件对评价因素选择的影响，以自然因素为主要的评价指标，进行了福州市仓山区农用地的分等研究；丁生喜(2000)探讨了地貌、土壤、气候、经济投入等评价指标求取的具体步骤与方法；王建国和陈凌静(2008)构建了耕地质量分等的光温生产力、供水质量和土壤质量指数以及耕地质量定级中土地区位质量和土地作业质量指数等评价模块的数学模型方法，并具体研究了土壤质量指数计算中土壤养分、有效土层厚度、pH、质地、全盐量、障碍层深度与地下水位等因素的评价模型。

20 世纪 90 年代初期，随着社会经济的快速发展，工业化、城镇化造成的资源闲置、浪费、过度开发等资源不合理利用问题逐渐凸显，在我国人多地少的国情下，土地资源的合理可持续利用显得尤为迫切，从自然条件、生态环境和社会经济等方面综合进行土地评价，建立土地可持续利用的评价指标和方法体系成为国内学术界研究的热点(傅伯杰等，1997)。随后，国内学者立足于土地可持续利用进行了大量的土地评价研究。周生路等(2004)以江苏省为例，提出了耕地资源的自然质量、利用质量和经济质量等多个不同层次，系统地完成了江苏省农用地资源的分等研究。奉婷等(2014)从自然条件、利用条件、景观格局、生态安全四个方面构建耕地质量综合评价指标体系，对北京市平谷区的耕地质量进行评价并以此形成基本农田空间布局方案。近年来，国内土地评价更加重视综合考虑自然、经济、社会因素，但评价的核心和重点依然是土壤本体质量。

目前，自然资源部门主持的农用地分等与农业部门主持的耕地地力评价均已完成了全国县级单位的耕地质量评价工作。这两套评价体系各有侧重，农用地分等以光温生产潜力为基础，通过自然条件、生产管理、投入产出等因素的逐步修正，得到耕地的自然质量、利用质量和经济质量，重在从不同的层次反映耕地本身固有的生产能力大小。耕地地力评价主要以土壤肥力因素、障碍因素作为评价指标进行综合评价，为农业测土配方施肥提供科学支持，重在反映耕地的现实生产能力高低。这两套评价成果，根据不同的应用目的，为农业现代化与土地管理提供了重要的科学支撑。

2.1.2　耕地土壤属性预测方法的完善

抽样调查是土壤学研究的主要手段，土壤属性在空间上呈连续变异，无论以何种密度进行密集采样都不可能获得研究区所有的土壤属性信息，且密集采样费时费力，调查成本过高。因此，如何通过有限的采样点，采用合理的空间预测方法，推测未知区域的土壤属性信息，从而获得连续的土壤属性空间分布，一直是土壤学研究的重点之一。目前在土壤研究中，主要有土壤-景观模型、地统计学方法、遥感反演三种方法进行不同土壤属性的预测。

1. 土壤-景观模型

土壤-景观模型的雏形源自 19 世纪末俄罗斯土壤学家 Dokuchaev 的土壤发生学理论，认为土壤并不是独立存在的自然体，它与外界环境因素(景观)一直处于相互影响的动态发展之中，与土壤所存在的自然地理环境有重要的关系，与岩石圈、大气圈等圈层动态交互作用，受地形、母质、气候、生物和时间等因素共同影响形成了土壤圈(吴才武等，2015)。1941 年，美国土壤学家 Jenny(1941)进一步发展了成土因素学说，把土壤描述成气候、生物、地形、母质和时间的函数，提出了著名的 Jenny 方程：$S=f(cl, o, r, p, t)$，式中，S 代表土壤属性，cl、o、r、p 和 t 分别代表气候、生物、地形、母质和时间因子。

Jenny 方程强调五个成土因子的变化是相对独立的，特定的气候、生物、地形、母质和时间的组合形成特定的土壤类型。在某些特殊的环境条件下，五个成土因素并不一定都强力作用于土壤形成，某一因素可能处于主导地位，而其余因素的作用比较弱，此时 Jenny 方程分为五个子函数：气候函数、生物函数、地形函数、母质函数和时间函数(Jenny，1941)。气候函数在国外的研究中应用较多，Jones(1973)对西非热带草原的研究发现，土壤碳、氮和黏粒含量与年降雨量存在相关关系。地形函数也在诸多研究中被应用，Anderson 和 Furley(1975)发现土壤有机碳、氮和 pH 与坡度之间存在分段线性关系。生物函数、母质函数与时间函数的相关研究应用较少报道，可能的原因是生物对土壤的依赖更强，而母质在现实研究中很难被定量化观测，大时间尺度上的土壤观测更难进行。

知道了环境变量之间的相互作用与土壤发生之间的关系，再获得环境变量的定量观测值，土壤属性空间分布预测将可能实现。20 世纪 90 年代以来，计算机和 3S 技术在土壤学中的发展与应用，为定量观测环境变量提供了切实可用的科学工具，利用土壤-景观模型进行土壤属性的空间分布预测在土壤学研究中得到了广泛的应用。国内外学者借助数字地形分析技术、遥感影像和多元数理统计方法等工具，运用不同的数学模型模拟出这些外界信息与土壤属性之间的量化关系，进行了大量的土壤属性空间分布预测研究与应用。这些运用不同数学模型的土壤-景观模型预测方法被统一称为CLORPT 模型，主要包括线性模型、决策树、神经网络、模糊聚类等方法模型（McBratney et al.，2000）。

线性模型包括预测土壤属性的回归和预测土壤类型的分类，由于其简单易用、便于计算，应用较为广泛。决策树模型包括回归树和分类树两种，决策树不利用数据拟合模型，是一种可以处理非线性关系的方法，可以用来预测连续的土壤属性，也可以预测土壤类型（吴才武等，2015）。神经网络模型的运作方式类似于人类大脑，在土壤学研究中的应用较多，Somaratne 等（2005）以气候因子、地形因子为输入变量，在不同土地利用类型条件下利用神经网络预测了土壤的有机碳含量；李兴旺和冯宝平（2002）利用 BP 神经网络对土壤含水量的时空变化进行了预测。模糊聚类模型通过建立模拟隶属度函数，对研究对象进行模糊划分和聚类，然后根据隶属度函数进行土壤属性的分布预测（吴才武等，2015）。

2. 地统计学方法

地统计学于 20 世纪 50 年代初期，由南非的采矿工程师 Krige 首先应用于采矿业的矿藏勘察计算中（Krige，1951）。20 世纪 70 年代开始，地统计学方法随着计算机技术的发展与应用被引入土壤学研究中，其方法体系得到进一步发展完善。目前地统计学已经被证明是分析土壤特性空间分布特征及其变异规律最为有效的方法之一（郭仁松，2004）。

自地统计学方法提出以来，国外学者经过不断的探索研究，在地统计方法的研究发展上已取得了长足的进步。在土壤物理方面，北美和西欧一些国家从 20 世纪 70 年代开始出现了一个研究土壤物理性质空间变异性的高潮；Jose 等（2000）研究发现，土壤物理性质在厘米级尺度下变异较小，而化学性质在该尺度下变异较大。在土壤化学研究方面，Chung 等（1995）应用地统计学方法研究了粉质土壤中磷、钾、pH 及有机质含量的空间变异性。地统计学方法在精准农业研究中也有较多的应用，Nelson（1996）采用地统计学方法获得土壤磷、钾的空间分布特征，分析了作物产量与土壤磷、钾之间的相关关系并指导农业生产施肥。

我国于 20 世纪 80 年代末期才将地统计学方法引入土壤学研究中，此时正值计算机技术及 3S 技术在土壤学研究中开始运用。将地统计学与计算机技术、3S 技术结合应用，极大地促进了我国土壤学研究的发展。朱益玲等（2002）结合运用地统计学方法与 GIS 技术，研究了重庆市江津区紫色土的土壤养分空间分布状况，为农业种植安排及施肥提供了技术指导。地统计学主要是在土壤属性特征分析的基础上采用克里金法实现土壤属性的空间预测，根据研究目的和使用环境要求，产生了普通克里金、泛克里金、协同克里金等多种克里金法。王炯辉等（2013）利用普通克里金法与反距离加权插值法对铁矿藏资源储量进行预测研究，研究发现普通克里金法的预测结果更为准确。普通克里金通过单一的属性变量对区域化变量进行线性估计，协同克里金考虑多变量因素的影响，克服了传统地统计学中单一属性的问题。石淑芹等（2011）通过协同克里金法，将 pH、土壤类型、经纬度、Zn 等作为有机质、速效磷、速效钾、碱解氮的辅助变量，对松嫩平原土壤养分进行了空间分布预测，预测结果优于普通克里金法。

3. 遥感反演

根据成土因素学说，不同的地表及地上环境会形成不同的土壤类型，因此不同的土壤特性所在的地表环境特点不同，所形成的光谱曲线也就不同，反映在遥感图像上为不同的像元亮度值，这是通过遥感图像判读和识别地物的关键依据(浦瑞良和宫鹏，2000)。不同土壤类型的光谱曲线也不尽相同，不同的土壤属性对光的反射影响不同，多种土壤属性共同影响作用形成特定土壤类型的土壤光谱曲线，通过分析土壤光谱曲线与土壤属性的定性、定量关系，即可根据土壤光谱信息获得不同土壤属性的分布特征。遥感具有能在短时间内获得大范围海量信息的优点，借助遥感图像可轻松获得大范围的土壤属性信息，因此遥感反演应用于土壤研究改变了依赖大量密集采样的传统土壤学研究方法，为土壤学研究提供了新的研究工具。

20 世纪 80 年代，光谱成像技术的出现使得土壤光谱研究从最初的定性分析发展到土壤成分的定量估算。基于少量的土壤采样点，通过分析采样点光谱反射的特点，建立土壤属性与光谱信息的定量关系，实现土壤属性的空间分布预测。Chen 等(2000)通过分析土壤有机碳含量与遥感图像红、绿、蓝三个波段值的关系，建立了有机碳含量的预测模型，预测得到了美国佐治亚州土壤有机碳含量的空间分布状况。刘焕军等(2011)建立了基于 TM 遥感图像的黑龙江省黑土带土壤有机质反演模型，有效预测了黑土带土壤有机质的空间分布。

遥感反演土壤属性的过程中，遥感图像的光谱分辨率、空间分辨率及时间分辨率都会显著影响预测结果的精度。不同来源的遥感图像数据，其空间分辨率、时间分辨率都不尽相同，张廷斌等(2006)研究了不同土壤属性预测中应选择的遥感图像空间分辨率标准，分析了 SPOT 和 IKONOS 遥感数据的适用范围。MODIS 数据时间分辨率高且可以免费获取，因而在土壤学的相关研究中应用也较多(吴才武等，2015)。Wang 等(2012)采用模糊聚类分析方法，根据连续多日的地表昼夜温差观测数据，预测了平原区土壤质地的空间分布。

2.1.3　评价样点空间抽样方法的完善

空间抽样是针对具有空间关联性的地理事物的抽样，与基于经典统计学之样本独立假设的传统抽样有根本不同，空间抽样的样点具有地理属性，任何样点位置的改变都将使抽样调查总体发生变化，从而使得抽样调查结果发生改变(姜成晟等，2009)。

土壤采样的目的是获得研究区目标变量的空间分布特征，从而开展整个研究区的土壤研究，土壤调查可以通过充分利用研究区已有的信息而达到组织的最优化(Minasny et al.，2006)。在当前土壤调查趋向精细化的背景下，采样受到人力、物力和财力的限制，如何通过合理采样在满足土壤调查精度的前提下节省采样成本受到越来越多的关注。国外学者在采样设计方法优化方面已进行了较为深入的研究，McBratney 等(2000)通过土壤属性的半方差来确定最佳取样距离，从而确定最优样点布设方案；Gessler 等(2000)利用辅助变量构建土壤属性的预测模型，同时优化采样点分布。

随后，模拟退火算法优化土壤样点空间分布的方法广泛应用于土壤采样设计中，Ferreyra 等(2002)运用模拟退火算法对 57 个原始土壤水分观测点进行优化，优化至 10 个观测点时预测误差达到最小,即只保留 10 个观测点即可满足研究区土壤水分预测的精度要求。

空间抽样的目的是如何在一定的成本约束下(既定的样本数量),通过合理地布设样点和科学地推断估计,获得尽可能高精度的抽样结果;或者,如何通过合理地布设样点和科学地推断估计,利用尽可能少的样点数量,来得到满足精度要求的抽样结果。一般可分为四个步骤:样本空间构造、样点布设、样点信息空间推断和抽样精度检验(姜成晟等,2009)。样本空间构造即确定样本单元的构成方式,从而明确抽样的样本集合(样本空间)。其基本方式有两种,一是通过构造格网得到规则的离散化样本空间,二是基于镶嵌单元(tessellation)划分得到不规则的离散化样本空间。样点布设方法,包括简单随机抽样、系统抽样、整群抽样和多阶段分层抽样(李连发和王劲峰,2002)。简单随机抽样无须先验知识或资料,而后三者则相反。样点信息空间推断的方式主要有两种,一种是基于设计的(design-based)抽样统计推断,一种是基于模型的(model-based)抽样统计推断(姜成晟等,2009),其中前者用于固定样本值的有限总体的抽样(sampling of population),对参数的推断是基于经典抽样理论的样本分布推断;而后者则是应用于特定地理现象过程无限总体某一次实现值的抽样(sampling of superpopulation),各样点值在空间上的分布存在一定的自相似性。基于模型的抽样方法在抽样前采用地统计模型等方法预先得到具有随机过程性质的空间结构,在具有较强空间结构规律的土壤抽样中有较好的效果(姜成晟等,2009)。抽样精度可以通过被推断样点值的误差(或方差)的倒数来衡量和检验,通过样点数-抽样精度图可以进行空间抽样优化决策(李连发和王劲峰,2002)。

从空间抽样理论和技术的发展来看,已经历三个主要阶段:第一阶段是不考虑样本点的空间关联性与传统抽样相对应的经典抽样模型;第二阶段是针对连续地物的空间抽样模型,多以连续的空间关联函数来量化样本点的空间关联性;第三阶段是针对离散地物的空间抽样模型,典型的如克里金优化抽样模型,通过拟合连续变异函数实现对不连续地物进行优化抽样抉择的作用。目前的难点在于空间抽样的第三个步骤——样点布设监测,即样点的空间布局问题,一般采用启发式或计算机演化算法得到近似最优的结果(姜成晟等,2009)。其中,模拟退火算法能够适应各种抽样约束条件,实现抽样点的全局优化,成为研究应用中的热门方法(Ferreyra et al.,2002)。将空间抽样理论应用于耕地质量评价中土壤样点的优化具有重要意义和广阔前景,业已取得一定成果,但同时也面临一些待进一步探讨的问题。例如,现有空间抽样理论的应用研究主要为对单一指标或属性的空间抽样推断,但耕地质量是一个由土壤主要属性、土地利用管理水平等多因素复合的综合概念,因此样点的布设需要考虑多指标的空间关联性。空间抽样过程中,样本空间如何构造、样点信息的最优空间推断方法和抽样精度的检验等问题,现有研究中也都鲜见考量。

2.2　研究思路与基础数据

2.2.1　研究内容

本章研究以黄淮海平原的典型农业县,同时也是自然资源部野外科学观测研究基地的江苏省东海县为研究区,依托国土资源部公益性行业科研专项"耕地等级变化野外监测技术集成与应用示范"(201011006),以耕地质量等级监测、多目标地球化学调查及耕地地力调查数据等不同来源的土壤样点为基础，以提高县域耕地质量评价精度和效率为目标，根据土壤属性预测精度与样点疏密程度的关系进行土壤样点的空间疏密性分区，对样点稀缺区的土壤属性预测、样点密集区的土壤样点数量和布局、评价单元的土壤属性赋值等进行优化应用，在此基础上综合运用各优化方法对研究区耕地质量进行评价，并分析比较其精度与耕地质量等级成果补充完善数据精度。

具体研究内容包括以下 5 个方面。

1. 样点疏密差异对土壤属性空间预测精度的影响及分区

以研究区耕地质量等级监测、多目标地球化学调查、耕地地力调查等三种不同来源的土壤样点数据为基础，根据各来源数据土壤属性预测精度与样点疏密程度的关系，确定土壤属性预测精度平稳变化的样点密度拐点值，划分土壤样点的疏密性分区，针对不同分区土壤样点的分布特征对土壤样点提出不同的优化方法，为土壤样点的优化应用奠定基础。

2. 样点稀缺区土壤属性空间分布的优化预测

针对样点稀少及缺失区，以样点密集区的土壤样点数据为基础，分别采用土壤-景观模型与地统计插值两种方法进行土壤属性的预测，比较两种方法预测结果精度高低的空间分布，确定不同空间区域最优的土壤属性预测方法，运用最优的土壤属性预测方法对样点稀少及缺失区的土壤属性进行预测。

3. 样点密集区参评土壤样点的数量及布局优化

考虑土壤属性的空间变异性改进模拟退火算法，针对各土壤属性运用普通模拟退火算法及改进后的模拟退火算法，对参评土壤样点的数量及布局进行优化，探讨最少可以用多少抽样点来预测土壤属性的空间分布，并使其预测精度不低于原始集合的精度；确定最佳抽样点布局，使土壤属性的预测精度最高。通过比较算法优化前后土壤样点数量及布局的优化结果，获得样点密集区最少的样点数量及最佳的样点位置。

4. 评价单元土壤属性数据赋值方法的优化选择

分别采用反距离加权、径向基函数、普通克里金及协同克里金四种插值方法进行土壤属性的空间预测，比较不同插值方法之间的土壤属性预测精度，确定耕地质量评价中不同土壤属性的最优空间插值方法。将面状土壤属性数据分别采用面积加权赋值和均质单元赋值两种方法赋值到评价单元，比较不同土壤属性赋值方法的精度，确定评价单元最优土壤属性赋值方法。

5. 各优化方法综合运用的县域耕地资源质量等级评价

基于土壤属性的优化预测、土壤样点数量布局优化及评价单元数据赋值等方面的优化，参照《农用地质量分等规程》(GB/T 28407—2012)自然质量评价的方法和参数体系，评价研究区耕地质量，并与现有耕地质量等级成果补充完善的结果相比较，分析研究耕地质量评价过程中的土壤样点优化应用方法对耕地质量评价精度的影响。

2.2.2　研究技术路线

本章研究技术路线如图 2-1。

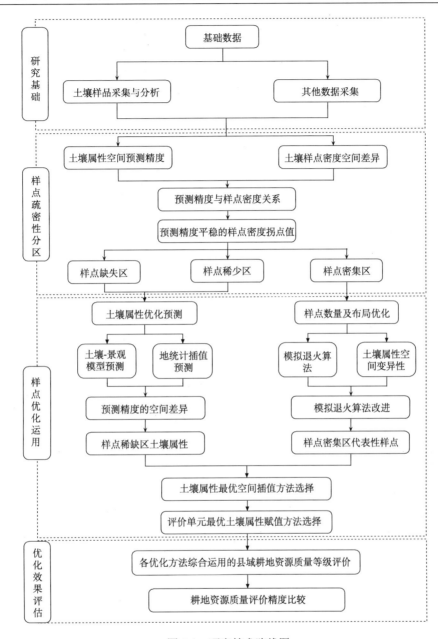

图 2-1　研究技术路线图

2.2.3　研究区概况

东海县位于江苏省东北部，地处北纬 34°11′～34°44′，东经 118°23′～119°10′。东濒黄海，与连云港市海州区、赣榆区接壤；南邻宿迁，与沭阳县为邻；西通彭城，与新沂市分界；北接齐鲁，与山东省临沭县交界。全县设 11 个镇、6 个乡、2 个街道、2 个国有农场、1 个省属农场，县人民政府位于牛山街道。

东海县属黄淮海平原东南边缘的平原岗岭地，地势西高东低，东部平原区地势平坦，分布诸多的湖泊水库，西部地区地势起伏连绵为岗丘区，中部地区为平原向岗丘过渡的缓坡区。西部边界的马陵山海拔在 69～125m，自北向东绵延，由紫红色砂页岩组成，分布紫色土，母质为紫色砂页岩风化的残积物。中西部岗岭交错，沟壑纵横，土地以岗地为主，其上分布的棕壤母质为酸性变质岩系的花岗片麻岩风化的残积，坡积物为覆盖其上的古老洪积物。东部的湖荡平原海拔只有 2～5m。

该县土壤类型丰富，土类剖面结构、形态、基本属性及性质各异，全县土壤划分为棕壤、砂姜黑土、潮土、紫色土及水稻土 5 个土类。

2.2.4　研究基础数据

1. 土壤样品采集与测试

本书作者在东海县内按行政区划(乡镇)共布设 140 个采样点，每个乡镇布设 4～6 个样点，均匀覆盖整个研究区，样点全部位于耕地内。2011 年 10 月底至 11 月初，在水稻收割完毕、冬小麦播种之前，采用 GPS 定位采样，完成研究区 140 个样点的土壤样品采集。根据研究区地形地貌特征及土壤类型分布，均匀抽取其中 40 个点(约 30%)作为验证集，剩余 100 个点作为本书土壤数据三个来源之一的耕地质量等级监测土壤样点数据。

样品理化分析测试工作在中科院南京土壤研究所完成，每个采样点包括 pH、有机质、有效磷、速效钾、全氮、黏粒含量、重金属元素等 14 项测试数据。本章研究使用的三个指标及其测试方法分别为：①土壤 pH——电位法；②土壤有机质——重铬酸钾容量法；③土壤机械组成(激光粒度仪，马尔文法，依据美国农部制分级系统)。

2. 耕地地力调查土壤样点数据

本书作者从东海县土肥站获得东海县耕地地力调查的部分土壤采样测试数据，该数据共 800 个采样点，全部位于耕地内，按土壤类型布点，均匀覆盖整个研究区，采样时间为 2008 年。每个采样点数据包括经纬度坐标、pH、有机质、有效磷、速效钾、全氮、粒度等 12 项测试数据，这 800 个样点数据作为本书中土壤数据三个来源之二的耕地地力调查数据。

3. 多目标地球化学调查土壤样点数据

本书作者从江苏省地质调查院获得研究区东海县的部分多目标地球化学土壤采样测试数据，该数据共 400 个采样点，全部位于耕地内，采样时间为 2007 年。每个样点数据包括经纬度坐标、pH、有机碳、全氮、全钾、全磷及重金属元素等 33 项测试数据，这 400 个样点数据作为本书土壤数据三个来源之三的多目标地球化学调查数据。

4. 土地利用及地形地貌数据

本书所用的土地利用矢量数据从东海县自然资源和规划局获得，分别得到 2000 年、2011 年的土地利用现状图。栅格数据从美国联邦地质调查局(USGS)遥感图像数据库下载，分别下载到 2011 年 7 月、9 月两期的覆盖研究区东海县的 Landsat-5 TM 及 DEM 数据，数据分辨率为 30m。

5. 耕地质量等级成果补充完善数据

研究区耕地质量等级成果补充完善数据是以第一轮农用地分等成果为基础，以 2011

年为基期,于 2013 年完成的与土地利用现状图相匹配的县级耕地质量评价成果。该成果以 1∶5000 土地利用现状图的耕地图斑为评价单元,分等因素的调查较为全面细致,是目前为止较为完善的耕地质量本底数据。东海县耕地质量等级成果补充完善数据采用的评价方法与参数体系,根据自然资源部耕地质量评价规程《农用地质量分等规程》(GB/T 28407—2012)确定。本章耕地质量评价中,除有机质、pH、黏粒含量与表土层厚度 4 个指标数据的处理运用方法与耕地质量等级成果补充完善数据不同外,其他指标的数据获取与处理方法、评价方法与参数体系等均与其相一致。

2.3　样点疏密差异对土壤属性空间预测精度的影响及分区

基于不同来源的土壤样点数据,分析土壤属性预测精度与样点密度的空间差异,确定土壤属性预测精度对土壤样点密度变化响应的量化关系,在此基础上划分耕地质量评价中已有土壤样点的疏密性分区,以提高耕地质量评价精度与效率为目标,针对不同分区土壤样点的分布特征对已有土壤样点提出不同的优化方法。

2.3.1　基于不同来源样点的土壤属性预测总体精度

土壤属性预测是进行耕地质量评价的重要数据处理过程,土壤属性预测精度的高低是影响耕地质量评价精度的关键因素,也是进行土壤样点数据优化应用的基础。从不同的目标及抽样动机出发而形成的不同来源的土壤样点数据,由于样点数量及样点布设方案的不同,对区域土壤属性特征的表达精度也不尽相同。

运用克里金插值方法,研究不同来源数据对土壤有机质、pH、黏粒含量及表土层厚度的总体预测精度。研究数据分别是基于耕地质量等级监测数据、耕地地力调查数据和多目标地球化学调查数据,采用 K 折交叉验证法(K-fold cross validation)测算三种来源数据对土壤属性估测结果的误差,将数据集分成 k 份,轮流将每一份数据作为验证集,剩余的 k–1 份数据作为训练集进行试验,选取均方误差(MSE)这一指标来定量分析每次试验的精度,将 k 次试验的 MSE 平均值作为该种布点方案的估计误差。分组数据通常是随机选取的,但考虑本书分组后训练集可能在一定程度上影响原布设方式,故在分组时进行有区别的划分,尽量使每一组数据在空间上相对均匀分布。

2.3.1.1　土壤属性预测的总体精度评价

采用 K 折交叉验证法,耕地质量等级监测数据样点按行政区(乡镇)布设共 100 个采样点,均匀分为 5 组(k=5),每组 20 个点;按 2km×2km 网格布设的多目标地球化学调查数据共 400 个采样点,均匀分为 5 组(k=5),每组 80 个点;耕地地力调查数据按土壤类型布设 800 个采样点,均匀分为 5 组(k=5),每组 160 个点;将三种来源的土壤样点整合在一起共 1300 个样点,均匀分为 5 组(k=5),每组 260 个点。每一组分别进行交叉验证并计算其均方误差 MSE,确定该来源的土壤数据预测精度。

用本章采集的 40 个样点作为验证集,对不同来源土壤数据的四种土壤属性总体预测精度进行定量化分析。分别对不同来源数据的四种土壤属性进行克里金插值预测,将空间预测结果与 40 个验证点进行线性拟合，线性拟合方程的 R^2 实际意义为自变量对因变量的解释程度，R^2 越大自变量越能解释因变量，当 $R^2=1$ 时表明自变量与因变量完全相同，因此用 R^2 表示预测值对实测值的相对表达精度，即不同来源土壤数据对某种土壤属性的总体预测精度。

1. 基于耕地质量等级监测样点的土壤属性预测总体精度

耕地质量等级监测数据 5 折交叉验证分组及插值结果如图 2-2。由图看出，耕地质量等级监测数据的 100 个样点均匀分成 5 组，每组样点在空间上分布相对均匀。每次用其中 4 组 80 个样点的土壤属性进行克里金插值，用剩余 1 组的 20 个点进行精度验证。5 组插值结果在个别局部地区有一定的差异，总体空间分布特征相似，均是东部地区高、西部地区低。土壤有机质、pH、黏粒含量及表土层厚度四种土壤属性的 5 组插值结果总体空间分布特征相似：土壤有机质东南部地区高西部地区低；pH 大部分地区偏低、东部

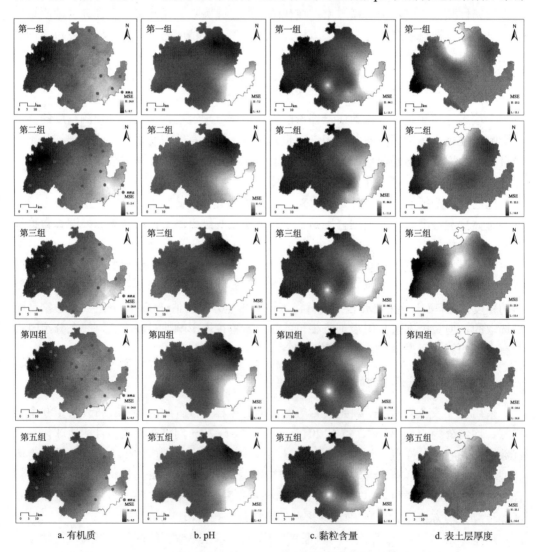

a. 有机质   b. pH   c. 黏粒含量   d. 表土层厚度

图 2-2 耕地质量等级监测土壤样点 5 折交叉验证结果图

地区较高，土壤总体呈酸性；东部平原区土壤质地偏黏性，越往西部土壤砂性越强；表土层总体较厚，西部岗丘地区表土层较薄。四种土壤属性的 5 组插值结果空间分布特征总体相似、局部地区有所差异，这一结果也表明 5 折交叉验证的样点分组合理，每一分组都能在一定程度上表达原始数据的分布特征而又有所差异，因此通过数据自身的分布特征来证明该种布点方案的数据对土壤属性的表达精度是合理必要的。

耕地质量等级监测土壤样点 5 折交叉验证精度检验见表 2-1。部分分组实测值与预测值有明显差距，但最终 5 次交叉验证平均的实测值与预测值相差不大；如果只有一个预测集和一个验证集，往往可能会因为预测集、验证集选点的随机性或偶然性，造成预测精度的较大差异，不能准确反映该种布点方案的精度。用 5 折交叉验证方法对不同分组样点进行多次交叉验证，用 5 组平均值来表征该种布点方案的精度，降低了由于预测集、验证集选点的偶然性造成的误差，这就避免了因为方法造成的精度差异，更能真实准确地反映不同样点布设方案对土壤属性的表达精度，这也反映出 5 折交叉验证方法进行不同布点方案精度研究的合理性。

表 2-1　耕地质量等级监测土壤样点 5 折交叉验证精度检验表

组号	有机质/(g/kg)			pH			黏粒含量/%			表土层厚度/cm		
	实测值	预测值	MSE	实测值	预测值	MSE	实测值	预测值	MSE	实测值	预测值	MSE
1	15.7	16.5	0.14	6.5	6.5	0.18	32.0	33.5	287.20	19.2	19.1	3.29
2	17.0	16.8	0.15	6.7	6.6	0.14	34.7	35.5	240.49	19.6	19.2	3.75
3	16.1	16.4	0.14	6.6	6.6	0.15	33.8	34.0	223.36	19.3	19.2	3.58
4	17.8	16.7	0.20	6.6	6.7	0.20	36.1	35.8	242.00	19.1	19.5	4.09
5	16.4	16.4	0.12	6.5	6.6	0.15	31.2	33.5	290.30	18.9	19.1	5.58
平均值	**16.6**	**16.6**	**0.15**	**6.6**	**6.6**	**0.16**	**33.6**	**34.5**	**256.67**	**19.2**	**19.2**	**4.06**

对耕地质量等级监测数据的 100 个样点的四种土壤属性数据进行克里金插值，将插值后结果与本章的 40 个验证点进行拟合，拟合结果如图 2-3，y 为验证集实测值，x 为相应点位的预测值。

由分析结果看出，在四种土壤属性中，黏粒含量拟合方程的 R^2 最大为 0.6076，表明耕地质量等级监测数据对黏粒含量的总体预测精度相对较高。其次为有机质，R^2 为 0.5144，pH 为 0.4599。表土层厚度的拟合方程的 R^2 最小，为 0.2859，表明耕地质量等级监测数据对表土层厚度的总体预测精度较低。

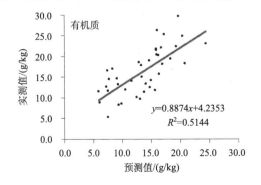
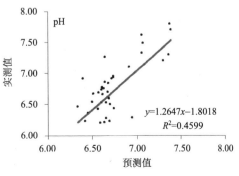

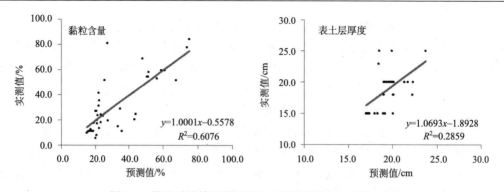

图 2-3　耕地质量等级监测样点土壤属性精度分析拟合图

2. 基于多目标地球化学调查样点的土壤属性预测总体精度

多目标地球化学调查数据 5 折交叉验证分组及插值结果如图 2-4 所示。由图看出，多目标地球化学调查数据的 400 个样点均匀分成 5 组，每组样点在空间上分布相对均匀，每

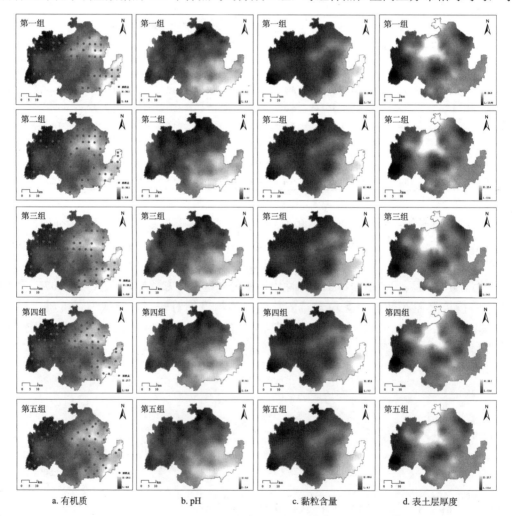

　　a. 有机质　　　　　　b. pH　　　　　　c. 黏粒含量　　　　　d. 表土层厚度

图 2-4　多目标地球化学调查土壤样点 5 折交叉验证结果图

个分组基本保持了网格分布的形态。每次用其中 4 组 320 个样点的四种土壤属性进行克里金插值，用剩余 1 组的 80 个点进行精度验证。土壤有机质、pH、黏粒含量及表土层厚度四种土壤属性的 5 组插值结果总体空间分布特征相似：土壤有机质东南部地区高、西部地区低，与耕地质量等级监测数据相比有机质含量整体偏高；pH 东南部地区较高，土壤总体中性偏酸；土壤黏粒含量与表土层厚度的 5 组插值结果与耕地质量等级监测数据的结果相似。插值结果总体分布特征同耕地质量等级监测数据插值的分布特征相似，但空间复杂程度明显强于耕地质量等级监测数据结果，局部地区对土壤属性的表达与耕地质量等级监测数据结果相比更为精细，这种差异主要是由样点数量的差异及布点的合理性所造成的。

多目标地球化学调查土壤样点 5 折交叉验证精度检验见表 2-2。四种土壤属性五个分组实测值与预测值的差距不大，最终 5 次交叉验证平均的实测值与预测值差距也较小。四种土壤属性 5 次交叉验证的平均 MSE 均小于耕地质量等级监测数据的精度验证结果，表明多目标地球化学调查数据对这四种土壤属性的表达精度均高于耕地质量等级监测数据，这种精度差异主要是由样点数量的差异及布点的合理性所造成的。

表 2-2　多目标地球化学调查土壤样点 5 折交叉验证精度检验表

组号	有机质/(g/kg)			pH			黏粒含量/%			表土层厚度/cm		
	实测值	预测值	MSE	实测值	预测值	MSE	实测值	预测值	MSE	实测值	预测值	MSE
1	15.7	16.3	0.13	6.5	6.5	0.17	32.0	33.5	265.10	19.2	19.1	3.09
2	17.0	17.1	0.14	6.7	6.6	0.13	34.7	35.4	219.38	19.6	19.1	3.55
3	16.1	16.4	0.13	6.6	6.6	0.14	33.8	34.1	201.26	19.3	19.2	3.38
4	17.8	16.7	0.19	6.6	6.7	0.19	36.1	35.8	219.90	19.1	19.4	3.89
5	16.4	16.4	0.11	6.5	6.6	0.14	31.2	33.2	268.20	18.9	19.2	5.28
平均值	**16.6**	**16.6**	**0.14**	**6.6**	**6.6**	**0.15**	**33.8**	**34.5**	**234.57**	**19.2**	**19.2**	**3.86**

对多目标地球化学调查数据的 400 个样点的四种土壤属性数据进行克里金插值，将插值后结果与 40 个验证点进行拟合，拟合结果如图 2-5，y 为验证集实测值，x 为相应点位的预测值。

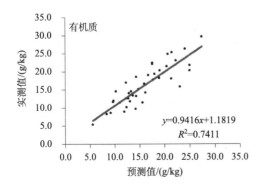
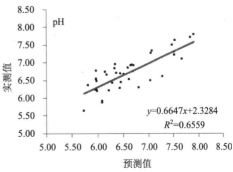

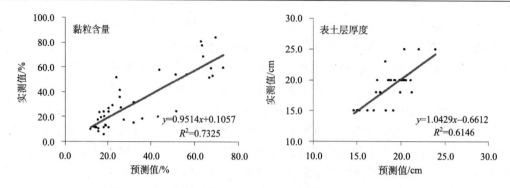

图 2-5　多目标地球化学调查样点土壤属性精度分析拟合图

　　土壤有机质拟合方程的 R^2 为 0.7411，在四种土壤属性中是最高的，表明多目标地球化学调查数据对土壤有机质的总体预测精度相对较高；其次为黏粒含量，R^2 为 0.7325，pH 与表土层厚度的拟合 R^2 分别为 0.6559、0.6146。与耕地质量等级监测数据的土壤属性总体预测精度相比，多目标地球化学调查数据对四种土壤属性的总体预测精度都显著提高。

　　3. 基于耕地地力调查样点的土壤属性预测总体精度

　　耕地地力调查数据 5 折交叉验证分组及插值结果如图 2-6 所示。由图看出，耕地地力调查数据的 800 个样点均匀分成 5 组，每组样点在空间上分布相对均匀，保证每个土壤类型单元(土种)内均有一定数量的样点分布。每次用其中 4 组 640 个样点的四种土壤属性进行克里金插值，用剩余 1 组的 160 个点进行精度验证。土壤有机质、pH、黏粒含量及表土层厚度四种土壤属性的 5 组插值结果总体空间分布特征相似：土壤有机质东南部地区高西部地区低；pH 大部分地区偏低东部地区较高，土壤总体呈酸性；东部平原区土壤质地偏黏性，越往西部土壤砂性越强；表土层总体较厚，西部岗丘地区表土层较薄。该来源数据的四种土壤属性插值结果总体分布趋势与耕地质量等级监测数据、多目标地球化学调查数据的插值结果相似，但空间复杂程度明显强于前两种来源数据的结果，土壤属性在局部地区的细微变化特征也有一定的表现，与前两种来源数据相比耕地地力调查数据对土壤属性的空间分布特征表达极为精细，这主要是由样点数量的差异引起的。

　　耕地地力调查土壤样点 5 折交叉验证精度检验见表 2-3。四种土壤属性五个分组实测值与预测值的差距不大，最终 5 次交叉验证平均的实测值与预测值差距也较小。四种土壤属性 5 次交叉验证的均方根误差均小于耕地质量等级监测数据及多目标地球化学调查数据的精度验证结果，这表明耕地地力调查数据对这四种土壤属性的预测精度均高于前两种来源数据的精度，这种精度差异主要是由样点数量的差异及样点空间布局的合理性所造成的。四种土壤属性中，土壤有机质、pH 的平均 MSE 与多目标地球化学调查数据的平均 MSE 相比非常接近，这表明虽然多目标地球化学调查数据对土壤有机质、pH 的表达精度低于耕地地力调查数据，但两者差距较小；黏粒含量与表土层厚度的平均 MSE 明显小于多目标地球化学调查的平均 MSE，这表明多目标地球化学调查数据对黏粒含量及表土层厚度的预测精度显著低于耕地地力调查数据，这两个属性与土壤类型的关系更为密切，耕地地力调查按土壤类型采样方案获取的黏粒含量及表土层厚度的数据更能反映真实情况。

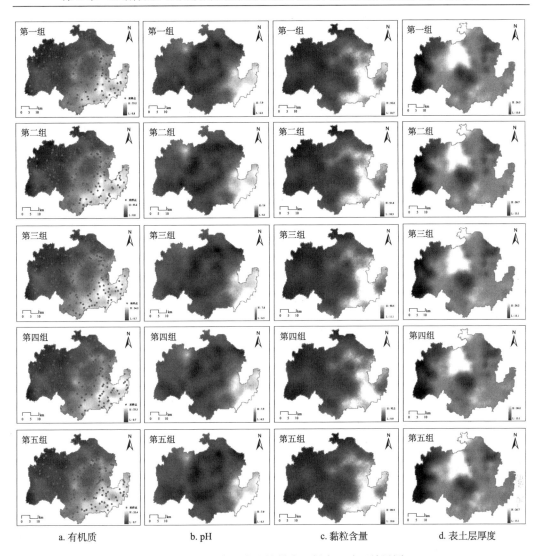

图 2-6 耕地地力调查土壤样点 5 折交叉验证结果图

表 2-3 耕地地力调查土壤样点 5 折交叉验证精度检验表

组号	有机质/(g/kg)			pH			黏粒含量/%			表土层厚度/cm		
	实测值	预测值	MSE	实测值	预测值	MSE	实测值	预测值	MSE	实测值	预测值	MSE
1	18.8	19.1	0.11	6.7	6.7	0.10	36.7	34.9	185.93	19.6	19.6	4.03
2	19.9	19.8	0.12	6.7	6.7	0.09	34.7	36.9	129.95	19.7	19.7	2.68
3	20.0	19.7	0.12	6.8	6.7	0.14	38.0	37.7	206.06	19.9	19.8	2.82
4	19.7	19.6	0.14	6.7	6.7	0.10	36.1	36.8	114.54	19.5	19.5	2.30
5	19.8	19.8	0.14	6.7	6.7	0.08	34.8	37.4	227.40	19.3	19.5	2.68
平均值	**19.6**	**19.6**	**0.13**	**6.7**	**6.7**	**0.10**	**36.1**	**36.7**	**172.78**	**19.6**	**19.6**	**2.90**

对耕地地力调查数据的 800 个样点的四种土壤属性数据进行克里金插值,将插值后

结果与 40 个验证点进行拟合，拟合结果如图 2-7 所示，y 为验证集实测值，x 为相应点位的预测值。

由分析结果看出，有机质拟合方程的 R^2 为 0.8513，在四种土壤属性中是最高的，表明耕地地力调查数据对土壤有机质的总体预测精度相对较高；其次为黏粒含量，R^2 为 0.7747，pH 与表土层厚度的拟合 R^2 分别为 0.6883、0.6698。与耕地质量等级监测数据、多目标地球化学调查数据相比，耕地地力调查数据对四种土壤属性的总体预测精度都显著高于前两种来源的数据。

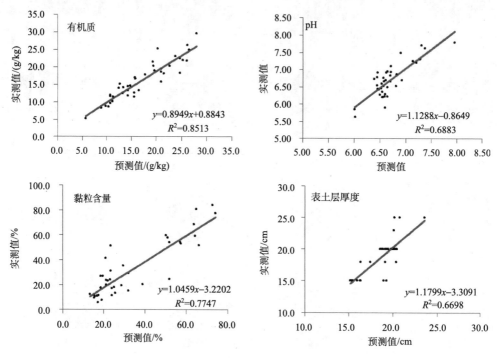

图 2-7　耕地地力调查样点土壤属性精度分析拟合图

4. 整合不同来源样点的土壤属性预测总体精度

整合后样点数据 5 折交叉验证分组及插值结果如图 2-8 所示。由图看出，整合后的 1300 个样点均匀分成 5 组，每组样点在空间上分布相对均匀。每次用其中 4 组 1040 个样点的土壤属性进行克里金插值，用剩余 1 组的 260 个点进行精度验证。5 组插值结果总体空间分布特征极为相似，均是东部地区高、西部地区低，这是由于用于插值的样点数量较多，每次插值数据都能基本保持原始数据的分布特征。土壤有机质、pH、黏粒含量及表土层厚度四种土壤属性的 5 组插值结果总体空间分布特征相似：土壤有机质东南部地区高、西部地区低；pH 大部分地区偏低东部地区较高，土壤总体呈酸性；东部平原区土壤质地偏黏性，越往西部土壤砂性越强；表土层总体较厚，西部岗丘地区表土层较薄。数据整合后土壤属性插值结果总体分布趋势与三种来源数据的插值结果相似，但空间复杂程度明显强于三种来源数据的结果，土壤属性在局部地区的细微变化特征也有较好的表现，与三种来源数据比，数据整合后土壤属性的空间分布特征表达更为精确细致，这主要是由样点数量的差异引起的。

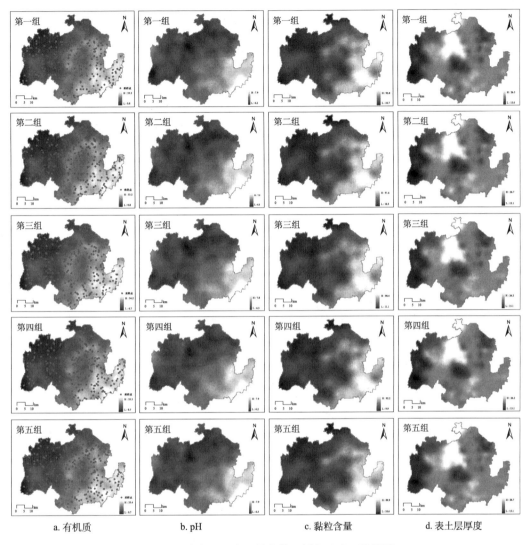

a. 有机质　　　　　　　b. pH　　　　　　　c. 黏粒含量　　　　　　d. 表土层厚度

图 2-8　整合不同来源样点的 5 折交叉验证结果图

　　整合不同来源样点的 5 折交叉验证精度检验见表 2-4。四种土壤属性五个分组实测值与预测值的差距不大，最终 5 次交叉验证平均的实测值与预测值差距也较小。与三种布点方案相比，整合不同来源样点的四种土壤属性 5 次交叉验证的平均 MSE 均明显小于三种布点方案的精度验证结果，这表明整合后对这四种土壤属性的表达精度显著优于三种布点方案，主要是由样点数量的差异造成，整合后的样点数量大量增加，空间覆盖面更广，更能全面反映研究区土壤属性的分布特征，使得整合数据对土壤属性的精度表达较高。

　　对整合后的 1300 个样点的四种土壤属性数据进行克里金插值，将插值后结果与 40 个验证点进行拟合，拟合结果如图 2-9 所示，y 为验证集实测值，x 为相应点位的预测值。

表 2-4　整合不同来源样点的 5 折交叉验证精度检验表

组号	有机质/(g/kg)			pH			黏粒含量/%			表土层厚度/cm		
	实测值	预测值	MSE	实测值	预测值	MSE	实测值	预测值	MSE	实测值	预测值	MSE
1	17.6	17.9	0.10	6.6	6.6	0.09	33.6	33.0	130.15	19.5	19.5	2.23
2	18.8	18.8	0.11	6.7	6.7	0.08	33.6	34.6	109.97	19.7	19.6	2.15
3	18.5	18.2	0.10	6.7	6.6	0.12	35.3	35.0	144.24	19.7	19.5	2.25
4	19.0	18.9	0.12	6.7	6.7	0.09	35.1	35.8	118.18	19.4	19.4	1.84
5	18.5	18.6	0.12	6.6	6.6	0.07	32.4	33.9	159.18	19.2	19.4	2.14
平均值	**18.5**	**18.5**	**0.11**	**6.7**	**6.7**	**0.09**	**34.0**	**34.5**	**132.34**	**19.5**	**19.5**	**2.12**

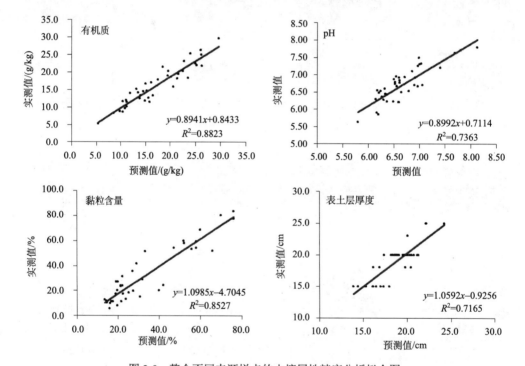

图 2-9　整合不同来源样点的土壤属性精度分析拟合图

由拟合结果看出，四种土壤属性精度拟合方程的 R^2 均大于 0.7，其中有机质的拟合 R^2 最大为 0.8823，表土层厚度的拟合 R^2 最小也达到了 0.7165，表明整合不同来源样点对四种土壤属性的总体预测精度均较高。与三种来源数据的精度拟合结果相比，整合样点精度拟合的 R^2 均明显高于任何一种来源的数据精度，表明对三种来源的样点数据进行整合是有实际意义的，可以显著提高对土壤属性的总体预测精度。

2.3.1.2　土壤属性预测的总体精度比较

以上采用 5 折交叉验证法研究三种来源数据以及将三种来源数据整合后样点对不同土壤属性的总体预测精度。总体来看，在三种来源的数据中，耕地地力调查按土壤类型采样数据的 MSE 最小，其次为多目标地球化学调查数据，耕地质量等级监测数据 MSE 远大于这两种来源数据，表明耕地地力调查数据对土壤有机质、pH、黏粒含量及表土层厚度的总体预测精度最高，而耕地质量等级监测数据的精度最低，造成这一结果的主要原因是样点数量的差异及样点空间分布的差异。而将三种来源的土壤样点数据整合后 MSE 均小于任意一种单独来源数据，表明单独使用任何一种来源的数据，所获得的土壤属性总体预测精度都是有限的，对三种来源的数据有效整合可以提高土壤属性的总体预测精度。

用三种来源数据及整合后样点对四种土壤属性的插值结果与验证数据集进行线性拟合，定量计算三种来源数据及整合样点对土壤属性的表达精度。拟合结果发现，将三种来源数据整合后的样点对四种土壤属性的总体预测精度最高，耕地地力调查数据的精度仅次于整合样点，两者相差不大；多目标地球化学调查数据精度又次于耕地地力调查数据，但精度差距相对较小；而耕地质量等级监测数据的精度相对较低，且远低于整合样点数据、耕地地力调查数据及多目标地球化学调查数据。

三种来源数据及整合样点对不同土壤属性的总体预测精度比较见表 2-5。单从精度来看，将三种来源数据整合后的样点对四种土壤属性的总体预测精度最高，但从样点数量与精度综合来看，多目标地球调查数据的样点数量只有耕地地力调查数据的一半、整合样点的三分之一，但其精度却与整合样点及耕地地力调查数据相差不大。因此，多目标地球化学调查数据不仅样点数量相对较少，而且网格采样方便，同时对土壤属性的预测还能达到较好精度。综合来看，当能够从多个渠道获取已有样点数据的情况下，将不同来源的样点进行有效整合，可以获得较高的土壤属性预测精度；在未知区域进行土壤采样时，采用网格法采样获取区域土壤属性会有较好的效果；而按行政区采样方案对土壤属性的预测精度相对较差。

表 2-5　基于不同来源样点的不同土壤属性预测精度比较

来源数据	样点数	属性预测精度(R^2)			
		有机质	pH	黏粒含量	表土层厚度
耕地质量等级监测	100	0.5144	0.4599	0.6076	0.2859
多目标地球化学调查	400	0.7411	0.6559	0.7325	0.6146
耕地地力调查	800	0.8513	0.6883	0.7747	0.6698
不同来源样点整合	1300	0.8823	0.7363	0.8527	0.7165

从以上四类样点数据对土壤属性的总体预测精度来看，当样点数量较少时(耕地质量等级监测——按行政区采样)，不能全面包含区域土壤属性特征，对土壤属性的预测精度较低；随着样点数量的增加(多目标地球化学调查——按网格采样)，对土壤属性的预测精度迅速提高到一个较高的精度水平；当样点数量继续增加时(耕地地力调查——按土壤类型采样、整合样点)，对土壤属性的预测精度继续提高，但提高幅度较小。可以预见，当样点数量再继续增加时，对土壤属性的预测精度提高越来越缓慢。根据土壤学基本理论，土壤属性在空间上呈连续变异，理论上不存在所有土壤属性都完全一致的区域，无论何种采样方案对土壤属性的表达精度都不可能达到 100%的绝对准确，只要达到需要

的精度即可。因此，在一个研究区样点超过一定数量时，样点数量的大量增加并不会带来土壤属性表达精度的大幅度提高，从理论上说土壤属性表达精度与样点数量呈 S 形曲线上升，最合理的布点数量应该是位于 S 形曲线的上拐点处。

2.3.2 基于土壤属性均质单元的样点密度空间差异

土壤属性在空间上连续变异，理论上不可能通过采样调查获得绝对准确的土壤属性特征，采样调查之所以广泛应用于土壤调查研究，必须基于一个前提，即任一样点密度条件下，每一个或几个采样点在空间上能够代表一定的区域，并且这个区域被认为是均质的。不同来源数据样点的代表区域各不相同，三种来源的土壤数据整合后预测结果的精度在空间上高低不一，而整合后的 1300 个样点在空间上也不是均匀分布。因此，通过划分土壤属性的均质单元，定量计算 1300 个样点在空间上的疏密程度，以研究土壤属性预测精度与样点疏密性的关系，从而判定土壤样点空间疏密程度，进行土壤样点的优化应用研究。

2.3.2.1 土壤属性空间均质性判定

1. 均质性计算

抽样调查是从全部调查研究对象中，抽选一部分单位进行调查，并据此对全部调查研究对象做出估计和推断的统计分析方法(马治国，2011；周鹏和余珊萍，2011)。不同布点方案样点的代表区域各不相同，每一个代表区域被认为在空间上是均质的，忽略了每个区域的空间差异，这就在客观上产生了不确定性——忽略不确定性。忽略不确定性越大说明该区域差异性越大，代表区域划定越不合理，当忽略不确定性超过一定阈值时，代表区域不再是均质区域，需要进行分割；忽略不确定性越小，说明该区域差异性越小，代表区域越均匀合理。

每个代表区域可以视为一个独立的系统，系统内的土壤属性越相似，系统越稳定，代表区域越均质；系统内土壤属性差异越大，系统越不稳定，代表区域越不均质。因此，空间单元的均质程度采用系统理论计算，通过系统熵值来衡量每一个空间单元的均质程度。每个空间单元包含若干个体(采样点)，每一个体又具有多种土壤属性，当该单元内的所有样点的每一个土壤属性均相似，或者该单元内各样点的每一个土壤属性空间变异较小，可以忽略，那么这个空间单元内土壤属性都是相似的，这个空间单元就是一个均质单元。

系统熵根据各指标的变异程度，综合衡量系统的有序程度，其模型为(吴涛等，2013)：

$$S = -k \sum_{i}^{n} P_i \ln P_i$$

式中，S 为系统熵；k 为系统熵系数(常数)，P_i 为系统因子影响熵变化的概率。根据熵变模型，计算土种单元为独立系统的熵值，衡量每个单元的均质性。

(1)假设某个空间单元包含 m 个采样点，每个采样点均有 n 个要素(土壤属性，本章中 $n=4$)，形成原始指标数据矩阵：

$$X = \left\{ \left[x_1, x_2, \cdots, x_n \right]_1, \left[x_1, x_2, \cdots, x_n \right]_2, \cdots, \left[x_1, x_2, \cdots, x_n \right]_m \right\} = \left(X_{ij} \right)_{m \times n}$$

(2) 计算第 j 个土壤属性在第 i 个采样点的概率：

$$P_{ij} = \frac{X_{ij}}{\sum\limits_{i=1}^{m} X_{ij}}$$

(3) 计算属性 j 的熵值：

$$e_j = -k \sum_{i=1}^{m} P_{ij} \ln P_{ij}$$

式中，$k = 1/\ln m$，$0 \le e_j \le 1$。如果 j 全部相等，表明该土壤属性在系统(空间单元)内绝对均质，那么 $e_j = 1$。

(4) 计算 j 属性的差异性系数 g_j。系统的均质性取决于系统内均质程度最差的属性。对于给定的 j，X_{ij} 的差异性越小，则 e_j 越大，该属性在系统内均质性越强；当 X_{ij} 的差异性越大，说明该属性在系统内均质性较差，对整个系统均质性影响较大。

$$g_j = 1 - e_j$$

(5) 计算 j 属性的系统权重：

$$w_j = g_j \left/ \left(n - \sum_{j=1}^{n} e_j \right) \right.$$

式中，w_j 为 j 属性系统权重。特别说明，当 $e_j = 1$ 时，即系统内所有属性都绝对均质，此时 $\sum\limits_{j=1}^{n} e_j = n$，各指标权重相等 $w_j = 1/n$。

(6) 计算系统熵值 R。空间单元的系统熵值即各属性熵值的加权求和。

$$R = \sum_{j=1}^{n} e_j \times w_j$$

2. 均质性临界值确定

运用 K-means 聚类分析方法在 SPSS 中对 1300 个样点的四种土壤属性进行聚类分析。理论上最少可以分 2 类，最多可以分 1300 类，分类后将每一分类的样点及土壤属性作为一个独立系统，计算该类的系统熵值。根据熵值计算结果，把所有分类的平均系统熵值进行排序，将排序中的明显拐点作为临界值。当某系统的熵值大于这个临界值，系统被认为是均匀的，土壤属性相对一致；小于这个临界值被认为是无序不均匀的，土壤属性差别较大，需要对系统进行分割。

当分类数量较少时，每一分类内包含的个体数量较多，由此组成的系统内个体差异较大，系统较为复杂紊乱，均质性较差；随着分类数的增加，每个类别内包含的个体数量逐渐减少，系统内个体的差异性也随之减小，系统逐渐趋于稳定，系统的均质性稳步提升；分类数继续增加，每个类别内包含的个体数量都极少，系统简单稳定，均质性较强；当分类数为 1300 时，每个分类只包含一个个体，此时认为每个系统都绝对稳定。不同分类系统熵值计算结果如图 2-10 所示。

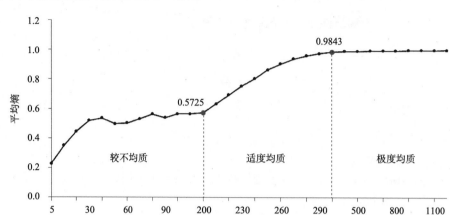

图 2-10　不同样点分类的系统熵值

由计算结果看出，当分类数在 200 以内时，各分类系统熵值变化较不稳定，先是迅速增加，之后曲折变化，该阶段内分类结果系统熵值有高有低，系统较不均匀。分类数从 200 增加到 300 时，分类结果系统熵值迅速稳步提升，每次分类数的增加都能使得系统稳定性有显著提升，表明该阶段每个分类结果系统的稳定性相对较好。分类数超过 300 时，平均每个分类包含的个体数量约为 4 个，分类结果较为简单稳定，系统表现出极度的均匀性。

因此，通过以上分析，取 200 个分类的平均熵值 0.5725 作为衡量区域均质性的临界熵值，区域熵值大于这个临界值时，区域内四种土壤属性空间上变异较小，该区域可以判定为一个均质单元；小于这个临界值时，区域内四种土壤属性空间上变异较大，该区域的均质性不能接受，需要对其进行分割。

2.3.2.2　土壤属性空间均质单元划分

1. 土种单元系统熵值分析

以研究区 542 个土种单元作为初始单元，每个单元内包含的采样点为个体组成一个独立系统，四种土壤属性数据为个体要素，计算各系统的熵值，统计结果如表 2-6、图 2-11 所示。

表 2-6　土种单元系统熵值

	平均值	中位数	最大值	最小值	变异系数/%	偏度	峰度	相关系数
单元熵值	0.8546	0.8799	1.0000	0.2765	12.27	-1.58	4.06	—
单元面积	3.59	1.49	150.27	0.06	257.06	10.14	136.44	-0.6938[*]
样点数量	3.8	2	103	0	147.70	8.50	90.66	-0.6970[*]

*表示相关系数在 0.01 置信度水平显著

各单元熵值跨度较大，在 0.2～1.0 之间均有分布，主要集中在 0.7～1.0，平均值

0.8546，熵值变异系数达 12.27%，各单元熵值频率分布总体右偏态分布，且峰度较高，表明系统熵值分布较为集中。根据系统熵的内涵，熵值越大，单元的各土壤属性越均匀、空间变异性越小，熵值越小，单元的各土壤属性越不均匀、空间变异性越大。有约 38.9% 的单元熵值大于 0.9，单元的各土壤属性在空间上变异性极小，土壤属性表现出极度均匀；约 3% 的单元熵值小于 0.5，各土壤属性在空间上变异性较大，土壤属性表现出极不均匀。对各单元熵值与单元面积及包含的样点数量作相关性分析发现，单元熵值与面积及样点数量均呈极显著负相关关系，单元面积越大，包含的样点数量也越多，单元内各土壤属性的空间分布也越复杂，土壤属性在空间上的变异性能够显著地表现出来，单元内土壤属性的均质性也越差；而单元面积越小，包含的样点数量也越少，单元内各土壤属性的空间分布也越简单，在较小的空间区域内土壤属性变异性也较弱，单元内土壤属性的均质性也越高，这又从另一方面证明了用系统熵值衡量空间单元土壤属性均质程度的合理性。

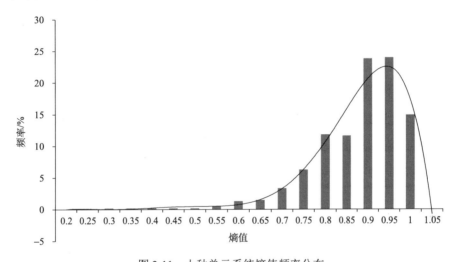

图 2-11　土种单元系统熵值频率分布

　　从理论上说，在一个既定的研究区，采样点数量越多，获得的土壤属性数据也越精确，此时每个样点所代表的空间单元也越小。当单元面积足够小时，系统可能没有个体或者只有一个个体，系统熵值为 1，此时认为空间单元达到绝对均质。对于区域耕地质量评价，一个耕地图斑即一个均质单元，如果每一个耕地图斑布设一个采样点，将获得极高的耕地质量评价精度，但在实际中不可能把每个图斑作为一个单元进行数据调查，调查单元不需要做到绝对均质，只需要最少的相对均质单元达到最好的评价精度即可满足要求。因此，需要对空间分布零散、面积分布极不均匀的土种单元进行适当处理：对面积较小的、均质程度较高的单元进行合并，对面积较大的、均质程度较低的单元进行分割，最终使所有单元的熵值均在临界值之上，整体达到相对均质状态。

　　根据本章的界定，衡量调查单元均质与否的临界熵值为 0.5725，在 542 个土种单元中小于临界值的单元共 11 个，单元面积均较大，平均面积约 50km²，平均包含样点 32 个，面积占研究区总面积的 27%，这些单元需要分割，使其熵值满足要求。对于其他熵值大于临界值的单元，根据其面积及空间分布进行适当合并，只要其熵值不小于临界值即可，以减少调查单元数量。

2. 空间均质单元划定

(1)单元分割。首先，对小于临界值的 11 个土种单元进行分割。分割办法：沿单元内较大的河流、道路等线状地物进行分割，分割后计算新单元的熵值，如果熵值大于临界值，则满足要求停止分割；如果熵值仍小于临界值，则沿次一级的河流、道路等线状地物进行再次分割，再计算新单元的熵值，如果满足要求即停止分割，如果不满足则继续分割，如此不断细分直至被分割的所有单元熵值均高于临界值。

单元分割完成后，形成的所有单元均已达到均质要求，但这并不是最优的均质区域，某些面积小、均质程度极高的单元可以进行合并，合并之后其单元熵值如仍满足要求，那么这样的合并处理是有意义并且合理的。因此，需要对已达到均质要求的单元进行合并。

(2)单元合并。以任意一个熵值最大的单元为起点，向周边开始搜索，将这个单元与其所有接边的单元中熵值最大的单元先合并形成新单元，合并之后计算新单元熵值，熵值如果大于临界值，则继续进行搜索合并，直到这个单元与其接边的任何一个单元合并后，其熵值均小于临界值则停止合并，这个单元即被确定为一个最优均质区域，将所有土种单元进行这样的搜索合并后，即形成研究区最优的空间均质单元。

按以上方法分割、合并土种单元后，最终划定的均质单元共 240 个，各均质单元熵值统计结果如表 2-7、图 2-12 所示。

表 2-7　均质单元信息统计

	平均值	中位数	最大值	最小值	变异系数/%	偏度	峰度	相关系数
单元熵值	0.7232	0.7264	0.8914	0.5768	10.43	−0.07	−0.70	—
单元面积	8.07	6.76	41.6	1.13	62.36	2.47	10.82	−0.6268*
样点数量	5.3	5	23	0	67.95	1.61	3.79	−0.8557*

*表示相关系数在 0.01 置信度水平显著

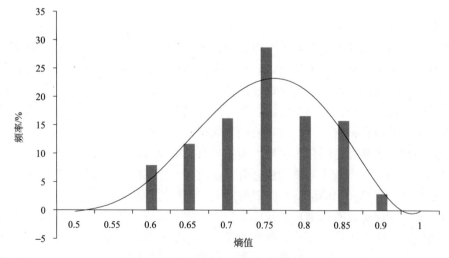

图 2-12　均质单元系统熵值频率分布

处理后均值单元大小相对较为均匀，各单元面积变异系数明显减小，由 257.06%减小至 62.36%，各区域包含的采样点数量差异也显著变小。各均质单元熵值分布较为集中，熵值变异性降低，变异系数减小至 10.43%，各单元熵值频率分布呈正态分布，且峰度较小。各单元熵值与区域面积及包含的样点数量呈极显著负相关，且与样点数量的相关系数达–0.8557。

总体来看，处理后形成的均质单元数量明显减少，单元大小相对均匀，各单元熵值均高于临界值，各单元平均熵值 0.7232，单元均质性整体较高，单元内各土壤属性相对较为一致。均质单元系统熵值空间分布如图 2-13 所示。

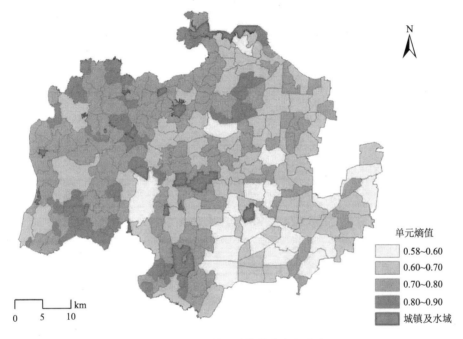

单元熵值
- 0.58~0.60
- 0.60~0.70
- 0.70~0.80
- 0.80~0.90
- 城镇及水域

图 2-13　均质单元系统熵值空间分布

2.3.2.3　土壤样点密度的空间差异

根据以上均质单元结果，将三种来源的 1300 个样点与均质单元进行叠加，统计每个单元内的样点数量，除以单元面积得到每个均质单元的土壤样点密度。研究区土壤样点密度的空间差异如图 2-14 所示。

由结果看出，研究区共 11 个均质单元没有样点分布，样点密度为 0；除此之外，最小样点密度为 0.07 个/km²，最大样点密度为 1.19 个/km²。研究区东北部地区样点分布较多，该区域样点密度较大，中西部地区样点密度较小。土壤样点密度空间分布的这一特征主要是由耕地地力调查数据的样点分布所造成，耕地质量等级监测和多目标地球化学调查均是在空间上相对较为均匀的布设采样点，这两类数据并不会形成较大的样点密度空间差异。而耕地地力调查数据按土壤类型布点，土壤类型复杂、土种单元密集的区域布点相对较多，而土壤类型单一、土种单元较为连续的区域布点相对较少。因此，研究区东北部地区土壤类型相对较复杂，土种单元较为细碎，耕地地力调查数据按土壤类型布点时在该区域布设的样点数量相对较多，该区域的样点密度较大。

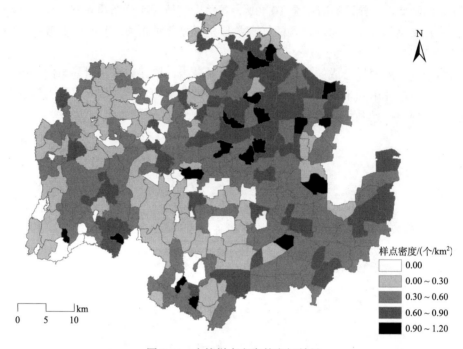

样点密度/(个/km²)

☐ 0.00

☐ 0.00 ~ 0.30

☐ 0.30 ~ 0.60

☐ 0.60 ~ 0.90

■ 0.90 ~ 1.20

图 2-14　土壤样点密度的空间差异

2.3.3　土壤属性预测精度与样点密度的关系

2.3.3.1　土壤属性预测精度的空间差异

通过前文对三种来源数据总体预测精度的分析，三种来源数据采样布点的出发点不同，样点数量及空间布局各不相同，样点代表区域也不同，由此造成对土壤属性的预测精度也显著不同。单独使用任何一种采样数据进行耕地质量评价，由于土壤属性的精度差异都将不能获得较为理想的评价结果。提取 40 个验证点处整合后的土壤属性预测结果，与实测值进行比较分析，研究将三种来源的土壤数据整合后四种土壤属性预测误差在整个研究区域的空间分布情况。采用 MRE 来描述模型预测值和实测值之间的差异，其值越小，该处预测结果越准确。$\widetilde{Z}_i$ 为预测值，Z_i 为实测值。

$$\mathrm{MRE} = \frac{1}{n}\sum_{i=1}^{n}\left|\widetilde{Z}_i - Z_i\right| / Z_i$$

将 40 个验证点的相对误差进行克里金插值，进一步分析土壤属性预测相对误差在整个研究区的空间分布情况，结果见图 2-15。由预测结果相对误差空间分布看出，将三种来源样点整合后进行土壤属性预测，有机质预测结果误差在研究区东部地区较高，在中西部地区预测的准确性相对较低；土壤 pH 预测结果的相对误差总体较低，平均为 0.04，在研究区西部边界地区相对较高，在其他区域均有较好的预测准确性；黏粒含量预测结果的相对误差在中部地区相对较高；表土层厚度在研究区中西部地区预测的相对误差较高。总体来看，将三种来源的土壤数据整合发现，土壤属性预测的总体精度均较高，但在空间上预测精度高低不一，大部分区域的预测精度相对较高，而小部分区域预测精度较低。在研究区东部地区四种土壤属性预测结果的精度均较高，而在中西部地区预测精度相对较低，可能的原因是土壤属性的空间异质性以及样点在空间分布上疏密不均。

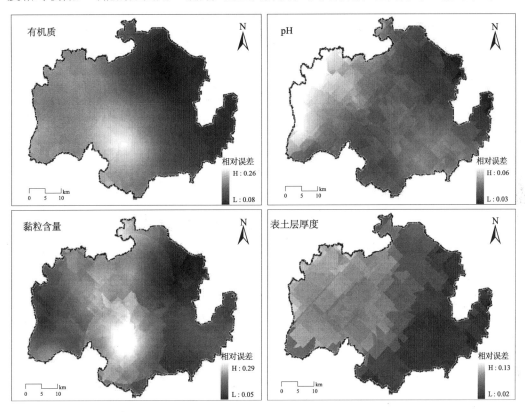

图 2-15　土壤属性预测相对误差的空间差异

2.3.3.2　土壤属性预测精度与样点密度的总体关系

三种来源数据及整合后数据共四类土壤样点数据，样点数量显著不同，对整个研究区来说，四类数据分别代表了四种不同的样点密度。将四类数据的样点数除以研究区总面积 2009.8km^2，得到四类数据的样点密度。耕地质量等级监测数据样点密度为 0.05 个/km^2，多目标地球化学调查、耕地地力调查及不同来源数据整合的土壤样点密度分别为 0.20 个/km^2、0.40 个/km^2 和 0.65 个/km^2。四种土壤属性总体预测精度 R^2 与样点密度关系如图 2-16 所示。

由图 2-16 看出，四种土壤属性总体预测精度与样点密度呈近似的对数关系，相关系数均达到 0.84 以上。当样点密度较小时，土壤属性的总体预测精度均较低，尤其对于表土层厚度这一属性，样点密度较小时其总体预测精度极低；之后随着样点密度的增大，土壤属性总体预测精度迅速提高；当样点密度再进一步增大时，土壤属性的总体预测精

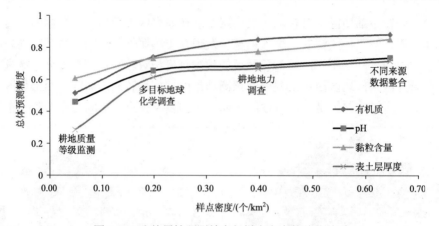

图 2-16　土壤属性预测精度与样点密度的总体关系

度也进一步提高，但提高的幅度相对较小，此时土壤属性总体预测精度已达到一个相对较高的水平；当样点密度继续增大时，土壤属性总体预测精度只有略微提高。即在土壤样点密度较小时，样点密度的增加可以使土壤属性预测精度显著提高；当样点密度达到一定的水平时，样点密度的增加已不再能使土壤属性预测精度有明显的提高。

2.3.3.3　土壤属性预测精度对样点密度变化的响应

将四种土壤属性预测精度的空间分布图与均值单元相叠加，提取 240 个均质单元的土壤属性的平均预测误差，将各单元的预测误差进行标准化处理并与其样点密度进行比较分析，以探讨土壤属性预测精度空间分布与样点疏密性的关系。不同土壤属性预测精度对样点密度变化的响应如图 2-17 所示。

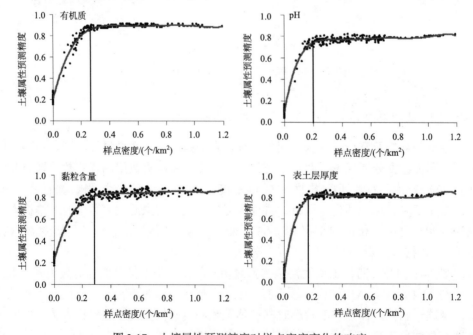

图 2-17　土壤属性预测精度对样点密度变化的响应

　　四种土壤属性预测精度与样点密度均有相似的变化关系，不同土壤属性预测精度的变化均存在一个土壤样点密度增长的"拐点"。当样点密度从 0 开始逐渐增长时，四种土壤属性的预测精度都迅速提高；当样点密度进一步增长达到某个"拐点"时，该种土壤属性的预测精度逐渐达到一个较高的稳定水平，预测精度不再随样点密度的增大有明显的提高，这一分析结果也进一步印证了土壤属性总体预测精度与样点的疏密性关系。

　　不同土壤属性由于其空间变异性不同，预测精度达到较高稳定水平所需的土壤样点密度自然不同。土壤有机质的预测在样点密度达到 0.24 个/km² 时，预测精度达到 0.9 左右的稳定水平，超过这一样点密度时有机质的预测精度不再有明显的提高。土壤 pH 的预测精度达到稳定的样点密度为 0.20 个/km²，达到稳定的预测精度为 0.8 左右；黏粒含量预测精度达到稳定的样点密度为 0.30 个/km²，达到稳定的预测精度为 0.85 左右；表土层厚度预测精度达到稳定的样点密度为 0.16 个/km²，达到稳定的预测精度为 0.8 左右。

　　对于某种土壤属性，当样点密度在其拐点以下时，该种土壤属性的预测精度还有一定的提升空间，表明此时的样点数量还不能足以反映区域土壤属性的空间分布特征，存在一定程度的数据缺失问题，通过样点的补充或其他手段补充数据可以提高土壤属性的预测精度。当样点密度超过拐点时，该种土壤属性的预测精度已经达到一个较高的水平，样点密度再增加也不会使得土壤属性预测精度有显著提高，表明此时的样点数量已存在一定程度的冗余，可以通过一定的手段剔除冗余的样点，使得样点密度达到拐点的水平即可，土壤属性的预测精度也不会降低。

　　通过以上研究发现，将不同来源的土壤样点数据整合可以有效提高土壤属性的预测精度，但预测精度在空间上高低不一，样点分布在空间上疏密不均。部分区域样点密度低于其拐点值，土壤属性预测精度相对较差，该区域存在一定程度的数据缺失问题，需要对其进行数据的补充从而提高土壤属性的预测精度；而部分区域样点密度高于其拐点值，土壤属性的预测精度较高，但该区域存在数据冗余问题，需要对其样点数量及布局进行优化从而提高土壤样点数据处理使用的效率。

2.3.4　研究区土壤样点的疏密性分区

　　本书的研究中耕地地力调查数据、多目标地球化学调查数据、耕地质量等级监测数据三种土壤数据来源各有其抽样目标，并不是专门针对耕地质量评价进行的抽样，在布点时并没有考虑(或者不是主要考虑要素)耕地质量评价所用土壤属性的空间分布特征，对耕地质量评价来说，这三种抽样布点方案均有一定的盲目性。根据前文研究结论，三种来源的样点数据在部分区域布点过多，样点密度超过了土壤属性预测的拐点值，存在数据冗余问题；而部分区域布点过少或没有布设样点，样点密度小于土壤属性预测的拐点值，存在数据缺失问题。因此，应根据不同区域样点的疏密程度，采用不同的方法分别获取这些区域的土壤属性特征，更为合理地运用耕地质量评价中已有的土壤样点数据，从而提高耕地质量的评价精度与效率。

　　1. 疏密性判定标准

　　四种土壤属性预测的样点密度拐点值各不相同，其中黏粒含量样点密度的拐点值最大为 0.3 个/km²，当样点密度达到 0.3 个/km² 时，四种土壤属性的预测精度都可以达到较

高的稳定水平。因此,以 0.3 个/km²的样点密度作为判定均质单元样点疏密程度的临界值,判定标准如下:

(1)样点密集。当均质单元的样点密度大于等于 0.3 个/km²时,这个均质单元被认为是样点密集区,可以通过合理的方法进行土壤样点数量及布局的优化,剔除冗余的样点数据以提高土壤数据处理的效率,在不降低土壤属性预测精度的前提下获得该区域的土壤属性特征。

(2)样点稀少。当均质单元的样点密度小于 0.3 个/km²时,这个均质单元被认为是样点稀少区,该区域由于样点稀少而使得土壤属性预测精度相对较低,需要通过其他手段预测补充样点及数据,以提高土壤属性的预测精度。

(3)样点缺失。当一个均质单元没有一个点落进去,此时该均质单元的样点密度为 0,这个均质区域是样点缺失区,该区域由于数据缺失而无法有效进行土壤属性的预测,需要通过其他手段预测补充土壤样点及数据。

2. 土壤样点的疏密性分区

根据以上判定标准,研究区土壤样点的疏密性分区见图 2-18。

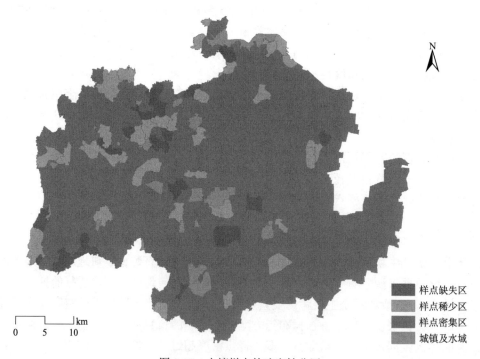

图 2-18　土壤样点的疏密性分区

(1)样点密集区。研究区绝大部分区域样点数量分布较多、样点密度较大,共有 187 个单元的样点密度大于等于 0.3 个/km²,属于样点密集区,该区域面积占研究区总面积的 85.16%,共包含 1268 个抽样点。该分区样点分布相对密集,应用优化的思路为对土壤样点的数量及布局进行优化,剔除突变及冗余样点,优化土壤样点空间分布,以提高耕地质量评价的效率。

(2)样点稀少区。共有 32 个单元样点密度小于 0.3 个/km²，属于样点稀少区，主要分布于研究区中西部地区，该区域面积占研究区总面积的 9.51%，共包含 32 个抽样点。该分区样点过少，对区域土壤属性的表达精度不足，优化应用的思路为补充该区域的土壤属性数据，采用空间预测方法对该区域土壤属性进行预测补充，以提高耕地质量评价的精度。

(3)样点缺失区。共有 21 个单元没有采样点分布，属于样点缺失区，主要分布于研究区西部地区，该区域面积占研究区总面积的 5.33%。该分区无样点分布，无法有效获取区域土壤属性数据，优化应用的思路同样点稀少区相同，也是补充区域土壤属性，采用空间预测方法对该区域土壤属性进行预测补充，以提高耕地质量评价的精度。

2.4　样点稀缺区土壤属性空间分布的优化预测

样点缺失区和样点稀少区(样点稀缺区)每个均质单元没有样点分布或样点密度较低，土壤数据缺失或土壤属性预测精度过低无法进行耕地质量评价，因此需要补充土壤属性数据。土壤属性数据的补充可通过实地采样调查获取，但土壤补充采样分析耗时、费力且不经济。样点稀缺区只占整个研究区的较少部分，而样点密集区有大量的抽样点数据，因此可以使用样点密集区的采样点数据预测得到样点稀缺区的土壤属性。通常有两种办法可以达到这一目的：①采用土壤-景观模型，用样点密集区的抽样点数据，建立土壤属性与地形、地貌等景观因子之间的数学模型，预测补充样点稀缺区的土壤属性数据；②采用地统计插值方法，用样点密集区的抽样点直接进行空间插值，预测得到样点稀缺区的土壤属性数据。地统计插值方法过程较为简单，但插值结果与样点数量及空间分布有极大关系，而样点稀缺区由于没有样点或样点数量过少，地统计插值方法预测该区域土壤属性结果可能不甚理想。因此，本书主要采用土壤-景观模型预测土壤属性，将预测结果与地统计插值结果相比较，以确定样点稀缺区最优的土壤属性预测补充方法，得到精度较高的样点稀缺区土壤属性。

2.4.1　优化预测的土壤-景观模型建立

土壤并不是独立存在和发展的，与地表属性(如地形因子)和地上属性(如地表覆盖和土地利用)相互联系，又与岩石圈等其他圈层动态地交互作用共同形成了土壤圈，与外界环境因素(景观)一直处于相互影响的动态发展之中(朱阿兴等，2005)。土壤-景观模型通过研究土壤与环境因素之间的相关特性，建立土壤属性与各种环境因素(地形、地貌、水文水系、人类活动等)之间的定量关系，并通过这种定量关系实现土壤属性的空间分布及对时间变化规律的预测(李天杰等，2004；朱阿兴等，2008)。

2.4.1.1　土壤景观因子确定

本书以成土因素学说和土壤-景观模型理论为基础，确定研究区土壤环境影响因子。成土因素学说确定了土壤形成的五大类因素：气候、母质、地形、生物、时间，土壤-景观模型理论认为，不同的土壤环境条件会形成不同的土壤类型，当特定的土壤景观因子组合确定时，所形成的土壤类型也是唯一确定的，因此本书筛选反映地形地貌、气候、水文、植被、人为因素等成土相关景观因子(Moore et al.,1993；Gessler et al., 2000)。

研究区气候、母质在县域尺度上相对变化不大，这两大类因素无法有效反映研究区的土壤属性变化。而时间对于土壤的形成是一个历史过程，对某一时间的土壤属性来说，时间这一因素是没有意义的。因此，地形与生物因素成为有效指示研究区土壤属性变化的主要环境变量，可反映土壤的空间分布特征，进行土壤属性与土壤类型的定性识别。

在地形因素中，不同的高程和坡度条件下土壤的光照、水分、温度及植被覆盖状况不同，由此间接改变了土壤的物质组成和理化性质，使得土壤的发育过程向不同方向发展，从而形成不同的土壤类型(石伟等，2011)。剖面曲率反映了地形在垂直面上的凹凸程度，影响着物质和能量流动的加速集中或减速分散(孙孝林等，2008；石伟等，2011)。地形湿度指数(TWI)主要反映土壤内的水分运动状况和土壤相对含水量(Florinsky et al., 2002；邓惠平和李秀彬，2002)。汇流动力指数(SPI)定量反映土壤被径流侵蚀的能力。生物因素主要考虑植物分布及人类活动两类因素，植被类型与土壤类型关系密切，植物落叶、残根等直接影响土壤形成。本书的研究运用多年平均的归一化植被指数(NDVI)表示区域植被分布。人类活动对土壤的影响集中体现在土地利用活动上，因此选择土地利用类型作为人为因素，可以较好地反映人类活动的影响。

综上，选择以下 8 个因素作为土壤环境影响因子：高程、坡度、平面曲率、剖面曲率、地形湿度指数、汇流动力指数、归一化植被指数、土地利用类型。

2.4.1.2 土壤景观因子数据获取

以研究区 30m×30m 的数字高程模型(DEM)为基础，在 ArcGIS 9.3 中提取相关地形因子，主要包括：高程、坡度、平面曲率、剖面曲率、地形湿度指数、汇流动力指数。以研究区 2005～2010 年 5 年的 30m TM 遥感数据为基础，计算区域 5 年平均 NDVI 值。土地利用类型以 2010 年东海县 1∶5000 土地利用现状图为基础,进行土地利用类型的识别。各景观因子的定义、公式以及意义见表 2-8。

表 2-8　景观因子定义、公式及意义

景观因子	定义和公式	表征意义
高程/m	某点沿铅垂线方向到绝对基面的距离	改变植被及水热条件，影响土壤发育
坡度/(°)	地面点的法线方向与垂直方向的夹角 $$\alpha = \arctan\sqrt{f_x^2 + f_y^2}$$	反映局部地形表面的倾斜程度，影响表层土壤的稳定程度与地表水流的排聚能力
平面曲率/m^{-1}	在地形表面上，具体到任何一点，指用过该点水平面沿水平方向切地形表面所得的曲线在该点的曲率值 $$H_\tau = -\frac{f_y^2 f_{xx} - 2f_x f_y f_{xy} + f_x^2 f_{yy}}{\left(f_x^2 + f_y^2\right)\left(1 + f_x^2 + f_y^2\right)^{\frac{3}{2}}}$$	影响地表物质运动的汇合和发散

续表

景观因子	定义和公式	表征意义
剖面曲率/m^{-1}	在地形表面上，具体到任何一点，指用过该点的法线方向和微小范围内高程变化最大方向的平面或地形表面所得的曲线，在该点的曲率值 $$P_r = -\frac{f_x^2 f_{xx} + 2f_x f_y f_{xy} + f_y^2 f_{yy}}{\left(f_x^2 + f_y^2\right)\left(1 + f_x^2 + f_y^2\right)^{\frac{3}{2}}}$$	影响地表物质运动的加速和减速
地形湿度指数	$$TWI = \ln\left(\frac{A}{L \cdot \tan\alpha}\right)$$	定量反映土壤蓄水和排水的综合状况
汇流动力指数	$$SPI = \frac{A \cdot \alpha}{L}$$	定量反映潜在的径流侵蚀能力
归一化植被指数	$$NDVI_i = \frac{band4 - band3}{band4 + band3}$$ $$\overline{NDVI} = \sum_i^n NDVI_i$$	定量反映区域植被分布与覆盖程度
土地利用类型	水田、旱地	不同土地利用类型反映了人类对土壤的扰动与改造程度

注：f_x 和 f_y 分别为高程曲面在 x 方向上和 y 方向上的一阶导数，f_{xx} 为高程曲面在 x 方向上的二阶偏导数，f_{yy} 为高程曲面在 y 方向上的二阶偏导数，f_{xy} 为高程曲面在 x 和 y 方向上的二阶混合偏导数，A 为汇流面积，L 为等高线长度。

根据各景观因子的计算公式，计算得到覆盖整个研究区的各景观因子栅格图像，如图 2-19、图 2-20 所示。高程、坡度是最基本的地形属性，和气候、水文、植被等一些与土壤形成发育过程密切相关的环境要素均有密切关系，同时也是计算各种地形属性的基础数据。研究区处于黄淮海平原区，整体海拔较低，最高海拔 237m；东部属于平原地区，平均高程在 5m 以下；西部地区属于岗丘地区，地势较高，平均高程超过 50m；中部地区为平原向岗丘过渡的缓坡区域，平均高程 20m 左右。坡度的空间变化较为复杂，均是东部平原区与西部岗丘区相对较低，而中部缓坡区地势起伏较大，坡度相对较陡。曲率是表征局域地形在各个截面方向上凹凸形态变化的地形属性，可用于反映地表物质运动(如地表水流的汇聚或扩散、土壤侵蚀的强度等)，影响研究区土壤有机质含量等一些土壤属性的分布(朱阿兴等，2008；李志斌，2010)。其中，平面曲率表示地表物质运动的汇合和发散模式，研究区平面曲率整体较低，表明研究区地形较为平整连续；剖面曲率表示坡度的变化，表征物质运动的加速和减速、沉积、流动、侵蚀状态，反映地形的起伏程度，与研究区坡度有相似的空间变化。

地形湿度指数可以定量模拟流域水文对地形的响应，反映土壤水分的空间分布特征，具有相同地形湿度指数频率分布的流域其水文特性也具有相似性，其数值能定量表达土壤蓄水和排水的综合状况(朱阿兴等，2008)。研究区东部平原区海拔较低，土壤以黑土、水稻土等黏性土壤为主，土壤水分相对较高，而西部岗丘区土壤含水量较低。汇流动力指数反映土壤被侵蚀的能力，西部岗丘区地势起伏，土壤以青砂板土、岭石砂土等砂性土壤为主，较易被侵蚀。归一化植被指数可以定性或定量地反映植被覆盖、生长活力以及生物量等，研究区水资源较为丰富，植被覆盖度总体较高。本书的研究对象为耕地，因此只针对耕地这一土地利用类型进行研究。根据土地利用类型图，东部地区主要为水田地区，主要种植小麦和水稻；西部地区为旱地地区，主要种植小麦和玉米。

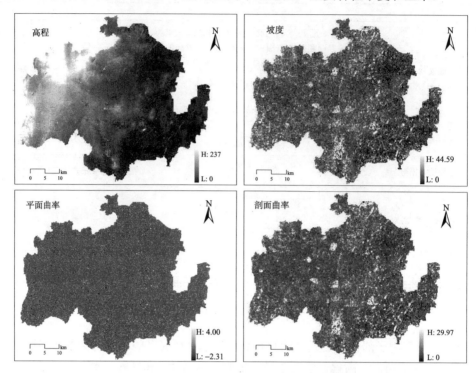

图 2-19　非指数地形景观因子空间分布图

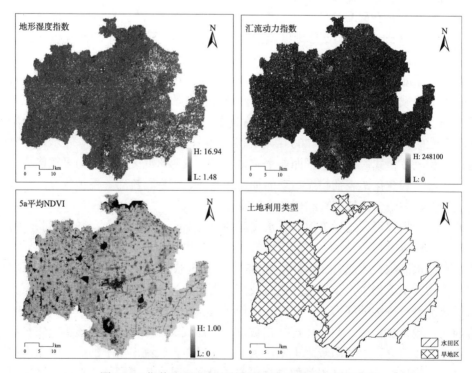

图 2-20　指数地形及土地利用类型景观因子空间分布图

2.4.2　研究区样点密集区土壤属性特征与景观因子的关系

2.4.2.1　土壤属性统计特征

1. 研究区土壤属性统计特征

样点密集区共有抽样点 1268 个，随机抽取其中 70%的样点(918 个)作为训练集建立土壤-景观预测模型，剩余 30%的样点(350 个)作为模型的验证数据集，训练集与验证集的有机质、pH、黏粒含量及表土层厚度属性特征见表 2-9。四种土壤属性中，有机质与黏粒含量变异性相对较强，pH 与表土层厚度变异性较弱。比较四种土壤属性在训练集和验证集中的统计特征，可以发现各土壤属性在两个集中的各项统计特征值都很接近，表明两个集中各土壤属性的变异比较相似，变异系数的规律也验证了这一结论。

表 2-9　样点密集区土壤属性统计特征

指标	有机质/(g/kg)		pH		黏粒含量/%		表土层厚度/cm	
	训练集	验证集	训练集	验证集	训练集	验证集	训练集	验证集
最小值	1.2	5.0	5.0	5.2	3.5	4.0	12.0	15.0
最大值	41.0	38.5	9.9	8.2	89.7	86.3	30.0	30.0
平均值	18.8	18.9	6.7	6.7	35.7	34.4	19.5	19.3
偏度	0.49	0.47	0.37	0.65	0.48	0.71	0.4	0.64
峰度	−0.25	−0.5	0.65	1.08	−1.11	−0.89	0.95	1.49
变异系数	36.22%	36.77%	9.10%	6.67%	66.79%	69.59%	15.12%	15.80%

2. 不同土地利用类型土壤属性统计特征

训练集 918 个样点在水田及旱地的四种土壤属性统计特征见表 2-10。由结果看出：旱地的土壤有机质明显小于水田，水田中土壤含水量较高，有机质分解较为缓慢易于积累；旱地土壤较水田土壤酸性更强；水田土壤黏粒含量显著高于旱地，以壤土及黏土为主，而旱地以砂土为主；水田在研究区东部平原地区及中部缓坡地区，土壤以黑土、潮土及水稻土为主，表土层较厚，而旱地位于研究区的西部岗丘地区，表土层较薄。水田中四种土壤属性更具正态分布特征，而旱地土壤属性呈偏态分布，且峰度较高，数据较为集中。

表 2-10　样点密集区不同土地利用类型的土壤属性统计特征

土地利用类型	土壤属性	最小值	最大值	平均值	变异系数	偏度	峰度
水田	有机质	3.5g/kg	41.0g/kg	20.7g/kg	30.68%	0.42	−0.24
	pH	5.0	8.2	6.8	8.85%	0.17	−0.31
	黏粒含量%	4.0%	89.7%	41.1%	58.35%	0.15	−1.30
	表土层厚度 cm	14.0cm	30.0cm	20.0cm	13.83%	0.50	1.52
旱地	有机质	1.2g/kg	28.7g/kg	12.5g/kg	29.63%	0.70	2.11
	pH	5.1	9.9	6.4	8.45%	1.29	8.77
	黏粒含量	3.5%	78.3%	17.8%	65.73%	1.68	4.15
	表土层厚度	12.0cm	30.0cm	17.9cm	16.47%	0.71	0.70

由以上分析看出,四种土壤属性在水田与旱地中的差异较为明显,从数据统计上表明土地利用类型对土壤属性有显著影响,这也证明了将土地利用类型作为土壤-景观模型的影响因子是很有必要的。

2.4.2.2 景观因子与土壤属性之间的关系

在 SPSS18 中进行皮尔逊相关分析,四种土壤属性与土壤景观因子之间的相关性分析结果见表 2-11。

表 2-11 不同土壤属性与景观因子的相关系数

土地利用类型	土壤属性	高程	坡度	平面曲率	剖面曲率	地形湿度指数	汇流动力指数	归一化植被指数
水田	有机质	-0.508**	-0.122**	-0.097*	0.007	0.160**	-0.028	0.225**
	pH	-0.340**	-0.095*	-0.040	-0.086	0.144**	-0.065	0.164**
	黏粒含量	-0.388**	-0.103*	0.150**	-0.039	0.011	-0.238**	0.004
	表土层厚度	0.218**	0.051	-0.021	0.028	-0.036	-0.005	-0.06
旱地	有机质	-0.312**	-0.021	0.077	-0.075*	0.054	-0.073	-0.086
	pH	0.200**	0.085	0.004	-0.116*	-0.118*	-0.020	0.055
	黏粒含量	-0.138*	-0.032	0.002	-0.038	-0.114*	-0.111	0.003
	表土层厚度	-0.379**	-0.095	-0.013	-0.053	0.074*	-0.137	-0.091

*表示相关系数在 0.05 置信度水平显著,**表示相关系数在 0.01 置信度水平显著

1. 有机质

在水田中土壤有机质含量与高程、坡度及平面曲率呈显著负相关,这一特性与实际情况相符,水田区域地势相对平缓低洼,区域内河流水库众多,并且由于水稻种植,土壤经常处于积水状态,土壤含水量较高,地势越低,土壤有机质分解越缓慢,越容易在土壤中积累;坡度越大,发生土壤侵蚀的概率与强度也越大,土壤有机质越容易流失;平面曲率越大,地形越不规则,不利于土壤有机质的积累,有机质含量也较低。而土壤有机质与地形湿度指数、归一化植被指数呈极显著正相关,与上面分析类似,土壤湿度越大含水量越多,土壤有机质含量越高;而归一化植被指数越大,植被覆盖越多,间接反映出该区域土壤相对较肥沃,有机质含量较高。在旱地区域,土壤有机质只与高程及剖面曲率呈显著负相关,与水田区域不同。研究区旱地主要在西部岗丘地区,该区域海拔相对较高,地势起伏不平,剖面曲率较大,土壤有机质易随土壤侵蚀而流失,土壤有机质含量较低。这一研究结果与 Thompson 等(2006)、Sumfleth 和 Duttmann(2008)、Pei 等(2010)的研究发现相一致。

2. pH

在水田中,土壤 pH 与高程、坡度呈显著负相关,海拔越低、坡度越小、地势越低洼,低洼地区地下水位就相对比较高,就容易把溶解在水中的盐带到表层,易发生土壤的盐渍化过程,且水田区域长期淹水,盐渍化过程更为显著,故可导致土壤 pH 的升高。而土壤 pH 与地形湿度指数、NDVI 呈显著正相关,与以上分析类似,地形湿度指数越大、

NDVI 越高，土壤含水量越大，土壤盐分含量相对也越高，pH 也越大。而在旱地区域，土壤 pH 的相关性与水田刚好相反，土壤 pH 与高程呈极显著正相关，与剖面曲率、地形湿度指数呈显著负相关，海拔越高，剖面曲率越大，地势起伏也越大，导致地面水流较急，不能充分下渗对盐基离子进行淋溶，因而 pH 较高。Guo 等(2011)的研究也验证了这一研究结果。

3. 黏粒含量

在水田中，土壤黏粒含量与高程、坡度、汇流动力指数呈显著负相关，海拔越高、坡度越大的地方越容易发生土壤侵蚀，SPI 也越大，土壤中重量较轻的黏粒物质容易被水流冲走，而留下重量较大的粗颗粒物质，土壤中黏粒含量因此降低。土壤黏粒含量与平面曲率呈极显著正相关，平面曲率越大，地形越平整规则，越不容易发生土壤侵蚀，土壤黏粒含量也越高。在旱地中，黏粒含量只与高程、地形湿度指数呈显著负相关，与以上分析类似，海拔越高，发生土壤侵蚀的可能性越大，地形湿度指数越大，土壤含水量越低，土壤越干燥，也越容易发生土壤侵蚀，土壤黏粒含量也越低。

4. 表土层厚度

表土层厚度与各景观因子的相关性较弱，在水田中只与高程呈显著正相关，在旱地中与高程呈显著负相关，与地形湿度指数呈正相关。表土层厚度整体上符合成土过程规律，海拔越低表土层越厚，海拔越高表土层越薄。耕地经过多年的耕作利用，在较大程度上影响了土层结构，农业利用对表土层影响尤其深刻，因此表土层厚度受人为影响较为显著，与其他景观因子之间的关系不甚明显。

总体来看，四种土壤属性与各景观因子之间均存在不同程度的相关关系，这也表明，没有哪个景观因子与某种土壤属性不存在相关关系，这也反映出景观因子选择的合理性。四种土壤属性与高程均有显著相关关系，表明高程是影响土壤属性的重要因素，而水田土壤属性与各景观因子的相关关系比旱地紧密，且相关性也较强，这反映出土地利用类型对土壤属性有较为明显的影响。在土地利用程度越来越高的趋势下，土地利用类型是预测土壤属性的必要因素。

2.4.3　基于土壤-景观模型的土壤属性空间分布预测

2.4.3.1　土壤属性预测结果

运用训练集 918 个样点的土壤属性数据，采用多元逐步回归方法分水田、旱地分别建立土壤属性的预测模型。预测模型见表 2-12。

表 2-12　不同土壤属性的土壤-景观预测模型

土地利用类型	土壤属性	回归方程	R^2	F
水田	有机质	$y_1 = 27.647 - 4.489 \ln x_1 + 0.245 x_2 + 4.832 x_3 + 2.713 x_7$	0.659	183.49
	pH	$y_2 = 6.753 - 0.119 \ln x_1 + 0.009 x_5 + 0.244 x_7$	0.517	108.05
	黏粒含量	$y_3 = 0.443 - 0.122 \ln x_1 + 0.016 x_2 + 0.005 x_5 + 0.194 x_7$	0.635	128.88
	表土层厚度	$y_4 = 18.727 + 0.642 \ln x_1$	0.445	94.68

续表

土地利用类型	土壤属性	回归方程	R^2	F
旱地	有机质	$\ln y_1 = 3.382 - 0.234 \ln x_1 - 0.043\ln x_4$	0.561	77.02
	pH	$y_2 = 6.572 + 0.153 \ln x_1 - 0.062 x_4 - 0.062\ln x_5$	0.464	44.62
	黏粒含量	$y_3 = 0.371 - 0.043 \ln x_1 - 0.007\ln x_6$	0.483	46.84
	表土层厚度	$y_7 = 25.223 - 2.927 \ln x_1 + 1.263 x_5$	0.548	74.54

注：x_1 高程，x_2 坡度，x_3 平面曲率，x_4 剖面曲率，x_5 地形湿度指数，x_6 汇流动力指数，x_7NDVI。

　　所有预测模型在95%置信度水平上均通过 F 检验，验证分析结果显示模型预测效果较好。拟合模型的 R^2 表示构建的土壤属性预测模型能解释土壤属性变异的程度，R^2 越接近于 1，表明模型能解释土壤属性变异的程度越大，同时也表明模型的拟合度越好。土壤属性预测模型的 R^2 表明，四种土壤属性在水田的预测模型拟合度除表土层厚度均高于旱地，水田中景观因子分别能解释土壤有机质、pH、黏粒含量和表土层厚度空间变异的65.9%、51.7%、63.5%和 44.5%。旱地中景观因子分别能解释土壤有机质、pH、黏粒含量和表土层厚度空间变异的 56.1%、46.4%、48.3%和 54.8%。

　　对于四种土壤属性，有机质的预测模型拟合程度最高，土壤-景观模型可较好地反映土壤有机质的情况。有机质在土壤中的形成与积累受地形地貌等景观因子的影响较为明显，地势平坦、土壤湿度大、植被覆盖度高等条件都有利于有机质的形成与积累，而地势起伏不平、植被覆盖少的地方有机质容易流失，因此土壤-景观模型预测土壤有机质的结果相对较好。土壤景观因子中，无论在水田还是旱地地区，高程均进入预测模型，表明高程是影响土壤属性的重要因素之一。在水田区，表土层厚度预测模型拟合精度较低，因为水田主要在平原区，表土层厚度变化不甚明显，该属性受土壤景观因子的作用不显著，所以模型拟合效果不甚理想。

　　运用以上土壤属性预测模型，分别对水田、旱地的有机质、pH、黏粒含量及表土层厚度四种土壤属性进行预测，结果见图 2-21。从结果看出，土壤有机质在空间上自东向西逐渐降低；pH 在研究区东部及西部地区偏高，而中部地区偏低；黏粒含量与有机质有相似的空间变化，东部地区土壤黏性较大，西部地区土壤砂性较强；研究区表土层厚度东部及西部地区偏低而中部地区偏高，但整体差异不大，平均在 20cm 左右。从空间分布图看出，四种土壤属性空间分布在旱地与水田之间有一个突变，这是由于旱地与水田土壤属性特征差异显著，由此形成的预测模型也明显不同，得到的预测结果也完全不同，两者在交界地区不可能完全衔接，但两者在数值上的差异在可以接受的范围内，不影响对整个区域的土壤属性预测。

2.4.3.2　预测结果误差分析

　　用 350 个样点构成验证集，其中水田 220 个、旱地 130 个点，对以上土壤属性预测结果的精度进行定量化分析。提取 350 个验证点处的土壤属性预测结果，与实测值进行比较分析。采用误差指数平均绝对误差(MAE)和平均相对误差(MRE)来描述模型预测值和实测值之间的差异，其值越小，表明模型预测值的精度越高。$\widetilde{Z_i}$ 为预测值，Z_i 为实测值。

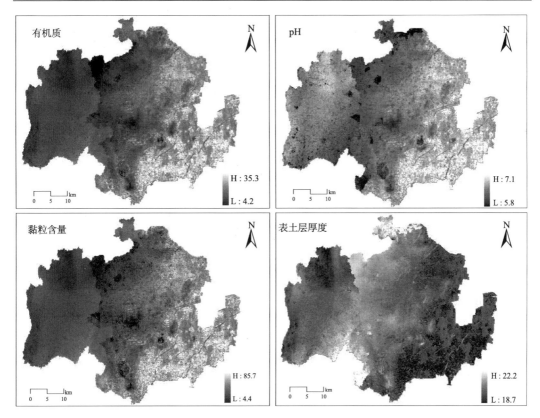

图 2-21　土壤-景观模型的土壤属性预测结果

$$MAE = \frac{1}{n}\sum_{i=1}^{n}\left|\widetilde{Z}_i - Z_i\right|$$

$$MRE = \frac{1}{n}\sum_{i=1}^{n}\left|\widetilde{Z}_i - Z_i\right| / Z_i$$

　　土壤-景观模型预测结果的误差分析见表 2-13。由分析结果看出，四种土壤属性在水田、旱地中的预测值与实测值差距极小，因此从预测结果来看以上预测模型对四种土壤属性的预测较为准确。从预测结果误差来看，四种土壤属性的平均绝对误差及平均相对误差均相对较小，预测结果的误差较小，预测模型对土壤属性的预测精度较好。四种土壤属性在旱地的平均绝对误差均小于水田，主要是由于水田与旱地四种土壤属性值差异明显，旱地处于研究区西部岗丘地区，四种土壤属性值均明显低于水田区，在相同的误差条件下水田的绝对误差自然要高于旱地。而水田有机质预测结果的相对误差小于旱地，表明预测模型对水田有机质的预测结果准确性高于旱地；水田 pH、黏粒含量及表土层厚度的相对误差与旱地相差极小，水田及旱地预测模型对这三种土壤属性的预测准确性无显著优劣。

表 2-13　土壤–景观模型预测结果的误差分析

土壤属性	水田 (n=220)				旱地 (n=130)			
	实测值	预测值	MAE	MRE	实测值	预测值	MAE	MRE
有机质/(g/kg)	20.6	21.2	0.24	0.13	12.1	12.6	0.17	0.15
pH	6.7	6.7	0.24	0.04	6.4	6.4	0.2	0.03
黏粒含量/%	38.9	41.8	10.71	0.48	16.8	18.9	4.84	0.47
表土层厚度/cm	20.1	20.1	1.14	0.06	17.7	17.9	0.96	0.05

2.4.3.3　预测结果精度评价

1. 水田

运用水田预测模型得到的四种土壤属性结果与水田中 220 个验证点的数据进行线性拟合，用拟合方程的 R^2 表示预测值对实测值的表达精度，即预测模型对土壤属性的预测精度。拟合结果如图 2-22 所示，y 为验证集实测值，x 为相应点位的预测值。

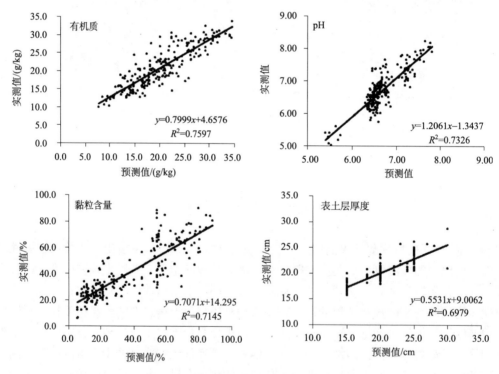

图 2-22　水田土壤属性预测结果验证拟合图

水田预测模型对四种土壤属性预测精度都相对较高，拟合方程的 R^2 均在 0.7 左右，其中对土壤有机质的预测精度最高，R^2 为 0.7597，对表土层厚度的预测精度最低，R^2 为 0.6979。研究区水田处于东部平原地区及中部的缓坡地区，表土层总体较厚，基本为 20～25cm，整体变化不大，与地形等景观因子之间的关系不甚明显，因此对表土层厚度的预测精度相对较低。

2. 旱地

运用旱地预测模型得到的四种土壤属性结果与旱地中 130 个验证点的数据进行线性拟合，用拟合方程的 R^2 表示预测值对实测值的表达精度。拟合结果如图 2-23 所示，y 为验证集实测值，x 为相应点位的预测值。

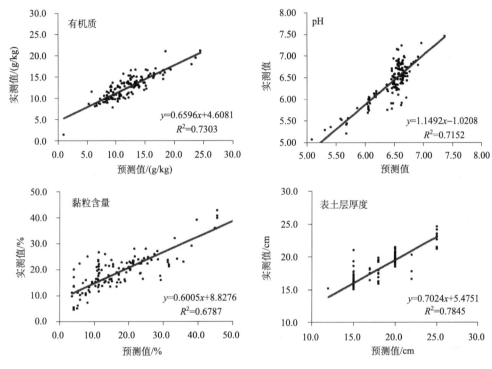

图 2-23 旱地土壤属性预测结果验证拟合图

旱地预测模型对四种土壤属性预测精度高低不一，对表土层厚度的预测精度最高 R^2 为 0.7845，而对黏粒含量的预测精度最低 R^2 为 0.6787。这一结果的可能原因是：研究区旱地均处在西部岗丘地区，地形起伏不平，表土层厚度与地形等景观因子之间的关系较为密切，岗丘上土层较薄而岗丘之间的洼地土层相对较厚，对表土层厚度的预测精度较高；而该区域土壤以砂性土壤为主，土壤黏粒含量整体都较低，与地形等景观因子之间的关系不甚明显，对黏粒含量的预测精度较差。与水田预测结果相比，除表土层厚度外，旱地的有机质、pH 及黏粒含量三种土壤属性预测结果精度均低于水田的模型。

3. 全部区域

运用水田、旱地预测模型得到的四种土壤属性结果与全部的 350 个验证点的数据进行线性拟合，分析应用土壤–景观模型预测土壤属性的精度。拟合结果如图 2-24 所示，y 为验证集实测值，x 为相应点位的预测值。

应用土壤–景观模型对四种土壤属性的预测结果精度相对较高，拟合方程 R^2 均在 0.7 以上。其中对土壤有机质的预测精度最高，拟合方程的 R^2 达到 0.8443，其次是黏粒含量为 0.7729，对表土层厚度的预测精度为 0.7627，对土壤 pH 的预测精度最低，R^2 为 0.7139。

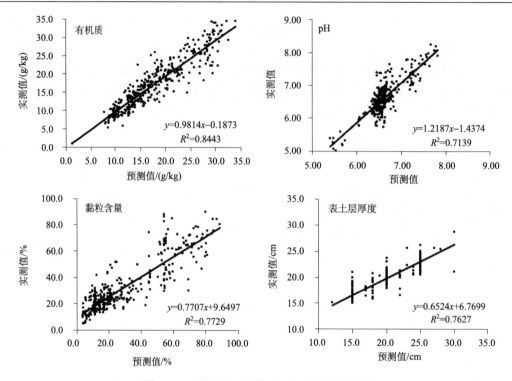

图 2-24　研究区土壤属性预测结果验证拟合图

土壤有机质作为最基本的土壤属性之一，受地形地貌以及人类活动影响显著，2.4.2 节相关性分析结果也发现土壤有机质与较多的地形景观因子有显著的相关关系，因此运用土壤-景观模型可以较好地预测土壤有机质。而研究区 pH 分布于 5.0～9.0，集中分布于 6.0～7.0，土壤 pH 变异性较小，地形地貌等景观因子对土壤 pH 的作用时间较慢、幅度也较小，景观因子的剧烈变化不能引起相同幅度的 pH 的变化，因此对土壤 pH 的预测精度相对较低。

综合来看，应用土壤-景观模型对四种土壤属性的预测结果精度都较高，与模型本身的精度检验值有相似的规律，预测结果能更为精细地反映土壤属性的空间变异规律。以上分析表明，本书建立的土壤-景观模型对土壤有机质、pH、黏粒含量及表土层厚度预测精度较高，对四种土壤属性的预测结果较为可信，土壤-景观模型可较好地应用于本书研究区土壤属性的预测补充。

2.4.4　土壤-景观预测与地统计插值预测结果比较

2.4.4.1　地统计插值结果

运用样点密集区 1268 个样点，采用常用的地统计插值方法——普通克里金插值，预测研究区土壤有机质、pH、黏粒含量及表土层厚度数据，结果见图 2-25。从插值结果空间分布来看，克里金插值结果与土壤-景观模型预测结果四种土壤属性整体的空间分布趋势相似，但局部地区差异较为明显。克里金插值是根据插值样点的数据统计特征及空间分布特征进行内插实现数据的预测，插值结果土壤属性的空间变化较为平缓，但在个别地区有明显的"牛眼"现象，个别极高或极低的属性数据对插值结果影响较大，这是地统计插值方法的必然结果。而土壤-景观模型是根据土壤属性与景观因子之间的数学模型进行数据内插，土壤属性数据通过多个景观因子来表达，个别极端属性数据不能直接影响预测结果，预测结果的空间连续性较好，不会出现"牛眼"现象。

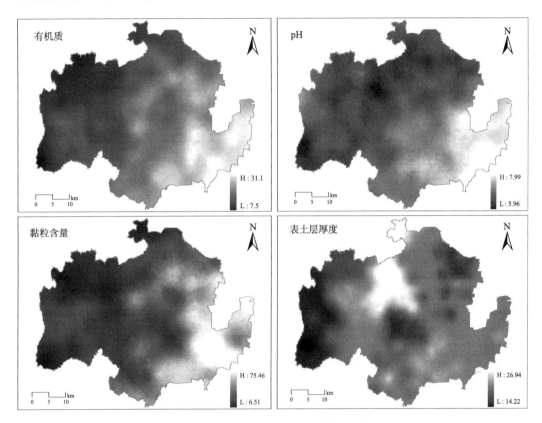

图2-25 克里金插值的土壤属性预测结果

2.4.4.2 地统计插值精度评价

采用上文中误差分析方法定量评价地统计插值预测土壤属性的精度，插值结果的误差分析见表2-14。四种土壤属性中，有机质、pH插值结果在水田的MAE、MRE略小于旱地，表明水田中有机质、pH的克里金插值结果比旱地相对较为准确。黏粒含量的插值结果显示旱地的MAE小于水田，而MRE却大于水田，表土层厚度无显著差异。旱地的克里金插值结果的准确性相对较高。主要原因是水田土壤有机质、pH整体相对较高、空间变异较弱，克里金插值预测结果相对较好；而旱地情况正好与此相反，总体而言，有机质、pH在空间上变化较大，插值预测的准确性相对较低。旱地的黏粒含量与表土层厚度整体都较低，这两个土壤属性在旱地中变化较小、空间变异较弱，克里金插值对这两个属性的预测结果相对较好。

表 2-14　克里金插值预测结果的误差分析

土壤属性	水田(*n*=220)				旱地(*n*=130)			
	实测值	预测值	MAE	MRE	实测值	预测值	MAE	MRE
有机质/(g/kg)	20.6	21.1	0.27	0.15	12.1	13.1	0.28	0.25
pH	6.7	6.7	0.27	0.04	6.4	6.5	0.29	0.05
黏粒含量/%	38.9	42.2	10.76	0.54	16.8	21.0	8.33	0.79
表土层厚度/cm	20.1	20.1	1.07	0.05	17.7	17.9	0.86	0.05

2.4.4.3　两种预测结果精度比较

四个土壤属性预测结果的两种预测方法的误差比较见表 2-15。由比较结果看出，采用土壤–景观模型预测土壤有机质、pH 及黏粒含量的 MAE、MRE 均小于克里金插值的预测结果，表明土壤–景观模型对这三种土壤属性的预测结果的准确性整体要高于克里金插值预测结果。表土层厚度方面，土壤–景观模型预测结果的 MAE、MRE 大于克里金插值的预测结果，表明克里金插值对表土层厚度预测的准确性整体高于土壤–景观模型。

表 2-15　土壤–景观模型、克里金插值预测结果的误差比较

土壤属性	土壤–景观模型				克里金插值			
	实测值	预测值	MAE	MRE	实测值	预测值	MAE	MRE
有机质/(g/kg)	17.0	18.0	0.21	0.14	17.5	18.1	0.27	0.19
pH	6.6	6.6	0.23	0.03	6.6	6.6	0.28	0.04
黏粒含量/%	30.7	33.3	8.53	0.48	30.7	34.3	9.86	0.63
表土层厚度/cm	19.2	19.3	1.07	0.06	19.2	19.3	0.99	0.05

将两种预测结果误差的空间分布作差，进一步比较分析两种预测结果的精度在空间上的分布状况。MRE 差值小于 0 的区域为土壤–景观模型预测精度较高的区域，反之则为克里金插值预测精度较高的区域，由此对四种土壤属性预测精度进行分区。两种预测方法四个土壤属性预测精度优劣分区如图 2-26 所示。

由精度分区图看出，土壤–景观模型预测方法对有机质、pH、黏粒含量的预测精度在绝大部分区域均高于地统计插值方法。其中，有机质土壤–景观预测模型精度较优的区域主要在研究区中西部地区，占总面积的 80.59%，地统计插值精度较优的区域主要在东南部地区。pH 土壤–景观预测模型精度较优的区域主要在研究区中西部地区，占总面积的 60.82%，地统计插值精度较优的区域在东部及西南部区域均有分布。黏粒含量土壤–景观预测模型精度较优的区域也主要分布于中西部地区，占总面积的 70.58%，地统计插值精度较优的区域主要在东部地区。表土层厚度在大部分区域采用地统计插值的精度高于土壤–景观模型，地统计插值结果较优的区域占总面积的 59.83%，土壤–景观模型较优的区域在研究区分布较为零散。精度分区图所示结果与表 2-15 得出的结果也是一致的，总体而言，土壤–景观模型对土壤属性的预测误差要小于地统计插值方法，并且在大部分区域土壤–景观模型预测结果的精度高于地统计插值结果，因此根据精度分区，在土壤–

景观模型预测精度较高的区域采用土壤-景观模型预测土壤属性，在地统计插值预测精度较高的区域采用地统计插值方法预测，由此预测得到的土壤属性可以达到较高的精度。

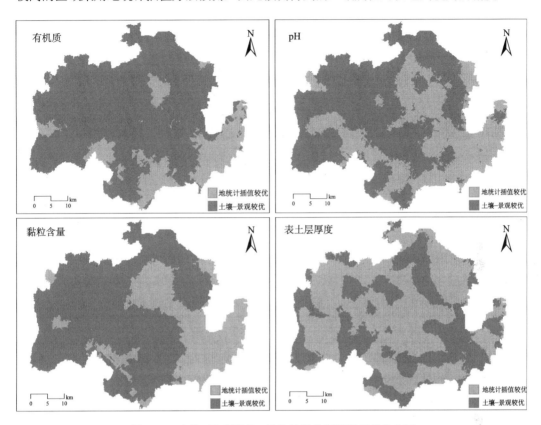

图 2-26　土壤-景观模型、地统计插值预测精度优劣分区

　　根据统计样点稀缺区及样点密集区的两种预测结果的相对误差，进一步分析样点稀缺区土壤属性预测结果的精度，以确定样点稀缺区的最优预测方法。样点稀缺区及样点密集区两种预测结果 MRE 比较见表 2-16。由表看出，样点稀缺区土壤-景观模型预测结果的相对误差显著小于地统计插值方法，表明样点稀缺区采用土壤-景观模型预测土壤属性的精度相对更高。样点密集区地统计插值结果的相对误差略小于土壤-景观模型，但两者相差不大，表明样点密集区采用地统计插值方法预测土壤属性的精度相对更高，但采用土壤-景观模型也可获得较高精度的预测结果。

表 2-16　不同区域两种预测结果相对误差比较

土壤属性	样点稀缺区		样点密集区	
	土壤-景观模型	地统计插值	土壤-景观模型	地统计插值
有机质	0.1400	0.1985	0.2057	0.1931
pH	0.0350	0.0496	0.0539	0.0498
黏粒含量	0.4505	0.5905	0.6009	0.5823
表土层厚度	0.0688	0.0910	0.0875	0.0765

通过以上分析，样点稀缺区土壤属性的预测补充采用土壤-景观模型预测精度较高，而样点密集区采用地统计插值方法获得的土壤属性精度相对更高。

2.4.5　样点稀缺区土壤属性提取及其分布特征

采用土壤-景观模型预测补充样点稀缺区四种土壤属性，将样点稀缺区与以上四种土壤属性预测结果进行叠加分析，提取样点稀缺区土壤属性数据，数据统计特征见表 2-17。

表 2-17　样点稀缺区土壤属性统计特征

土壤属性	最小值	最大值	平均值	标准差	变异系数
有机质/(g/kg)	4.5	31.0	14.9	0.40	27.24%
pH	5.9	7.1	6.6	0.13	1.98%
黏粒含量/%	4.7	72.4	21.9	11.88	54.27%
表土层厚度/cm	13.7	25.0	19.0	1.84	9.67%

将预测得到的样点稀缺区四种土壤属性与样点密集区的土壤属性地统计插值结果合并，得到经过优化的研究区四种土壤属性数据(图 2-27)。由图看出，通过预测补充得到的样点稀缺区四种土壤属性数据与样点密集区土壤属性数据整体变化特征相似，在样点

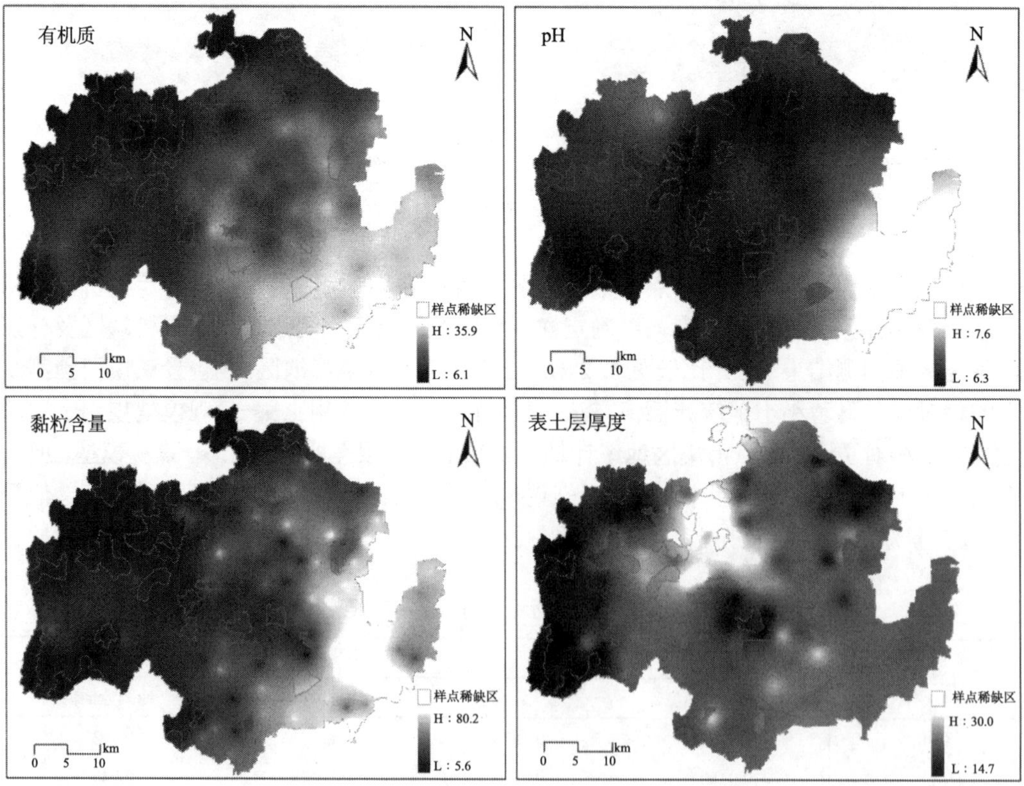

图 2-27　样点稀缺区土壤属性空间分布图

稀缺区与密集区之间过渡较为自然，在空间上连续渐变，没有明显的突变现象，从空间分布来看，通过土壤-景观模型预测补充的样点稀缺区土壤数据科学合理，较好地解决了部分区域数据缺失的问题，可以用来进行耕地质量评价。

2.5　样点密集区参评土壤样点的数量及布局优化

为满足耕地数量-质量精细化管理的要求，耕地质量评价成果要与土地利用变更调查数据相匹配，因此目前耕地质量评价一般以土地利用变更调查图的耕地图斑为评价单元。县域内耕地质量的评价单元数量一般都较多(东海县 56 965 个单元)，原则上可以将每一个评价单元作为一个采样点，获取所有样点的土壤属性信息，所得到的耕地质量信息将是最精确的，但在实际中不可能也没有必要对每一个评价单元都进行采样测试或数据调查，即使是样点密集区也无法达到这样的采样精度；并且样点密度过大时存在数据冗余，影响耕地质量评价中土壤样点数据的利用效率。因此，需要在不同来源的土壤采样数据中选取一些具有代表性的样点参与耕地质量评价，而这些样点的数量及布局正好能满足表达土壤属性空间变异的需要，也能满足耕地质量评价对土壤属性的精度要求。针对样点密集区大量样点的各土壤属性，确定耕地质量评价的最少参评样点数量及最佳抽样点布局，使参评土壤样点的属性预测精度最高，是耕地质量评价需要解决的重要问题。

2.5.1　样点数量及布局优化的空间抽样原理与智能优化算法

2.5.1.1　空间抽样原理

抽样是从研究对象的总体中抽取一部分元素作为样本，通过对所抽取的样本进行调查从而统计推断出总体目标量的信息(汤赛，2014)。空间抽样和传统抽样技术最大的差别就在于，空间抽样的调查对象具有地理空间坐标(姜成晟等，2009)。在耕地质量管理精细化、数字化发展的要求下，管理部门需要掌握每一块耕地图斑的质量等级，而区域耕地图斑的数量巨大，现实工作中不可能也没有必要对每一块耕地进行全面详细的调查，因此实地的抽样调查就成了耕地质量评价的重要数据基础。在耕地质量评价中，土壤属性空间分布信息的详细程度是决定耕地质量评价精度的重要基础，土壤样点空间分布越密集、属性信息越详细，各属性数据就越接近真实状况，耕地质量评价精度也越高。

通常情况下，在陌生区域进行土壤调查时，由于没有先验知识，样点布设往往具有一定的盲目性。样点布设方案一般根据土壤调查的精度以密集采样的方式在空间上均匀布设，以求获得较为真实详尽的土壤属性信息。但实际的土壤属性在空间上并不一定是均匀变异的，并且密集采样费时、费力，且耗资巨大，而抽样数量过少又不能真实反映指标的空间分布特征(图 2-28)。因此，这就造成了样点的空间布局与土壤属性空间变异的不一致，即调查尺度与本征尺度的不匹配，以这样的采样点布设方案进行土壤调查就不能获得真实的土壤属性特征(朱阿兴等，2008)。

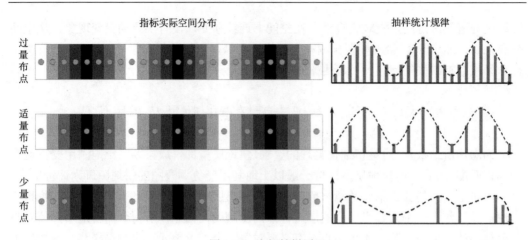

图 2-28　空间抽样原理

　　无论是在样本独立还是在样本不独立的空间相关假设条件下，抽样主要是解决确定样本量大小、样本空间布局、对抽样目标的估计及不确定性衡量这四个问题（王劲峰等，2005；姜成晟等，2009）。样本的空间布局是空间抽样的核心内容，样点位置的选择是原始数据有效利用的重要保障。最优样点布局实质是一个优化组合问题，从原始样点集中选择一个子集，由这一子集进行预测的误差最小且包含原始数据的信息量最大。

　　耕地质量评价土壤样点空间布局的优化，即从密集采样点中选取一些具有代表性的样点，剔除原始土壤样点数据中的异常紊乱样点，并使得选择样点数据能满足表现土壤属性空间变异的需要。如何从原始采样点中选取具有最小预测误差的最优空间布局样点是一个复杂的优化组合问题，在计算机学科里通常称之为完全 N-P 难题，目前没有能针对大规模样本达到完全最优的行之有效的解决办法，通常是采用启发式（序贯选择）或计算机演化算法（模拟退火、遗传算法等）得出近似最优的结果（姜成晟等，2009；汤赛，2014）。本书采用智能优化算法，通过优化样点密集区的采样点数量及空间布局，选择样点密集区的代表性样点，从而达到提高土壤属性表达精度及耕地质量评价精度的目的。

2.5.1.2　智能优化算法

　　智能优化算法（intelligent optimization algorithm）又称为现代启发式算法，是一种具有全局优化性能、通用性强，且适合并行处理的算法（于宏宇，2012）。常用的智能优化算法有模拟退火算法、遗传算法、粒子群算法等，这些算法可以把搜索空间扩展到整个问题空间，具有全局优化的性能（王凌等，2001）。

　　模拟退火（simulated annealing，SA）是一种通用概率算法，用来在一个大的搜寻空间内找寻命题的最优解。模拟退火算法的思想来源于固体物质的退火原理，在某一初始温度下，伴随温度的不断下降，结合概率突跳特性在解空间中寻找目标函数的全局最优解，即局部最优解能概率性地跳出并最终趋于全局最优（Kirkpatrick et al.，1983；康立山等，1998）。

　　模拟退火算法可以分解为解空间、目标函数、初始解、新解的产生和接受四个步骤（康立山等，1998）。

(1)由一个产生函数从当前解产生一个位于解空间的新解。为便于后续的计算和接受，减少算法耗时，通常选择由当前解经过简单的变换即可产生新解的方法。

(2)计算与新解所对应的目标函数差。因为目标函数差仅由变换部分产生，所以目标函数差的计算最好按增量计算。

(3)判断新解是否被接受。判断的依据是一个接受准则，最常用的接受准则是 Metropolis 准则：若 $\Delta < 0$ 则接受 S' 作为新的当前解 S，否则以概率 P 接受 S' 作为新的当前解 S。

(4)当新解被确定接受时，用新解代替当前解，这只需将当前解中对应于产生新解时的变换部分予以实现，同时修正目标函数值即可。此时，当前解实现了一次迭代。可在此基础上开始下一轮试验。而当新解被判定为舍弃时，则在原当前解的基础上继续下一轮试验。

模拟退火算法与初始值无关，算法求得的解与初始解状态(算法迭代的起点)无关；模拟退火算法具有渐近收敛性，已在理论上被证明是一种以概率 1 收敛于全局最优解的全局优化算法(康立山等，1998)。

2.5.2 基于模拟退火算法的参评土壤样点数量及布局优化

模拟退火算法是从最大原始采样数据开始逐渐退火，从而得到能反映原始数据变异特征的最优样点组合。区域耕地等级监测的最大可能采样点数即在每一个评价单元上布设一个监测样点，研究区东海县评价单元(图斑)有 56 965 个，即东海县耕地质量评价的最大可能采样点只能到 56 965 个(一个耕地图斑布设两个以上的点无意义)，理论上用 56 965 个样点作为原始数据进行退火得到的结果最理想也是精度最高的，但这么多样点在区域内分布过于密集、数据量过大，以此进行模拟退火需在 Matlab 中进行约 0.57 亿次回归运算，耗时相当冗长(约需 23 天)，时间成本过高，现实也没有这么大量的数据来进行研究。因此，本书采用不同来源的 1300 个采样点作为最大数据集进行样点的优化布设，以最大数据集的有机质、pH、黏粒含量及表土层厚度四个土壤属性作为原始数据进行模拟退火，研究不同土壤属性的采样点优化布设。

2.5.2.1 模拟退火算法模型建立

1. 算法原理

采用 Sacks 和 Schiller(1988)(S&S)推荐的模拟退火算法，算法的原理为：①在 t 时刻，从最大数据集 L 中选取一个子集 S_1，并计算其目标函数值 $F(S_1)$；②在 $t+1$ 时刻，从余集 $L - S_1$ 中随机选取一个点 e 逐一替代 S_1 中的每一个点 r，并用 e 替代 r 形成新的子集 S_2，求得 $F(S_2)$ 值；③比较 $F(S_1)$ 与 $F(S_2)$，依据以下准则决定是否接受新的子集 S_2，准则如下：

$$S_2 = \begin{cases} S_1 \bigcup e - r & F(S_1 \bigcup e - r) \leqslant F(S_1) \\ S_1 \bigcup e - r \text{ with probability } \delta^t & F(S_1 \bigcup e - r) > F(S_1) \\ S_1 \bigcup e - r \text{ with probability} (1 - \delta^t) & F(S_1 \bigcup e - r) > F(S_1) \end{cases}$$

参数 $\delta(0<\delta\leqslant 1)$ 随着算法的运行逐渐减小，从而降低接受不能促进解的子集的概率。

2. 算法模型

解空间是问题的所有可能的解的集合，决定了初始解选取和新解产生时的范围。本书为了探讨参评土壤样点的最少数量及最优空间布局，以模型训练集 n 为原始集合，利用模拟退火算法选取子集，子集中采样点的数目为 $1\sim n{-}1$。采样点数量确定时，样点的选择可以有多种排列组合(如 100 个样点退火，样点数量为 50 时，有 C_{100}^{50} 种样点组合)，但多种组合中总有一组样点的 RMSE 最小，该组合即这一数量下最优样点组合，这就是一组可能解，所有可能解的集合组成解集空间。本书中，最大数据集共 1300 个样点，即四种土壤属性的可能解都是 1300 组。

(1)目标函数。目标函数是问题优化目标的一个数学公式，通常表示为几个优化目标总和的映射。对每种土壤属性分别进行退火运算，每次退火运算后，以退火后的采样点采用地统计插值方法预测土壤属性，并用 40 个样点构成的验证集进行验证，以预测结果的 RMSE 作为目标函数。求取每次退火后预测结果的 RMSE，RMSE 越小，样点对土壤属性的预测结果越精确，所有退火运算结束后 RMSE 最小的一组样点组合即为该土壤属性的最优样点布设。

(2)初始解。它是算法始迭代的起始点。大量的试验结果表明，模拟退火算法是一种"健壮的"算法，也就是算法的最终解并不依赖初始解的选取，可以任意选取初始解(张扬等，2012；于白云，2013)。

3. 算法流程

本书中的模拟退火算法流程如下：①从最大解集中随机选择一组初始解作为最优解，计算相应的目标函数值 f_0。②对最优解作随机变动产生一组新解，本书中，是在初始解外的余集中随机选择一个点替换初始解中的点产生新解，计算相应的目标函数值 f_1，并计算 $\Delta=f_1-f_0$。③若 $\Delta\leqslant 0$，则接受新解为当前最优解；若 $\Delta>0$，则按 Metropolis 准则以概率 P 接受新解，否则保留原解。④重复进行步骤②和步骤③ K 次，判定是否满足终止条件，如果不满足回到步骤②继续，否则终止输出最优解。模拟退火算法流程如图 2-29 所示。

Metropolis 准则指从当前状态 i 生成新状态 j，若新状态 j 的能量小于状态 i 的能量(即 $f_1<f_0$)，则将新状态 j 作为新的当前状态；否则，以概率 P 接受新状态。概率 P 的计算公式：

$$P=\frac{1}{1+\exp(f_1-f_0)}>\delta$$

式中，δ 为 $(0,1]$ 上均匀分布的随机数。

根据以上算法流程，在 Matlab 平台上对模拟退火算法进行编程实现。

2.5.2.2　模拟退火迭代过程

运用模拟退火算法对土壤有机质、pH、黏粒含量及表土层厚度四种土壤属性 1300 个样点进行模拟退火运算的迭代过程如图 2-30 所示。由图看出，随着迭代次数的增加，RMSE 逐渐减小，逐渐逼近最优解。

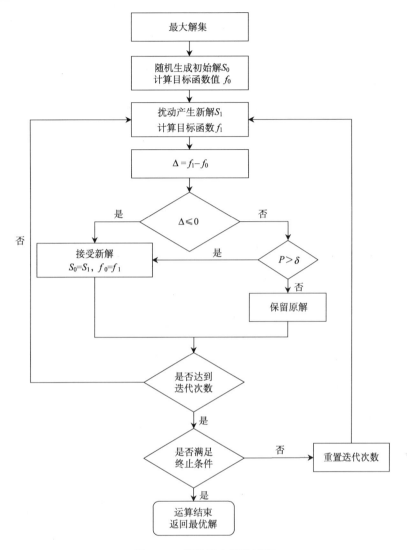

图 2-29　模拟退火算法流程

土壤有机质在前 142 次迭代运算中，RMSE 迅速减小，之后 RMSE 缓慢减小，在迭代运算进行 523 次后，算法求得最优解，RMSE 达到最小，算法收敛于全局最优处。pH 退火过程中的 RMSE 减小过程较为缓慢，在迭代运算进行 719 次后，算法求得最优解，RMSE 达到最小。黏粒含量的退火过程在前 200 次迭代运算中，RMSE 迅速减小，在迭代运算进行 422 次后，算法求得最优解，RMSE 达到最小。表土层厚度的退火迭代过程与 pH 有一定的相似性，于 609 次迭代运算后，RMSE 达到最小，算法求得最优解。

2.5.2.3　样点数量优化结果

在 Matlab 中对有机质、pH、黏粒含量及表土层厚度四种土壤属性的 1300 个样点分别进行退火运算，1300 组可能解的 RMSE 如图 2-31 所示。由结果看出，四种土壤属性在模拟退火过程中，随着样点数量的减少，RMSE 先减小，然后进入平稳变化阶段，在这个阶段内退火得到最优解；最后样点数量极少时，RMSE又逐渐变大。

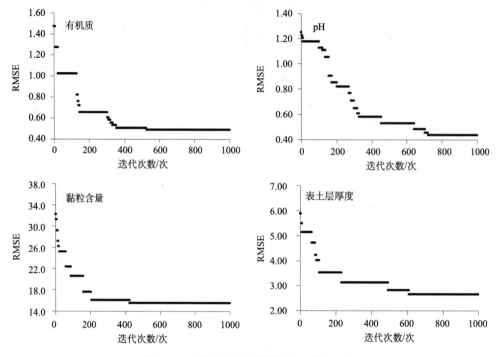

图2-30 不同土壤属性模拟退火迭代过程

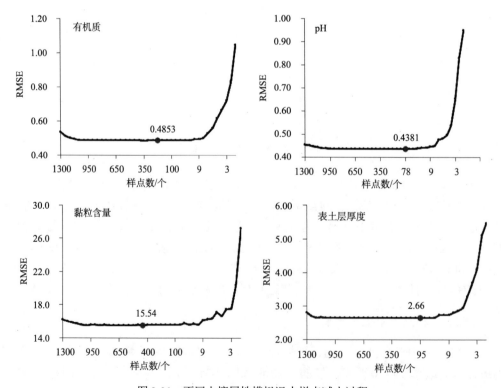

图2-31 不同土壤属性模拟退火样点减少过程

在样点数减少的过程中，四种土壤属性的 RMSE 均先有一个减小过程，这一过程主要是由于样点数量较多时，存在离群数据点，离群数据的存在会扰乱总体的数据分布特征，部分样点对土壤属性特征的表达没有有效的贡献。从理论上讲，样点数量越多越能反映真实情况，但现实中采样点都有一定数量的离群数据存在，按概率来看，样点数量越多，离群数据也越多，因此在模拟退火过程中，样点数量减少时，RMSE 先有减小过程，这一过程即为剔除离群数据的过程。

在各土壤属性采样点的减少过程中，RMSE 均存在一个平稳变化的阶段，这一阶段中不同数量的采样点 RMSE 相差极小，均在最优解周围浮动，表明样点数量在这一区间时对土壤属性的预测结果均较好，都可以较好地反映原始数据的真实状况，这个 RMSE 平稳变化的阶段构成了各土壤属性的有效样点区间，在有效样点区间内 RMSE 达到最小的一组样点布设即为该土壤属性最优的样点布局。

随着采样点数量的进一步减少，RMSE 逐渐变大，由于样点数量过少，关键位置样点缺失，土壤属性表达不完整，不能准确反映原始数据土壤属性的分布特征；当样点数量极少时，RMSE 达到极大，此时样点已经完全不能反映原始数据的特征。

1. 有机质

随着退火过程的进行，RMSE 逐渐减小，当样点数量为 226 个时，RMSE 达到最小为 0.4853，表明最少用 226 点就可以代替原始 1300 个采样点的土壤有机质分布特征。当样点数量减少至 40 个点时，RMSE 随着样点数减少开始迅速变大，当样点数为 2 个时，RMSE 达到 1.0469，表明此时的样点已经不能反映原始数据的真实特征。

样点数在 57~1195 个时，各组解的 RMSE 相差很小，变化非常平稳，这一阶段的 1138 组解的 RMSE 平均值为 0.4855，几乎接近于最小 RMSE，这表明样点数在 57~1195 时对土壤有机质的表达效果均较好，都可以相对较好地反映原始数据的真实状况，其中样点数为 226 个时，预测结果最优，最能反映 1300 个原始数据的特征。

2. pH

土壤 pH 的样点减少过程中，当样点数量为 78 个时，RMSE 达到最小为 0.4381，表明最少用 78 点就可以代替原始 1300 个采样点的土壤 pH 分布特征。当样点数量减少至 35 个点时，RMSE 随着样点数减少开始迅速变大，当样点数为 2 个时，RMSE 达到 0.9485，表明此时的样点已经不能反映原始数据的真实特征。

样点数在 35~1216 个时，各组解的 RMSE 相差很小，变化非常平稳，这一阶段的 1181 组解的 RMSE 平均值为 0.4383，几乎接近于最小 RMSE，这表明样点数在 35~1216 时对土壤 pH 的表达效果均较好，都可以相对较好地反映原始数据的真实状况，其中样点数为 78 个时，预测结果最优，最能反映 1300 个原始数据的特征。

3. 黏粒含量

土壤黏粒含量的样点减少过程中，当样点数量为 418 个时，RMSE 达到最小为 15.54，表明最少用 418 点就可以代替原始 1300 个采样点的土壤黏粒含量的分布特征。当样点数量减少至 103 个点时，RMSE 随着样点数减少波浪上升，当样点数为 2 个时，RMSE 达到 27.19，表明此时的样点已经不能反映原始数据的真实特征。

样点数在 103~1224 个时，各组解的 RMSE 相差很小，变化非常平稳，这一阶段的

1121 组解的 RMSE 平均值为 15.56，几乎接近于最小 RMSE，这表明样点数在 103~1224 个时对黏粒含量的表达效果均较好，都可以相对较好地反映原始数据的真实状况，其中样点数为 418 个时，预测结果最优，最能反映 1300 个原始数据的特征。

4. 表土层厚度

表土层厚度的样点减少过程中，当样点数量为 95 个时，RMSE 达到最小为 2.66，表明最少用 95 点就可以代替原始 1300 个采样点的表土层厚度的分布特征。当样点数量减少至 32 个点时，RMSE 随着样点数减少开始迅速变大，当样点数为 2 个时，RMSE 达到 5.48，表明此时的样点已经不能反映原始数据的真实特征。

样点数在 32~1203 个时，各组解的 RMSE 相差很小，变化非常平稳，这一阶段的 1171 组解的 RMSE 平均值为 2.67，几乎接近于最小 RMSE，这表明样点数在 32~1203 时对表土层厚度的表达效果均较好，都可以相对较好地反映原始数据的真实状况，其中样点数为 95 个时，预测结果最优，最能反映 1300 个原始数据的特征。

不同土壤属性样点优化结果比较见表 2-18。由表看出，四种土壤属性中黏粒含量退火优化后的样点数量最多，其次是土壤有机质，表明这两个土壤属性需要较多的点才能反映原始数据的分布特征，有效样点区间也较窄；而 pH 与表土层厚度退火后的样点数量均不到 100，表明这两个土壤属性只需要较少的点即可反映原始数据特征，有效样点区间也相对较宽。造成这一结果的原因主要是不同土壤属性变异特征不同。四种土壤属性的统计分析显示，黏粒含量变异系数最高，数据分布较为复杂，要完全反映该属性特征需要的样点数量自然较多；而 pH 与表土层厚度变异系数较小，因此需要的样点数量相对较少。四种土壤属性模拟退火样点减少的规律与土壤属性统计特征规律的相互印证，也表明了运用模拟退火算法进行土壤样点优化选择的合理性。

表 2-18　不同土壤属性的样点优化结果比较

土壤属性	最优样点数/个	最优样点比例/%	有效样点区间	有效样点比例	RMSE
有机质	226	17.38	[57, 1195]	[4.38%, 95.77%]	0.4853
pH	78	6.00	[35, 1216]	[2.69%, 97.38%]	0.4381
黏粒含量	418	32.15	[103, 1224]	[7.92%, 98.00%]	15.54
表土层厚度	95	7.31	[32, 1203]	[2.46%, 96.38%]	2.66

2.5.2.4　样点布局优化结果

根据模拟退火算法对 1300 个土壤样点进行优化，有机质、pH、黏粒含量及表土层厚度四种土壤属性选择的最优样点分布如图 2-32 所示。由图看出，四种土壤属性退火后优选的样点在空间上均匀分布，都能够全面覆盖整个研究区。

四种土壤属性优选样点与原始样点的属性统计比较见表 2-19。由比较结果看出，模拟退火优选样点的四种土壤属性平均值与原始样点数据差距较小，有机质、pH 及表土层厚度平均值与原始样点数据差距均在 0.8 以内，黏粒含量优选样点平均值与原始样点差 3.0，这一差距基本不影响土壤质地的表达。四种土壤属性优选样点的变异系数与原始样点差距都极小，表明模拟退火优选的样点能反映原始数据的变异性。因此从优选样点的空间分布、数据统计特征来看，运用模拟退火算法优选土壤样点，既有效减少了样点数量，又保留了原始数据的变异特征，表明了使用模拟退火算法进行土壤样点优选的合理性。

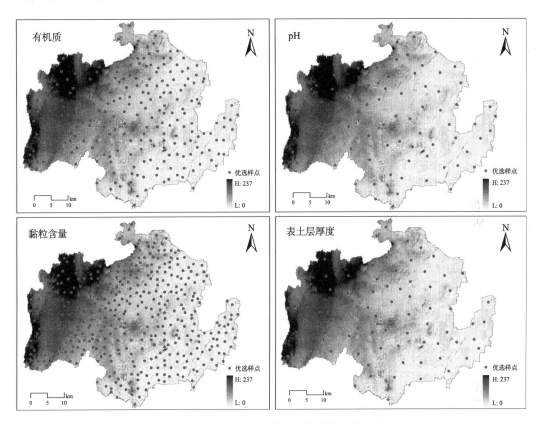

图 2-32　不同土壤属性模拟退火采样点优选结果

表 2-19　四种土壤属性优选样点与原始样点的属性统计比较

指标	有机质/(g/kg)		pH		黏粒含量/%		表土层厚度/cm	
	原始样点 (n=1300)	优选样点 (n=226)	原始样点 (n=1300)	优选样点 (n=78)	原始样点 (n=1300)	优选样点 (n=418)	原始样点 (n=1300)	优选样点 (n=95)
最小值	1.2	6.6	5.0	5.0	3.5	3.5	12.0	15.0
最大值	41.0	37.0	9.9	8.9	89.7	89.6	30.0	30.0
平均值	18.4	17.6	6.7	6.7	34.1	31.1	19.5	19.5
偏度	0.51	0.65	0.35	0.97	0.61	0.85	0.45	0.71
峰度	−0.3	−0.16	0.77	0.75	−0.96	−0.53	0.9	0.93
变异系数	37.33%	37.22%	8.64%	6.63%	69.32%	71.64%	15.51%	17.61%

2.5.3　考虑土壤属性空间异质性的模拟退火算法改进及运用

对于土壤采样点布设来说，由于不同土壤属性的空间变异规律不同，最理想的样点布设方案并不一定是在空间上均匀布设，而是根据土壤属性的空间变异特征，有区别、分主次进行样点布设。对于空间变化较敏感的属性及区域要重点采样，可以适当多布设样点；而对于空间变化不敏感的属性及区域的采样可以相对少一些，这样既能节省人力物力，又可以获得较好的土壤属性空间分布信息。因此，可以根据土壤有机质、pH、黏粒含量及表土层厚度四种土壤属性的空间异质性，对模拟退火算法进行改进，使得模拟退火算法优选的样点分布符合区域土壤属性空间变异特征，从而实现样点数量及布局的进一步优化。

2.5.3.1　土壤属性空间异质性量化

1. 空间异质性分析方法

土壤属性空间异质性采用空间自相关分析理论进行研究。空间自相关分析是研究土壤属性空间分布特征及变异特征的重要方法之一，反映一个区域单元上某地理现象或某一属性与邻近区域单元上同一现象或属性的相关程度，是空间上某种属性或现象聚集程度的一种度量，包括全局空间自相关和局部空间自相关两类(孟斌和王劲峰，2005；王千等，2010)。

全局空间自相关是对某种地理现象或某属性在整个区域的空间特征的描述，利用Moran's I 指数判断此现象或属性值在空间上是否存在聚集特性。而局部空间自相关能够测度一个局部小区域单元上的某种地理现象或某一属性值的空间异质性，推算出聚集地的空间位置和范围，用局域指标可以揭示各个区域单元空间自相关的程度(王千等，2010)。

全局空间自相关计算公式：

$$I = n\sum_{i=1}^{n}\sum_{j=1}^{m}w_{ij}\left(x_i-\bar{x}\right)\left(x_j-\bar{x}\right)\Bigg/\sum_{i=1}^{n}\left(x_i-\bar{x}\right)^2\sum_{i=1}^{n}\sum_{j=1}^{m}w_{ij}$$

局部空间自相关计算公式：

$$I_i = n\left(x_i-\bar{x}\right)\sum_{j=1}^{m}w_{ij}\left(x_j-\bar{x}\right)\Bigg/\sum_{i=1}^{n}\left(x_i-\bar{x}\right)$$

要素在空间上自相关特性越强，其同质性就越强，异质性越弱。采用全局空间自相关 Moran's I 指数判定土壤属性的空间异质性程度，Moran's I 指数越大空间异质性越弱，Moran's I 指数越小空间异质性越强。以研究区 240 个均质单元为数据分析单元，用样点密集区 1218 个样点数据及预测补充的数据，加权平均得到每个均质单元的土壤属性数据，以此进行土壤属性的空间异质性分析。

根据空间自相关分析特点，Moran's I 取值–1.0～1.0，Moran's I >0 表示空间正相关性，其值越大，空间相关性越明显；Moran's I <0 表示空间负相关性，其值越小，空间差异越大；Moran's I = 0，空间呈随机性。

2. 土壤属性空间异质性

各土壤属性空间异质性分析 Moran's I 指数及 Moran 散点图如图 2-33 所示。四个土壤属性均呈空间正相关性，且空间自相关的显著性较强，其中有机质、pH 及表土层厚度在 $p=0.01$ 水平上呈极显著空间相关($Z>Z_p$)，土壤黏粒含量在 $p=0.05$ 水平上呈显著空间自相关($Z>Z_p$)。

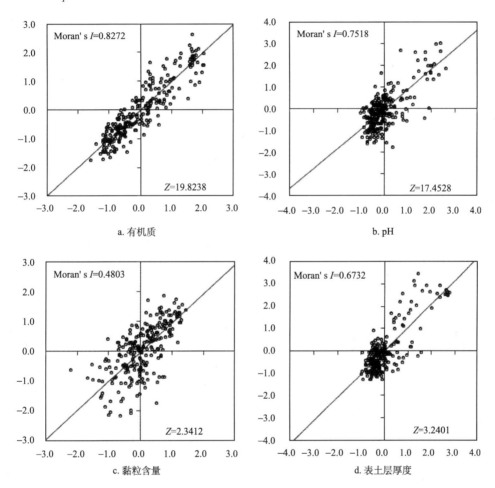

图 2-33　不同土壤属性的空间异质性分析指数及 Moran 散点图

Moran's I 指数越大，散点图分布越集中于拟合线，属性空间自相关性越强，表明该土壤属性的空间分布更有序，其数值在空间上变化较为自然平缓，土壤属性空间异质性较弱；Moran's I 指数越小，散点图分布越杂乱，土壤属性空间自相关性越弱，表明该属性的空间分布更复杂无序，其数值在空间上变化的跳跃性较大，相邻均质单元之间数值就有较大差异，土壤属性空间异质性较强。

根据四种土壤属性 Moran's I 指数特征和土壤属性空间变异特性，将土壤属性分为三类：Moran's I 在 0～0.3 为弱自相关、强空间变异，土壤属性的空间变化复杂无序，该属性属于强变异属性；0.3～0.7 为中等自相关、中等空间变异，土壤属性的空间变化相对较平缓，该属性属于中变异属性；0.7～1.0 为强自相关、弱变异，土壤属性的空间变化自然平缓，属于弱变异属性。

各土壤属性中，有机质 Moran's I 指数最大达到 0.8272，空间自相关最强，该属性与地形、土地利用等要素关系密切，在空间上自东向西逐步平缓过渡，相邻均质单元有机质差异相对较小，空间异质性较弱。土壤黏粒含量 Moran's I 指数最小为 0.4803，空间自相关最弱，该属性受地形地貌、土壤类型等诸多要素影响，空间变异的规律性较差，相邻均质单元差异可能较大，空间异质性较强。土壤 pH 与表土层厚度空间自相关相对较强，这两个属性由于其自身变化较弱，数值分布较为集中，pH 大部分区域集中于 6.7 左右，表土层厚度大部分区域都在 20cm 左右，因此相邻均质单元的这两个属性差别不会很大，空间自相关较强，属性的空间异质性较弱。四个土壤属性中，土壤有机质、pH Moran's I 指数大于 0.7，属性空间自相关较强，属于弱空间变异属性；黏粒含量与表土层厚度 Moran's I 指数介于 0.3～0.7，属性空间自相关一般，属于中空间变异属性。

2.5.3.2 模拟退火算法改进

1. 土壤属性空间异质性分区

根据 240 个单元各土壤属性空间自相关分析结果，将研究区划分为强空间异质性分区、中空间异质性分区及弱空间异质性分区，其中自相关关系为高-高自相关及低-低自相关的区域(HH，LL)，表明该区域相邻单元之间属性相似性较强，属性的空间相关性强而异质性弱，为弱空间异质性分区；自相关关系为高-低自相关及低-高自相关的区域(HL，LH)，表明该区域相邻单元之间属性差距较大，其属性的空间相关性弱而异质性强，为强空间异质性分区；空间自相关不显著的区域，表明相邻单元属性相似性不强但差距也不甚明显，该区域为中空间异质性分区。分别求取各分区空间自相关的显著性指数，均质单元自相关的显著性指数越大，表明该单元与周边其他单元的相似性越强，其异质性越弱，因此将各分区均质单元的显著性指数加权平均，并取倒数，然后标准化处理到0～1，以此来表征各分区的空间异质性强弱。

研究区四个土壤属性空间异质性分区如图 2-34 所示。有机质划分为 5 个空间异质性分区，根据上一节空间自相关分析，有机质属于弱空间变异属性，弱空间变异分区面积占比 51.89%，分布于研究区东部及西部地区，中空间变异分区分布于研究区中部地区。研究区东部为平原区，土壤以黑土、水稻土为主，土质较好，土壤有机质含量整体都较高，因此在该区域内有机质空间变异较弱；而西部为岗丘区，土壤以板土、岭砂土为主，土质较差，土壤有机质整体都较低，因此在该区域内有机质空间变异也较弱；中部为平原向岗丘过渡的缓坡地区，地形地势复杂，土壤类型也较为复杂，土壤肥力水平参差不齐，有机质空间变化较大，因此该区域内有机质空间变异相对较强。

土壤 pH 分 4 个空间异质性分区，该属性为弱空间变异属性，弱空间变异分区面积占比 27.16%，分布较为零散，主要分布于东部地区，其余均为中空间变异区域。

黏粒含量分 5 个空间异质性分区，为中空间变异属性，强空间变异区面积占比 64.45%，主要分布于研究区中西部地区，其余为弱空间变异区。研究区中西部地区地形地貌复杂、土壤类型较多，土壤质地在空间上变化较为明显。

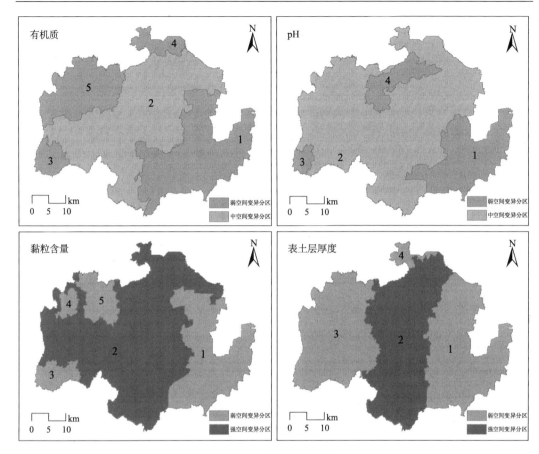

图 2-34 土壤属性空间异质性分区

表土层厚度分 4 个空间异质性分区，该属性为中空间变异属性，强空间变异区面积占比 38.27%，主要分布于研究区中部地区，东部及西部地区为弱空间变异区。该属性空间变异分区与研究区地形特征有极为相似的规律，研究区东部为平原区，表土层一般较厚；西部为岗丘区，表土层普遍都较薄，因此东部及西部地区表土层厚度异质性较弱；而中部为平原向岗丘过渡的缓坡地区，表土层厚度变化较为明显，空间异质性也较强。

四个土壤属性空间异质性分区空间变异值见表 2-20。黏粒含量、表土层厚度的空间异质性分区中，均有一个分区达到强空间变异，其变异值超过 0.7，弱空间变异分区的变

表 2-20 土壤属性空间异质性分区的空间变异值

分区编号	有机质	pH	黏粒含量	表土层厚度
1	0.0683	0.0541	0.0571	0.1297
2	0.5953	0.6295	0.7420	0.7381
3	0.1382	0.1656	0.0605	0.0981
4	0.1000	0.1509	0.0830	0.0341
5	0.0981	—	0.0574	—

异值均较小，大部分在 0.1 以下。有机质与 pH 的空间异质性分区中，各有一个分区达到中空间变异，变异值分别为 0.5953、0.6295，其弱空间变异分区值均较小，在 0.1 左右。

2. 模拟退火算法改进

如果某区域土壤属性的空间异质性强，则该区域应该布设更多的采样点；反之如果土壤属性空间异质性弱，则该区域布设较少的采样点即可。确定初始采样方案时，这应按采样点布设思路对初始选择样点优化选择。某样点所处区域的土壤属性空间异质性越强，则该样点被保留的可能性也越大。将土壤属性的空间变异值作为新的参数加入模拟退火算法的流程中，以此对模拟退火算法进行改进。

将原始样点集与四个土壤属性的空间变异分区叠加分析，使得每个样点都获得所在区域的空间变异值，根据样点的空间变异值对模拟退火算法进行优化，目标函数仍采用 RMSE，算法程序在上文程序基础上根据算法流程进行优化。优化后的模拟退火算法流程如下：①以上节确定的各采样精度下的最优解作为本次模拟退火的初始最优解，计算相应的目标函数值 f_0。②对最优解作变动产生一组新解，在初始解外的余集样点中取其中空间变异值最大一个点替换初始解中空间变异值最小的点产生新解，计算相应的目标函数值 f_1，并计算 $\Delta = f_1 - f_0$。③若 $\Delta \leq 0$，则接受新解为当前最优解；若 $\Delta > 0$，则按 Metropolis 准则以概率 P 接受新解，否则保留原解。④重复进行步骤②、步骤③K 次，判定是否满足终止条件，如果不满足回到步骤②继续，否则终止输出最优解。

2.5.3.3　基于改进模拟退火算法的参评土壤样点数量及布局优化

运用改进后的模拟退火算法，在 Matlab 中对土壤有机质、pH、黏粒含量及表土层厚度四种土壤属性的 1300 个原始样点进行退火优化，不同土壤属性的模拟退火样点优化结果比较见表 2-21。由表看出，四种土壤属性最优样点数量进一步减少，有效样点区间变宽。这是由于优化的模拟退火算法样点的选择目的性更强，在异质性强的区域样点选择相对较多，而在异质性弱的区域选择较少的样点即可，这样的样点选择方法可以在样点较少的情况下也能得到较好的土壤属性特征，而样点数量较多时自然也能获得较好的土壤属性特征。

表 2-21　改进模拟退火算法不同土壤属性样点优化结果比较

指标	最优样点数/个	最优样点比例/%	有效样点区间	有效样点比例/%	RMSE
有机质	178	13.69	[52，1251]	[4.00，96.23]	0.50
pH	72	5.54	[31，1273]	[2.38，97.92]	0.44
黏粒含量	315	24.23	[88，1280]	[6.77，98.46]	15.57
表土层厚度	70	5.38	[27，1257]	[2.08，96.69]	2.68

有机质优化选择的样点数量为 178 个，pH 72 个，黏粒含量 315 个，表土层厚度 70 个，四种土壤属性优化后的样点分布如图 2-35 所示。由图看出，四种土壤属性优化后样点在空间分布上有一定的相似性，均是中部及西部地区样点最密集，而东部地区样点分布较为稀疏。各土壤属性优化后样点分布与其空间异质性密切相关，在研究区中部地区

各土壤属性的空间异质性最强，各属性样点分布也是最密集的；西部地区次之，而东部地区最弱，优化后样点分布也相对较为稀疏，这表明改进后的模拟退火算法得到的样点分布能有效反应区域土壤属性的空间变异特征。

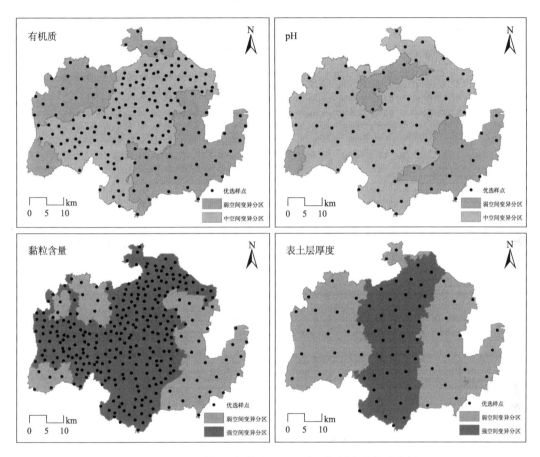

图 2-35　改进模拟退火算法不同土壤属性样点优化分布图

　　前文已分析，研究区土壤属性空间变异特征与地形地貌特征密切相关，西部地区属于低山岗丘地区，有机质、黏粒含量及表土层厚度普遍较低，土壤 pH 呈中性偏酸；东部地区为平原区，有机质、黏粒含量及表土层厚度普遍较高，土壤 pH 呈弱碱性；而中部地区为平原区向岗丘区过渡的缓坡地区，地形地貌及土壤类型较为复杂，各土壤属性在空间上变化相对较为剧烈，因此需要布设较多的样点才能全面反映该区域土壤属性的空间变异特征，这表明改进后的模拟退火算法得到的样点分布与实际情况相符合，可以满足耕地质量评价对土壤属性的需要。

　　因此，普通模拟退火算法样点在空间上呈相对均匀的分布，而运用改进后的模拟退火算法对四种土壤属性的样点进行优化的结果在空间分布上具有明显的层次性；优化选择的样点能反映土壤属性的空间变异特征，与耕地质量评价对土壤属性的实际需要相符合，单从优化后的样点空间分布来看，基于土壤属性空间异质性改进的模拟退火算法能更好地进行土壤样点的优化选择。

四种土壤属性运用改进模拟退火算法后的优选样点与原始样点的属性统计比较见表 2-22。由比较结果看出，改进模拟退火样点的四种土壤属性平均值与原始样点数据差距较小，有机质、pH 及表土层厚度平均值与原始样点数据差距均在 0.8 以内，黏粒含量优选样点平均值与原始样点差 0.8，这一差距基本不影响土壤质地的表达。四种土壤属性优选样点的变异系数与原始样点差距都极小，表明运用改进模拟退火优选的样点能反映原始数据的变异性。因此从优选样点的空间分布、数据统计特征来看，运用改进模拟退火算法优选土壤样点，既进一步有效减少了样点数量，又保留了原始数据的变异特征，表明了对模拟退火算法进行改进并进行土壤样点数量及布局优化的科学合理性。

表 2-22　改进模拟退火算法优选样点与原始样点的属性统计比较

指标	有机质/(g/kg)		pH		黏粒含量/%		表土层厚度/cm	
	原始样点 (n=1300)	优选样点 (n=178)	原始样点 (n=1300)	优选样点 (n=72)	原始样点 (n=1300)	优选样点 (n=315)	原始样点 (n=1300)	优选样点 (n=70)
最小值	1.2	6.6	5.0	5.0	3.5	3.5	12.0	15.0
最大值	41.0	37.0	9.9	8.9	89.7	88.6	30.0	30.0
平均值	18.4	17.6	6.7	6.7	34.1	34.9	19.5	19.6
偏度	0.51	0.8	0.35	0.96	0.61	1.26	0.45	0.68
峰度	−0.3	0.38	0.77	1.16	−0.96	0.61	0.9	0.49
变异系数	37.33%	37.28%	8.64%	6.00%	69.32%	72.28%	15.51%	18.00%

2.5.3.4　算法改进前后优选土壤样点的比较

运用两种模拟退火算法对四种土壤属性原始样点进行退火优化后的各参数见表 2-23。由结果看出，运用改进的模拟退火算法得到的四种土壤属性的优化样点数均少于普通模拟退火算法的结果；且普通模拟退火后的样点数量越多，改进模拟退火算法样点数的减少量越大。pH 样点运用改进模拟退火算法优化后样点数量由 78 个减少至 72 个，改进模拟退火算法样点数量减少了 6 个；而黏粒含量运用改进模拟退火算法优化后样点数量由 418 个减少至 315 个，改进模拟退火算法样点数量减少了 103 个。即改进模拟退火算法可以用更少的点表征原始样点的数据特征，该算法对样点选择的效率更高。

表 2-23　不同土壤属性两种模拟退火结果比较

土壤属性	原始样点		普通模拟退火样点			改进模拟退火样点		
	样点数量	空间变异	样点数量	空间变异	RMSE	样点数量	空间变异	RMSE
有机质	1300	0.3458	226	0.3412	0.49	178	0.4288	0.50
pH	1300	0.4700	78	0.4553	0.44	72	0.4859	0.44
黏粒含量	1300	0.4898	418	0.5001	15.54	315	0.6423	15.57
表土层厚度	1300	0.3554	95	0.3437	2.66	70	0.4505	2.68

　　四种土壤属性改进模拟退火算法结果的 RMSE 略大于或等于普通模拟退火算法样点的 RMSE,这是因为模拟退火算法是一种优化算法,两种算法得到的结果均是最优结果,在最优样点选择下,RMSE 会随样点数的减少而变大。虽然改进模拟退火算法 RMSE 大于普通模拟退火算法,但其仍处于优化样点 RMSE 变化的平稳阶段,该阶段样点选择的预测结果可以相对较好地反映原始数据的真实状况。

　　将四种土壤属性空间变异分区与原始样点、普通模拟退火算法样点及改进模拟退火算法样点叠加分析,计算各土壤属性原始样点、普通模拟退火算法样点及改进模拟退火算法样点所在区域的平均空间变异值。结果显示,普通模拟退火算法优选土壤样点的平均空间变异值与原始样点相差较小,而有机质、pH 及表土层厚度的普通模拟退火算法样点的平均空间变异值甚至小于原始样点,这表明原始样点及普通模拟退火算法优选样点只是根据数据统计规律选择的结果,并未针对研究目的进行有针对性的布点,样点布设有一定的盲目性。改进模拟退火算法优选样点的平均空间变异值明显高于原始样点及普通模拟退火样点,这表明改进模拟退火算法样点的选择不仅考虑样点的数据统计特征,还充分考虑了区域土壤属性的时空间变异特征,样点的优化有明确的选择性与针对性。

　　综上分析,无论是样点空间分布还是优化结果的 RMSE、空间变异,改进模拟退火算法优选的土壤样点均能更好地反映原始数据的统计特征以及土壤属性的时空变异特征。

2.5.4　优选土壤样点的精度评价与来源分析

2.5.4.1　优选土壤样点的精度评价

　　用 40 个样点作为验证集,对普通模拟退火及改进模拟退火优选土壤样点的四种土壤属性数据的预测精度进行定量化分析。对两种退火算法得到的四种土壤属性的优选样点进行克里金插值,分别将插值后结果与 40 个验证点进行线性拟合,用拟合方程的 R^2 表示预测值对实测值的表达精度,以此定量分析两种退火算法优选土壤样点对土壤属性的预测精度。

　　1. 普通模拟退火

　　普通模拟退火优选样点四种土壤属性线性拟合结果如图 2-36 所示,y 为验证集实测值,x 为相应点位的预测值。普通模拟退火样点对有机质、黏粒含量预测精度较高,R^2 均超过 0.8;对表土层厚度的预测精度最低,R^2 为 0.6809,对 pH 的预测精度 R^2 为 0.7108。

　　2. 改进模拟退火

　　改进模拟退火优选样点四种土壤属性线性拟合结果如图 2-37 所示,y 为验证集实测值,x 为相应点位的预测值。改进模拟退火优选样点对土壤有机质的预测精度最高,精度拟合方程的 R^2 为 0.8926,其次黏粒含量为 0.8693,表土层厚度为 0.7497,对 pH 的预测精度最低为 0.7488。

　　在本书前文中已经对原始 1300 个样点四种土壤属性的预测精度进行了分析,现将原始样点及两种退火算法优选样点对不同土壤属性的预测精度进行分析比较,比较结果见表 2-24。

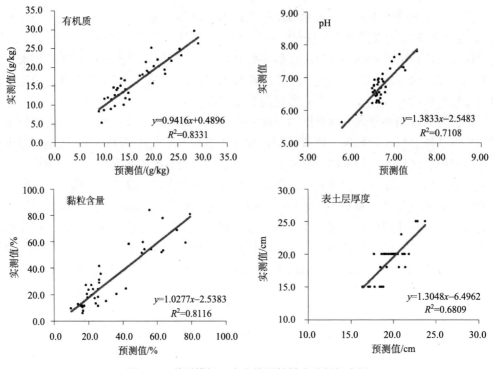

图 2-36 普通模拟退火土壤属性精度分析拟合图

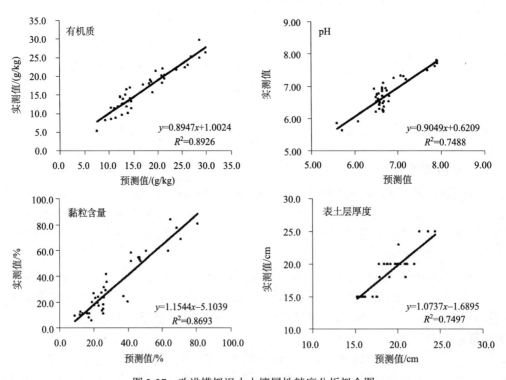

图 2-37 改进模拟退火土壤属性精度分析拟合图

表 2-24　两种模拟退火算法优选样点的土壤属性预测精度比较

土壤属性	原始样点		普通模拟退火		改进模拟退火	
	样点数量/个	预测精度	样点数量/个	预测精度	样点数量/个	预测精度
有机质	1300	0.8823	226	0.8331	178	0.8926
pH	1300	0.7363	78	0.7108	72	0.7488
黏粒含量	1300	0.8527	418	0.8116	315	0.8693
表土层厚度	1300	0.7165	95	0.6809	70	0.7497

由比较结果看出，普通模拟退火算法优选样点对四种土壤属性的预测精度均小于原始样点精度，而改进模拟退火算法优选的样点对四种土壤属性的预测精度均较高，并且明显优于普通模拟退火算法，也略优于原始样点的土壤属性预测精度。由比较发现，改进模拟退火算法优选的样点数量明显少于普通模拟退火算法，更远少于原始数据的 1300个样点，但对土壤属性的预测精度较高且显著优于普通模拟退火算法，也优于原始样点的土壤属性预测精度，更显著优于耕地质量等级监测、多目标地球化学调查、耕地地力调查三个来源样点数据的土壤属性预测精度。因此，改进模拟退火算法优选出较少的样点而达到了较高的土壤属性预测精度，这表明改进模拟退火算法用于土壤样点数量及布局的优化是合理的，本书对模拟退火算法进行优化是有意义的。

2.5.4.2　优选土壤样点的来源分析

运用两种模拟退火算法对不同来源的 1300 个原始土壤样点进行数量及布局的优化，优选土壤样点的来源见表 2-25。由表看出，两种方法优选的土壤样点在三种数据来源中各有分布，普通模拟退火算法四种土壤属性优选样点在三个来源中的比例与原始样点比例较为相似，四种土壤属性优选样点来自耕地地力调查数据的最多，约占优选样点的三

表 2-25　优选土壤样点的来源

优化方法	样点来源	原始数据		有机质		pH		黏粒含量		表土层厚度	
		样点数/个	比例/%	样点数/个	比例/%	样点数/个	比例/%	样点数/个	比例/%	样点数/个	比例/%
普通模拟退火	耕地质量等级监测	100	7.7	5	2.2	3	3.8	11	2.6	6	6.3
	多目标地球化学调查	400	30.8	82	36.3	17	21.8	122	29.2	27	28.4
	耕地地力调查	800	61.5	139	61.5	58	74.4	285	68.2	62	65.3
	合计	1300	100.0	226	100.0	78	100.0	418	100.0	95	100.0
改进模拟退火	耕地质量等级监测	100	7.7	4	2.2	3	4.2	5	1.6	5	7.1
	多目标地球化学调查	400	30.8	56	31.5	0	0.0	77	24.4	12	17.1
	耕地地力调查	800	61.5	118	66.3	69	95.8	233	74.0	53	75.7
	合计	1300	100.0	178	100.0	72	100.0	315	100.0	70	100.0

分之二，来自多目标地球化学调查数据的样点约 30%，来自耕地质量等级监测数据的样点较少，只占约 5%。优选样点不同来源比例的差异主要是由三个来源原始样点数量的显著差异造成，普通模拟退火算法优选的样点在空间上均匀分布，因此原始样点数量多的被选中的样点也较多，原始样点数量少的被选中的样点自然也较少。

改进模拟退火算法四种土壤属性优选样点在三个来源中的比例差异较大，四种土壤属性优选样点来自耕地地力调查数据的最多，在三分之二左右，其中 pH 优选样点来自耕地地力调查数据的比例达 95.8%，黏粒含量及表土层厚度这一比例均达到了 75%左右，有机质来自耕地地力调查的样点为 66.3%。四种土壤属性优选样点来自耕地质量等级监测数据的样点较少。改进模拟退火算法优选样点在不同来源的比例差异明显，不仅由三个来源原始样点数量的显著差异造成，同时还由不同来源数据原始样点空间布局的差异造成。改进模拟退火算法的特点是根据土壤属性的空间变异性来优选样点，而三种来源数据土壤样点的采样方案不同，样点的空间分布状况也显著不同，因此采用改进模拟退火算法优选土壤样点时不会从三种样点来源中均匀选择，优选的样点在三种来源的比例自然不同。

从优选样点来源分析看出，无论是普通模拟退火算法还是改进模拟退火算法，优选的样点大都不会只来自一个数据源，而是按不同的比例来自三个数据源，这就反映出单独任何一个来源的土壤样点数据，按各自的样点布设方案采样调查，其样点数量及布局对土壤属性的表达都存在一定的局限性；而将三种来源的土壤样点数据整合到一起进行样点数量及布局的优化，优选样点的数量、布局及精度均优于三个来源的原始数据。因此，对三种来源的土壤样点数据进行整合优化，从三个来源的土壤样点中优选出具有最优空间分布特征的最少样点数量，并且使优选样点对土壤属性的表达精度高于三个来源的原始土壤样点数据，从而提高耕地质量评价的效率与精度，可见本书整合三种来源的土壤数据进行土壤样点数量及布局的优化是十分必要的。

2.6　评价单元土壤属性数据赋值方法的优化选择

通过前文的研究，已获得了精度较高的、覆盖整个研究区的土壤属性数据，而耕地质量评价的对象是评价单元(耕地图斑)，准确获取所有评价单元的土壤属性数据是耕地质量评价的重要环节。土壤属性数据来源众多(抽样调查、预测补充)、数据形式多样(点状、面状)，但无论哪种来源、哪种形式的数据，都没有直接以评价单元为基础的调查数据，甚至都不能覆盖全部评价单元。因此，如何将抽样调查数据以及通过土壤-景观模型预测补充的数据，通过科学合理的手段赋值到评价单元是确保耕地质量评价结果准确的重要保障。

2.6.1　评价单元土壤属性数据赋值过程

土壤属性数据赋值到评价单元通常需要两个步骤(图2-38)，首先以抽样点土壤属性数据为基础通过土壤-景观模型预测补充样点稀缺区土壤属性数据,通过空间插值方法预测样点密集区的土壤属性，形成覆盖整个研究区的面状土壤属性数据分布(点到面)，然后将面状土壤属性数据通过合理的方法赋值到评价单元(面到面)。

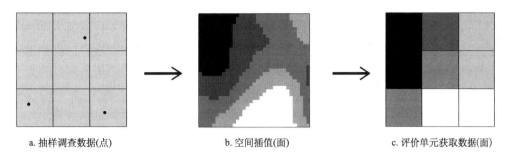

a. 抽样调查数据(点)　　　　　b. 空间插值(面)　　　　　c. 评价单元获取数据(面)

图 2-38　评价单元土壤属性数据的赋值过程

　　不同的空间插值方法所适用的数据形式以及插值精度是不同的,如何针对不同的参评因素,选择合适的空间插值方法,形成最精确的覆盖整个研究区的土壤属性数据分布,是评价单元数据获取的重要步骤(点→面)。通过空间插值方法形成所有土壤属性覆盖全域的面状数据分布,但这些面状的土壤属性数据分布与评价单元的面积、形状及空间分布并不一致,并不能直接进行耕地质量评价,还需要将这些面状的土壤属性数据赋值到评价单元上,才能以评价单元为对象进行耕地质量的评价(周生路等,2004)。因此,如何将这些面状的土壤属性数据合理地赋值到评价单元(面→面),也是耕地质量评价土壤数据处理的重要步骤。

2.6.2　不同土壤属性最优空间插值方法选择

2.6.2.1　主要的空间插值方法

　　在地理空间信息的采集中,由于地理信息在空间上的连续性,对某种地理空间现象或属性特征的度量,都是通过已知的抽样点数据,推理和估算研究区内其他未知区域的特征数据,从而构建一个连续的地理特征表面分布,这种推理和估算的方法就是空间插值(王宁等,2013)。空间插值是将离散点的测量数据转换为连续的数据曲面,以便与其他空间现象的分布模式进行比较,它包括了空间内插和外推两种算法(胡志瑞,2009)。空间内插算法是通过已知点的数据推求同一区域未知点数据,空间外推算法是通过已知区域的数据推求其他区域数据(胡志瑞,2009)。空间插值的作用原理是基于地理学第一定律,即地理事物或属性在空间上都存在一定相关性,距离越近事物间的相关性越强,它们的值就越相似,反之,离得越远则相似性越小。

　　插值方法主要分两类:确定性插值方法和地统计插值方法。确定性插值方法是依据相似度或平滑度使用测量点创建表面,主要包括反距离加权法(IDW)、径向基函数法(RBF)、全局多项式法等。地统计插值方法是利用测量点的统计属性,对测量点之间的空间自相关进行量化,并同时考虑到预测位置周围的采样点的空间配置,主要有普通克里金法(OK)、协同克里金法(CK)等(张玥,2013)。

　　各种空间插值方法都有其自身的特点,没有绝对最佳的空间插值方法,只能在特定的条件环境下,选择更为合理的、适用于数据空间分布特点的插值算法,根据插值结果的精度及有效性，找到一个相对的最佳算法。根据相关文献资料，本书选择反距离加权法、径向基函数法、普通克里金法及协同克里金法进行土壤属性最优插值方法的选择。

(1)反距离加权法。反距离加权法是一个加权平均插值法，可以通过确切的或者圆滑的方式插值，依据相近相似原理，以插值点与样本点间的距离为权重进行加权平均，距插值点越近的样本点赋予的权重越大。样点在预测点值的计算过程中所占权重的大小受参数 p 的影响，即随着采样点与预测值之间距离的增加，采样点对预测点影响的权重按指数规律减少(葛跃进，2011)。反距离加权插值法更适用于样本点数量较多且分布范围较均匀的情况，但忽视了数据变化趋势。假设一个区域内的空间分布在南北方向比在东西方向的变化幅度大，如使用反距离加权插值法的结果就不会维持这种变化趋势反而会平均这种变化(张玥，2013)。

(2)径向基函数法。径向基函数插值法是通过将一个样条函数以最小曲率来充分逼近各观察点，即如同将一个软膜插入并经过各已知样点，属于精确插值方法(周磊等，2012)。径向基函数包括五种不同的基本函数，分别是：平面样条函数(thin plate spline)、张力样条函数(spline with tension)、规则样条函数(completely regularized spline)、高次曲面样条函数(multiquadric)、反高次曲面样条函数(inverse multiquadric)(葛跃进，2011)。

(3)普通克里金法。普通克里金插值是以变异函数理论和结构分析为基础，在有限区域内对区域化变量进行无偏最优估计的一种方法，它不仅可以生成一个预估表面，还能给出预测结果精度或确定性度量。普通克里金法是根据未知样点有限领域内的若干已知样本点数据，在考虑了样本点的大小、形状和空间方位，与未知样点的相互空间位置关系，以及变异函数提供的结构信息之后，对未知样点进行的一种线性无偏最优估计。使用克里金法进行插值预测，必须做变异估计。变异估计即样本点的结果分析，是拟合一个经验性半变异函数模型反映空间数据的相关特性，通过这个半变异函数模型来获得权重进行预测。常用的半变异函数模型有圆模型、球状模型、指数模型和高斯模型。

(4)协同克里金法。协同克里金法是普通克里金法的扩展形式，把区域化变量的最佳估值方法从单一属性发展到两个以上的协同区域化属性。它要用到两个或两个以上的变量，其中一个是主变量，其他的是辅助变量，将主变量的自相关性和主辅变量的交互相关性结合起来用于无偏最优估值(宋根鑫，2014)。

2.6.2.2　插值误差评价

插值方法误差评价指标包括：平均误差(ME)、均方根误差(RMSE)、平均标准误差(ASE)、标准化平均误差(MSE)和标准均方根误差(RMSSE)，其计算公式分别为

$$ME = \frac{1}{n}\sum_{i=1}^{n}\widetilde{Z}_i - Z_i$$

$$RMSE = \sqrt{\frac{1}{n}\sum_{i=1}^{n}\left(\widetilde{Z}_i - Z_i\right)^2}$$

$$ASE = \sqrt{\frac{1}{n}\sum_{i=1}^{n}\left(\widetilde{Z}_i - \frac{1}{n}\sum_{i=1}^{n}\widetilde{Z}_i\right)^2}$$

$$\mathrm{MSE} = \frac{1}{n}\sum_{i=1}^{n}\left(\tilde{Z}_i' - Z_i'\right)^2$$

$$\mathrm{RMSSE} = \sqrt{\frac{1}{n}\sum_{i=1}^{n}\left(\tilde{Z}_i' - Z_i'\right)^2}$$

式中，$\tilde{Z}_i$ 为预测值，Z_i 为实测值，n 为验证数据集的样本数，Z_i' 和 $\tilde{Z}_i'$ 分别为实测值和预测值的标准化值。

在各种插值模型比较及选择中，最优模型需满足以下条件：①平均误差、标准化平均误差最接近 0；②均方根误差越小越好；③平均标准误差与均方根误差最接近，如果 ASE>RMSE，则过高估计了预测值，反之则过低估计了预测值；④标准均方根误差最接近 1，如果 RMSSE>1，则过低估计了预测值，反之则过高估计了预测值。在比较不同模型结果时，需要考虑其最优性和有效性，RMSE 越小模型精度越高，ASE 和 RMSE 的接近程度越大、RMSSE 越接近 1，模型的有效性越高(张玥，2013)。通过以上五个误差评价指标，比较不同插值方法的精度，由此确定各土壤属性的最优空间插值方法。

2.6.2.3　不同插值方法误差比较

1. 土壤有机质

四种插值方法优选模型对有机质插值结果的各项误差对比见表 2-26。结果显示，有机质为主变量、高程作为协变量，采用指数模型的协同克里金法插值，结果 MSE 绝对值最小，最接近于 0，且 RMSE 最小，说明协同克里金法插值结果的精度最高；同时，该方法 RMSE 与 ASE 最接近，两者差值显著小于其他方法，RMSSE 最大为 0.8978，最接近于 1，表明协同克里金法插值结果的有效性最强。而反距离加权法插值(p=3)的各项误差评价指标均是最差的，ME、MSE 的绝对值及 RMSE 明显大于其他三种方法，表明该方法插值精度比其他三种方法低；RMSE 与 ASE 相差较远，两者差值明显大于其他三种方法，RMSSE 也小于其他三种方法，表明该方法插值的有效性比其他三种方法要差。径向基函数法插值与普通克里金法插值方法的精度与有效性介于协同克里金法插值与反距离加权法插值之间。

表 2-26　有机质不同插值方法精度评价

插值模型	ME	RMSE	ASE	MSE	RMSSE	ASE–RMSE
反距离加权法(p=3)	−0.0282	0.2674	0.4053	−0.0418	0.8265	0.1379
径向基函数法 (高次曲面样条)	−0.0176	0.2570	0.3416	−0.0277	0.8513	0.0846
普通克里金法 (指数模型)	−0.0104	0.2554	0.3239	−0.0220	0.8716	0.0685
协同克里金法 (高程、指数模型)	**−0.0128**	**0.2514**	**0.3197**	**−0.0219**	**0.8978**	**0.0583**

协同克里金法插值属于地统计插值方法，该方法考虑了采样数据的统计特征，量化

已知样点的空间相关性，并且以与有机质有较强相关关系的高程作为辅助变量进行有机质的预测，这样不但使插值结果较好地保留原始数据的统计特征，同时较好地保证了数据空间变异的真实性，插值结果更能反映土壤有机质的真实情况。而反距离加权法插值只考虑了样点空间距离的远近，虽然插值结果也能较好地保留原始数据的统计特征，但对数据空间变异的表达较为生硬，不能更真实有效地反映土壤有机质的空间变异性。

综上分析，四种插值方法对有机质的插值精度均在可接受范围，相比较来说，以高程作为协变量、采用指数模型的协同克里金法无论在插值精度还是模型有效性方面均是最优的。因此，在土壤有机质数据点一面的处理中，高程为协变量、采用指数模型的协同克里金法具有较好的数据处理精度。

2. pH

四种插值方法最优参数模型对土壤 pH 插值的精度评价见表 2-27。四种插值方法中，采用球状模型的普通克里金法结果的 ME 最小，最接近于 0；MSE 与协同克里金法的相差不大，相对较小；RMSE 与协同克里金法的相同，均为最小。从 ME、MSE、RMSE 三个表征插值精度的指标比较来看，普通克里金法与协同克里金法对 pH 的插值精度最高。普通克里金法的 RMSSE 相比其他三种方法最接近 1 为 0.7848，且普通克里金法的 ASE 与 RMSE 最为接近，从插值模型的有效性来看，普通克里金法对 pH 的插值有效性最强。综合比较来看，对土壤 pH，球状模型的普通克里金法是其最优空间插值方法。

表 2-27　pH 不同插值方法精度评价

插值模型	ME	RMSE	ASE	MSE	RMSSE	ASE–RMSE
反距离加权法(p=1)	0.0154	0.1880	0.2394	0.0885	0.7772	0.0514
径向基函数法 （张力样条）	0.0197	0.1892	0.2415	0.0902	0.7316	0.0523
普通克里金法 **（球状模型）**	**0.0122**	**0.1839**	**0.2333**	**0.0866**	**0.7848**	**0.0494**
协同克里金法 （坡度，球状模型）	0.0131	0.1839	0.2341	0.0865	0.7817	0.0502

3. 黏粒含量

四种插值方法最优参数模型对黏粒含量插值的精度评价见表 2-28。四种插值方法中，普通克里金法、协同克里金法结果的 ME、MSE 绝对值远大于另外两种方法，反距离加权法结果的 ME、MSE 绝对值最小，径向基函数法次之；径向基函数法结果的 RMSE 最小，其他三种方法 RMSE 相差不大；从插值精度来看，反距离加权插值与径向基函数插值结果的精度相对较高。从插值模型有效性来看，径向基函数法的 RMSSE 最大，且 ASE 与 RMSE 最为接近，采用规则样条函数的径向基函数法有效性最强。综合比较来看，对黏粒含量，采用规则样条函数的径向基函数法是其最优的空间插值方法。

表 2-28　黏粒含量不同插值方法精度评价

插值模型	ME	RMSE	ASE	MSE	RMSSE	ASE–RMSE
反距离加权法($p=2$)	−0.0479	12.4200	28.4700	−0.0001	0.6211	16.0500
径向基函数法 （规则样条）	**−0.3223**	**12.2000**	**28.0300**	**−0.0006**	**0.6445**	**15.8300**
普通克里金法 （高斯模型）	1.0440	12.5200	28.6400	−0.0080	0.6216	16.1200
协同克里金法 （高程，高斯模型）	1.0450	12.4900	28.5500	−0.0073	0.6207	16.0600

4. 表土层厚度

四种插值方法最优参数模型对表土层厚度插值的精度评价见表 2-29。四种插值方法中，高程作为协变量、采用高斯模型的协同克里金法结果的 ME、MSE 绝对值最小，最接近于 0，其次是采用反高次曲面样条函数的径向基函数法；但协同克里金法结果的RMSE 最大，而径向基函数法的 RMSE 相比是最小的，且明显小于其他三种方法。从插值精度来看，径向基函数法对表土层厚度的插值精度相对较高。从插值模型有效性来看，径向基函数法结果的 RMSSE 最大，且 ASE 与 RMSE 最为接近，径向基函数法对表土层厚度的插值有效性最强。综合比较来看，对表土层厚度，采用反高次曲面样条函数的径向基函数法是其最优的空间插值方法。

表 2-29　表土层厚度不同插值方法精度评价

插值模型	ME	RMSE	ASE	MSE	RMSSE	ASE–RMSE
反距离加权法($p=2$)	−0.1166	1.4660	2.1763	−0.0223	0.7129	0.7103
径向基函数法 （反高次曲面样条）	**−0.1114**	**1.3970**	**2.0016**	**−0.0218**	**0.7785**	**0.6046**
普通克里金法 （高斯模型）	−0.1390	1.5350	2.2210	−0.0583	0.6841	0.6860
协同克里金法 （高程，高斯模型）	−0.0711	1.6620	2.6370	−0.0191	0.6188	0.9750

2.6.2.4　最优空间插值方法选择

土壤有机质、pH、黏粒含量及表土层厚度四个参评因素最优空间插值方法选择见表 2-30。有机质与 pH 的最优空间插值方法属地统计插值方法，黏粒含量、表土层厚度的插值方法均是确定性插值方法——径向基函数法。这种选择结果与四个参评因素数据特征有明显关系，土壤有机质与 pH 由于其自身特点数值跨度较小，数据变异性相对较小，在空间上的变化一般是连续渐变，数据的统计特征与空间分布较为规律，较适合采用地统计插值方法。而黏粒含量与表土层厚度，这两个因素一般依赖于土壤类型，在空间上呈片状分布，从一种土壤类型到另一种土壤类型，数据有较为明显的突变；另外，黏粒含量数值跨度较大，数据变异性很强，而表土层厚度数据呈间断点分布，这两个因素数据统计与空间分布的规律性较差，不适合采用地统计插值方法，因此插值面能通过所有抽样点的确定性插值方法相对更适合。

表 2-30　不同土壤属性的最优空间插值方法选择

参评因素	最优插值模型
有机质	协同克里金法(高程、指数模型)
pH	普通克里金法(球状模型)
黏粒含量	径向基函数法(规则样条)
表土层厚度	径向基函数法(反高次曲面样条)

根据各土壤属性最优空间插值方法，对样点密集区的四个土壤属性数据进行空间插值，插值结果如图 2-39 所示。有机质与 pH 插值结果空间分布较为平缓，而黏粒含量与表土层厚度插值结果有诸多"牛眼"分布，这是地统计插值与确定性插值方法造成的必然差异。

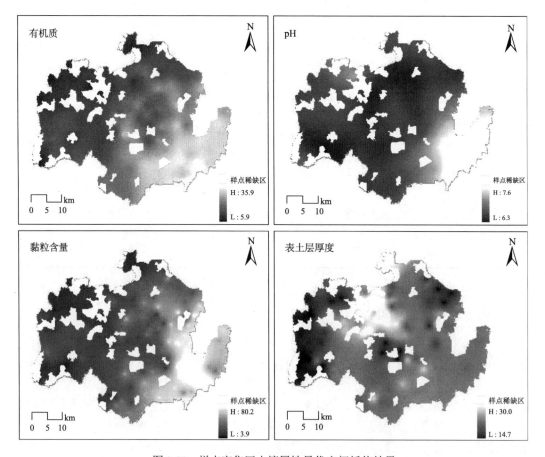

图 2-39　样点密集区土壤属性最优空间插值结果

土壤有机质东部平原地区较高，西部岗丘地区较低，自东向西逐渐降低；土壤 pH 东部张湾乡为偏碱性，其他大部分区域均为中性偏酸；黏粒含量与土壤有机质有相似的空间分布，东部平原地区主要是重壤或黏土，黏粒含量较高，西部岗丘地区主要是砂壤，黏粒含量非常低；东海县属于黄淮海平原地区，表土层厚度普遍较厚，一般都能达到 20cm 以上，主要分布在西部岗丘地区；有部分区域表土层厚度较薄，在 20cm 以下。

2.6.3　评价单元土壤属性赋值方法优化选择

2.6.3.1　评价单元土壤属性赋值的方法

评价单元土壤属性赋值可以有两种思路：一是按均质单元赋值，首先将所有土壤属性数据赋值到均质单元(覆盖全域)，每个均质单元某个土壤属性数据只有一个值，然后将评价单元与均质单元进行叠加分析，这样每个均质单元所包含的评价单元都获得相同的土壤属性值(图 2-40a)；二是按面积加权赋值，将各类型的面状土壤属性数据与评价单元进行叠加分析，然后根据评价单元被各土壤属性面分割的面积比例，以面积比例作为权重求取这个评价单元土壤属性的值，这样每个评价单元都获得不同的土壤属性数值(图 2-40b)。

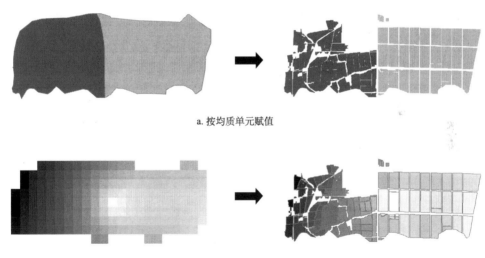

a. 按均质单元赋值

b. 按面积加权赋值

图 2-40　土壤属性不同赋值方法的原理

耕地质量是一个综合的概念，质量的高低是由多个因素共同决定的，在较小的范围内耕地质量是均质的，耕地质量的差异性在较大范围内的体现才是有意义的。如两块没有明显地物分割的耕地地块(评价单元)，其土壤属性可能有差别，但耕地质量的差异可以忽略，比较这两个相邻地块耕地质量的差异是没有实际意义的，其耕地质量被认为是相同的；随着相邻地块在空间上的连续分布，土壤属性的差异逐渐累积，由此引起耕地质量的差异也在累积，这种差异累积到一定程度，耕地质量即发生突变，突变后土壤属性的差异又重新开始累积，如此反复就形成了耕地质量在空间上的差异性。

按均质单元赋值方法，每个均质单元内的若干评价单元具有相同的土壤属性数值，相应的耕地质量也都是相同的，这种方法强调了耕地质量在小区域内的均质性，对耕地等别的表现更为简单、直观，对耕地质量的管理也更为方便，但这种方法得到的耕地质量细化程度不够，在需要较为精细耕地质量信息的局部地区无法满足要求。这种方法依赖于覆盖全域的均质单元，无论区域评价单元(耕地图斑)如何变化(占、毁、调、退、补)，均质单元在短期内仍然有较好的稳定性与代表性，仍然可以覆盖全部的耕地图斑。这就为耕地质量的评价、监测、年度更新提供了一种很好的思路：耕地质量监测只监测均质区域即可，不需要关注到每一个耕地图斑；年度更新补充的耕地落在哪个均质单元内，即赋给这个图斑该均质单元的所有分等因素信息及等级信息即可，这种做法既方便又可满足耕地质量管理的需求。

按面积加权赋值的方法使得每个评价单元的土壤属性数值基本都不同，相应的评价单元的耕地质量也不同，所反映的耕地质量在空间上是连续渐变的，这种方法强调了耕地质量的空间异质性，对耕地质量在空间上的微小差异也能量化体现，对耕地质量的表达更为细致，但由于耕地等级过于细化、复杂，并不方便管理。

这两种方法对耕地质量的表达及应用各有优劣，但哪种方法更能真实地反映区域耕地质量分布，还需要进一步通过数据计算来比较，下面用相同基础数据分别采用这两种方法对评价单元进行土壤属性赋值，然后参照《农用地质量分等规程》(GB/T 28407—2012)自然质量评价的方法和参数体系，计算各图斑的耕地质量指数并进行等级划分，根据评价结果比较这两种方法对区域耕地质量表达的精度。

2.6.3.2　按均质单元方法的土壤属性赋值结果

根据上一节选择最优空间插值方法，对样点密集区土壤有机质、pH、黏粒含量及表土层厚度进行空间插值，加上根据土壤-景观模型预测补充的土壤属性，形成研究区土壤属性的面状栅格数据，将栅格数据分别与均质单元叠加分析，求平均值获得每个均质单元的四种土壤属性值。行政村为单位的调查数据(灌溉保证率、排水条件)以及以土种单元为基础的调查数据(障碍层深度、土壤侵蚀程度)不需要空间插值直接与均质单元叠加，使得每个均质单元获得相应数值。

将均质单元与所有评价单元进行叠加分析，使得每个均质单元获得相应均质单元的参评因素值，当评价单元跨越两个以上均质单元时，获取该评价单元所占面积较大的均质单元数据。

按以上方法，土壤有机质、pH、黏粒含量及表土层厚度四种土壤属性对评价单元按均质单元赋值结果如图 2-41 所示。可以看出，采用按均质单元赋值的四种土壤属性空间分布整体保持了研究区各土壤属性的空间分布特征，每个均质单元内所有评价单元的四种土壤属性都相同，但各土壤属性在空间上的过渡变化不够自然平缓，在均质单元边界处有较为明显的突变点。

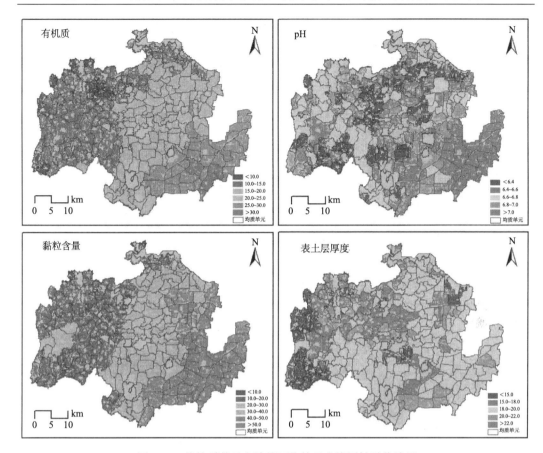

图 2-41　按均质单元方法的评价单元土壤属性赋值结果

2.6.3.3　按面积加权方法的土壤属性赋值结果

将通过空间插值以及土壤-景观模型预测补充形成的土壤属性面状栅格数据(有机质、pH、耕作层厚度、土壤质地)、行政村为单位的调查数据(灌溉保证率、排水条件)以及以土种单元为基础的调查数据(障碍层深度、土壤侵蚀程度)分别与评价单元进行叠加分析,评价单元被分割为若干斑块,以各斑块面积占该评价单元总面积的比例作为权重,采用加权求和的方法计算该评价单元的参评因素的值。

根据以上方法,土壤有机质、pH、黏粒含量及表土层厚度四种土壤属性对评价单元按面积加权赋值结果如图 2-42 所示,其他参评因素不详细列出。可以看出,采用按面积加权赋值的四种土壤属性空间分布也整体保持了研究区各土壤属性的空间分布特征,四种土壤属性的空间变化过渡自然,没有明显的突变界线。

2.6.3.4　评价单元最优赋值方法选择

用本书中的 40 个样点所在分等单元作为验证集,将验证点与经过土壤-景观预测补充及最优空间插值形成的面状土壤属性叠加,提取 40 个样点的土壤属性数据作为实际值,40 个样点所在分等单元的赋值结果作为拟合值,研究两种分等单元赋值方法的赋值精度进行定量化分析。将两种赋值结果的土壤属性与 40 个验证点进行线性拟合，用拟合方程的 R^2 表示分等单元赋值结果的精度，以此定量分析两种分等单元赋值方法的赋值精度。

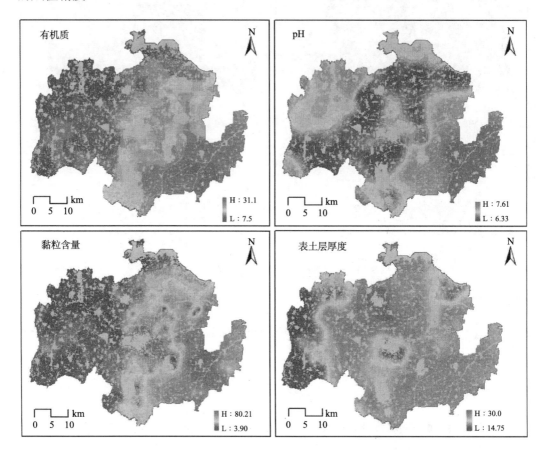

图 2-42　按面积加权方法的评价单元土壤属性赋值结果

1. 均质单元赋值

均质单元赋值方法四种土壤属性线性拟合结果如图 2-43 所示，y 为验证集实测值，x 为相应点位的赋值结果。均质单元赋值方法对四种土壤属性的赋值结果 R^2 均超过 0.8，各属性赋值精度相差不大。对表土层厚度的赋值精度相对较高，因该属性空间变异性较小，均质单元赋值的效果相对较好。

2. 面积加权赋值

面积加权赋值方法四种土壤属性线性拟合结果如图 2-44 所示，y 为验证集实测值，x 为相应点位的赋值结果。面积加权赋值方法对四种土壤属性的赋值精度整体较高，赋值精度 R^2 均在 0.9 左右，各属性赋值精度相差不大。对土壤有机质的赋值精度最高，R^2 达 0.9042，土壤有机质空间上连续性较好，空间变异相对较弱。面积加权赋值方法更能保持有机质原始数据的特征。

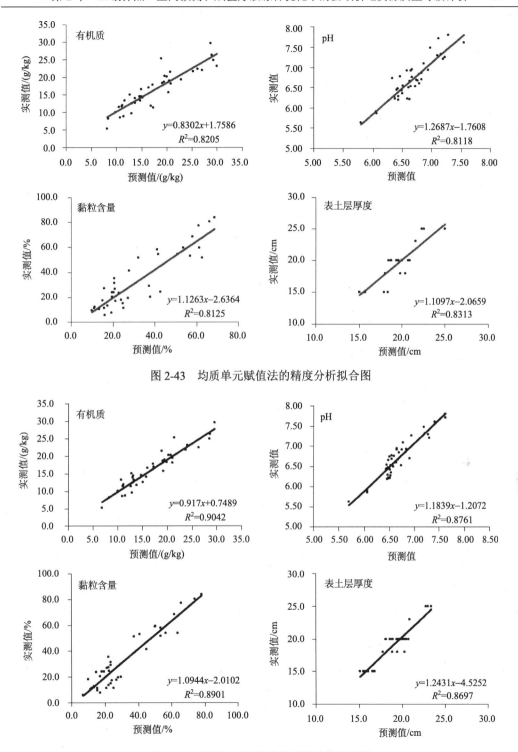

图 2-43　均质单元赋值法的精度分析拟合图

图 2-44　面积加权赋值法的精度分析拟合图

两种评价单元土壤属性赋值方法赋值精度比较见表 2-31。由比较结果看出，面积加权赋值对四种土壤属性的赋值精度明显高于均质单元的赋值精度，采用面积加权赋值分等单元可获得精度较高的赋值结果，因此耕地质量评价中最优的评价单元赋值方法是面积加权赋值法。

表 2-31　两种分等单元土壤属性赋值方法的精度比较

土壤属性	均质单元赋值精度	面积加权赋值精度
有机质	0.8205	**0.9042**
pH	0.8118	**0.8761**
黏粒含量	0.8125	**0.8901**
表土层厚度	0.8313	**0.8697**

2.7　各优化方法综合运用的县域耕地质量评价

前文通过划分土壤样点的疏密性分区，预测获得了精度较高的样点稀缺区的土壤属性数据，优选得到了样点密集区最少的参评样点数量及最优的空间布局，确定了评价单元土壤属性数据的最优赋值方法。在此基础上综合运用耕地质量评价过程中土壤样点的优化方法，评价研究区东海县的耕地质量，并与耕地质量等级成果补充完善数据相比较，分析综合运用土壤样点优化方法对耕地质量评价成果精度提高的水平。

2.7.1　评价的方法体系

本书根据国土资源部耕地质量评价规程《农用地质量分等规程》（GB/T 28407—2012），采用与"东海县耕地质量等级成果补充完善数据"完全一致的评价方法与参数体系，保证本书的评价结果与已有的耕地质量等级成果补充完善数据具有可比性。

（1）基本参数。东海县位于黄淮海平原区一级区，黄淮平原区二级区，徐淮平原区三级区。标准耕作制度为一年两熟，水田、水浇地耕作制度为小麦-水稻，旱地耕作制度为小麦-玉米。指定作物光温生产潜力分别为：小麦 1119kg/亩，玉米 2189kg/亩，水稻 1995kg/亩。指定作物产量比系数分别为：水稻 1.0，小麦 1.3，玉米 0.8。

（2）指标权重。参评因素包括有机质、pH、表层土壤质地、表土层厚度、障碍层深度、灌溉保证率、排水条件、土壤盐渍化程度、土壤侵蚀程度 9 个指标。各参评因素权重见表 2-32。

表 2-32　耕地质量评价参评因素权重

作物	有机质	pH	表层土壤质地	表土层厚度	障碍层深度	灌溉保证率	排水条件	土壤盐渍化程度	土壤侵蚀程度
水稻	17.8	5.5	10.9	10.3	5.0	22.9	10.4	11.8	5.4
小麦	17.4	5.6	10.6	10.4	4.8	19.8	12.6	12.7	6.1
玉米	17.4	5.6	10.6	10.4	4.8	19.8	12.6	12.7	6.1

(3)指标标准化。各指标分值计算标准见表 2-33。

表 2-33　评价指标分值量化标准

评价指标		指标值及分值				
有机质	指标值/(g/kg)	≥20.0	12.0~20.0	6.0~12.0	<6.0	—
	指标分值	100	80	50	10	—
pH	指标值	6~8	5~6; 8~8.5	4~5; 8.5~9.5	<4; >9.5	—
	指标分值	100	90	70	0	—
表层土壤质地	指标值	中壤、轻壤	重壤、砂壤	黏土、砂土	—	—
	指标分值　水稻	100	80	60	—	—
	小麦、玉米	100	80	70	—	—
表土层厚度	指标值/cm	≥20	15~20	10~15	<10	—
	指标分值	100	80	50	20	—
障碍层深度	指标值/cm	60~90	30~60	<30	—	—
	指标分值	100	50	20	—	—
土壤盐渍化程度	指标值/%	<0.2	0.2~0.4	0.4~0.6	0.6~1.0	≥1.0
	指标分值	100	80	60	40	10
灌溉保证率	指标值/%	≥95	85~95	70~85	50~70	<50
	指标分值　水稻	100	85	75	50	20
	小麦、玉米	100	90	80	60	30
排水条件	指标值	优	良	一般	差	—
	指标分值	100	80	60	40	—
土壤侵蚀程度	指标值	无侵蚀	轻度侵蚀	中度侵蚀	强度侵蚀	—
	指标分值	100	85	65	40	—

(4)等指数计算。计算公式如下:

$$R_i = \alpha_i \cdot \beta_i \cdot \sum_{j=1}^{n} p_j f_{ij}$$

$$R = \sum R_i$$

式中, R 为评价单元自然质量等指数; R_i 为评价单元第 i 种作物等指数; α_i 为 i 种指定作物光温生产潜力; β_i 为 i 种指定作物产量比系数; p_j 为第 j 个指标权重值; f_{ij} 为 i 作物第 j 个指标的指标量化分值。

2.7.2　评价单元数据获取

1. 土壤指标数据

基于优化预测的土壤属性、最优的土壤样点数量及布局,采用最优的评价单元土壤属性赋值方法获取评价单元的土壤指标数据。土壤指标数据获取方法如表 2-34 所示。

表 2-34　土壤指标数据预测方法

评价指标	预测方法	
	样点稀缺区	样点密集区
有机质	土壤-景观模型预测	协同克里金法(高程、指数模型)
pH	土壤-景观模型预测	普通克里金法(球状模型)
黏粒含量	土壤-景观模型预测	径向基函数法(规则样条)
表土层厚度	土壤-景观模型预测	径向基函数法(反高次曲面样条)

通过以上土壤指标预测方法,预测得到研究区土壤有机质、pH、黏粒含量及表土层厚度四个指标的属性空间分布,然后采用面积加权赋值方法将四个指标的数据赋值到分等单元,得到所有分等单元的四个土壤指标数据(图 2-45)。

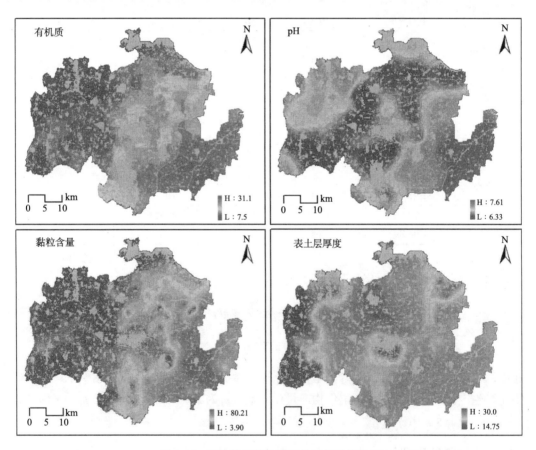

图 2-45　评价单元的土壤属性最优赋值结果

2. 其他指标数据

除上述四个指标外,本书中耕地质量评价的其他五个参评因素数据来源及处理方法与"东海县耕地质量等级成果补充完善数据"完全一致。障碍层深度、土壤侵蚀程度与土壤类型密切相关,这两个参评因素数据以土种单元为基础从《东海县土壤志》获取。

灌溉保证率及排水条件是以行政村为单位的实地调查数据。据土壤志及农业部门相关调查数据，东海县无土壤盐渍化，因此该指标全区域均为 0。障碍层深度等四个指标空间分布如图 2-46 所示。

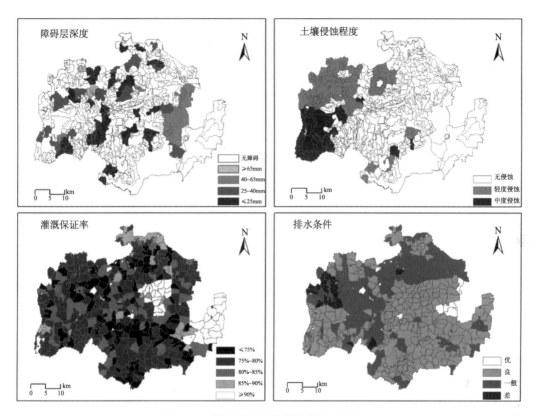

图 2-46　耕地质量评价其他指标空间分布

　　研究区土壤障碍层主要是砂浆层及白浆层，有障碍层的区域占整个研究面积的 27%，最浅的障碍层距地表 23cm。研究区处在黄淮海平原区，土壤侵蚀总体较少，只在西部岗丘地区有一定的侵蚀，且侵蚀程度较弱，中度侵蚀面积占研究总面积的 10.38%。东海县水资源较为丰富，灌溉条件较好，区域灌溉保证率均在 70% 以上，平均达 80.2%。区域排水条件相对较好，65% 的区域排水条件良好，只有约 4.3% 的区域排水条件较差。

2.7.3　耕地质量评价结果

　　综合运用土壤-景观模型预测补充数据、土壤样点数量和布局及评价单元最优土壤属性赋值方法三个方面的优化，根据以上自然质量等评价方法和参数体系，计算研究区各图斑的耕地自然质量等指数并进行等级划分，并与目前已有的耕地质量等级成果补充完善评价结果相比较。研究区耕地自然质量等指数统计特征见表 2-35。两种方法评价结果自然等指数范围基本相同，综合运用土壤样点优化方法的评价结果自然等指数平均值略大于耕地质量等级成果补充完善结果。

表 2-35　综合运用土壤样点优化方法的耕地自然质量等指数统计

自然质量等指数	最大值	最小值	平均值	中位数	变异系数/%	偏度	峰度
综合运用土壤样点优化方法的评价结果	3372	2271	2898	2916	7.84	−0.31	−0.64
耕地质量等级成果补充完善评价结果	3372	2263	2862	2867	8.74	−0.25	−0.82

综合运用土壤样点优化方法的评价结果及耕地质量等级成果补充完善评价结果的研究区耕地自然质量等面积统计见表 2-36。两种方法评价结果均划分为 6 个等级，各等级面积均有不同程度的差异，其中 5 等地面积差异最大。

表 2-36　综合运用土壤样点优化方法的耕地自然质量等级面积统计

自然质量等级		1	2	3	4	5	6
综合运用土壤样点优化方法的评价结果	面积/km²	102.70	314.66	279.95	300.97	186.60	38.55
	比例/%	8.39	25.72	22.88	24.60	15.25	3.15
耕地质量等级成果补充完善结果	面积/km²	105.5	333.45	227.71	249.29	248.37	59.1
	比例/%	8.62	27.26	18.61	20.38	20.30	4.83

综合运用土壤样点优化方法的评价结果及耕地质量等级成果补充完善结果的研究区耕地质量空间分布如图 2-47 所示。两种评价结果的耕地质量整体空间分布特征相似：耕地自然质量等别自东向西逐渐降低，1～2 等地主要分布于研究区东部地区，3～4 等地主要分布于研究区中部地区，低等地 5～6 等地主要分布于西部地区。两种评价结果有一定的局部地区差异，综合运用土壤样点优化方法的评价结果表明，西部地区耕地自然质量等级高于补充完善评价结果。

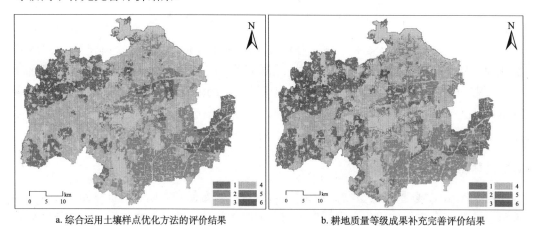

a. 综合运用土壤样点优化方法的评价结果　　　　　　b. 耕地质量等级成果补充完善评价结果

图 2-47　两种耕地质量评价结果空间分布

2.7.4　评价精度分析

在耕地质量评价中，如果每个评价单元(图斑)布设一个土壤采样点，理论上耕地质量评价的土壤数据已达到事实的最高精度(一个图斑布设两个采样点无意义),此时不再需要对采样点进行插值以及评价单元的赋值,每个评价单元直接获得采样点的数据即可达到极高的评价精度。因此,根据 40 个验证集土壤样点数据,提取样点所在的评价单元构成耕地质量评价精度的验证集,将样点土壤数据直接赋值给所在的评价单元,采用以上耕地自然质量评价的方法和参数体系,计算 40 个图斑的耕地质量指数并进行等级划分,以此结果作为基础验证两种评价结果的耕地质量评价精度,定量分析土壤样点优化方法的综合运用对耕地质量评价结果精度的提高水平。

将两种方法评价的自然质量指数分别与验证集自然质量指数进行线性拟合,拟合结果见表 2-37。

表 2-37　两种耕地质量评价结果的精度验证

评价方法	拟合模型	相关系数	F 检验	R^2
综合运用土壤样点优化方法的评价结果	$y=1.004x-78.78$	0.9464^*	659.70	0.8958
耕地质量等级成果补充完善评价结果	$y=0.7976x+484.67$	0.8554^*	268.69	0.7319

*表示置信度水平为 0.01

注:y 为验证自然等指数,x 为评价结果自然等指数,$F_{0.01}(\infty)=6.64$。

由以上结果看出,在 0.01 置信度水平下,两种评价结果自然质量指数与验证集自然质量指数均有非常强的相关性,相关系数均大于 0.8,综合运用土壤样点优化方法下评价结果的相关系数大于耕地质量等级成果补充完善评价结果,表明综合运用土壤样点优化方法的评价结果自然质量指数与验证集相关性更强。

两种方法自然质量指数和验证集自然质量指数的线性拟合方程 R^2 均相对较高,表明这两种方法评价结果对标准值的解释程度都较高。以 R^2 表示评价结果对验证结果的解释精度,综合运用土壤样点优化方法的评价结果精度达到 0.8958,耕地质量等级成果补充完善评价结果精度为 0.7319,土壤样点优化方法综合运用后评价结果精度明显高于补充完善评价结果。从两种方法的精度验证的线性拟合图也能看出(图 2-48),在拟合散点图上

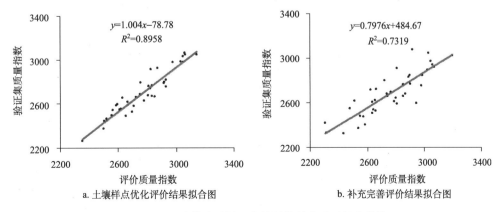

图 2-48　两种耕地质量评价结果的精度验证拟合曲线

综合运用土壤样点优化方法的评价结果样点分布区较"细"，样点相对较为集中；而补充完善评价结果的样点分布区较"粗"，样点更集中于趋势线，这也反映出综合运用土壤样点优化方法的评价结果精度更高。

　　综上，针对耕地质量评价中土壤样点数据的应用，对样点稀缺区进行土壤数据的预测补充，对样点密集区进行参评土壤样点的优化选择，选用最优的土壤属性空间插值方法，采用最优的评价单元土壤属性赋值方法，综合运用以上几个方面的优化，参照《农用地质量分等规程》（GB/T 28407—2012）自然质量评价的方法和参数体系，对研究区耕地质量进行评价，评价结果精度验证的 R^2 达到 0.8958。

　　耕地质量等级成果补充完善评价结果的土壤样点来自于耕地地力调查数据及多目标地球化学调查数据，评价结果未进行土壤属性的预测优化、样点数量及布局优化、评价单元土壤属性赋值方法优化等，是一种按照传统评价方法完成的耕地质量评价结果，属于目前较为完善的一种耕地质量本底数据。本书的耕地质量评价中，除有机质、pH、黏粒含量与表土层厚度四个指标数据的处理运用方法与耕地质量等级成果补充完善评价结果不同外，其他指标的数据获取与处理方法、评价方法与参数体系等均与其相一致。本书对耕地质量评价中土壤样点数据进行了多方面的优化，综合运用各优化方法评价得到的县域耕地质量结果精度明显高于现有的耕地质量等级成果补充完善评价结果，这表明耕地质量评价过程中土壤样点优化方法的综合运用可以进一步提高耕地质量评价精度，有实际意义，本书研究结论对耕地质量评价方法、体系及程序的完善有现实的科学价值。

2.8　本章小结

　　本章研究以黄淮海平原的典型农业县，同时也是自然资源部野外科学观测研究基地的江苏省东海县为研究区，依托国土资源部公益性行业科研专项"耕地等级变化野外监测技术集成与应用示范"（201011006），在耕地质量等级监测 140 个样点土壤样品采集和测试的基础上，进一步补充收集多目标地球化学调查、耕地地力调查等其他来源的土壤样点数据，基于研究区土壤样点分布的空间异质性和疏密性特征，以提高县域耕地质量评价精度和效率为目标，在 RS、GIS、Matlab 编程等技术的支持下，采用地统计分析方法、土壤-景观模型、模拟退火算法等，分析土壤属性预测精度与样点疏密程度的关系，针对耕地质量评价中土壤样点的空间疏密性分区，分别开展了样点稀缺区土壤属性的预测优化、样点密集区参评土壤样点数量及布局的优化、评价单元土壤属性数据赋值方法优化等研究，并在此基础上综合运用各优化方法对研究区耕地质量进行评价，分析比较其精度与耕地质量等级成果补充完善评价结果精度提高的水平。研究得出的主要结论如下：

　　(1)基于土壤属性预测精度对样点密度变化的响应关系,可对耕地质量评价中土壤样点的疏密程度进行分区,为针对样点空间分布特征进行土壤样点优化应用方法的选择提供基础。将不同来源的 1300 个土壤样点整合到一起,可有效提高样点土壤属性的预测精度,但在空间上预测精度高低不一、样点分布疏密不均。土壤属性预测精度对样点密度变化的响应存在拐点,样点密度达到拐点值时土壤属性的预测精度不再随样点密度增长而提高，有机质、pH、黏粒含量及表土层厚度四种土壤属性样点密度的拐点值分别为 0.24 个/km²、0.20 个/km²、0.30 个/km²、0.16 个/km²。根据土壤属性预测精度与样点密度变化的拐点值，将研究区划分为样点密集、样点稀少及样点缺失三种样点分布类型区，面积比例分别为 85.16%、9.51%、5.33%，为按照样点分布特征分区进行相应的土壤样点优化方法选择建立了基础。

(2)基于研究区样点密集区的大量样点数据，在样点稀少区、样点缺失区采用土壤-景观模型，可获得县域耕地质量评价所需的较高精度的土壤属性预测数据。土壤-景观模型对四种土壤属性的预测结果的精度 R^2 均在 0.7000 以上，其中对土壤有机质的预测精度最高，精度拟合方程 R^2 达到 0.8417，黏粒含量、表土层厚度、pH 次之，R^2 分别为 0.7729、0.7627 和 0.7139。对比土壤-景观模型与地统计插值的预测结果，样点稀少区和缺失区土壤-景观模型预测结果的精度明显高于地统计插值，预测结果的相对误差比地统计插值小 30%以上；但在样点密集区地统计插值结果的精度略高于土壤-景观模型，预测结果的相对误差比土壤-景观模型小 10%左右。

(3)考虑土壤属性空间异质性进行模拟退火算法改进，能进一步优化参评土壤样点的数量和空间布局，提高县域耕地质量评价的精度和效率。用普通模拟退火算法对样点密集区的 1300 个样点进行优化，有机质、pH、黏粒含量、表土层厚度四种土壤属性的优化后样点数分别为 226 个、78 个、418 个和 95 个。将土壤属性的空间变异值作为参数加入模型对模拟退火算法进行改进，退火过程中优先选择并保留空间变异性强的样点。退火优化后，样点密集区有机质、pH、黏粒含量、表土层厚度四种土壤属性的最优样点数，由 1300 个分别优化减少至 178 个、72 个、315 个和 70 个。四种土壤属性优选样点来源于耕地地力调查、多目标地球化学调查和耕地质量等级监测样点的比例平均为 78.0%、18.2%、3.8%。优化后样点的数量明显减少，但优选样点对土壤属性的预测精度则比三种来源的原始数据提高 5%以上。

(4)最优空间插值方法的选取与单元赋值方法优化选择的结合应用，可实现耕地质量评价土壤属性数据由点到面、由面到评价单元的最优赋值。通过反距离加权法、径向基函数法、普通克里金法、协同克里金法四种空间插值方法结果的比较，确定研究区四种土壤属性的最优空间插值方法，有机质为协同克里金法(高程、指数模型)，预测结果的标准均方根误差 RMSSE 为 0.8978，较其他方法提高 3.0%～8.6%；pH 为普通克里金法(球状模型)，RMSSE 为 0.7848，较其他方法提高 0.4%～7.3%；黏粒含量为径向基函数法(规则样条函数)，RMSSE 为 0.6445，较其他方法提高 3.7%～3.9%；表土层厚度为径向基函数法(反高次曲面样条函数)，RMSSE 为 0.7785，较其他方法提高 9.2%～25.8%。在此基础上，结合单元赋值方法的优化选择，可进一步提高耕地质量评价单元土壤属性的精度。其中，均质单元赋值法四种土壤属性赋值精度的 R^2 为 0.8118～0.8313，面积加权赋值法的 R^2 可达 0.8697～0.9042。

(5)通过样点稀缺区土壤属性优化预测、密集区参评土壤样点数量与布局优化、评价单元土壤属性赋值方法优化的综合运用，可提高县域耕地质量评价的精度。本书参照《农用地质量分等规程》(GB/T 28407—2012)自然质量评价的方法和参数体系，基于样点稀缺区优化预测的土壤属性、样点密集区最优的参评样点数量和布局、最优的评价单元土壤属性赋值方法进行研究区耕地质量评价，评价结果精度的 R^2 可达 0.8958，明显高于以耕地地力调查和多目标地球化学调查数据为基础，未进行土壤样点多方面优化应用的耕地质量补充完善评价结果的精度 0.7319。

参 考 文 献

邓慧平, 李秀彬. 2002. 地形指数的物理意义分析[J]. 地理科学进展, 21(2): 103-110.

丁生喜. 2000. 农用耕地分等定级的评价指标选取及其定量化处理[J]. 青海师范大学学报(自然科学版), 2: 54-57.

奉婷, 张凤荣, 李灿, 等. 2014. 基于耕地质量综合评价的县域基本农田空间布局[J]. 农业工程学报, 1: 200-210, 293.

傅伯杰, 陈利顶, 马诚. 1997. 土地可持续利用评价的指标体系与方法[J]. 自然资源学报, 2: 17-19.

葛跃进. 2011. 地球化学数据插值方法比较[D]. 石家庄: 石家庄经济学院.

郭仁松. 2004. 区域土壤模型库的建立与应用研究[D]. 武汉: 华中农业大学.

侯立春, 张文开, 陈友飞, 等. 2003. 基于 GIS 的农用地分等研究——以福州市仓山区为例[J]. 福建地理, 4: 19-22, 31.

胡志瑞. 2009. 区域水土流失模型敏感性分析——以糙河示范区为例[D]. 西安: 西北农林科技大学.

姜成晟, 王劲峰, 曹志冬. 2009. 地理空间抽样理论研究综述[J]. 地理学报, 64(3): 368-380.

康立山, 谢云, 尤矢勇, 等. 1998. 非数值并行算法(第一册)——模拟退火算法[M]. 北京: 科学出版社.

李连发, 王劲峰. 2002. 地理数据空间抽样模型[J]. 自然科学进展, 5: 99-102.

李天杰, 赵烨, 张科利, 等. 2004. 土壤地理学(第三版)[M]. 北京: 高等教育出版社.

李兴旺, 冯宝平. 2002. 基于 BP 神经网络的土壤含水量预测[J]. 水土保持学报, 16(5): 117-119.

李志斌. 2010. 基于地统计学方法和 Scorpan 模型的土壤有机质空间模拟研究——以吉林省舒兰市为例[D]. 北京: 中国农业科学院.

刘焕军, 赵春江, 王纪华, 等. 2011. 黑土典型区土壤有机质遥感反演[J]. 农业工程学报, 27(8): 211-215.

马治国. 2011. 媒体收视率调查公司样本户数据的商业秘密保护——对国内首例干扰样本户信息案件的分析[J]. 西安交通大学学报(社会科学版), 31(2): 61-66.

孟斌, 王劲峰. 2005. 地理数据尺度转换方法研究进展[J]. 地理学报, 60(2): 277-288.

浦瑞良, 宫鹏. 2000. 高光谱遥感及其应用[M]. 北京: 高等教育出版社.

石淑芹, 陈佑启, 李正国, 等. 2011. 基于空间插值分析的指标空间化及吉林省玉米种植区划研究[J]. 地理科学, 31(4): 408-414.

石伟, 南卓铜, 李韧, 等. 2011. 基于支持向量机的典型冻土区土壤制图研究[J]. 土壤学报, 48(3): 461-469.

宋根鑫. 2014. 县域农田养分动态监测的方法优化和应用研究[D]. 杭州: 浙江大学.

孙孝林, 赵玉国, 赵量, 等. 2008. 应用土壤-景观定量模型预测土壤属性空间分布及制图[J]. 土壤, 40(5): 837-842.

汤赛. 2014. 县域耕地质量等级监测样点布设及优化方法研究[D]. 北京: 中国农业大学.

王建国, 陈凌静. 2008. 土地质量评价研究综述[J]. 河北农业科学, 4: 81-85.

王劲峰, 武继磊, 孙英君, 等. 2005. 空间信息分析技术[J]. 地理研究, 24(3): 464-472.

王炳辉, 李毅, 黄冬梅, 等. 2013. 基于普通克里格法的泥河铁矿床资源储量估算研究[J]. 地质与勘探,

49(6)：1108-1113.

王凌, 郑大钟, 李清生. 2001. 混沌优化方法的研究进展[J]. 计算技术与自动化, 1: 1-5.

王宁, 王旭春, 杜明庆, 等. 2013. 基于 GIS 的露天矿边坡位移敏感性分析[J]. 青岛理工大学学报, 34(1): 15-19.

王千, 金晓斌, 阿依吐尔逊•沙木西, 等. 2010. 河北省粮食产量空间格局差异变化研究[J]. 自然资源学报, 25(9): 1525-1535.

吴才武, 夏建新, 段峥嵘. 2015. 土壤有机质预测性制图方法研究进展[J]. 土壤通报, 46(1): 239-247.

吴群. 2002. 农用地质量等级划分依据及其基本思路[J]. 南京农业大学学报(社会科学版), 1: 38-42.

吴涛, 白礼虎, 刘二宝, 等. 2013. 直觉模糊集新的熵公式及应用[J]. 计算机工程与应用, 49(23): 48-51.

于白云. 2013. 基于模拟退火算法的土地利用结构优化研究——以永兴县为例[D]. 长沙: 湖南师范大学.

于宏宇. 2012. 智能优化算法的应用研究[J]. 电脑编程技巧与维护, 20: 88-90.

袁秀杰. 2009. 不同地貌区及不同尺度的耕地质量评价与衔接研究[D]. 济南: 山东农业大学.

张廷斌, 唐菊兴, 刘登忠. 2006. 卫星遥感图像空间分辨率适用性分析[J]. 地球科学与环境学报, 28(1): 79-82.

张扬, 杨松涛, 张香芝. 2012. 一种模拟退火遗传算法的传感器网络数据融合技术研究[J]. 计算机应用研究, 29(5): 1860-1862, 1866.

张玥. 2013. 基于 GIS 的黑河市森林碳储量空间分布特征研究[D]. 哈尔滨: 东北林业大学.

中华人民共和国国土资源部. 2012. GB/T 28407—2012 农用地质量分等规程[S]. 北京: 全国国土资源标准化技术委员会.

周磊, 齐雁冰, 常庆瑞, 等. 2012. 县域耕地土壤速效钾空间预测方法的比较[J]. 西北农林科技大学学报(自然科学版), 40(8): 193-199.

周鹏, 余珊萍. 2011. 生产性服务业对制造业空间布局升级贡献的实证研究[J]. 东南大学学报(哲学社会科学版), 13(4): 68-72, 127.

周生路, 李如海, 王黎明. 2004. 江苏省农用地资源分等研究[M]. 南京: 东南大学出版社.

朱阿兴, 李宝林, 裴韬, 等. 2008. 精细数字土壤普查模型与方法[M]. 北京: 科学出版社.

朱阿兴, 李宝林, 杨琳, 等. 2005. 基于 GIS、模糊逻辑和专家知识的土壤制图及其在中国应用前景[J]. 土壤学报, 42(5): 844-851.

朱益玲, 刘洪斌, 谢德体, 等. 2002. 江津紫色土壤养分空间变异性研究——地统计学方法[J]. 西南农业大学学报, 24(3): 207-210.

Anderson K E, Furley P A. 1975. An assessment of the relationship between surface properties of chalk soils and slope form using principal component analysis [J]. Journal of Soil Science, 26: 130-143.

Chen F, Kissel D E, West L T, et al. 2000. Field-scale mapping of surface soil organic carbon using remotely sensed imagery [J]. Soil Sci. Soc. Am. J, 64(2): 746-753.

Chung C K, Chong S K, Varsa E C. 1995. Smapling strategies for fertility on a stony silt loam soil [J]. Communications in Soil Science and Plant Analysis, 26: 741-763.

Doran J W, Parkin T B. 1994. Defining Soil Quality for a Sustainable Environment [M]. Madison, Wisconsin: SSSA Special Publication.

Ferreyra R A, Apezteguia H P, Sereno R, et al. 2002. Reduction of soil water spatial sampling density using scaled semivariograms and simulated annealing [J]. Geoderma, 110: 265-289.

Florinsky I V, Eilers R G, Manning G R, et al. 2002. Prediction of soil properties by digital terrain modelling[J]. Environmental Modelling & Software, 17(3): 295-311.

Gessler P E, Chadwick A, Chamran F, et al. 2000. Modeling soil-landscape and ecosystem properties using terrain attributes [J]. Soil Science Society of American Journal, 64: 2046-2056.

Guo Z X, Wang J, Chai M, et al. 2011. Spatiotemporal variation of soil pH in Guangdong Province of China in past 30 years[J]. Chinese Journal of Applied Ecology, 22(2): 425.

Jenny H. 1941. Factors of Soil Formation, A System of Quantitative Pedology[M]. New York: McGraw-Hill.

Jones M J. 1973. The organic matter content of the savanna soils of West Africa [J]. Journal of Soil Science, 24: 42-53.

Jose A A, Yong W, Mary C S, et al. 2000. Fine-scale spatial variability of physical dan biological soil properties in Kingston, Rhode Island [J]. Geodema, 98, 83-94.

Kirkpatrick S, Gelatt Jr C D, Vecchi M P. 1983. Optimization by simulated annealing [J]. Science, 220: 671-680.

Krige D G. 1951. A statistical approach to some basic mine valuation problems on the Witwatersrand [J]. J. Chem. Met. and Mining Soc. S. Africa, 52(6): 119-139.

McBratney A B, Odeh I O A, Bishop T F A. 2000. An overview of pedometric techniques for use in soil survey[J]. Geoderma, 97: 293-327.

Minasny B, McBratney A B, Mendonça-Santos M L, et al. 2006. Prediction and digital mapping of soil carbon storage in the Lower Namoi Valley [J]. Soil Research, 44(3): 233-244.

Moore I D, Gessler P E, Nielsen G A, et al. 1993. Soil attribute prediction using terrain analysis[J]. Soil Science Society of America Journal, 57(2): 443-452.

Nelson L A. 1996. Estimating geographic patterns of soil fertility using sample suvery techniques [J]. Beijing: International Symposium of Fertilizer and Agricultural Development.

Pei T, Qin C Z, Zhu A X, et al. 2010. Mapping soil organic matter using the topographic wetness index: A comparative study based on different flow-direction algorithms and Kriging methods[J]. Ecological Indicators, 10(3): 610-619.

Sacks J, Schiller S. 1988. Spatial designs [J]. Statistical Decision, 2: 385-399.

Somaratne S, Seneviratne G, Coomaraswamy U. 2005. Prediction of soil organic carbon across different land-use patterns: a neural network approach [J]. Soil Science Society of America Journal, 69: 1580-1589.

Sumfleth K, Duttmann R. 2008. Prediction of soil property distribution in paddy soil landscapes using terrain data and satellite information as indicators[J]. Ecological Indicators, 8(5): 485-501.

Thompson J A, Pena-Yewtukhiw E M, Grove J H. 2006. Soil-landscape modeling across a physiographic region: Topographic patterns and model transportability[J]. Geoderma, 133(1): 57-70.

Wang D C, Zhang G L, Pan X Z, et al. 2012. Mapping soil texture of a plain area using fuzzy-c-means clustering method based on land surface diurnal temperature difference[J]. Pedosphere, 22(3): 394-403.

第3章 运用大数据分析方法的省域耕地资源质量等级评价

3.1 大数据研究概况

3.1.1 大数据研究的兴起

近十年来，大数据研究获得了全球学者的高度关注，吸引了越来越多的科研人员及学术机构投身其中。"大数据"一词最早出现在 20 世纪 90 年代的学术论坛中，2008 年左右开始逐渐流行，并在 2010 年被世人熟知(Mayer and Cukier, 2013)。如今，"大数据"一词俨然成为流行语，在文献、网络和学术会议中随处可见。大数据被认为是提升国家竞争力和社会生产力的重要源泉(Manyika et al., 2011)。时至今日，不断产生的大数据信息流已进入社会生活各领域，这些海量数据不仅来自传统的观测手段和测量方式，同时也来自各类新式传感器、信息系统以及社交网络。当前，有关大数据的议题仍具有两面性，一方面，大数据具有改善诸如气候变暖、疾病传播、灾害破坏、交通拥堵等自然社会问题的潜力；另一方面，大数据的价值体现往往受数据隐私、保密、安全等问题制约。

"大数据"一词并没有明确的定义，工业界、科技界都对其有不同解读(Chen et al., 2014)。一般而言，大数据被认为是具有结构化或非结构化数据的，数据量巨大且不易被传统软硬件方法获取、存储、分析管理的海量数据。Laney (2001)首次提出了用"3V"属性来描述不断增长的大数据：体量(volume)、速率(velocity)、多样性(variety)。除此之外，还存在第 4V 准确性(veracity)，它用来描述数据的准确性和完整性。之后，更多的"V"被加入用来描述大数据，例如，变化性(variability)、贡献度(validity)、发散性(volatility)、可见性(visibility)、价值性(value)、可视化性(visualization)等。Suthaharan (2014)甚至认为"3V"理论并不能很好地解释大数据特征，并提出了"3C"理论：基数(cardinality)、连续性(continuity)、复杂性(complexity)。显然，对大数据的定义还将处在不断的争议与讨论之中，这无疑对大数据分析研究具有积极的促进作用。

"80%的数据都是空间数据"，这一说法虽然颇具争议，但体现出大部分数据都带有空间坐标的数据特征，反映出大数据空间分析的重要性。一般地，空间数据用来描述地理空间中的目标物体，这些数据中通常带有特定空间参考系中的坐标数据。传统意义上的空间数据获取方法包括地面调查、摄影测量与遥感等，近一段时间以来，激光扫描、手机制图、带有位置信息的网页数据、全球导航卫星系统(global navigation satellite system，GNSS)等新型数据获取方式逐渐发展并壮大。根据描述大数据的"3V"方法，空间大数据可以通过几种特征来描述，其中 4 种特征最为重要，同时也是空间大数据的基础：①体量。具有较大数据量并实时产生的遥感影像数据，带有位置信息的社交网络数据，海量的自发地理信息(volunteer geographic information，VGI)数据等。这些持续产生的数据不但带来了数据存储的问题，同时也带来了海量数据分析的难题(Dasgupta et al., 2013)。②多样性。地图数据、影像数据、文本空间数据、结构化和非结构化数据、矢量和栅格数据，所有这些不同类型的数据组合在一起形成复杂的数据结构，这就需要更有效的模型和技术对其类型、数值和结构进行管理。③速率。具有较高分辨率和回访周期的影像数据、传感器观测形成的数据、网络数据、实时导航数据和社交媒体数据等，都需要处理分析手段具有一定的处理效率和处理速度(Dasgupta et al., 2013)。④准确性。很多空间数据无法对其准确性进行验证，根据数据来源的不同，数据的准确程度区别较大，对空间大数据精度评价的需求不断增加。

空间大数据不断增加的体量和多样的数据格式对数据存储、管理、处理、分析和精度验证提出了更高的挑战。Shekhar 等(2012)提出"大数据的体量、多样性和更新速率已经超过了常用的空间计算和数据库技术，在数据学习、管理和处理中已无法满足其需要"。大数据使人们想要从中获得更多信息，而这已经超出了一般数据处理手段的能力范围(Gomes, 2014)。同时，大数据精度验证和数据产品的分发处理被视为是目前的重要挑战之一，这其中，如何保证数据传递过程中的质量更是难上加难(Bengio et al., 2012)。

3.1.2　大数据信息来源

随着大量传感观测设备的投入使用，空间大数据源源不断地产生，这些海量数据带来了全新的自然空间刻画方式。此外，除了仪器设备所获取的数据信息，来自公众的数据，如社交网络数据、导航数据等，被称为自发地理信息，它和来自空间传感器网络的数据一起使得空间信息得到极大丰富(Sester et al., 2014)。

空间数据发展已逐渐从数据稀疏阶段转向数据丰富阶段。早期，空间数据获取依赖于技术限制和昂贵、复杂的仪器，同时测量所需技术要求也较高，现在，空间数据可以通过自动化仪器、遥感卫星、公众的日常设备等批量获取。以上这些设备以一种前所未有的能力获取环境空间信息，同时获取的信息也具有较好的时间、空间分辨率。它们大部分体积小，容易操作，往往可以自动收集数据。

总体上来说，在资源环境领域，获取空间大数据信息主要有三种手段：①探测器在空间中移动并对路径上的物体进行探测和信息捕获，如绕地卫星或车载雷达；②静态设备持续对环境信息进行获取，如同步轨道卫星或气象站点；③长期社会经济活动的数据积累，如多年累积的耕地资源质量评价数据、农业站点监测数据等。大数据时代下，数据获取方式体现出以下特征：持续数据流的产生，数据密度高，"接近式传感"(Duckham, 2013)，能够测量物体多个维度的特征信息，多精度坐标信息。从精确的坐标数值到简单的地物名称位置信息都可以获取。

在大量对地观测平台的协助下，可以不间断地对地表状况进行观测。在 21 世纪，对地观测技术已经成为空间信息科学的核心，对科学研究、国土安全等问题已形成完整的全套解决方案。随着对地观测系统不断升级和卫星传感器技术的进步，能够获取的地表信息也不断增长。根据 CEOS(Committee on Earth Observation Satellites)的数据，从 1962～2012 年，全球发射了超过 514 颗对地观测卫星，这些卫星的观测内容涵盖大气、海洋和陆地。美国发射了超过 50 颗卫星，是发射卫星最多的国家，俄罗斯、法国、意大利和德国各国都发射了 25～50 颗卫星，是欧洲发射卫星的主要国家。中国和印度都发射了超过

25 颗，是亚洲发射卫星较多的国家。加拿大和巴西各发射了 5～25 颗卫星。阿根廷、南非、尼日利亚和澳大利亚发射卫星数少于 5 颗。

NASA 还建立了全球最大的遥感影像数据处理系统和数据库，一天获取的数据可以超过 3.3TB。1988 年，中国首次成功发射第一颗气象卫星(FY-1A)，随着发展，结合国家需求和国内科学技术的提升，中国已逐渐形成卫星观测系统。这一系统包含一系列的气象、海洋和资源卫星，小型的环境和灾害观测卫星星座，以及北斗卫星导航系统。随着国内外一系列对地观测卫星系统的投入使用，高精度对地观测时代已经到来。对地观测数据每日增长速率都以 TB 计量，对地表资源观测计量的空间大数据时代已经到来。

与此同时，还有一类大数据被众多研究人员忽视。此类数据即政府和相关研究机构长期以来的调查研究成果。长期以来，国家相关部门花费了大量人力和物力，完成了非常庞大的国情普查调查工作，并在此基础上，进行了大量的分析研究，获得了海量的宝贵数据和研究成果。在耕地资源管理上，自然资源部门和农业部门进行了多年的耕地资源质量评价工作，设计并制定了相应标准和规范，掌握了大量监测评价数据。近年来，我国相关部门及科研工作者开展了大量的土地资源调查工作。国土资源部 2002 年在全国部署开展了多目标区域地球化学调查，2009 年完成了第二次全国土地调查，2011 年在全国部署开展了第二轮耕地资源质量调查评价，并在全国试点开展了耕地资源质量等级监测试点，自然资源部于 2018 年开展第三次全国土地调查。农业部 2006 年在全国试点开展耕地地力评价，地方农业部门开展了长期的测土配方土壤调查等。这些工作按照不同的目的要求，进行了大量的实地调查、采样和室内测试分析，积累了众多耕地资源质量、土壤属性、土地利用、地形、光温等类型的海量数据，同时，多年来的作物估产、国土督察等工作也积累了海量遥感数据。上述数据精细刻画了我国在土地利用、农业生产等方面的详细情况，然而，在以往的大数据研究中，由于数据获取难度较大、涉密等，此类数据受到的关注度较少，相关理论应用研究不足。

值得指出的是，在空间数据科学领域，现在已有丰富的传感器和数据源，它们将会产生大量的多类型、多格式的数据，同时也会产生海量的噪声数据。这对数据处理前的数据整理、清洗和融合提出了更高的要求(Zyl et al., 2009)。

3.1.3　大数据管理与云计算

空间数据模型种类多样，包括矢量模型、网络数据模型、栅格数据模型等。这些模型可以用来处理空间大数据。大数据快速的产生速度和精细化的程度超越了传统的数据存储计算方法的能力范围，一般的数据模型需要存储数据间的连接性和邻近关系，而这会占用大量的存储和计算资源，因而其并不适宜处理空间大数据(Shekhar et al., 2012)。快速增长的数据量给数据处理和分析带来了显著的压力，同时也增加了数据处理方法的复杂性。数据密集计算的需求越来越显著。

近几年来，云计算技术的发展为大数据计算和存储提供了可行的解决方案。云计算能够进行海量的数据存储、计算、网络服务部署和可视化操作。云计算之所以能够达到这样的效果，是因为它采用了分布式文件存储系统，这一系统在进行海量数据管理时非常高效，同时，它还采用了高性能计算器群组进行计算工作，很好地解决了密集数据计算的问题。

　　NASA 通过采用亚马逊云服务(Amazon Web Services，AWS)发布了集数据收集、存储、管理和分析的影像数据平台。平台名称为 NASA earth exchange(NEX)，公众可以通过这个平台免费获取数据，且可通过亚马逊云计算服务对这些数据进行处理分析。目前，在这一云平台上能获取的数据包括全球每日降尺度投影(NEX-GDDP)、降尺度气候投影(NEX-DCP30)、MODIS 影像数据、Landsat 影像数据和其他相关数据集。NEX 是一种具有高性能计算能力的新型虚拟实验室，它能让用户在高分影像的基础上解决全球性问题。它将最新的超级计算能力、地球系统模型、数据管理系统和 NASA 遥感数据组合在一起，是一个合作分析的平台。通过 NEX，用户可以探索分析空间大数据，运行分享空间计算模型，合作共享项目内容成果，并与他人交流交换科研成果。谷歌借助自身的海量全球数字化地图数据和高分辨率影像，也建立了大尺度空间信息云计算平台——谷歌地球引擎(Google Earth Engine，GEE)，它能够提供在线的空间分析(Di Martino et al.，2011)。目前，已经有众多应用在此平台之上运行。

　　在云计算的帮助下，学者可以获取面向需求的大数据空间信息分析服务，而无须知晓背后具体的软硬件设计方法；科研工作者能够随时随地获取、管理并分析空间大数据。

3.1.4　大数据分析与机器学习研究

　　面对快速增长的大数据，如何快速准确地从多数据源中提取有效数据显得至关重要。总体来看，从地球观测数据中提取数据的方法与流程多种多样。但是，在面对大数据时，现存的遥感数据处理技术显得较为落后，现有的数据分析处理速度跟不上大数据的产生速度。根据中国遥感卫星地面站的数据，目前的资源环境数据前处理平均速度普遍在 2MB/s 以下，深度处理速度在 1MB/s 以下，信息挖掘速度更是低于 1MB/s(He et al.，2015)。这一速率大大限制了大数据的价值体现。对于资源环境领域的空间大数据分析而言，一套完整的分析流程应当包括自动化的空间数据预处理、深度分析、数据归档与释放、遥感信息提取和转换以及多源数据融合。到目前为止，完整的大数据自动化处理流程仍然处在发展早期，同时，空间大数据的智能分析方法也是空间观测领域的前沿热点。对于空间多源数据，中国已经建立了快速、全面的遥感影像信息整合和发布平台(Li，2012)。

　　在大数据分析方面，知识发现成为研究者关注的重要问题。最常用的知识发现方法是关联规则挖掘(association rule mining，ARM)，ARM 常用来发现两种事物的潜在联系和相互变动趋势影响。许多传统的数据分析方法被大量应用到知识发现当中，如回归分析。常见模型有时空自回归移动平均模型(space-time autoregressive integrated moving average，STARIMA)、空间面板模型、贝叶斯聚类模型和地理时空统计模型等。在回归分析中，一类重要运用形式是分类算法，此算法产生的结果是代表研究对象类别的分类标签。在近几年研究中，产生了越来越多的离散分类数据，传统统计分析方法遇到局限性。为此，相关学者开始关注运用机器学习方法来应对此趋势。早期得到使用的机器学习方法是人工神经网络方法(artificial neural network，ANN)，随着机器学习逐渐发展，在空间分析中，支持向量机方法(support vector machine，SVM)在回归和分类中都得到广泛使用。近一段时间，随机森林方法（random forest，RF）逐渐发展，在分类问题中展现出较好的分析能力（Haworth et al.，2014）。在空间信息知识发掘方面，机器学习方法的引入产生了显著的效果。通常来说，机器学习方法在应对非线性的空间数据时十分有效，同时，机器学习方法还能够用来处理多尺度问题和空间异质性问题（Foresti et al.，2011）。

在资源环境大数据挖掘与知识发现中，使用传统的统计或线性拟合方法难以充分提取数据特征。传统的数据挖掘分析方法建立在以样本代表总体，尽可能提高模型预测精度的理论假设上，然而在大数据时代，由于数据十分丰富，可直接通过数据驱动获取信息，样本即整体。

国内空间大数据研究起步较晚，但发展迅速。随着遥感数据收集与挖掘、人类行为数据的采集和分析技术日渐成熟，国内研究人员已经意识到大数据对地理时间、空间分析的重要意义，并逐渐应用到研究当中。在城市居民时空行为分析研究方面，申悦和柴彦威（2012）选择 GPS、网站结合电话访谈的手段，对北京天通苑和亦庄社区进行抽样调查，研究居民通勤特征。龙瀛等（2012）利用北京市 855 万个公交刷卡数据，构建"地点-时间-时长"和"出行"两种分析模型，研究北京市居民的就业居住关系和通勤特征。甄峰等（2012）利用新浪微博数据统计分析 1020 个微博用户的活动位置和好友关系，并据此分析中国城市网络体系。总体来看，利用移动手机、公交卡等数据进行居民行为特征研究具有重要意义，同时 GPS、网络爬虫等方法获取信息成本低、样本量大，但现有研究仍然较少，且方法较为单一。

在遥感影像处理方面，机器学习方法较早被引入，从最早的神经网络算法到支持向量机到最近逐渐推广的随机森林方法，遥感影像信息挖掘呈现"三步走"的局面。谢华美等（2006）基于大数据量遥感图像，提出一种新的滤波去云方法，相比传统方法速度快、效果更好。但总体上来看，虽然目前遥感影像处理领域方法较为成熟，但数据集仍较为单一，缺少符合大数据定义的"海量""多结构""复杂属性"特征（李德仁等，2014）。

3.2　省域耕地资源质量等级评价内容及技术路线

3.2.1　省域耕地资源质量等级评价内容

耕地资源质量评价研究事关国计民生，意义重大。经过多轮次调查评价工作，我国已经建立了较为完整的耕地资源质量等级数据库，但评价的效率和结果精度与当前国土部门对耕地管理的实效性和精细化要求仍然存在差距。在大尺度耕地资源质量评价研究中，分区域评价并逐级汇总的传统方法会导致数据丢失、精度下降。随着耕地资源质量评价的指标体系越来越丰富，迫切需要新的数据采集、分析手段来提高耕地资源质量评价的精度与效率。

近十年来，随着网络技术和信息传感技术进步，大数据呈爆炸式发展，对科学研究影响深远。然而，在耕地资源质量评价研究中，能否引入大数据分析研究技术，缺少系统性研究工作。同时，大数据方法与传统方法之间的对比与改进研究较为缺乏，也是耕地资源质量评价研究中的重要探索方向。

鉴于此，本书将重点针对现有研究中分区域评价并逐级汇总后造成的数据丢失、一致性差等问题，研究大数据方法支撑下的省域尺度精细化耕地资源质量评价；针对现有研究数据量大、格式多样等问题，梳理驱动、被驱动因子，构建耕地资源质量研究大数据集与运算平台；针对大数据方法与传统方法各自特点与优势，融合大数据方法与传统方法，探讨耕地资源质量评价研究方法的进一步改进。主要内容如下：

1. 基础大数据集和云计算环构建

在总结、归纳前人进行耕地资源质量评价体系的基础上，搜集、整理相关大数据，梳理影响耕地资源质量的驱动因素（driver factors）与被驱动因素（driven factors），并将其分解到具体数据指标，包括土壤理化性质指标、遥感指标、气象指标和社会经济指标等，对研究区内的数据进行收集处理，建立本章研究的基础大数据集。在此基础上，通过谷歌云计算（cloud computing）基础部件组合构建云计算平台，包括数据采集平台、数据存储仓库和数据分析平台，并将基础大数据集上传、集成输入云平台中。

2. 大数据深度学习的省域耕地资源质量评价

以江苏全省为研究区，结合本章研究基础大数据集，运用深度学习（deep learning）方法，组合卷积层（convolution layer）、池化层（pooling layer）、激活层（activation layer）和逆卷积层（transposed convolution layer）建立全卷积神经网络模型（fully connected neural network），进行省域大尺度耕地资源质量等级评价研究。通过基础大数据集构建深度学习耕地资源质量评价训练集与验证集，并对全卷积神经网络模型进行训练拟合，通过准确度（precision）、召回系数（recall）和精度 F1 值对训练拟合结果进行精度评价分析。在此基础上，对江苏省范围内的耕地资源质量自然等别进行预测评估，并分析其空间差异和影响因子。分析研究区耕地资源质量等级评价结果精度的空间分布特征，探讨区域地形特征、土地利用结构特征等对大数据耕地资源质量等级评价精度的影响程度，评估大数据耕地资源质量等级精细评价方法的可行性及其优劣势。

3. 方法融合对大数据耕地资源质量评价的精度效应

基于上述研究结果，研究并讨论大数据耕地资源质量评价研究中，方法融合对评价过程、结果的精度影响。将深度学习方法与面向对象方法（object-based）融合，采用融合后的改进方法进行省域大尺度耕地资源质量评价，通过准确度、召回系数和精度 F1 值对训练拟合结果进行精度评价分析。

3.2.2 省域耕地资源质量等级评价技术路线

根据上述内容，本书选取地处长三角经济发达地区的江苏省为研究对象，在耕地资源质量等级监测土壤样品采集测试及多目标地球化学调查、耕地地力调查等数据的基础上，融合土壤数据、遥感数据、气象数据、土地利用数据和社会经济数据等，研究大数据方法在耕地资源质量评价中能否应用及如何应用的问题。首先，搜集、整理相关大数据，建立基础大数据集，并探索建立一套与耕地资源质量评价相适应的云计算平台；其次，运用大数据深度学习方法，建立耕地资源质量等级评价模型，并进行精度验证，对江苏全省进行大尺度耕地资源质量自然等别预测评估，并分析其空间差异和影响因子；

最后，研究并讨论在进行大数据分析下的耕地资源质量评价研究中，方法融合对评价过程、结果的优化提升。研究技术路线如图 3-1 所示。

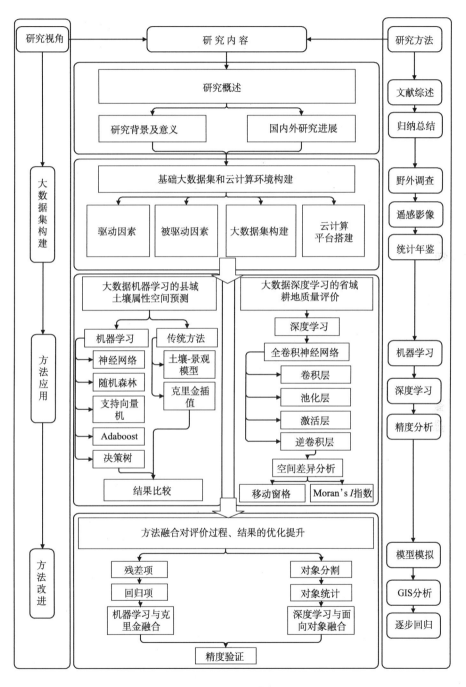

图 3-1　研究技术路线

3.2.3　江苏省概况

1. 江苏省行政区划概况

江苏省，简称为苏，省会为南京市。江苏省地跨长江两岸、淮河南北。其经纬度介于东经 116°18′～121°57′，北纬 30°45′～35°20′之间。总面积为 10.26 万 km²，江苏省东临黄海，东南邻上海市，南邻浙江省，西邻安徽省，北邻山东省(江苏省地方志办公室，2011)。

2. 江苏省自然条件概况

江苏省基本上由冲积平原组成，这些大片的冲积平原主要来自长江和淮河下游多年的冲积积累。江苏省总体地势较为平缓，在中国 34 个省级行政区中，地势较低(何红颜，2008)。江苏省的平原占全省面积的 69%，约为 7 万 km²，主要包括长江下游两岸的三角洲平原，长江、淮河之间的里下河平原，淮河、黄河之间的黄淮平原以及东部滨海平原等，除此以外，平原间也相互连接，地势变幅不大。与之形成鲜明对比的，是江苏省零星分布的丘陵和孤山，散落于南京、镇江、淮安、连云港附近以及太湖附近，低山和丘陵岗地占全省面积的 14.3%。

得益于低平的地势，江苏省内发育有大量水系，水域面积 1.73 万 km²，占比 16.9%。水域面积占比位居全国首位。其中以太湖平原和里下河平原最显著，河网密布、纵横交错，将地面划分为座座孤岛，编织成一张蛛网，分布极为稠密(何红颜，2008)。

在气温带上，江苏省东西较窄，南北跨度较大，位于亚热带向温带的过渡区域，四季分明、气候宜人。以淮河为界，淮河以北属于暖温带，气候为暖温带季风性气候。江苏省年平均气温为 13℃，不同区域平均气温不同，分布上自北向南逐渐升高。江苏省年平均降水量为 850mm 左右，空间分布上由东南向西北递减(何红颜，2008)。

3.3　耕地资源质量基础大数据集和云计算环境构建

大数据研究，首先需要解决的是大数据来源问题，即从何处获取大数据，怎样构建大数据集的问题。本书基于多年研究工作，在江苏省内积累了大量的土壤属性、耕地资源质量评价等数据。根据大数据普适性、多样性的特点，本章研究拟构建一套能够用于耕地资源质量研究的基础大数据集。耕地资源质量为多种条件影响下的复杂综合系统，受到自然条件、人为活动、时序变化等多因素综合影响，且相互间关系复杂，非线性关系显著。作为事关农业生产和社会发展的重要组成部分，耕地资源质量也同时对其他系统产生影响，例如，土壤属性影响植被生长状况，耕地资源质量影响粮食产量等。准确把握耕地资源质量与各因素间的驱动与被驱动关系，是构建研究大数据集，进行数据挖掘的关键。通过梳理耕地资源质量的驱动因素与被驱动因素，搜集并整理相关大数据信息源，构建本章研究所需的基础大数据集。

建立能有效管理数据的、便于快速读写及计算的大数据管理系统(杭天文等，2016；王星月等，2017)，是开展大数据研究的基础。由于大数据具有体量大、格式多样等特征，传统数据管理方式已不适应大数据时代快速、高效的需要(Chen et al.，2014)。需要对数据进行相应的整理与格式转换，在必要时还需要结合云计算方法对其进行管理分类。

3.3.1 耕地资源质量的驱动因素与被驱动因素

耕地资源质量是一个受众多因素影响的综合系统。耕地资源质量的驱动因素,从大量的耕地资源质量评价体系中可一探究竟。在不同的耕地资源质量评价研究中,评价指标大致相同,但均有一定差异,综合来看,耕地资源质量评价中的评价指标可大致分为三类:地形地貌指标、土壤条件指标和基础设施指标。在耕地资源质量评价中,有两套主要指标体系:自然资源部门的农用地分等指标体系和农业部门的耕地地力评价指标体系,这两套主要的评价指标体系得到广泛认可及采用,均是我国政府相关管理部门牵头主导并制定的,均认为土壤条件指标是其指标体系中的核心部分。表 3-1 展示了江苏省农用地分等及耕地地力评价的指标体系。

表 3-1 江苏省农用地分等及耕地地力评价指标体系

指标类型	农用地分等		耕地地力评价		指标性质
	指标	权重/%	指标	权重/%	
土壤条件	有机质	17.80	有机质	15.93	点状
	pH	5.50	pH	3.44	点状
	黏粒含量	10.90	黏粒含量	7.41	点状
	表土层厚度	10.30	耕层厚度	8.67	点状
	土壤盐渍化程度	11.80	—	—	点状
	—	—	障碍层类型	5.08	面状
	障碍层深度	5.00	障碍层位置	7.62	面状
	土壤侵蚀程度	5.40	—	—	面状
	—	—	剖面构型	7.26	面状
	—	—	成土母质	6.07	面状
	—	—	有效磷	3.28	面状
	—	—	速效钾	4.91	面状
基础设施	灌溉保证率	22.90	灌溉模数	12.47	面状
	排水条件	10.40	排涝模数	8.73	面状
地形地貌	—	—	地貌类型	9.12	面状

根据上述分析,并结合前人研究,可构建耕地资源质量的驱动与被驱动因素,如图 3-2 所示。

综合考虑多个耕地资源质量评价指标体系,耕地资源质量的驱动因素包括土壤条件、基础设施和地形地貌三个部分。其中,土壤条件是指与耕地资源质量密切相关的土壤理化性质,包括有机质、pH、黏粒含量、表土层厚度等。基础设施主要指与耕地相关的农业基础设施的配套情况,包括灌溉保证率、排水条件等。地形地貌主要是指坡度、坡向等。

在耕地资源质量的被驱动因素中,主要集中在与农业生产有关的自然条件和社会经济活动中,包括耕作制度、养分循环、生态功能、居民点集聚、粮食产量和耕地类型等。耕地资源质量最主要的被驱动因素是粮食产量,耕地资源质量的好坏直接决定了农产品

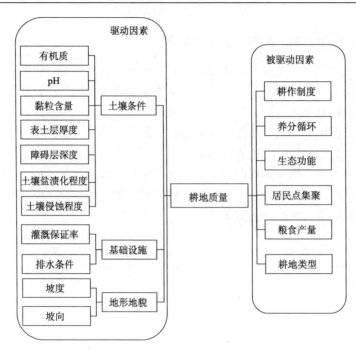

图 3-2　耕地资源质量的驱动与被驱动因素

的生长状况，也决定了农业生产中的耕作制度和耕地类型，进而影响耕地的上附作物产量。同时，农业人口往往会聚集在优质的耕地附近，使得居民点集聚状况受到耕地质量的影响。

3.3.2　研究基础大数据集的构建

本书根据影响耕地资源质量的驱动因素和被驱动因素构建研究所采用的基础大数据集。

3.3.2.1　大数据集构成数据的选取与分类

在大数据研究中，构建合理充分的数据集是开展研究的基础和关键。从上节分析可见，耕地资源质量作为复杂综合系统，受到众多因素的影响，包括驱动因素与被驱动因素。大数据分析，擅长挖掘数据间的相关关系。前人在构建大数据集时，会尽可能多地加入各属性信息数据，只要和研究对象存在一定的驱动与被驱动关系，无论影响大小、显著与否、关系几何，都会纳入研究数据集当中，充分构建大数据集。

根据前文分析，将各影响因素细化分解到具体指标，构建研究所需大数据集，具体指标分配情况见表 3-2。

表 3-2　研究基础大数据集数据分解

驱动与被驱动因素	数据指标	单位	指标类型
	地质类型	组	面状
母质	Fe 背景值	ppm[1]	点状
	Mn 背景值	ppm	点状

续表

驱动与被驱动因素	数据指标	单位	指标类型
母质	Zn 背景值	ppm	点状
	Cd 背景值	ppm	点状
	Hg 背景值	ppm	点状
	Ni 背景值	ppm	点状
	Co 背景值	ppm	点状
	As 背景值	ppm	点状
	Pb 背景值	ppm	点状
	Cu 背景值	ppm	点状
生物	NDVI	—	面状
	生物量	kg/m^2	面状
	有机碳	g/kg	点状
	总生物量	—	面状
	细菌数	—	点状
	真菌数	—	点状
	乔木层胸径	cm	面状
	灌木层地径	cm	面状
	乔木层物种高度	m	面状
	灌木层物种高度	m	面状
	乔木层植物株数	—	面状
	灌木层物种株数	—	面状
	土壤呼吸系数	—	点状
	土壤酶活性	mg/g	点状
地形	坡向	°	面状
	坡度	°	面状
	坡角	°	面状
	高程	m	面状
土壤物理指标	通气量	$mL/(cm^3 \cdot s)$	点状
	团聚稳定性	—	点状
	容重	g/cm^3	点状
	黏粒含量	%	点状
	颜色	—	点状
	湿度	—	点状
	障碍层深度	cm	点状
	导水率	cm/s	点状
	氧扩散率	mg/h	点状
	渗透阻力	—	点状
	孔隙连通性	—	点状
	孔径分布	—	点状
	土壤侵蚀模数	mm/a	面状

续表

驱动与被驱动因素	数据指标	单位	指标类型
土壤物理指标	土壤温度	℃	点状
	土壤持水性	—	点状
土壤化学指标	盐基饱和度	%	点状
	阳离子交换量	cmol/kg	点状
	Fe 浓度	ppm	点状
	Mn 浓度	ppm	点状
	Zn 浓度	ppm	点状
	Cd 浓度	ppm	点状
	Hg 浓度	ppm	点状
	Ni 浓度	ppm	点状
	Co 浓度	ppm	点状
	As 浓度	ppm	点状
	Pb 浓度	ppm	点状
	Cu 浓度	ppm	点状
	全 N 含量	mg/kg	点状
	全 P 含量	mg/kg	点状
	全 K 含量	mg/kg	点状
	有效 N 含量	mg/kg	点状
	有效 P 含量	mg/kg	点状
	有效 K 含量	mg/kg	点状
	pH	—	点状
	交换性钠百分率	%	点状
	钠交换比	—	点状
	多环芳烃浓度	μg/kg	点状
	有机氯浓度	μg/kg	点状
	三氯乙醛浓度	μg/kg	点状
气候	降水量	mm	点状
	日间地表温度	℃	点状
	夜间地表温度	℃	点状
	日均地表温度	℃	点状
	月均地表温度	℃	点状
	年均地表温度	℃	点状
	有效积温	℃	点状
	风速	m/s	点状
	风向	°	点状
	积雪覆盖	—	面状
	相对湿度	%	点状
	日照时数	h	点状
土地利用	土地利用类型	—	面状

驱动与被驱动因素	数据指标	单位	指标类型
土地利用	耕地资源质量类型	—	面状
	水域面积	km²	面状
	湿地面积	km²	面状
	农用地占比	%	面状
	工业用地占比	%	面状
	商服用地占比	%	面状
耕地条件	耕地排水条件	—	面状
	灌溉保证率	—	面状
	耕作层厚度	cm	点状
	有效土层厚度	cm	点状
社会经济	总人口	万人	面状
	居民总收入	亿元	面状
	地区生产总值	亿元	面状
	人均生产总值	元	面状
	居民人均可支配收入	元	面状
	一般公共预算收入	亿元	面状
	一般公共预算支出	亿元	面状
	固定资产投资	亿元	面状
	粮食产量	万吨	面状
	棉花产量	万吨	面状
	油料产量	万吨	面状
	肉类产量	万吨	面状
	水产品产量	万吨	面状
	货币和准货币	万亿元	面状
	河流流域面积	km²	面状
	路网密度	km/km²	面状

注：1. ppm 指百万分率（parts per million，ppm），1ppm 即百万分之一。

3.3.2.2 大数据集构成数据的采集

根据所建立指标，对每一指标数据进行采集，数据来源主要包括多目标地球化学调查土壤样点数据、土地利用及地形地貌数据、耕地质量等级成果补充完善数据、对地观测遥感数据、气象数据等。

1. 多目标地球化学调查土壤样点数据

多目标地球化学调查是针对我国第四系发育的平原、盆地、滩涂、近岸海域、湖泊、湿地、草原、黄土高原及丘陵山地等地区开展的区域性、基础性资源与环境地球化学调查工作。其采样密度为 2km×2km，在每个网格中，选择空旷且受人类活动影响较小的区域布设样点，在每个采样点上用"米"形采样法在采样点周围处采集土壤样品并将其完全混合，采用四分法取 1kg 土壤，取混合后的样品装入样品袋，采样深度为 0～20cm。样品密封带回实验室，经风干、研磨、过筛后进行测试分析。在多目标地球化学调查中，共测试 54 个土壤指标，包括有机碳、pH、全氮等。除此以外，还测试重金属污染物、有机污染物含量共计 12 项。各指标采用国际标准通用测试方法。

本章研究从江苏省地质调查研究院获取多目标地球化学调查土壤样点数据。采样时间为 2007 年 10 月、11 月，共有 26 451 个采样点，共有数据值 26 451×66=1 745 766（个）。

2. 土地利用数据

本章研究所使用的土地利用数据来自第二次全国土地调查数据及多年度的土地利用调查更新数据，从原江苏省自然资源厅获得，包括 2011～2016 年等多个年度数据，比例尺为 1∶5000。江苏省内每年度数据含有图斑数 9 001 201 个，每个图斑含有属性值 30 个，共有数据值 1 350 180 150 个（9 001 201×5×30）。

3. 地形地貌数据

地形地貌数据选取美国地质调查局（United States Geological Survey，USGS）的航天飞机雷达地形任务（shuttle radar topography mission，SRTM）数据。此数据来自航天雷达地形探测，数据分辨率为 30m×30m，数据尺度覆盖全球大部分地区（56° S～60° N），江苏省内共有栅格样点 11 406 444 个。地形地貌数据中包含高程、坡度、坡向三类数据，共有数据值 34 219 332 个（11 406 444×3）。

4. 耕地质量等级成果补充完善数据

研究区耕地质量等级成果补充完善数据是以第一轮农用地分等成果为基础，以 2011 年为基期，于 2013 年完成的县级耕地资源质量评价成果。该成果以 1∶5000 土地利用现状图的耕地图斑为评价单元，共有耕地图斑 6 875 030 个，分等因素的调查较为全面细致，是目前为止较为完善的耕地资源质量本底数据。

江苏省耕地质量等级成果补充完善数据采用的评价方法与参数体系，根据国土资源部耕地资源质量评价规程《农用地质量分等规程》（GB/T 28407—2012）确定。数据集中主要含有土壤有机质、pH、表土层厚度、表层土壤质地、障碍层深度、土壤侵蚀程度、土壤盐渍化程度、灌溉保证率、排水条件等 73 个指标。共有数据值 6 875 030×73=501 877 190（个）。

5. 对地观测遥感数据

考虑大数据"数据来源多样、种类多样、格式多样"等特征，本书选取多个来源、多种分辨率的对地观测遥感数据，包括：

（1）中分辨率成像光谱仪（moderate resolution imaging spectroradiometer，MODIS）数据。MODIS 为 NASA 研发制造的空间遥感仪器，其最初研制目的主要是搜集数据来研究全球气候变化。1999 年，Terra 卫星发射到地球轨道，2002 年另一枚 Aqua 卫星升空。MODIS 数据共有 36 个光谱波段，波长范围为 0.4μm～14.4mm。影像分辨率为 250m×250m、500m×500m、1km×1km 三种，每 1～2 日可完整扫描地球表面一次。MODIS 数据可覆盖全球，从 MODIS 数据中提取的信息可用于研究云层、热通量变化、全球碳氮循环等多个领域。共有数据值 410 632×365×10×36=53 957 044 800（个）。

（2）美国陆地卫星（Landsat）数据。Landsat 是运行时间最长的地球观测计划，1972 年 7 月 23 日地球资源卫星（Earth Resources Technology Satellite）发射，后来此卫星被改称为陆地卫星，最新的陆地卫星是 2013 年 2 月 11 日发射的陆地卫星 8 号（Landsat 8）。陆地卫星上所装备的仪器已获得数以百万计的珍贵图像，这些图像被储存在美国和全球各地的接收站中，这一独特资源用于全球变化的相关研究，并应用在农业、制图、林业、区域规划、监控和教育等领域中。本章研究采用 Landsat 7 遥感影像数据，Landsat 7 影像拥有 7 个光谱波段，空间分辨率为 30m×30m，时间分辨率为 16 天。共有数据值 11 406 444×10×(365/16)×7≈18 214 665 263(个)。

6. 气象数据

气象数据包括诸多方面，在本章研究中，选取和耕地资源质量紧密相关的温度数据和降水数据作为研究基础数据。

(1)温度数据选取 MODIS 的地表温度 MOD11A1.005 数据产品，分辨率从 250m 到 1km 不等。包括日间地表温度、夜间地表温度数据。共有数据值 102 658×12×10 = 12 318 960(个)。

(2)降水数据选取气候灾害集团红外降雨站数据(Climate Hazards Group Infrared Precipitation with Station Data，CHIRPS)。这是一个累计观测超过 30 年的覆盖全球 50°S～50°N 范围的降水数据集，其分辨率为 0.05°×0.05°。共有数据值 4106×30=123 180(个)。

3.3.3 大数据云计算环境的构建与数据集成

3.3.3.1 大数据云计算平台概述与选取

大数据研究涉及数据量大、数据格式多样、数据处理方式复杂等问题，传统数据存储管理模式无法适应新形势的需要(Dasgupta et al., 2013)。面对大数据的获取与处理，传统数据管理方法一般会遇到以下问题：

(1)数据获取难度大、速度慢。以遥感影像为例，不同的遥感影像分属于不同的部门管理，获取时需要通过不同的部门、网站进行下载、传输。常见的如 Landsat 影像需要在 USGS 网站进行选取下载，MODIS 影像需要在 NASA 网站进行选取下载。同时，一般的下载方式无法满足大范围快速分析的需要。Landsat 一幅影像大小大概在 200MB 左右，完全覆盖一个省级行政区需要 4～6 幅影像，覆盖全国则需要超过 150 幅，若进行时间序列数据、分析，影像数量则成倍增长。按照一般网络下载速度 400kB/s 来算，仅下载 Landsat 影像就需要超过 200 小时，对数据时效性影响非常大。

(2)数据存储占用空间大、管理复杂。由于大数据格式多样、结构复杂，传统数据存储、管理方式面临较大挑战。以耕地资源质量评价为例，耕地资源质量年度更新成果数据库一般为.gdb 文件，占用空间往往在 50GB 以上，常规的遥感影像一般为 TIFF 文件、HDF 文件等，占用空间也都较大。以往存储管理这样的数据时，会占用相当大的空间，且在计算、处理时，往往在格式转换和数据导入上花费大量时间，对数据分析的效率产生很大的拖累。

(3)计算速度缓慢、分析结果时效性较差。受限于常见服务器的计算性能和 I/O 读取效率，在进行大数据量数据挖掘时往往会显得力不从心。以 Hansen 等(2013)的全球森林覆盖变化研究为例，使用传统遥感分析方法在单台电脑上分析完成需要超过 15 年的时间。如此长时间的计算使得任何结论都失去意义。

针对以上问题，学者们也进行了诸多尝试，多个研究表明，近几年兴起的云计算平台可以较好地解决上述问题(Yang et al., 2011)。云计算(cloud computing)是一种信息技术模式，可以随时访问共享的可配置系统资源池和高级别数据计算服务，这些服务通常可以通过互联网，并以最少的管理工作快速供应。云计算依靠资源共享来实现一致性和规模经济。云计算使组织能够专注于其核心业务，而不是将时间花在计算机基础设施和资源的维护上。有研究表明(Danielson, 2008)，云计算让使用者避免或最大限度地降低前期信息建设的基础设施成本。同时，云计算使用户能够更快地运行其应用程序并提高运行速度，提高了可管理性从而减少了维护成本。并且云计算使数据分析、信息开发团队能够更快速地调整资源以满足波动和不可预测的需求。自2006年亚马逊推出EC2以来，高容量网络、低成本计算机和存储设备的可用性以及硬件虚拟化，面向服务的体系结构以及自主和效用计算的广泛采用，使得云计算更容易、更高效。

在前人研究基础上，本书选取并搭建一套与耕地资源质量评价相适应的云计算平台，以期能够解决新形势下数据体量大、格式复杂、处理速度慢的问题。

3.3.3.2　大数据云计算环境构建

1. 云计算平台供应商

云计算平台搭建，有两种主流思路：一种是私人购买若干实体服务器进行搭建，另一种则是直接通过云服务供应商获得在线支持。个人搭建云平台性能赢弱、耗费高，当前越来越多地采用云平台提供商的方案。目前，主流的云平台服务供应商有亚马逊(Amazon Web Services，AWS)、微软(Azure)、IBM(IBM Cloud Computing)和谷歌(Google Cloud Products，GCP)等，国内有阿里云、百度云等。这些供应商提供的云服务内容略有差异，各自优劣也不尽相同。在前人的比较研究中(Peng et al., 2009)，谷歌的GCP产品由于其丰富的产品线、较为稳定的通信服务性能和较高的运算速度，体现出产品优势(Zhang et al., 2010)。

2. 云平台架构

本平台所有机器均在GCP上获取搭建，所有的机器配置及操作均在云端，无须实物机器，通过网络通信进行远程操作。考虑到本章研究选取数据集的特性，云平台由数据采集平台、数据存储仓库、数据分析平台构成。具体结构如图3-3所示。

核心分析集群包括三个平台：数据采集平台、数据分析平台和数据存储仓库。这三个平台彼此之间可相互调用。数据采集平台主要负责对外数据采集，具有一定的图像预处理和空间分析功能，并将数据存储到数据存储仓库中，这一仓库主要通过谷歌地球引擎(Google Earth Engine，GEE)实现。数据存储仓库主要负责从采集平台获取数据，进行数据存储和快速读取调用，向分析平台提供数据等工作，这一功能主要通过谷歌云存储服务(Google Cloud Storage)实现。数据分析平台主要负责从数据存储仓库读取数据并进行数据挖掘、深度学习等工作，这一平台通过谷歌计算引擎(Google Compute Engine, GCE)实现。至此，云平台实现了集数据采集、存储、分析于一体的闭环。本地仅需要提供操作指令，就可以进行上述任一操作。本地不需要大容量存储设备，也不再需要高性能的服务器计算设备，所有的数据及数据操作分析都在云端，从而实现较为完整的云计算运行体系。

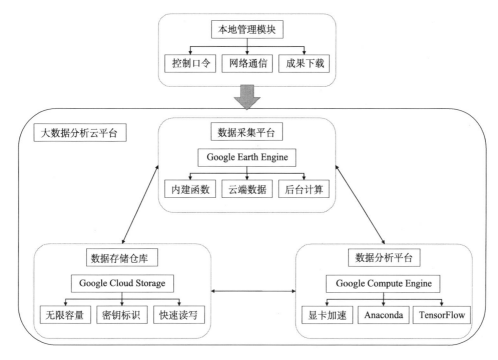

图 3-3　云平台架构示意图

3. 数据采集平台

数据采集平台主要通过 GEE 实现。GEE 是一个用于行星级环境数据分析，且同时基于云的平台。它结合了公开可用的遥感图像和其他数据的 PB 级存档、Google 为并行处理地理空间数据而优化的计算基础架构、Java Script 和 Python API 以及用于复杂空间分析的快速原型和可视化的基于 Web 的 IDE。

GEE 的应用包括谷歌的清晰无云、分辨率为 15m 的全球地和全球尺度多年代推移动画等。来自学术界、政府和非政府组织的研究人员在其上从事一系列的分析研究工作，重点研究如森林砍伐、土地覆盖变化分类、生物量估算、城市测绘和物种栖息地建模等。

以这种方式将科学与海量数据和技术资源相结合可以提供以下优势。

(1)前所未有的速度。即便是在顶级的台式电脑上，可能需要数周或数月才能计算出地球上大部分的分析结果。使用基于云计算的能力，可以将其降低几个数量级。

(2)易用性和更低的成本。通过在线平台，可以从任何 Web 浏览器轻松访问数据，大大降低了地理空间数据分析的成本和复杂性。

GEE 依托谷歌强大的云计算能力，可用性极高，对于用户来说，并不需要在服务配置和具体运行原理上投入太多精力。谷歌提供了一整套基于 Web 的 IDE，可直接使用。

4. 数据存储仓库

数据存储仓库功能主要通过谷歌云存储服务实现，类似于数据采集平台，存储仓库也是依托于谷歌的成熟的云服务产品。谷歌云存储服务，用于存储和访问 Google 基础架构上的数据。该服务将谷歌云的优异性能、可扩展性、先进的安全性和共享功能相结合。通过性能优异的云存储平台读写数据，速度是普通个人电脑百倍以上(Gorelick, 2012)。

谷歌云存储服务由每个存储分区内唯一的用户分配的密钥标识来存储对象（最初限制为100 GB，当前最多 5 TB），这些对象组织在存储区中。所有请求都使用与每个存储桶和对象关联的访问控制列表进行授权。

5. 数据分析平台

这一平台肩负着数据挖掘和大数据处理任务，是整个架构中的重中之重。操作平台通过 GCE 实现，首先选取计算引擎硬件配置，具体参数如下。

CPU：8×2.6 GHz Intel Xeon E5（Sandy Bridge）

内存：52GB

硬盘：200GB

操作系统：Ubuntu 17.04LTS

GPU：1×NVIDIA Tesla K80

组建成功后，在其中安装 Anaconda、TensorFlow 和 GEE 组件。

3.3.3.3　云计算数据集成

云平台提供了一种处理分析大数据的新思路，同时也带来了新的挑战。云平台能够带来强大的计算性能和完整的运算架构，与之相对应的，云平台的操作方式也不同于以往的个人计算机的操作。云平台普遍安装的是 Linux 系统，没有普通用户所熟悉的图形操作界面，所有的操作都需要通过指令输入的方式进行，运行结果也无法直观地显示。常规的下载、双击等操作在云平台计算环境中难以实现。因此，常规的数据采集方法并不能很好地适用于云平台操作处理方式。针对云平台特性，需要一套新的方法流程来进行数据的采集与处理。

得益于数据采集平台中 GEE 的大数据集功能，大部分的遥感数据和公开空间数据都可以直接获取（Gorelick, 2012）。同时，还支持私有数据上传。本章研究数据采集方式见表 3-3。

表 3-3　云平台数据量统计

数据集	获取方式	数据量/个	数据格式	数据存储空间
多目标地球化学调查土壤样点数据	实验数据上传	1 745 766	矢量	45.6GB
土地利用数据	实验数据上传	1 350 180 150	矢量	400.75GB
地形地貌数据	GEE 数据库获取	34 219 332	栅格	18.35GB
耕地质量等级成果补充完善数据	实验数据上传	501 877 190	矢量	83.9GB
对地观测遥感数据	GEE 数据库获取	72 171 710 063	栅格	35.72TB
气象数据	GEE 数据库获取	12 442 140	栅格	60.2GB
实地采样点数据	实验数据上传	1960	矢量	50MB
耕地地力调查土壤样点数据	实验数据上传	10 400	矢量	502.68MB

当采集到所需数据后，如何在云平台中合理、高效地存储数据也是一个需要解决的问题。从表 3-3 中可知，有较多数据是面状栅格数据，并且精细程度越高的数据占用空

间也越大。省级尺度上搜集了研究区范围内大量的、精细化程度较高的数据,超过30TB,远超一般计算机的存储处理能力。若还采用常规方法存储数据,则会占用大量的空间,导致数据读取速度较慢。因此,还需要一套数据整合和存储方式,以解决数据占用空间较大的问题,提高数据使用效率。

本章研究主要借助图像领域矩阵化思路(Su et al., 2013)解决此问题。常规图像分别用红(R)、绿(G)、蓝(B)三原色的组合来表示每个像素的颜色。与此类似,在多层栅格图像中,每一个栅格位置都有多层数据(土壤属性、土地利用、遥感波段信息等),不同于常规图像,在大数据背景下,每个栅格位置图层个数远大于3,但并不妨碍对其压缩存储。

借鉴图像压缩思路,将叠置好的栅格数据中的每一个栅格的数值(来自不同属性图层)提取并存放在图像矩阵中,假设图像有 K 层数据, M、N 分别表示此栅格的行列数,则可使用 $M \times N \times K$ 的三维矩阵表示此栅格数据集。在提取前,需要对所有栅格图层数据进行标准化,使其范围为0~255,满足8位无符号整型要求。256个数值每一个用一个字节存储。如若对数据精确度有较高要求,可将数据范围扩大到65 535,这样就能够精确地描述各种不同数据而不丢失任何数据。在此矩阵基础上,按顺序不断取出矩阵中的每个元素依次排列,形成一维数组。

在计算机中,一维数组可以直接以二进制形式存储,从而达到以最小空间存储海量数据的目的。

3.4　大数据深度学习的省域耕地资源等级评价

耕地是粮食生产的基础,是珍贵的生产资料,是农业可持续发展与国家粮食安全的重要保障。近年来,随着我国经济、社会的快速发展,工业化、城镇化造成的耕地减少与质量下降等问题逐渐成为目前较为突出的矛盾之一。目前,国家自然资源部门对耕地的管理正在从仅管理数量逐步转变为兼顾数量、质量和生态环境效应三位一体的综合化管理。相关部门及科研工作者开展了大量的土地资源调查工作,积累了众多耕地资源质量、土地利用、地形、光温等类型的海量数据。如何有效利用此海量数据,建立耕地资源质量与大数据集间的关联关系,从而对耕地资源质量变化进行精细化和多样性的分析探索,揭示耕地资源质量局地和细微的变化,成为亟待解决的问题。不同于土壤属性研究,耕地资源质量是基于众多指标的综合评价结果,需要考虑的因素众多,关系更为复杂。同时,耕地资源质量往往通过质量等别体现,需要更综合的、深入挖掘数据信息的评价方法。

近年来,大数据领域发展迅速,从2010年开始,大数据相关文献呈爆发式增长,且增速不断加快(Wolfert et al., 2017)。自2015年以来,在机器学习的基础上,衍生发展出深度学习方法。深度学习方法建立在一般机器学习基础上,其模型结构更深,分析能力更强,是一种综合的、深度挖掘数据内涵的方法,往往也能取得比机器学习方法更好的数据挖掘效果(Garcia et al., 2017)。此方法在资源环境研究中方兴未艾,但在耕地资源质量评价研究中少见相关报道。

本章研究以江苏全省为研究区,结合基础大数据集,运用深度学习方法,通过组合卷积层、池化层、激活层和逆卷积层建立全卷积神经网络模型进行较大尺度省域耕地资源质量等级评价研究。通过基础大数据集构建深度学习耕地资源质量评价训练集与验证集，并对全卷积神经网络模型进行训练拟合，通过准确性、召回系数和精度 F1 值对训练拟合结果进行精度评价分析。在此基础上，对江苏全省范围内的耕地资源质量自然等进行预测评估，并分析其空间差异和影响因子。分析研究区耕地资源质量等级评价结果精度的空间分布特征，探讨区域地形特征、土地利用结构特征等对大数据耕地资源质量等级评价精度的影响程度，评估大数据耕地资源质量等级精细评价方法的可行性及其优劣。

3.4.1　基本流程与数据处理

根据大数据深度学习最新发展成果，建立一套适用于耕地资源质量评价体系的，准确性较高的深度学习模型，展示模型架构和建立过程。包括数据准备、深度卷积网络构造以及训练过程等内容。

3.4.1.1　大数据耕地资源质量评价流程

研究的流程图见图 3-4，以江苏省域为研究区，在所构建基础大数据集基础上，建立完善一套适用于耕地资源质量评价的大数据深度学习模型体系。采用耕地资源质量自然等数据，探究深度学习方法的数据挖掘能力和大数据耕地资源质量评价的适用性，对比其评价精度的空间差异。

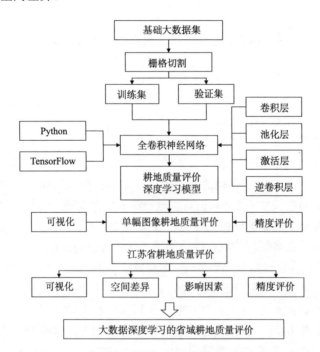

图 3-4　大数据深度学习的省域耕地资源质量评价流程

3.4.1.2　深度学习耕地资源质量评价的基础大数据准备

由于深度学习模型的高度复杂性，其对输入数据结构也有一定要求。一般而言，带有空间信息的图像数据最有利于深度学习框架进行学习拟合(Kussul et al., 2017)，因此，在深度学习应用土地利用分类的相关研究中，深度学习输入数据格式均为栅格图像数据，且每幅栅格长宽高均相同。

深度学习研究最早从计算机视觉开始，不断发展壮大，扩展应用至其他领域。因此，其分析数据格式深受图像分析领域的影响(Bengio et al., 2012)。目前为止，大部分深度学习所采用的均为栅格数据，少数研究采用列表等格式，但此类格式丢失了数据之间的空间属性关系，仅在语义分析等领域采用。在前人研究基础上，本章采用栅格化数据格式，所采用的基础评价大数据集统一使用 30m 分辨率。将所构建的基础大数据集通过重采样或插值方法获取面状栅格指标数据。

本章研究选取的因变量和参评因子如下所示。

(1)因变量：江苏省全省范围耕地资源质量自然等数据。

(2)参评因子：对应年份区域的高程、坡度、坡向、月均植被归一化指数(NDVI)、月均降水量、月均地表温度、土地利用类型、耕作层厚度、障碍层深度、排水条件、灌溉保证率、土壤侵蚀程度和盐渍化程度等共 55 个。

在此基础上，根据模型对数据输入的要求，将江苏省域数据随机切割成 224×224 像素大小图像，每幅图像中包含一层因变量层和 55 层参评因子层。共有 11.55 万幅图像，其中 10.39 万幅作训练集，1.16 万幅作验证集。

3.4.1.3　大数据深度学习耕地资源质量评价的模型构建

深度学习是机器学习的分支，是一种试图使用包含复杂结构或由多重非线性变换构成的多个处理层对数据进行高层抽象的算法(Lecun et al., 2015)。深度学习是机器学习中一种基于对数据进行表征学习的算法。一般地，观测对象可以使用多种方式来表示。深度学习的优势在于，其采用非监督式或半监督式的特征学习和分层特征提取高效算法来替代手工获取特征(Song and Lee, 2013)。至今已有数种深度学习框架，如深度神经网络、卷积神经网络、深度置信网络和递归神经网络，这些模型已被应用在计算机视觉、语音识别、自然语言处理、音频识别与生物信息学等领域，并获取了极好的效果。

本章研究结合前人研究经验和研究目标，采用全卷积神经网络作为学习预测耕地资源质量等级的模型。全卷积神经网络是一种前馈神经网络，它的人工神经元可以响应一部分覆盖范围内的周围单元，对于大型图像处理表现出色(Krizhevsky et al., 2012)。

全卷积神经网络由一个或多个卷积层和顶端的全连通层(对应经典的神经网络)组成，同时也包括关联权重和池化层。这一结构使得全卷积神经网络能够利用输入数据的二维结构。与其他深度学习结构相比，全卷积神经网络在图像识别方面能够给出更优的结果。这一模型也可以使用反向传播算法进行训练。相比较其他深度、前馈神经网络，全卷积神经网络需要估计的参数更少，使之成为一种颇具吸引力的深度学习结构。以下为相关结构解释。

1. 卷积层

栅格图像可视为多个像元有序组织成的多维数组，对图像作卷积操作是利用卷积核在图像上滑动，将图像点上的像素数值与对应的卷积核上的数值相乘，然后将所有相乘后的值相加作为卷积核中间像素对应的图像上像素的数值,并最终滑动覆盖全部图像的过程,如图 3-5 所示。

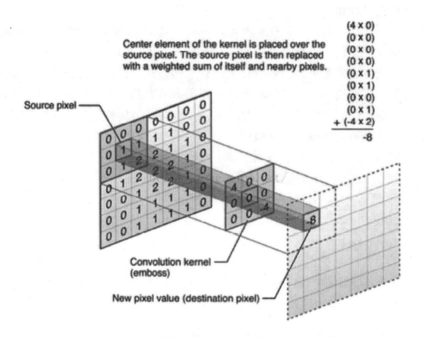

图 3-5　卷积过程示意图(Krizhevsky et al., 2012)

以图 3-5 为例,这张图可以清晰地表征整个卷积过程中一次相乘后相加的结果:选用 3×3 的卷积核,卷积核内共有九个数值,所以图片右上角公式中一共有九行,而每一行都是图像像素值与卷积核上数值相乘,最终结果-8 代替了原图像中对应位置处的 1。沿着栅格图像以步长为 1 进行滑动,每一个滑动后都重复上述操作,就可以得到最终的输出结果。一般卷积核的大小是奇数时,中心对称,因此卷积核一般都是 3×3、5×5 或者 7×7。同时定义卷积核半径为(边长+1)/2,如 3×3 大小的核的半径就是 2。

2. 激活函数

在深度神经网络中,通常使用修正线性单元(rectified linear unit,ReLU)作为神经元的激活函数,如图 3-6 所示。

从图 3-6 可见,ReLU 函数是分段线性函数,把所有负值都转变为 0,而正值不变,这种操作被称为单侧抑制。在此基础上,使得神经网络中的神经元具有了稀疏激活性。尤其体现在深度神经网络模型中,当模型增加 N 层之后,理论上 ReLU 神经元的激活率将降低 2^N 倍。

稀疏激活性在深度学习中有重要应用。借助于神经科学研究,在人脑进行计算时,真正激活的神经元只有不到 10%。当训练一个深度分类模型的时候,和目标相关的特征往往也占少数,因此通过 ReLU 实现稀疏后的模型能够更好地挖掘相关特征,拟合训练数据。

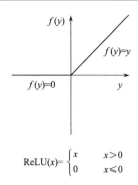

$$\text{ReLU}(x) = \begin{cases} x & x > 0 \\ 0 & x \leqslant 0 \end{cases}$$

图 3-6　激活函数 ReLU（Krizhevsky et al., 2012）

此外，相比于其他激活函数来说，ReLU 具有优势。对于线性函数而言，ReLU 的表达能力更强，尤其体现在深度网络中；对于非线性函数而言，ReLU 由于非负区间的梯度为常数，不存在梯度消失问题，使得模型的收敛速度维持在一个稳定状态。所谓梯度消失问题，是指当梯度小于 1 时，预测值与真实值之间的误差每传播一层会衰减一次，如果在深层模型中使用其他激活函数，将导致模型收敛停滞不前。

3. 池化层

池化（pooling），其核心思路是对输入的特征图进行压缩，一方面使特征图变小，简化网络计算复杂度；另一方面进行特征压缩，提取主要特征。如图 3-7 所示。

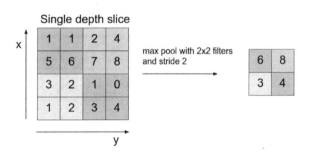

图 3-7　池化过程示意图（Krizhevsky et al., 2012）

图 3-7 展示的为 2×2 窗口大小的最大值池化过程，每次不重叠地选取相邻的 4 个数值，保留其中最大值传递到下一步骤进行计算。池化方法有最大值池化和平均值池化两种，本章研究中均采用最大值池化方法。池化过程能够降低图像维度，并保留有效信息（Kanevski et al., 2009）。

4. 逆卷积层

逆卷积（deconvolution）过程又被称为转置卷积（transposed convolution），逆卷积相对于卷积在神经网络结构的正向和反向传播中作相反的运算。在 Dumoulin 和 Visin（2016）的文章中有非常详尽的解释和推算，逆卷积方法可以对提取的特征进行增尺度处理，从而有利于可视化和像素级别的分类工作。本章研究所采用的全卷积神经网络结构如图 3-8 所示。

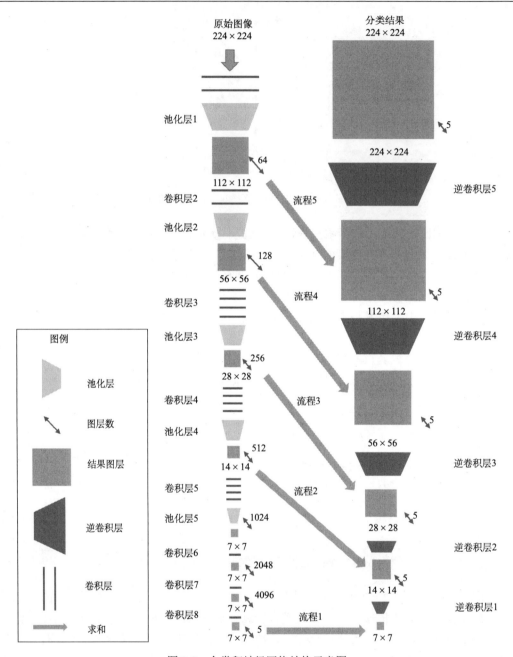

图 3-8　全卷积神经网络结构示意图

　　图 3-8 结构，共通过五条不同的流程得到最后的预测图像，流程 1 是主要流程，其结构借鉴自 VGGnet-19(Simonyan and Zisserman, 2014)，通过一系列的卷积和池化操作得到 7×7×5 的特征结果，在此基础上不断逆卷积从而得到最终预测结果。流程 2~流程 5 加入了跳跃层结构并分别从第 1~第 4 池化层之后加入最终预测结果中。加入方法都是和加入前的结果相加，并输出到下一层的转置卷积层。也就意味着，最终的结果中包含 5 个不同尺度的信息数据，即 7×7、14×14、28×28、56×56、112×112 不同分辨

率的特征数据都被考虑其中，且最后的预测分类图像和原始图像尺度相同，实现像素级别的耕地资源质量预测。

3.4.2　大数据耕地资源质量评价研究结果与精度

3.4.2.1　大数据深度学习耕地资源质量评价模型训练

在上一节研究中，已初步建立了训练数据库和训练模型框架。将数据库导入云计算平台，并在平台上搭建训练模型。其中，裁剪生成的 11.55 万幅栅格数据存储在数据存储平台中，研究中构建 FCN 模型采用 Python 下的 TensorFlow 框架，计算训练过程在数据分析平台中完成。

深度学习模型具有"自主学习"特点，大部分模型参数都是通过训练集的图像输入逐步学习获取，但在模型训练之前，仍有少数准备工作需要人为设定完善，主要包括批处理方法和学习率设定。

1. 批处理

本章研究所建立训练集含有超过 19 亿个像素点，10.39 万幅图像。尽管云计算平台具有大数据处理能力，一次性处理如此海量的数据也会非常困难。前人研究经验也表明，分析处理大数据时，批处理是非常有效的计算手段(Keskar et al., 2016)。批处理的思路在于"逐步逼近"，即每次选取训练集中的部分图像以满足有限的内存空间。由于深度学习的模型特征，图像输入模型后，其学习得到的图像识别特征可以得到保留。下次训练中，输入另一批随机图像，已训练模型在新图像输入后，会根据新的图像特征进行参数更新，得到的参数综合考虑了之前所有输入的图像特征，从而得到与依次输入所有图像类似的参数拟合效果。批处理方法较好地解决了现有计算能力面对大数据时的能力瓶颈，使得大数据模型拟合成为可能。在本章研究中，每次随机从训练集中选取 40%的图像作为一批影像输入模型处理。

2. 学习率

在批处理的基础上，还需要设定学习率数值。由于批处理的计算特点，每次输入模型的训练样本仅能代表总体集合的部分特征。在批处理训练模型时，往往需要设定一个学习率数值，从而避免过/欠拟合现象。学习率可以看作是一个比率数值，即每次只学习批处理图像中的部分特征。学习率的设定根据模型结构、数据量和训练目标的不同而不同。一般地，学习率过大会导致欠拟合现象，表现为模型精度在较低的水平徘徊，损失函数值始终不收敛。学习率过小会导致训练时间过长，同时对计算资源也是一种浪费。经过多次对比试验，学习率设定为 1×10^{-6}。

由于采用了批处理方法，随机从训练集中选取 40%的图像输入模型训练。理论上，会产生无穷多的训练子集，使得训练永远持续下去。在前人研究中，一般通过观察损失函数值来决定结束训练的时机。损失函数用来估量模型的预测值 $f(x)$ 与真实值 y 的不一致程度，它是一个非负实值函数，通常使用 loss 来表示，损失函数越小，模型的稳健性就越好。损失函数是经验风险函数的核心部分，也是结构风险函数的重要组成部分 (Schorfheide, 2000)。在此基础上，损失函数有多种不同的数学计算形式，包括对数损失函数、平方损失函数、指数损失函数等。最小平方差损失函数(least square errors loss function)，也被称为 L^2 loss，其具体计算形式如下：

$$\text{loss} = \sum_{i=1}^{n}\left[y_i - f(x_i)\right]^2 \tag{3-1}$$

式中，loss 代表损失函数数值；y_i 表示真实值；x_i 表示预测指标；$f(x_i)$ 表示模型预测值。前人研究表明，当 loss 值趋于稳定时，表明模型参数已趋于收敛，模型已基本稳定，可停止训练(Krizhevsky et al., 2012)。本章研究中，loss 值随训练次数变化如图 3-9 所示。

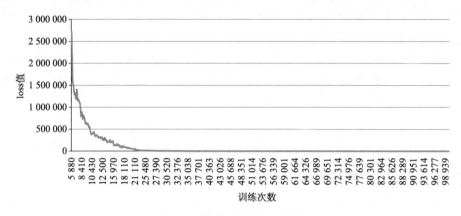

图 3-9　训练过程损失函数值

从图 3-9 可见，当训练开始时，loss 值非常高，超过了 250 万，此时，训练刚刚开始，模型参数都是随机分配的，得到的分类结果也是随机分布的，与真实值相差非常巨大，导致了很高的 loss 值。随着训练不断进行，loss 值快速下降，说明深度学习模型具有快速学习能力。此时，模型根据输出值和真实值的对比结果，不断调整模型内部参数，提取相应的关键特征，使得输出结果精度不断提高。当训练次数超过 27 000 次后，模型 loss 值趋于稳定，并十分接近数值 0。此时，模型参数已基本趋于稳定，仅做部分微调。同时，由于训练过程采用的批处理方法，每次输入的图像均不完全相同。而随着训练次数逐渐增多，loss 值并没有大的波动起伏，可见本章研究所构建的深度学习模型已经充分提取了训练集中的关键特征，模型表现稳健性较好。当训练超过 100 000 次时，可认为模型已充分获取训练集特征，训练终止。

3.4.2.2　大数据深度学习耕地资源质量评价结果

本章研究通过构建耕地资源质量大数据云平台，针对耕地资源质量自然等问题，构建了完整的深度学习模型，并对其进行训练优化。训练得到的深度学习模型 loss 值接近于 0 且数值稳定，证明其已经充分学习了训练集数据特征，稳健性较高。然而，许多研究表明，低 loss 值并不能代表足够的精度。在某些情况下，网络结构不合理、学习率过高、数据复杂度不够等，会导致深度学习出现低 loss 值而精度依然很低的情况(Han et al., 2015)。本章研究在上一节研究的基础上，以裁剪出的一幅图像范围为研究尺度，对训练得到的深度学习模型进行精度评价。

随机选取验证集中图像输入训练完成的模型，将得到的输出结果和真实值进行比对分析，结果如图 3-10 所示。

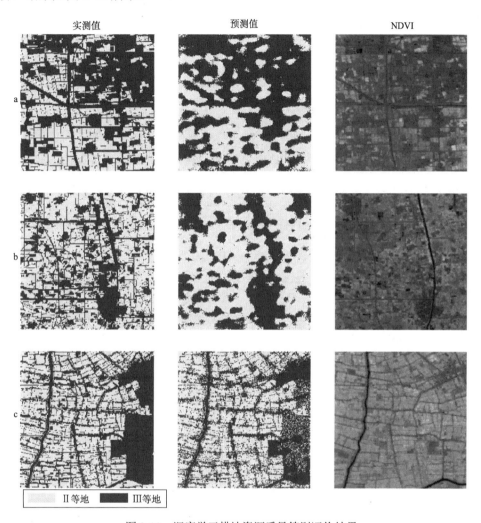

图 3-10　深度学习耕地资源质量等别评价结果

由于验证集中有 1.16 万幅图像，此处无法一一展示，仅从中随机选取三幅影像来体现模型学习效果。从图中可见，大部分耕地为Ⅱ等地。这也与前人研究结论相符合(张红富等，2008)。从图中可以看出，深度学习的评价结果和真实值符合情况较好，能够较好地区分耕地和非耕地，且对耕地资源质量等别进行了准确评估。深度学习模型对不同大小、不同形状的耕地斑块均能很好地识别，且得到较为准确的耕地资源质量等别信息。同时可以发现，实际情况下耕地多呈方形或矩形，边缘较为明显，而深度学习评价结果边缘较圆滑，斑块多为圆形、椭圆形。

参考前人研究方法(Powers，2011)，将预测结果和真实值进行对比，采用准确性、召回系数和精度 F1 值对分类结果准确性进行量化研究。一般地，可将分类结果整理成表格，如表 3-4 所示。

表 3-4　深度学习分类结果评价参数

	真实值正类	真实值负类
预测值正类	TP，true positives 预测正确。真实值为正，预测值也为正	FP，false positives 预测错误。真实值为负，预测值为正
预测值负类	FN，false negatives 预测错误。真实值为正，预测值为负	TN，true negatives 预测正确。真实值为负，预测值也为负

基于以上统计，可定义：

$$\text{precision} = \frac{TP}{TP + FP} \tag{3-2}$$

$$\text{recall} = \frac{TP}{TP + FN} \tag{3-3}$$

$$\text{F1值} = \frac{2TP}{2TP + FP + FN} \tag{3-4}$$

可见，三个系数从不同方面评价分类结果的准确程度，准确性刻画的是所有正确预测的数量占所有预测值的比例，召回系数刻画的是所有正确预测的数量占应该被正确预测数量的比例，F1 值是前两者调和平均。三者取值范围均为 0～1，数值越大表明分类结果越好。当出现超过两类的多类别分类结果时，可对每个类别分别计算上述三个系数，并计算得出总体精度，可定义：

$$\text{average precision} = \sum_n (R_n - R_{n-1}) P_n \tag{3-5}$$

$$\text{average recall} = \sum_n (P_n - P_{n-1}) R_n \tag{3-6}$$

$$\text{average precision} = \frac{2 \times \text{average precision} \times \text{average recall}}{\text{average precision} + \text{average recall}} \tag{3-7}$$

式中，P_n 和 R_n 分别为 precision 和 recall 的第 n 个统计阈值。

以上面所示三幅影像为例，其精度评价指标见表 3-5。

表 3-5　深度学习耕地资源质量评价分类精度统计

图像编号	准确性	召回系数	F1 值
a	0.741	0.748	0.745
b	0.719	0.713	0.716
c	0.696	0.692	0.694

从表格中可以看出，深度学习模型整体表现较好，且表现稳定，三幅图像的精度都在 0.7 左右。其中，深度学习对样例 a 的准确性为 0.741、召回系数为 0.748、F1 值为 0.745，是三幅图像中表现最好的。样例 b 的准确性为 0.719、召回系数为 0.713、F1 值为 0.716，样例 c 的准确性、召回系数和 F1 值略小于样例 a 与样例 b。样例 c 中，出现了不止一种

耕地资源质量类型（Ⅱ等地和Ⅲ等地），使得精度略有下降。一般而言，F1 值比准确性和召回系数都要更加严格（Powers, 2011）。研究结果表明，深度学习进行耕地资源质量评价时，准确性较好，模型表现稳定，并没有出现某一指标畸高的状况。

3.4.2.3　大数据深度学习耕地资源质量评价精度

运用深度学习方法，将每幅图像的评价预测结果进行拼接，获取江苏全省耕地资源质量评价预测结果，如图 3-11 所示。

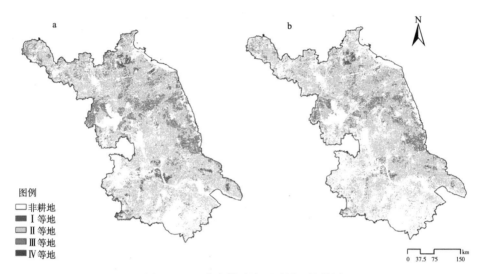

图 3-11　江苏省耕地资源质量评价结果

a 为实际值，b 为预测值

从图 3-11 中可以看出，大数据深度学习方法能够较好地进行耕地资源质量评价，对不同等别的耕地的分布位置和等别分布情况都有较好的预测效果。从图中可见，方法在Ⅰ等地主要分布的宿迁地区、长江沿岸部分地区有较好的预测效果；在Ⅲ等地分布较多的里下河地区、南通部分地区也有较好的预测效果；对于一些非常小的等别差异地块，依然有非常好的预测效果。同时，从预测结果可见，采用大数据深度学习模型进行耕地资源质量评价存在一定的低估问题，预测值中有零星地区耕地未检出，被模型认为是非耕地，导致预测结果看起来更为松散。计算评价精度如表 3-6 所示。

表 3-6　深度学习耕地资源质量评价结果统计

耕地利用类型	准确性	召回系数	F1 值
非耕地	0.988	0.981	0.984
Ⅰ 等地	0.571	0.935	0.709
Ⅱ 等地	0.781	0.793	0.787
Ⅲ 等地	0.611	0.827	0.707
Ⅳ 等地	0.513	0.184	0.271
总体	0.733	0.786	0.759

从表 3-6 可以看出,在江苏省范围内,采用大数据深度学习方法进行耕地资源质量评价总体精度可达到 0.759,取得较好的评价预测效果。同时,从不同耕地等别来看,非耕地的评价精度最高,F1 值达到 0.984,基本能做到完全识别。相比于不同等别的耕地区域,非耕地区域和耕地区域特征差异明显,便于模型学习特征并被识别。Ⅳ等地的识别效果最差,F1 值仅有 0.271,这主要是由于研究区域Ⅳ等地数量较少。在所有的1 946 884 329 个样点中,仅有 28 152 个Ⅳ等地样点,占比仅为 0.001 45%。样点过少导致模型不足以学习足够特征,从而影响评价精度。Ⅰ、Ⅱ、Ⅲ等地预测精度 F1 值分别为 0.709,0.787 和 0.707,均有 0.7 以上的精度,取得较好的结果。

3.4.3　大数据耕地资源质量评价空间差异与影响因素

上一节中,我们建立了完整的深度学习耕地资源质量评价的技术流程,并对其效果加以评估。在此基础上,深化运用此方法,以江苏省为研究区,对全省耕地资源质量评价空间差异进行分析研究。

3.4.3.1　大数据深度学习耕地资源质量评价精度空间差异

在前述研究中,采用大数据深度学习方法,对江苏省耕地资源质量评价进行研究,并对评估预测结果精度进行了测算。江苏省域范围面积约为 10 万 km^2(何红颜, 2008),同时,评价结果空间分辨率为 30m。在如此广域的范围内进行如此精细的评价,评价效果不可能处处相同。因此,本节研究采用移动窗格精度评价方法与空间自相关研究方法进行江苏省耕地资源质量评价的精度空间差异研究。移动窗格的方法,是指选择一定的窗格大小,计算窗格内部的预测精度作为此窗格的精度值。用此固定窗格遍历研究区,从而得到研究区不同地区的精度值。不同窗格覆盖范围不同,计算得出的精度也仅能代表窗格内部的模型表现,从而实现对模型表现空间差异的展示。

依照上述思路,以江苏省为研究区,采用 240m×240m 的窗格,每个窗格内覆盖8×8=64 个栅格数据。最终得到评价精度的空间差异如图 3-12 所示。

从图 3-12 中可以看出,大数据深度学习模型在江苏省内大部分地区都有较好的评估预测效果,包括里下河大部分地区、苏北大部分地区和苏南零星地区。在图中表现为深色,意味着能够实现 0.72 以上的 F1 值,而在江苏西南部分的南京、扬州和镇江地区以及南通启东地区,评价表现欠佳,较大面积精度在 0.44 以下。除此以外,沿海、沿湖、沿江两岸耕地资源质量评价的准确性也较差。此类区域深度学习模型还不能够有效学习其中特征因素,从而影响最终的评价精度。反观在评价精度高的地区,往往是大面积粮食种植地带,其在 NDVI 上有明显的阶段特征,因而评价精度较高。

3.4.3.2　大数据深度学习耕地资源质量评价空间差异影响因素

前述研究分析了基于大数据的深度学习耕地资源质量评价精度的空间差异,本小节将结合前文建立的大数据集,采用因子贡献度研究方法,对评价精度的空间差异影响因素进行研究。

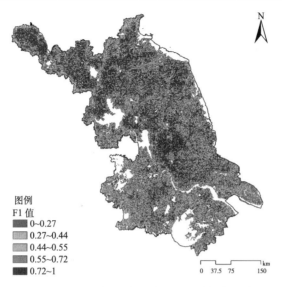

图例
F1 值
■ 0~0.27
▦ 0.27~0.44
▨ 0.44~0.55
▩ 0.55~0.72
■ 0.72~1

0　37.5　75　　　150 km

图 3-12　江苏省耕地资源质量评价精度空间差异

　　在一个多元线性回归模型中，并不是所有的自变量都与因变量有显著关系，有时有些自变量的作用可以忽略。这就产生了怎样测度每个参评因子对因变量预测精度贡献的问题。

　　逐步回归的基本思想是：将变量逐个引入，每引入一个变量时，要对已选入的变量进行逐个检验。当原引入的变量由于后面变量的引入而变得不再显著时，将其剔除。这个过程反复进行，直到既无显著的变量选入方程，也无不显著自变量从回归方程中剔除为止。逐步回归主要是为解决变量选择和多重共线性的问题(Thompson, 1995)。但其应用一般建立在线性回归的基础上，在机器学习领域则相对少见(Tso and Yau, 2007)。实际上，在众多研究中，逐步回归方法往往是作为线性回归方法中的代表，经常被用来和机器学习方法做比较研究。

　　机器学习方法擅长进行非线性关系挖掘，并会对不同因子赋予不同权重，因而在机器学习中，共线性问题并不是其主要关注问题(Glorot and Bengio, 2010)。但在机器学习中，由于模型对非线性关系的拟合及模型本身结构问题，无法准确提取每个自变量对因变量的影响程度，难以对每个因子的重要性及影响效应进行细化研究。鉴于此，借鉴逐步回归思路，构建一种机器学习逐步回归方法，提取每个因子对最终预测效果的影响程度，从而得到不同因子的贡献度。

　　本章研究所采用的机器学习逐步回归方法，具体构建过程如下：

　　(1)将所有 t 个因子代入选定的机器学习模型中，通过训练后，输入验证集并得到模型精度 R_t^2。

　　(2)遍历所有已加入模型中的因子，每次取出一个因子，重新训练模型，会得到一个新的 R_{t-1}^2，遍历所有因子后，会得到 R_{t-1}^2 的列表，选出其中最高的 R_{t-1}^2，并记录最高值时所去除的因子 y。

　　(3)因子 y 的耕地资源质量预测精度贡献度 E_y 计算如下所示：

$$E_y = \frac{R_t^2 - R_{t-1}^2}{R_t^2} \tag{3-8}$$

(4)在取出一个因子的训练模型上，重复步骤(1)(2)(3)，直到得到每一个因子的贡献度数值。

对耕地资源质量评价精度的因子贡献度结果如图 3-13 所示。

从图 3-13 中可以看出，不同因子对耕地资源质量评价精度影响不同。在江苏省范围内，对耕地资源质量评价精度有正效应的因子为土壤有机质、5 月均降水量、旱地、排水条件优、坡向、土壤无侵蚀等，这些因子贡献度越高，深度学习模型评价效果越好；而对精度有负效应的因子有坡度、水田、5 月均地表温度、12 月均降水量、4 月均降水量、高程等。对精度贡献较小的因子有盐渍化程度、耕作层厚度、灌溉保证率、10 月均地表温度等。此发现可对精度差异的空间分布进行进一步解释。在预测精度高的地方，大多是平原地区和高程较低、土壤有机质含量较高的地区。而精度较低的地方，大多夏季地表温度较高、地形起伏、排水条件较差。

3.4.4 大数据深度学习方法在耕地资源质量评价中的应用效果评价

本书在所建立的基础大数据上，采用近年来新兴的深度学习方法，结合大数据云平台计算能力，通过构建训练集训练模型并加以评价。在此基础上，对江苏省全省范围内的耕地资源质量进行了评价，并对评价结果精度的空间差异进行分析。据此我们可以发现：

(1)以江苏省为研究区，采用栅格化数据格式，将基础大数据集整理为 30m 的栅格数据，并将此数据随机切割成 224×224 像素大小，共有 11.55 万幅图像，其中 10.39 万幅作训练集，1.16 万幅作验证集。构建全卷积神经网络深度学习框架，通过组合卷积层、池化层、激活层、逆卷积层等，建立深度学习结构框架。所有耕地资源质量及关联特征均从数据中学习获得，不需要预先设定参评因子的指标权重，实现完全基于数据驱动并一次性获得评价结果。采用批处理方法，随机从训练集中选取 40%的图像输入模型训练。通过 loss 函数对模型进行评估，并采用批处理的方法对模型进行训练。当训练开始时，loss 值超过了 250 万，随着训练不断进行，loss 值快速下降，体现出深度学习模型具有快速学习能力。当训练次数超过 27 000 次之后，模型 loss 值趋于稳定，并十分接近数值 0。随着训练次数逐渐增多，loss 值并没有大的波动起伏，可见此深度学习模型已经提取到了数据集中的关键特征，模型表现稳健性较好。

(2)深度学习方法能够较好地进行精细化的耕地资源质量评价。对不同等别的耕地无论是在位置还是分布上都有较好的预测效果，总体精度可达到 0.759。采用准确性、召回系数和 F1 值对模型表现进行评估。深度学习模型整体表现较好，且表现稳定，三幅示例图像的准确性分别为 0.741、0.719 和 0.696，召回系数分别为 0.748、0.713 和 0.692，精度 F1 值分别为 0.745、0.716 和 0.694。深度学习进行耕地资源质量评价时，准确性较好，模型表现稳定，并没有出现某一指标畸高的状况。

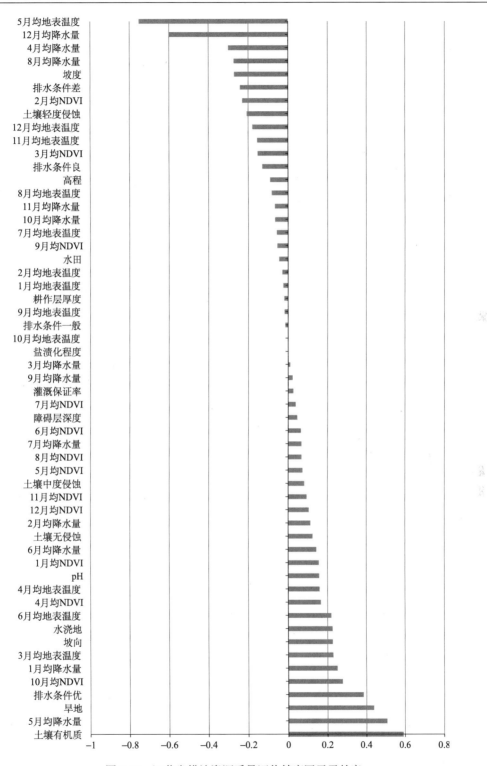

图 3-13　江苏省耕地资源质量评价精度因子贡献度

(3)对不同等别的耕地无论是在位置还是分布上都有较好的预测效果,总体精度可达到 0.759。针对不同耕地等别来看,非耕地的评价精度最高,精确度 F1 值达到 0.984。Ⅰ、Ⅱ和Ⅲ等地预测精度 F1 值分别为 0.709、0.787 和 0.707,均有 0.7 以上的精度,取得较好的评价结果。Ⅳ等地的识别效果最差,F1 值仅有 0.271,其主要原因在于江苏省内Ⅳ等地面积过少,仅占 0.00145%,不能提供有效区分度。在不同空间上,在江苏中部、北部地区能够实现 0.72 以上的 F1 值,而在江苏西南部分地区,精度在 0.44 以下。沿海、沿湖、沿江两岸耕地资源质量评价准确性也较差。通过因子贡献度方法研究得出,对耕地资源质量评价精度有正效应的因子为土壤有机质、5 月均降水量、旱地、排水条件优、坡向、土壤无侵蚀等;而对精度有负效应的因子有坡度、水田、5 月均地表温度、12 月均降水量、4 月均降水量、高程等。对精度贡献较小的因子有盐渍化程度、耕作层厚度、灌溉保证率、10 月均地表温度等。

3.5　方法融合下的大数据耕地资源质量评价结果的精度效应

从前文的研究结论中可见,大数据分析方法可用于耕地资源质量评价研究,并取得较好的预测评价效果。同时,也存在一些问题和不足。例如,在大数据耕地资源质量评价研究中,通过深度学习方法,能够实现总体 F1 值达到 0.759 的耕地资源质量自然等别预测准确率,但在沿海、沿湖及山地等区域,评价精度仍然较低。同时,深度学习预测结果边缘过于圆滑,与实际情况出入较大。这些结果都表明,大数据方法具有一定优势,但仍有改进提升的空间。

鉴于此,基于上述研究结果,本节将研究大数据耕地资源质量评价研究中,方法融合对评价过程、结果的精度影响。充分融合大数据方法挖掘因子内部关联关系与克里金方法(Kriging)挖掘因子空间关联关系的特点,将深度学习方法与面向对象方法融合,采用融合后的改进方法进行省域大尺度耕地资源质量评价,通过准确性、召回系数和 F1 值对训练拟合结果进行精度评价分析。

3.5.1　面向对象方法

面向对象的分类方法,其核心思路是将遥感影像当作一组不重叠对象的集合,而不是单纯的像素点。每个对象具有内部一致性和外部排他性,即对象内部有且仅有一种类别,同时与对象外部有显著差异。面向对象的分类方法在遥感领域得到广泛应用,其能够较好地处理不同类别之间的边缘分割问题(Blaschke, 2010)。在具体操作中,首先需要采用图像分割方法将图像分割为若干对象单元,并结合基于像元的分类结果,对每一个对象单元赋予特定的分类标签,从而实现基于对象的分类方法。

目前,本书所采用的图像分割方法主要有四种:Felzenszwalb, SLIC(simple linear iterativeclustering), Quickshift 和 Watershed。具体解释如下:

1. Felzenszwalb 算法

此算法由 Felzenszwalb 和 Huttenlocher(2004)提出。Felzenszwalb 定义了一个使用图像表示(graph-based)来衡量两个区域边界置信度的预测器,然后设计了一个基于该预测器的有效分割算法，并表明虽然该算法使用贪心决策但它产生的分割满足全局特性。Felzenszwalb 使用两种不同的局部邻居方法来构建图，并阐明真实与合成图像的结果。该算法的运行时间几乎与图的边数目呈线性关系。该方法的一个重要特征是能保持在变化较低的图像区域的细节，同时忽略了在变化较高的区域的细节。算法如下：

输入：n 个点、m 条边的图 $G=(V, E)$。

输出：V 的分割 $S=(C_1,\cdots,C_r)$。

(1)对于图 G 的所有边，按权值进行不下降排序，得到 $\pi =(o_1,\cdots,o_m)$。

(2)S^0 是一个原始分割，相当于每个顶点是一个分割区域。

(3)重复 4 的操作 for $q=1,\cdots,m$。

(4)根据上次 S^{q-1} 的构建，选择一条边 $o_q(v_i,v_j)$，如果 v_i 和 v_j 在分割的互不相交的区域中，比较这条边的权值与这两个分割区域之间的最小分割内部差 $\min_t$，如果 $o_q(v_i,v_j)<\min_t$，那么合并这两个区域，其他区域不变；否则什么都不做。

(5)最后得到的就是所求的分割 $S=S^m$。

此算法具体操作在 Python 下通过 skimage 下的 felzenswalb 函数实现。

2. SLIC 算法

SLIC，即简单的线性迭代聚类。它是 2010 年由科学家提出的一种思想简单、实现方便的算法(Achanta et al., 2010)，将彩色图像转化为 CIELAB 颜色空间和 XY 坐标下的五维特征向量，然后对五维特征向量构造距离度量标准，对图像像素进行局部聚类。SLIC 算法能生成紧凑、近似均匀的超像素，在运算速度、物体轮廓保持、超像素形状方面具有较高的综合评价，比较符合人们期望的分割效果。

SLIC 主要优点总结如下：

(1)生成的超像素如同细胞一般紧凑整齐，邻域特征比较容易表达。这样基于像素的方法可以比较容易地改造为基于超像素的方法。

(2)不仅可以分割彩色图，也可以兼容分割灰度图。

(3)需要设置的参数非常少，默认情况下只需要设置一个预分割的超像素的数量。

(4)相比其他的超像素分割方法，SLIC 在运行速度、生成超像素的紧凑度、轮廓保持方面都比较理想。

其具体实现算法如下：

(1)初始化种子点(聚类中心)：按照设定的超像素个数，在图像内均匀地分配种子点。假设图片总共有 N 个像素点，预分割为 K 个相同尺寸的超像素，那么每个超像素的大小为 N/K，则相邻种子点的距离(步长)近似为 $S=\sqrt{N/K}$。

(2)在种子点的 $n\times n$ 邻域内重新选择种子点(一般取 $n=3$)。具体方法为计算该邻域内所有像素点的梯度值，将种子点移到该邻域内梯度最小的地方。这样做是为了避免种子点落在梯度较大的轮廓边界上影响后续聚类效果。

(3)在每个种子点周围的邻域内为每个像素点分配类标签(即属于哪个聚类中心)。和标准的 K-means 在整张图中搜索不同，SLIC 的搜索范围限制为 $2S\times 2S$，可以加速算法收敛。

(4)距离度量。包括颜色距离和空间距离。对于每个搜索到的像素点，分别计算它和该种子点的距离。距离计算方法如下：

$$d_c = \sqrt{\left(l_j - l_i\right)^2 + \left(a_j - a_i\right)^2 + \left(b_j - b_i\right)^2} \tag{3-9}$$

$$d_s = \sqrt{\left(x_j - x_i\right)^2 + \left(y_j - y_i\right)^2} \tag{3-10}$$

$$D' = \sqrt{\left(\frac{d_c}{N_c}\right)^2 + \left(\frac{d_s}{N_s}\right)^2} \tag{3-11}$$

式中，d_c 代表颜色距离；d_s 代表空间距离；N_s 是最大空间距离，定义为 $N_s = S = \sqrt{N/K}$，适用于每个聚类。最大的颜色距离 N_c 随图片不同而不同，也随聚类不同而不同。最终的距离度量 D' 如下：

$$D' = \sqrt{\left(\frac{d_c}{m}\right)^2 + \left(\frac{d_s}{S}\right)^2} \tag{3-12}$$

由于每个像素点都会被多个种子点搜索到，每个像素点都会有一个与周围种子点的距离，取最小值对应的种子点作为该像素点的聚类中心。

(5) 迭代优化。理论上，上述步骤不断迭代直到误差收敛（可以理解为每个像素点聚类中心不再发生变化为止），实践发现 10 次迭代对绝大部分图片都可以得到较理想效果，所以一般迭代次数取 10。

(6) 增强连通性。经过上述迭代优化可能出现多连通情况，超像素尺寸过小，单个超像素被切割成多个不连续超像素等瑕疵，这些情况可以通过增强连通性解决。主要思路是新建一张标记表，表内元素均为–1，按照"Z"形走向（从左到右，从上到下顺序）将不连续的超像素、尺寸过小超像素重新分配给邻近的超像素，遍历过的像素点分配给相应的标签，直到所有点遍历完毕为止。

此算法具体操作在 Python 下通过 skimage 下的 slic 函数实现。

3. Quickshift 算法

Quickshift 算法改进自 Meanshift 算法。Meanshift 算法最初由 Fukunaga 和 Hostetler（1975）提出。算法基本思想如下：在 d 维空间中，任意选择一个点作为圆心，以 h 为半径作高维的球体，圆心和每个落在球内的点都会产生一个以圆心为起点、该点为终点的向量，将这些向量相加，其结果就是 Meanshift 向量。继续以向量终点为圆心，不断得到下一个向量。通过不断迭代，可以收敛到图中概率密度最大的位置，称为模点。其形式化定义为

$$y_{k+1}^{\text{mean}} = \arg\min_z \sum_i \|x_i - z\|^2 \, \varphi\!\left(\left\|\frac{x_i - y_k}{h}\right\|^2\right) \tag{3-13}$$

式中，x_i 表示待聚类的样本点；y_k 代表点的当前位置；y_{k+1} 代表点的下一个位置；h 表示带宽。此算法稳定性、稳健性较好，有着较为广泛的应用。在此基础上，Vedaldi 和 Soatto（2008）将算法中点对的距离限制为欧几里得距离，并不断促使像素特征空间中的每一个数据点向着能使 Parzen 密度估计增大的最近的像素移动以实现图像分割。改进后

的算法便被称为 Quickshift，此算法耗时相比 Meanshift 显著缩小。

此算法具体操作在 Python 下通过 skimage 下的 quickshift 函数实现。

4. Watershed 算法

Watershed 算法又被称为分水岭算法。分水岭比较经典的计算方法是 Vincent 和 Soille(1991) 在 PAMI 上提出的。传统的分水岭分割方法，是一种基于拓扑理论的数学形态学的分割方法，其基本思想是把图像看作是测地学上的拓扑地貌，图像中每一像素的灰度值表示该点的海拔，每一个局部极小值及其影响区域称为集水盆地，而集水盆地的边界则形成分水岭。分水岭的概念和形成可以通过模拟浸入过程来说明。在每一个局部极小值表面，刺穿一个小孔，然后把整个模型慢慢浸入水中，随着浸入的加深，每一个局部极小值的影响域慢慢向外扩展，在两个集水盆汇合处构筑大坝，即形成分水岭。

根据分水岭算法的原理，令 M1、M2、M3、…、Mi 表示待分割图像的极小区域(即待分割图像中局部最小值点的坐标的集合)，C(Mi)表示与极小区域 Mi 相关的流域(集水盆内的点都组成一个连通分量)，min 和 max 分别表示梯度的极小值和极大值(即待分割图像灰度值的极小值和极大值)。假设溢流过程都是以单灰度值增加的，n 表示溢流的增加数值(即在第 n 步时溢流的深度)，T[n]表示满足 $f(x)<n$ 的所有点 x 的集合，以 $f(x)$ 为梯度图像信号(即图像灰度值信号)。对于一个给定流域，在第 n 步将会出现不同程度的溢流(也可能不出现)。假设在第 n 步时极小区域 Mi 发生溢流，令 Cn(Mi)为与极小区域 Mi 相关流域的一部分，即在溢流深度 n 时，在流域 C(Mi)中形成的水平面构成的区域，Cn(Mi)为二值图像，可表示为

$$Cn(Mi)=C(Mi)\&T[n] \tag{3-14}$$

即 Cn(Mi)表示一个区域，它既是与 Mi 为极小值点的一个连通流域，同时灰度值小于 n。如果极小区域 Mi 的灰度值为 n，则在第 $n+1$ 步时，流域的溢流部分与极小区域完全相同，即有 C$n+1$(Mi)=Mi。令 C[n]表示第 n 步流域中溢流部分的并(即第 n 个阶段汇水盆地被水淹没的部分的合集)，则 C[max+1]为所有流域的并。算法初始时取 C[min+1]=T[min+1]。

溢流的定义是递归的。假设 C[$n-1$]已经建立。由式(3-14)可知，C[n]为 T[n]的一个子集，又因为 C[$n-1$]是 C[n]的子集，故 C[$n-1$]是 T[n]的子集。如果 D 是 T[n]的连通成分，将有 3 种可能：

(1) D&C[$n-1$]为空；

(2) D&C[$n-1$]为非空，含有 C[$n-1$]一个连通成分；

(3) D&C[$n-1$]为非空，含有 C[$n-1$]多个连通成分。

当增长的溢流达到一个新的极小区域时，第(1)种情况将会发生，则将 D 并入 C[$n-1$]构成 C[n]。对于第(2)种可能，D 将位于某个极小区域流域之内。第(3)种情况，D 必定含有一些组成 C[$n-1$]的部分流域 C$n-1$(Mi)。因此，在 D 内必须建一个堤坝，以防止溢流在单独的流域中溢出，该堤坝是 T[n]内 C[$n-1$]的测地 SKIZH。C[$n-1$]构成 C[n]时，每一个部分流域 C$n-1$(Mi)都在 T[n]内增长成其测地影响区。

此算法具体操作在 Python 下通过 skimage 下的 watershed 函数实现。

3.5.2　深度学习与面向对象方法融合的耕地资源质量评价结果

结合全卷积神经网络预测数据，与图像对象叠加，从而实现面向对象的全省耕地资源质量分等预测研究。仍然选取三幅代表性图像作结果展示，对象分割结果如图 3-14 所示。

从图 3-14 可见，不同方法均能从原始图像中分割出一定数量的对象。分割出的对象大小不一，不同方法分割出的对象不尽相同。总体而言，对象内部 NDVI 变化较小，而不同对象间的 NDVI 变化较大。统计分割处的对象数量，如表 3-7 所示。

表 3-7　深度学习耕地资源质量评价对象划分数

图像编号	Felzenszwalb 对象数	SLIC 对象数	Quickshift 对象数	Watershed 对象数
a	300	244	272	250
b	295	244	258	250
c	335	246	214	250

结合图 3-14 和表 3-7 可以看出，Felzenszwalb 方法划分较为细致，对三幅图像划分结果比较符合真实情况，从图 3-14 中可见，Felzenszwalb 方法能够划分出狭长的公路、河流等对象，对象划分较为精细；SLIC 方法划分结果较为稳定，对不同图像划分对象数稳定在 245 左右，SLIC 划分对象形状接近椭圆形，边缘较规整；Quickshift 划分对象数波动较大，且划分对象边缘不清晰，锯齿状明显；而 Watershed 划分对象数由于是参数提前设定，均为 250。

3.5.3　深度学习与面向对象方法融合的耕地资源质量评价精度

在此基础上，结合上一节深度学习预测出的耕地资源质量分等结果，采取面向对象的耕地资源质量评价研究。将对象划分结果和深度学习结果相叠加，选取单个对象内部分布概率最大的耕地资源质量等别作为整个对象的自然质量等别，即一个对象有且只有一个对应的等别结果。结果如图 3-15 所示。

从图 3-15 可见，面向对象的分类结果明显好于初始深度学习分等预测结果。面向对象的分类结果主要解决了两个问题：

（1）"胡椒盐效应"。从图中可见，初始深度学习对耕地资源质量进行分等预测结果存在不同程度的不准确散点，这些散点占比不高，零星分布在整幅图中，对预测精度产生影响。面向对象方法针对每个对象采取统一的分类，使对象内部类别一致，有效地去除了此类散点。

（2）"边缘模糊"。在初始深度学习预测结果中，边缘较为粗糙，与实际地块的划分差异较大，且对道路、河流等较为狭长的地物预测效果准确程度低。采用面向对象的方法后，由于对象之间边缘准确贴合，且对象的划分依据来自原始地物信息，预测结果的边缘与实际情况更接近。

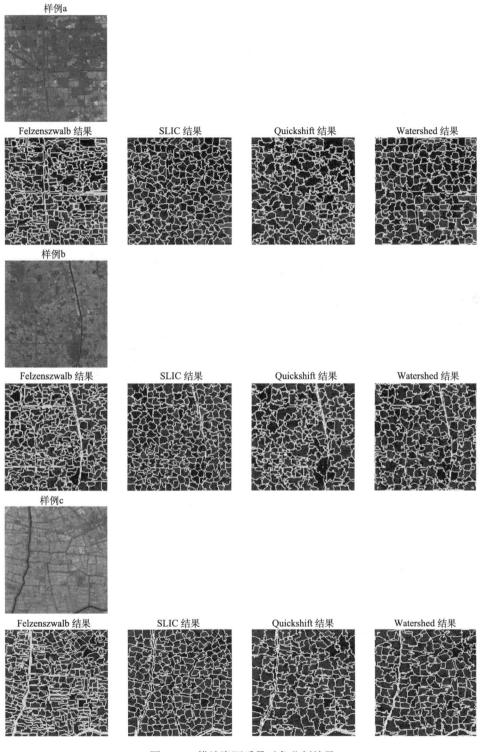

图 3-14　耕地资源质量对象分割结果

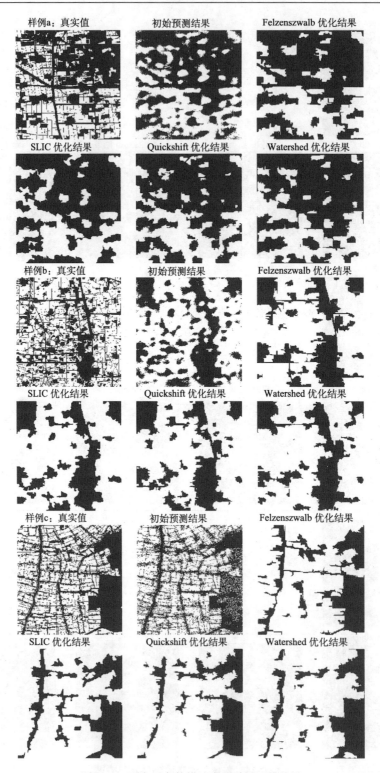

图 3-15　面向对象的耕地资源质量评价结果

对所有的预测结果进行精度验证，统计结果见表 3-8。

表 3-8　深度学习耕地资源质量评价对象划分统计

样例编号	评价系数	初始深度学习	Felzenszwalb	SLIC	Quickshift	Watershed
a	准确性	0.741	0.765	0.754	0.757	0.753
	召回系数	0.748	0.755	0.757	0.761	0.757
	F1 值	0.745	0.758	0.755	0.759	0.754
b	准确性	0.719	0.738	0.724	0.735	0.728
	召回系数	0.7138	0.726	0.723	0.721	0.721
	F1 值	0.716	0.731	0.723	0.728	0.725
c	准确性	0.696	0.732	0.722	0.739	0.724
	召回系数	0.692	0.725	0.726	0.727	0.727
	F1 值	0.694	0.738	0.724	0.729	0.725

从表 3-8 可见，采用面向对象的方法后，耕地资源质量评价精度都有小幅提升。样例 a 的评价精度 F1 值范围 0.754～0.759，均值 0.756，精度提高 1.54%；样例 b 的评价精度 F1 值范围 0.723～0.731，均值 0.726，精度提高 1.39%；样例 c 的评价精度 F1 值范围 0.724～0.738，均值 0.729，精度提高 5.04%。同时，不同对象分割方法间的差异不明显，提升效果接近。可见，在深度学习耕地资源质量分等研究中，采用面向对象方法能够小幅提升评价精度，而具体采用哪种方法则差异不大。同时，从视觉效果上来看采用面向对象方法结果更为规整，与实际情况更为接近，更有利于管理、决策与成果推广。

3.6　本章小结

本书以地处长三角经济发达地区的江苏省为例，在耕地资源质量等级监测土壤样品采集测试及多目标地球化学调查、耕地地力调查等数据的基础上，融合土壤数据、遥感数据、气象数据、土地利用数据和社会经济数据等，研究大数据方法在耕地资源质量评价中能否应用及如何应用的问题。首先，梳理影响耕地资源质量的驱动因素与被驱动因素，建立本章研究的基础大数据集，通过谷歌云计算基础部件组合构建云计算平台；其次，以江苏全省为研究区，运用深度学习方法，建立全卷积神经网络模型进行省域较大尺度的耕地资源质量等级预测评价，通过准确性、召回系数和精度 F1 值对训练拟合结果进行精度评价，并分析精度的空间差异和影响因子；最后，在上述研究基础上，研究分析方法融合对大数据耕地资源质量评价结果精度的影响，探讨大数据分析的方法改进和应用策略。将深度学习方法与面向对象方法融合，进行江苏全省耕地资源质量评价，分析预测和评价结果精度对大数据方法改进的响应。通过研究，得到以下主要结果和结论：

(1)通过对大数据的深度学习可以有效开展省域大尺度耕地资源质量评价，实现耕地资源质量评价的精细化，并完全基于数据驱动一次性获得评价结果，避免传统逐级汇总方法造成的数据丢失与不一致性问题。尽管局部地区精度偏低，但采用大数据方法进行省域大尺度耕地资源质量预测评价的优势显著。

以江苏省为研究区，采用栅格化数据格式，将基础大数据集整理为 30m 的栅格数据，并将此数据随机切割成 224×224 像素大小，共有 11.55 万幅图像，其中 10.39 万幅作训练集、1.16 万幅作验证集。构建全卷积网络深度学习框架，通过组合卷积层、池化层、激活层、逆卷积层等，建立深度学习结构框架。共通过五条不同的流程得到最后的预测图像，预测结果能够同时考虑 5 个不同尺度的信息数据，且最后的预测分类图像和原始图像尺度相同。实现像素级别的耕地资源质量自然等预测，精细化程度达到 30m×30m。所有耕地资源质量及关联特征均从数据中学习获得，不需要预先设定参评因子的指标权重，实现完全基于数据驱动并一次性获得评价结果。采用批处理方法，随机从训练集中选取 40%的图像输入模型训练。通过 loss 函数对模型进行评估，并采用批处理的方法对模型进行训练。当训练开始时，loss 值超过了 250 万，随着训练的不断进行，loss 值快速下降，体现出深度学习模型具有快速学习能力。当训练次数超过 27 000 次之后，模型 loss 值趋于稳定，并十分接近数值 0。随着训练次数逐渐增多，loss 值并没有大的波动起伏，可见此深度学习模型已经提取到了数据集中的关键特征，模型表现稳健性较好。当训练超过 100 000 次时，可认为模型已充分获取训练集特征，训练终止。

以江苏省为研究区，深度学习方法能够较好地进行精细化地耕地资源质量评价。采用准确性、召回系数和 F1 值对模型表现进行评估。深度学习模型整体表现较好，且表现稳定，三幅示例图像的准确率分别为 0.741、0.719 和 0.696，召回系数分别为 0.748、0.713 和 0.692，精度 F1 值分别为 0.745、0.716 和 0.694。深度学习进行耕地资源质量评价时，准确性较好，模型表现稳定，并没有出现某一指标畸高的状况。

对不同等别的耕地无论是在位置，还是分布上都有较好的预测效果，总体精度可达到 0.759。针对不同耕地等别来看，非耕地的评价精度最高，精确度 F1 值达到 0.984。Ⅰ、Ⅱ、Ⅲ等地预测精度 F1 值分别为 0.709，0.787 和 0.707，均有 0.7 以上的精度，取得较好的评价结果。Ⅳ等地的识别效果最差，F1 值仅有 0.271，其主要原因在于江苏省内Ⅳ等地面积过少，仅占 0.00145%，不能提供有效区分度。在不同空间上，在江苏中部、北部地区能够实现 0.72 以上的 F1 值，而在江苏西南部分地区，精度在 0.44 以下。沿海、沿湖、沿江两岸耕地资源质量评价准确性也较差。通过因子贡献度方法研究得出，对耕地资源质量评价精度有正效应的因子为土壤有机质、5 月均降水量、旱地、排水条件优、坡向、土壤无侵蚀等；而对精度有负效应的因子有坡度、水田、5 月均地表温度、12 月均降水量、4 月均降水量、高程等。对精度贡献较小的因子有盐渍化程度、耕作层厚度、灌溉保证率、10 月均地表温度等。

(2)通过深度学习与面向对象方法的融合进行大数据耕地资源质量评价分析的方法改进，能够进一步提高预测评价的精度，并优化评价预测结果的空间表达。

在江苏省域耕地资源质量评价研究中，采用面向对象的方法对评价结果进行调整优化。Felzenszwalb 方法划分较为细致，对三幅图像划分结果比较符合真实情况，从结果可见，Felzenszwalb 方法能够划分出狭长的公路、河流等对象，对象划分较为精细；SLIC方法划分结果较为稳定，对不同图像划分对象数稳定在 245 左右，从图中可见，SLIC 划分对象形状接近椭圆形，边缘较规整；Quickshift 划分对象数波动较大，且划分对象边缘不清晰，锯齿状明显；而 Watershed 划分对象数由于是参数提前设定，均为 250。面向对象的分类结果明显好于初始深度学习分等预测结果。面向对象的分类结果主要解决了"胡椒盐效应"和"边缘模糊"的问题。采用面向对象的方法后，耕地资源质量评价精度都有小幅提升，空间分布得到优化。样例 a 的评价精度 F1 值范围 0.754～0.759，均值 0.756，精度提高 1.54%；样例 b 的评价精度 F1 值范围 0.723～0.731，均值 0.726，精度提高 1.39%；样例 c 的评价精度 F1 值范围 0.724～0.738，均值 0.729，精度提高 5.04%。同时，不同对象分割方法间的差异不明显，提升效果接近。可见，在深度学习耕地资源质量分等研究中，采用面向对象方法能够小幅提升评价精度，而具体采用哪种方法则差异不大。同时，从视觉效果上来看，采用面向对象方法结果更为规整，与实际情况更为接近，更有利于管理、决策与成果推广。

参 考 文 献

杭天文, 李文西, 陈明, 等. 2016. 全国耕地资源质量大数据平台设计[J]. 现代农业科技, (22): 296-298, 300.

何红颜. 2008. 中国地图册: 地形版[M]. 北京: 中国地图出版社: 66-67.

江苏省地方志办公室. 2011. 江苏年鉴[M]. 南京: 江苏年鉴杂志社.

江苏省统计局. 2017. 江苏统计年鉴[M]. 北京: 中国统计出版社.

李德仁, 张良培, 夏桂松. 2014. 遥感大数据自动分析与数据挖掘[J]. 测绘学报, 43(12): 1211-1216.

龙瀛, 张宇, 崔承印. 2012. 利用公交刷卡数据分析北京职住关系和通勤出行[J]. 地理学报, 67(10): 1339-1352.

邱扬, 傅伯杰, 王军, 等. 2002. 黄土丘陵小流域土壤物理性质的空间变异[J]. 地理学报, 57(5): 587-594.

申悦, 柴彦威. 2012. 基于 GPS 数据的城市居民通勤弹性研究——以北京市郊区巨型社区为例[J]. 地理学报, 67(6): 733-744.

王星月, 马友华, 王静, 等. 2017. 基于国土资源的大数据应用研究[J]. 国土与自然资源研究, 4: 74-80.

谢华美, 李荣艳, 田艳琴, 等. 2006. 基于大数据量遥感图像的薄云去除[J]. 北京师范大学学报(自然科学版), 42(1): 42-46.

张红富, 周生路, 吴绍华, 等. 2008. 江苏省农用地质量空间格局及其影响因素分析[J]. 资源科学, 2: 221-227.

甄峰, 王波, 陈映雪. 2012. 基于网络社会空间的中国城市网络特征——以新浪微博为例[J]. 地理学报, 67(8): 1031-1043.

Achanta R, Shaji A, Smith K, et al. 2010. SLIC superpixels[J]. EPFL Technical Report 149 300.

Bengio Y, Courville A C, Vincent P. 2012. Unsupervised feature learning and deep learning: A review and new perspectives[J]. ArXiv abs/1206. 5538, 1: 1-30.

Blaschke T. 2010. Object based image analysis for remote sensing[J]. ISPRS Journal of Photogrammetry and Remote Sensing, 65(1): 2-16.

Chen M, Mao S, Liu Y. 2014. Big data: A survey[J]. Mobile Networks and Applications, 19(2): 171-209.

Danielson K. 2008. Distinguishing cloud computing from utility computing[J]. SaaS Week, March, 26.

Dasgupta K, Mandal B, Dutta P, et al. 2013. A genetic algorithm (ga) based load balancing strategy for cloud computing[J]. Procedia Technology, 10: 340-347.

Di Martino S, Bimonte S, Bertolotto M, et al. 2011. Spatial Online Analytical Processing of Geographic Data through the Google Earth Interface[A]. In: Murgante B, Borruso G, Lapucci A. Geocomputation, Sustainability and Environmental Planning. Springer Berlin Heidelberg: 163-182.

Duckham M. 2013. Simulating Robust Decentralized Spatial Algorithms[M]. Berlin: Springer: 245-274.

Dumoulin V, Visin F. 2016. A guide to convolution arithmetic for deep learning[J]. arXiv preprint arXiv: 1603. 07285.

Felzenszwalb P F, Huttenlocher D P. 2004. Efficient graph-based image segmentation[J]. International Journal of Computer Vision, 59(2): 167-181.

Foresti L, Tuia D, Kanevski M, et al. 2011. Learning wind fields with multiple kernels[J]. Stochastic Environmental Research and Risk Assessment, 25(1): 51-66.

Fukunaga K, Hostetler L. 1975. The estimation of the gradient of a density function, with applications in pattern recognition[J]. IEEE Transactions on Information Theory, 21(1): 32-40.

Garcia G A, Orts E S, Oprea S, et al. 2017. A review on deep learning techniques applied to semantic segmentation[J]. arXiv preprint arXiv: 1704. 06857.

Glorot X, Bengio Y. 2010. Understanding the difficulty of training deep feedforward neural networks[C]. Proceedings of the Thirteenth International Conference on Artificial Intelligence and Statistics: 249-256.

Gomes L. 2014. Machine-learning maestro michael jordan on the delusions of big data and other huge engineering efforts[J]. IEEE Spectrum, Oct, 20.

Gorelick N. 2012. Google earth engine[C]. AGU Fall Meeting Abstracts.

Han S, Pool J, Tran J, et al. 2015. Learning both weights and connections for efficient neural network[C]. Advances in Neural Information Processing Systems: 1135-1143.

Hansen M C, Potapov P V, Moore R, et al. 2013. High-resolution global maps of 21st-century forest cover change[J]. Science, 342(6160): 850-853.

Haworth J, Shawe T J, Cheng T, et al. 2014. Local online kernel ridge regression for forecasting of urban travel times[J]. Transportation Research Part C: Emerging Technologies, 46: 151-178.

He G, Wang L, Ma Y, et al. 2015. Processing of earth observation big data: challenges and countermeasures[J]. Chin Sci Bull, 60: 470-478.

Kanevski M, Pozdnoukhov A, Timonin V. 2009. Machine Learning for Spatial environmental data: theory, applications, and Software[M]. Lausanne: EPFL Press.

Keskar N S, Mudigere D, Nocedal J, et al. 2016. On large-batch training for deep learning: Generalization gap and sharp minima[J]. arXiv preprint arXiv: 1609. 04836.

Krizhevsky A, Sutskever I, Hinton G E. 2012. Imagenet classification with deep convolutional neural networks[C]. Advances in Neural Information Processing Systems: 1097-1105.

Kussul N, Lavreniuk M, Skakun S, et al. 2017. Deep learning classification of land cover and crop types using remote sensing data[J]. IEEE Geoscience and Remote Sensing Letters, 14(5): 778-782.

Laney D. 2001. 3D data management: controlling data volume, velocity and variety[J]. META Group

Research Note, 6(70): 1.

Lecun Y, Bengio Y, Hinton G. 2015. Deep learning[J]. Nature, 521: 436-444.

Li D. 2012. On space-air-ground integrated earth observation network[J]. J Geo Inf Sci, 14: 419-425.

Manyika J, Chui M, Brown B, et al. 2011. Big data: The next frontier for innovation, competition, and productivity[R]. Mckinsey Digital Global Institute.

Mayer S V, Cukier K. 2013. Big Data: A Revolution That Will Transform How We Live, Work, and Think[M]. Houghton Mifflin Harcourt.

Peng J, Zhang X, Lei Z, et al. 2009. Comparison of several cloud computing platforms[C]. Information Science and Engineering (ISISE), 2009 Second International Symposium on: 23-27.

Powers D M. 2011. Evaluation: from precision, recall and F-measure to ROC, informedness, markedness and correlation[J]. Journal of Machine Learning Technology, 2(1): 37-63.

Schorfheide F. 2000. Loss function-based evaluation of DSGE models[J]. Journal of Applied Econometrics, 15(6): 645-670.

Sester M, Arsanjani J J, Klammer R, et al. 2014. Integrating and generalising volunteered geographic information[J]. Abstracting Geographic Information in a Data Rich World: 119-155.

Shekhar S, Gunturi V, Evans M R, et al. 2012. Spatial big-data challenges intersecting mobility and cloud computing[C]. Proceedings of the Eleventh ACM International Workshop on Data Engineering for Wireless and Mobile Access: 1-6.

Simonyan K, Zisserman A. 2014. Very deep convolutional networks for large-scale image recognition[J]. arXiv preprint arXiv: 1409. 1556.

Song H A, Lee S Y. 2013. Hierarchical representation using NMF[C]. International Conference on Neural Information Processing: 466-473.

Su B, Lu S, Tan C L. 2013. Robust document image binarization technique for degraded document images[J]. IEEE Transactions on Image Processing, 22(4): 1408-1417.

Suthaharan S. 2014. Big data classification: Problems and challenges in network intrusion prediction with machine learning[J]. ACM SIGMETRICS Performance Evaluation Review, 41(4): 70-73.

Thompson B. 1995. Stepwise regression and stepwise discriminant analysis need not apply here: A guidelines editorial[M]. Thousand Oaks, CA: Sage Publications.

Tso G K, Yau K K. 2007. Predicting electricity energy consumption: A comparison of regression analysis, decision tree and neural networks[J]. Energy, 32(9): 1761-1768.

Vedaldi A, Soatto S. 2008. Quick shift and kernel methods for mode seeking[C]. European Conference on Computer Vision, 705-718.

Vincent L, Soille P. 1991. Watersheds in digital spaces: an efficient algorithm based on immersion simulations[J]. IEEE Transactions on Pattern Analysis & Machine Intelligence, (6): 583-598.

Wolfert S, Ge L, Verdouw C, et al. 2017. Big data in smart farming–a review[J]. Agricultural Systems, 153: 69-80.

Yang C, Goodchild M, Huang Q, et al. 2011. Spatial cloud computing: how can the geospatial sciences use and help shape cloud computing?[J]. International Journal of Digital Earth, 4(4): 305-329.

Zou T, Yang W, Dai D, et al. 2009. Polarimetric SAR image classification using multifeatures combination and extremely randomized clustering forests[J]. EURASIP Journal on Advances in Signal Processing, 2010: 1-9.

Zyl T L, Simonis I, McFerren G. 2009. The sensor web: systems of sensor systems[J]. International Journal of Digital Earth, 2(1): 16-30.

Zhang Q, Cheng L, Boutaba R. 2010. Cloud computing: state-of-the-art and research challenges[J]. Journal of Internet Services and Applications, 1(1): 7-18.

第4章 基于农田大气-土壤-作物多介质系统监测的耕地污染和风险评价

4.1 各介质重金属污染特征与风险概况

4.1.1 大气重金属污染特征与风险概况

1. 大气重金属污染特征

大气降尘是指在自然条件下，依靠重力作用降落在地面上的颗粒物，颗粒物的直径大多大于 10μm，少数情况下，有一些小于 10μm 的颗粒物也可能会形成降尘。决定大气降尘沉降能力的主要因素是颗粒物自身的质量以及粒度，其他自然因素，包括雨、雪、雹、雾、风力等都会对大气降尘的沉降能力产生一定的影响。大气降尘的扩散能力相对较弱，降尘从源地排出以后，自源地至 100m 的距离，降尘的浓度以几倍至几十倍速度降低，所以其产生的污染多是近距离污染。重金属是大气降尘中最主要的污染物之一。国内外学者在大气降尘重金属的污染水平、环境行为及人体健康风险等方面有了一定的积累。据报道(王永晓等，2017)，发展中国家大气颗粒物中重金属含量较高，而发达国家普遍处于较低水平，且 70%以上的重金属分布在 PM_{10} 中，随着颗粒物粒径的减小，重金属含量升高。大气颗粒物中 Cd、Cr、Co、Mn、Pb、Ni 等被列入美国环保局的危险空气污染物清单，国际癌症研究署也将 As、Cd、Cr、Ni 及它们的部分化合物列为致癌物。随着经济的高速发展，大气重金属污染的现状日益严峻。

大气重金属污染程度与大气降尘的质量浓度密切相关。大气降尘的质量浓度是指单位时间内单位面积的区域落入的大气颗粒的质量，其分布的空间异质性和季节性明显。大气降尘的质量浓度的空间分布，与污染源地域分布具有一致性。在城市内部基本上呈现工业区＞商业区或交通区＞混合区＞居民区＞郊区的趋势(殷汉琴，2006)。值得一提的是，一些重工业城市工业区和交通密集区降尘的浓度与清洁区的差值尤其大，在一些轻工业城市这个差值就相对比较小(殷汉琴，2006)，这一点更加证明了工业源排放以及交通运输是形成大气降尘污染的主要原因。大气降尘质量浓度的季节变化方面，一般来讲，冬春季浓度相对较大，夏秋季相对较低。相对于北方，南方大气降尘质量浓度的季节性表现不明显，这是因为南方冬春两季不采暖，雨水也较多，空气湿度大使得降尘不易飞扬。杨文娟等(2017)研究西安市大气降尘污染时空分异特征发现，大气降尘质量浓度的月际差异显著，9 月份最低，12 月份达到最高值。焦荔等(2013)研究发现，杭州市大气降尘质量浓度的季节差异不明显。

与大气降尘质量浓度相似，大气降尘中的重金属含量具有空间性，且不同的重金属元素表现出不同的空间分异规律。与工业废气、粉尘以及烟尘的排放有关的元素如 Cd、Cu、Pb、Zn 在大气降尘中的含量一般呈现工业区＞交通区＞居民区＞清洁区。与交通污染相关的重金属元素如 Pb 和 Zn 一般在交通区达到最大值。王世豪等(2017)的研究表明株洲市工业区大气降尘中的 Cd、Cu、Pb、Zn 含量是最高的,商住混合区以上几种重金属元素的含量相对较低。大气降尘中重金属含量具有季节性,尤其在中国北方,季节性差异更为显著。

大气降尘重金属沉降通量由大气降尘质量浓度与重金属含量共同决定,具有明显的空间性和季节性。Shi 等(2012)研究上海城市、郊区及农村的大气重金属污染状况时发现,城市的大气重金属年沉降通量明显高于郊区和农村。Hou 等(2014)计算了长江三角洲地区从大气进入农田土壤的 Cd、Cr、Cu、Pb 和 Zn 分别为 266、11 194、13 900、35 900 和 89 500 g/(km²·a),重金属来源中大气降尘占比分别为 32%、20%、35%、84% 和 72%。Gray 等(2003)的研究表明,2003 年新西兰大气降尘中的 Cd、Cr、Cu、Ni、Pb 和 Zn 进入农田土壤的通量分别为 20、2800、3500、950、2300 和 103 000 g/(km²·a)。

2. 大气重金属生态风险

大气降尘中重金属生态风险评价技术目前主要借鉴评价沉积物重金属污染的方法,如地累积指数法、污染负荷指数法、潜在生态风险指数法和富集因子法等(王呈等,2016)。

Lee 等(2013)利用地累积指数和富集因子研究大田地区大气降尘的污染特征,发现 Cd、Pb、Zn、Sb、Cu 和 As 的污染水平大大高于 Cr、Co 和 Ni,且 As、Cd、Cu、Sb、Pb 和 Zn 受人为活动大气污染物输入的强烈影响。

3. 大气重金属污染健康风险

大气降尘中携带的重金属元素进入人体的途径包括手-口、呼吸和皮肤等方式。近年来国内外学者开展了部分关于大气降尘重金属对人体健康风险的研究。赵晓亮等(2017)对阜新市大气降尘的重金属污染进行了健康风险评价,发现研究区大气降尘重金属元素经手-口、呼吸和皮肤接触 3 种途径对成人、儿童均构成一定健康风险。

4.1.2　土壤重金属污染特征与风险概况

1. 土壤重金属污染特征

土壤与岩石圈、水圈、大气圈和生物圈连接在一起,处于大气圈、水圈、生物圈和岩石圈的界面,既是这些圈层的支撑者,又是它们长期共同作用的产物(赵其国,1994)。土壤为植物的生长提供了支撑,动物及人类的食物也直接或者间接来自植物,因此,土壤是介于生物界与非生物界之间的中心枢纽,土壤环境的质量决定了植物产品的数量和质量,最终通过食物链影响到动物及人类的生存与发展。此外,土壤一旦被污染,其中的污染物也会污染地下水,且随地下水迁移扩散到人类生活的其他环境。

不同于大气和水体污染,土壤重金属污染具有隐蔽性。同时土壤重金属污染具有滞后性,土壤中的重金属首先被植物吸收,然后通过食物链进入人体,进入人体后对人体的危害不会立刻显现,积累到一定量才表现出一定的毒性。因此,在土壤重金属污染初期,人们往往自身深受其害而不知。此外,土壤重金属污染还具有难消除的特点,因为自然条件下重金属很难被微生物降解。

近些年来,随着人类活动的增强、工业化的急速发展,人类对土壤的扰动也愈来愈剧烈,土壤重金属污染问题日益凸显(Yin et al., 2016)。有资料表明,我国大约 1/5 的耕地受到多类型、多来源环境污染物的污染(史贵涛, 2009),其中遭受不同程度重金属污染的耕地面积已接近 0.1 亿 hm², 污水灌溉污染耕地约为 216.7 万 hm²。赵其国和骆永明 (2015)的研究表明,我国区域农田土壤重金属污染严重,以西南(云南、贵州等地)、华中(湖南、江西等地)、长江三角洲及珠江三角洲等地区较为突出。

2. 土壤重金属生态风险

针对土壤或沉积物重金属污染的评价,国内外学者研究较多。蓝小龙等(2018)通过富集因子法对广西龙江表层沉积物中的重金属污染进行了生态风险评价,结果表明元素 Cd、Pb 和 Zn 的富集因子值高于 2 的样品数量占总样品数目的比例分别为 72.7%、69.7% 和 71.8%,3 种重金属的平均污染程度大小顺序为 Cd>Zn>Pb。刘梦梅等(2018)利用潜在生态风险指数对西安市不同功能区土壤元素含量进行生态风险评价,结果表明土壤中 Pb、Cu、Ni、Cr、Zn 和 Mn 的生态风险较轻,As 和 Co 生态风险为中等水平,总的生态风险属于中等水平。周生路(2011)利用单因素污染指数和内梅罗综合污染指数对江苏省内 51 个农用地的土壤元素含量进行评价,发现 As、Cr、Cd、Cu、Ni 和 Hg 的污染指数均小于 1,内梅罗综合污染指数处于 0.7~1.0 之间的样点占 14%,处于 1.0~2.0 之间的样点占 16%。陆泗进等(2014)利用风险评估编码对云南省某铅锌矿周边的农田土壤进行重金属污染评价,发现矿区周边农田土壤受到了严重的重金属污染,其中 Cd 的生态风险最高,同时,Zn 和 Cu 的生态风险也不容忽视。

3. 土壤重金属污染健康风险

土壤中的重金属进入人体的途径主要包括误食以及皮肤接触。通过土壤途径进入人体的重金属量相对较少,因此对土壤重金属污染所引起的人体健康风险的研究相对较少。吴绍华(2009)研究了宜兴市内通过皮肤接触土壤进入人体的重金属所产生的健康风险,结果表明 Cd、Cu、Pb 和 Zn 对儿童和成人造成的健康风险值分别为 4.11×10^{-6}、2.23×10^{-6}。

4.1.3 作物重金属污染特征与风险概况

1. 作物对重金属的吸收、迁移与积累污染

作物吸收积累重金属的过程和机制主要涉及三个阶段:作物根系对重金属的吸收,重金属从根系向地上部分的转运,以及重金属在作物地上部分的累积过程,其中根际土壤中的重金属离子进入作物体内的第一步就是根系吸收(谭万能等, 2006)。由于作物-土壤之间的相互作用非常复杂,作物根系对重金属的吸收依赖于土壤重金属的化学形态和生物可利用性(刘领, 2011)。也就是说,作物吸收土壤中的重金属并不是吸收重金属的全量,而只是吸收重金属的有效态。此外,作物叶片也能够吸收累积大气环境中的重金属气溶胶,因此,利用作物进行大气重金属污染监测已被广泛研究(Gonzalez et al., 2010)。由于 Pb 在土壤中的移动性较差,仅有少部分是以可交换态存在的,在某些大气降尘 Pb 浓度较高的地区,叶片的吸附与吸收对作物累积 Pb 的贡献要比作物经根系吸收再向地上部分转运大得多。

作物对重金属的吸收和积累各有不同,有些是对重金属拒绝吸收,有些是低吸收,还有些是过量吸收,但是应按照什么样的标准去衡量作物对重金属的吸收和富集能力,到目前为止,已经有了一些指标和参数。其中富集系数和迁移系数是衡量作物对重金属

富集和迁移能力的重要参数。富集系数和迁移系数的大小受作物种类和重金属种类的影响，如玉米对元素 Pb 的吸收累积大于小麦。此外，大量研究表明，作物的不同部位及不同生长期对有害元素的吸收效应不同，通常是作物地上部分对元素的累积远远小于地下部分，如水稻根中元素 Cu、Hg、As 的含量是地上部分的 15～20 倍，茎叶是糙米的几倍到几十倍。水稻和小麦对元素 Pb 和 As 的吸收富集能力大小排序为：根>茎叶>籽粒，根系对 Pb 和 As 的吸收量分别占总吸收量的 98%和 88%～98%，籽实的吸收量占 0.01%～0.3% 和 0.02%～0.3%。

农产品重金属的污染主要受产地环境的影响。一般来讲，某区域土壤、大气或水中重金属污染比较严重，则区域内的作物籽粒的重金属含量也相对较高。水稻和小麦是我国重要的粮食作物，水稻和小麦质量的高低，直接关系到整个国家的粮食安全。2002 年，农业部对稻米进行抽检的结果显示，稻米中 Pb 元素污染最为严重，其次为元素 Cd(李斌等，2011)。

2. 作物籽粒重金属生态风险

相对于土壤的重金属污染评价，对作物籽粒重金属污染评价的研究相对较少。在作物籽粒重金属评价过程中，最常用的评价方法是单因子污染指数、内梅罗综合污染指数以及潜在生态风险指数(蒋逸骏等，2017)。张素娟(2009)曾利用单因子污染指数和内梅罗综合污染指数对山西省蓝田矿区的小麦籽粒进行重金属污染评价，发现研究区小麦籽粒中 Pb 和 Cd 的污染指数较高，为主要超标因子；Cu 和 Zn 的污染指数相对较低，基本在警戒线上下浮动，尚未构成污染。从内梅罗综合污染指数来看，不同样点的小麦籽粒受到了不同程度的重金属污染。周生路(2011)以苏南作物背景值做参考，利用内梅罗综合污染指数和潜在生态风险指数法对江苏省水稻籽粒的重金属污染状况进行评价，结果表明当时研究区内水稻籽粒的重金属总风险尚属轻微，只有元素 Hg 属于强风险等级。

3. 作物籽粒重金属污染健康风险

作物重金属进入人体是重金属对人体产生健康风险的最主要途径。国内外学者对于作物籽粒重金属污染对人体产生健康风险的研究较多。Liu 等(2011)计算了广西北部某电镀厂周边水稻籽粒中的 Cu、Ni、Pb、Cd 和 Cr 对成人和儿童造成的健康风险值，分别为 2.075 和 1.808，说明研究区内人们的健康可能会受到威胁。Bermudez 等(2011)的研究发现，生长在阿根廷中部的 Córdoba 省农田土壤上的小麦籽粒中 Zn、Se、Sb、Co、Fe、Mn、Cr、Cd、Ni、Cu、Pb 和 Ba 的健康风险值为 3.311，说明研究区重金属污染对居民的健康造成了严重威胁。Ji 等(2013)计算了韩国庆南某矿区周围居民通过误食土壤、摄入小麦以及各类蔬菜途径 Cd、Cu、As、Pb 和 Zn 对人体产生的健康风险，其值为 0.614，通过摄入水稻途径重金属对人体造成的健康风险占比最高，比例大于 75%。

4.2　多介质系统监测的耕地污染和风险评价

4.2.1　耕地污染和风险评价对象与技术路线

近年来国内外学者对重金属元素在大气降尘、土壤及作物中的污染特征、风险评价进行了一系列研究，取得了丰硕的成果，但从研究对象来讲，对重金属污染的研究多停留在单一环境介质或者两个环境介质。基于此，本书采用野外采样与室内分析的手段，对西太湖蠡河流域农田三类环境介质大气、土壤和作物重金属污染特征、风险评价进行更加系统完整的探究，回答重金属在农田各环境介质中如何分配、农田重金属污染的生态及健康风险有多大等问题。本章研究的主要内容包括：

1. 农田大气、土壤和作物重金属的时空分布特征

通过对研究区农田大气、土壤和作物重金属含量进行测试分析，阐述三类环境介质重金属污染的时空分布特征并简要分析其影响因素。

2. 农田大气、土壤和作物重金属污染的生态风险评价

利用内梅罗综合污染指数、地累积指数、潜在生态风险指数以及风险评估编码对蠡河流域三类环境介质的重金属污染进行生态风险评价。

3. 农田大气、土壤和作物重金属污染的人体健康风险评价

分环境介质计算重金属污染对人体产生的健康风险，对多环境介质多暴露途径多重金属污染的人体综合健康风险进行评价，并预测综合健康风险在整个研究区域内的空间分布特征。

基于以上内容，本章研究的技术路线与实施步骤为：首先进行充分的室内准备工作，包括研究区自然地理概况、重金属污染状况及国内外研究现状等资料的收集；其次开展野外采集工作，包括农田生态系统各类环境介质即大气降尘、土壤、小麦和水稻籽粒及其污染源即化肥、灌溉水、燃煤尘、燃油尘等的采集，并对以上采集的各类样品进行元素含量及 Pb 同位素的测试分析；再次对农田生态系统各类环境介质的重金属的"污染特征-生态风险-健康风险-污染源解析"逐一探讨，环环相扣，其中污染特征是从时间和空间分布特征及影响因素方面进行研究，生态风险评价所应用的方法为地累积指数法、潜在生态风险指数法、内梅罗综合污染指数法和风险评估编码法，健康风险评价所利用的方法为美国环保局提供的健康风险评价模型，污染源解析所用定性源识别方法包括元素含量描述性统计、地理信息系统(GIS)空间分析、元素相关性和富集因子法，定量源解析方法包括正定矩阵因子(PMF)分析、同位素分析和清单法；最后，基于以上分析的结果，提出适合本区域农田重金属污染的防控管理对策。具体研究技术路线如图 4-1 所示。

4.2.2　蠡河流域概况

本章选取位于太湖湖西水利分区的蠡河流域作为研究区域。蠡河流域的地理坐标为北纬 31°09′00″~31°20′31″，东经 119°42′00″~119°56′20″，东临太湖，南与浙江省接壤，位于江苏省南部的宜兴市(Chen et al., 2017b; Chen et al., 2018; 李恒鹏等, 2008)。太湖地处江苏省南部、长江三角洲南翼，是江南水网的中心，水面面积为 2338km²，河网调蓄量大，水位比较稳定，是流域水资源调蓄和配置中枢，具有防洪、供水、生态、养殖、旅游、航运等多重功能。江苏省南部(苏南地区)是江苏经济最发达的区域，同时也是我国经济水平最发达、现代化程度最高、最具活力的地区之一。宜兴市是著名的陶都，隶属无锡市，处于沪宁杭经济区三角的中心，是太湖流域经济发展比较迅速的地区。蠡河流域包括丁蜀和湖㳇两镇，面积约为 260km²。丁蜀镇是宜兴的人口大镇和工业重镇，是

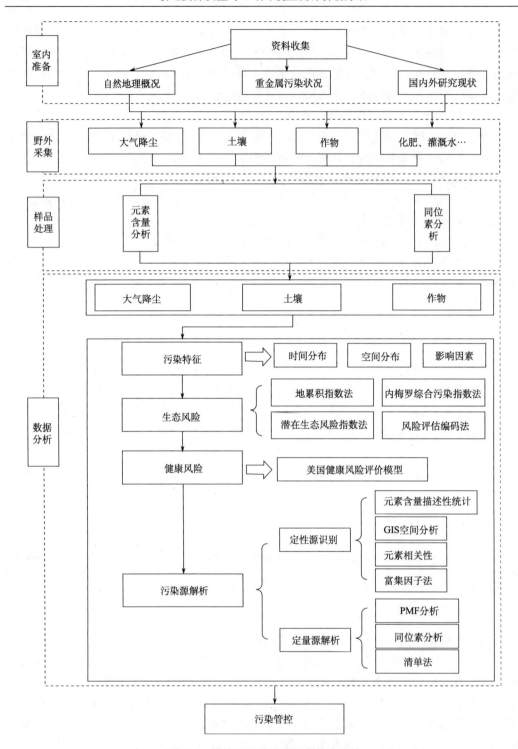

图 4-1　耕地污染和风险评价技术路线

宜兴市的两大主城区之一，是陶瓷产业的聚集地，是宜兴自然禀赋最集中、交通区位条件最优越、经济实力最雄厚的板块之一。湖㳇镇东连丁蜀镇，北与宜兴林场毗邻，南与浙江长兴县相接，曾以建材、冶金、轻纺、食品加工为特色，有"银湖㳇"之称，曾是宜兴的经济名镇。2006 年，湖㳇镇转型发展旅游业，成立了阳羡生态旅游区，2014 年成为江苏省省级生态旅游度假区。

蠡河流域的重金属污染比较严重,焦伟等(2010)分析了 24 条环太湖主要进出河流河口表层沉积物中 Pb、Cd、Cu、Zn、Cr 和 Ni 6 种重金属元素的含量特征，并用潜在生态风险指数法评价其生态危害，结果表明，蠡河河口的重金属污染最为严重，其潜在生态风险指数大于 220，具有很强的生态危害性。蠡河流域人口密集，工业和交通活动发达，流域内的丁蜀镇为工业重镇，机电、冶金和陶瓷企业分布密集，而湖㳇镇曾经也是经济名镇，建材、冶金、轻纺、食品加工企业分布广泛。研究区的东部和中部企业分布较为密集。研究区的南部为生态旅游度假区，分布大面积的竹林，受人为活动影响较小，污染轻微，研究区的重金属污染状况在内部即可形成鲜明对照，可以方便地进行污染状况的对比分析。此外，蠡河流域的农业活动比较发达，广阔的耕地面积(57.8km^2)以及优越的水热条件为农业的发展提供了基础。

综上，蠡河流域的经济发展水平和产业活动能够代表苏南整体的经济发展和产业活动状况，加上其重金属污染程度在整个苏南地区中属于较为严重的区域，具有较强的代表性及典型性。因此，本书选择此流域进行农田多介质重金属污染状况的系统研究，可以为国内外相似流域的重金属污染研究提供参考。

4.2.2.1 自然地理概况

1. 地形地貌

蠡河流域地势西南高东北低，地貌类型包括山地、丘陵和平原，地面高程约 20～610m，最高峰位于流域西南部的黄塔顶，高程为 611.5m。流域上游为湖㳇盆地，下游为湖滨河网平原。

2. 气候特征

流域属于东亚季风气候区，具有丰富的水热资源，四季分明，全年温暖湿润，热量条件较好。全年平均气温为 15.7～16℃，多年平均日照时数在 2000 小时以上，日照百分率达到 46%左右。夏季最热月的平均低温为 28.3℃，年积温 5418℃，多年平均极端最低气温保持在–6℃以上。年平均无霜期多达 240 天，生长期均值达到 250 天，农作物一年可 2～3 熟。雨量充足，全年有雨，年平均雨日 136.6 天。由于研究区东临太湖水域，受太湖影响较大，并且境内山体多面向东南气流，区域年均降水量达 1177mm，山区则高达 1500mm，多年平均降水量为 1288mm，汛期(4～10 月)的降水量占全年的 75%左右，多年平均径流系数 0.35。

3. 土壤植被

研究区内拥有丰富多样的土壤类型，如水稻土、黄棕壤、棕红壤、石灰岩土、灰潮土、沼泽土等。其中水稻土的分布面积最为广泛，黄棕壤次之。

植被类型按照地形和群落可以分为平原区人工植被(粮油作物与经济作物)、低山丘陵地区的自然植被。平原地区除了种植水稻以外，还种植小麦和油菜等作物。优越的自然条件使流域不仅适宜种植各种农作物，还适合种植杉木、毛竹、果梅、板栗、茶树等多种经济林，自然植被主要为竹林，分布于研究区的南部和西部。

4. 水文特征

研究区内主要的河流为蠡河，全长为 28.8km，上游河段称为沭西涧，长度约 12km，起点为省庄水库，终点为湖㳇镇；中游河段称为画溪，是由湖㳇到汤渡，长度约为 5.2km；下游河段称为蠡河，是从汤渡经过蜀山最终到达东氿，全长约 11.6km。蠡河支流众多，径流从东氿经过大浦口进入太湖，1975 年挖新河道之后部分径流由莲花荡入太湖，以达到削减蠡河洪水的目的。区域内水网纵横交错，湖荡众多，方便沿岸灌溉和运输。研究区天然水质较好，矿化度很低，为 100～200mg/L，酸碱度值为 6.5～7，属中性水，总矿化度<1.5mg/L，属很软水。研究区内桥、渠、闸等设施种类齐全，数目众多，形成具有灌溉、防洪、运输、水产等多功能的河、湖、库、渠水网系统。

4.2.2.2　社会经济概况

1. 人口概况

蠡河流域内的丁蜀镇辖 28 个行政村、18 个社区，户籍人口 16 万，常住人口 22 万，外来人口数目约为 6 万，是宜兴市的人口重镇。湖㳇镇辖行政村 7 个、茶场 1 个、社区 1 个，总人口 2.6 万。

2. 经济发展

丁蜀镇经济发展迅速，工农业活动发达。1988 年，宜兴撤县建市，丁蜀镇成为宜兴双城式结构的主要组成部分。2010 年，丁蜀被列为江苏省 20 个强镇扩权试点镇之一，其产业结构以机电、冶金和陶瓷产业为主。此外，在大力发展高端陶瓷产业、形成完整陶瓷产业体系的同时，丁蜀镇着力发展机械、电子、环保、生物、新型材料等支柱产业和高科技产业，已初步形成先进建筑陶瓷、先进功能陶瓷、高档日用陶瓷、冶金耐火材料、稀有金属深加工、特种电缆、大型精密设备制造设计、先进泵业制造八大产业方阵。

湖㳇镇经过产业调整之后，先后关停小化工、轧石机、石灰窑、琉璃瓦、水泥机立窑等资源消耗大、污染严重的企业 200 多家，继而重点发展现代化农业和生态旅游业。现代化农业和生态旅游业是该镇的支柱产业。

4.2.2.3　土地利用概况

根据 2016 年蠡河流域土地利用现状图，区域内土地利用类型主要为林地、建筑用地和耕地，耕地总面积为 57.8 km^2，其中水田和旱地的面积比为 1.7∶1。流域内未利用土地较少，说明研究区土地开发的利用率较高，土地后备资源不足。

4.2.3　监测点布设与样品采集

4.2.3.1　大气干湿沉降监测点布设与样品采集

根据研究区的主要产业类型、土地利用方式和城镇布局设置 10 个大气重金属干湿沉降通量观测点。布设方法为：按"十"字形进行布设，其中一个条带自西北向东南布设，依次经过林地、城郊、城镇、城郊和耕地，另一条带自东北向西南布设，依次经过耕地、城镇、城郊和林地。在本书研究中,根据采样点位的土地利用方式可知,D2、D10 可以归为研究区的林地,D1、D7 为研究区的耕地,D3、D6、D8 和 D9 为研究区的城郊,D4、D5 为研究区的城镇。因此,为了解大气降尘在研究区内不同土地利用方式下的分布情况,将大气降尘的各类指标按照以上 4 类进行分析,将每一类下各点位的数据进行平均,得出不同土地利用方式下大气降尘的各类指标。大气降尘样品的采集具体方法为:2016 年 9 月 1 日,完成自制大气降尘装置的安装,其中监测站位 D2、D8 和 D9 是将圆柱状沉降收集桶(内径 20cm,深 50cm)置于距地面一定高度的三脚架上(离地 3m),安全起见,在其余 7 个点位将沉降桶安在农户或者企业的房顶上,采样点四周均无高大遮挡物。每个采样点位均放置 3 个沉降桶作平行样,样品的采集装置如图 4-2。沉降桶在放置到采样点位之前,在实验室用 25%的稀硝酸浸泡 48h,然后用去离子水冲洗 3 遍。在冲洗干净的每个沉降桶内加入 60~80mL 的 2%乙二醇水溶液来抑制微生物及藻类的生长,加好乙二醇水溶液后,罩上塑料膜,把桶放在采样点的固定架上后把塑料膜取下,开始收集样品,记录放桶地点、桶号、时间(年、月、日、时)。本书的采样周期为 3 个月,即在 2016 年 12 月 1 日、2017 年 3 月 1 日、2017 年 6 月 1 日、2017 年 9 月 1 日将沉降桶取回,一年内总共收集的大气降尘样品数量为 40 个。取桶时应核对地点、桶号,并记录取桶时间(月、日、时),罩上塑料膜,带回实验室。在夏季多雨季节,应注意桶内积水情况,为防水满溢出,及时更换新桶,采集的样品合并后测定。另外,在每个监测站位放置沉降桶时,必须用数码相机拍摄其背景照片,供最后进行分析研究资料时参考。采集过程中使用统一的样品记录卡进行采样编录,按照记录表的要求记录好样品 GPS坐标。平时对大气降尘监测点位的管护可以委托当地有责任心且有一定文化水平的固定居民协助完成,采用有偿服务的方式给予协助人适当的报酬。

　　每个季末将沉降桶取回实验室时,首先用光洁的镊子将落入缸内的树叶、昆虫等异物取出,并用 Milli-Q 超纯水将附着在上面的细小尘粒冲洗下来后扔掉,同时用淀帚把缸壁擦洗干净。然后,将缸内溶液和尘粒全部转入 500mL 烧杯中,在电热板上蒸发,使体积浓缩到 10~20mL,冷却后用超纯水冲洗杯壁,并用淀帚把杯壁上的尘粒擦洗干净。之后将溶液和尘粒全部转移到已烘干至恒重的 25mL 聚四氟乙烯烧杯中,在电热板上小心蒸发至干(溶液少时注意不要迸溅)。最后放入烘箱于(105±5)℃烘干至恒重,称量聚四氟乙烯烧杯的质量差,即为每个大气降尘桶收集的大气降尘质量。称量完成之后,将样品装袋保存,以备上机测试。

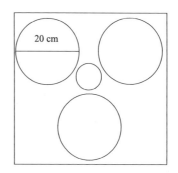

图 4-2　大气降尘收集装置安装示意图及俯视图

4.2.3.2 燃煤(油)尘样品采集

为了对研究区大气降尘重金属污染来源进行解析，需要采集并测定大气降尘污染源端样品。根据同位素示踪的标志元素 Pb 的特点，大气降尘中元素 Pb 主要来自 3 个方面，一是汽车尾气排放，二是以燃煤作为主要能源的工业活动排放，三是地质背景。燃油尘采样的对象是研究区内以柴油和汽油为能源的车辆，采样方法为用洁净的牙刷刷取尾气管中的油泥灰，采集样品涉及车辆达数十辆，采样地点集中在研究区内各停车场。采集的燃油尘均匀混合后，过 200 目筛子，称取 10g 左右放入样品袋，以用于 Pb 同位素分析测定。燃煤尘采样的对象是研究区内以煤作为燃料的工厂，其中工厂采集其车间除尘罩下完全燃烧的燃煤飞灰，或者工厂区域内屋顶窗台(位于工厂动力车间燃煤烟囱下)降尘为样本。采集的燃煤尘样品均匀混合后，过 200 目筛子，称取 10g 左右放入样品袋，以用于 Pb 同位素分析测定。

4.2.3.3 土壤监测点布设与样品采集

土壤样品的采集主要分为三部分，即小麦根系土、水稻根系土以及耕作土。首先在室内充分分析蠡河流域土地利用图的基础上，预先布设土壤样品采集点，共设计 52 个采样点，其中包括 20 个非耕作土、32 个耕作土。为了采集成熟的作物籽粒，计划样品的采集时间为小麦和水稻的成熟期。在小麦成熟时期，2016 年 5 月 17~21 日，按照预先布设的采样点进行样品采集。实地采样过程中，可根据预设采样点周边实际环境进行适当调整，利用 GPS 确定采样点的实际坐标位置。在水稻的成熟期，2016 年 10 月 20~24 日，在已经记录过 GPS 坐标的小麦根系土点位上进行水稻根系土样品的采集，因此，水稻根系土样品的采集数量也为 32 个。土壤样品采用五点收集法垂直采集 0~20cm 的表层土壤(Lin et al., 2016)。五点采集法的规格是：在每个采样点采样时，先把采样区域划分为一定规格的正方形，然后采集该区域内的 4 个角以及中心点的土壤样品，接着把采集的 5 个土壤样品等量混合成一份，在这个过程，要去除体积较大的地表砾石以及动植物残体。最后，将土壤样品装入干净布袋，记好编号，样品原始质量大于 1kg。土壤样品经过室内自然风干至恒重，去除杂物，敲碎研磨过 10 目尼龙筛(Lin et al., 2016)，研磨好的土壤样品装袋保存以备用。

4.2.3.4 植物监测点布设与样品采集

植物样品的采集包括两部分，即小麦植株和水稻植株。在作物成熟期，采集小麦和水稻根系土样品时，分别采集生长在土壤样品中的作物植株。采集的完整植株装入编织袋带回实验室，同时在作物的穗头上套上干净的塑料袋以防掉落与污染。作物样品带入实验室后，用超纯水进行第一遍冲洗，然后将植株的根、茎、叶及籽粒进行分离，再次用超纯水将植株的每个部位冲洗 3 遍。接着将冲洗干净的植物样品放入烘箱中 60℃恒温烘干至恒重，最后用干净的不锈钢剪剪碎，装入样品袋以备用。

4.2.3.5　水样采集

研究区水样的采集包括灌溉水样品以及饮用水样品。灌溉水样品的采集与分析主要是用来计算通过灌溉水进入农田土壤重金属的通量以及 Pb 同位素比率的测定，然后进行耕作土壤重金属污染源的解析。饮用水的采集与分析用来进行研究区重金属污染综合人体健康风险评价。

灌溉水样品的采集与小麦根系土样品的采集同时进行。2016 年 5 月 17～21 日在每个小麦根系土采样点附近的灌溉水渠的进水口采集灌溉水样品。对于水样的采集，根据采样方法的要求，选择适宜材质的水样瓶和采样器，并清洗干净，用适当的采样器将水样采集后，装入水样瓶，每个水样瓶贴上标签(填写采样编号、采样日期和时间、测定项目等)。随后，加入 0.1%稀硝酸作为保护剂(Chen et al., 2017b)，最后塞紧瓶塞，运回实验室–20℃暂时保存，尽快处理。在实验室内，从每个水样点的水样瓶中取 100mL 均匀液体，均匀混合(共 3200mL)，然后用孔径为 0.45μm 的已烘干称重的滤膜过滤混合的灌溉水样品。水样抽滤完成之后，将滤膜烘干称重，计算滤膜上物质的质量，并且用塑料片将滤膜上的物质刮下装入样品袋，保存以备各项参数的测定。将经过过滤的混合水样收集至水样瓶，测试其重金属含量。可以看出，灌溉水中元素量为两部分之和，一部分为水样中悬浮沉积物的重金属量，一部分为过滤过的水样中重金属的量。将这两部分样品保存，以备之后进行 Pb 同位素分析。对灌溉水中的重金属含量进行分析测试之后，根据 2016 年统计年鉴中研究区内耕地的年灌溉水量,可以确定通过灌溉水进入耕地中的重金属总量。

2016 年 10 月，本书作者对研究区内居民的饮水源地进行了调查。通过调查结果可知，研究区内居民饮水来源于本地的自来水，研究区主要分为 6 大饮水片区。因此，本书从 6 大饮水片区分别进行饮用水样品的采集，然后对各参数进行测试分析。同样，饮用水采集之后，装入干净的塑料瓶，然后加入几滴硝酸(0.1% V/V)作为保护剂，保存在–20℃的冰箱中(Liu et al., 2010)。

4.2.3.6　化肥样品采集

2016 年 5 月 17～21 日，本书作者就研究区内水稻和小麦化肥的施用类型及施用量对当地的农业推广站研究人员进行了调查。调查显示，蠡河流域主要分为丁蜀镇和湖㳇镇两个管辖区，在每个辖区，化肥的施用类型为氮肥、磷肥、钾肥、复合肥和有机肥，每种化肥的施用量见表 4-1。然后，本书从每个辖区的主管部门就每一种化肥类型采集一个样品，最后总共采集了 10 个化肥样品，在实验室进行各参数的分析测试。

表 4-1　化肥的施用类型及施用量

化肥类型	化肥施用量/[kg/(m²·a)]	
	水田	旱地
氮肥	0.0843±0.0054	0.0514±0.0010
磷肥	0.0092±0.0004	0.0027±0.0006

续表

化肥类型	化肥施用量/[kg/(m²·a)]	
	水田	旱地
钾肥	0.0028±0.0006	0.0008±0.0003
复合肥	0.0162±0.0016	0.0260±0.0007
有机肥	0.0171±0.0015	0.0175±0.0004

4.2.3.7　暴露量调查

为了进行适合当地居民的健康风险评价,暴露参数一部分参考美国环保局发布的暴露参数手册,一部分来自对当地居民的调查。本书就研究区成人和儿童(0~6岁)水稻和小麦的日均摄入量进行了详细的访谈调查。调查的人数为采样点附近的 52 名居民,从调查问卷中提取的信息包括:每人每天对谷物的摄入量、饮水量,家庭成员的人数、年龄、体重以及家庭所摄入食物的来源(自家的、当地生产以及其他产地)。据此,当地居民的平均体重、成人和儿童每日谷物的摄入量、饮水量可以计算出来(表 4-2)。

表 4-2　健康风险评价模型暴露参数的调查

暴露群体	小麦摄入量/[kg/(p·d)]	水稻摄入量/[kg/(p·d)]	饮水量/(L/d)	平均体重/kg
成人	0.101±0.014	0.234±0.021	1.82±0.03	67.61±10.58
儿童	0.039±0.002	0.091±0.007	1.06±0.01	17.56±4.23

4.2.4　样品的测试

4.2.4.1　土壤理化性质的测定

土壤粒度的测试所采用的仪器为英国 Malvern 公司生产的 Mastersizer 2000 型激光粒度仪,用激光粒度仪测量沉积物粒度之前需要对沉积物进行前处理,基本步骤如下:取样品 1~2g 置于容量为 20mL 的玻璃烧杯中;用分散剂(0.01 mol/L 六偏磷酸钠溶液)浸泡 24h 后,转入容量为 1000mL 的塑料杯中;超声振荡 15s 后,测量 3 个周期,获得 1/4 间隔分布的粒度数据(Chen et al., 2017a; Chen et al., 2017b; 陈莲等, 2014)。沉积物样品的粒度测试是在南京大学海岸与海岛开发教育部重点实验室完成的。

土壤 pH 测定时,先配制 1∶2.5 土水比的悬浊液,然后采用电位测试法进行土壤 pH 测定(Huang et al., 2008; Lin et al., 2016; 周生路, 2011)。

土壤有机质(TOC)的测试采用烧失量法(Zhu et al., 2004),即把已经称量好的烘干的土壤样品在 550℃下灼烧至恒重,然后通过计算土壤重量的损失来获得土壤有机质的含量数据。

土壤阳离子交换量(CEC)采用乙酸铵交换法进行测试,测定方法按照国家林业局 2000 年规定的《森林土壤分析方法》(中华人民共和国林业行业标准 LY/T 1210~1275—1999)。操作步骤如下:用 1mol/L 乙酸铵溶液(pH=7.0)反复处理土壤,使土壤成为 NH_4^+

饱和土,用乙醇洗去多余的乙酸铵,接着用超纯水将土壤洗入凯氏瓶中,加固体氧化镁蒸馏。蒸馏出的氨用硼酸溶液吸收,然后用盐酸标准溶液滴定,根据 NH_4^+ 的量计算阳离子交换量。

土壤电导率(EC)测试时,先配制 1∶5 土水比的悬浊液,振荡 30min,得到上清液,再用电导仪测定上清液的电导度(St),记下读数(刘广明和杨劲松,2001)。

4.2.4.2　重金属含量测定

1. 土壤样品重金属含量测定

称取 100mg 左右磨好的土样、蒸干的大气降尘物质、烘干的灌溉水悬浮物质和化肥,放入容量为 25mL 的聚四氟乙烯烧杯中。首先,用少量的 Milli-Q 超纯水将样品润湿后,加入 1mL 浓盐酸以除去样品中的硫化物。低温加热 10min 后,加入 3mL 浓硝酸并将烧杯放在 80℃的加热板上加热 20min。取下烧杯冷却 15min 后,加入 3mL 氢氟酸(HF 是唯一能分解 SiO_2 和硅酸盐的酸类)和 0.5mL 高氯酸(使土壤中的有机质分解),再次以 80℃加热直至溶液蒸干且白烟冒尽(为了达到良好的飞硅效果,应经常摇动聚四氟乙烯烧杯,并不时调换消化罐在加热板上的位置,确保不同样品受热均匀)。蒸干后烧杯内的物质一般是透明的固体,如果固体不透明,继续重复上面的步骤。由于是过量反应,以上步骤中加入的酸的量可以在一定范围内增加。得到透明的固体之后,加入 19mL 超纯水和 1mL 浓盐酸与浓硝酸的混合溶液(浓盐酸∶浓硝酸 =3∶1)至样品中,并转移至 25mL 容量瓶中。最后取 10mL 左右的液体放入离心管中,以备上机测试分析。每批样品消化过程中均加入两个空白样品作为对照,其处理方法与其他样品的处理方法一致(康勤书,2003)。在消解过程中,使用的酸的等级均为优级纯,购于北京化学试剂研究所。Milli-Q 超纯水装置,由美国 Millipore 公司生产。重金属 Zn、Pb、Cu、Cr 和 Ni 的含量是采用美国 PerkinElmer 公司生产的 Optima 5300DV 型电感耦合等离子体发射光谱仪(ICP-AES)进行测试,元素 Cd 的含量用 Elan9000 电感耦合等离子体质谱仪(ICP-MS)(美国,PerkinElmer 公司)测定。ICP-AES 和 ICP-MS 在点火一个小时后开始稳定,可以进行测样。测定最佳的工作条件如表 4-3 和表 4-4 所示,不同元素的检出限如表 4-5 所示。为了提高元素含量测试的精度,每隔两个样品测试一次标准物质 GBW07405 进行校正。整个实验过程在南京大学现代分析中心等离子实验室中进行。

表 4-3　ICP-AES 测定参数设置

仪器名称	燃烧气/(L/min)	雾化流速/(L/min)	观测高度/mm	辅助气流量/(L/min)	功率/W
ICP-AES	15	1	12	1	1150

土壤重金属的生物有效态含量是用 0.1mol/L 的稀盐酸提取出来的(Lu and Bai,2010)。称取 5g 左右的土壤放入 15mL 离心管中,然后加入 0.1mol/L 的稀盐酸至离心管中,盖紧盖子,放置在摇床上摇 4h,使反应充分进行后,从摇床上取下,静置 24h,取上清液进行上机测试。土壤重金属生物有效态含量的上机测试方法同重金属总量。

表 4-4　ICP-MS 工作参数及 Pb 同位素测定参数设置

参数	数值	参数	数值
RF 功率/W	1100	扫描模式	跳峰
透镜电压/V	5.7	等离子体气体流速/(L/min)	15
模拟信号电压/V	−1680	辅助气流速/(L/min)	0.95
脉冲信号电压/V	1000	进样流速/(L/min)	1.0
透镜扫描	能	检测器模式	6
检测器模式	脉冲	^{206}Pb 和 ^{207}Pb 驻留时间/ms	25
扫描阅读次数/次	300	^{208}Pb 驻留时间/ms	10

表 4-5　不同元素的检出限　　　　　　　　　（单位：ug/L）

元素	ICP-AES	ICP-MS
Cd	0.1	0.00009
Cr	0.4	0.0002
Cu	0.4	0.0002
Ni	0.5	0.0004
Pb	1	0.000004

2. 植物样品重金属含量测定

称取已烘干至恒重的植物样品 0.1g 左右放入玻璃烧杯中，记录样品的实际重量，然后加入 5mL 浓硝酸和 lmL 高氯酸，接着放在加热板上低温消煮 4h 左右，直到黄烟冒尽，烧杯只剩余少量液体时停止加热。冷却后加入 0.5mL 过氧化氢，随后放在加热板上以 110℃加热，直至白烟冒尽。冷却后，加入 10mL 5%的硝酸水溶液至样品中。最后，溶液转移至离心管中以备用。在植物样品消解过程中均加入空白样品，同植物样品的处理方法一致。重金属元素 Cd、Zn、Pb、Cu、Cr 和 Ni 含量的测定用 ICP-MS 进行。为了提高元素含量测试的精度，每隔两个样品便测试一次标准物质 GBW07602 进行校正。

3. 水样重金属含量测定

将保存在–20℃冰箱中的水样取出，在常温环境中放置一段时间至样品解冻。然后，不需要任何处理，直接进行上机测试。为了提高元素含量测试的精度，每隔两个样品测试一次标准物质 GBW(E)080194。

4.2.4.3　Pb 同位素分析测试

根据 ICP-AES 测得的元素 Pb 的浓度，稀释浸提液得到约 30μg/L Pb 的样品溶液后用 ICP-MS 测试。Pb 同位素测定的准确度和精密度用 Pb 同位素标准物质 SRM 981（美国国家标准局）质控。为了校正 Pb 同位素测试的精度，Pb 同位素标准物质 SRM 981 每隔两个样品便测试一次(Hu et al., 2014; 胡忻, 2009)。表 4-6 给出了利用 ICP-MS 测定 Pb 同位素标准物质 SRM 981 的准确度和精密度。可以看出测定方法具有很好的准确度，Pb 同位素测定的精密度小于 0.5%。ICP-MS 可以满足 Pb 同位素比例测定的要求。

表 4-6　Pb 同位素标准物质 SRM 981 的测定

Pb 同位素比例	标准值	测定值	精度/%
$^{207}Pb/^{206}Pb$	0.9146±0.00033	0.9161±0.0067	0.4
$^{208}Pb/^{206}Pb$	2.1681±0.0008	2.1625±0.0053	0.3

4.2.5　数据分析和评价方法

本书利用 Microsoft Excel 2010 完成基础数据的计算，采用 IBM SPSS 22.0 软件进行数据的单因素方差分析（ANOVA）和皮尔逊相关性分析（Pearson correlation analyze），应用 OriginPro 9.1 进行部分图片的绘制，利用 ArcGIS 10.2 完成空间数据的分析及空间制图。

4.2.5.1　空间密度分析

为了探究研究区内大气降尘的质量浓度与交通和企业分布的相关关系，我们将研究区内交通线和企业点的数据放在 ArcGIS 软件中进行密度分析，其中企业点的数据来自当地镇政府的统计数据，交通线的数据来自 2016 年宜兴市土地利用现状分布图。密度分析是在 ArcGIS 软件中的 "spatial analyst" 模块完成，利用的方法为点/线密度分析。通过密度分析，得到企业点密度的矢量图和交通线密度的矢量图，最后将两张图进行矢量叠加，得到研究区企业点和交通线的密度叠加图。矢量图层的叠加是运用 GIS 空间分析模块的 "raster calculator" 功能完成。

4.2.5.2　生物富集系数

同一植物种类对不同重金属元素的吸收、富集能力不同。利用富集系数，即植株某部位的重金属含量与土壤中相应重金属含量的比值，可以探讨重金属元素在植物不同部位的富集能力。富集系数的公式为

$$C_i = C_p / C_s \tag{4-1}$$

式中，C_i 为植物富集系数；C_p 为植物不同器官中的重金属含量；C_s 为土壤中的重金属含量。此指数可以反映植物对重金属元素的富集程度及迁移能力大小，富集系数越大，表明植物越易从土壤中吸收重金属元素，即该元素的迁移性越强。

4.2.5.3　生态风险评价方法

1. 潜在生态危害指数

潜在生态危害指数法是瑞典学者 Hakanson 于 1980 年根据重金属性质及环境行为特点，从沉积学角度提出来的对土壤或沉积物及大气降尘中重金属污染进行评价的方法（张晓晶等，2010）。与其他评价方法相比，潜在生态危害指数法引入了主要反映重金属的毒性水平和生物对重金属污染的敏感程度的毒性响应系数 T_i，使不同种类重金属的毒性水平在评价中体现出来，将重金属的生态效应、环境效应与毒理学联系在一起，采用具有可比的、等价属性指数分级法进行评价（胡恭任等，2011）。其结果更能贴近重金属风险的

真实情况。在为环境改善提供科学依据的同时，还能为人们健康生活提供科学参照。潜在生态危害指数法是按照单因子污染物生态风险指标 E_i 和总的潜在生态风险指标 RI 进行生态风险分级的。该方法是一种相对简便、有效的生态风险评估方法，其公式为

$$E_i = T_i \times \frac{C_i}{C_0} \tag{4-2}$$

$$RI = \sum_{i=1}^{n} E_i \tag{4-3}$$

式中，E_i 为某种重金属元素在该地区的潜在生态危害指数；C_i 是样品中某种重金属 i 的含量；C_0 该重金属在环境中的背景值；T_i 为元素的毒性响应系数，其采用 Hakanson 制定的标准化重金属毒性响应系数为评价依据，分别为 Cu=Pb=Ni=5，Zn=1，Cr=2，Cd=30；RI 为多种重金属元素综合潜在生态风险指数。E_i 和 RI 的具体分级见表 4-7。需要特别说明的是，由于目前还未制定出针对大气降尘重金属含量的标准，而未受污染的大气颗粒物主要来源于本地土壤扬尘，本书选择江苏省土壤背景值作为参比值。前人在对某区域的大气降尘重金属的污染特征进行风险评价时，参比值多采用本地区的土壤背景值（汪凝眉，2016；于瑞莲等，2010）。因此在本书中，无论是对土壤还是对大气降尘重金属进行潜在风险评价时，均以中国环境土壤背景值中江苏省的数据作为背景值。在对作物籽粒的潜在风险进行评价时，采用我国农业环境背景值协作组 1986 年对 13 个省份主要粮食作物籽粒重金属元素背景值的研究数据（农业环境背景值协作组，1986）。其中，苏南地区小麦、水稻等粮食作物中的 6 种重金属元素背景值见表 4-8。

表 4-7　E_i 和 RI 的分级与生态危害程度

危害指数	分级与危害程度				
	轻微	中等	强	很强	极强
潜在生态危害指数 E_i	<40	40~80	80~160	160~320	≥320
潜在生态风险指数 RI	<50	50~100	100~200	200~400	≥400

表 4-8　苏南地区粮食作物中重金属元素背景值　　　　　（单位：mg/kg）

元素	Cd	Cr	Cu	Ni	Pb	Zn
小麦（30 个样本）	0.069	0.115	8.75	0.395	55.47	0.208
水稻（55 个样本）	0.057	0.118	3.53	0.46	37.09	0.378

2. 地累积指数

地累积指数（index of geoaccumulation，I_{geo}）是由德国科学家 Muller 在 20 世纪 60 年代提出的，因此又称为 Muller 指数（Muller，1969）。地累积指数是通过指数的形式定量地表示沉积物或者其他物质中重金属的污染程度。其表达式为

$$I_{geo} = \log_2[C_i / (k \times B_i)] \tag{4-4}$$

式中，C_i 表示实测重金属 i 的含量；B_i 表示元素 i 的土壤背景值；k 是用于矫正由于自然成岩作用而引起的背景值变动的系数，该系数一般取 1.5。根据地累积指数的计算结果，

可以将某种元素对某地区的污染程度划分为 7 个等级(表 4-9)。

表 4-9　地积累指数(I_{geo})及污染程度分级表

地积累指数(I_{geo})	分级	污染程度
$I_{geo} \leqslant 0$	0	无污染
$0 < I_{geo} \leqslant 1$	1	轻度-中等污染
$1 < I_{geo} \leqslant 2$	2	中等污染
$2 < I_{geo} \leqslant 3$	3	中等-强污染
$3 < I_{geo} \leqslant 4$	4	强污染
$4 < I_{geo} \leqslant 5$	5	强-极严重污染
$5 < I_{geo} \leqslant 10$	6	极严重污染

3. 内梅罗综合污染指数

在本书中,为了解作物土壤及作物籽粒各重金属元素的污染状况,利用单因素污染指数和内梅罗综合污染指数进行评价。其中单个重金属元素在环境样品中的污染状况可以用单因素污染指数进行计算,其计算公式如下(Cai et al., 2015):

$$P_i = C_s / C_b \tag{4-5}$$

式中,P_i 为土壤和作物籽粒中重金属 i 的污染指数,C_s 为所测样品中重金属 i 的含量,C_b 为重金属 i 的评价标准。对于土壤来讲,重金属的评价标准一般用《土壤环境质量标准》(GB 15618—1995)中的二级标准(表 4-10)。作物籽粒采用我国食品重金属的限量标准。我国先后对粮食中 Cd、Cr、Cu、Pb 和 Zn 5 种重金属的最高限量值进行了规定,然而目前国内外尚无关于粮食中 Ni 含量的卫生标准。我国现在唯一涉及 Ni 限量的食品卫生标准是《人造奶油卫生标准》(GB 15196—2003)(Huang et al., 2008),其中 Ni 最高允许浓度为 1mg/kg。因此,本书借用 1mg/kg 作为粮食中 Ni 含量的限量标准,综合得到粮食中 6 种重金属的限量值如表 4-11 所示。公式(4-5)中 $P_i > 1$ 时,P_i 越大,该污染物超标越严重,多种污染物中 P_i 最大的污染物即为主要污染物。

表 4-10　土壤环境质量二级标准

元素	pH$\leqslant$6.5	6.5$<$pH$\leqslant$7.5	pH$>$7.5
Cd	0.3	0.3	0.6
Cr-水田	250	300	350
Cr-旱地	150	200	250
Cu	50	100	100
Ni	40	50	60
Pb	250	300	350
Zn	200	250	300

表4-11 我国粮食中重金属的限量值

重金属	Cd	Cr	Cu	Ni	Pb	Zn
限量值/(mg/kg)	0.2(大米)；0.1(面粉)	1.0	10	1.0	0.4	50

内梅罗综合污染指数是用来评价土壤及作物籽粒多种重金属的综合污染状况。其计算的结果不仅考虑多种重金属的平均污染水平，而且会考虑这几种重金属污染的最高水平。计算公式如下：

$$P_c = \sqrt{\left(\max P_i\right)^2 + \left(\frac{1}{n}\sum_{i=1}^{n} P_i\right)^2} \tag{4-6}$$

式中，P_c 为6种重金属的内梅罗综合污染指数，P_i 为单一重金属元素 i 的污染指数。

根据污染指数的变幅，环境质量状况按表4-12所示的农用地环境质量进行分级。

表4-12 污染指数的耕地环境质量分级

指数范围	$P_i \leqslant 0.7$	$0.7 < P_i \leqslant 1$	$1 < P_i \leqslant 2$	$2 < P_i \leqslant 3$	$P_i > 3$
质量分级	安全	警戒	轻度污染	中度污染	重度污染

4. 风险评估编码法

目前土壤重金属污染评价主要以重金属元素总量为指标，并未考虑重金属元素在土壤中的赋存形态。实际上，真正造成土壤污染的是生物有效态重金属。因此，开展基于重金属形态的生态风险评价的研究，如采用风险评估编码(risk assessment code，RAC)来评价重金属生态风险为开展重金属生态风险评价提供了另一种新的思路。Perin 等于1985年提出风险评估编码法(甘国娟等，2013)。风险评估编码法是基于重金属形态中弱酸提取态在总量中所占的比例来评价其潜在环境风险高低的一种方法(Ke et al., 2017；陆泗进等，2014)。其计算公式为

$$R = \frac{C_A}{C_T} \times 100\% \tag{4-7}$$

式中，R 为土壤中某种重金属的生物有效态比例；C_A 为土壤中重金属元素的生物有效态含量；C_T 为土壤中重金属的总含量。根据相关研究(韩君等，2014)，利用风险评估编码法评价重金属生态风险的分级标准如表4-13所示。

表4-13 基于风险评估编码法评价重金属生态风险分级标准

生物有效态比例/%	$R \leqslant 1$	$1 < R \leqslant 10$	$10 < R \leqslant 30$	$30 < R \leqslant 50$	$R > 50$
风险分级	无风险	低风险	中等风险	高风险	极高风险

需要注意的是，重金属风险评估编码法只能评价单个重金属的生态风险，对于区域内土壤所存在的综合生态风险尚不能评价。因此其可以与其他污染评价方法联用，对区域内环境介质的重金属污染进行综合评价。

4.2.5.4　健康风险评价方法

重金属进入人体后,会导致人体机能功能性障碍和不可逆性损伤,对人体健康造成一定的威胁。那么,环境介质中的污染物对人体产生的健康风险到底多大是国内外学者比较关注的问题。本书使用美国环保局推荐的健康风险评价模型,参考国内暴露途径参数设置的研究结果,修正污染物暴露模型的部分参数,分别讨论研究区内多途径暴露重金属对儿童和成人造成的健康风险。大气降尘重金属进入人体的途径主要包括手-口、呼吸和皮肤,土壤重金属进入人体的途径包括误食和皮肤接触,籽粒和自来水中的重金属进入人体的途径只有摄食和饮用。因此,重金属的暴露途径分为皮肤接触、摄入和呼吸3 种。下面分别讨论 3 种途径重金属污染物的暴露量。污染物暴露量以单位时间、单位体重人体暴露的污染物量 $mg/(kg \cdot d)$ 来表示。

1. 皮肤接触途径平均暴露量

皮肤接触途径主要包括人体皮肤对大气降尘和土壤的接触。根据美国环保局人体暴露风险评价方法,皮肤接触途径暴露量计算模型如下所示:

$$ADD_{derm} = \frac{C \times SA \times CF \times SL \times ABS \times EF \times ED}{BW \times AT} \tag{4-8}$$

式中,ADD_{derm} 为皮肤接触途径日平均暴露量,单位为 $mg/(kg \cdot d)$;C 为大气降尘或者土壤重金属元素含量,单位为 mg/kg;SA 为暴露皮肤表面积,单位为 cm^2;SL 为皮肤黏着度,单位为 $mg/(cm^2 \cdot d)$;ABS 为皮肤吸收因子,没有量纲;CF 为转换系数,单位为 kg/mg;EF 为暴露频率,单位为 d/a;ED 为暴露年限,单位为 a;BW 为平均体重,单位为 kg;AT 为平均暴露时间,单位为 d。

2. 摄入途径平均日暴露量

摄入途径主要包括人体对小麦和水稻籽粒的摄入、自来水的饮用、土壤的误食以及大气降尘的摄入。根据美国环保局人体暴露风险评价方法,摄入途径暴露量计算模型如下所示:

$$ADD_{ing} = \frac{C \times IngR \times CF \times EF \times ED}{BW \times AT} \tag{4-9}$$

式中,ADD_{ing} 为摄入途径平均日暴露量,单位为 $mg/(kg \cdot d)$;C 为大气降尘、籽粒、饮用水及土壤重金属元素含量,单位为 mg/kg;$IngR$ 为经手-口摄入降尘或者直接经口摄入籽粒、自来水及土壤的频率,单位为 mg/d;其他参数与公式(4-8)所代表的意义相同。

3. 呼吸途径平均日暴露量

呼吸途径主要是指人体吸入大气降尘的途径。根据美国环保局人体暴露风险评价方法,呼吸途径暴露量计算模型如下所示:

$$ADD_{inh} = \frac{C \times InhR \times EF \times ED}{PEF \times BW \times AT} \tag{4-10}$$

式中,ADD_{inh} 为呼吸途径平均日暴露量,单位均为 $mg/(kg \cdot d)$;$InhR$ 为呼吸频率,单位为 m^3/d;PEF 为颗粒物排放因子,单位为 m^3/kg;其他参数与公式(4-8)所代表的意义相同。

公式(4-8)、公式(4-9)和公式(4-10)各参数的取值见表 4-14。

表 4-14　重金属日平均暴露量计算参数含义及其取值

环境介质	项目	参数	含义	单位	儿童取值	成人取值
	基础参数	C	重金属含量	mg/kg		
		BW	平均体重	kg	**17.6**	**67.6**
大气降尘	暴露行为参数	EF	暴露频率	d/a	180	180
		ED	暴露年限	a	6	24
		AT	平均暴露时间	d	365×ED	365×ED
		CF	转换系数	kg/mg	1×10^{-6}	1×10^{-6}
	手-口摄食	IngR	摄入降尘频率	mg/d	200	100
	呼吸摄入	InhR	呼吸频率	m³/d	7.63	20
		PEF	颗粒物排放因子	m³/kg	1.32×10^9	1.32×10^9
	皮肤接触	SL	皮肤黏着度	mg/(cm²·d)	0.2	0.07
		SA	暴露皮肤表面积	cm²	1077.5	2011.25
		ABS	皮肤吸收因子	无量纲	0.001	0.001
籽粒和水	暴露行为参数	EF	暴露频率	d/a	365	365
		ED	暴露年限	a	6	70
		AT	平均暴露时间	d	365×ED	365×ED
		CF	转换系数	kg/mg	1×10^{-6}	1×10^{-6}
	摄食小麦	IngR	摄入小麦频率	mg/d	**0.039**	**0.101**
	摄食水稻	IngR	摄入水稻频率	mg/d	**0.091**	**0.234**
	饮水	IngR	摄入水频率	mg/d	**1.06**	**1.82**
土壤		EF	暴露频率	d/a	180	180
		ED	暴露年限	a	6	70
		AT	平均暴露时间	d	365×ED	365×ED
		CF	转换系数	kg/mg	1×10^{-6}	1×10^{-6}
	误食	IngR	摄入土壤频率	mg/d	64	104
	皮肤接触	SL	皮肤黏着度	mg/cm	0.2	0.07
		SA	暴露皮肤表面积	cm²/d	1077.5	2011.25
		ABS	皮肤吸收因子	无量纲	0.001	0.001

注：加粗的数据为访谈调查结果，其他数据均来自美国环保局提供的暴露参数。

4. 健康风险表征

环境介质中重金属 Cd、Cr、Cu、Ni、Pb 和 Zn 不同暴露途径的健康风险 HQ 和不同途径、不同种类的重金属累积对人类的健康风险计算方法见公式(4-11)～(4-14)：

$$HQ_{i,j}=ADD_{i,j}/RfD_{i,j} \tag{4-11}$$

$$HI_i=\sum HQ_{i,j} \tag{4-12}$$

$$HI_{i,j}=\sum HI_i \tag{4-13}$$

$$IR=\sum HI_{i,j} \tag{4-14}$$

式中，$HQ_{i,j}$ 为健康风险商，表示在同一环境介质下 j 途径的重金属元素 i 对人体的健康风险；$ADD_{i,j}$ 为 j 途径的重金属元素 i 的日平均暴露量，单位为 mg/(kg·d)；$RfD_{i,j}$ 为 j 途径的重金属元素 i 的日暴露健康风险参考剂量，单位为 mg/(kg·d)，表示每天每千克人体摄取的重金属元素不会引起人体不良反应的污染物最大量；HI_i 为同一环境介质内重金属 i 所产生的总健康风险；$HI_{i,j}$ 为同一环境介质下多种途径多种重金属累积所引起的健康总风险；IR 为研究区内不同环境介质重金属污染对人体产生的健康风险。当 HQ、HI 和 IR 小于等于 1.0 时，认为研究区重金属对人体的健康风险危害较小或没有明显伤害；当 HQ、HI 和 IR 大于 1.0 时，认为研究区重金属有可能对人体造成危害。表 4-15 列出了不同暴露途径的重金属 Cd、Cr、Cu、Ni、Pb 和 Zn 对人体的健康风险参考剂量 RfD。

表 4-15　重金属不同暴露途径的 RfD　　　　［单位：mg/(kg·d)］

环境样品	项目	Cd	Cr	Cu	Ni	Pb	Zn
大气降尘	RfD_{ing}	1×10^{-3}	3×10^{-3}	4×10^{-2}	2×10^{-2}	3.5×10^{-3}	0.3
	RfD_{inh}	1×10^{-3}	2.86×10^{-5}	4.02×10^{-2}	2.06×10^{-2}	3.52×10^{-3}	0.3
	RfD_{derm}	1×10^{-5}	6×10^{-5}	1.20×10^{-2}	5.4×10^{-3}	5.25×10^{-4}	0.06
籽粒、水和土壤	RfD_{ing}	1×10^{-3}	1.5	4×10^{-2}	2×10^{-2}	4.0×10^{-3}	0.3
土壤	RfD_{derm}	1×10^{-5}	6×10^{-5}	1.20×10^{-2}	5.4×10^{-3}	5.25×10^{-4}	0.06

4.3　大气降尘重金属污染特征和风险评价

4.3.1　大气降尘重金属时空分布特征

4.3.1.1　大气降尘质量浓度的时空分布特征

大气降尘的质量浓度（M_d）在不同的监测站位或者在不同的土地利用方式下及不同的季节均存在很大的差别（图 4-3）。

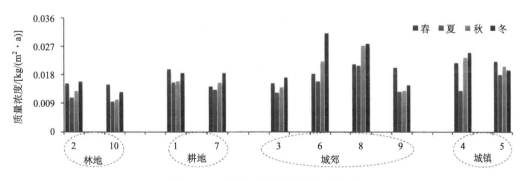

图 4-3　大气降尘质量浓度的时空分布

1. 大气降尘质量浓度的空间分布特征

大气降尘的质量浓度的空间分布趋势为：城镇＞城郊＞耕地＞林地。如表 4-16 所示，将监测站位 D2 和 D10 的大气降尘年内质量浓度进行平均，得到研究区内林地的大气降尘年平均质量浓度为 0.0508kg/(m²·a)；将监测站位 D1 和 D7 的大气降尘年内质量浓度进行平均，得到研究区内耕地的大气降尘年平均质量浓度为 0.0655kg/(m²·a)；将监测站位 D3、D6、D8 和 D9 的大气降尘年内质量浓度进行平均，得到研究区内城郊的大气降尘年平均质量浓度为 0.0762kg/(m²·a)；将监测站位 D4 和 D5 的大气降尘年内质量浓度进行平均，得到研究区内城镇的大气降尘年平均质量浓度为 0.0819kg/(m²·a)。在四种土地利用方式下，大气降尘的年内质量浓度的排序为：城镇(0.0819)＞城郊(0.0762)＞耕地(0.0655)＞林地(0.0508)。林地受人类活动影响较小，大气降尘的质量浓度最小，而城镇区域交通运输及工业活动发达，受到强烈的人类活动影响，因此，大气降尘的质量浓度最大。利用反距离加权法(IDW)得到研究区大气降尘质量浓度的空间分布特征(图 4-4)，可知在研究区工业活动及交通活动发达的中部城镇区大气降尘的质量浓度最高，在研究区的西南及西北部分别是研究区的森林分布区，大气降尘的质量浓度在全区域相对较低。根据当地镇政府统计的企业点数据，本书对企业点进行密度分析，然后对研究区的交通网进行线密度分析，最后将企业点的密度图与交通网的线密度图叠加，得到图 4-5。由图 4-5 可知，大气降尘的质量浓度空间分布趋势与密度叠加图的空间分布趋势较为一致，即两者同高或同低。杨文娟等(2017)研究了西安市大气降尘污染空间分布特征，结果显

表 4-16　四种土地利用方式下大气降尘的质量浓度

区域	监测站位	质量浓度标准值或测试值/[kg/(m²·a)]
林地	D2	0.0544
	D10	0.0472
	平均值	**0.0508**
耕地	D1	0.0695
	D7	0.0615
	平均值	**0.0655**
城郊	D3	0.0589
	D6	0.0877
	D8	0.0974
	D9	0.0606
	平均值	**0.0762**
城镇	D4	0.0831
	D5	0.0806
	平均值	**0.0819**
美国肯塔基州	年平均值	**0.0715**
加拿大阿尔伯塔	年平均值	**0.0657**
西班牙	年平均值	**0.0730**

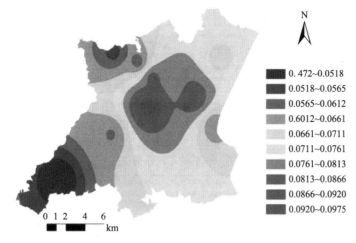

图 4-4　大气降尘质量浓度的空间分布特征[单位：kg/(m²·a)]

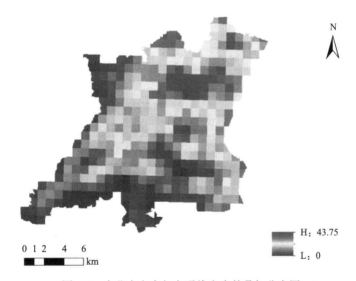

图 4-5　企业点密度与交通线密度的叠加分布图

示：工业区、商业区、居民文教区、旅游区大气降尘质量浓度的年均值分别为 0.214、0.192、0.186 和 0.140kg/(m²·a)，即工业区＞商业区＞居民文教区＞旅游区。此研究结果的空间分布趋势与本书的研究相似，工业活动及交通发达的工业区和商业区的大气降尘质量浓度高于居民文教区和旅游区。

尽管降尘是我国大气环境质量的必测项目，但由于地域辽阔，自然和人文条件差异显著，降尘量的区域变化较大，我国并未制定统一的国家标准。表 4-16 给出了国外部分地区的降尘量标准(Vallack and Shillito, 1998)，可知研究区内城郊和城镇的大气降尘量高于国外相关标准，研究区内大气降尘的污染不容忽视。

2. 大气降尘质量浓度的季节分布特征

研究区内大气降尘质量浓度的季节差异显著，各个监测站位的大气质量浓度均在夏季取得最低值(图 4-3)。研究区年内大气降尘质量浓度的平均值[kg/(m²·a)]排序为：冬季(0.0201)＞春季(0.0183)＞秋季(0.0175)＞夏季(0.0142)(表 4-17)。出现这种结果主要是受季节性天气的影响,夏季雨水较多,空气湿度大,且植被丰富,尘土不易飞扬;春季气候干燥且多风,植被稀少,尘埃极易随风而起,沙暴天气亦时有出现;秋冬季降水减少,绿色植被覆盖率降低,尘埃重新增加。因此,春秋冬三季的大气降尘的质量浓度相对较高。杨文娟等(2017)研究西安市大气降尘污染季节分异特征的结果与本书大致相似,即大气降尘质量浓度的月际差异显著,9 月份最低,12 月份达到最高值。

表 4-17　大气降尘各个季节的平均质量浓度　　　　　　(单位：[kg/(m²·a)])

季节	平均质量浓度
春	0.0183±0.0031
夏	0.0142±0.0035
秋	0.0175±0.0056
冬	0.0201±0.0060

4.3.1.2　大气降尘中重金属含量的时空分布特征

1. 大气降尘中重金属含量的空间分布特征

大气降尘中不同重金属元素含量的空间分布趋势不同(表 4-18)。但是,存在一个共同的趋势,即在城镇或者城郊重金属元素的含量较高,说明城镇和城郊人为活动剧烈,大气降尘的组成受非自然来源元素的影响大,砂土、扬尘等自然物质所占的比例较低。王世豪等(2017)在研究 2012 年株洲市大气降尘中的元素特征时得出的结果与本书相似,即混合区 Cu、Zn、Cd、Pb 等重金属元素的含量相比工业区均有明显下降;Mg、Al、K 元素的含量有所升高。蔡奎等(2012)研究石家庄市区大气降尘中 Cd、Cr、Cu、Ni、Pb 和 Zn 的含量依次为 4.36、96、74.9、30.6、140 和 1020mg/kg,即除了元素 Cr,其他元素的重金属含量均低于本书研究区。Shi 等(2012)研究上海城市、城郊及农村大气降尘中的元素含量时发现,Cd 和 Pb 的含量范围为 1.53～2.31mg/kg 和 150.66～328.48mg/kg,可以看出,本书研究区大气降尘中的 Cd 含量远高于上海市,而两者的 Pb 含量大致相当。此外,通过将研究区内大气降尘中的重金属含量与江苏省土壤背景值作比较,发现除了

表 4-18　大气降尘中重金属含量的空间分布特征　　　　　　(单位：mg/kg)

土地利用方式	Cd	Cr	Cu	Ni	Pb	Zn
林地	9.418±5.103	71.60±34.59	139.6±65.16	45.98±20.90	223.6±128.5	1889±1033
耕地	6.749±1.352	77.83±51.42	135.8±37.81	46.71±13.09	204.5±53.82	1534±620.2
城郊	9.753±9.915	83.56±47.15	168.5±103.5	49.72±32.01	192.5±106.0	2875±3045
城镇	9.449±5.532	86.69±33.21	157.3±66.49	45.01±12.48	306.3±140.5	1380±421.9
背景值 [a]	0.126	77.8	22.3	26.7	26.2	62.6

注：a 代表江苏省土壤背景值(Hu et al., 2013)。

林地中元素 Cr 的重金属含量稍低于土壤背景值之外，其他元素的含量均高于土壤背景值，如大气降尘中元素 Zn 的含量是背景值的 30 倍左右，可见研究区内大气降尘重金属的人为活动来源比例是较高的。

2. 大气降尘中重金属含量的季节分布特征

大气降尘中不同重金属元素含量的季节变化呈现不同的变化趋势（表 4-19）。Cd、Cr 和 Cu 的含量在夏季取得最低值，而 Ni、Pb 和 Zn 的含量在春季取得最低值，即所研究的重金属元素在春夏季的含量较低。除了元素 Cd 的含量在春季取得最高值，其余重金属元素的含量均在秋冬季节取得最高值。Cr、Cu 和 Ni 的含量在冬季最高，而 Pb 和 Zn 的含量在秋季最高。重金属元素的含量在秋冬季相对较高，春夏季相对较低，这可能与污染源排放的季节性变化以及气候有关。焦荔等（2013）在研究杭州市大气降尘重金属的时空变化特征时也发现，Cd、Pb 和 Zn 秋冬季含量高于春夏季。

表 4-19　大气降尘中重金属含量的季节变化特征　　　　（单位：mg/kg）

季节	Cd	Cr	Cu	Ni	Pb	Zn
春季	13.03±11.80	75.36±37.37	150.6±61.50	41.92±16.31	177.4±82.27	1299±1004
夏季	4.375±1.998	67.19±36.80	128.6±121.0	41.95±38.88	211.8±195.8	2303±1281
秋季	11.45±3.952	68.28±41.93	138.3±54.15	48.17±17.53	302.1±169.2	2884±3033
冬季	7.241±2.071	111.8±41.10	198.3±45.18	57.67±7.059	238.4±57.09	1956±2294

4.3.1.3　大气降尘重金属沉降通量的时空分布特征

大气降尘重金属在某段时间内的沉降通量是由大气降尘质量浓度与重金属含量共同决定的。研究区内大气降尘 Cd、Cr、Cu、Ni、Pb 和 Zn 的年平均沉降通量为 0.630、5.994、10.906、3.317、16.385 和 156.575mg/(m²·a)。通过与其他区域大气降尘年平均沉降通量对比可以发现（表 4-20），本书研究区大气降尘中 Cd 和 Zn 的年平均沉降通量为几个区域最高，污染相对较重，需要引起足够的重视。此外，大气降尘重金属沉降通量的时空变化特征如图 4-6 所示。下面分别阐述大气降尘重金属沉降通量的空间特征和季节特征。

表 4-20　不同区域大气降尘年平均沉降通量　　　　［单位：mg/(m²·a)］

年平均沉降通量	Cd	Cr	Cu	Ni	Pb	Zn
本书研究区	0.630	5.994	10.906	3.317	16.385	156.575
长三角[a]	0.266	11.194	13.900	—	35.900	89.500
珠三角[b]	0.070	6.430	18.600	—	12.700	104
中国[c]	0.2665	3.030	—	1.551	4.771	—
比利时[d]	0.019	—	—	—	0.25	3.75
新西兰[e]	0.02	2.8	3.5	0.95	2.3	103
东京湾[f]	0.39	6.2	16	6.8	9.9	—

注："a"引自 Hou 等（2014）；"b"引自 Wong 等（2002）；"c"引自 Zhang 等（2018）；"d"引自李天杰（1996）；"e"引自 Gray 等（2003）；"f"引自 Sakata 和 Takagi（2008）；"—"代表无数据。

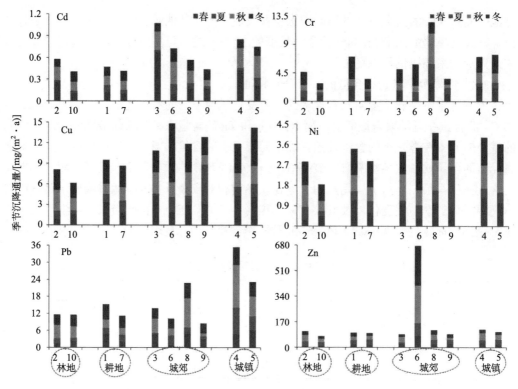

图 4-6　大气降尘沉降通量的时空变化特征[单位：mg/(m²·a)]

1. 大气降尘重金属年沉降通量的空间变化特征

大气降尘中不同重金属元素年沉降通量的空间变化特征见表 4-21，其空间分布趋势大致可以描述为：城镇的重金属元素的沉降通量最高，城郊次之，林地最小。此分布趋势表明人为活动剧烈的城镇区域，重金属污染较重，其重金属年沉降通量最高；受人为活动影响较小的林地，重金属污染较轻，其重金属年沉降通量最低。史贵涛等(2009)研究上海城市、郊区及农村的大气降尘中重金属污染状况时得出的结果与本书相似，即城区的大气降尘中重金属年沉降通量明显高于郊区和农村。将研究区不同土地利用类型下的大气降尘重金属年输入通量进行平均，可以得到研究区内大气降尘重金属的年平均输入通量[mg/(m²·a)]。不同大气降尘重金属的年平均输入通量的大小先后顺序为：Zn(156.575)>Pb(16.385)>Cu(10.906)>Cr(5.994)>Ni(3.317)>Cd(0.630)，此研究结果与前人的研究结果基本一致(Hou et al., 2014; Huang et al., 2009; Luo et al., 2009; Wong et al., 2002)。Luo 等(2009)报道了中国 2009 年的大气降尘重金属沉降通量，大气降尘中元素 Zn、Pb、Cu、Cr、Ni 和 Cd 的沉降通量分别为 64.7、20.2、10.8、6.1、5.8 和 0.40mg/(m²·a)。本书研究区内大气降尘中 Cd、Cu 和 Zn 年沉降通量高于中国范围内大气降尘 Cd、Cu 和 Zn 的年平均沉降通量，大气降尘中 Cr、Ni 和 Pb 年沉降通量低于全国平均水平(Luo et al., 2009)，即研究区内大气降尘 Cd、Cu 和 Zn 的污染相对比较严重。同时，与 Huang 等(2009)的研究结果对比发现，本书研究区内大气降尘中 Cd 和 Zn 年沉降通量高于长三角大气降尘 Cd 和 Zn 的年平均沉降通量，而 Cr、Cu、Ni 和 Pb 大气降尘年平均沉降通量低于长三角平均水平。珠三角地区内大气降尘中 Cu 和 Ni 年沉降通量分别为 18.6mg/(m²·a) 和 8.35mg/(m²·a)(Wong et al., 2002)高于研究区大气降尘 Cu 和 Ni 年沉降通量,相反地, Zn、Pb、Cr 和 Cd 的沉降通量要低于本书研究区。不同区域大气降尘重金属沉降通量的变化比较剧烈,可能是由于大气降尘的重金属污染状况不同。

表 4-21　不同土地利用方式下大气降尘重金属年沉降通量　　［单位: mg/(m²·a)］

土地利用方式	Cd	Cr	Cu	Ni	Pb	Zn
林地	0.494±0.123	3.769±1.274	7.138±1.375	2.341±0.697	11.62±0.093	90.00±23.04
耕地	0.445±0.041	5.347±2.512	9.094±37.81	3.143±0.386	12.42±1.908	97.41±0.657
城郊	0.703±0.274	6.798±3.944	12.62±1.697	3.664±0.365	13.90±6.372	241.8±289.3
城镇	0.804±0.073	7.262±0.260	13.05±1.629	3.773±0.207	29.27±8.650	111.8±10.34

利用 ArcGIS 中反距离加权法预测研究区内大气降尘重金属的年平均沉降通量 (图 4-7),其分布规律基本上是高值区均位于研究区中部和东部的城镇区域,低值区位于西南部的森林地带。大气降尘重金属年沉降通量的分布规律与研究区的工业活动和交通网的密度密切相关。

2. 大气降尘沉降通量的季节变化特征

大气降尘重金属沉降通量呈现不同的季节变化趋势(表 4-22)。Cd、Cr、Cu、Ni 和 Pb 的沉降通量在夏季取得最低值,而 Zn 的沉降通量在春季取得最低值,即所研究的重金属元素在春夏季的沉降通量较低。除了元素 Cd 的沉降通量在春季取得最高值,其余重金属元素的沉降通量均在秋冬季节取得最高值,Cr、Cu、Ni 的沉降通量在冬季最高, 而 Pb 和 Zn 的沉降通量在秋季最高。与本书的研究结果相似的是,杨忠平等(2009)计算了长春市城区大气降尘重金属年沉降通量发现,Cd、Cr、Cu、Pb 和 Zn 在采暖季的日均沉降通量高于非采暖季。

表 4-22　大气降尘沉降通量的季节分布特征　　［单位: mg/(m·a)］

季节	Cd	Cr	Cu	Ni	Pb	Zn
春季	0.231±0.184	1.431±0.850	2.806±1.226	0.785±0.354	3.335±1.774	24.06±18.63
夏季	0.065±0.039	1.015±0.797	1.773±1.520	0.571±0.479	2.991±2.627	32.39±20.59
秋季	0.197±0.082	1.329±1.292	2.279±0.723	0.820±0.309	5.503±4.237	53.47±70.19
冬季	0.137±0.022	2.219±0.920	4.048±1.866	1.142±0.312	4.556±0.993	46.64±76.27

4.3.2　大气降尘重金属生态风险评价

重金属具有隐蔽性强、不可降解、易迁移富集以及毒性持久等特点,因此本书尝试对大气降尘中重金属的潜在生态危害进行讨论,以了解大气降尘中重金属的潜在生态风险。目前,国内外学者对大气降尘中重金属的污染评价尚处于摸索阶段,广泛应用的方法主要包括潜在生态危害指数法、地累积指数法、污染负荷指数法等(胡恭任等, 2011)。本书采用了潜在生态危害指数法和地累积指数法讨论研究区大气降尘重金属污染的潜在生态危害,进而探讨研究区大气降尘中重金属的生态危害程度。

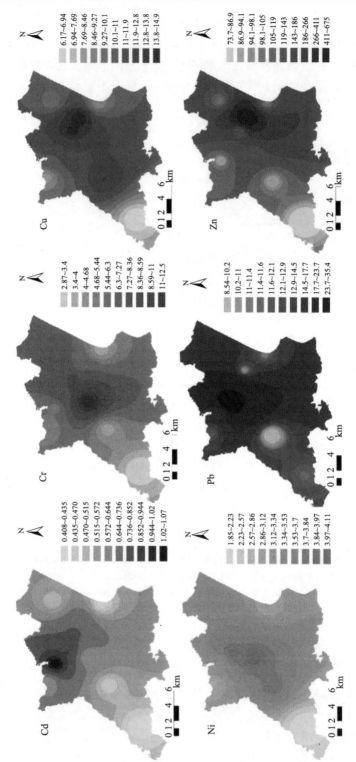

图 4-7　大气降尘重金属年输入通量空间分布特征［单位：mg/(m²·a)］

4.3.2.1　地累积指数评价结果

根据公式(4-4)，计算出研究区大气降尘重金属的地积累指数(表 4-23)，从而了解大气降尘重金属的污染级别及污染程度。根据地累积指数(I_{geo})及污染程度分级表(表 4-9)，除了 Cr 以外，研究区内大气降尘中的重金属元素 Cd、Cu、Ni、Pb 和 Zn 都存在着一定程度的污染。其中 Cd 含量的污染级别为 6 级，达到极严重程度；Zn 含量的污染级严重为 5 级，达到强-极严重污染程度；Cu 和 Pb 的污染级别为 3 级，处于中等-强污染级别；Ni 的污染级别为 1 级，处于轻度-中等污染级别。各元素污染水平排序为：Cd>Zn>Pb>Cu>Ni>Cr。

表 4-23　大气降尘重金属地累积指数

元素	I_{geo}	污染级别	污染程度
Cd	5.53	6	极严重污染
Cr	−0.55	0	无污染
Cu	2.16	3	中等-强污染
Ni	0.23	1	轻度-中等污染
Pb	2.54	3	中等-强污染
Zn	4.29	5	强-极严重污染

4.3.2.2　潜在生态风险指数评价结果

根据公式(4-2)和公式(4-3)，计算得到研究区大气降尘中重金属的潜在生态危害指数(表 4-24)。结合潜在生态危害程度分级(表 4-7)，得出研究区各重金属元素的风险等级。可以发现，大气降尘中 Cd 的生态危害指数极高，为 2105，生态风险级别处于极强风险状态，应引起有关部门的重视；Pb 的生态危害指数高于 40，处于中等风险状态；Cu 和 Zn 的生态危害指数介于 30~40，处于轻微风险状态；Cr 和 Ni 的生态危害指数极低，小于 10，处于无风险状态。多元素综合潜在生态风险指数(RI)为 2225，大于 400，处于极强生态危害级别，其中 Cd 的潜在生态风险指数对综合潜在生态风险指数的贡献率最大，约占 94.61%，因此研究区内有关部门应对大气降尘 Cd 的污染加以有效控制。

表 4-24　大气降尘重金属潜在生态风险指数

元素	E_i 或 RI	风险分级
Cd	2105	极强
Cr	2.05	轻微
Cu	33.70	轻微
Ni	8.77	轻微
Pb	44.22	中等
Zn	30.66	轻微
多元素	2225	极强

4.3.3 大气降尘重金属健康风险评价

4.3.3.1 暴露剂量分析

根据公式(4-8)～公式(4-10)大气降尘重金属暴露风险模型,计算得出研究区内大气降尘重金属不同途径平均暴露剂量。由表 4-25 可知,大气降尘重金属日均暴露剂量排序为:手-口接触摄入>皮肤接触>呼吸吸入。在所研究的 6 种大气降尘重金属中,重金属元素通过手-口接触摄入途径的儿童和成人的日均暴露剂量排序均为 Zn>Pb>Cu>Cr>Ni>Cd;通过呼吸吸入途径的儿童和成人的日均暴露剂量排序均为 Zn>Pb>Cu>Cr>Ni>Cd;通过皮肤接触途径的儿童和成人的日均暴露剂量排序均为 Zn>Pb>Cu>Cr>Ni>Cd。儿童各种重金属元素风险暴露剂量大于成人。

表 4-25　大气降尘重金属不同途径日均暴露剂量　　　　[单位: mg/(kg·d)]

暴露量	群体	Cd	Cr	Cu	Ni	Pb	Zn
ADD_{ing}	儿童	5.06×10^{-5}	4.52×10^{-4}	8.63×10^{-4}	2.66×10^{-4}	1.25×10^{-3}	1.18×10^{-2}
	成人	6.58×10^{-6}	5.88×10^{-5}	1.12×10^{-4}	3.46×10^{-5}	1.63×10^{-4}	1.54×10^{-3}
ADD_{inh}	儿童	1.46×10^{-9}	1.31×10^{-8}	2.49×10^{-8}	7.68×10^{-9}	3.63×10^{-8}	3.42×10^{-7}
	成人	9.98×10^{-10}	8.91×10^{-9}	1.70×10^{-9}	5.24×10^{-9}	2.47×10^{-8}	2.33×10^{-7}
ADD_{derm}	儿童	5.45×10^{-8}	4.87×10^{-7}	9.30×10^{-7}	2.86×10^{-7}	1.35×10^{-6}	1.27×10^{-5}
	成人	9.27×10^{-9}	8.28×10^{-8}	1.58×10^{-7}	4.87×10^{-8}	2.30×10^{-7}	2.17×10^{-6}

4.3.3.2 健康风险评价结果

根据公式(4-11)～公式(4-14)暴露剂量计算出研究区大气降尘中 6 种重金属污染的健康风险指数,见表 4-26。数据显示,这三种摄入途径相比,健康风险排序为:手-口接触摄入＞皮肤接触＞呼吸吸入,说明手-口接触摄入途径是居民摄入大气降尘重金属的主要途径。在所研究的 6 种大气降尘重金属中,重金属元素通过手-口接触摄入途径对儿童和成人产生的健康风险指数排序均为:Pb>Cr>Cd>Zn>Cu>Ni;呼吸吸入途径均为:Cr>Pb>Cd>Zn>Cu>Ni;皮肤接触途径均为:Cr>Cd>Pb>Zn>Cu>Ni。为了探究大气途径下,哪种重金属对人体造成的伤害最大,本书计算了不同重金属对人体造成的健康风险占总风险的比例(图 4-8),结果表明,通过大气进入人体的重金属中,元素 Pb 对人体造成的健康风险最大,其所占比例在 50%以上;其次为元素 Cr,所占比例大约为 25%;其他 4 种重金属元素造成的健康风险较低,比例均在 10%以下。可以发现,通过大气进入人体的重金属造成的健康风险排序为:Pb>Cr>Cd>Zn>Cu>Ni。通过观察表 4-26 中大气降尘重金属污染的 HQ、HI 的数值可以发现,其值均小于 1,说明大气降尘重金属对人体的健康风险危害较小或没有明显伤害,但是仍应该引起重视,防止造成进一步的危害。

表 4-26　大气降尘重金属健康风险值

元素	儿童				成人			
	HQ_{ing}	HQ_{inh}	HQ_{derm}	HI_i	HQ_{ing}	HQ_{inh}	HQ_{derm}	HI_i
Cd	5.057×10^{-2}	1.462×10^{-6}	5.449×10^{-3}	5.602×10^{-2}	6.584×10^{-3}	9.975×10^{-7}	9.269×10^{-4}	7.511×10^{-3}
Cr	1.507×10^{-1}	4.567×10^{-4}	8.116×10^{-3}	1.592×10^{-1}	1.961×10^{-2}	3.117×10^{-4}	1.381×10^{-3}	2.130×10^{-2}
Cu	2.157×10^{-2}	6.203×10^{-7}	7.747×10^{-5}	2.165×10^{-2}	2.808×10^{-3}	4.233×10^{-7}	1.320×10^{-5}	2.821×10^{-3}
Ni	1.329×10^{-2}	3.729×10^{-7}	5.304×10^{-5}	1.334×10^{-2}	1.730×10^{-3}	2.545×10^{-7}	9.021×10^{-6}	1.739×10^{-3}
Pb	3.584×10^{-1}	1.030×10^{-5}	2.575×10^{-3}	3.610×10^{-1}	4.666×10^{-2}	7.029×10^{-6}	4.379×10^{-4}	4.710×10^{-2}
Zn	3.943×10^{-2}	1.140×10^{-6}	2.124×10^{-4}	3.964×10^{-2}	5.133×10^{-3}	7.777×10^{-7}	3.613×10^{-5}	5.169×10^{-3}
$HI_{i,j}$				6.509×10^{-1}				8.565×10^{-2}

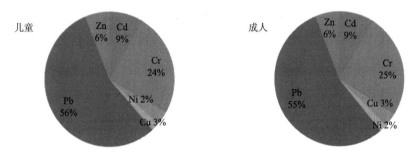

图 4-8　大气降尘不同重金属造成的健康风险占总风险的比例

将研究区内 10 个大气降尘点三种途径下对成人和儿童单一元素的健康风险值(HI_i)和 6 种重金属元素综合风险值($HI_{i,j}$)进行反距离权重插值，大致可以得出全域的健康风险值的空间分布特征(图 4-9 和图 4-10)，可以发现成人和儿童 6 种重金属健康风险评价值的高值区域位于城镇和城郊附近，即人为活动相对比较剧烈的区域。而城镇和城郊以外的区域的健康风险评价值相对较低，受人为活动影响较小。

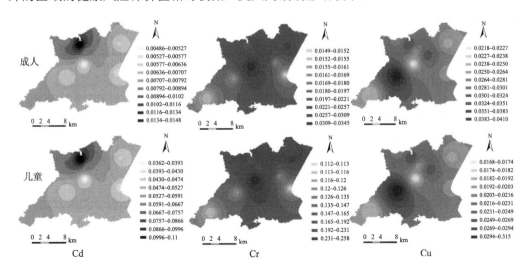

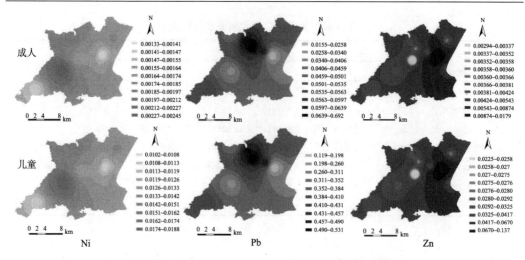

图 4-9　大气降尘重金属健康风险值的空间分布特征

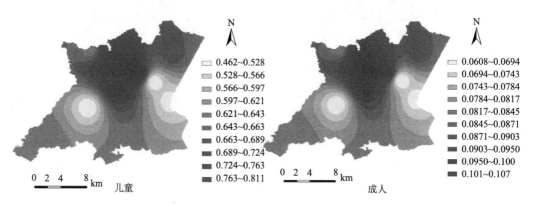

图 4-10　大气降尘 6 种重金属综合健康风险值的空间分布特征

4.4　土壤重金属污染特征和风险评价

4.4.1　土壤基本理化性质

表 4-27 总结了研究区土壤基本的理化性质，包括 pH、阳离子交换量(CEC)、电导率(EC)、有机质(TOC)和平均粒径的统计特征。非耕作土、小麦根系土以及水稻根系土 pH 的变化范围分别是 4.12~7.89、4.85~7.45 和 4.99~7.59，平均值分别为 6.19、5.81 和 6.00。在 20 个非耕作土、32 个小麦根系土和 32 个水稻根系土样品中，pH<7 的占比分别为 70%、93.75%和 85.71%，pH>7 的占比分别为 30%、6.25%和 14.29%。因此，在三种土壤中，小麦根系土壤酸度最强，非耕作土壤的碱度最强。

土壤电导率可以反映土壤水溶性盐的含量，水溶性盐含量可以判定其是否对植物的生长产生了限制，是土壤的一个十分重要的属性。研究区内三种类型土壤的平均电导率的大小排序为：水稻根系土>小麦根系土>非耕作土。

表 4-27　土壤属性(pH、CEC、EC、TOC 和平均粒径)的统计特征

土壤属性	土壤类型	范围	平均值	标准差	变异系数/%
pH	非耕作土	4.12～7.89	6.19	1.14	18.48
	小麦根系土	4.85～7.45	5.81	0.69	11.88
	水稻根系土	4.99～7.59	6.00	0.76	12.61
CEC/(cmol/kg)	非耕作土	11.93～22.54	17.30	2.96	17.13
	小麦根系土	11.76～22.99	18.41	2.60	14.11
	水稻根系土	14.78～23.79	18.31	2.88	15.74
EC/(μS/cm)	非耕作土	518～2670	1201.45	633.10	52.69
	小麦根系土	672～3050	1592.25	648.13	40.71
	水稻根系土	695～4090	1934.78	866.24	44.77
TOC	非耕作土	1.70～7.95	3.30	1.40	42.27
	小麦根系土	1.84～5.35	3.58	0.94	26.20
	水稻根系土	0.97～6.62	3.45	1.45	42.11
平均粒径	非耕作土	7.91～40.88	14.83	6.90	46.56
	小麦根系土	8.45～52.06	24.37	8.37	34.41
	水稻根系土	7.46～29.25	17.73	5.41	30.54

土壤有机质含量是反映土壤肥力的指标。据土壤肥力分级标准可知,有机质含量低于 1%的土壤属于有机质匮乏的土壤(曾宇斌和郑淑华,2017)。本书研究区只有 1 个水稻根系土样品的有机质含量低于 1%,为 0.97%,表明研究区内土壤的肥力状况是比较好的。

土壤阳离子交换量可以反映土壤的缓冲和保肥能力,可以据此判定土壤是否需要改良,施肥方式是否需要改变(刘威,2014;王灿和向鹏华,2016)。研究区内三种类型土壤的平均阳离子交换量的大小排序为:小麦根系土≈水稻根系土>非耕作土。

通常来讲,土壤的粒径与土壤重金属含量存在一定的相关关系。一般来说,随着土壤中黏粒含量增加,土壤对重金属的吸附能力也随之增强,重金属含量就越高。研究区内三种类型土壤的平均粒径的大小排序为:小麦根系土>水稻根系土>非耕作土,即耕作土壤的平均粒径高于非耕作土。

研究区内三种土壤类型的土壤属性(pH、CEC、EC、TOC)的变异系数排序为:非耕作土>水稻根系土>小麦根系土,而平均粒径排序为:非耕作土>小麦耕系土>水稻根系土。这表明非耕作土土壤属性的空间变异程度比耕作土更大,水稻根系土土壤属性的空间变异程度又高于小麦根系土。这可能与作物的吸收以及土壤的耕作方式有关。Lv 等(2015)的研究表明,变异系数可以反映人类活动对土壤理化性质的干扰程度,一般来说受人为活动干扰剧烈的土壤,其理化性质可能产生较高的变异系数。

为了探究土壤各属性之间的相关关系,本书利用 SPSS 软件对土壤的 pH、CEC、EC、TOC 和平均粒径进行相关性分析(表 4-28)。由表 4-28 可知,在 0.01 显著性水平下呈正相关的理化性质有 pH-EC(0.342)和 CEC-TOC(0.277),此外,pH 和平均粒径在 0.05 显著性水平下呈负相关,相关系数为-0.258。

表 4-28　土壤各属性之间的相关关系

	pH	CEC	EC	TOC	平均粒径
pH	1	0.142	**0.342****	0.203	**−0.258***
CEC		1	0.051	**0.277****	−0.209
EC			1	−0.070	−0.131
TOC				1	−0.134
平均粒径					1

*为在 0.05 置信水平上显著相关，**为在 0.01 置信水平上显著相关

4.4.2　土壤重金属分布特征

4.4.2.1　土壤重金属总量的分布特征

研究区内 20 个非耕作土、32 个小麦根系土和 32 个水稻根系土样品中的 6 种重金属元素含量的统计特征见图 4-11。同时，本书采用单因素方差分析对三种土壤类型中的重

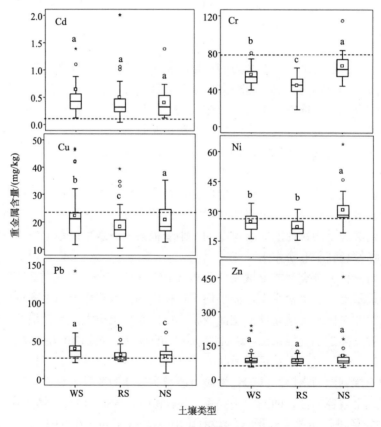

图 4-11　小麦根系土、水稻根系土和非耕作土重金属元素的含量

注：图中不同字母代表在 0.05 水平上存在显著差异；虚线代表江苏省重金属元素的背景值；"WS"代表小麦根系土，"RS"代表水稻根系土，"NS"代表非耕作土。

金属含量进行了差异性检验。比较这三种土壤中 6 种重金属的含量可知，对研究区内元素 Cd 和 Cu 的平均含量来讲，其大小排序为：小麦根系土>非耕作土>水稻根系土；三种土壤类型中元素 Cr、Ni 和 Zn 的平均含量大小排序为：非耕作土>小麦根系土>水稻根系土；元素 Pb 在三种土壤类型中的大小排序为：小麦根系土>水稻根系土>非耕作土。可以发现同一个规律，小麦根系土中 6 种重金属元素的平均含量均高于水稻根系土，非耕作土中重金属含量高于或低于耕作土壤。

　　通过与江苏省土壤背景值（表 4-29）比较，20 个非耕作土、32 个小麦根系土和 32 个水稻根系土样品中元素 Cd 的含量超过背景值的样品数占总样品数的比例分别为 90%、100% 和 82.4%；对于元素 Cr 来讲，此比例分别为 10%、3.1% 和 0；对于元素 Cu 来讲，此比例分别为 35%、31.2%、14.7%；非耕作土、小麦根系土和水稻根系土样品中元素 Ni 的含量超过背景值的样品数占比分别为 80%、25% 和 17.7%；对于元素 Pb 来讲，此比例分别为 65%、93.8% 和 61.8%；对于元素 Zn 来讲，此比例分别为 90%、93.8% 和 100%。研究区土壤重金属含量超背景值的样品数占总样品数比例的大小顺序为：Zn（94.6%）>Cd（90.8%）>Pb（73.5%）>Ni（40.9%）>Cu（27.0%）>Cr（4.4%），此结果表明土壤中重金属已经存在显著的积累，尤其是元素 Cd、Pb 和 Zn 的积累更为剧烈，外部大量的重金属污染源已经进入此研究区土壤环境中。

表 4-29　土壤重金属元素的背景值、二级标准及其他地区的统计数据　（单位：mg/kg）

重金属	江苏省土壤背景值	二级标准	长三角	珠三角
Cd	0.13	0.3	0.19	0.32
Cr	77.8	200	79.1	79.2
Cu	22.3	100	24.7	55.9
Ni	26.7	50	31.9	32.0
Pb	26.2	300	23.8	55.8
Zn	62.6	250	82.9	102.3

注：引自文献 Chen 等（2017a）；Chen 等（2017b）；Wang 等（2015）；Lu 和 Feng（2012）。

　　通过与《土壤环境质量标准》（GB 15618—1995）的耕地二级标准（表 4-29）进行对比，可以发现非耕作土、小麦根系土和水稻根系土元素 Cd 的平均含量均高于国家二级标准，分别是国家二级标准的 1.37、1.90 和 1.63 倍，说明研究区内元素 Cd 的污染是比较严重的，已经受到外界污染源的强烈影响；三种土壤中元素 Cr、Cu、Ni 和 Pb 的平均含量均低于国家二级标准，三种土壤类型的样品中，高于国家二级标准的样点数均为 0，说明以上 4 种重金属元素的污染相对较轻，未超过保障农业生产和维护人体健康的土壤限制值；在 20 个非耕作土和 32 个小麦根系土样品中分别有 1 个和 2 个样品的元素 Zn 的含量高于国家二级质量标准，说明研究区内土壤元素 Zn 存在轻微污染，基本满足保障农业生产和人体健康的需求。

　　通过与长三角和珠三角土壤重金属的平均含量（表 4-29）进行对比发现，非耕作土、小麦根系土和水稻根系土中元素 Cd 的平均含量均高于上述两个区域，结果表明与其他地区相比，研究区内土壤中元素 Cd 污染比较严重，应该引起足够的重视。此外，元素

Pb 和 Zn 的平均含量略高于长三角和珠三角，说明相对于其他区域，研究区内这两类重金属已经存在一定的污染。研究区内土壤中元素 Cu、Ni 和 Cr 的含量略低于上述两个区域，相对于其他区域，此三类重金属的污染状况比较轻微。

通过比较三种土壤类型重金属元素的变异系数(表 4-30)可以发现，对于不同重金属元素，非耕作土、小麦根系土和水稻根系土元素含量的变异系数的大小关系不存在明显的规律。将三种土壤同一种元素含量的变异系数进行平均，可以发现 6 种重金属含量变异系数的大小排序为：Cd>Zn>Pb>Cu>Ni>Cr。此研究结果说明含量变异系数较高的 Cd、Pb、Cu 和 Zn 存在外部人为来源，而 Ni 和 Cr 外部人为来源较少。

表 4-30　土壤重金属含量的变异系数　　　　　　(单位：%)

土壤类型	Cd	Cr	Cu	Ni	Pb	Zn
非耕作土	73.65	24.18	29.47	31.43	38.50	79.37
小麦根系土	72.24	16.56	41.57	20.04	51.80	38.50
水稻根系土	108.72	21.34	35.57	19.12	24.86	29.01
平均值	84.87	20.69	35.54	23.53	38.39	48.96

为了探究研究区内 6 种重金属元素的空间分布特征，对研究区各样点的土壤元素 Cd、Cr、Cu、Ni、Pb 和 Zn 的含量进行反距离权重空间插值，插值结果如图 4-12 所示。从图 4-12 可以看出，Cd、Pb、Cu 和 Zn 的空间分布规律基本相似，高值区主要分布于研究区中东部的城镇区域和农田集中连片区；Cr 和 Ni 在整个研究区的分布相对均一，对于元素 Cr 来讲，研究区的西部林区含量较高，东部农田聚集区较低。

4.4.2.2　土壤重金属生物有效态含量分布特征

土壤重金属生物有效态含量占总量的比例可以反映重金属在土壤中的可移动性。土壤中重金属生物有效态含量占总量的比例如表 4-31 所示，小麦或水稻根系土中元素 Cd、Cr、Cu、Ni 和 Zn 的生物有效态含量占总量的比例高于非耕作土，而元素 Pb 则不是。小麦根系土中元素 Cd、Cr、Cu 和 Pb 生物有效态含量占总量的比例要高于水稻根系土，而 Ni 和 Zn 恰恰相反。非耕作土中重金属元素生物有效态的比例的大小顺序为：Pb>Cu>Cd>Zn>Ni>Cr，小麦根系土的大小顺序为：Pb>Cu>Cd>Zn>Ni>Cr，水稻根系土的大小顺序为：Cu>Pb>Cd>Zn>Ni>Cr。在三种土壤元素有效性大小排序中，除了 Cu 和 Pb 的大小排序不同之外，其他重金属的排序一致。此顺序可以看出，研究区内土壤 Pb 和 Cu 的可移动性相对较大，其中耕作土壤中 Cu 和 Pb 的生物有效态的比例均高于 50%，说明其具有非常明显的人为来源。研究区土壤 Cd 和 Zn 的可移动性次之，说明其具有部分人为来源。元素 Ni 和 Cr 的可移动性最小，其中三种土壤中元素 Cr 的生物有效态的比例均低于 10%，说明其人为外源输入比例较低。此外，值得注意的是，土壤中可移动性较大的元素极易被植物吸收，最终通过食物链进入人体，对人体健康造成极大的威胁。因此，研究区内土壤 Pb、Cu、Cd 和 Zn 是对人体健康造成威胁的关键性元素，需要足够重视，而 Cr 和 Ni 对人体造成的威胁相对较小。

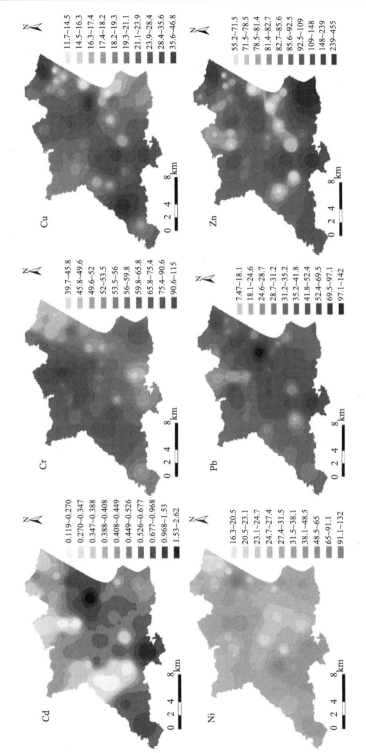

图 4-12　土壤重金属含量的空间分布特征 (单位: mg/kg)

表 4-31　土壤重金属生物有效态含量及比例

重金属元素	土壤类型	生物有效态含量			生物有效态含量/总量		
		范围/(mg/kg)	(平均值±方差)/(mg/kg)	变异系数/%	范围/%	(平均值±方差)/%	变异系数/%
Cd	非耕作土	0.01~0.71	0.16±0.16	99.61	7.64~50.97	33.93±12.12	35.71
	小麦根系土	0.11~1.54	0.25±0.25	98.16	27.26~75.16	43.02±10.31	24.06
	水稻根系土	0.02~1.43	0.21±1.74	135.04	4.38~71.40	41.41±13.8	32.80
Cr	非耕作土	0.37~3.21	1.11±0.72	64.42	0.53~4.24	1.80±1.15	63.95
	小麦根系土	0.60~1.85	1.27±0.26	20.01	1.29~3.62	2.36±0.46	19.35
	水稻根系土	0.61~3.10	0.97±0.43	44.34	1.38~7.33	2.21±1.03	46.54
Cu	非耕作土	2.98~22.63	8.22±5.66	68.77	14.02~71.14	37.06±17.53	47.31
	小麦根系土	7.45~34.00	14.85±7.09	47.76	38.92~83.26	65.19±10.29	15.78
	水稻根系土	2.25~28.65	11.36±5.28	46.48	15.04~79.75	60.01±11.65	19.42
Ni	非耕作土	0.41~12.49	2.16±2.73	126.41	1.04~27.20	6.57±6.21	94.51
	小麦根系土	1.16~4.18	2.64±0.77	29.29	4.43~22.64	11.25±4.05	36.00
	水稻根系土	1.30~4.31	2.60±0.77	29.53	6.59~22.80	12.21±3.99	32.73
Pb	非耕作土	5.60~43.88	17.27±9.09	52.60	29.15~104.79	56.31±17.25	30.64
	小麦根系土	12.51~91.84	26.84±13.61	50.73	50.66~82.56	67.72±6.97	10.30
	水稻根系土	4.39~29.85	16.52±6.41	38.80	18.30~73.48	52.41±11.95	22.80
Zn	非耕作土	4.19~203.79	24.49±44.05	179.85	5.91~44.79	16.63±9.87	59.34
	小麦根系土	9.32~59.10	18.92±11.44	60.46	10.09~29.39	19.79±4.72	23.87
	水稻根系土	10.54~64.47	18.88±9.55	50.58	8.46~31.96	21.13±5.21	24.65

与土壤重金属总量一样，本书通过反距离加权法对研究区内 6 种重金属元素生物有效态含量的空间分布进行了预测(图 4-13)。可以发现，这 6 种重金属元素的生物有效态含量均呈现东高西低的空间分布规律。研究区东部为城镇区，中部为农业集中连片区，其人类活动相对西部林区更为频繁，具有更多的重金属人为输入来源，因此，元素的可移动性更大。此外，可以发现元素 Cd 生物有效态含量的空间分布趋势与总量的分布极为相似，而元素 Cr 和 Ni 生物有效态含量东高西低的分布趋势与总量西高东低的分布趋势恰恰相反，元素 Cu、Pb 和 Zn 生物有效态含量分布趋势与总量的分布趋势存在一定的相似性。

4.4.2.3　土壤重金属元素间的相关关系

利用 SPSS 软件对研究区土壤 6 种重金属含量做皮尔逊相关分析，结果如表 4-32 所示。耕作土中元素 Cd、Cu、Pb 和 Zn 的总含量与其自身的生物有效态含量均存在极大的相关关系，其相关系数均在 0.9 以上，且在 0.01 水平上显著正相关；元素 Cr 的总含量与其生物有效态含量在 0.05 水平上显著正相关，相关系数 r=0.411。由表 4-32 还可以看出，元素 Cd、Cu 和 Pb 的总含量均达到两两显著相关关系，同时元素 Cd、Cu 和 Pb 的生物有效态含量也达到两两显著相关关系，可以说明以上 3 种元素可能具有同一污染源。此外，元素 Cr 的生物有效态含量与元素 Ni 的生物有效态含量存在一定的相关关系，说明两者可能存在相同来源。

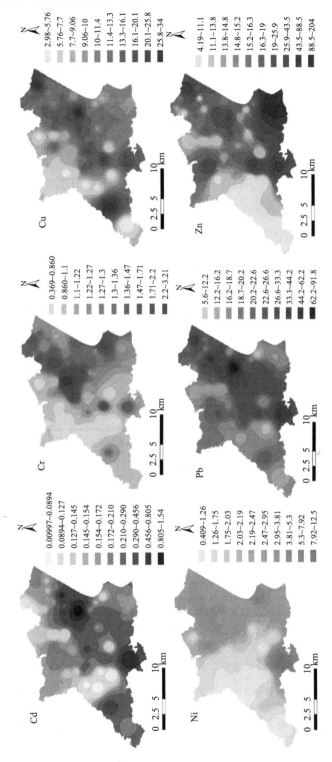

图 4-13 土壤重金属生物有效态含量的空间分布特征（单位：mg/kg）

　　非耕作土壤元素之间的相关关系与耕作土略有差异(表 4-33)。元素 Cd 与其自身生物有效态含量呈现显著相关关系，且相关系数为 0.520；元素 Zn 与其自身生物有效态含量呈现极显著相关关系(r=0.794)；元素 Cr 的总含量与 Cd 的总含量呈现显著负相关关系($r = -0.509$)；元素 Cr 的总含量与 Pb 的总含量呈现极显著负相关关系($r = -0.574$)；元素 Cd 和 Cu 的总含量与生物有效态含量均存在显著的两两相关关系；元素 Cr、Cu 和 Ni 的生物有效态含量存在极显著的两两相关关系。虽然元素 Zn 的总含量与其他元素均不存

表 4-32　耕作土重金属间的相关关系

	Cd-s	Cr-s	Cu-s	Ni-s	Pb-s	Zn-s	Cd-sa	Cr-sa	Cu-sa	Ni-sa	Pb-sa	Zn-sa
Cd-s	1	−0.012	**0.450****	0.246	**0.841****	0.079	**0.984****	0.005	**0.472****	−0.085	**0.818****	0.094
Cr-s		1	0.053	0.272	−0.194	−0.045	−0.057	**0.411***	−0.056	−0.066	−0.167	−0.238
Cu-s			1	−0.001	**0.617****	**0.763****	**0.502****	0.134	**0.953****	0.039	**0.636****	**0.683****
Ni-s				1	0.037	0.034	0.224	0.056	−0.049	−0.084	0.102	−0.130
Pb-s					1	0.345	**0.869****	−0.057	**0.640****	0.050	**0.979****	**0.406***
Zn-s						1	0.151	−0.001	**0.732****	0.070	**0.403***	**0.923****
Cd-sa							1	−0.061	**0.543****	−0.085	**0.845****	0.181
Cr-sa								1	0.086	**0.371***	−0.028	−0.142
Cu-sa									1	0.108	**0.655****	**0.686****
Ni-sa										1	0.022	0.154
Pb-sa											1	**0.441****
Zn-sa												1

　　注："Cd-s" 代表土壤中 Cd 的总含量，"Cd-sa" 代表土壤中 Cd 的生物有效态含量，元素 Cr、Cu、Ni、Pb 和 Zn 同上。**表示在 0.01 水平(双侧)上显著相关，*表示在 0.05 水平(双侧)上显著相关。

表 4-33　非耕作土重金属间的相关关系

	Cd-s	Cr-s	Cu-s	Ni-s	Pb-s	Zn-s	Cd-sa	Cr-sa	Cu-sa	Ni-sa	Pb-sa	Zn-sa
Cd-s	1	**−0.509***	**0.474****	0.052	**0.795****	0.273	**0.520***	0.434	**0.594****	**0.706****	0.258	**0.489***
Cr-s		1	−0.026	0.339	**−0.574****	−0.095	−0.021	−0.357	**−0.476****	−0.251	0.282	−0.254
Cu-s			1	0.341	**0.528***	0.130	0.217	0.408	0.418	0.322	0.249	0.310
Ni-s				1	0.080	0.096	−0.316	−0.026	−0.106	0.170	−0.192	−0.179
Pb-s					1	0.304	**0.556***	0.359	**0.591****	**0.462***	−0.019	**0.448***
Zn-s						1	0.273	0.129	0.383	0.256	−0.045	**0.794****
Cd-sa							1	−0.037	**0.462***	0.337	**0.544***	**0.461***
Cr-sa								1	**0.652****	**0.614****	−0.193	**0.467***
Cu-sa									1	**0.665****	0158	**0.697****
Ni-sa										1	0.197	**0.560***
Pb-sa											1	0.132
Zn-sa												1

　　注："Cd-s" 代表土壤中 Cd 的总含量，"Cd-sa" 代表土壤中 Cd 的生物有效态含量，元素 Cr、Cu、Ni、Pb 和 Zn 同上；**表示在 0.01 水平(双侧)上显著相关，*表示在 0.05 水平(双侧)上显著相关。

在任何相关性,但是元素 Zn 的生物有效态含量与 Cd 和 Pb 的总含量以及 Cd、Cr、Cu 和 Ni 的生物有效态含量均存在显著相关关系。

4.4.2.4　重金属与土壤属性间的相关关系

研究表明土壤的属性构成了重金属元素存在的环境要素,重金属含量的高低与土壤理化性质有着密不可分的关系(史贵涛,2009; 周生路,2011)。因此,本书除了探究重金属元素之间的相关关系,同时利用相同方法探究了土壤属性与重金属元素的相关关系。耕作土和非耕作土与土壤属性的相关关系如表 4-34 所示,结果表明非耕作土重金属含量与土壤属性不存在任何相关关系。耕作土中 Cr 的总含量与 CEC 和 pH 呈现显著相关关系,Cr 和 Ni 的生物有效态含量与 CEC 均在 0.01 水平上呈极显著正相关关系。可以发现,元素 Cr 和 Ni 受土壤属性的影响相对较大,这是否说明两者的来源主要是母质,还值得进一步验证。其他元素与土壤属性的相关关系均不大,形成这一现象的原因有待进一步探讨。

表 4-34　土壤重金属与属性间的相关关系

土壤类别	元素-含量	pH	CEC	EC	TOC	平均粒径
耕作土	Cd-s	0.222	0.123	0.287	0.132	0.033
	Cr-s	**0.444**[*]	**0.449**[**]	0.316	0.266	−0.223
	Cu-s	0.229	0.075	0.146	0.076	0.103
	Ni-s	0.041	0.040	0.024	−0.098	−0.131
	Pb-s	0.098	0.115	0.255	0.182	−0.038
	Zn-s	−0.008	−0.117	−0.086	−0.226	−0.113
	Cd-sa	0.199	0.081	0.216	0.122	0.072
	Cr-sa	0.215	**0.627**[**]	0.301	0.285	−0.334
	Cu-sa	0.123	0.049	0.075	0.067	0.184
	Ni-sa	−0.120	**0.457**[**]	0.130	0.032	−0.154
	Pb-sa	0.044	0.124	0.247	0.194	−0.062
	Zn-sa	−0.062	−0.242	−0.111	−0.309	−0.104
非耕作土	Cd-s	−0.379	0.169	0.019	−0.353	−0.083
	Cr-s	0.287	0.297	−0.231	0.235	−0.207
	Cu-s	−0.191	0.161	−0.024	−0.400	−0.136
	Ni-s	−0.037	0.177	0.209	−0.099	−0.120
	Pb-s	−0.205	0.043	0.154	−0.132	−0.170
	Zn-s	−0.084	0.059	−0.149	0.124	0.028
	Cd-sa	−0.321	−0.006	−0.290	0.128	−0.283
	Cr-sa	0.042	0.282	0.104	0.050	−0.169
	Cu-sa	−0.102	0.067	0.023	−0.031	0.012
	Ni-sa	−0.268	0.169	−0.058	−0.038	0.034
	Pb-sa	−0.199	0.105	−0.340	−0.196	−0.129
	Zn-sa	−0.088	0.010	−0.169	0.133	0.043

注："Cd-s" 代表土壤中 Cd 的总含量, "Cd-sa" 代表土壤中 Cd 的生物有效态含量, 元素 Cr、Cu、Ni、Pb 和 Zn 同上；**表示在 0.01 水平(双侧)上显著相关；*表示在 0.05 水平(双侧)上显著相关。

4.4.3　土壤重金属生态风险评价

4.4.3.1　综合污染指数评价结果

参照我国颁布的《耕地土壤环境质量标准》(GB 15618—1995)的二级标准，根据公式(4-5)和公式(4-6)计算出研究区三种土壤类型 6 种重金属元素的单因素污染指数(P_i)及综合污染指数(P_c)，如图 4-14 所示。三种土壤中元素 Cd 的污染指数最高，均大于 1，根据基于污染指数的土壤环境质量分级表(表 4-12)，可以看出研究区内土壤环境已经出现了 Cd 污染。除了非耕作土中元素 Ni 的污染指数大于警戒线 0.7，三种土壤类型中其他 5 种元素的污染指数均小于 0.7。此结果表明，除元素 Cd 以外，研究区内土壤虽然有重金属元素的积累，但是还未达到污染的水平。

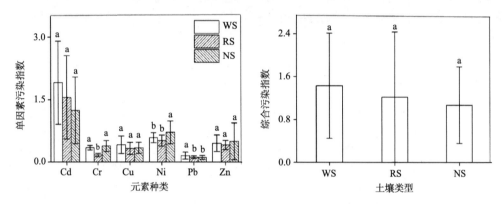

图 4-14　重金属元素的单因子污染指数(P_i)及综合污染指数(P_c)

注：不同的字母 a、b 和 c 代表在 0.05 水平上存在显著性差异；"WS"为小麦根系土，"RS"为水稻根系土，"NS"为非耕作土。

非耕作土、水稻根系土和小麦根系土重金属元素的综合污染指数分别为：1.07、1.22 和 1.43，可以看出，三种土壤类型重金属污染状况严重程度大小依次为：小麦根系土>水稻根系土>非耕作土。通过计算发现小麦根系土和水稻根系土即耕作土的平均综合污染指数为 1.33。与非耕作土相比，耕作土重金属的污染状况更为严重，这种情况应该引起足够重视，耕作土壤重金属极易通过作物进入人体，对人体的健康产生威胁。

4.4.3.2　潜在生态风险评价结果

根据公式(4-2)和公式(4-3)，计算得到研究区耕作土和非耕作土重金属的生态危害指数和潜在生态风险指数(表 4-35)。结合潜在生态风险因子分级表 4-7，得出研究区土壤各重金属元素的风险等级。结果表明，耕作土各重金属元素的平均生态危害指数大小排序为：Cd>Pb>Cu>Ni>Zn>Cr；非耕作土重金属元素的平均生态危害指数排序为：Cd>Ni>Pb>Cu>Zn>Cr。可以发现，研究区内耕作土和非耕作土中元素 Cd 的生态危害指数最高，分别 131.9 和 96.93，生态风险级别处于强风险状态，且耕作土元素 Cd 的生态危害指数高于非耕作土，因此，研究区内土壤尤其是耕作土中元素 Cd 的污染应引起有关部门的重视。其他 5 种元素的生态危害指数均低于 10，更低于中等污染的警戒线 40，说明土壤中其他 5 种重金属元素处于轻微污染风险状况，污染状况相对较轻。其中元素 Cr 的生态危害指数在两种土壤类型中均最低，其值均小于 2，说明土壤中元素 Cr 处于无风险状态。

耕作土和非耕作土中 6 种元素潜在生态风险指数(RI)平均值分别为 152.0 和 116.8，介于 100~200，属于强生态危害级别，其中耕作土和非耕作土中元素 Cd 的生态危害指数均对潜在生态风险指数的贡献率最大，贡献率分别为 86.8%和 83.0%。

表 4-35　土壤重金属生态危害指数(E_i)及潜在生态风险指数(RI)

土壤类型	参数	重金属	平均值	最大值	最小值	标准差	变异系数/%	污染等级
耕作土	E_i	Cd	131.9	604.4	64.16	95.26	72.22	强
		Cr	1.403	2.048	1.021	0.232	16.54	轻微
		Cu	5.093	10.50	2.619	2.117	41.57	轻微
		Ni	4.560	6.388	3.054	0.914	20.04	轻微
		Pb	7.592	27.04	4.057	3.933	51.80	轻微
		Zn	1.490	3.803	0.913	0.615	41.28	轻微
	RI	多种金属	152.0	649.5	84.57	99.79	65.65	强
非耕作土	E_i	Cd	96.93	330.3	28.37	71.39	73.65	强
		Cr	1.676	2.949	1.130	0.405	24.16	轻微
		Cu	4.715	7.921	2.823	1.389	29.46	轻微
		Ni	5.878	11.94	3.620	1.848	31.43	轻微
		Pb	5.866	11.65	1.426	2.259	38.51	轻微
		Zn	1.736	7.268	0.881	1.378	79.38	轻微
	RI	多种金属	116.8	361.7	46.45	74.20	63.53	强

4.4.3.3　风险评估编码评价结果

采用风险评估编码方法开展基于重金属形态的生态风险评价的研究，更能精确地反映重金属的真实污染情况，因为真正造成土壤污染并且通过食物链对人体产生威胁的是生物有效态重金属。研究区内耕作土和非耕作土重金属的生物有效态含量占总量的比例以及风险定级如表 4-36 所示。由表 4-36 可知，耕作土重金属生物有效态含量所占比例的大小顺序为：Pb>Cu>Cd>Zn>Ni>Cr，元素 Pb、Cu 和 Cd 的可移动性最高，比例大小为 43%~68%，根据风险评估编码的污染分级表可知(表 4-13)，风险等级分别为极高、极高和高，因此，这三种重金属元素所带来的生物生态风险最大。其次，元素 Zn 和 Ni 的生物有效态比例分别为 20%和 11%，属于中等风险级别。元素 Cr 生物有效态比例最低，不到 3%，处于低风险等级。综上，耕作土壤重金属风险程度的大小顺序为：Pb>Cu>Cd>Zn>Ni>Cr，可以说明研究区耕地元素 Pb、Cu 和 Cd 的生态风险等级为高或者极高，是研究区需要重点管控治理的重金属元素。

表 4-36　土壤重金属生物有效态比例及风险等级

土壤类型	重金属元素	生物有效态含量占总量比例/%	风险等级
耕作土	Cd	43.02±10.31	高
	Cr	2.36±0.46	低
	Cu	65.19±10.29	极高
	Ni	11.25±4.05	中等
	Pb	67.72±6.97	极高
	Zn	19.79±4.72	中等
非耕作土	Cd	33.93±12.12	高
	Cr	1.80±1.15	低
	Cu	37.06±17.53	高
	Ni	6.57±6.21	低
	Pb	56.31±17.25	极高
	Zn	16.63±9.87	中等

　　非耕作土生物有效态含量所占比例的大小顺序为：Pb>Cu>Cd>Zn>Ni>Cr，元素 Pb、Cu 和 Cd 的生物有效态比例均在 30%以上，风险等级为高或者极高；元素 Zn 的生物有效态比例为 16%，高于 10%，属于中等风险等级；元素 Ni 和 Cr 的生物有效态比例低，不到 10%，处于低风险等级。

4.4.4　土壤重金属健康风险评价

4.4.4.1　暴露剂量分析

　　土壤中的重金属进入人体的途径主要包括误食土壤以及皮肤接触土壤两种途径。误食土壤主要指人们无意中使得重金属随土壤颗粒从口腔直接进入消化系统而被体内吸收。皮肤接触土壤指土壤颗粒附着在皮肤表面使重金属被人体吸收的过程。根据公式 (4-8) 和公式 (4-9) 暴露风险模型，计算得出研究区内成人和儿童不同途径下日平均重金属暴露剂量，结果见表 4-37。对比以上两种暴露途径，土壤重金属日均暴露剂量排序为：误食>皮肤接触。在所研究的 6 种土壤重金属中，重金属元素通过误食途径进入儿童体内的日均剂量排序为：Zn>Cr>Pb>Ni>Cu>Cd，进入成人体内的日均剂量排序为：Zn>Cr>Ni≈Pb>Cu>Cd；皮肤接触途径中，儿童和成人的日均暴露剂量排序均为：Zn>Cr>Pb>Ni>Cu>Cd。此外，在重金属两种进入人体的途径中，对各种重金属元素来讲，儿童的日均暴露剂量均大于成人。

表 4-37　土壤重金属不同途径平均暴露剂量　　　　　[单位：mg/(kg·d)]

暴露量	群体	Cd	Cr	Cu	Ni	Pb	Zn
ADD_{ing}	儿童	$5.14×10^{-6}$	$2.92×10^{-4}$	$1.13×10^{-4}$	$1.40×10^{-4}$	$1.85×10^{-4}$	$5.34×10^{-4}$
	成人	$9.60×10^{-7}$	$5.46×10^{-5}$	$2.11×10^{-5}$	$3.46×10^{-5}$	$3.45×10^{-5}$	$9.98×10^{-5}$
ADD_{derm}	儿童	$5.58×10^{-9}$	$3.18×10^{-7}$	$1.23×10^{-7}$	$1.53×10^{-7}$	$2.01×10^{-7}$	$5.80×10^{-7}$
	成人	$9.49×10^{-10}$	$5.40×10^{-8}$	$2.09×10^{-8}$	$2.59×10^{-8}$	$3.41×10^{-8}$	$9.86×10^{-8}$

4.4.4.2　风险评价结果

根据公式(4-11)～公式(4-13)暴露剂量计算出研究区土壤中 6 种重金属污染的健康风险指数,见表 4-38。数据显示,比较这两种重金属进入途径下,除了元素 Cr 在食入途径下所造成的健康风险低于皮肤接触,其他重金属元素通过食入途径所引发的健康风险均大于皮肤接触,说明对于大多数元素来讲,食入途径是居民摄入土壤重金属的主要途径。在所研究的 6 种土壤重金属中,重金属元素在食入途径对儿童和成人造成健康风险排序均为:Pb>Ni>Cd>Cu>Zn>Cr;皮肤接触途径下成人和儿童的健康风险指数排序均为:Cr>Cd>Pb>Ni>Cu>Zn。通过观察表 4-38 中土壤重金属污染的 HQ、HI 数值可以发现,其值均远远小于 1,说明土壤重金属对人体的健康风险危害较小或现在还未出现明显伤害,但是仍应该引起重视,防止造成进一步的危害。

表 4-38　土壤重金属污染健康风险指数

元素	儿童			成人		
	HQ_{ing}	HQ_{derm}	HI_i	HQ_{ing}	HQ_{derm}	HI_i
Cd	$5.141×10^{-3}$	$5.581×10^{-4}$	$5.699×10^{-3}$	$9.603×10^{-4}$	$9.493×10^{-5}$	$1.055×10^{-3}$
Cr	$1.950×10^{-4}$	$5.293×10^{-3}$	$5.488×10^{-3}$	$3.642×10^{-5}$	$9.002×10^{-4}$	$9.370×10^{-4}$
Cu	$2.827×10^{-3}$	$1.023×10^{-5}$	$2.837×10^{-3}$	$5.281×10^{-4}$	$1.740×10^{-6}$	$5.298×10^{-4}$
Ni	$7.023×10^{-3}$	$2.824×10^{-5}$	$7.051×10^{-3}$	$1.312×10^{-3}$	$4.803×10^{-6}$	$1.317×10^{-3}$
Pb	$4.623×10^{-2}$	$3.824×10^{-4}$	$4.661×10^{-2}$	$8.636×10^{-3}$	$6.505×10^{-5}$	$8.701×10^{-3}$
Zn	$1.780×10^{-3}$	$9.664×10^{-6}$	$1.790×10^{-3}$	$3.326×10^{-4}$	$1.644×10^{-6}$	$3.342×10^{-4}$
$HI_{i,j}$			$6.948×10^{-2}$			$1.287×10^{-2}$

为了探究土壤哪种重金属对人体造成的危害最大,本书计算了不同重金属对人体造成的健康风险占总风险的比例(图 4-15),结果表明通过土壤进入人体的重金属中,元素 Pb 对人体造成的健康风险最大,其所占比例在 60%以上,其他 5 种重金属元素造成的健康风险较低,比例均在 10%及以下。通过土壤进入人体的重金属造成的健康风险排序为:Pb>Ni>Cd≈Cr>Cu>Zn。

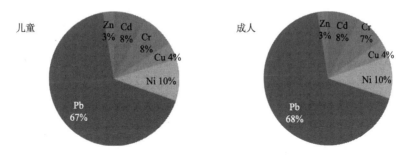

图 4-15　土壤不同重金属所造成的健康风险占总风险的比例

将研究区内土壤重金属污染的健康风险值进行反距离权重插值,大致可以得出全域的单元素健康风险值(HI_i)及 6 种重金属的综合健康风险指数($HI_{i,j}$)的空间分布图(图

4-16 和图 4-17），可以发现除元素 Zn 以外，成人和儿童 6 种重金属健康风险评价值的高值区域位于研究区的中部和东部，即位于城镇和城郊附近也就是研究区内人为活动相对比较剧烈的区域；而城镇和城郊以外的区域的健康风险评价值相对较低，原因是其人为活动影响较小，土壤的污染状况相对轻微。

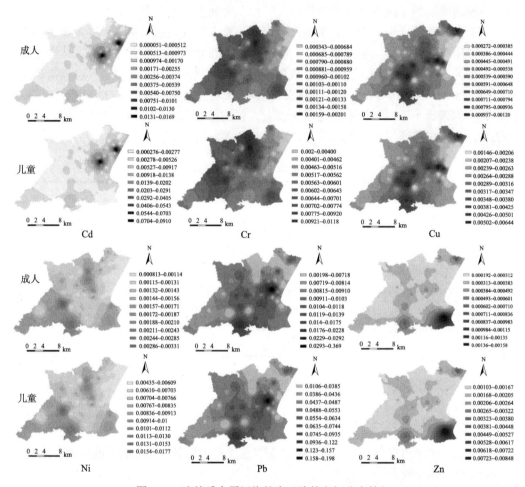

图 4-16　土壤重金属污染健康风险的空间分布特征

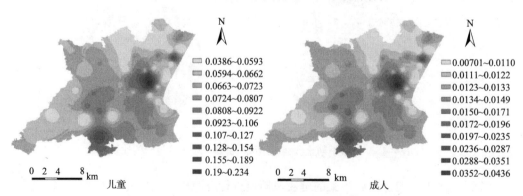

图 4-17　土壤重金属污染综合健康风险的空间分布特征

4.5　作物重金属污染特征与风险评价

4.5.1　小麦重金属污染特征与风险评价

4.5.1.1　小麦不同部位重金属的污染特征

1. 不同部位重金属含量及富集特征

表 4-39 中展示了研究区小麦不同部位重金属元素含量的统计特征。Cd 在小麦不同部位的平均含量顺序为：根＞叶＞茎＞籽粒，根中 Cd 的含量分别是籽粒、茎和叶的 6.67、2.94 和 1.67 倍；Cr 在小麦不同器官的平均含量顺序为：根＞叶＞茎＞籽粒，根中 Cr 的含量是籽粒、茎和叶的 33.64、10.57 和 2.78 倍；Ni 在小麦不同器官的平均含量顺序为：

表 4-39　小麦和水稻不同器官重金属元素含量和富集系数的统计特征

| 植株器官 | 元素种类 | 重金属元素含量 | | | | 元素富集系数 | |
| | | 范围 | | 平均值±方差 | | 平均值±方差 | |
		小麦	水稻	小麦	水稻	小麦	水稻
籽粒	Cd	0.04~0.72	0.02~0.63	0.15±0.15	0.15±0.10	0.25±0.13	0.58±0.54
	Cr	0.16~0.68	0.31~0.93	0.33±0.12	0.44±0.12	0.006±0.002	0.011±0.005
	Cu	1.36~7.32	2.77~8.87	5.41±1.35	5.11±1.26	0.27±0.11	0.30±0.10
	Ni	0.32~2.47	0.21~3.62	0.88±0.51	1.24±0.76	0.04±0.03	0.06±0.04
	Pb	0.26~1.78	0.20~1.18	0.54±0.30	0.45±0.25	0.015±0.01	0.015±0.007
	Zn	26.78~97.43	27.93~69.93	56.00±17.26	38.83±8.70	0.65±0.25	0.46±0.11
根	Cd	0.27~3.80	0.60~13.41	1.00±0.89	3.94±3.57	1.71±0.84	12.02±10.11
	Cr	3.62~29.00	2.47~14.71	11.10±5.42	8.09±2.88	0.21±0.10	0.19±0.10
	Cu	6.77~28.07	10.69~58.91	16.16±5.28	26.18±11.40	0.77±0.30	1.43±0.43
	Ni	2.87~19.45	5.07~20.41	9.09±3.75	10.56±3.78	0.38±0.16	0.49±0.16
	Pb	6.20~75.12	13.03~71.77	16.17±11.90	35.79±14.68	0.41±0.16	1.17±0.43
	Zn	35.18~305.31	57.00~188.28	86.86±48.48	94.01±29.81	0.94±0.31	1.10±0.32
茎	Cd	0.05~1.77	0.07~5.78	0.34±0.33	1.55±1.40	0.61±0.51	5.45±5.32
	Cr	0.27~3.45	0.25~2.42	1.05±0.78	0.61±0.37	0.02±0.01	0.01±0.01
	Cu	1.56~5.74	3.40~55.70	3.21±1.22	13.96±11.81	0.16±0.07	0.73±0.55
	Ni	0.27~5.88	0.50~3.99	2.50±1.92	1.74±1.12	0.10±0.08	0.08±0.05
	Pb	0.43~7.79	0.40~3.20	2.33±2.31	1.24±0.79	0.06±0.05	0.04±0.03
	Zn	7.77~144.87	22.77~429.82	36.81±29.34	186.58±101.58	0.39±0.23	2.19±1.21
叶	Cd	0.20~2.44	0.06~2.40	0.60±0.54	0.66±0.55	1.04±0.47	2.37±2.42
	Cr	2.20~7.12	0.50~2.67	4.00±1.33	1.38±0.53	0.07±0.02	0.03±0.01
	Cu	3.50~15.35	1.38~12.61	6.24±2.36	5.70±2.53	0.30±0.13	0.32±0.14
	Ni	1.48~6.68	0.65~13.25	3.83±1.44	3.04±2.76	0.16±0.07	0.14±0.11
	Pb	3.19~18.98	1.35~5.92	8.51±4.04	3.08±1.00	0.23±0.12	0.10±0.04
	Zn	29.13~172.15	41.84~94.03	59.26±28.79	60.96±13.33	0.66±0.28	0.72±0.20

根＞叶＞茎＞籽粒，根中 Ni 的含量是籽粒、茎和叶的 10.33、3.64 和 2.37 倍；Pb 在小麦不同器官的平均含量顺序为：根＞叶＞茎＞籽粒，根中 Pb 的含量是籽粒、茎和叶的 29.94、6.94 和 1.90 倍；小麦不同器官元素 Cu 的平均含量顺序为：根＞叶＞籽粒＞茎，根中 Cu 的含量是籽粒、茎和叶的 2.99、5.03 和 2.59 倍；Zn 在小麦不同器官的平均含量顺序为：根＞叶＞籽粒＞茎，根中 Zn 的含量是籽粒、茎和叶的 1.55、2.36 和 1.47 倍。因此，小麦不同部位元素 Cd、Cr、Ni 和 Pb 的平均含量的大小顺序为：根＞茎叶＞籽粒，Cu 和 Zn 的平均含量的大小顺序为：根＞籽粒＞茎叶。王祖伟和王中良(2014)在研究小麦不同部位 Cd、Cr、Cu、Ni、Pb 和 Zn 的平均含量时发现相同的规律。

由表 4-39 可知小麦籽粒对土壤中六种重金属元素的富集能力从高到低依次为：Zn(0.65)＞Cu(0.27)＞Cd(0.25)＞Ni(0.04)＞Pb(0.015)＞Cr(0.006)。在六种重金属元素中，小麦籽粒对 Zn 元素的富集能力最强，对 Cr 的富集能力最弱，对 Cu 和 Cd 的富集能力较强，对 Pb 和 Ni 的富集能力较弱。小麦根系对土壤中六种重金属元素的富集能力从高到低依次为：Cd(1.71)＞Zn(0.94)＞Cu(0.77)＞Pb(0.41)＞Ni(0.38)＞Cr(0.21)。在六种重金属元素中，小麦根系对 Cd 元素的富集能力最强，对 Cr 的富集能力最弱，对 Cu 和 Zn 的富集能力较强，对 Pb 和 Ni 的富集能力较弱。此研究结果与王祖伟和王中良(2014)的研究结果相似。小麦茎对土壤中六种重金属元素的富集能力从高到低依次为：Cd(0.61)＞Zn(0.39)＞Cu(0.16)＞Ni(0.10)＞Pb(0.06)＞Cr(0.02)。在六种重金属元素中，小麦茎对 Cd 元素的富集能力最强，对 Cr 的富集能力最弱，对 Cu 和 Zn 的富集能力较强，对 Pb 和 Ni 的富集能力较弱。小麦叶对土壤中六种重金属元素的富集能力从高到低依次为：Cd(1.04)＞Zn(0.66)＞Cu(0.30)＞Pb(0.23)＞Ni(0.16)＞Cr(0.07)。在六种重金属元素中，小麦叶对 Cd 元素的富集能力最强，对 Cr 的富集能力最弱，对 Cu 和 Zn 的富集能力较强，对 Pb 和 Ni 的富集能力较弱。小麦不同器官对元素 Cd、Cr、Ni 和 Pb 的富集能力的大小顺序为：根＞叶＞茎＞籽粒，对元素 Cu 和 Zn 的富集能力大小顺序为：根＞叶＞籽粒＞茎。

在作物体中，最引人关心的是可食部分重金属的含量状况。因此，本书主要探究小麦籽粒重金属的空间分布特征。为了反映小麦籽粒中各种重金属含量的空间分布状况，进而揭示研究区籽粒各种重金属含量的空间分布规律与成因，采用 ArcGIS 软件中反距离权重插值方法对各重金属含量进行最优内插，结果见图 4-18。可以看出小麦籽粒中元素 Cd、Cu、Pb 和 Zn 的含量在空间上表现出东部城镇区域较高，西部森林区域较低的特点。小麦籽粒中元素 Cr 和 Ni 的含量在空间上的变化相对不剧烈，在整个研究区的分布较为均匀。小麦籽粒中重金属元素的分布状况与土壤中元素的分布状况有相似之处(图 4-12)，尤其是元素 Cd 的分布状况高度一致，可以看出小麦籽粒元素的 Cd 含量可能与土壤 Cd 的含量有较大相关性。

2. 小麦籽粒不同重金属的相关关系

采用皮尔逊相关分析来探讨小麦籽粒不同重金属之间的相关关系(表 4-40)，可以看出籽粒中元素 Zn 与 Cd、Cu 和 Ni 具有显著的正相关关系，此结果与黄明丽(2007)的研究结果相似。Pb 与 Cu 具有显著的负相关关系。除此之外，其他元素的相关关系较弱。出现此类结果的原因可能是不同重金属对植物体生理生化作用产生不同影响以及小麦有机体对不同重金属的吸收机理不同。

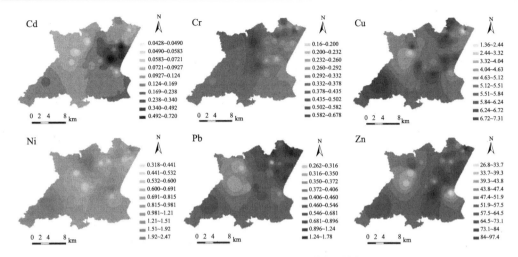

图 4-18　小麦籽粒重金属元素空间分布特征(单位：mg/kg)

表 4-40　小麦籽粒重金属间的相关关系

	Cd	Cr	Cu	Ni	Pb	Zn
Cd	1	−0.271	0.194	0.027	−0.047	**0.482****
Cr		1	−0.211	0.259	0.110	−0.171
Cu			1	0.335	**−0.467****	**0.531****
Ni				1	−0.108	**0.393***
Pb					1	−0.049
Zn						1

**表示在 0.01 水平(双侧)上显著相关；*表示在 0.05 水平(双侧)上显著相关

3. 小麦籽粒重金属与土壤理化性质的相关关系

研究籽粒重金属含量与土壤理化性质的相关关系，有助于探究籽粒重金属污染与土壤环境条件的响应关系，以便进一步寻找污染源并制定相应的治理措施。

小麦籽粒重金属含量与土壤理化性质及大气降尘的相关关系见表 4-41。结果表明，除了元素 Zn 与土壤 pH 有显著相关关系以外($r = -0.439$，$p < 0.05$)，小麦籽粒中重金属元素的含量与土壤属性(pH、CEC、EC、TOC 和平均粒径)均不具有明显的相关关系，此结果与周生路等(2008)的研究结果相似，其发现苏南某地区小麦籽粒重金属含量与土壤属性(pH、有机质含量、CEC、黏粒、粉砂和砂粒含量)的相关性不大。小麦籽粒中元素 Cd 的含量与土壤中 Cd 的含量及生物有效态含量具有极显著正相关关系，与大气降尘中元素 Cd 的含量及土壤的理化性质相关性不大，但是其与土壤和大气降尘中 Ni 的含量、土壤中 Pb 的含量及生物有效态含量、大气降尘中 Pb 的含量以及大气降尘中 Zn 的含量呈现极显著相关关系；小麦籽粒中元素 Cr 的含量与土壤中元素 Cr 的含量和生物有效态含量、土壤理化性质及大气降尘中 Cr 的含量相关性不大，但其与土壤中 Ni 的生物有效态含量及大气降尘中 Pb 的含量呈现显著相关关系；小麦籽粒中元素 Cu 和 Ni 的含量与土壤中重金属元素的含量和生物有效态含量、土壤理化性质及大气降尘中重金属含量的

表 4-41 小麦籽粒重金属含量与土壤理化性质及大气降尘重金属含量的相关关系

	Cd-s	Cr-s	Cu-s	Ni-s	Pb-s	Zn-s	Cd-sa	Cr-sa	Cu-sa	Ni-sa	Pb-sa	Zn-sa	Cd-d	Cr-d	Cu-d	Ni-d	Pb-d	Zn-d	pH	CEC	EC	TOC	平均粒径
Cd-g	0.828**	-0.045	0.250	0.535**	0.604**	0.029	0.835**	-0.014	0.299	-0.047	0.601**	0.032	-0.084	-0.281	0.075	-0.540**	-0.543**	0.654**	-0.022	-0.007	-0.004	-0.056	0.036
Cr-g	-0.260	-0.026	-0.044	-0.199	-0.082	-0.128	-0.232	-0.164	-0.008	0.376*	-0.167	0.043	0.296	0.144	0.013	0.207	0.403*	-0.265	0.051	-0.014	0.121	0.089	0.057
Cu-g	0.092	-0.198	-0.044	-0.151	0.087	-0.264	0.125	-0.015	-0.004	-0.086	0.074	-0.298	0.011	-0.033	-0.038	-0.244	-0.099	0.171	-0.208	0.050	-0.200	0.260	0.177
Ni-g	0.029	-0.195	0.221	-0.129	0.093	0.081	0.069	-0.151	0.285	0.111	0.056	0.113	0.197	0.119	-0.053	-0.038	0.161	-0.019	-0.125	-0.214	0.017	-0.065	0.225
Pb-g	-0.109	-0.043	0.386*	-0.016	0.045	0.521**	-0.101	0.240	0.369*	0.274	0.063	0.572**	-0.176	0.204	-0.253	0.000	0.426*	-0.039	-0.135	-0.014	0.039	-0.346	0.027
Zn-g	0.243	-0.268	0.169	0.084	0.264	0.206	0.309	-0.313	0.260	-0.059	0.281	0.261	-0.001	0.028	-0.028	-0.308	-0.198	0.34	-0.439*	-0.293	-0.330	-0.150	0.262

注："Cd-g"代表籽粒中 Cd 的含量，"Cd-s"代表土壤中 Cd 的含量，"Cd-sa"代表土壤中 Cd 的生物有效态含量，"Cd-d"代表大气降尘中 Cd 的含量，Cr、Cu、Ni、Pb 和 Zn 同上。另外，**表示在 0.01 水平（双侧）上显著相关，*表示在 0.05 水平（双侧）上显著相关。

相关性均不大；小麦籽粒中元素 Pb 的含量与土壤中 Cu 和 Zn 的含量及生物有效态含量、大气降尘中 Pb 的含量具有一定的相关关系；籽粒中元素 Zn 的含量除与土壤的 pH 具有一定的相关关系，与其他指标均不存在相关关系。综合来看，小麦籽粒重金属含量与土壤和大气降尘重金属含量、土壤理化性质的关系较为复杂，反映了外源污染和小麦有机体内部反应的相关关系。

4.5.1.2 小麦籽粒重金属生态风险评价

参照我国颁布的关于粮食重金属的限量标准，根据公式(4-5)和公式(4-6)计算出小麦籽粒中单因素污染指数及综合污染指数(图 4-19)。

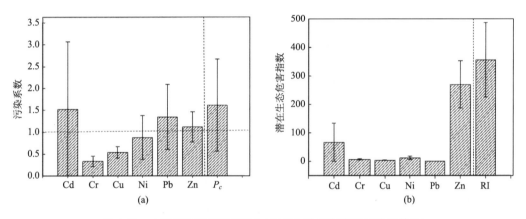

图 4-19 小麦籽粒的污染指数(a)及潜在生态危害及风险指数(b)

小麦籽粒单一重金属的污染指数及综合污染指数如图 4-19(a)所示，6 种重金属污染指数由大到小排序为：Cd>Pb>Zn>Ni>Cu>Cr，其中 Cd、Pb 和 Zn 的污染指数均超过 1，分别为：1.52、1.35 和 1.12，处于轻度污染范围；Ni 的污染指数为 0.88，超过警戒线 0.7；Cr 的污染指数最低，为 0.33。这 6 种重金属的综合污染指数为 1.62，高于 1，已经达到污染水平。

根据公式(4-2)和公式(4-3)，计算得到研究区小麦籽粒中各重金属的潜在生态危害及风险指数[图 4-19(b)]。结合潜在生态风险因子分级表(表 4-7)，得出研究区各重金属元素的风险等级。可以发现，小麦籽粒中 Zn 的生态危害指数最高，为 269.2，生态风险级别处于很强风险状态，应引起有关部门的重视；其次，Cd 的生态危害指数为 66.1，高于 50，处于中等风险状态；再次，Ni 的生态危害指数为 11.1，处于轻微风险状态，Cr、Cu 和 Pb 的生态危害指数均低于 10，其中 Pb 的生态危害指数最低，为 0.05，基本处于无风险状态。6 种元素综合潜在生态风险指数(RI)为 355.3，介于 200～400，处于很强生态危害级别，其中 Zn 的潜在生态风险指数对综合潜在生态风险指数的贡献率最大，约占 75.8%。

比较两种污染评价方法可知，参照苏南作物重金属背景值的潜在生态风险指数法计算出的 Pb 的生态风险系数虽然很低，但是通过与我国颁布的关于粮食重金属的限量标准进行比对发现，Pb 的含量远远高于此标准。可以看出，苏南作物的 Pb 的背景值相对全国是比较高的，研究区内小麦籽粒的 Pb 污染是非常值得重视的。

4.5.1.3　小麦籽粒重金属健康风险评价

1. 暴露剂量分析

小麦重金属进入人体的途径只有摄入途径。根据公式(4-9)的暴露风险模型，计算得出研究区内摄食小麦籽粒重金属暴露剂量，结果见表 4-42。由表 4-42 可知，成人对 6 种重金属的日均摄入量都小于儿童，主要是因为儿童的体重相对较轻，使得分担到单位体重所摄取的重金属量就相对较大，即在相同的暴露浓度条件下，儿童比成人的重金属摄入量更大，更易遭受重金属的危害。在所研究的 6 种小麦籽粒重金属中，儿童和成人通过日均摄入重金属量的排序均为：Zn>Cu>Ni>Pb>Cr>Cd。

表 4-42　小麦籽粒重金属日均摄入量　　　　　　　[单位：mg/(kg·d)]

群体	Cd	Cr	Cu	Ni	Pb	Zn
儿童	3.01×10^{-4}	6.58×10^{-4}	1.07×10^{-2}	1.74×10^{-3}	1.07×10^{-3}	1.11×10^{-1}
成人	2.74×10^{-4}	5.99×10^{-4}	9.74×10^{-3}	1.59×10^{-3}	9.71×10^{-4}	1.01×10^{-1}

2. 健康风险评价

根据公式(4-11)～公式(4-13)计算出研究区小麦籽粒中 6 种重金属污染的健康风险指数(表 4-43)。结果表明，在所研究的 6 种重金属中，通过摄食小麦籽粒，重金属元素对儿童和成人产生的健康风险指数排序均为：Zn>Cd>Pb≈Cu>Ni>Cr。通过观察小麦籽粒单个重金属污染的 HQ 可以发现，其值均小于 1，但是这 6 种重金属的综合风险值(HI)是大于 1 的，说明小麦籽粒重金属对人体的健康风险应该引起重视，防止造成进一步的危害。

表 4-43　摄食小麦籽粒途径单一元素的健康风险及综合健康风险

元素的健康风险	儿童	成人
HQ_{Cd}	3.01×10^{-1}	2.74×10^{-1}
HQ_{Cr}	4.39×10^{-4}	4.00×10^{-4}
HQ_{Cu}	2.67×10^{-1}	2.43×10^{-1}
HQ_{Ni}	8.71×10^{-2}	7.92×10^{-2}
HQ_{Pb}	2.67×10^{-1}	2.43×10^{-1}
HQ_{Zn}	3.69×10^{-1}	3.36×10^{-1}
HI	1.29	1.18

为了探究摄入小麦籽粒途径下，哪种重金属对人体造成的伤害最大，本书计算了不同重金属对人体造成的健康风险占总风险的比例(图 4-20)，结果表明通过小麦籽粒进入人体的重金属中，元素 Cd、Cu、Zn 和 Pb 对人体造成的健康风险大致相同，占比均在 20%以上。其次，Ni 对人体造成的健康风险所占比例均在 7%左右，小麦籽粒的元素 Cr 基本对人体不产生健康风险。

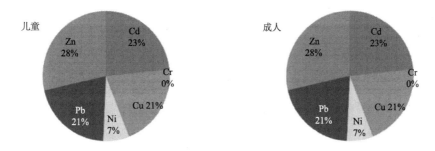

图 4-20　不同重金属对人体造成的健康风险占总风险的比例

将研究区内 32 个小麦籽粒样点的成人和儿童单一元素健康风险值(HQ)及 6 种重金属综合健康风险值(HI)进行反距离权重插值，大致可以预测研究区成人和儿童通过摄入小麦籽粒重金属的健康风险值的空间分布(图 4-21 和图 4-22)，可以发现成人和儿童 6 种重金属综合健康风险的高值区域位于研究区的东中部区域，综合健康风险值最高值大于 2。

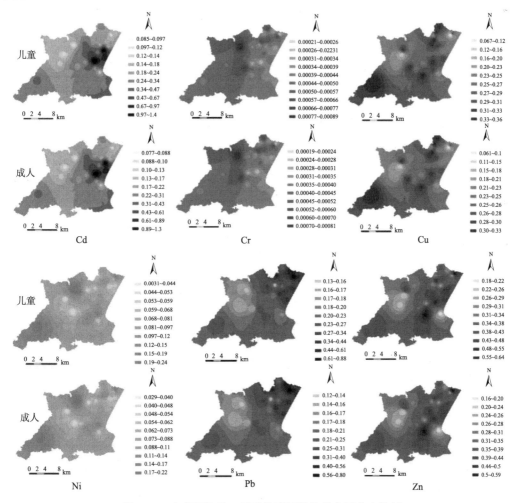

图 4-21　小麦籽粒单一元素健康风险值的空间分布特征

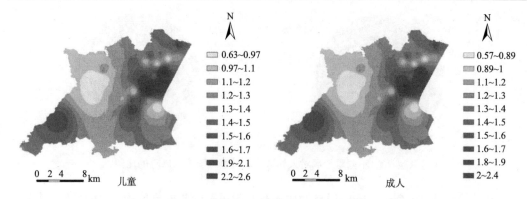

图 4-22　小麦籽粒重金属综合健康风险值的空间分布特征

4.5.2　水稻重金属污染特征和风险评价

4.5.2.1　水稻不同部位重金属的污染特征

1. 不同部位重金属含量及富集特征

研究区农田土壤水稻不同器官中重金属元素的监测结果表明，Cd 和 Cu 在水稻不同部位的平均含量顺序均为：根＞茎＞叶＞籽粒，根系中 Cd 的含量分别是籽粒、茎和叶的 26.27、2.54 和 5.97 倍，根系中 Cu 的含量是籽粒、茎和叶的 5.12、1.88 和 4.59 倍；Cr、Ni 和 Pb 在水稻不同器官的平均含量顺序为：根＞叶＞茎＞籽粒，根中 Cr 的含量是籽粒、茎和叶的 18.39、13.26 和 5.86 倍，根中 Ni 的含量是籽粒、茎和叶的 8.52、6.07 和 3.47 倍，根中 Pb 的含量是籽粒、茎和叶的 79.53、28.86 和 11.62 倍（表 4-39）。通过研究发现，以上 5 种元素在水稻根中的含量最高，茎叶次之，籽粒最低。与以上 5 种元素不同的是，元素 Zn 在水稻茎中的含量最高，不同部位平均含量的顺序为：茎＞根＞叶＞籽粒，茎中 Zn 的含量为籽粒、茎和叶的 4.81、1.98 和 3.06 倍。

水稻籽粒对土壤中 6 种重金属元素的富集能力从高到低依次为：Cd(0.58)＞Zn(0.46)＞Cu(0.30)＞Ni(0.06)＞Pb(0.015)＞Cr(0.011)。在 6 种重金属元素中，水稻籽粒对 Cd 元素的富集能力最强，对 Cr 的富集能力最弱，对 Cu 和 Zn 的富集能力较强，对 Pb 和 Ni 的富集能力较弱。水稻根系对土壤中 6 种重金属元素的富集能力从高到低依次为：Cd(12.02)＞Cu(1.43)＞Pb(1.17)＞Zn(1.10)＞Ni(0.49)＞Cr(0.19)。在 6 种重金属元素中，水稻根对 Cd 元素的富集能力最强，富集系数为 12.02，对 Cr 的富集能力最弱，对 Cu 和 Pb 的富集能力较强，对 Zn 和 Ni 的富集能力较弱。水稻茎对土壤中 6 种重金属元素的富集能力从高到低依次为：Cd(5.45)＞Zn(2.19)＞Cu(0.73)＞Ni(0.08)＞Pb(0.04)＞Cr(0.01)。在 6 种重金属元素中，水稻茎对 Cd 元素的富集能力最强，对 Cr 的富集能力最弱，对 Cu 和 Zn 的富集能力较强，对 Pb 和 Ni 的富集能力较弱。水稻叶对土壤中 6 种重金属元素的富集能力从高到低依次为：Cd(2.37)＞Zn(0.72)＞Cu(0.32)＞Ni(0.14)＞Pb(0.10)＞Cr(0.03)。在 6 种重金属元素中，水稻叶对 Cd 元素的富集能力最强，对 Cr 的富集能力最弱，对 Cu 和 Zn 的富集能力较强，对 Pb 和 Ni 的富集能力较弱。水稻不同器官对元素 Cd 和 Cu 的富集能力的大小顺序为：根＞茎＞叶＞籽粒，对元素 Ni 和 Pb 的富集能力大小顺序为：根＞叶＞茎＞籽粒，对元素 Zn 的富集能力大小顺序为：茎＞根＞叶＞籽粒。

　　为了探究水稻籽粒中各重金属含量的空间分布特征，与小麦籽粒的分析相同，采用反距离权重插值方法对各重金属含量进行最优内插，用 ArcGIS 软件绘制重金属元素含量的空间分布格局(图 4-23)。可以看出水稻籽粒中 6 种重金属元素的高值区均位于研究区东部的城镇区和中部的农业集中连片区。水稻籽粒中重金属元素的空间分布状况与土壤中元素的空间分布状况相似(图 4-12)，尤其是元素 Cd 的分布更为一致，可以看出水稻籽粒 Cd 元素的含量可能与土壤 Cd 的含量存在一定的相关性。

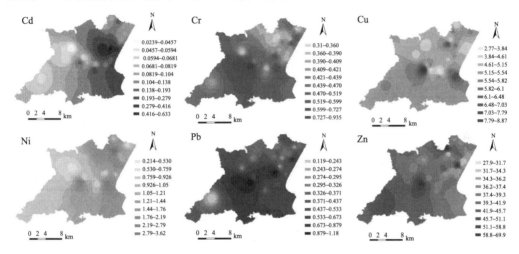

图 4-23　水稻籽粒重金属元素空间分布特征(单位：mg/kg)

2. 水稻籽粒不同重金属的相关关系

　　采用皮尔逊相关分析来探讨水稻籽粒不同重金属之间的相关关系(表 4-44)，可以看出水稻籽粒中元素 Cr 与 Cu 和 Pb 具有显著的正相关关系，Ni 与 Cu 具有显著的正相关关系，黄明丽(2007)的研究也发现苏南某地水稻籽粒中 Ni 与 Cu 呈现显著相关关系。除此之外，其他元素的相关关系较弱。

表 4-44　水稻籽粒重金属间的相关关系

	Cd	Cr	Cu	Ni	Pb	Zn
Cd	1	−0.038	0.215	0.076	0.063	−0.149
Cr		1	**0.454**[**]	0.231	**0.736**[**]	0.206
Cu			1	**0.461**[**]	0.093	0.194
Ni				1	−0.034	0.324
Pb					1	0.027
Zn						1

**表示在 0.01 水平(双侧)上显著相关；*表示在 0.05 水平(双侧)上显著相关

3. 水稻籽粒重金属与土壤理化性质的相关关系

　　水稻籽粒重金属含量与土壤理化性质及大气降尘的相关关系见表 4-45。可以发现，

表 4-45 水稻籽粒重金属元素含量与土壤和大气重金属含量以及土壤属性的相关关系

	Cd-s	Cr-s	Cu-s	Ni-s	Pb-s	Zn-s	Cd-sa	Cr-sa	Cu-sa	Ni-sa	Pb-sa	Zn-sa	Cd-d	Cr-d	Cu-d	Ni-d	Pb-d	Zn-d	pH	CEC	EC	TOC	平均粒径
Cd-g	0.512**	0.153	-0.084	-0.126	0.069	-0.126	0.734**	-0.029	-0.035	0.157	0.148	0.046	-0.005	-0.446**	0.204	-0.552*	-0.617***	0.657**	-0.203	0.177	-0.029	-0.165	-0.008
Cr-g	0.054	-0.228	0.153	-0.173	251	-0.050	-0.046	-0.172	0.206	-0.161	0.174	0.033	-0.214	0.117	0.018	0.048	-0.033	-0.059	0.248	-0.165	-0.025	0.028	0.017
Cu-g	-0.285	0.103	0.333	-0.058	0.124	0.227	-0.080	0.021	0.270	-0.047	0.090	0.165	-0.276	0.008	-0.123	0.020	-0.015	-0.137	0.032	0.035	-0.113	-0.025	-0.101
Ni-g	-0.327	-0.110	-0.065	0.070	-0.318	-0.180	0.230	0.028	-0.025	0.353*	-0.266	-0.180	-0.3	0.032	-0.282	0.101	0.028	-0.165	-0.209	-0.023	0.169	-0.285	-0.14
Pb-g	0.322	0.073	0.233	-0.008	0.036	0.031	0.125	-0.209	0.282	-0.012	0.214	0.169	-0.169	0.059	0.111	-0.258	0.360*	0.305	0.407*	-0.023	0.126	0.187	-0.076
Zn-g	-0.253	-0.153	0.267	0.204	0.086	0.164	-0.111	0.061	0.189	-0.219	0.055	0.066	-0.068	0.166	-0.089	0.037	0.135	-0.135	0.328	-0.048	0.320	-0.021	-0.262

注："Cd-g"代表籽粒中 Cd 的含量，"Cd-s"代表土壤中 Cd 的含量，"Cd-sa"代表土壤中 Cd 的生物有效态含量，"Cd-d"代表大气降尘中 Cd 含量，Cr、Cu、Ni、Pb 和 Zn 同上；**表示在 0.01 水平（双侧）上显著相关；*表示在 0.05 水平（双侧）上显著相关。

水稻籽粒中重金属元素的含量与土壤属性(CEC、EC、TOC 和平均粒径)大部分不具有明显的相关关系,此研究结果与周生路(2011)的研究结果相似,也就是苏南某地区水稻籽粒重金属含量与土壤属性(有机质含量、CEC、黏粒、粉砂和砂粒含量)的相关性不大。水稻籽粒中元素 Cr、Cu 和 Zn 与土壤中重金属元素的含量和生物有效态含量、土壤理化性质及大气降尘中重金属含量的相关性均不大,说明以上三种重金属的含量可能主要受自身有机体的生理生化作用影响;水稻籽粒中 Cd 的含量与土壤中 Cd 的含量及生物有效态含量具有极显著正相关关系,与大气降尘中元素 Cd 的含量及土壤的理化性质相关性不大,但是其与大气降尘中 Cr、Ni、Pb 和 Zn 的含量呈现显著相关关系;水稻籽粒中 Ni 的含量与土壤中 Ni 的生物有效态含量呈现显著相关关系,与其他指标的相关性较弱;水稻籽粒中元素 Pb 的含量与大气降尘中 Pb 的含量和土壤的 pH 具有一定的相关关系,与其他指标均不存在相关关系。综合来看,水稻籽粒重金属含量与土壤和大气降尘重金属含量、土壤理化性质的关系较为复杂,反映了外源污染和水稻有机体内部反应的相关关系。

4.5.2.2　水稻籽粒重金属生态风险评价

水稻籽粒单一重金属的污染指数及综合污染指数如图 4-24(a)所示,6 种重金属污染指数由大到小排序为:Ni>Pb>Zn>Cd>Cu>Cr,其中 Ni 和 Pb 的污染指数均超过 1,分别为 1.25 和 1.11;Zn 和 Cd 的污染指数分别为 0.78 和 0.77,高于污染的警戒值 0.7;Cr 的污染指数最低,为 0.44。这 6 种重金属的综合污染指数为 1.32,高于 1,已经达到污染水平。

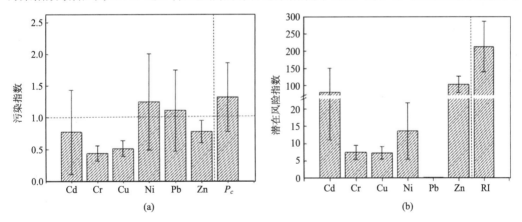

图 4-24　水稻籽粒的污染指数(a)及潜在生态危害及风险指数(b)

水稻籽粒中重金属的潜在生态危害及风险指数如图 4-24(b)所示。结合潜在生态风险程度分级(表 4-7),得出研究区各重金属元素的风险等级。可以发现,水稻籽粒中 Zn 的生态危害指数最高,为 103.1,生态风险级别处于强风险状态;其次,Cd 的生态危害指数为 81.1,高于 80,依然处于强风险状态;再次,Ni 的生态危害指数为 13.6,处于轻微风险状态;Cr、Cu 和 Pb 的生态危害指数均低于 10,其中 Pb 的生态危害指数最低,为 0.06,基本处于无风险状态。6 种元素综合潜在生态风险指数(RI)为 212.6,介于 200~400,处于很强生态危害级别,其中 Zn 的潜在生态风险指数对综合潜在生态风险指数的贡献率最大，约占 45.8%。

与小麦籽粒污染评价结果相似的是，参照苏南作物重金属背景值的潜在生态风险指数法计算出的水稻籽粒 Pb 的生态风险系数虽然很低，但是通过与我国颁布的关于粮食重金属的限量标准进行比对发现，水稻籽粒 Pb 的污染指数(1.11)高于此标准。可以看出，研究区内水稻籽粒的 Pb 污染仍是非常值得重视的。

4.5.2.3 水稻籽粒重金属健康风险评价

1. 暴露剂量分析

水稻籽粒重金属进入人体的方式只有摄入途径。根据公式(4-9)的暴露风险模型，计算得出研究区内摄食水稻籽粒重金属暴露剂量，结果见表 4-46。从 6 种重金属的日均摄入量来看(表 4-46)，儿童和成人日均摄入重金属量的排序均为：Zn>Cu>Ni>Pb>Cr>Cd，不同暴露人群 Zn 的摄入量最大，成人在 0.12～0.29，儿童的在 0.13～0.32，对 Cd 的摄入量最小。此外，通过摄取水稻籽粒，儿童比成人摄入更大量的重金属。

表 4-46　水稻籽粒重金属平均摄入量　　　　　　　[单位：mg/(kg·d)]

群体	Cd	Cr	Cu	Ni	Pb	Zn
儿童	$7.00×10^{-4}$	$2.00×10^{-3}$	$2.34×10^{-2}$	$5.68×10^{-3}$	$2.02×10^{-3}$	$1.77×10^{-1}$
成人	$6.43×10^{-4}$	$1.83×10^{-3}$	$2.14×10^{-2}$	$5.21×10^{-3}$	$1.86×10^{-3}$	$1.63×10^{-1}$

2. 健康风险评价

根据公式(4-11)～公式(4-13)计算出研究区水稻籽粒中 6 种重金属污染的健康风险指数，见表 4-47。数据显示，在所研究的 6 种重金属中，通过摄食水稻籽粒重金属元素对儿童和成人产生的健康风险指数排序均为：Cd>Zn>Cu>Pb>Ni>Cr。为了探究摄入水稻籽粒途径下，哪种重金属对人体造成的伤害最大，本书计算了不同重金属对人体造成的健康风险占总风险的比例(图 4-25)，结果表明，通过水稻籽粒进入人体的重金属中，没有一种重金属对人体造成的健康风险极高，比例相对比较均衡。元素 Cd、Cu、Zn 和 Pb 对人体造成的健康风险大致相同，占比均在 20%左右。其次，Ni 对人体造成的健康风险所占比例均在 10%左右；水稻籽粒的元素 Cr 基本对人体不产生健康风险。通过观察表 4-47 中水稻籽粒单个重金属污染的 HQ 可以发现，其值均小于 1，但是这 6 种重金属

表 4-47　摄食水稻籽粒单一元素健康风险值及综合健康风险值

元素健康风险	儿童	成人
HQ_{Cd}	$6.93×10^{-1}$	$6.36×10^{-1}$
HQ_{Cr}	$1.34×10^{-3}$	$1.23×10^{-3}$
HQ_{Cu}	$5.81×10^{-1}$	$5.33×10^{-1}$
HQ_{Ni}	$2.83×10^{-1}$	$2.59×10^{-1}$
HQ_{Pb}	$5.12×10^{-1}$	$4.70×10^{-1}$
HQ_{Zn}	$5.88×10^{-1}$	$5.40×10^{-1}$
HI	2.65	2.44

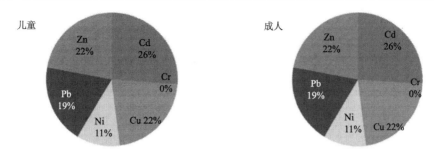

图 4-25　摄入水稻籽粒不同重金属对人体造成的健康风险占总风险的比例

的综合健康风险值 HI 是大于 1 的，甚至都高于 2，说明水稻籽粒重金属对人体的健康风险应该引起重视，防止造成进一步的危害，尤其是对儿童产生的健康风险更应该引起重视并加以防范。

　　将研究区内 32 个水稻籽粒样点的成人和儿童的单一元素的健康风险值(HQ)及 6 种重金属元素的综合健康风险值(HI)进行反距离权重插值，大致可以预测全域的健康风险值的空间分布状况(图 4-26 和图 4-27)。可以发现成人和儿童 6 种重金属综合健康风险值的高值区域位于研究区的中部及东中部，这两个区域位于研究区内人类活动相对比较剧烈的区域，受人为活动的影响，该区域的水稻籽粒的重金属元素含量相对较高，对人体产生的健康风险也相对较严重，对儿童产生的综合健康风险值最大，为 4.5 左右，成人的则为 4.2。所以，研究区内通过摄食水稻籽粒对人体产生的健康风险是比较高的，应该引起足够的重视。

4.5.3　两种作物籽粒重金属污染特征和风险的比较

4.5.3.1　两种籽粒重金属污染特征比较

1. 两种籽粒重金属含量及富集特征比较

　　图 4-28 和 4-29 展示了研究区内小麦和水稻籽粒 6 种重金属含量的分布特征及富集系数。小麦和水稻籽粒元素 Cd 的平均含量均为 0.15mg/kg，因此，研究区内小麦籽粒中元素 Cd 的平均含量超过了面粉可接受的最大限值 0.1mg/kg，而研究区内水稻籽粒中元素 Cd 的平均含量低于大米可接受的最大限值 0.20mg/kg。研究区内小麦籽粒样品(n=32)中有 53.1%的比例超过了国家规定的面粉中重金属的限量值，有 26.5%的水稻籽粒样品超过了大米重金属的限量值。就对元素 Cd 的富集系数来讲，水稻籽粒对元素 Cd 的富集系数是小麦籽粒的 2 倍以上，为 0.58。可以看出，如果土壤中元素 Cd 含量增加，水稻籽粒中的 Cd 含量将会显著增加。元素 Cd 被认为是一种对人体健康造成极严重伤害的重金属元素，原因就是它具有超强的毒性且极容易由土壤转移到籽粒中(Huang et al., 2008)。

　　Cr 也是一种毒性极高的重金属，但在小麦和水稻籽粒样品中，Cr 元素的含量均未超过国家规定的限值(1mg/kg)。两种籽粒对元素 Cr 的富集能力也是远远低于对元素 Cd 的富集能力。水稻籽粒中元素 Cr 的最大、最小及平均值均高于小麦籽粒，水稻籽粒对元素 Cr 的富集系数基本上是小麦籽粒的 2 倍。

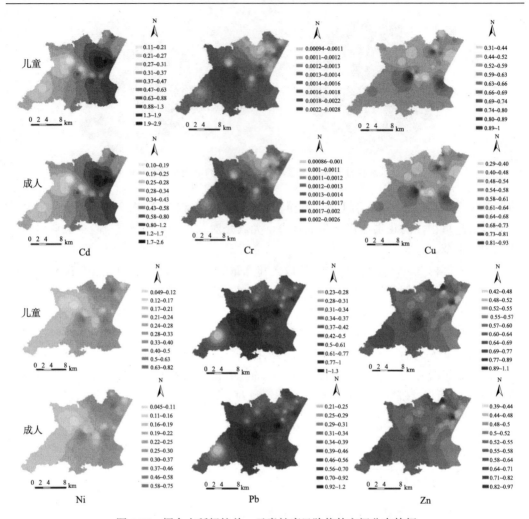

图 4-26　摄食水稻籽粒单一元素健康风险值的空间分布特征

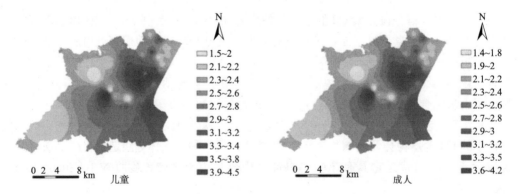

图 4-27　摄食水稻籽粒重金属元素的综合健康风险值的空间分布特征

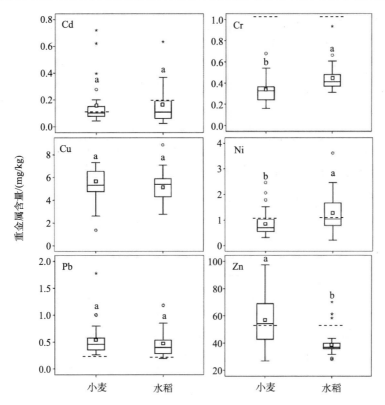

图 4-28　小麦和水稻籽粒中重金属元素含量分布特征

注：不同的字母代表在 0.05 水平上存在显著差异，虚线为我国规定的食品中不同重金属的限量值，籽粒中的 Cu 含量均未超过限量值。

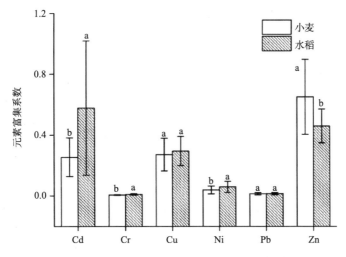

图 4-29　小麦和水稻籽粒重金属元素的富集系数

注：同一组的不同字母代表在 0.05 水平上存在显著性差异。

元素 Pb 是一种高毒性重金属。元素 Pb 与元素 Cr 相反，水稻籽粒中元素 Pb 含量的最大值、最小值及平均值均低于小麦籽粒，而研究区内两种籽粒对元素 Pb 的富集系数大致相等。但是值得注意的是，小麦和水稻籽粒中的 Pb 含量均高于国家规定的限值（0.2mg/kg）。所以，研究区内小麦和水稻籽粒中元素 Pb 的污染是相对严重的。

元素 Cu 和 Zn 是生物必需的重金属元素，同时也是植物体内含量较高的重金属元素（Vatansever et al., 2016）。小麦籽粒元素 Cu 的平均含量稍微高于水稻籽粒，然而，小麦籽粒对元素 Cu 的富集系数低于水稻籽粒。小麦和水稻籽粒中元素 Cu 的平均含量及最高含量均低于标准限值（10mg/kg）。研究区内小麦籽粒中元素 Zn 的平均含量高于标准限值（50mg/kg），小麦籽粒样品中（$n=32$）超过标准限值的比例大约为 59.4%，而研究区内水稻籽粒中元素 Zn 的平均含量低于标准限值，超过标准限值的样品个数占总样品数的 8.82%。小麦籽粒元素 Zn 的富集系数高于水稻。值得注意的是，作物籽粒对元素 Zn 的富集能力在 6 种重金属中最高。

元素 Ni 也是生物生长必需的重金属元素。但是作物籽粒中 Ni 的含量低于 Cu 和 Zn。与 Cu 和 Zn 相反的是，小麦籽粒中 Ni 的平均含量低于水稻籽粒，并且小麦籽粒对元素 Ni 的富集系数也低于水稻。水稻籽粒元素 Ni 的平均含量高于标准限值（1mg/kg），超过标准限值的样品个数占总样品数的 58.82%，而小麦籽粒元素 Ni 的平均含量低于标准限值（1mg/kg），超过标准限值的样品个数占总样品数的 31.25%。因此，籽粒中元素 Ni 的污染相对来讲也是比较严重的。

综上，从元素平均含量上来看，小麦籽粒中元素 Cu、Pb 和 Zn 的平均含量高于水稻籽粒，相反，小麦籽粒中元素 Cr 和 Ni 的平均含量低于水稻籽粒，两种籽粒中元素 Cd 的平均含量大致相等。从籽粒对元素的富集能力上来看，小麦籽粒对元素 Cd、Cr、Cu 和 Ni 富集能力低于水稻籽粒，相反地，小麦籽粒对元素 Zn 的富集能力高于水稻籽粒，两种籽粒对元素 Pb 的富集能力大致相当。

2. 籽粒重金属影响因素比较

通过对比两种作物籽粒与土壤理化性质和大气降尘的相关关系可知（表 4-41 和表 4-45），两种籽粒中元素 Cd 的含量与土壤中元素 Cd 的含量及生物有效态含量均呈现极显著相关关系，说明两种作物籽粒中元素 Cd 的含量主要受土壤中元素 Cd 的含量及生物有效态含量影响，所以，土壤中元素 Cd 含量或者生物有效态含量升高，直接导致籽粒中元素 Cd 含量的增加。因此，如果对研究区内籽粒中元素 Cd 含量进行管控，必须降低土壤中元素 Cd 的含量。此外，还发现一个共同规律，即两种籽粒中元素 Pb 的含量均与大气降尘中元素 Pb 的含量呈现显著相关关系，即籽粒中元素 Pb 的含量主要受大气降尘中元素 Pb 含量影响，因此，如果要降低研究区内籽粒中元素 Pb 含量，必须对研究区内大气降尘中的 Pb 污染进行管控。两种作物籽粒中其他四种重金属元素 Cr、Cu、Ni 和 Zn 的含量与土壤中重金属元素的含量和生物有效态含量、土壤理化性质及大气降尘中重金属含量的相关性均不大，其影响因素需要进一步探讨。

4.5.3.2　籽粒重金属生态及健康风险评价结果比较

小麦籽粒 6 种重金属污染指数由大到小排序为：Cd（1.52）＞Pb（1.35）＞Zn（1.12）＞

Ni(0.88)＞Cu(0.54)＞Cr(0.43)，高于警戒值 0.7 的为 Cd、Pb、Zn 和 Ni 4 种重金属元素，而水稻籽粒中 6 种重金属污染指数由大到小排序为：Ni(1.25)＞Pb(1.11)＞Zn(0.78)＞Cd(0.77)＞Cu(0.51)＞Cr(0.33)，与小麦籽粒相同的是，高于警戒值 0.7 的也是 Cd、Pb、Zn 和 Ni 4 种重金属元素。两类籽粒中 Cu 和 Cr 的污染指数均较低。小麦籽粒中 6 种重金属的综合污染指数为 1.62，而水稻籽粒中 6 种重金属的综合污染指数为 1.32，均高于 1，已经达到污染水平。小麦籽粒中 6 种重金属的污染指数及综合污染指数均高于水稻籽粒，说明研究区内小麦籽粒的重金属污染状况相对更为严重。

潜在生态风险因子指数的结果表明，小麦和水稻籽粒中 Zn 的生态危害指数最高，生态风险级别处于强风险状态以上；小麦和水稻籽粒中 Cd 的生态危害指数其次，处于中等风险状态以上；再次为籽粒中的元素 Ni，处于轻微风险状态；Cr、Cu 和 Pb 的生态危害指数均较低，基本处于无风险状态。小麦籽粒中 6 种元素综合潜在生态风险指数(355.3)远大于水稻籽粒中 6 种元素综合潜在生态风险指数(212.6)，说明两者均处于很强生态危害级别，且小麦籽粒中 6 种重金属的综合潜在生态风险高于水稻籽粒中。

小麦籽粒中单个重金属元素对儿童和成人产生的健康风险指数均小于水稻籽粒，且两者单元素对人体产生的健康风险均小于 1。但是，小麦和水稻籽粒中 6 种重金属元素对儿童和成人产生的综合健康风险指数均大于 1，小麦籽粒重金属对儿童和成人造成的综合健康风险分别为 1.29 和 1.18，水稻籽粒对儿童和成人造成的综合健康风险分别为 2.65 和 2.44。说明籽粒重金属对人体的健康风险危害应该引起重视，尤其是水稻籽粒对人体产生的综合健康风险远大于 1，为防止造成进一步的危害，应该十分重视籽粒的重金属污染。

综合生态风险及人体健康风险的结果可知，小麦籽粒重金属的生态风险高于水稻，但是人体健康风险却低于水稻。造成此结果的原因是，小麦与水稻的重金属含量差距不大，而当地居民对水稻的日均摄入量是小麦的 2～3 倍，因此，通过摄取水稻进入人体的重金属高于小麦，对人体造成的健康风险也更大。

4.6　农田系统多介质重金属综合健康风险

前面几节分别对农田大气、土壤和作物重金属污染的人体健康风险进行了评价。然而，农田多介质重金属污染对人体产生的健康风险是可以叠加的，因此本章一方面就农田系统多介质重金属污染对人体产生的综合健康风险进行了评价，另一方面，结合污染源解析及综合健康风险评价的结果，提出针对性的防控管理措施及风险规避的政策建议。

4.6.1　饮用水重金属的健康风险

前面几节分别就大气降尘、土壤和作物籽粒重金属污染对人体产生的健康风险(HI)进行了评价，然而饮用水重金属污染也会对人体产生健康风险。研究区内饮用水的重金属含量见表 4-48，结果显示，点位 W3、W4 和 W6 中饮用水的元素 Cd 的含量及 6 个点位元素 Pb 的含量均低于仪器检出限。6 个点位中，只有点位 W3 元素 Zn 的含量高于《生活饮用水卫生标准》(GB 5749—2006)。此结果说明，研究区内饮用水的质量相对较高，重金属含量基本在标准限以下。

表 4-48　研究区内饮用水的重金属含量　　　　　　（单位：μg/L）

点位号	Cd	Cr	Cu	Ni	Pb	Zn
W1	0.006	1.36	3.09	0.37	ND[a]	19.23
W2	0.020	0.98	5.02	1.10	ND	240.04
W3	ND	0.86	6.18	0.45	ND	1119.18
W4	ND	0.91	1.63	0.29	ND	14.19
W5	0.005	0.90	0.65	0.20	ND	9.91
W6	ND	1.41	0.98	0.24	ND	4.72
WHS[b]	5	50	1000	20	10	1000

注："a"表示未测出；"b"表示《生活饮用水卫生标准》(GB 5749—2006)。

研究区饮用水重金属污染对人体产生的健康风险见表 4-49，通过饮水途径，重金属元素对儿童和成人产生的健康风险指数排序均为：Zn>Cu>Ni＞Cd>Cr>Pb，不同重金属对人体造成的健康风险占总风险的比例如图 4-30 所示。结果表明，通过饮水进入人体的六种重金属元素中，Zn 对人体造成的健康风险极高，其占总风险的比例为 80% 以上。其他 5 种重金属元素造成的健康风险所占比例均低于 10%，其中元素 Pb 基本对人体不产生健康风险。饮用水中单元素的 HQ 及 6 种重金属的 HI 均远远小于 1，说明饮水对人体造成的健康风险相对是比较低的，研究区的水源是比较安全的。

表 4-49　饮水单元素的健康风险值及多元素综合风险值

元素健康风险	儿童	成人
HQ_{Cd}	$3.57×10^{-4}$	$2.17×10^{-4}$
HQ_{Cr}	$1.21×10^{-4}$	$7.33×10^{-5}$
HQ_{Cu}	$1.52×10^{-3}$	$9.24×10^{-4}$
HQ_{Ni}	$1.38×10^{-3}$	$8.38×10^{-4}$
HQ_{Pb}	0	0
HQ_{Zn}	$1.43×10^{-2}$	$8.67×10^{-3}$
HI	$1.77×10^{-2}$	$1.07×10^{-2}$

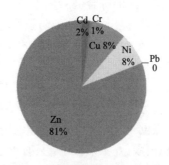

图 4-30　饮水途径不同重金属对人体产生的健康风险占总风险的比例

4.6.2　不同输入途径下重金属污染产生的健康风险比较

对于同一重金属，在不同的输入途径下，其对人体产生的健康风险不同，且占总风险的比例是不同的。图 4-31 展示了 6 种重金属元素在不同输入途径下，对成人和儿童产生的健康风险占总风险的比例。由图 4-31 可知，通过土壤或者饮水途径，6 种重金属对

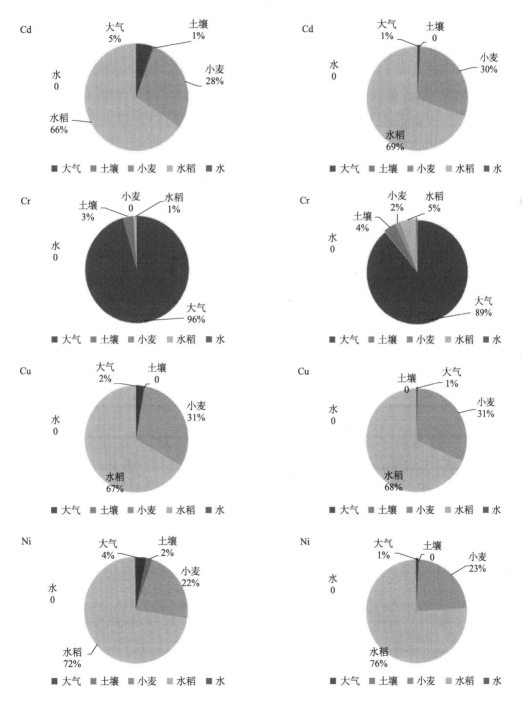

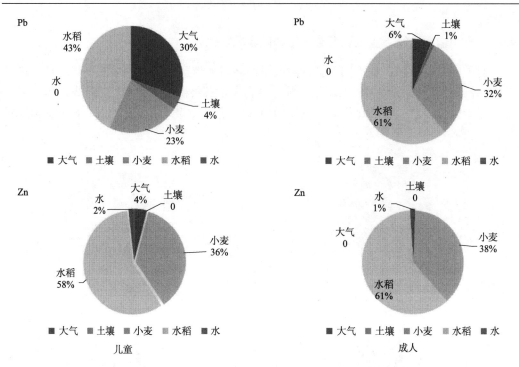

图 4-31　不同输入途径下重金属造成的健康风险占总健康风险的比例

人体造成的健康风险均较低，其对人体造成的健康风险占总健康风险的比例低于 10%，甚至为 0。元素 Cr 对儿童和成人造成最大风险的输入途径均为大气，其对儿童和成人造成的风险占总风险的比例分别为 96% 和 89%，其次为土壤，摄取谷物籽粒对人体造成的风险最低。对于元素 Cd、Cu、Ni 和 Zn 来讲，摄取水稻对成人和儿童造成的健康风险最高，其次为摄取小麦，通过水、土壤和大气对人体造成的健康风险均较低。对于元素 Pb 来讲，摄取小麦对成人造成的健康风险也相对较高，仅次于水稻，但是针对儿童出现了不同的规律，即大气降尘给儿童带来的健康风险也非常高，仅次于摄取水稻，高于摄取小麦途径。

4.6.3　综合健康风险评价及空间分布

人体综合健康风险，指多个环境介质、不同暴露途径、多种重金属污染对人体产生的健康风险。本书中，不同介质有 5 个，即大气降尘、水稻、小麦、土壤及饮用水，不同的暴露途径有 3 种，即摄取、皮肤接触和呼吸吸入，多种重金属有 6 种，即 Cd、Cr、Cu、Ni、Pb 和 Zn。本书计算了研究区多介质多暴露途径多重金属污染对儿童和成人产生的综合健康风险值，分别为 4.69 和 3.72，均远远大于 1，表明研究区重金属污染对成人和儿童存在严重的健康威胁。事实上，本书计算的综合健康风险值略小于实际值，因为在计算健康风险值的过程中并未考虑特殊人群，包括老人、怀孕的女性和已经患有疾病的人群，这些特殊人群的生命健康更易受到重金属污染的威胁，所以，其重金属污染的健康风险评价值实际上要更高(Hang et al., 2009)。研究区内重金属污染对儿童产生的综合健康风险显著高于成人，表明在相同污染状况下，儿童受到的健康威胁更大。

不同暴露人群的综合健康风险值在研究区内的空间分布特征如图 4-32 所示。由图 4-32 可知，综合健康风险值在研究区的东部城镇区和中部农业集中连片区较高（最高值＞6），在西部森林地区较低（最低值≈2）。综合健康风险的空间分布状况与工业活动、交通活动以及人口密度息息相关。研究区的东部濒临太湖，分布了大量的制陶厂、耐火材料厂、化工厂，这些工厂源源不断地向环境中释放大量重金属，研究区东部的城镇区域人口密集、交通发达，重金属的排放量相对较高，比如在交通运输过程中会产生大量的 Pb 和 Zn，其中 Pb 是生产汽车制动器的必需材料，Zn 是保证轮胎耐磨的添加剂。综合健康风险值的低值区位于研究区的西部，此区域分布了大量的竹林，受人类活动影响较小。

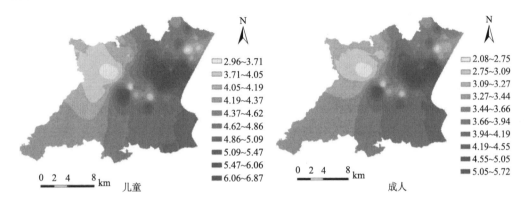

图 4-32　重金属综合健康风险值的空间分布特征

4.7　本章小结

本章研究选取位于太湖湖西水利分区的典型小流域——宜兴蠡河流域为研究区域，以农田大气、土壤和农作物三类环境介质为研究对象，首先，分析了农田大气、土壤和作物重金属的时空分布特征；其次，利用地累积指数、内梅罗综合污染指数、潜在生态风险指数和风险评估编码对上述三类介质进行生态风险评价；然后，利用美国环保局提供的健康风险评价模型对多环境介质多暴露途径多重金属污染的健康风险进行综合评价。本章的主要结论如下：

1. 研究区农田大气、土壤和作物重金属污染时空分布特征明显

研究区内大气降尘 Cd、Cr、Cu、Ni、Pb 和 Zn 的年平均沉降通量为：0.630、5.994、10.906、3.317、16.385 和 156.575mg/（m²·a），其中元素 Cd 和 Zn 的年平均沉降通量高于长三角地区的平均水平，Cr、Cu、Ni 和 Pb 则相反。大气降尘重金属沉降通量的空间分布特征为城镇和城郊高于耕地和林地，季节规律基本上呈现秋冬高于春夏的趋势。

研究区土壤元素 Cd、Cr、Cu、Ni、Pb 和 Zn 的平均含量分别为 0.49、54.9、20.8、25.9、33.8 和 96.8mg/kg，超过背景值的样品数占总样品数的比例大小顺序为：Zn（94.6%）＞Cd（90.8%）＞Pb（73.5%）＞Ni（40.9%）＞Cu（27.0%）＞Cr（4.4%）。元素 Cd 的平均含量高

于国家土壤环境质量二级标准，其他元素的平均含量均低于此标准。元素 Cd、Pb、Cu 和 Zn 含量的空间分布规律基本相似，即高值区主要分布于研究区中部的农业集中连片区和东部的城镇区。元素 Cr 和 Ni 的含量在整个研究区的分布相对均一。

研究区小麦籽粒中元素 Cd、Cr、Cu、Ni、Pb 和 Zn 的平均含量分别为：0.15、0.33、5.41、0.88、0.54 和 56.00mg/kg，水稻籽粒中分别为：0.15、0.44、5.11、1.24、0.45 和 38.83mg/kg，其中小麦籽粒中元素 Cd、Pb 和 Zn 的含量及水稻籽粒中元素 Ni 和 Pb 的含量均高于国家规定的粮食重金属的限量标准；籽粒中重金属元素的空间分布趋势与土壤中元素的空间分布具有一致性，尤其是元素 Cd 的分布，两者具有高度重合性。小麦籽粒和水稻籽粒 Cd 元素的含量与相对应土壤 Cd 元素含量的相关系数分别为 0.828 和 0.512（$p<0.01$）。

2. 研究区农田大气、土壤和作物重金属污染的生态风险形势严峻，其中 Cd 生态风险极强

地累积指数结果表明，大气降尘 Cd、Cu、Pb 和 Zn 的污染水平均处于"中等-强污染"级别以上，其中 Cd 达到极严重污染（$I_{geo}=5.53$），Ni 和 Cr 分别属于"轻度-中等污染"级别和无污染级别；大气降尘 6 种元素的潜在生态风险指数为 2225，处于极强生态危害级别，其中元素 Cd 的潜在生态危害指数最高（$E_i=2105$）。

研究区土壤元素 Cd、Cr、Cu、Ni、Pb 和 Zn 的内梅罗综合污染指数为 1.24，属于轻度污染范围，其潜在生态风险指数为 134.4，属于强生态危害级别。元素 Cd 的单因素污染指数（$P_i=1.56$）和潜在生态危害指数（$E_i=114.4$）在 6 种重金属元素中均最高，表明其污染最为严重。风险评估编码结果表明，土壤中元素 Pb、Cu 和 Cd 的生态风险等级为"高"或者"极高"，是研究区需要重点管控和治理的元素。

小麦籽粒元素 Cd、Cr、Cu、Ni、Pb 和 Zn 的内梅罗综合污染指数（$P_c=1.62$）和潜在生态风险指数（RI=355.3）均高于水稻（$P_c=1.32$，RI=212.6）。小麦和水稻籽粒的重金属污染状况均属于"轻度污染"范围，生态风险级别分别为"强"和"中等"，小麦籽粒的重金属污染状况相对更为严重。

潜在风险指数的结果表明，大气降尘重金属污染的生态风险远远高于籽粒和土壤，在 3 种介质中元素 Cd 的污染在 6 种元素中均最严重。

3. 研究区农田大气、土壤和作物重金属污染的综合健康风险总体较高，其中摄入稻米是风险的主要来源

研究区内各环境介质 Cd、Cr、Cu、Ni、Pb 和 Zn 污染对儿童和成人产生的健康风险值大气降尘分别为 0.65 和 0.086，土壤分别为 0.069 和 0.013，小麦籽粒分别为 1.29 和 1.18，水稻籽粒分别为 2.65 和 2.44，饮水分别为 0.018 和 0.011。此结果表明，通过摄取谷物进入人体的重金属产生的威胁较大，健康风险值高于 1，尤其是摄取稻米对人体产生的威胁最大，健康风险值高于 2；通过土壤和饮用水进入人体的重金属对人体产生的威胁较小，健康风险值均小于 1。

研究区各环境介质 Cd、Cr、Cu、Ni、Pb 和 Zn 污染对儿童和成人产生的综合健康风险值分别为 4.69 和 3.72，远远大于 1，对人体健康存在严重威胁，其中通过摄取水稻对儿童和成人产生的健康风险占总风险的比值最高，比例分别为 56.5% 和 65.6%；环境介

质中重金属污染对儿童产生的综合健康风险大于成人，应该引起足够的重视。

　　研究区各环境介质 Cd、Cr、Cu、Ni、Pb 和 Zn 污染对儿童和成人产生的综合健康风险值的空间分布特征为：在研究区东部的城镇区和中部的农业集中连片区较高（最高值＞6），在西部森林区取得最低值（最低值≈2）。其与工业活动、交通活动和人口密度的空间分布特征高度相关。

参 考 文 献

蔡奎, 栾文楼, 李随民, 等. 2012. 石家庄市大气降尘重金属元素来源分析[J]. 地球与环境, 40(1): 37-43.

陈莲, 高建华, 冯振兴, 等. 2014. 重金属在互花米草盐沼湿地中的富集及迁移规律[J]. 南京大学学报（自然科学）, 50(5): 695-705.

甘国娟, 刘伟, 邱亚群, 等. 2013. 湘中某冶炼区农田土壤重金属污染及生态风险评价[J]. 环境化学, 32(1): 132-138.

国家林业局. 2000. 森林土壤分析方法（中华人民共和国林业行业标准）[M]. 北京: 中国标准出版社.

韩君, 徐应明, 温兆飞, 等. 2014. 重庆某废弃电镀工业园农田土壤重金属污染调查与生态风险评价[J]. 环境化学, 33(3): 432-439.

胡恭任, 戚红璐, 于瑞莲, 等. 2011. 大气降尘中重金属形态分析及生态风险评价[J]. 有色金属工程, 63(2): 286-291.

胡忻. 2009. 四极杆电感耦合等离子体质谱法测定沉积物中 Pb 稳定同位素比率研究[J]. 分析科学学报, 25(1): 87-89.

黄明丽. 2007. 苏南典型区土壤-作物系统重金属的空间分布及健康风险评价研究[D]. 南京: 南京大学.

蒋逸骏, 胡雪峰, 舒颖, 等. 2017. 湘北某镇农田土壤-水稻系统重金属累积和稻米食用安全研究[J]. 土壤学报, 54(2): 410-420.

焦荔, 沈建东, 姚琳, 等. 2013. 杭州市大气降尘重金属污染特征及来源研究[J]. 环境污染与防治, 35(1): 73-76, 80.

焦伟, 卢少勇, 李光德, 等. 2010. 环太湖主要进出河流重金属污染及其生态风险评价[J]. 应用与环境生物学报, 16(4): 577-580.

康勤书. 2003. 长江口湿地沉积物中元素的生物地球化学特征——以崇明东部湿地为例[D]. 上海: 华东师范大学.

蓝小龙, 宁增平, 刘意章, 等. 2018. 广西龙江沉积物重金属污染现状及生物有效性[J]. 环境科学, 39(2): 748-757.

李斌, 汪懋华, 刘刚. 2011. 农田土壤重金属污染及检测技术现状与问题分析[C]. 重金属污染防治技术及风险评价研讨会.

李恒鹏, 杨桂山, 刘晓玫, 等. 2008. 流域土地利用变化的面源污染输出响应及管理策略——以太湖地区蠡河流域为例[J]. 自然灾害学报, 17(1): 143-150.

李天杰. 1996. 土壤环境学——土壤环境污染防治与土壤生态保护[M]. 北京: 高等教育出版社.

刘广明, 杨劲松. 2001. 土壤含盐量与土壤电导率及水分含量关系的试验研究[J]. 土壤通报, S1: 85-87.

刘领. 2011. 种间根际相互作用下植物对土壤重金属污染的响应特征及其机理研究[D]. 杭州: 浙江大学.

刘梦梅, 王利军, 王丽, 等. 2018. 西安市不同功能区土壤重金属含量及生态健康风险评价[J]. 土壤通报, 49(1): 167-175.

刘威. 2014. 黑土区典型小流域土壤磷空间分布及主要驱动机制[D]. 哈尔滨: 东北农业大学.

陆泗进, 王业耀, 何立环. 2014. 风险评价代码法对农田土壤重金属生态风险的评价[J]. 环境化学, 33(11): 1857-1863.

农业环境背景值协作组. 1986. 我国十三省(市)主要农业土壤及粮食作物中有害元素环境背景值研究[J]. 农业环境科学学报, 3: 1-11.

史贵涛. 2009. 痕量有毒金属元素在农田土壤-作物系统中的生物地球化学循环[D]. 上海: 华东师范大学.

谭万能, 李志安, 邹碧. 2006. 植物对重金属耐性的分子生态机理[J]. 植物生态学报, 30(4): 703-712.

汪凝眉. 2016. 攀枝花市大气降尘源解析及风险评价[D]. 成都: 成都理工大学.

王灿, 向鹏华. 2016. 不同有机物料对植烟土壤改良效应研究[J]. 湖南农业科学, 1: 30-33.

王呈, 钱新, 李慧明, 等. 2016. 南京公园降尘中重金属污染水平及风险评价[J]. 环境科学, 37(5): 1662-1669.

王世豪, 张凯, 柴发合, 等. 2017. 株洲市大气降尘中元素特征及来源分析[J]. 环境科学, 38(8): 3130-3138.

王永晓, 曹红英, 邓雅佳, 等. 2017. 大气颗粒物及降尘中重金属的分布特征与人体健康风险评价[J]. 环境科学, 38(9): 3575-3584.

王祖伟, 王中良. 2014. 天津污灌区重金属污染及土壤修复[M]. 北京: 科学出版社.

吴绍华. 2009. 经济快速发展下土壤重金属积累过程模拟及风险预测预警[D]. 南京: 南京大学.

邢艳帅, 乔冬梅, 朱桂芬, 等. 2014. 土壤重金属污染及植物修复技术研究进展[J]. 中国农学通报, 30(17): 208-214.

杨文娟, 陈莹, 赵剑强, 等. 2017. 西安市大气降尘污染时空分异特征[J]. 环境科学与技术, 40(3): 10-14.

杨忠平, 卢文喜, 龙玉桥. 2009. 长春市城区重金属大气干湿沉降特征[J]. 环境科学研究, 22(1): 28-34.

殷汉琴. 2006. 铜陵市大气降尘源解析及其对土壤重金属累积的影响[D]. 合肥: 合肥工业大学.

于瑞莲, 胡恭任, 戚红璐, 等. 2010. 泉州市不同功能区大气降尘重金属污染及生态风险评价[J]. 环境化学, 29(6): 1086-1090.

曾宇斌, 郑淑华. 2017. 不同硒水平对大豆不同部位累积镉的影响[J]. 环境保护科学, 53(3): 116-119, 131.

张素娟. 2009. 蓝田冶炼厂周边农田土壤及小麦籽粒重金属污染分析与评价[D]. 西安: 陕西师范大学.

张晓晶, 李畅游, 张生, 等. 2010. 呼伦湖沉积物重金属分布特征及生态风险评价[J]. 农业环境科学学报, 29(1): 157-162.

赵其国. 1994. 土壤圈及其在全球变化中的作用[J]. 土壤, 1: 4-7.

赵其国, 骆永明. 2015. 论我国土壤保护宏观战略[J]. 中国科学院院刊, 30(4): 452-458.

赵晓亮, 孙杰, 李俊华, 等. 2017. 阜新城区降尘重金属污染及其健康风险评价[J]. 环境科学研究, 30(9): 1346-1354.

周生路. 2011. 经济发展与农用地重金属时空变化研究[M]: 北京: 中国大地出版社.

周生路, 廖富强, 吴绍华, 等. 2008. 宜兴典型农用地土壤剖面重金属元素含量研究[J]. 科学通报, 53(s1): 153-161.

Bermudez G M A, Jasan R, Plá R, et al. 2011. Heavy metal and trace element concentrations in wheat grains: assessment of potential non-carcinogenic health hazard through their consumption[J]. Journal of Hazardous Materials, 193(20): 264-271.

Cai L M, Xu Z C, Qi J Y, et al. 2015. Assessment of exposure to heavy metals and health risks among residents near Tonglushan mine in Hubei, China[J]. Chemosphere, 127: 127-135.

Chen L, Gao J, Zhu Q, et al. 2017a. Accumulation and output of heavy metals in *Spartina alterniflora* in a salt marsh[J]. Pedosphere, 28(6): 884-894.

Chen L, Zhou S, Shi Y, et al. 2017b. Heavy metals in food crops, soil, and water in the Lihe River Watershed of the Taihu Region and their potential health risks when ingested[J]. Science of the Total Environment, 615: 141.

Chen L, Zhou S, Wu S, et al. 2018. Combining emission inventory and isotope ratio analyses for quantitative source apportionment of heavy metals in agricultural soil[J]. Chemosphere, 204: 140.

Gonzalez M, Elustondo D, Lasheras E, et al. 2010. Use of native mosses as biomonitors of heavy metals and nitrogen deposition in the surroundings of two steel works[J]. Chemosphere, 78(8): 965-971.

Gray C W, Mclaren R G, Roberts A H. 2003. Atmospheric accessions of heavy metals to some New Zealand pastoral soils[J]. Science of the Total Environment, 305: 105-115.

Hang X, Wang H, Zhou J, et al. 2009. Risk assessment of potentially toxic element pollution in soils and rice(Oryza sativa)in a typical area of the Yangtze River Delta[J]. Environmental Pollution, 157: 2542-2549.

Hou Q, Yang Z, Ji J, et al. 2014. Annual net input fluxes of heavy metals of the agro-ecosystem in the Yangtze River Delta, China[J]. Journal of Geochemical Exploration, 139(1): 68-84.

Hu X, Sun Y, Ding Z, et al. 2014. Lead contamination and transfer in urban environmental compartments analyzed by lead levels and isotopic compositions[J]. Environmental Pollution, 187: 42-48.

Hu X, Ding Z, Zhang Y, et al. 2013. Size distribution and source apportionment of airborne metallic elements in Nanjing, China[J]. Aerosol and Air Quality Research, 13: 1796-1806..

Huang M, Zhou S, Sun B, et al. 2008. Heavy metals in wheat grain: assessment of potential health risk for inhabitants in Kunshan, China[J]. Science of the Total Environment, 405: 54-61.

Huang S, Tu J, Liu H, et al. 2009. Multivariate analysis of trace element concentrations in atmospheric deposition in the Yangtze River Delta, East China[J]. Atmospheric Environment, 43: 5781-5790.

Ji K, Kim J, Lee M, et al. 2013. Assessment of exposure to heavy metals and health risks among residents near abandoned metal mines in Goseong, Korea[J]. Environmental Pollution, 178(1): 322-328.

Kang Q. 2003. Biogeochemical characteristics of elements in sediments of wetland in the Yangtze estuary: A case study of east Chongming wetland[D]. Shanghai: East China Normal University.

Ke X, Gui S, Huang H, et al. 2017. Ecological risk assessment and source identification for heavy metals in surface sediment from the Liaohe River protected area, China[J]. Chemosphere, 175: 473.

Lee P K, Youm S J, Jo H Y. 2013. Heavy metal concentrations and contamination levels from Asian dust and identification of sources: A case-study[J]. Chemosphere, 91(7): 1018-1025.

Lin C, Wu Z, Ma R, et al. 2016. Detection of sensitive soil properties related to non-point phosphorus pollution by integrated models of SEDD and PLOAD[J]. Ecological Indicators, 60: 483-494.

Liu C P, Luo C L, Gao Y, et al. 2010. Arsenic contamination and potential health risk implications at an abandoned tungsten mine, southern China[J]. Environmental Pollution, 158: 820-826.

Liu J, Zhang X H, Tran H, et al. 2011. Heavy metal contamination and risk assessment in water, paddy soil, and rice around an electroplating plant [J]. Environmental Science & Pollution Research International, 18(9): 1623-1632.

Lu S G, Bai S Q. 2010. Contamination and potential mobility assessment of heavy metals in urban soils of Hangzhou, China: relationship with different land uses[J]. Environmental Earth Sciences, 60: 1481-1490.

Lu Y, Feng X. 2012. Study on heavy metal pollution characteristics of soils in the Pearl River Delta[J]. Guangdong Agricultural Sciences, 39: 169-171.

Luo L, Ma Y, Zhang S, et al. 2009. An inventory of trace element inputs to agricultural soils in China[J]. Journal of Environmental Management, 90: 2524-2530.

Lv J, Liu Y, Zhang Z, et al. 2015. Distinguishing anthropogenic and natural sources of trace elements in soils undergoing recent 10-year rapid urbanization: a case of Donggang, Eastern China[J]. Environmental Science & Pollution Research International, 22: 10539-10550.

Muller G. 1969. Index of geoaccumulation in sediments of the Rhine River[J]. Geojournal, 2: 108-118.

Sakata M, Takagi T T. 2008. Wet and dry deposition fluxes of trace elements in Tokyo Bay[J]. Atmospheric Environment, 42: 5913-5922.

Shi G, Chen Z, Teng J, et al. 2012. Fluxes, variability and sources of cadmium, lead, arsenic and mercury in dry atmospheric depositions in urban, suburban and rural areas[J]. Environmental Research, 113(2): 28-32.

Vallack H W, Shillito D E. 1998. Suggested guidelines for deposited ambient dust-Part 1-Deposition CuSum charts applied to the assessment of deposition changes[J]. Atmospheric Environment, 32: 2737-2744.

Vatansever R, Ozyigit I I, Filiz E. 2016. Essential and beneficial trace elements in plants, and their transport in roots: a review[J]. Applied Biochemistry & Biotechnology, 1-19.

Wang H, Wang J, Liu R, et al. 2015. Spatial variation, environmental risk and biological hazard assessment of heavy metals in surface sediments of the Yangtze River estuary[J]. Marine Pollution Bulletin, 93: 250-258.

Wong S C, Li X D, Zhang G, et al. 2002. Heavy metals in agricultural soils of the Pearl River Delta, South China[J]. Environmental Pollution, 119: 33-44.

Yin S, Wu Y, Xu W, et al. 2016. Contribution of the upper river, the estuarine region, and the adjacent sea to the heavy metal pollution in the Yangtze Estuary[J]. Chemosphere, 155: 564-572.

Zhang Y, Zhang S, Zhu F, et al. 2018. Atmospheric heavy metal deposition in agro-ecosystems in China[J]. Environmental Science and Pollution Research, 13: 1-10.

Zhu G W, Qin B Q, Gao G, et al. 2004. Effects of ignition on determination of loss on ignition, iron and phosphorus in sediments[J]. Analytical Laboratory, 23: 72-76.

第 5 章　多方法联用的农田大气−土壤−作物系统重金属污染源解析

5.1　农田系统重金属污染源解析研究概况

农田重金属来源有自然和人为两个方面。自然来源的重金属来自岩石风化、土壤形成以及生物地球化学循环等过程；人为来源主要来自工业、农业生产及生活过程(吴绍华, 2009)。人为的重金属来源是造成农田生态系统重金属污染的最主要因素(吴绍华, 2009)。精确解析重金属污染源对保障农产品安全和人体健康具有非常重要的意义(Yang et al., 2017)。然而，重金属污染源解析的关键是污染源解析技术的选择。源解析技术包括定性源识别和定量源解析两大类，定性源识别方法包括元素含量的描述性统计、GIS 空间分析、元素相关性分析、富集因子计算等，定量源解析方法包括 PMF 分析法、清单法以及同位素分析法等。

5.1.1　大气降尘重金属源解析

目前国内外学者对大气降尘中重金属来源的解析做了大量研究。蔡奎等(2012)对石家庄市区大气降尘中重金属污染来源进行了解析，研究得出 Pb、As 和 Cu 与燃煤活动、交通降尘有关，Zn 与 Ni 具有相同的来源，可能与交通降尘有关。王世豪等(2017)利用富集因子法对株洲市大气降尘的污染来源进行解析时发现，Be、Al、K、Na、Mg、V、Cr、Mn、Co、Ni 和 Ba 元素受人为活动影响较小，主要为自然源；Sr、Ca 和 Ti 元素受一定的人为活动影响；Cu、As、Se、Zn、Pb、Ag、Cd 元素受人为生产生活影响较大，其中应当以工业区生产排放为主。王思宇(2016)利用 PMF 法解析得到 2014 年长春 PM$_{2.5}$ 的 7 类污染源有煤烟尘(22.3%)、土壤风沙尘(18.5%)、生物质燃烧尘(18.0%)、二次粒子(14.3%)、工业尘(13.5%)、机动车尾气尘(8.5%)、施工扬尘(4.9%)。赵多勇(2012)利用 Pb-Zn 同位素分析法对陕西西部某工业区大气降尘 Pb 污染源进行解析，研究发现 Pb-Zn 冶炼活动对大气铅污染贡献率为 38.8%，热电厂燃煤对大气铅污染贡献率为 41.5%，焦化厂燃煤对大气铅污染贡献率为 19.7%。Hou 等(2014)利用清单法计算了长三角农田土壤各污染源的输入通量，并计算了各污染源的贡献比率，结果表明对于元素 As、Cd、Cu 和 Hg，灌溉水的重金属来源比例占总来源的 60%～71%，对于元素 Zn 和 Pb，大气降尘源所占的比例分别为 72% 和 84%。

5.1.2　土壤重金属污染源解析

各国学者对土壤重金属污染源解析的研究相对深入，在同一研究中一般同时利用几种方法进行污染源的解析。Xue 等(2014)联合利用 PMF 和 GIS 空间分析方法对浙江省长兴县的土壤重金属进行污染源解析发现，土壤中 Cd、Cu、Pb 和 Zn 主要来源于人为活动，而 Cr 和 Ni 主要来源于母质。Dai 等(2015)利用多元统计分析和 GIS 空间分析方法对山东省莱芜市的土壤进行污染源解析发现，Cd、Cu、Pb 和 Zn 主要受工业、农业以及交通排放影响，而 Cr 和 Ni 主要受母质影响。Peris 等(2008)利用多元统计方法，发现欧洲地中海沿岸地区土壤中的 Ni 主要来源为自然活动，而 Cd、Cu、Pb 和 Zn 主要与人为活动有关。Cai 等(2008)利用多元统计分析和 GIS 空间分析方法对东莞市土壤重金属污染源进行识别，发现 Ni 和 Cr 主要来源于母质，而 Cd 和 Pb 主要来源于人类活动。Li 等(2017)利用元素相关性法和多元统计分析对北京市土壤重金属污染进行解析发现，土壤中 Cu、Cd、Pb 和 Zn 主要是人为来源，而 Cr 和 Ni 主要受地质背景影响。Chen 等(2018)综合两种定量源解析方法，即清单法和 Pb 同位素法对蠡河流域的耕作土壤进行了污染源解析，发现对于元素 Cd、Cr、Cu、Pb 和 Zn，大气降尘源占总污染源的比例最高，为 62%~85%；灌溉水污染源其次，为 12%~27%；化肥源比例最低，为 1%~14%。对于元素 Ni，灌溉水来源所占的比例最高，约为 50%；大气降尘其次，约为 38%；化肥所占的比例最低，约为 12%。Facchinelli 等(2001)联用多元统计分析及 GIS 空间分析对西班牙西北部土壤重金属含量进行分析，结果表明元素 Cr、Co 和 Ni 主要受地质背景影响，而 Cu、Zn 和 Pb 主要受人为活动影响。

5.1.3　作物重金属污染源解析

对作物进行污染源解析时，一般运用的方法是 Pb 同位素分析技术。因为 Pb 同位素分析技术具有成本高及对实验室清洁程度要求高的特点，所以利用 Pb 同位素对作物进行污染来源解析的研究相对较少。尚英男(2007)测定成都地区蔬菜根、茎和叶以及土壤和大气的 Pb 同位素比值，结果表明蔬菜叶子 $^{206}Pb/^{207}Pb$ 值与大气降尘十分接近，土壤与蔬菜根部的 Pb 同位素比值比较接近。据前人研究，南京某矿区附近土壤和蔬菜 Pb 同位素比值差异较大，说明蔬菜中 Pb 的主要来源不是土壤(胡忻和曹密,2009)。赵多勇(2012)利用 Pb 同位素分析法对陕西西部某工业区的小麦籽粒进行污染源解析时发现，小麦籽粒 Pb 有 95.5%来源于大气降尘，其余 4.5%来源于土壤。

5.2　农田各介质重金属污染源解析

5.2.1　拟解决的关键问题

根据上述内容及前文第 4 章可以看出，近年来国内外学者对重金属元素在大气降尘、土壤及作物中的污染特征、风险评价及污染源解析进行了一系列研究，取得了丰硕的成果。但从研究对象来讲，对重金属污染的研究多停留在单一环境介质或者两个环境介质；从研究内容来讲，仅从重金属污染特征、风险评价和污染源解析选取一个研究问题进行探讨，而缺乏对区域内重金属的"污染特征—风险评价—污染源解析—污染防控"系统的探究；从研究方法上来看，对重金属污染源的解析多集中在定性的源识别层面，而关于多介质定量综合解析的研究相对较少，尤其是针对作物籽粒重金属初级污染源的定量源解析更是凤毛麟角。基于以上研究现状，本书采用野外采样与室内分析的手段，在前章对蟒河流域农田三类环境介质大气、土壤和作物重金属污染特征、风险评价的基础上，进一步对污染来源进行了系统而完整的探究，重点开展农田各介质重金属污染来源及籽粒初级来源贡献比例计算的研究。

5.2.2　研究内容与技术路线

根据上述拟要解决的关键问题，本章研究的主要内容为通过定性源识别方法确定污染源的类型，同时利用 PMF 分析、清单法和 Pb 同位素分析对农田大气降尘、土壤和作物分别进行污染源贡献比例的计算，并对两种作物籽粒重金属污染的初级来源进行解析。

研究的技术路线如图 5-1 所示，首先联用定性源识别方法(包括变异系数计算、GIS空间分析、富集因子计算和相关性分析)以及定量源解析方法(包括 PMF 分析、清单法和 Pb 同位素分析)进行土壤重金属源解析；然后利用定性源识别方法(包括富集因子计算和相关性分析)以及定量源解析方法(包括 Pb 同位素分析法和 PMF 分析法)进行大气重金属源解析；最后利用二元模型计算出籽粒 Pb 元素来源于土壤和大气的比例，并结合土壤和大气 Pb 元素污染源解析的结果，得出籽粒 Pb 元素各初级来源的贡献比例。

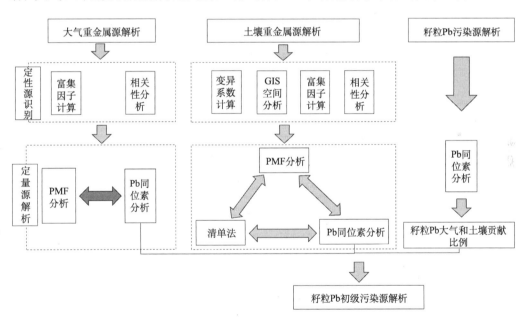

图 5-1　农田各介质重金属污染源解析技术路线

5.2.3　研究材料

本章在前述第 4 章有关农田系统大气、土壤、作物多介质重金属污染特征和风险评价的基础上，开展农田大气-土壤-作物系统重金属污染源解析研究。研究的区域，大气降尘、土壤、农作物样点和样品，样品测试数据等，与第 4 章完全一致，此处不再赘述。

5.2.4 重金属污染源解析方法

1. GIS 空间分析技术

GIS 空间分析广泛应用于污染源定性识别研究，它可以将抽象庞大的数据信息转换为直观的空间分布图。通常来讲，GIS 空间分析可以区分点源污染和面源污染。本书在进行 GIS 空间分析时，选用的空间数据插值方法为反距离空间插值法。

2. 元素含量的描述性统计

本书所讲的元素含量的描述性统计法是通过计算研究区元素含量的变异系数，来获得重金属污染来源的信息。变异系数(coefficient of variation，CV)为标准差与均值的比值，反映了统计数据的波动特征，可以对不同量纲的指标进行比较。当比较两组数据的偏离程度时，如果量纲不同，直接对比两组的标准差是不合适的。然而，变异系数可以比较两组不同量纲数据的变异程度，其计算公式为

$$CV = \frac{SD}{Mean} \times 100\% \tag{5-1}$$

式中，CV 为数据的变异系数；SD 为数据的标准差；Mean 代表数据的平均值。根据变异系数的大小，可分为低度变异(CV<15%)、中等变异(15%≤CV≤36%)和高度变异(CV>36%)3 个等级(吕建树, 2015)。

变异系数可以反映出人类活动对环境介质的干扰程度，一般来说受人为活动干扰比较强烈的环境介质，其重金属含量可能产生较高的变异系数(吕建树, 2015)。通过变异系数对环境介质的污染源进行识别与利用 GIS 空间分析技术进行污染源识别有相通之处，重金属的变异系数高，其在空间上的分布状况则不均一，说明其人为来源比例较高。

此外，元素生物有效态含量的高低可以指示重金属污染物的来源。一般来讲，土壤中元素的残渣态是由母质风化而来，而有效态多数受人为活动影响。因此，有效态含量的比例越高，残渣态含量的比例越低，人为来源的比例越高。

3. 元素相关性法

元素相关性法是一种非常简单便捷的重金属污染源解析方法，目前应用比较广泛。通过对环境各介质中的各元素进行相关性分析，可以得到污染物来源的部分信息，为污染源的进一步解析提供一些基本信息，对其他污染源解析方法的结果予以验证。一般来讲，两个元素呈显著正相关关系时，则两个元素可能同源；呈负相关关系时，两个元素可能不同源。在本书中元素相关性法是利用 SPSS 软件中的 Pearson 相关分析。

4. 富集因子法

富集因子法(enrichment factor，EF)是用来表示被污染载体中元素的富集程度，判断和评价被污染载体中元素的来源即自然来源和人为来源的双重归一化数据处理的方法，不同学者使用不同的名称，如富集系数、富集因子、富集比率等。富集因子的计算方法是将样品中元素的浓度与地壳中元素的浓度进行对比，判断表生环境介质中元素的人为污染状况，反映人类活动对自然环境的扰动程度(Hu et al., 2013; 汪凝眉, 2016)。为了减小环境介质、采样制样等对元素浓度的影响，富集因子的计算常引入适合条件的元素作为参比元素进行标准化。作为评价表生环境介质中重金属污染来源和污染水平的重要指

标，富集因子被 Zoller 等 (1974) 在研究南极大气颗粒物来源时首次提出，现已被众多学者广泛用于研究重金属污染源评价与来源识别 (Hu et al., 2013; 汪凝眉, 2016)。富集因子具体的计算公式如下：

$$EF = \frac{(C_i/C_X)_{样品}}{(C_i/C_X)_{地壳}} \tag{5-2}$$

式中，C_X 为样品或者地壳中参比元素的含量；C_i 为样品或地壳中元素 i 的含量。

通常选择 Si、Al、Fe、Ti 等地壳中含量较高、受人类活动影响小的元素作为参比元素 (王世豪等, 2017)。Fe 元素在地壳中会与其他元素相结合，形成性质稳定的化合物，在人类活动中又缺少明显的 Fe 排放源，因此本书选择 Fe 作为参比元素。另外，选取江苏省土壤元素含量背景值作为地壳中的元素含量，其中 Fe 3.02%、Cd 0.126mg/kg、Cr 77.8mg/kg、Cu 22.3mg/kg、Ni 26.7 mg/kg、Pb 26.2mg/kg 和 Zn 62.6mg/kg (中国环境监测总站, 1990; Hu et al., 2013)。根据富集因子的大小，可以将元素的污染程度分为 5 个级别 (汪凝眉, 2016) (表 5-1)。当 EF<2 时，元素无污染或存在轻微污染；当 2≤EF<5 时，存在中度污染；当 5≤EF<20 时，存在显著污染；当 20≤EF<40 时，存在强烈污染；当 EF≥40 时，存在极强污染 (汪凝眉, 2016)。对于土壤来讲，当 0.5≤EF≤1 时，表明土壤中重金属主要来源于自然背景；当 EF>1 时，土壤中重金属主要来源于人类活动 (Zhang and Liu, 2002)。对于大气降尘来讲，当 EF≤2 时，元素主要来源为自然源；当 EF>2 时，元素存在人为来源，且 EF 越大，人为活动越明显 (汪凝眉, 2016)。

表 5-1 元素富集因子分级表

EF	级别	污染程度
EF<2	1	EF<1 为无污染，1≤EF<2 为轻微污染
2≤EF<5	2	中度污染
5≤EF<20	3	显著污染
20≤EF<40	4	强烈污染
EF≥40	5	极强污染

5. 正定矩阵因子

正定矩阵因子分析 (PMF) 是 Paatero 和 Tapper (1993) 提出的一种有效的数据分析方法。PMF 是一个多元因子分析工具，是美国环保局推荐使用的进行污染源解析的方法 (Tian et al., 2013)。其思路是首先利用权重确定受体化学组分中的误差，然后通过最小二乘法来确定其主要污染源及其贡献比率。与其他方法相比，该模型具有不需要测量源成分谱，源成分谱和源贡献率非负限定，解析结果更有实际意义；并且对每一个单独的数据点使用误差估计，可合理处理遗漏和不精确数据等显著特点。

PMF 模型是将原始矩阵 $x(n×m)$ 因子化，分解为两个因子矩阵 $g(n×p)$ 和 $f(p×m)$，以及一个残差矩阵 $e(n×m)$ (Xue et al., 2014)，公式如下：

$$x_{ij} = \sum_{k=1}^{p} g_{ik} f_{kj} + e_{ij} \tag{5-3}$$

式中，x_{ij} 是第 i 个样品的第 j 个化学成分的浓度；f_{kj} 是源 k 中第 j 个化学成分的浓度，即源成分谱矩阵；g_{ik} 是源 k 对第 i 个样品的贡献，即源的分担率矩阵；e_{ij} 是残差矩阵，定义为实际数据与解析结果的差值。

PMF 定义了一个目标函数 Q：

$$Q=\sum_{i=1}^{n}\sum_{j=1}^{m}\left(\frac{e_{ij}}{u_{ij}}\right)^2 \tag{5-4}$$

式中，u_{ij} 表示第 i 个样品的第 j 个化学成分的不确定度。

PMF 模型正是基于 Multilinear engine-2 算法进行迭代计算，不断地分解原始矩阵 x，来得到最优的矩阵 g 和 f，最优化目标是使 Q 趋于自由度值，即 $i×j$。

PMF 模型中不仅需要输入浓度文件，还需要不确定度文件。不确定度主要根据样品测量的不确定度（MU）和方法检出限（MDL）来计算。其计算方法如下：

当各个元素的浓度小于或等于相应的 MDL 时，不确定度的值为

$$u=\frac{5}{6}\times \text{MDL} \tag{5-5}$$

当各个元素的浓度大于相应的 MDL 时，不确定度的值为：

$$u=\sqrt{(\text{MU}\times \text{concentration})^2+(\text{MDL})^2} \tag{5-6}$$

PMF 模型建议选择的因子数目一般为 3～6 个。首先运行 3、4、5 和 6 个因子模型的所有结果，然后根据研究区域的具体情况，最后选择认为是最符合实际情况及能被很好解释的因子数作为解析结果。

6. 清单法

清单法也是进行土壤污染源解析的方法。清单法应用的步骤是：首先对污染受体进行污染源识别，然后对各污染源的输入通量进行监测和计算，最后计算出各污染源输入通量占总通量的比值。清单法的优点是源解析的结果精度较高，缺点是耗时耗力，人力物力成本要求高。耕地土壤重金属的污染来源包括大气降尘、灌溉水和化肥。其年输入通量的计算方法如下。

(1) 大气降尘中重金属的沉降通量计算。大气降尘中重金属的沉降通量的计算根据以下公式：

$$F_i=C_i\times M_d \tag{5-7}$$

$$M_d=\frac{m}{\pi R^2} \tag{5-8}$$

式中，F_i 为大气干湿沉降通量[mg/(m²·q)]；C_i 是蒸干的大气降尘中各类重金属的含量(mg/kg)；M_d 为每个季节大气降尘的质量浓度(kg/m²)；m 为每个塑料桶内大气降尘的质量；R 为塑料桶的半径，本书采用半径为 0.1m 的塑料桶。

(2) 灌溉水重金属年输入通量计算。污灌是重金属污染物进入土壤的重要途径之一。农田土壤中灌溉水重金属的年输入通量由灌溉水中重金属的浓度以及每年的灌溉水量共同决定。其计算公式如下：

$$I = (C_w + C_s M_s) \times V \times 10^3 \tag{5-9}$$

式中，I 为灌溉水重金属的年输入通量，单位为 mg/(m²·a)；C_w 是经过过滤的灌溉水中重金属的含量，单位为 mg/L；C_s 是灌溉水中悬浮物质中重金属的含量，单位是 mg/kg；M_s 是每升灌溉水中含有的悬浮物质的质量，单位为 kg/L；V 是每年每平方米的灌溉水量，单位为 m³/(m²·a)；10^3 为单位转换系数。

江苏省耕地土壤每年每平方米的灌溉水量为 0.65m³ (Jiang and Zhang, 2016)。据江苏省 2016 统计年鉴数据，省内水田的面积是旱地面积的 1.7 倍，水田的需水量是旱地需水量的 4 倍。因此可以计算出，省内水田每年每平方米的需水量为 0.9m³，旱地为 0.225m³。

(3) 化肥重金属年输入通量计算。化肥中重金属进入农田土壤的通量由化肥中重金属元素的含量以及每年化肥的施用量所决定，其计算公式如下：

$$I_{\text{Fer}} = \sum_{i=1}^{n} M_i C_i \tag{5-10}$$

式中，I_{Fer} 指每年化肥 i 中重金属进入农田土壤的通量，单位为 mg/m²；M_i 是化肥 i 的施用量[kg/(m²·a)]；C_i 是化肥 i 中的重金属含量，单位为 mg/kg。

7. Pb 同位素分析

Pb 在自然界中存在 4 种稳定性同位素，分别为 ^{208}Pb、^{207}Pb、^{206}Pb 和 ^{204}Pb，其中，前 3 种是 ^{232}Th、^{235}U 和 ^{238}U 放射性衰变的终产物，为放射成因稳定性同位素，^{204}Pb 的半衰期为 1.4×10^{17} a，远超过地球的年龄（4.6×10^9 a），可看作是稳定性同位素(赵多勇, 2012)。目前，在环境重金属污染源解析中，应用最为广泛的定性分析方法为 (^{207}Pb/^{206}Pb)—(^{208}Pb/^{206}Pb) 作图并进行对比分析，这种方法通过直角坐标图可大致推测污染物的来源，其优点是比较直观，缺点是需要较大的样本量，而且当污染源比较复杂时难以区分，必须结合其他指标进行综合分析(赵多勇, 2012)。

在定量分析污染源相对贡献率时，前人建立了二元模型。二元模型即样品中的 Pb 可以看作 2 个主要污染源的混合，其中污染源对样品中 Pb 的相对贡献率可根据二元模型来计算，但是二元模型仅适用于定量分析各污染源的相对贡献率。如果 3 个或 3 个以上主要的污染源和样品的同位素特征已知，则可用 IsoSource 模型计算各污染源的相对贡献率。

(1) 二元模型。针对只有两个污染源的污染受体，其污染来源比率的计算，可以参照 Fabrice 等(1997)以及赵多勇(2012)报道的二元模型，用简单的线性污染方程组计算两个污染源的贡献比率。建立公式(5-11)，设 f_a 和 f_b 分别为污染源 1 和污染源 2 对受污染样品的铅贡献率。R_s、R_a 和 R_b 分别为受污染样品(土壤、水稻或小麦籽粒)、污染源 1 和污染源 2 的 ^{207}Pb/^{206}Pb (或 ^{208}Pb/^{207}Pb) 的比值，则污染源 1 和污染源 2 对受污染样品铅的贡献率可由公式(5-11)计算：

$$\begin{cases} f_a = \dfrac{R_s - R_b}{R_a - R_b} \\ f_b = 1 - f_a \end{cases} \tag{5-11}$$

(2) IsoSource 模型。IsoSource 模型最初用于计算存在多种水源时植物对各水源的利用比例。运行该模型的前提是至少同时测定各可能水源样品和植物木质部水分样品中一种同位素的值(Phillips and Gregg, 2003)。当水源较多时，IsoSource 多元线性模型能准确求解贡献率(安江龙等，2017)。根据模型的应用原理，其可以应用于 Pb 污染源解析，且污染源个数需多于 2 个(Huang et al., 2015)。利用二元模型进行污染源解析，其污染源个数必须为 2 个，对于污染源为 3 个或多于 3 个的受体则无法进行解析(Fabrice et al., 1997)。IsoSource 正好弥补了这一缺陷，其计算公式如下(Huang et al., 2015; Phillips and Gregg, 2003)：

$$R_m = \sum_{i=1}^{n} P_i R_i \tag{5-12}$$

$$I = \sum_{i}^{n} R_i \tag{5-13}$$

式中，R_m 是污染受体的铅同位素比值；P_i 为各个污染源的贡献率；R_i 为各个污染源的同位素比值。这是一个包含三个未知数的两个方程的数学不确定系统，不存在唯一解。如果有 n 个同位素比值和 $n+1$ 个污染源，那么就可以找到确定的解。然而，如果存在多于 $n+1$ 个源和 n 个同位素系统，则基于质量守恒的要求，可以给出多个可行解，从而得到多个源贡献率的组合(Phillips and Gregg, 2003)。在本书中，有 2 个同位素系统和 5 个潜在的来源，因此使用 IsoSource 模型。在运行模型之前，需要设定两个参数：其一是来源增量(source increment)，一般设为 1%；其二是质量平衡公差(mass balance tolerance)，如果设为 0.1‰，表示各污染来源同位素值加权值之和与受体同位素值的差异不超过 0.1‰时，此时的比例组合被认为是可能的组合。质量平衡公差一般不小于来源增量与各污染源同位素值之间最大差值的乘积的 1/2(Phillips and Gregg, 2003)。

　　综上，以上 7 种源解析方法中，前 4 种均为定性源识别方法，后 3 种为定量源解析方法。定性源识别方法只有与定量源解析方法进行结合，才能得到污染源的贡献比率。定性源识别方法只能提供简单的判断，对定量源解析方法起辅助作用。此外，以上 7 种源解析方法中均可应用于土壤和大气。对于作物的源解析方法，应用比较广泛的是 Pb 同位素分析和元素相关性法，当然元素相关性法只能起到辅助的功能，其与 Pb 同位素分析法的结果相结合才有意义。

5.3　大气降尘重金属污染源解析

　　大气降尘是重金属的"源"和"汇"。大气沉降重金属可直接被植物吸收，最终通过食物链在人体中富集。大气中重金属的人为来源比较广泛，如汽车尾气排放、工业燃煤、金属冶炼等。对大气重金属污染进行来源解析是治理大气重金属污染和保障农产品安全的前提条件。因此，研究大气重金属污染特征及风险，并解析大气重金属污染来源对治理环境重金属污染具有重要意义。

　　本章的主要目的是，联用传统的定性源识别方法(富集因子法和元素相关性法)与定量源解析方法(PMF 分析和 Pb 同位素分析法)对其主要的污染源进行探究，旨在通过对中国典型流域大气重金属污染特征、风险和来源进行系统阐述，为重金属在农田大气、土壤和作物系统中的迁移识别奠定基础。

5.3.1　相关分析与富集因子分析

5.3.1.1　相关性分析与源解析结果

为研究蠡河流域大气降尘中重金属元素的污染来源,对 10 个监测点位春夏秋冬四个季节测定的 6 种元素进行相关性分析。根据分析结果(表 5-2),可以发现 Cd 与 Pb 呈现显著正相关性,同时 Cr 与 Ni 呈显著正相关性,说明 Cd 与 Pb 可能同源,Cr 与 Ni 可能同源。据前人研究(王世豪等, 2017; 殷汉琴, 2006),Cr 和 Ni 为地壳元素,其主要受地质背景影响。Cd 与 Pb 是典型的受人类活动影响较为显著的元素,其主要来源于人类活动。Cu 与元素 Cr 和 Ni 也存在一定的相关关系,说明三者具有共同的元素来源,即元素 Cu 部分来源于地质背景。

表 5-2　大气降尘重金属元素间的相关关系

	Cd	Cr	Cu	Ni	Pb	Zn
Cd	1	0.030	0.242	0.154	**0.681****	0.033
Cr		1	**0.365***	**0.911****	0.188	−0.140
Cu			1	**0.404***	0.052	0.065
Ni				1	0.130	−0.016
Pb					1	0.358
Zn						1

*为在 0.05 置信水平上显著相关, **为在 0.01 置信水平上显著相关

5.3.1.2　富集因子分析与源解析结果

根据公式(5-2),计算了研究区内大气降尘各重金属的富集因子。图 5-2 列出了研究区内大气降尘中 6 种重金属元素的富集因子。元素 Cd 富集因子的分布范围为 38.68～668.68,富集程度基本上都处于极强富集,40 个降尘样品中只有 1 个样品的富集因子低于 40。此结果表明研究区内大气降尘的 Cd 主要来源于人类活动,包括工业活动燃煤烟尘的排放和交通运输等。元素 Zn 富集因子在研究区内的分布范围是 19.74～272.48,40 个降尘中有 20 个样品的元素 Zn 的富集因子高于 40,处于极强富集的范围,其他 20 个样品的富集因子基本高于 20,处于强烈富集的范围,此结果表明研究区内大气降尘中的元素 Zn 主要来源于人类活动,如交通活动中轮胎磨损产生大量的元素 Zn,另外燃料燃烧也是元素 Zn 非常重要的来源。梁俊宁等(2014)研究了陕西省某工业园区采暖期大气降尘重金属元素特征,发现 Zn 和 Cd 的富集因子远大于 40,主要受到燃煤烟尘的强烈影响。研究区内元素 Pb 和 Cu 富集因子的分布范围分别为 7.11～106.67 和 8.93～78.65,富集因子高于 20 的样品个数分别为 14 个和 9 个,没有样品的富集因子低于 5,也就是说降尘样品中,元素 Pb 和 Cu 的富集因子大部分处于 5～20,即显著富集的范围,结果表明元素 Pb 和 Cu 受到了人类活动的显著影响,但同时还受到自然来源的影响。研究区

内元素 Ni 富集因子的分布范围是 2.39～21.16，富集因子高于 5 的样品个数为 8 个，小于 2 的个数为 0，即 Ni 的富集因子大部分处于 2～5 范围，即中度富集的范围，说明元素 Ni 主要来源于自然背景，但是受到中度的人类活动影响。元素 Cr 富集因子的分布范围是 0.86～7.44，富集因子高于 5 的样品个数为 1 个，小于 2 的个数为 14 个，也就是说，研究区内大气降尘样品中的 Cr 基本上受控于自然来源，受人类活动的影响较小。与本书研究相似的是，殷汉琴(2006)在研究铜陵市大气降尘重金属元素的分布特征时发现，Cr 和 Ni 的富集因子基本低于 5，而 Cd、Cu、Pb 和 Zn 的富集因子都大于 10，后者主要来自人类经济活动所造成的污染。

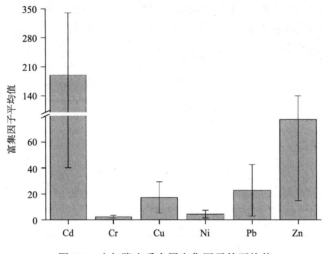

图 5-2　大气降尘重金属富集因子的平均值

　　总体来讲，重金属元素富集因子的平均值大小的排序为：Cd(189.99)＞Zn(77.49)＞Pb(22.76)＞Cu(17.28)＞Ni(4.43)＞Cr(2.41)。富集因子的平均值大小可以反映人类活动的影响。因此可以得出，Cd 和 Zn 主要受到人类活动的影响；Ni 和 Cr 存在轻微至中度富集，主要来源于地质背景，受到人类活动的轻微影响；Pb 和 Cu 介于两者之间，富集程度为显著至强烈富集，一部分来源于地质背景，但同时也受到人类活动的强烈影响。富集因子的变异系数排序为：Pb(0.87)＞Zn(0.81)＞Cd(0.79)＞Cu(0.69)＞Ni(0.67)＞Cr(0.46)，富集因子变异程度越大的元素，受人类活动的影响越明显，如果某种元素主要来源于地质背景，则其在整个研究区内的变异程度相对较小。

5.3.2　PMF 分析和 Pb 同位素分析

5.3.2.1　PMF 分析与源解析结果

从表 5-3 各因子成分谱和各因子贡献率可以看出：

表 5-3 PMF 模型解析出的各源成分谱及其贡献率

元素	源成分谱/(mg/kg)			源贡献率/%		
	因子 1	因子 2	因子 3	因子 1	因子 2	因子 3
Cd	**6.45**	1.38	0	82.38	17.62	0
Cr	22.98	2.46	**50.14**	30.40	3.25	66.34
Cu	**68.94**	12.18	51.84	51.85	9.16	38.99
Ni	22.25	3.84	**17.41**	51.15	8.84	40.01
Pb	**129.05**	5.06	57.50	67.35	2.64	30.01
Zn	$7.52×10^{-10}$	**1577.9**	507.62	$3.61×10^{-11}$	75.66	24.34

注: 黑体代表每个因子的标识元素的含量。

因子 1 中 Cd 为特征元素,因子 1 在元素 Cd 的来源占比为 82.38%。元素 Cd 的富集因子、潜在风险指数和地累积指数为 6 个元素中最高,说明研究区内大气降尘中 Cd 元素属于极强富集,Cd 污染比较严重,其主要受人类活动影响。梁俊宁等(2014)研究了陕西省某工业园区采暖期大气降尘重金属元素特征,发现研究区内 Cd 的富集因子远大于40,主要受到燃煤烟尘的强烈影响,因此因子 1 为与燃煤相关的工业活动。

因子 2 中 Zn 为标识元素,大气降尘中元素 Zn 有 75.66%来源于因子 2。元素 Zn 的富集因子在 6 个元素中相对较高,为 77.49,说明元素 Zn 主要来源于人类活动。根据前人研究(王思宇, 2016),交通活动中轮胎磨损产生大量的元素 Zn,因而可以判断因子 2 为机动车尾气尘,即交通排放。

因子 3 中 Cr 和 Ni 为特征元素。大气降尘中元素 Cr 和 Ni 的富集因子、地累积指数及潜在风险指数都较低,可以说明大气降尘中元素 Cr 和 Ni 的污染很轻微,也可以说明 Cr 和 Ni 主要来源于地质背景,受人类活动影响微弱。此外,据前人(梁俊宁等, 2014; 汪凝眉, 2016)研究发现,元素 Cr 和 Ni 主要来自母质风化。因此,可以判断因子 3 为地质背景。

大气降尘中各污染来源的贡献率通过 PMF 模型也可以得出(图 5-3)。对于元素 Zn 来讲,其主要来源为交通排放,占比约为 76%,另外 24%左右来源于地质背景。根据 PMF 模型的计算结果,可知大气降尘中的元素 Pb,工业活动和地质背景来源占比分别为 67% 和 30%,交通排放来源不到 3%,这与以往某些研究结果相似(梁俊宁等, 2014; 汪凝眉, 2016)。我国自 2000 年 7 月全面禁止使用含铅汽油,在某些区域,元素 Pb 主要来源于工业活动,交通排放来源急剧降低。但是,尚英男(2007)利用同位素分析对成都经济区大气降尘的 Pb 污染源进行解析,发现汽车尾气的贡献率为 68%,燃煤工业活动的贡献率为 32%,这可能是不同区域大气降尘重金属的污染状况及来源不同造成的。大气降尘中的元素 Cr,主要来源于地质背景,占比约为 66%,其次为工业活动,占比约为 30%,不到 4%来源于交通排放。根据以往研究(梁俊宁等, 2014; 殷汉琴, 2006),Cr 属于地壳元素,其主要来源于地质背景,此外,化石燃料燃烧通常也会产生部分元素 Cr(殷汉琴, 2006),燃料在燃烧时,部分悬浮颗粒和金属随烟尘进入大气。对于元素 Cu 和 Ni,其 PMF 源解析结果大致相似,工业活动来源约为 50%,地质背景来源约为 40%,交通排放来源不到 10%。对于元素 Cd，工业活动和交通排放来源占比分别为 82.38%和 17.62%，地质背景来源基本为 0，说明研究区内元素 Cd 的人类来源比例相当高，应该引起相关部门的重视。

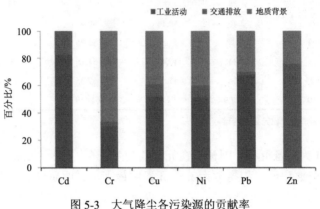

图 5-3　大气降尘各污染源的贡献率

5.3.2.2　Pb 同位素分析与源解析结果

大气降尘样品和各污染来源样品(燃煤尘、汽车尾气和地质背景)的 Pb 同位素组成如图 5-4。研究区内大气降尘的 $^{207}Pb/^{206}Pb$ 和 $^{208}Pb/^{206}Pb$ 组成分别为 0.857~0.869(平均值 0.862)和 2.1132~2.123(平均值为 2.117)。Mukai 等(2001)在研究中国城市大气降尘 Pb 同位素组成时，发现南京市大气降尘的 $^{207}Pb/^{206}Pb$ 和 $^{208}Pb/^{206}Pb$ 组成分别是 0.861±0.001 和 2.118±0.004，结果与本书研究区的 Pb 同位素组成大致相似。上海市大气降尘中总悬浮颗粒物中的 $^{207}Pb/^{206}Pb$ 为 0.855~0.861(平均值为 0.859)(Chen et al., 2005)。中国其他城市大气降尘的 Pb 同位素组成与本书的研究结果也较为相似，表明中国大部分地区的大气降尘 Pb 污染来源较为相似。厦门市大气降尘的 $^{207}Pb/^{206}Pb$ 组成为 0.854~0.861(平均值为 0.858)(Zhu et al., 2010)。西安市大气降尘夏季的 $^{207}Pb/^{206}Pb$ 组成为 0.841~

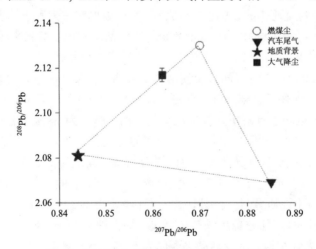

图 5-4　大气降尘及其污染源的 Pb 同位素比值

0.887(平均值为 0.860)，冬季为 0.781～0.873(平均值为 0.843)(Xu et al., 2012)。中国其他地区大气降尘的 Pb 同位素组成范围也相对集中，表明这些城市中大气降尘的污染来源大致相似(Zheng et al., 2004; Zhu et al., 2010)。

大气降尘潜在污染源的 Pb 同位素比例如表 5-4 所示。Pan 和 Dong(1999)研究了从湖北武汉到江苏镇江长江沿岸成矿带矿石的 Pb 同位素组成。研究发现宁-武带花岗岩的 $^{207}Pb/^{206}Pb$ 和 $^{208}Pb/^{206}Pb$ 分别为 0.844 和 2.081。因此本书中地质背景 Pb 同位素比值 $^{207}Pb/^{206}Pb$ 和 $^{208}Pb/^{206}Pb$ 的取值为 0.844 和 2.081。根据实验分析结果，燃煤尘 $^{207}Pb/^{206}Pb$ 和 $^{208}Pb/^{206}Pb$ 的取值分别为 0.870 和 2.130。据研究，中国煤炭的 Pb 同位素比值的分布范围相对较广(Mukai et al., 2001)，$^{207}Pb/^{206}Pb$ 比值的范围为 0.850～0.925，在中国南部此比值相对较低，在中国北部此比值相对较高(Mukai et al., 2001)。

自从 2000 年 7 月含铅汽油禁止使用，汽车尾气已不再是大气降尘 Pb 污染的重要来源(Chen et al., 2005; Hu et al., 2014)。然而，使用无铅汽油作为燃料的机动车辆释放的汽车尾气仍然是大气降尘 Pb 污染的部分来源(Hu et al., 2014)，此外，机动车在刹车和轮胎磨损过程中也会释放 Pb 到大气降尘中(Huang et al., 2015)。本书研究区内汽车尾气的 $^{207}Pb/^{206}Pb$ 和 $^{208}Pb/^{206}Pb$ 的取值分别为 0.885 和 2.069。Huang 等(2015)测定的某工业区内汽车尾气尘的 $^{207}Pb/^{206}Pb$ 和 $^{208}Pb/^{206}Pb$ 的取值分别为 0.87 和 2.02。Zhu 等(2001)在研究珠江三角洲大气降尘的 Pb 同位素组成时发现研究区内汽车尾气尘的 $^{207}Pb/^{206}Pb$ 和 $^{208}Pb/^{206}Pb$ 的取值分别为 0.862 和 2.085。

由图 5-4 大气降尘及其污染源的 Pb 同位素特征可知，大气降尘的 Pb 同位素比例位于燃煤尘、汽车尾气及地质背景之间，说明三者为大气降尘 Pb 的污染源。并且根据三者的同位素组成在图中的位置可知，大气降尘的 Pb 同位素与燃煤尘和地质背景的距离更近，说明大气降尘 Pb 污染主要来源于燃煤尘和地质背景，汽车尾气的贡献率占比较低。然后将大气降尘及其污染源的同位素比例代入 IsoSource 模型，根据其计算结果可知(表 5-4)，大气降尘中元素 Pb 有 5.0%～47.0%来自地质背景，平均贡献率为 22.6%；汽车尾气对大气降尘 Pb 污染的贡献率为三者最低，其范围为 0～25.0%，平均贡献率为 8.2%；燃煤尘对大气降尘 Pb 的贡献率为三者最高，其范围为 53.0%～93.0%，平均贡献率为 69.2%。可以说明燃煤尘排放是研究区内大气降尘铅的重要来源，其次为地质背景，汽车尾气的贡献率最低。

表 5-4　大气降尘各重金属污染源的贡献比例

源种类	同位素比值		贡献率的范围和平均值/%
	$^{207}Pb/^{206}Pb$	$^{208}Pb/^{206}Pb$	
地质背景	0.844[a]	2.081[a]	5.0～47.0(22.6)
燃煤尘	0.870	2.130	53.0～93.0(69.2)
汽车尾气	0.885	2.069	0～25.0(8.2)

注："a"引自 Pan 和 Dong(1999)。

5.3.2.3　两种源解析方法结果的比较

本书利用 PMF 分析和 Pb 同位素分析两种方法对研究区大气降尘 Pb 污染源的贡献比例进行了计算。为了评估基于两种方法解析出的大气降尘重金属污染源的结果的变异程度，计算了基于两种方法得到的结果的变异系数(表 5-5)。结果表明，基于 PMF 分析和 Pb 同位素分析两种源解析方法，工业活动源对大气降尘元素 Pb 的平均贡献率为68.3%，变异系数为 1.9%，属于低度变异等级(CV<15%)；交通活动源的平均贡献率为5.4%，变异系数为 73.3%，属于高度变异等级(CV>36%)；地质背景的贡献率为 26.3%，变异系数为 19.9%，属于中等变异等级(15%≤CV≤36%)。此结果说明两种方法对大气降尘元素 Pb 的工业活动源和地质背景的解析结果比较相近，变异程度不大，对交通活动源的解析结果的变异程度较大，造成此结果的原因是交通活动源贡献比例较小，相对较小的差异就可以造成较大的变异系数。

表 5-5　基于两种方法大气降尘 Pb 污染源解析结果的比较

参数	工业活动源贡献/%	交通活动源贡献/%	地质背景贡献/%
PMF 分析	67.4	2.6	30.0
Pb 同位素分析	69.2	8.2	22.6
平均值	68.3	5.4	26.3
标准差	1.3	4.0	5.2
变异系数	1.9	73.3	19.9

5.3.3　大气降尘重金属源解析方法联用探讨

对大气重金属污染源定量解析的方法有 PMF 分析和 Pb 同位素法两种方法。PMF 分析是一种方便快捷、可推广度高、成本低的源解析方法，近年来得到广泛的研究和应用。但是 PMF 分析模型在因子的确定等方面具有一定的主观性，解析结果可能存在一定的误差。Pb 同位素法可以避免 PMF 分析的主观性，且能够达到定量解析土壤 Pb 污染的目的。Pb 同位素特征图能够通过同位素比例数据在图中距离的远近来直观评价受体与污染源的关系，源与受体的 Pb 同位素数据越接近，对受体 Pb 污染的贡献比率越大，反之越小，因此通过 Pb 同位素比例特征图可以剔除部分与受体 Pb 同位素数值距离较远的污染源数据。然后将与受体同位素相近的污染源的数据导入 IsoSource 模型中，从而计算出各污染源的比例。Pb 同位素法工作量比较小，应用更便捷。但是此方法也存在一定的局限性，即不是所有的重金属都有同位素，也不是所有的重金属同位素都能被检测出来，目前应用比较广泛的是 Pb 同位素，还有少量的研究应用 Hg 同位素和 Cd 同位素(Huang et al., 2015)。因此，与 PMF 分析和清单法相比，同位素分析法只能对大气降尘中具有同位素的少量元素(Pb、Cd 和 Hg)的污染源贡献比例进行解析，而无法解析其他元素的污染源。此外，Pb 同位素的测试费用也是比较昂贵的，实验室测试的条件要求也是比较高的。因此在进行大气污染源解析时，Pb 同位素法的应用范围相对较窄。

在大气降尘重金属污染源解析过程中，本书同时利用了 PMF 分析和 Pb 同位素法，这两种方法可以达到相互验证的效果,并且综合两种方法得到的源解析结果可以得出各污染源贡献率的平均值。本书为土壤重金属污染源解析提供了多种方法联用的办法,其具体的实现步骤为:①利用源识别方法,包括元素相关性和富集因子法对研究区大气重金属的污染源进行定性分析,识别出哪些元素主要来源于人类活动,哪些元素主要来源于地质背景;②利用 PMF 模型分析对大气降尘重金属进行污染源贡献比例的计算;③选取少量代表性大气降尘的样点,对其及污染来源的 Pb 同位素数据进行分析测试,然后利用此结果来验证 PMF 分析法中元素 Pb 的解析结果;④将以上两种定量解析方法的结果进行综合,最终得出研究区大气降尘重金属污染源的贡献比例。

5.4　土壤重金属污染源解析

土壤是陆地生态系统的重要组成部分,为系统内物质循环和能量流动提供了基础和保证。随着社会的进步和科技的发展,大量的污染物通过不同的途径进入土壤环境,破坏了土壤结构,引起土壤生态环境质量恶化,其中重金属污染极为严重。重金属污染范围广、持续时间长,不易在物质循环和能量流动中分解,通过食物链或者空气扬尘危害人体健康,还会引起大气和水环境质量的进一步恶化。因此近年来,土壤重金属污染受到各国环境生态学家的广泛重视,也成为当今环境科学领域的重要研究内容。目前,国内外学者已经对各区域土壤重金属的分布特征及污染评价做了部分研究,但是对区域土壤重金属的"污染特征—风险评价—污染源解析"的系统而全面的研究甚少。尤其是在土壤重金属污染源解析方法上,联用传统的定性污染源识别方法,包括重金属元素含量描述性统计方法、GIS 空间分析方法、富集因子法,以及定量的污染源解析方法,包括 PMF 分析、清单法和 Pb 同位素分析法对研究区的土壤重金属污染来源进行精确的解析。本书研究结果为蠡河流域土壤重金属污染的治理和管控提供科学依据,同时为籽粒重金属污染源的解析及管控提供基础。

5.4.1　定性源识别

5.4.1.1　元素含量的描述性统计分析与源识别结果

重金属含量的变异系数能够反映人类活动对土壤重金属分布的干扰程度,通常来讲,受人类活动干扰程度比较大的重金属元素,其含量可能产生较大的变异系数(吕建树,2015)。

第 4 章表 4-30 中非耕作土、小麦根系土和水稻根系土重金属含量变异系数的统计结果表明,非耕作土重金属元素含量变异系数的大小排序为:Zn>Cd>Pb>Ni>Cu>Cr,可以说明非耕作土中元素 Zn 的人为来源比例最大,Cr 的最小。

小麦根系土重金属元素总含量变异系数的大小排序为:Cd>Pb>Cu>Zn>Ni>Cr,其中元素 Cd 的变异系数高达 70%以上,Ni 和 Cr 的变异系数均在 20%左右,可以说明元素 Cd 的人为来源比例最大,地质背景来源较少,元素 Ni 和 Cr 污染来源比例中人为来源较低,其主要受地质背景影响。

同理，水稻根系土 6 种重金属总含量变异系数的大小排序为：Cd＞Cu＞Zn＞Pb＞Cr＞Ni。其中元素 Cd 的变异系数高达 100%以上，Ni 和 Cr 的变异系数均在 20%左右，可以说明元素 Cd 主要受人类活动影响，元素 Ni 和 Cr 污染来源比例中人为来源较低，主要受地质背景影响。

5.4.1.2　GIS 空间分析与源识别结果

对研究区内土壤重金属元素含量进行空间分析，可以有效地区分其来自点源污染还是非点源污染（Huang et al., 2015; Li et al., 2004; Xie et al., 2011; Zhang et al., 2009）。由第 4 章图 4-12 可知，元素 Cd、Pb、Cu 和 Zn 的高值区倾向于聚集在特定点周围，呈现圆圈的空间分布规律，说明这几种元素主要受点源污染影响，存在人类活动排放源。相反，元素 Cr 和 Ni 含量的空间分布相对比较均一，基本没有明显的高值区和低值区，此结果表明以上两种元素不受点源污染影响，主要受控于地质背景。

5.4.1.3　相关性法分析与源识别结果

元素之间的相关关系可以提供元素是否存在共同污染来源的信息（Cai et al., 2008）。由第 4 章表 4-32 耕作土重金属元素的相关分析结果可知，耕作土中元素 Cd、Cu 和 Pb 的总含量与生物有效态含量均存在显著的两两相关关系，说明以上 3 种元素可能具有同一污染来源。此外，元素 Cr 的生物有效态含量与元素 Ni 的生物有效态含量存在一定的相关关系，说明两者可能存在相同来源。

第 4 章表 4-33 非耕作土重金属元素的相关关系结果表明，非耕作土元素 Cd 和 Cu 的总含量以及元素的生物有效态含量均存在显著的两两相关关系。元素 Cr、Cu 和 Ni 的生物有效态含量存在极显著的两两相关关系，元素 Zn 的生物有效态含量与 Cd、Cr、Cu 和 Ni 的生物有效态含量均存在显著相关关系。这一系列的相关关系说明非耕作土中元素 Cd、Cr、Cu、Ni、Pb 和 Zn 存在共同的污染来源。

5.4.1.4　富集因子法分析与源识别结果

富集因子是评价表生环境介质中重金属污染来源和污染水平的重要指标，通过样品重金属元素与背景值的比率来判断人为影响状况及污染的程度（Hu et al., 2013），反映的是人类活动对自然环境扰动程度的重要指标。对于土壤来讲，0.5≤EF＜1.5 时，说明土壤中重金属主要来源于自然背景，当 EF≥1.5，表明土壤中重金属主要来源于人类活动（Zhang and Liu, 2002）。研究区内耕作土和非耕作土重金属元素的富集因子的统计结果见表 5-6。如结果所示，耕作土中元素 Cd 的富集因子最高，平均值为 15.56，根据富集因子分级，可以看出研究区内耕作土的元素 Cd 存在极强的富集状况，其次为 Pb 和 Zn，其富集因子分别为 2.63 和 2.58，属于中度富集情况。耕作土中重金属元素的富集因子平均值及变异系数的大小排序均为：Cd＞Pb＞Zn＞Cu＞Ni＞Cr。因此，研究区内重金属元素 Cd、Pb、Zn 和 Cu（富集因子为 1.75～15.56）被认为是出现了富集情况，尤其是元素 Cd 出现了极强富集；而元素 Cr 和 Ni 的富集因子的平均值分别为 1.19 和 1.53，说明研究区内耕作土重金属 Cr 和 Ni 保持了自然背景，基本未出现累积情况。研究表明当富集因子

≥1.5 时，超过 1.5 部分的重金属元素含量可以认为是来自人类活动，富集因子越大，人为来源比例越高(Zhang and Liu, 2002)。因此，研究区内耕作土的元素 Cd、Pb、Cu 和 Zn 存在人为来源，而 Cr 和 Ni 主要受控于地质背景。

耕作土中元素的富集状况与非耕作土略有差异，非耕作土中元素富集因子平均值的大小排序为：Cd>Zn>Pb>Ni>Cu>Cr，其中元素 Cd 的富集因子为 9.71，属于极强富集；元素 Zn、Pb 和 Ni 的富集因子次之，说明非耕作土中这三种重金属元素出现了明显富集；元素 Cr 和 Cu 的富集因子较小，富集特征不明显。非耕作土中元素富集因子的变异系数的大小排序为：Zn>Cd>Pb>Cu>Ni>Cr。根据以上结果看出，研究区非耕作土 Cd、Zn、Pb 和 Ni 均出现了不同情况的富集，尤其是元素 Cd 表现出极强富集特征，说明以上 4 种重金属元素主要受人为来源影响，元素 Cd 的人为来源比例最高，元素 Cu 和 Cr 的人为来源比例较低，主要受控于地质背景。

表 5-6　土壤重金属富集因子的统计特征

土壤类型	元素	平均值±标准差	范围	变异系数
耕作土	Cd	15.56±11.68	7.92~74.03	0.75
	Cr	1.19±0.12	0.95~1.45	0.10
	Cu	1.75±0.80	0.88~3.88	0.45
	Ni	1.53±0.18	1.29~2.16	0.12
	Pb	2.63±1.46	1.22~9.63	0.56
	Zn	2.58±1.28	1.51~7.84	0.50
非耕作土	Cd	9.71±7.95	2.09~35.14	0.82
	Cr	1.17±0.18	0.86~1.61	0.16
	Cu	1.35±0.51	0.84~2.8	0.38
	Ni	1.64±0.45	1.29~2.91	0.28
	Pb	1.72±0.81	0.31~3.7	0.47
	Zn	2.58±2.45	1.18~12.38	0.95

5.4.2　定量源解析

5.4.2.1　PMF 分析与源解析结果

环境污染物的来源解析是污染控制的基础，作为典型受体模型之一的正交矩阵因子(PMF)分析法是一种新颖、有效的源解析方法，近年来得到广泛的研究和应用。本书模型中对于耕作土的污染源解析，选取因子数量为 4，旋转系数 $F_{peak}=-0.1$，对输入模型的浓度和不确定度数据进行 50 次因子迭代运算，可以得到较低 Q 值，而且每个因子都能够被很好地解释，4 个因子的各源成分谱及其贡献率在表 5-7 中给出。对于非耕作土的污染源解析，选取的因子数量为 3，旋转系数 $F_{peak}=-0.5$，对输入模型的浓度和不确定度数据进行 40 次因子迭代运算，3 个因子的各源成分谱及其贡献率在表 5-8 中给出。在源解析过程中，因子谱的类别是以不同的标记元素来鉴定的，以下据此进行金属源识别分析。

表 5-7　PMF 模型解析耕作土金属的源成分谱及源贡献率

元素	源成分谱/(mg/kg)				源贡献率/%			
	因子 1	因子 2	因子 3	因子 4	因子 1	因子 2	因子 3	因子 4
Ca	196.84	2.9×10^{-15}	5.9×10^{-6}	**2220.70**	8.14	1.2×10^{-16}	2.4×10^{-7}	91.86
Cd	**0.30**	0.12	0.15	2.0×10^{-13}	52.11	21.62	26.27	3.5×10^{-11}
Co	0.92	4.71	7.24	**8.17**	4.38	22.37	34.43	38.82
Cr	0.21	11.23	19.52	**22.82**	0.40	20.88	36.30	42.43
Cu	1.51	**14.03**	1.48	4.75	6.92	64.44	6.81	21.82
Fe	254.28	3477.7	6417.3	**7712.2**	1.42	19.47	35.93	43.18
K	69.38	2557.1	3587.2	**5308.9**	0.60	22.19	31.13	46.07
Mg	5.3×10^{-5}	491.51	982.34	**1624.2**	1.7×10^{-6}	15.87	31.71	52.43
Mn	19.46	52.68	45.14	**140.26**	7.55	20.46	17.53	54.46
Ni	0.50	4.33	9.27	**9.70**	2.10	18.19	38.94	40.77
Pb	9.74	**18.90**	6.01	3.53	25.51	49.50	15.74	9.25
Zn	0	**56.52**	6.24	28.10	0	62.21	6.87	30.93

注：黑体代表每个因子的标识元素的含量。

表 5-8　PMF 模型解析非耕作土重金属污染的源成分谱及贡献率

元素	源成分谱/(mg/kg)			源贡献率/%		
	因子 1	因子 2	因子 3	因子 1	因子 2	因子 3
Cd	0.03	**0.31**	0.07	7.95	75.65	16.40
Cr	26.48	0	**37.52**	41.37	0	58.62
Cu	7.46	4.36	7.91	37.83	22.09	40.08
Ni	9.71	2.78	**17.50**	32.38	9.28	58.35
Pb	**14.40**	**12.15**	4.10	46.99	39.63	13.39
Zn	**31.64**	28.57	29.19	35.39	31.96	32.65

注：黑体代表每个因子的标识元素的含量。

　　因子 1 的源成分谱表明 Cd 在该因子上具有明显较其他因子更高的浓度值，因子 1 对元素 Cd 的贡献率为 52.11%，根据上面的研究结果，元素 Cd 的富集因子是 6 种重金属元素中最高的，平均值为 15.56，这表明土壤中元素 Cd 出现了严重的富集累积情况。此外，利用单因素污染指数、生态危害指数以及风险评估编码进行土壤重金属污染评价，结果显示，研究区内元素 Cd 存在极高的生态风险。研究区位于经济发展比较迅速的长三角地区，其工业和交通活动比较发达，再加上研究区的支柱产业为制陶工业，在制陶过程中使用的镉黄可能也是研究区土壤 Cd 污染的一个重要来源。之前有研究报道，慈溪市土壤 Cd 污染主要是由工业排放引起(Liu et al., 2007)。因此，综合以上各种因素，因子 1 应当是陶瓷工业排放。

　　因子 2 中，元素含量较大的是 Cu、Pb 和 Zn，这三种重金属元素均高于土壤背景值，富集因子分别为 1.75、2.63 和 2.58(表 5-6)，根据富集因子分级表，富集情况为中等富集程度。此外，由第 4 章图 4-12 元素 Cu、Pb 和 Zn 的空间分布特征可知，研究区内元素 Cu、Pb 和 Zn 在全域的分布是相对不均匀的。研究表明，工业和交通排放是土壤 Cu、Pb 和 Zn 的主要污染来源(Imperato et al., 2003)，Cu 主要来源于机械加工制造业，Zn 是汽车轮胎中的一种硬度添加剂，Pb 主要来源于燃煤以及交通排放(Cai et al., 2008)。虽然我国已经禁止使用含铅汽油，但是汽车轮胎以及制动器中仍然会释放部分 Pb 到周围环境中，因此交通仍然是土壤 Pb 污染的污染源之一(Imperato et al., 2003)。随着研究区工业化的高度发展，燃煤工业以及交通蓬勃发展。因此，因子 2 为工业活动和交通排放。

因子 3 中，除了元素 Ca 以外，其他元素均在该因子上具有较高的浓度值。在农业生产中，由于众多农业化合物(农药和化肥)的使用，不同种类的元素在土壤中富集，包括 Cd、Cr、Cu、Ni、Pb、Zn、Co、Mn、K 和 Mg(Cai et al., 2008; Dai et al., 2015; Xue et al., 2014)。一些元素包括 Cu、Ni、Pb、Zn、Co、Mn、K 和 Mg 是植物生长过程中必需的营养元素。农民为了提高产量，通过施用化学肥料来提高土壤中植物生长所必需的以上几种元素。另外，有一些重金属元素包括 Cd、Cr 和 Pb 不是植物生长发育所必需的元素。在农业生产过程中，因农药和化肥的使用，这些对植物体有害的重金属元素同时被无意引入土壤。因此可以看出，PMF 分析中，因子 3 代表农业活动。

因子 4 中，Ca、Co、Cr、Fe、K、Mg、Mn 和 Ni 的浓度高于其他元素。这些元素，尤其是 Ca、K、Mg 和 Mn 均是地壳的主要组成元素，研究区表土中的矿物主要包括石英、钾长石和斜长石，它们主要是由 Al_2O_3、CaO、MgO、SiO_2 和 K_2O 等组成(Xue et al., 2014)，并且这些氧化物在长期的风化过程中逐渐被释放出来。研究区元素 Cr 和 Ni 的含量略低于背景值，含量的变异系数也相对较低，而且它们在研究区内部的分布比较均匀，无明显的高值区和低值区，说明这两种元素的空间变异性较小，不存在明显的空间异质性。表 5-6 的元素富集因子结果表明，元素 Cr 和 Ni 的富集因子低于和略高于 1.5，并没有发生明显的富集特征。通过单因素污染评价，潜在生态风险评价以及风险评估编码法对研究区土壤这两种重金属元素的污染情况进行评估发现，这两种重金属的污染情况比较轻微，污染风险较低。综合上述信息可以得出，因子 4 中含量较高的元素主要来源于地质背景，包括岩石风化、荒漠化、侵蚀等地质过程。

本书的推断以及研究结果与前人的研究基本一致(Cai et al., 2008; Dai et al., 2015; Li et al., 2017; Xue et al., 2014)。Xue 等(2014)联合利用 PMF 分析和 GIS 空间分析方法对浙江省长兴区的土壤重金属进行污染识别，发现土壤中 Cd、Cu、Pb 和 Zn 主要来源于人类活动，而 Cr 和 Ni 主要来源于母质。Dai 等(2015)利用多元统计分析和 GIS 空间分析方法对山东省莱芜市的土壤进行污染源解析，发现 Cd、Cu、Pb 和 Zn 主要受工业、农业以及交通排放影响，而 Cr 和 Ni 主要受母质影响。Peris 等(2008)利用多元统计方法对欧洲地中海沿岸地区土壤重金属污染源进行识别，发现 Ni 主要来源于自然活动，而 Cd、Cu、Pb 和 Zn 主要与人类活动有关。Cai 等(2008)利用多元统计分析和 GIS 空间分析方法对东莞市土壤重金属污染源进行识别，发现 Ni 和 Cr 主要来源于母质，而 Cd 和 Pb 主要来源于人类活动。Li 等(2017)利用元素相关性法和多元统计分析对北京市土壤重金属污染进行解析也发现相同的规律，即土壤中 Cu、Cd、Pb 和 Zn 主要是人为来源，而 Cr 和 Ni 主要受地质背景影响。

　　本书同时利用 PMF 对污染源的贡献率进行了计算,结果如图 5-5 所示。计算过程中,将因子 1(陶瓷工业排放)和因子 2(工业活动和交通排放)进行整合,其代表工业和交通排放源。耕作土壤中 Cu、Pb 和 Zn 的工业和交通排放源的占比分别为 71.4%、75.0% 和 62.2%,地质背景来源所占的比例分别为 21.8%、9.2% 和 30.9%。对于元素 Cr 和 Ni,地质背景来源的比例最高,工业和交通排放源比例最低。耕作土中元素 Cd 所有的污染来源中,工业和交通排放、农业活动的占比分别为 73.7% 和 26.3%。PMF 的解析结果显示,研究区内元素 Cd 基本不存在地质背景来源。因此,元素 Cd 作为一种生态模型风险极大的重金属元素,应该尽量控制工业和交通排放源来减轻土壤中元素 Cd 的污染。

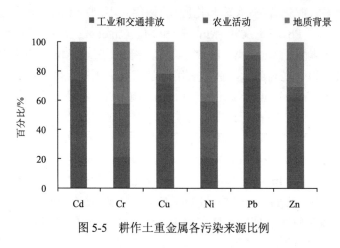

图 5-5　耕作土重金属各污染来源比例

　　与此同时,本书利用 PMF 模型对研究区内非耕作土重金属污染来源进行了识别与解析(表 5-8)。因子 1 的源成分谱表明,Pb 和 Zn 在该因子上具有明显较其他因子更高的浓度值。根据前面对非耕作土重金属元素富集因子(表 5-6)的计算,可知元素 Pb 和 Zn 的富集因子均高于 1.5,出现了明显的人为污染来源。此外,研究表明,在城市土壤中 Pb 常被作为机动车污染源的标识元素(Cai et al., 2008; Huang et al., 2015),非耕作土中元素 Pb 的来源与城市公路网的密集以及机动车辆的急剧增加有关。因此,可以判断因子 1 为交通排放源。因子 2 对元素的贡献率从高到低依次为:Cd>Pb>Zn>Cu>Ni>Cr,其中因子 2 对元素 Cd 的贡献率高达 75.65%,对元素 Cr 的贡献率基本为 0,根据前面对耕作土污染源分析可知,元素 Cd 是工业活动的标识元素,制陶工业以及燃煤工业均会有元素 Cd 的排放。此外,元素 Cr 和 Ni 是地质背景的标识元素,因子 2 对元素 Ni 的贡献率为 9.28% 左右,对 Cr 的贡献率基本为 0。综上各种因素,可知因子 2 被识别为工业活动排放源。因子 3 对元素 Cr 和 Ni 的贡献率分别为 58.62% 和 58.35%,远大于对其他元素的贡献。非耕作土 Cr 和 Ni 的富集因子均低于 1.5(表 5-6)。此外,根据本章对耕作土污染源的分析以及前人的研究,Cr 和 Ni 是非常典型的地质背景的标识元素(Cai et al., 2015; Dai et al., 2015; Huang et al., 2015; Peris et al., 2008; Xue et al., 2014)。因此,因子 3 为土壤地质背景源。

　　非耕作土 6 种重金属各污染源的贡献率如图 5-6,元素 Cd 三种污染源所占比例的大小顺序为:工业活动排放源(75.65%)>地质背景源(16.40%)>交通排放源(7.95%);元素 Pb 的污染来源比例中，交通排放源占比最高，约为 47%，其次为工业活动排放源 (40%)，地质背景源最低，占比为 13%；元素 Cu 和 Zn 的 3 种污染来源中，各污染来源分布较均匀，占比均介于 20%~40%；对于元素 Cr 和 Ni 来讲，地质背景源的占比均接近 60%，其次为交通排放源，工业活动排放源占比最低。

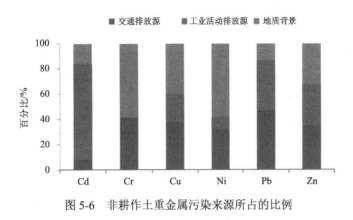

图 5-6　非耕作土重金属污染来源所占的比例

5.4.2.2　清单法与源解析结果

清单法可以实现对耕地重金属污染源的定量解析。其分析步骤主要包括：首先对耕地土壤重金属污染来源进行定性识别。通常来讲，耕地土壤重金属的输入来源包括大气降尘、灌溉水和化肥的使用。然后，对这三大重金属污染来源的年输入通量进行计算。最后，计算出各输入来源所占的比例。在利用清单法进行污染源解析的过程中，本书利用 ArcGIS 的栅格计算功能完成各输入来源年输入通量以及来源占比的计算，并得到各来源年输入通量的空间预测分布图。

1. 大气降尘重金属输入通量

研究区内大气降尘重金属的输入通量在第 4 章的 4.3.1.3 小节"大气降尘重金属沉降通量的时空分布特征"中已经做了详细的研究。

2. 灌溉水重金属的年输入通量

研究区灌溉水和灌溉水中悬浮物质的重金属含量如表 5-9 所示，结果表明，研究区灌溉水中悬浮物质的重金属含量远远高于过滤的灌溉水。取部分灌溉水进行过滤，得到每升灌溉水中含有的悬浮物质为 0.224g。根据公式(5-9)，可以计算出研究区耕地灌溉水重金属的年输入通量 $[mg/(m^2 \cdot a)]$。研究区灌溉水重金属的年输入通量的大小排序为：Zn(22.664)>Ni(4.539)>Pb(3.709)>Cu(2.682)>Cr(2.458)>Cd(0.097)。相比之下，长三角地区灌溉水重金属 Cd、Cr、Cu、Pb 和 Zn 的输入通量分别为：0.556、3.498、13.730、2.449 和 24.785mg/$(m^2 \cdot a)$ (Hou et al., 2014)。研究结果表明，研究区内灌溉水只有元素 Pb 的年输入通量高于长三角，其他元素的输入通量均低于长三角(Ni 除外)。可以说明研究区内灌溉水的污染水平是比较低的。利用反距离权重插值法，对研究区内灌溉水重金属年输入通量的空间状况进行了预测，如图 5-7 所示。

表 5-9　灌溉水中已过滤部分和悬浮物的重金属含量

灌溉水的组成部分	Cd	Cr	Cu	Ni	Pb	Zn
悬浮物质/(mg/kg)	0.22	15.24	15.13	11.53	26.14	114.07
过滤灌溉水/(mg/L)	1.25×10^{-4}	9.62×10^{-4}	1.38×10^{-3}	5.49×10^{-3}	7.48×10^{-4}	1.48×10^{-2}

3. 化肥重金属的年输入通量

不同种类的化肥中重金属元素的含量如表 5-10 所示，结果表明有机肥中重金属元素的含量最高，其次为磷肥，钾肥中重金属元素的含量最低。与吴绍华(2009)的研究相比，本书中除有机肥中元素 Cd 和 Cu 的含量略低于其研究结果，其余均高于其结果。根据公式(5-9)计算的水田和旱地中化肥重金属年输入通量[mg/($m^2 \cdot a$)]的结果见表 5-11。通过对比发现，5 种化肥中有机肥重金属年输入通量最高，钾肥最低。施用 5 种化肥重金属进入土壤的通量[mg/($m^2 \cdot a$)]的大小顺序为：Zn(13.313)>Cu(2.376)>Ni(1.113)>Cr(1.066)>Pb(0.635)>Cd(0.011)。在一年内由于施肥进入土壤的 Cd、Cr、Cu 和 Pb 的通量低于长三角地区，而研究区内因施肥进入土壤的元素 Zn 则高于长三角地区(Hou et al., 2014)。

表 5-10　化肥重金属元素的含量　　　　　　　　　　(单位：mg/kg)

化肥类型	重金属含量					
	Cd	Cr	Cu	Ni	Pb	Zn
氮肥	0.052	2.485	2.604	0.355	1.657	22.959
磷肥	0.133	22.132	18.883	28.325	9.137	136.447
钾肥	0.023	2.682	1.899	0.559	0.782	11.620
复合肥	0.020	14.566	11.792	4.046	3.468	44.277
有机肥	0.354	26.190	106.071	48.214	22.738	577.381

4. 三种输入途径下通量的对比

大气降尘、灌溉水和化肥中重金属年平均输入通量所占的比例如表 5-12 所示。通常来讲，大气降尘重金属输入通量所占的比例最大，其次为灌溉水，化肥最低。大气降尘 6 种重金属的年输入通量所占的比例为 37.79%～84.84%，灌溉水所占比例为 12.73%～49.96%，化肥所占的比例最低，为 1.61%～14.08%。不同重金属的不同输入途径所占比例有很大不同。对于元素 Cd、Cr、Cu、Pb 和 Zn 来讲，大气降尘的输入比例最大；但对于元素 Ni 来讲，灌溉水和化肥所占比例之和比大气降尘所占比例要高 20%。此结果表明耕作土中元素 Cd、Cr、Cu、Pb 和 Zn 的主要来源为工业活动排放和交通排放，而对于元素 Ni 来讲，其主要污染源为农业活动。此研究结果与前人的研究结果一致(Cong et al., 2008; Tang et al., 2007)。在北京耕地土壤重金属污染源的输入比例中，大气降尘最高，灌溉水其次，化肥最低。在成都经济开发区的耕地土壤中，元素 Cd 有 89%来自大气降尘，7%来自灌溉水，4%来自化肥(Tang et al., 2007)。

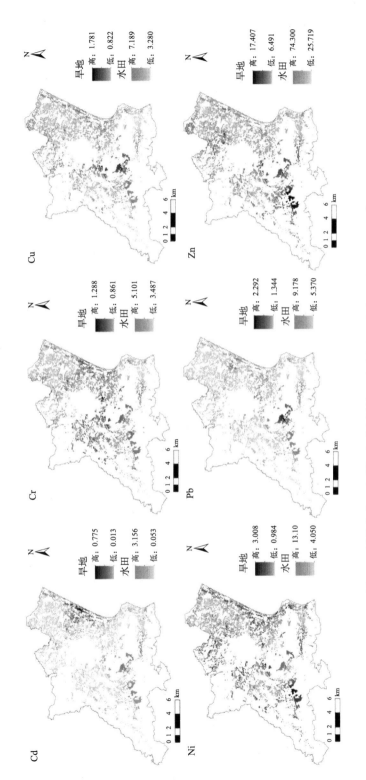

图 5-7　旱地和水田中灌溉水重金属输入通量空间分布特征 [单位：mg/(m²·a)]

表 5-11　水田和旱地化肥重金属年输入通量　　[单位：mg/(m²·a)]

化肥类型	水田化肥年输入通量						旱地化肥年输入通量					
	Cd	Cr	Cu	Ni	Pb	Zn	Cd	Cr	Cu	Ni	Pb	Zn
氮肥	4.41×10^{-3}	2.10×10^{-1}	2.19×10^{-1}	2.99×10^{-2}	1.40×10^{-1}	1.94×10	2.69×10^{-3}	1.28×10^{-1}	1.34×10^{-1}	1.82×10^{-2}	8.52×10^{-2}	1.18×10
磷肥	1.22×10^{-3}	2.04×10^{-1}	1.74×10^{-1}	2.61×10^{-1}	8.41×10^{-2}	1.26×10	3.59×10^{-4}	5.98×10^{-2}	5.10×10^{-2}	7.65×10^{-2}	2.47×10^{-2}	3.68×10^{-1}
钾肥	6.35×10^{-5}	7.51×10^{-3}	5.32×10^{-3}	1.56×10^{-3}	2.19×10^{-3}	3.25×10^{-2}	1.81×10^{-5}	2.15×10^{-3}	1.52×10^{-3}	4.47×10^{-4}	6.26×10^{-4}	9.30×10^{-3}
复合肥	3.26×10^{-4}	2.36×10^{-1}	1.91×10^{-1}	6.55×10^{-2}	5.62×10^{-2}	7.17×10^{-1}	5.23×10^{-4}	3.79×10^{-1}	3.07×10^{-1}	1.05×10^{-1}	9.02×10^{-2}	1.15×10
有机肥	6.05×10^{-3}	4.48×10^{-1}	1.81×10	8.24×10^{-1}	3.89×10^{-1}	9.87×10	6.20×10^{-3}	4.58×10^{-1}	1.86×10^{0}	8.44×10^{-1}	3.98×10^{-1}	1.01×10^{2}

表 5-12　耕作土壤各输入来源通量贡献比例　　(单位：%)

元素	工业和交通活动		农业活动			
	大气降尘		灌溉水		化肥	
	范围	平均值±标准差	范围	平均值±标准差	范围	平均值±标准差
Cd	15.26~97.38	84.84±12.27	1.59~84.41	13.56±12.39	0.33~2.42	1.61±0.29
Cr	39.59~85.51	62.23±10.13	7.36~46.60	26.87±11.11	6.16~21.41	10.59±1.95
Cu	52.90~80.65	67.48±7.07	5.81~33.41	18.17±8.18	10.69~24.91	14.08±1.55
Ni	19.36~64.60	37.79±12.55	17.43~73.97	49.96±15.73	6.67~22.60	11.5±2.97
Pb	56.89~93.72	76.55±9.07	4.50~38.64	20.29±9.13	1.60~5.05	3.13±0.47
Zn	59.86~96.69	80.36±6.96	1.33~32.29	12.73±6.38	1.89~13.27	6.80±1.80

5.4.2.3　Pb 同位素分析与源解析结果

1. 耕作土铅污染源解析

为了更精确地计算出耕作土元素 Pb 的污染来源，本书通过测试耕作土及其所有污染来源的 Pb 同位素比例，然后利用 IsoSource 模型进行元素 Pb 的污染源解析。需要说明本书中地质背景 Pb 同位素比例数据的来源。Pan 和 Dong（1999）研究了从湖北武汉到江苏镇江长江沿岸成矿带矿石的 Pb 同位素组成，研究发现宁-武带花岗岩的 $^{207}Pb/^{206}Pb$ 和 $^{208}Pb/^{206}Pb$ 分别为 0.844 和 2.081。因此本书地质背景 $^{207}Pb/^{206}Pb$ 和 $^{208}Pb/^{206}Pb$ 的取值分别为 0.844 和 2.081。耕作土和各污染来源样品（地质背景、大气降尘、灌溉水和化肥）的 Pb 同位素组成如图 5-8 所示。研究区内耕作土的 $^{207}Pb/^{206}Pb$ 和 $^{208}Pb/^{206}Pb$ 组成分别为 0.845～0.857（平均值为 0.850）和 2.102～2.118（平均值为 2.109）。复合肥样品 $^{207}Pb/^{206}Pb$ 的值为 0.769±0.004，$^{208}Pb/^{206}Pb$ 的值为 1.863±0.002，与土壤的 Pb 同位素比例相差很大，所以并未出现在图中，原因是复合肥并不是土壤 Pb 的一个重金属污染来源。32 个耕作土样品和 10 个大气降尘样品的 Pb 同位素值在图中的位置比较相近，然而过滤灌溉水和磷肥的同位素值与土壤的位置相差甚远，土壤的 Pb 同位素比例与过滤灌溉水和磷肥的 Pb 同位素比例存在很大的不同，这表明过滤灌溉水和磷肥中的 Pb 进入土壤的量相对较小，而过滤水中悬浮物、氮肥、钾肥和有机肥的 Pb 同位素值在图中的位置与土壤比较相近，可以说明这些是土壤 Pb 的主要污染来源。对于化肥来讲，其同位素值在图上的分布比较分散，正好验证了生产不同化肥所用的矿石不同。

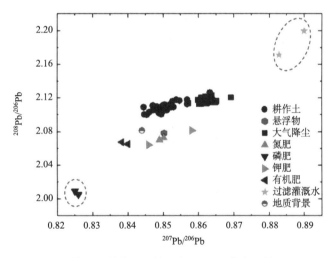

图 5-8　耕作土及其污染源 Pb 同位素比值

利用 IsoSource 模型计算了耕作土铅污染来源的贡献比率（表 5-13）。由表 5-13 可知，土壤 Pb 污染来源比例的大小顺序为：大气降尘＞地质背景＞灌溉水中悬浮物质＞钾肥＞氮肥＞有机肥。大气降尘 Pb 对土壤铅污染的贡献率最大，范围为 53%～93%，平均贡献率为 66.7%。地质背景、灌溉水中悬浮物质、化肥和地质背景的平均贡献率均在 10% 以下，其中，土壤中元素 Pb 有 0～47% 来自地质背景，平均贡献率为 8%；灌溉水中悬浮物质对大气降尘 Pb 的贡献率范围为 0～43%，平均贡献率为 7.3%；氮肥、钾肥和有机肥对土壤 Pb 的贡献率范围分别是 0～37%、0～39% 和 0～33%，平均值分别为 6.1%、6.5% 和 5.5%。可以说明研究区内耕作土重金属 Pb 的主要污染源为大气降尘。此研究结果与 PMF 模型大气降尘 Pb 污染源解析的结果较为一致。

此外，根据耕作土重金属间的相关性结果(第 4 章表 4-32)，可知 Pb 元素与元素 Cd(r=0.841)、元素 Cu(r=0.617)均呈极显著正相关关系。所以利用 Pb 同位素法对耕作土元素 Pb 污染解析的结果对土壤的 Cd 和 Cu 污染也有一定的参考价值，即它们三者来源贡献解析的结果可能比较相近。

表 5-13　基于 Pb 同位素分析耕作土各重金属污染源的贡献比例

污染源类别	同位素比值		贡献率的范围和平均值/%
	$^{207}Pb/^{206}Pb$	$^{208}Pb/^{206}Pb$	
地质背景	0.844[a]	2.081[a]	0～47(8)
大气降尘	0.862± 0.002	2.117 ± 0.002	53～93(66.7)
灌溉水中悬浮物质	0.850	2.078	0～43(7.3)
氮肥	0.850 ± 0.001	2.071 ± 0.002	0～37(6.1)
钾肥	0.852 ± 0.009	2.074 ± 0.012	0～39(6.5)
有机肥	0.839 ± 0.001	2.066 ± 0.002	0～33(5.5)
磷肥	0.826 ± 0.001	2.007 ± 0.003	0
复合肥	0.769 ± 0.004	1.863 ± 0.002	0
过滤灌溉水	0.886 ± 0.005	2.185 ± 0.020	0

注："a" 引自参考文献 Hu 等(2014)。

2. 非耕作土 Pb 污染源解析

研究区非耕作土重金属的直接污染来源主要有两个，一是大气降尘，二是地质背景。当污染源的数量为 2 时，用二元模型进行元素 Pb 的污染源解析。污染来源大气降尘和地质背景以及污染受体非耕作土壤的 Pb 同位素组成特征值见表 5-14。由表 5-14 可知非耕作土的 Pb 同位素组成特征值介于大气降尘和地质背景之间，说明非耕作土的 Pb 元素可能受到大气降尘和地质背景共同影响。与地质背景的 Pb 同位素组成特征值相比，非耕作土 Pb 同位素组成特征值与大气降尘的 Pb 同位素组成特征值更接近，说明非耕作土 Pb 污染受大气降尘影响较大，受地质影响较小。由图 5-9 可知，大气降尘、地质背景和非耕作土的 Pb 同位素比值与特征值呈线性关系。若将大气降尘和地质背景作为非耕作土 Pb 污染的主要来源，其满足二元混合模型解析的条件。设 f_a 为大气降尘对非耕作土 Pb 的贡献率，f_b 为地质背景对耕作土 Pb 的贡献率，R_s、R_a 和 R_b 分别为非耕作土、大气降尘和地质背景 $^{207}Pb/^{206}Pb(^{208}Pb/^{206}Pb)$ 的比值。将表 5-14 中的非耕作土、大气降尘和地质背景的 $^{207}Pb/^{206}Pb$ 的值分别作为 R_s、R_a 和 R_b 代入公式(5-11)求解，即 R_s 为 0.860，R_a 为 0.862，R_b 为 0.844，解得 f_a=85.8%，f_b=14.2%，即大气降尘对非耕作土 Pb 的贡献率为 85.8%，地质背景对非耕作土 Pb 的贡献率为 14.2%。同理，将表 5-14 中的非耕作土、大气降尘和地质背景的 $^{208}Pb/^{206}Pb$ 的值分别作为 R_s、R_a 和 R_b，代入公式(5-11)求解，即 R_s

为 2.115，R_a 为 2.117，R_b 为 2.081，解得 f_a=95.5%，f_b=4.5%，即大气降尘对非耕作土 Pb 的贡献率为 95.5%，地质背景对非耕作土 Pb 的贡献率为 4.5%。

表 5-14　大气降尘、地质背景及非耕作土壤的铅同位素组成特征值

样品名称	样本数	$^{207}Pb/^{206}Pb$	$^{208}Pb/^{206}Pb$
大气降尘	10	0.862±0.003	2.117±0.003
地质背景	32	0.844[a]	2.081[a]
非耕作土	10	0.860±0.002	2.115±0.001

注："a" 引自参考文献 Hu 等 (2014)。

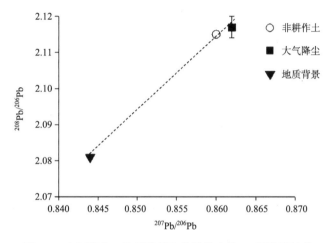

图 5-9　大气降尘、地质背景和非耕作土的 Pb 同位素比值

　　将表 5-14 中 $^{207}Pb/^{206}Pb$ 和 $^{208}Pb/^{206}Pb$ 分别带入公式计算大气降尘和地质背景对非耕作土 Pb 的贡献率，$^{207}Pb/^{206}Pb$ 计算的结果与 $^{208}Pb/^{206}Pb$ 计算的结果有所差异，这可能由样品 Pb 同位素组成特征值波动造成。因此，为了方便计算，本书取二者的平均值，即大气降尘对非耕作土 Pb 的贡献率约为 90.6%，地质背景对非耕作土 Pb 的贡献率约为 9.4%。

　　此外，根据非耕作土重金属间的相关性结果 (第 4 章表 4-33) 可知，Pb 元素与 Cd 呈极显著正相关关系 (r=0.795，p<0.01)，与 Cu 呈显著正相关关系 (r=0.528，p<0.05)，所以利用 Pb 同位素法对非耕作土元素 Pb 污染解析的结果对土壤的 Cd 和 Cu 污染也有一定的参考价值，即它们三者来源贡献解析的结果可能比较相近。然而非耕作土中，元素 Pb 与 Cr 呈极显著的负相关关系 (r=−0.574，p<0.01)，则元素 Pb 与 Cr 的源解析结果可能相反。因为利用 Pb 同位素法对非耕作土壤元素 Pb 污染的解析结果为大气降尘对非耕作土 Pb 的贡献率约为 90.6%，地质背景对非耕作土 Pb 的贡献率约为 9.4%，所以可知地质背景对元素 Cr 的贡献比例比大气降尘要高，即在 50% 以上。

5.4.2.4　清单法、PMF 分析和同位素三种分析方法源解析结果的比较

　　本章研究利用清单法、PMF 分析和 Pb 同位素分析三种方法分别计算了研究区耕作土壤重金属污染源的贡献比例。然而，清单法只能计算耕作土壤重金属各人为活动源 (工

业和交通排放源以及农业活动源)的贡献比例,PMF 分析和 Pb 同位素分析不仅计算了耕作土壤重金属人为活动源(工业和交通排放源以及农业活动源)的贡献比例,而且计算了地质背景的贡献比例,基于 PMF 分析和 Pb 同位素分析法,解析出土壤中元素 Cd、Cr、Cu、Ni、Pb 和 Zn 的地质背景来源占比分别为 0、42.4%、21.8%、40.8%、9.2%和 30.9%。本书把基于 PMF 分析法和 Pb 同位素分析法解析出的地质背景的贡献比例加入清单法计算出来的源解析结果,获得基于清单法的耕作土壤重金属工业和交通排放源、农业活动源及地质背景的贡献比例。基于清单法,耕作土壤重金属污染源的解析结果为元素 Cd、Cr、Cu、Ni、Pb 和 Zn 工业和交通排放来源贡献比例分别为 84.8%、35.8%、52.8%、22.4%、69.9%和 55.5%,农业活动源占比分别为 15.2%、21.7%、25.4%、36.8%、21.4%和 13.6%。因此,联用清单法、PMF 分析和 Pb 同位素分析三种源解析方法,耕作土壤元素 Cd、Cr、Cu、Ni、Pb 和 Zn 的工业和交通活动源的平均贡献率为 79.3%、28.6%、62.1%、21.3%、70.6%和 58.9%,农业活动源为 20.7%、29.0%、16.1%、37.9%、18.6%和 10.2%,地质背景源为 0、42.4%、21.8%、40.8%、10.8%和 30.9%。此结果表明,工业和交通排放是元素 Cd、Cu、Pb 和 Zn 的主要来源,其贡献率占比高于 50%,而地质背景是元素 Cr 和 Ni 的主要来源,其贡献率占比均高于 40%。

为了评估基于三种方法解析出的耕作土壤重金属污染源结果的变异程度,本书计算了基于三种方法得到的源解析结果的变异系数(表 5-15)。结果表明,基于清单法、PMF 分析和 Pb 同位素分析法三种源解析方法,研究区耕作土壤元素 Cd、Cr、Cu、Ni、Pb 和 Zn 的工业和交通活动源贡献比例的平均变异系数为 14.7%,属于低度变异等级(CV<15%),说明三种方法对耕作土壤 6 种元素工业和交通活动源的解析结果是比较接近的,变异程度较小;与农业活动源解析结果的变异程度相比,三种方法对农业活动源的解析结果的变异程度较大,变异系数为 38.5%,造成此结果的原因是农业活动污染源贡献比例较小,相对较小的差异就可以造成较大的变异系数。

表 5-15　三种方法下耕作土壤污染源解析结果的比较

不同源贡献比例/%	元素	清单法	PMF 分析	Pb 同位素分析	平均值±标准差	变异系数	平均变异系数
工业和交通活动	Cd	84.8	73.7	—	79.3±7.9	9.9	14.7
	Cr	35.8	21.3	—	28.6±10.3	36.0	
	Cu	52.8	71.4	—	62.1±13.2	21.2	
	Ni	22.4	20.3	—	21.3±1.5	6.9	
	Pb	69.9	75.0	66.7	70.6±4.2	5.9	
	Zn	55.5	62.2	—	58.9±4.7	8.0	
农业活动	Cd	15.2	26.3	—	20.7±7.9	37.9	38.5
	Cr	21.7	36.3	—	29.0±10.3	35.5	
	Cu	25.4	6.8	—	16.1±13.2	81.6	
	Ni	36.8	38.9	—	37.9±1.5	3.9	
	Pb	21.4	15.7	25.3	18.6±4.8	25.9	
	Zn	13.6	6.9	—	10.2±4.7	46.4	

三种方法对不同元素进行源解析,结果的变异程度不同。以工业和交通活动源为例,三种方法对耕作土壤元素 Pb 工业和交通活动源解析结果的变异系数为 5.9%,属于低度变异等级(CV<15%)。清单法和 PMF 分析两种源解析方法对耕作土壤元素 Cd、Cr、Cu、Ni 和 Zn 工业和交通活动源解析结果的变异系数分别为 9.9%、36.0%、21.2%、6.9%和 8.0%。此结果表明三种方法联用对 6 种元素进行源解析的结果的变异系数大小顺序为 Cr>Cu>Cd>Zn>Ni>Pb,三种方法联用对元素 Cr 的解析结果的变异程度最大,为 36.0%,处于中度变异;对元素 Pb 的解析结果的变异程度最低,为 5.9%,属于低度变异范围,说明三种方法对元素 Pb 的解析结果极为相似。

吴绍华(2009)利用清单法对宜兴市 2006 年土壤重金属污染源进行了解析,结果表明元素 Cd、Cu、Pb 和 Zn 的人为活动来源占比分别为 16.0%、19.0%、36.5%和 5%。到 2016 年,本书基于清单法、PMF 分析和 Pb 同位素分析三种方法对丁蜀镇土壤重金属人为活动污染源进行解析,结果显示元素 Cd、Cu、Pb 和 Zn 的工业和交通活动来源占比分别为 100%、78.2%、89.2%和 69.1%;研究区土壤 Cd、Cu、Pb 和 Zn 的人为活动来源占比增加,每年的增加率为 8.40%、5.92%、5.27%和 6.41%。人为活动源贡献比例的逐年增加可能是因为近十年人类活动对土壤的扰动越来越剧烈,土壤的重金属污染程度急剧加深。因此,急需控制重金属人为排放源来扭转土壤环境急剧恶化的局面,使土壤重金属污染对人体产生的健康风险威胁降至最低。

本章研究利用 PMF 分析和 Pb 同位素分析两种方法对研究区非耕作土 Pb 污染源的贡献比例进行了计算。为了评估基于两种方法解析出的土壤重金属污染源的结果的变异程度,本书计算了基于两种方法得到的结果的变异系数(表 5-16)。结果表明,基于 PMF 分析和 Pb 同位素分析两种源解析方法,工业和交通活动源对研究区非耕作土壤元素 Pb 的平均贡献率为 88.6%,变异系数为 3.2%,属于低度变异等级(CV<15%);地质背景的平均贡献率为 11.4%,变异系数为 24.8%,属于中度变异等级(15%≤CV≤36%)。此结果说明两种方法对非耕作土壤元素 Pb 的解析结果是比较相近的,变异程度不大。

表 5-16　两种方法下非耕作土 Pb 污染源解析结果的比较

参数	工业和交通活动的贡献率/%	地质背景的贡献率/%
PMF 分析	86.6	13.4
Pb 同位素分析	90.6	9.4
平均值	88.6	11.4
标准差	2.8	2.8
变异系数	3.2	24.8

5.4.3　土壤源解析方法联用探讨

本章利用的土壤重金属污染源定量解析方法有 3 个,分别是 PMF 分析、清单法和 Pb 同位素法。PMF 分析是一种新颖、有效的源解析方法,具有方便快捷、可推广度比较高和成本低的特点,但是在解析过程中存在一定的主观性,使得解析结果可能存在一定的误差(薛建龙, 2014)。

　　清单法和 Pb 同位素法可以避免 PMF 分析方法的不足。清单法首先要对耕作土壤重金属污染源的年输入通量进行观测，包括大气降尘重金属沉降通量、化肥重金属年输入量以及灌溉水重金属年输入量，这是用清单法计算重金属污染来源贡献率的基础数据，基础数据的精度越高，污染源贡献率计算的精度越高。但是，在获取高精度数据的同时，存在一些问题，比如工作量大、耗时耗力，需要的劳动成本及资金比较高。因此，极少利用此方法进行污染源的解析。此外，在利用清单法进行污染源解析时，只能对重金属人为活动源进行源贡献率的计算，而无法进行地质背景源的解析。因此，可以将 PMF 分析的地质背景源的结果代入清单法，得到人为活动源与地质背景源的贡献比例。

　　Pb 同位素法也是能够达到定量解析土壤 Pb 污染的一种方法。Pb 同位素特征图能够通过同位素比例数据在图中距离的远近来直观评价受体与污染源的关系，源与受体的 Pb 同位素数据越接近，对受体 Pb 污染的贡献比率越大，反之越小，因此通过 Pb 同位素比例特征图可以剔除部分与受体 Pb 同位素数值距离较远的污染源。将与受体同位素相近的污染源的数据代入 IsoSource 模型中，从而计算出各污染源的比例。与清单法相比，Pb 同位素法工作量比较小，应用更便捷。但是此方法也存在一定的局限性，即不是所有的重金属都有同位素，也不是所有的重金属同位素都能被检测出来，目前应用比较广泛的是 Pb 同位素，还有少量的研究应用 Cd 和 Hg 同位素(Huang et al., 2015)。因此，与 PMF 分析和清单法相比，同位素分析法只能对土壤中具有同位素的少量元素(Pb、Cd 和 Hg)的污染源的贡献比例进行解析，而无法解析其他元素的污染源。此外，Pb 同位素的测试费用也是比较昂贵的，实验室测试的条件要求是比较高的。因此在进行土壤污染源解析时，Pb 同位素方法的应用范围相对较窄。

　　本书同时利用了 PMF 分析、清单法和 Pb 同位素法，这三种方法可以达到相互验证的效果，并且综合三种方法得到的源解析结果，可以得出各污染源贡献率的平均值。本书为土壤重金属污染源解析提供了多种方法联用的办法，其具体的实现步骤如图 5-10 所示。①利用源识别方法，包括 GIS 空间分析、相关性分析和富集因子计算等对研究区土壤重金属的污染源进行定性分析，最终识别出哪些元素主要来源于人为活动，哪些元素主要来源于地质背景。②联用 PMF 分析和清单法对土壤重金属进行污染源贡献比例的计算，在这一步骤中，为了获得高精度的数据，高密度的采样是必需的。此外，将这两种方法联用，可以避免清单法无法解析地质背景来源。③选取少量代表性土壤的样点，对其以及其污染来源的 Pb 同位素数据进行分析测试，然后利用此结果来验证清单法和 PMF 分析法中元素 Pb 的解析结果。④将以上三种定量解析方法的结果进行综合，最终得出研究区土壤重金属污染源的贡献比例。

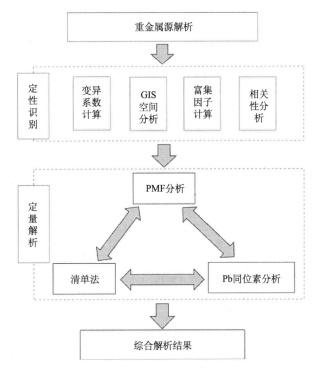

图 5-10　土壤重金属污染源解析流程图

5.5　作物重金属污染源解析

近年来,随着我国经济的快速发展,人类与土壤和大气的相互作用越来越频繁,大气、土壤和作物系统的重金属污染已成为制约农用地可持续利用及农业可持续发展、威胁生态环境和危害人体健康的重要因素。大气和土壤是环境重金属的重要载体,也是作物重金属污染的主要来源。重金属元素在大气-土壤-作物系统中的迁移会导致作物受到重金属污染。小麦和水稻作为研究区主要的食用农产品,也是当地居民最主要的食物,通过食物链,受污染作物体内的重金属进入人体,进而在人体内累积,从而对当地居民的健康造成极大的威胁。及时对研究区小麦和水稻籽粒重金属污染状况进行评价、对人体产生的健康风险进行评估以及定量解析作物籽粒重金属污染来源贡献比率,对控制作物重金属污染、降低人群重金属暴露风险具有重要意义。目前,学者对土壤重金属污染状况及来源解析研究较多,但是就作物的"污染特征—污染评价—来源解析"全面及系统研究较少,此外,国内外在作物 Pb 污染来源解析方面的研究尚处于探索阶段,多侧重定性识别,定量解析方面的报道较少。本章结合大气降尘和土壤的 Pb 污染源的解析结果,对籽粒 Pb 污染的初级源头进行定量解析,并对作物籽粒 Pb 污染的初级源头进行解析。为此,本章以蠡河流域两种主要农作物为研究对象,测定作物不同部位的重金属元素含量及籽粒的 Pb 同位素比例,从而对作物不同部位的含量特征、富集特征、空间分布、污染评价、人体健康风险评价及污染来源解析进行完整而系统的探究,旨在为有效控制作物籽粒重金属污染提供依据，从而降低区域内人体重金属健康风险。

5.5.1　小麦籽粒元素 Pb 来源解析

5.5.1.1　直接来源解析结果

籽粒 Pb 污染的直接来源只有两个，即大气降尘和土壤。小麦籽粒、大气降尘和土壤的 Pb 同位素比例见表 5-17。与土壤的 Pb 同位素比值相比，大气降尘的 Pb 同位素比例与小麦籽粒的更为接近，说明小麦籽粒 Pb 污染主要来源于大气降尘，土壤的贡献比例相对较小。由图 5-11 可知，小麦籽粒、大气降尘和土壤的 Pb 同位素比值呈线性关系，满足二元模型的使用条件。设 f_a 为大气降尘对小麦籽粒 Pb 的贡献比例，f_b 为土壤对小麦籽粒 Pb 的贡献比例，R_s、R_a 和 R_b 分别为小麦籽粒、大气降尘和土壤 $^{206}Pb/^{207}Pb$（或 $^{208}Pb/^{206}Pb$）的比值。将表 5-17 中的小麦籽粒、大气降尘和土壤的 $^{206}Pb/^{207}Pb$ 的值分别作为 R_s、R_a 和 R_b，即 R_s 为 1.161，R_a 为 1.160，R_b 为 1.175，代入公式 (5-11)，解得 f_a=93.6%，f_b=6.4%，即大气降尘对小麦籽粒 Pb 的贡献比例为 93.6%，土壤的贡献比例为 6.4%。同理，将表 5-17 中的小麦籽粒、大气降尘和土壤的 $^{208}Pb/^{206}Pb$ 的值分别作为 R_s、R_a 和 R_b，即 R_s 为 2.116，R_a 为 2.117，R_b 为 2.110，代入公式 (5-11)，解得 f_a=88.8%，f_b=11.2%，即大气降尘对小麦籽粒 Pb 的贡献比例为 88.8%，土壤的贡献比例为 11.2%。

表 5-17　大气降尘、土壤及小麦籽粒的 Pb 同位素组成特征值

样品名称	样本数	$^{206}Pb/^{207}Pb$	$^{208}Pb/^{206}Pb$
大气降尘	10	1.160±0.003	2.117±0.003
土壤	32	1.175±0.005	2.110±0.006
小麦籽粒	10	1.161±0.001	2.116±0.001

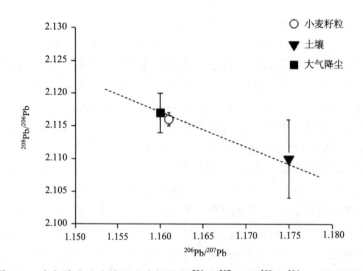

图 5-11　大气降尘、土壤及小麦籽粒的 $^{206}Pb/^{207}Pb$ 和 $^{208}Pb/^{206}Pb$ 的比值关系

将表 5-17 中 $^{206}Pb/^{207}Pb$ 和 $^{208}Pb/^{206}Pb$ 分别代入公式计算大气降尘和土壤对小麦籽粒 Pb 的贡献率，得到的结果存在一定的差异，这可能是由样品 Pb 同位素比值小范围波动造成的。然后计算两个结果的平均值，即大气降尘对小麦籽粒 Pb 的贡献比例约为 91.2%，土壤的贡献比例约为 8.8%。

此外，根据小麦籽粒元素间的相关性结果（第 4 章表 4-40）可知，小麦籽粒中元素 Pb 与 Cu 呈极显著的负相关关系（$r=-0.467$，$p<0.01$），说明元素 Pb 与 Cu 的源解析结果可能相反。Pb 同位素法的解析结果表明，小麦籽粒元素 Pb 的大气降尘源远远高于耕作土壤源，因此可知小麦籽粒中耕作土壤对元素 Cu 的贡献比例可能要远远高于大气降尘，至少在 50%以上。

5.5.1.2　间接（初级）来源解析结果

以上利用 Pb 同位素分析法计算了与籽粒直接接触的媒介——大气降尘和耕作土壤的 Pb 污染来源，结合大气降尘和耕作土的 Pb 污染源的解析结果，本书对籽粒 Pb 污染的间接（初级）来源进行了定量解析，具体的计算过程及结果见图 5-12。研究结果表明大气降尘对小麦籽粒 Pb 的贡献率约为 91.2%。利用 Pb 同位素分析对大气降尘重金属污染源进行解析的结果显示，其 Pb 污染的燃煤工业源占比为 69.2%，汽车尾气源为 8.2%，地质背景源为 22.6%，通过将此比例数值与大气降尘对小麦籽粒 Pb 的贡献率 91.2%相乘，可

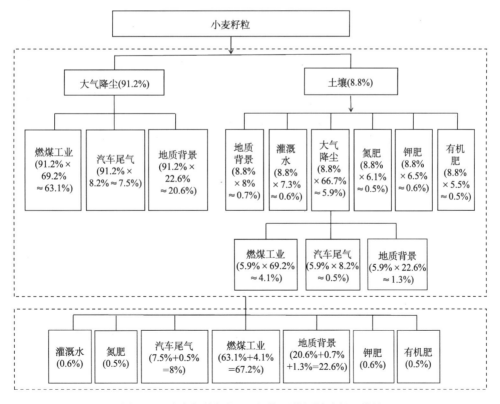

图 5-12　小麦籽粒初级 Pb 污染源的解析过程及结果

以得到大气降尘中的燃煤工业源、汽车尾气源和地质背景源对小麦籽粒的贡献率分别为63.1%、7.5%和20.6%。耕作土壤对小麦籽粒 Pb 的贡献率为8.8%，而耕作土中各 Pb 污染源的种类及所占的比例分别为大气降尘(66.7%)、地质背景(8%)、灌溉水(7.3%)、氮肥(6.1%)、钾肥(6.5%)和有机肥(5.5%)。通过相同的方法可以得到，土壤中的大气降尘、地质背景、灌溉水、氮肥、钾肥和有机肥对籽粒 Pb 污染源的贡献率分别为 5.9%、0.7%、0.6%、0.5%、0.6%和0.5%。然后利用同样的方法将土壤中的大气降尘源再进一步分解，得到土壤的大气降尘源中的燃煤工业源、汽车尾气源和地质背景源对小麦籽粒 Pb 污染源的贡献率分别为 4.1%、0.5%和 1.3%。最后将以上计算出的各类初级源的比例进行合并，最终得到小麦籽粒 Pb 初级污染源所占的比例，其大小排序为：燃煤工业(67.2%)＞地质背景(22.6%)＞汽车尾气(8%)＞钾肥(0.6%)≈灌溉水(0.6%)＞有机肥(0.5%)≈氮肥(0.5%)。

5.5.2　水稻籽粒元素 Pb 来源解析

5.5.2.1　直接来源解析结果

与水稻籽粒直接接触的 Pb 污染来源为大气降尘和耕作土壤。大气降尘、土壤和水稻籽粒的 Pb 同位素比例见表 5-18。由表 5-18 可知，与土壤的 Pb 同位素比例相比，大气降尘的 Pb 同位素比例与水稻籽粒的更为接近，说明水稻籽粒 Pb 的主要污染源是大气降尘，土壤对水稻籽粒 Pb 同位素的贡献较小。由图 5-13 可知，水稻籽粒、大气降尘和土壤与 Pb 同位素比例呈线性关系，满足二元模型的使用条件。设 f_b 为水稻籽粒 Pb 污染中大气降尘的贡献比例，f_b 为土壤的贡献比例，R_s、R_a 和 R_b 分别为水稻籽粒、大气降尘和土壤 $^{206}Pb/^{207}Pb$($^{208}Pb/^{206}Pb$)的比值。将表 5-18 中的水稻籽粒、大气降尘和土壤的 $^{206}Pb/^{207}Pb$ 的值分别作为 R_s、R_a 和 R_b，即 R_s 为 1.163，R_a 为 1.160，R_b 为 1.175，代入公式(5-11)，求得 f_a=76.6%，f_b=23.4%，即大气降尘对水稻籽粒 Pb 的贡献比例为 76.6%，土壤的贡献比例为 23.4%。利用相同的方法，将表 5-18 中的水稻籽粒、大气降尘和土壤的 $^{208}Pb/^{206}Pb$ 的值分别作为 R_s、R_a 和 R_b，即 R_s 为 2.115，R_a 为 2.117，R_b 为 2.108，代入公式(5-11)，求得 f_a=78.8%，f_b=21.2%，即大气降尘对水稻籽粒 Pb 的贡献比例为 78.8%，土壤对水稻籽粒 Pb 的贡献率为 21.2%。

表 5-18　大气降尘、土壤及水稻籽粒的 Pb 同位素组成特征值

样品名称	样本数	$^{206}Pb/^{207}Pb$	$^{208}Pb/^{206}Pb$
大气降尘	10	1.160±0.003	2.117±0.003
土壤	32	1.175±0.004	2.108±0.003
水稻籽粒	10	1.163±0.002	2.115±0.001

将表 5-18 中 $^{206}Pb/^{207}Pb$ 和 $^{208}Pb/^{206}Pb$ 分别代入公式计算得出的贡献率结果有差异，这可能是由样品 Pb 同位素比值存在较小的波动造成的。计算二者的平均值后，得出大气降尘对水稻籽粒 Pb 的贡献比例约为 77.7%，土壤的贡献比例约为 22.3%。

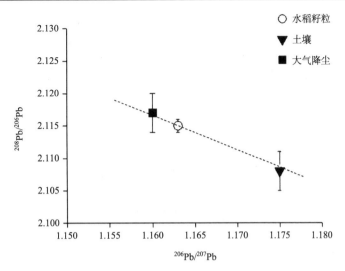

图 5-13　大气降尘、土壤及水稻籽粒的 $^{206}Pb/^{207}Pb$ 和 $^{208}Pb/^{206}Pb$ 的比值关系

此外，根据水稻籽粒元素间的相关性结果(第 4 章表 4-44)可知，水稻籽粒中 Pb 元素与 Cr 呈极显著正相关关系($r=0.736$，$p<0.01$)。因此利用 Pb 同位素法得出的耕作土壤元素 Pb 污染的解析结果对水稻籽粒 Cr 污染源解析也有一定的参考价值，即它们两者的来源贡献解析的结果可能比较相近。因为利用 Pb 同位素法对水稻籽粒 Pb 污染的解析结果为大气降尘源贡献率约为 77.7%，耕作土壤源的贡献率约为 22.3%，所以可知大气降尘对元素 Cr 的贡献比例比耕作土壤要高，即在 50%以上。

5.5.2.2　间接(初级)来源解析结果

运用与小麦籽粒 Pb 初级源头解析的方法，本书对水稻籽粒 Pb 污染初级源头进行了解析，结果见图 5-14。由 Pb 同位素分析结果可知，大气降尘对水稻籽粒 Pb 的贡献率约为 77.7%，大气降尘 Pb 污染的燃煤工业占比为 69.2%，汽车尾气为 8.2%，地质背景为 22.6%，通过将此比例数值与大气降尘对水稻籽粒 Pb 的贡献率 77.7%相乘，可以得到大气降尘中的燃煤工业、汽车尾气和地质背景对水稻籽粒 Pb 的贡献率分别为 53.8%、6.4%和 17.6%。耕作土壤对水稻籽粒 Pb 的贡献率为 22.3%，而耕作土中各 Pb 污染源的种类及所占的比例分别为大气降尘(66.7%)、地质背景(8%)、灌溉水(7.3%)、氮肥(6.1%)、钾肥(6.5%)和有机肥(5.5%)。因此，通过计算可知土壤中的大气降尘、地质背景、灌溉水、氮肥、钾肥和有机肥对籽粒 Pb 污染源的贡献率分别为 14.9%、1.8%、1.6%、1.4%、1.4%和 1.2%。然后利用同样的方法对土壤中的大气降尘进一步分解，得到土壤的大气降尘中的燃煤工业、汽车尾气和地质背景对水稻籽粒 Pb 污染源贡献率的占比分别为 10.3%、1.2%和 3.4%。最后将以上计算出的各类初级源的比例进行合并，最终得到水稻籽粒 Pb 初级污染源所占的比例，其大小排序为：燃煤工业(64.1%)＞地质背景(22.8%)＞汽车尾气(7.6%)＞灌溉水(1.6%)＞钾肥(1.4%)≈氮肥(1.4%)＞有机肥(1.2%)。

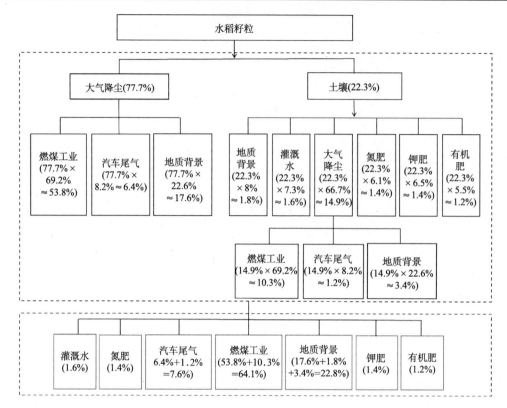

图 5-14　水稻籽粒初级 Pb 污染源解析过程及结果

5.5.3　两种作物籽粒 Pb 污染源解析结果比较

　　Pb 在土壤中的活性很低(Zhao et al., 2004)，在任何条件下都很难被植物吸收(Ryan and Chaney, 1994)，由根部转移至籽粒的量非常少(Zhao et al., 2004)。Zhao 等(2004)研究表明作物从土壤中吸收并转移至籽粒的 Pb 的量非常少，大气降尘和收获贮藏过程中的表层污染可能是作物籽粒 Pb 污染的主要来源。两种作物籽粒(水稻和小麦)Pb 同位素组成特征值与土壤 Pb 同位素组成特征值存在较大差异，而与大气降尘 Pb 同位素组成特征值非常接近，说明作物籽粒 Pb 污染可能主要来源于大气降尘。在作物籽粒 Pb 来源解析过程中，假设土壤和大气降尘相互独立，即二者互不影响。从解析结果来看，大气降尘对两种作物籽粒 Pb 污染贡献率远大于土壤的贡献率。这也证实了土壤对作物籽粒 Pb 含量贡献非常小的观点。Dalenberg 和 Driel(1990)研究表明大气降尘 Pb 对小麦籽粒 Pb 的贡献率大于 90%，与本书结果基本一致。

　　大气降尘对小麦籽粒 Pb 污染源的贡献率(91.2%)高于水稻籽粒(77.7%)，这可能与不同植物对 Pb 的吸收机制存在差异，或者与两种作物籽粒外壳的结构有关。与水稻稻壳相比，小麦的麦壳可能具有使大气降尘更容易通过的结构。此外，研究表明两种作物籽粒 Pb 污染主要来源于大气降尘，大气 Pb 污染对作物籽粒造成的 Pb 污染应引起高度重视。尚英男(2007)研究了成都地区部分蔬菜地上部分(茎叶)和地下部分(根)、土壤等

Pb 同位素组成特征值，结果表明，蔬菜根茎 ^{206}Pb/^{207}Pb 明显高于叶子，如莴笋、白菜等蔬菜叶子 ^{206}Pb/^{207}Pb 值与大气降尘十分接近，根系土壤与蔬菜根部的 Pb 同位素组成特征值相接近；植物根系的 Pb 主要来源于根系土壤，向叶子、种子迁移的较少；叶子通过叶片上的气孔吸收污染空气中的 Pb，所以植物叶子 Pb 同位素特征值具有大气降尘相似的 Pb 同位素特征值。胡忻和曹密(2009)研究了南京某矿区附近蔬菜与土壤 Pb 同位素组成特征值，结果表明二者存在较大差异，说明土壤不是蔬菜 Pb 的主要来源，而大气可能是其主要来源。赵多勇(2012)以陕西某工业区为调查区域，运用同位素指纹分析技术解析各污染源的贡献率，结果表明大气降尘成为小麦籽粒 Pb 污染的主要来源，其对小麦籽粒 Pb 的贡献率为 99%，土壤对小麦籽粒 Pb 的贡献率为 1%。因此，本书中作物籽粒 Pb 污染源解析结果与赵多勇、尚英男、胡忻等的研究结果一致。

根据以上对作物籽粒初级源的解析结果可知，人为源中燃煤工业源占比最大，高达 60% 以上，其次为汽车尾气源，为 8% 左右，农业活动源包括化肥与灌溉水源所占比例均不高，处于 0%~2% 之间。因此，源解析的结果表明，控制籽粒重金属污染的过程中，燃煤工业源的控制是重中之重，如果燃煤工业的 Pb 污染源得到有效控制，籽粒的 Pb 污染状况将会缓解。

5.6　本章小结

本章研究选取位于太湖湖西水利分区的典型小流域——宜兴蠡河流域为研究区域，以农田大气、土壤和农作物三类环境介质为研究对象，联用定性源识别方法包括元素含量描述性统计、GIS 空间分析、相关性分析及富集因子法，以及定量源解析方法，包括 PMF 分析、清单法和同位素分析，对区域内大气、土壤和作物分别进行重金属污染源解析，并结合土壤和大气污染源解析的结果对籽粒重金属的初级源头进行了定量解析。研究得出的主要结论如下：

1. 研究区农田大气、土壤和作物重金属污染来源主要有燃煤工业、交通活动、农业活动和地质背景，但各介质和不同元素之间污染来源比例差异较大

大气降尘中主要来源于燃煤工业活动的元素有 Cd(82.38%)、Cu(51.85%)、Ni(51.15%) 和 Pb(67.35%)；元素 Zn 主要来源于交通排放，来源占比为 75.66%；元素 Cr 主要受控于地质背景，来源占比为 66.34%。

耕作土壤中主要来源于工业和交通活动的元素有 Cd(79.3%)、Cu(62.1%)、Pb(70.6%) 和 Zn(58.9%)，四种元素农业活动源的比例基本在 20% 左右；元素 Cr 和 Ni 主要来源于地质背景，地质背景源占比分别为 42.4% 和 40.8%，农业活动源占比为 30% 左右。非耕作土中元素 Cd 主要来源于燃煤工业活动，其贡献比例为 75.7%；元素 Cu、Pb 和 Zn 交通排放源比例(37.8%、47.0% 和 35.4%)略高于工业活动来源贡献比例(22.1%、39.6% 和 32.0%)；元素 Cr 和 Ni 主要来源于地质背景，地质背景源占比分别为 58.6% 和 58.3%。因此，土壤中元素 Cd、Cu、Pb 和 Zn 主要来源于工业和交通活动，Cr 和 Ni 主要来源于地质背景。

小麦和水稻籽粒元素 Pb 的大气降尘贡献比例分别为 91.2% 和 77.7%，土壤贡献比例

分别为 8.8%和 22.3%；燃煤工业源为籽粒初级 Pb 污染的主要来源，其对小麦和水稻的贡献率分别为 67.2%和 64.1%，地质背景来源为 22%左右，汽车尾气、化肥和灌溉水来源比例较低，均在 10%左右。

　　研究区大气、土壤及籽粒重金属污染源解析结果表明，三类环境介质中对人体危害比较严重的两种元素——Cd 和 Pb 的主要污染源均为燃煤工业活动。燃煤工业源的有效控制，将大大缓解研究区环境中 Cd 和 Pb 的污染状况。

　　2. 重金属源解析方法的联用可以有效提高农田大气、土壤和作物重金属污染来源的解析精度

　　源解析方法的联用包括纵向的定性定量方法的连续运用，以及横向的定量方法结果的对比验证。定性方法主要包括 GIS 空间分析技术、元素含量的描述性统计、相关性分析和富集因子法，主要在于识别来源的类型；定量方法主要包括 PMF 分析、清单法和 Pb 同位素分析，主要在于确定来源的贡献。来源解析方法联用的步骤为：首先，利用源识别方法，确定重金属污染源的类型；然后，联用 PMF 分析或清单法进行来源贡献率的定量计算；其次，选取少量代表性样点，对其以及其污染来源的 Pb 同位素比例进行测试分析，以此验证清单法和 PMF 分析中元素 Pb 的解析结果；最后，将以上不同方法得到的解析结果进行综合。本书计算了联用不同方法得到的重金属污染源解析结果的变异系数，其值均在 36%，甚至 15%以下，属于中等变异（15%≤CV≤36%）或者低度变异（CV<15%）等级。因此，不同方法得出的源解析结果比较接近，联用不同的重金属污染源解析方法可以达到相互比对和相互验证的效果，从而提高了源解析的精度。

参 考 文 献

安江龙, 马娟娟, 张亚雄, 等. 2017. 两种模型分析方法下冬小麦根系吸水深度的对比研究[J]. 灌溉排水学报, 36(11): 25-28.

蔡奎, 栾文楼, 李随民, 等. 2012. 石家庄市大气降尘重金属元素来源分析[J]. 地球与环境, 40(1): 37-43.

胡忻, 曹密. 2009. 农田蔬菜中重金属污染和铅稳定同位素特征分析[J]. 环境污染与防治, 31(3): 102-104.

梁俊宁, 刘杰, 陈洁, 等. 2014. 陕西西部某工业园区采暖期大气降尘重金属特征[J]. 环境科学学报, 34(2): 318-324.

吕建树. 2015. 江苏典型海岸带土壤及沉积物重金属环境地球化学研究[D]. 南京: 南京大学.

尚英男. 2007. 土壤-植物的重金属污染特征及铅同位素示踪研究——以成都经济区典型城市为例[D]. 成都: 成都理工大学.

汪凝眉. 2016. 攀枝花市大气降尘源解析及风险评价[D]. 成都: 成都理工大学.

王世豪, 张凯, 柴发合, 等. 2017. 株洲市大气降尘中元素特征及来源分析[J]. 环境科学, 38(8): 3130-3138.

王思宇. 2016. 应用 PMF 和 PCA/APCS 方法探究长春市大气中 $PM_{2.5}$ 来源[D]. 长春: 吉林大学.

吴绍华. 2009. 经济快速发展下土壤重金属积累过程模拟及风险预测预警博士[D]. 南京: 南京大学.

薛建龙. 2013. 污染场地周边农田土壤重金属的污染特征及 PMF 源解析研究[D]. 杭州: 浙江大学.

殷汉琴. 2006. 铜陵市大气降尘源解析及其对土壤重金属累积的影响[D]. 合肥: 合肥工业大学.

赵多勇. 2012. 工业区典型重金属来源及迁移途径研究[D]. 北京: 中国农业科学院.

中国环境监测总站. 1990. 中国土壤元素背景值[M]. 北京: 中国环境科学出版社.

Cai L M, Xu Z C, Qi J Y, et al. 2015. Assessment of exposure to heavy metals and health risks among residents near Tonglushan Mine in Hubei, China[J]. Chemosphere, 127: 127-135.

Cai L, Ma J, Zhou Y, et al. 2008. Characteristics of heavy metals concentration in farmland soil and vegetables in Dongguan[J]. Acta Geographica Sinica, 63: 994-1003.

Chen J, Tan M, Y l, et al. 2005. A lead isotope record of shanghai atmospheric lead emissions in total suspended particles during the period of phasing out of leaded gasoline[J]. Atmospheric Environment, 39: 1245-1253.

Chen L, Zhou S, Wu S, et al. 2018. Combining emission inventory and isotope ratio analyses for quantitative source apportionment of heavy metals in agricultural soil[J]. Chemosphere, 204: 140.

Cheng H, Hu Y. 2010. Lead (Pb) isotopic fingerprinting and its applications in lead pollution studies in China: A review[J]. Environmental Pollution, 158: 1134-1146.

CNEMC. 1990. The Background Values of Chinese Soils, Environmental Science Press of China[R]. Beijing: China National Environmental Monitoring Centre.

Cong Y, Zheng P, Chen Y L, et al. 2008. Ecological risk assessments of heavy metals in soils of the farmland ecosystem of Beijing, China[J]. Geol. Bull. China, 27: 681-688.

Dai B, Shu L J, Cheng Z J, et al. 2015. Assessment of sources, spatial distribution and ecological risk of heavy metals in soils in a typical industry-based city of Shandong Province, Eastern China[J]. Environmental Science, 36: 507.

Dalenberg J W, Driel W V. 1990. Contribution of atmospheric deposition to heavy-metal concentrations in field crops [J]. Advances in Experimental Social Psychology, 28(3): 1-51.

Fabrice M, Joel L, Ian W C, et al. 1997. Pb isotopic composition of airborne particulate material from France and the Southern United Kingdom: Implications for Pb pollution sources in urban areas[J]. Environmental Science & Technology, 31: 2277-2286.

Facchinelli A, Sacchi E, Mallen L. 2001. Multivariate statistical and GIS-based approach to identify heavy metal sources in soils[J]. Environmental Pollution, 114: 313.

Hou Q, Yang Z, Ji J, et al. 2014. Annual net input fluxes of heavy metals of the agro-ecosystem in the Yangtze River delta, China[J]. Journal of Geochemical Exploration, 139: 68-84.

Hu X, Sun Y, Ding Z, et al. 2014. Lead contamination and transfer in urban environmental compartments analyzed by lead levels and isotopic compositions[J]. Environmental Pollution, 187: 42-48.

Hu X, Ding Z, Zhang Y, et al. 2013. Size distribution and source *apportionment of airborne* metallic elements in Nanjing, China[J]. Aerosol and Air Quality Research, 13(6): 1796-1806.

Huang Y, Li T, Wu C, et al. 2015. An integrated approach to assess heavy metal source apportionment in peri-urban agricultural soils[J]. Journal of Hazardous Materials, 299: 540-549.

Imperato M, Adamo P, Naimo D, et al. 2003. Spatial distribution of heavy metals in urban soils of Naples City (Italy) [J]. Environmental Pollution, 124: 247-256.

Jiang H, Zhang B. 2016. Utilization of water resources and decoupling evaluation with economic development in Jiangsu Province[J]. Jiangsu Agricultural Science, 44: 616-619.

Li C, Wang F, Cao W, et al. 2017. Source analysis, spatial distribution and pollution assessment of heavy metals in sewage irrigation area farmland soils of Longkou City[J]. Environmental Science, 38:

1018-1027.

Li X, Lee S L, Wong S C, et al. 2004. The study of metal contamination in urban soils of Hong Kong using a GIS-based approach[J]. Environmental Pollution, 129: 113.

Liu Q, Jing W, Shi Y X, et al. 2007. Heavy metal pollution in cropland soil in Cixi City of Zhejiang Province[J]. Journal of Agro-Environment Science.

Mukai H, Atsushi-Tanaka A, Fujii T, et al. 2001. Regional characteristics of sulfur and lead isotope ratios in the atmosphere at several Chinese urban sites[J]. Environmental Science & Technology, 35: 1064.

Paatero P, Tapper U. 1993. Analysis of different modes of factor analysis as least squares fit problems[J]. Chemometrics & Intelligent Laboratory Systems, 18: 183-194.

Pan Y, Dong P. 1999. The Lower Changjiang (Yangzi/Yangtze River) metallogenic belt, east central China: intrusion- and wall rock-hosted Cu–Fe–Au, Mo, Zn, Pb, Ag deposits[J]. Ore Geology Reviews, 15: 177-242.

Peris M, Recatalá L, Micó C, et al. 2008. Increasing the knowledge of heavy metal contents and sources in agricultural soils of the European Mediterranean Region[J]. Water, Air & Soil Pollution, 192: 25-37.

Phillips D L, Gregg J W. 2003. Source partitioning using stable isotopes: coping with too many sources[J]. Oecologia, 136: 261.

Ryan J A, Chaney R L. 1994. Heavy metals and toxic organic pollutants in MSW-composts: Research results on phytoavailability, bioavailability, fate, etc[R]. United States.

Tang Q F, Yang Z F, Zhang B R, et al. 2007. Cadmium flux in soils of the agroecosystem in the Chengdu Economic Region, Sichuan, China[J]. Geological Bulletin of China, 26: 869-877.

Tian Y Z, Li W H, Shi G L, et al. 2013. Relationships between PAHs and PCBs, and quantitative source apportionment of PAHs toxicity in sediments from Fenhe reservoir and watershed[J]. Journal of Hazardous Materials, s 248-249: 89-96.

Xie Y, Chen T B, Lei M, et al. 2011. Spatial distribution of soil heavy metal pollution estimated by different interpolation methods: accuracy and uncertainty analysis[J]. Chemosphere, 82: 468.

Xu H M, Cao J J, Ho K F, et al. 2012. Lead concentrations in fine particulate matter after the phasing out of leaded gasoline in Xi'an, China[J]. Atmospheric Environment, 46: 217-224.

Xue J L, Zhi Y Y, Yang L P, et al. 2014. Positive matrix factorization as source apportionment of soil lead and cadmium around a battery plant (Changxing County, China) [J]. Environmental Science and Pollution Research, 21: 7698-7707.

Yang Y, Christakos G, Guo M, et al. 2017. Space-time quantitative source apportionment of soil heavy metal concentration increments[J]. Environmental Pollution, 223: 560-566.

Zhang J, Liu C L. 2002. Riverine composition and estuarine geochemistry of particulate metals in China—weathering features, anthropogenic impact and chemical fluxes[J]. Estuarine Coastal & Shelf Science, 54: 1051-1070.

Zhang X Y, Lin F F, Wong M T F , et al. 2009. Identification of soil heavy metal sources from anthropogenic activities and pollution assessment of Fuyang County, China [J]. Environmental Monitoring & Assessment, 154(1-4): 439.

Zhao F J, Adams M L, Dumont C, et al. 2004. Factors affecting the concentrations of lead in British wheat and barley grain[J]. Environmental Pollution, 131: 461-468.

Zheng J, Shibata T Y, Tanaka A, et al. 2004. Characteristics of lead isotope ratios and elemental concentrations in PM_{10} fraction of airborne participate matter in Shanghai after the phase-out of leaded gasoline[J]. Atmospheric Environment, 38: 1191-1200.

Zhu B Q, Chen Y W, Peng J H. 2001. Lead isotope geochemistry of the urban environment in the Pearl River Delta[J]. Applied Geochemistry, 16: 409-417.

Zhu L M, Tang J W, Ben L, et al. 2010. Lead concentrations and isotopes in aerosols from Xiamen, China[J]. Marine Pollution Bulletin, 60: 1946-1955.

Zoller W H, Gladney E S, Duce R A. 1974. Atmospheric concentrations and sources of trace metals at the South Pole[J]. Science, 183: 198.

第 6 章　基于监测-模拟的城市地区土壤-大气多环芳烃分布变化、来源和风险预警

6.1　多环芳烃的来源、性质和分布

6.1.1　多环芳烃的来源

多环芳烃(polycyclic aromatic hydrocarbons, PAHs)是一类分子中含有两个或者两个以上苯环的芳烃，主要产生于煤炭、石油、木材等有机物的不完全燃烧或高温热解，是广泛分布于环境中的一类有毒的持久性有机污染物(persistent organic pollutants, POPs)。此外，一些自然过程如火山爆发、森林火灾、植物或者微生物的内源性合成也可产生一定量的 PAHs。虽然 PAHs 的天然排放源在人类出现之前就已经存在，但造成目前全球范围 PAHs 污染的主要原因是人为污染的大量排放。这些排放源主要可以分为两大类：一是由于煤炭、石油和木材以及一些有机高分子化合物的不完全燃烧；二是原油在生产、运输和使用过程中的泄露或者排污，即石油类源。将 PAHs 的来源具体归类到各种人类活动中，可以分为工业污染源(炼焦厂、有机化工、钢铁生产、发电)、交通污染源(机动车废气排放)、生活污染源(生活用煤、家庭炉灶、烧烤、油炸)以及其他污染源(垃圾焚烧、香烟)等。

6.1.2　多环芳烃的性质

目前，有相当一部分 PAHs 已被证实具有三致毒性(致癌、致畸、致突变)，至今仍然是数量最多、分布最广泛、与人类关系最密切以及对人体健康威胁最大的一类环境致癌物。1998 年 6 月，在丹麦奥尔胡斯举行的泛欧环境部长会议上，美国、欧洲、加拿大等国家和地区签署了《关于远距离越境空气污染物公约》，该公约把其中的 16 种 PAHs 列入了受控持久性有机污染物名单。此外，USEPA(2011)也把这 16 种 PAHs 列入了优先控制名单。因此，本章研究选择这 16 种 PAHs 来开展相关调查和研究。表 6-1 列出了 16 种 PAHs 的一些物理化学性质。通常可以把 16 种 PAHs 分为低分子量(low molecular weight, LMW)PAHs 和高分子量(high molecular weight, HMW)PAHs；也有人根据 16 种 PAHs 不同的碳环数来划分，分为 2 环芳烃(如萘)、3 环芳烃(如蒽和菲)、4 环芳烃(如䓛和芘)等。大部分 PAHs 常温下为固态，3 环以上 PAHs 都是无色或淡黄色晶体。LMW PAHs 由于蒸汽压较高，主要分布在气相中，而 HMW PAHs 蒸汽压较低，其更容易吸附于空气颗粒物中。此外，由于水溶性差、辛醇-水分配系数(K_{OW})较高，PAHs 很容易通过大气干湿沉降、化学品施用或意外泄漏等方式吸附于土壤颗粒上。据统计，土壤是陆地环境中 PAHs 最主要的"汇聚地"，因此，土壤 PAHs 的含量可在一定程度上反映整体环境 PAHs 的污染程度。

表 6-1　16 种多环芳烃的物理化学性质

名称/英文简写	分子量	lgK_{OW}	K_{OC}	水溶解度	熔点	沸点	蒸汽压	亨利常数
萘/NaP[2]	128	3.3	13	33.8	80	209	4.45×10^{-1}	8×10^{-4}
苊烯/Acy[3]	152	3.6	7.2	3.0	108	252	2.10×10^{-4}	2×10^{-6}
苊/Ace[3]	154	3.6	2.5	6.7	124	290	1.50×10^{-4}	5×10^{-6}
芴/Fl[3]	166	4.2	10	1.7	119	276	3.80×10^{-4}	5×10^{-5}
菲/Phe[3]	178	4.5	19	0.6	136	326	1.50×10^{-6}	6×10^{-7}
蒽/Ant[3]	178	4.5	19	0.6	136	326	1.50×10^{-6}	6×10^{-7}
荧蒽/Flu[4]	202	5.0	55	0.1	166	369	2.60×10^{-8}	7×10^{-8}
芘/Pyr[4]	202	5.0	55	0.1	166	369	2.60×10^{-6}	7×10^{-8}
苯并(a)蒽/BaA[4]	228	5.7	284	0.02	177	400	1.30×10^{-9}	3×10^{-9}
䓛/Chr[4]	228	5.7	284	0.02	177	400	1.30×10^{-9}	3×10^{-9}
苯并(b)荧蒽/BbF[5]	252	6.1	820	0.002	209	461	2.80×10^{-12}	4×10^{-10}
苯并(k)荧蒽/BkF[5]	252	5.3	667	0.06	194	430	7.00×10^{-11}	4×10^{-10}
苯并(a)芘/BaP[5]	252	6.1	820	0.002	209	461	2.80×10^{-12}	4×10^{-10}
茚并(1,2,3-cd)芘/InP[6]	276	6.6	2370	0.000	233	498	6.30×10^{-14}	5×10^{-11}
二苯并(a,h)蒽/DBA[5]	278	6.8	4250	0.004	218	487	1.80×10^{-13}	2×10^{-10}
苯并(g, h, i)苝/BP[6]	276	6.6	2450	0.006	218	467	1.60×10^{-12}	1×10^{-9}

注：英文简写中的数字上标代表碳环数；水溶解度单位为 mg/L(25℃)；熔点和沸点单位为℃；蒸汽压单位为 mmHg(25℃)；亨利常数单位为 atm·m³/mol(25℃)。

6.1.3　土壤多环芳烃的空间分布

PAHs 主要来源于煤炭、石油、木材等有机物的不完全燃烧或高温热解。城市环境中的 PAHs 含量(浓度)往往要高于郊区或者农村地区，因此城市往往是一个地区 PAHs 的主要污染源。Wilcke(2000)发现城市土壤 PAHs 的含量要高于背景土壤 10 倍，并且指出这是由城市 PAHs 的排放速率更快所致。Wang 等(2007)也发现交通用地的土壤 PAHs 含量最高，其次为公园、居民区或者郊区，而农村土壤 PAHs 的含量最低。Zhen 等(2007)指出城市到农村土壤 PAHs 的含量存在梯度特征，造成这种现象的主要原因是城市地区容易受到高强度人为活动如工业、交通等活动的影响，而 PAHs 的产生与这些活动密切相关，但是偏远或者农村地区则很少受到这些活动的直接影响。

随着城市工业化程度的不断提高，城市土壤 PAHs 的污染程度也随之增大。Morillo 等(2007)发现格拉斯哥城市土壤 PAHs 含量较高，这是因为格拉斯哥是一座具有较长工业化历史的城市，且该市分布有密集的交通网络。Jiang 等(2009)研究发现上海地区土壤 PAHs 的含量较高，这主要是由于上海分布有各类工业企业。另外，上海也是中国交通网络最密集的城市之一，近几十年来城市工业化程度的增加也伴随着交通网络密度的不断增大，这些因素都导致上海地区的化石能源使用量和机动车尾气排放量不断增加。此外，也有越来越多的研究表明城市工业区和公路边土壤往往是 PAHs 最容易累积的地点。

城镇化暴露时间也是影响城市土壤 PAHs 含量的一个重要因素。Liu 等(2010)发现北京城市土壤 PAHs 的含量与北京城市的城镇化暴露时间具有显著性相关关系，即土壤 PAHs 的含量随着城镇化暴露时间的增加而增大，其主要原因是这些区域的土壤长时间累积了来自其他环境中的 PAHs。Peng 等(2011)也发现北京胡同内土壤 PAHs 含量较高，其原因是这些胡同都位于居民区并且都具有较长的居住时间,受几百年的烹饪和用煤取暖等生活方式影响,产生了大量的 PAHs 累积在土壤中。也有研究发现里斯本靠近河流且作为城市历史最悠久的历史遗址公园内的土壤 PAHs 含量较高(Cachada et al., 2012)。Haugland 等(2008)对卑尔根城市的各个日托中心进行了土壤 PAHs 含量的调查,结果发现老中心区的日托表层土壤 PAHs 污染最为严重。

人口密度高的地区往往分布在城市地区,这些地区聚集了大量的工厂,分布着密集的交通网络,而那些人口密度低的地区则往往是郊区和农村地区甚至是无人区,因此 PAHs 的排放源也最少,从而造成土壤 PAHs 含量与人口密度呈现正相关的关系。总之,土壤 PAHs 含量的高低与人为活动的强度存在着高度的一致性,即城市人口越密集,人为活动强度越大,产生的 PAHs 也越多,从而土壤 PAHs 的含量也越高。除了上述分布特征以外,在许多城市土壤中发现 PAHs 含量范围存在着较大的差异性。例如,在北京城市土壤中,含量最高的累积值比最低的高 130 倍,含量值范围为 93~13 141μg/kg(Peng et al., 2011)。在意大利托里诺城市土壤中,PAHs 含量范围值为 148~23 500μg/kg,最大值与最小值差 158 倍。Haugland 等(2008)研究发现卑尔根市各个日托中心土壤 PAHs 的含量范围为 ND(没有检测出)~200 000μg/kg。因此,存在较大的空间差异也是城市土壤 PAHs 分布的一个特征。

从城市土壤 PAHs 的组成来看,高分子量 PAHs 在总 PAHs 含量中往往占据了大部分比重。其原因是低分子量 PAHs 主要形成于低温过程,而高分子量 PAHs 形成于高温过程,如发动机内的燃料燃烧。因此,石油来源的 PAHs 主要以低分子量(2 环和 3 环)PAHs 为主,而高温燃烧来源的 PAHs 则以高分子量 PAHs(4 环以上)为主。但是,城市土壤 PAHs 的来源主要由各种高温燃烧过程所产生的 PAHs 混合而成。此外,由于低分子量 PAHs 更强的挥发性以及较小的辛醇-水分配系数,它们在气相中分配的比例要高于高分子量 PAHs,并且更容易从排放源开始发生长距离的"蚱蜢跳"效应。高分子量 PAHs 容易与空气中的颗粒物相结合发生"单跳"效应,从而更接近于排放源。因此,PAHs 在通过大气的传输过程中由于它们不同的迁移能力而发生了分馏,造成了以高分子量 PAHs 为主的现象。

6.2　多环芳烃分布、来源与预警的研究内容与方法

6.2.1　研究内容与技术路线

本书首先通过分析南京城市土壤及大气 PAHs 的含量、组成、来源以及空间分布特征,识别城市土壤 PAHs 累积的关键影响因素;再利用大气 PAHs 检测结果,通过改进多介质逸度模型的精度,耦合城市土壤 PAHs 含量的关系方程,模拟其历史累积过程,并进一步结合情景模拟预测未来累积趋势;最后根据模拟和预测结果对研究区土壤 PAHs 的累积进行健康风险评估和风险预警等级划分,并提出环境管理的相关政策建议,为城市生态环境改善、实现城市经济与环境的协调发展提供指导。

根据上述目标,本章研究的主要内容包括以下几个方面:

1. 城市土壤和大气 PAHs 含量、空间分布及来源解析

采用网格布点法采集了南京城市及部分郊区和农村的 139 个土样，进行 16 种 PAHs 含量的测定，分析土壤 PAHs 的含量和组成，并将采集的土壤样品依据采样所处功能区归类于不同功能区，用来揭示城市土壤 PAHs 的累积特征；通过布设 28 个 PUF-PAS 大气被动采样器采集南京城区四个采样时间段的大气 PAHs，分析大气 PAHs 的污染水平和时空差异；最终利用正定矩阵因子法(PMF)源解析技术对南京地区土壤和大气 PAHs 的来源进行定量解析。

2. 基于多介质逸度模型模拟城市土壤 PAHs 的时空变化

首先论证不同分子量 PAHs 对不同多介质逸度模型(关键参数分别用有机碳和黑炭进行区分)的适用性；然后利用模拟精度更高的模型，对研究区进行网格化，模拟城市环境中 PAHs 的环境过程，在此基础上利用Ⅲ级稳态模型模拟出来的结果为多介质动态模型提供相关参数；最后利用动态模型模拟城市土壤 PAHs 的历史累积过程，并结合情景模拟预测其未来累积趋势。

3. 城市地区 PAHs 的健康风险评估及管理对策

结合城市土壤 PAHs 的实测数据和模拟结果，利用 BaP 等量法和暴露模型来评估当前以及未来研究区土壤 PAHs 污染的健康风险，根据评估结果来确定 PAHs 污染的高危区域，并分析风险预测结果的不确定性。根据前文研究结果和健康风险预警研究提出环境管理的相关政策建议。

研究的技术路线图如图 6-1 所示。

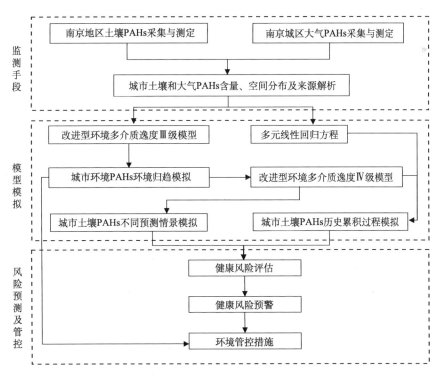

图 6-1　研究技术路线图

6.2.2　研究区概况

本章研究选取南京市作为研究区域(图 6-2)。南京是江苏省会,市域地理坐标范围为北纬 31°14′~32°37′,东经 118°22′~119°14′,为江苏省政治、经济、科教和文化中心;位于中国沿海经济带和长江经济带的交汇部,是长江三角洲的重要中心城市之一,同时也是国家重要的综合性交通和通信枢纽城市。南京城市化水平高,全市人口超过 800 万,其中600 万的人口居住在城区。此外,南京有着 2500 余年的建城史,为六朝古都,城区内分布有众多的历史文化遗迹和旅游景点。因此,选取南京作为本章的研究城市具有一定的代表意义。

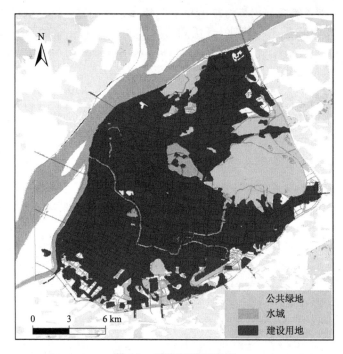

图 6-2　研究区域示意图

6.2.3　样品采集与测定

6.2.3.1　土壤样品采集与处理

土壤样品采用网格布点和沿城市延伸带相结合的方法进行采集,并在具体的采样过程中进行适当的调整,于 2014 年 6 月在南京城市、郊区及农村点共采集表层(0~5cm)土壤样品 139 个(图 6-3)。其中,城市土壤样品按不同功能区划分为公路边、绿化带、商业区、居民区和公共绿地。功能区划分主要根据取样点所处的周边环境而定。公路边土壤是指城市交通主干道或者公路十字路口附近 5m 范围的土壤;绿化带土壤为公路中间的隔离带以及路边块状绿化地土壤;商业区土壤为商业中心附近区域内的土壤;居民区土壤是指居民小区内的土壤;公共绿地土壤主要指公园或者旅游景点内的土壤。图 6-4是研究区各类功能区的典型取样点周边景观。

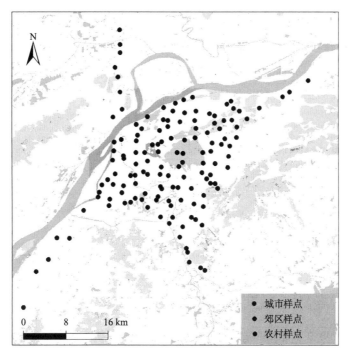

图 6-3　研究区土壤采样点示意图

(a) 公路边　　　　　　　　(b) 居民区　　　　　　　　(c) 公共绿地

(d) 绿化带　　　　　　　　(e) 商业区　　　　　　　　(f) 郊区、农村

图 6-4　不同功能区土壤典型采样点实景图

　　土壤样品采用五点法来进行收集。采样时，先把每一个采样点划分为一定规格的正方形区域，然后取该区域内的四个角以及中心点的土样，接着把采集的 5 个土壤样品混合成一份，最后在充分混匀的前提下，取一部分土样保存于取样袋内迅速带回实验室(采

集时，去除地表砾石以及动植物残体）。带回实验室后，所有土样在常温条件下干燥一周左右，然后对干燥的土样进行研磨（该过程中去除砾石、植物残根等杂物），分别过 20目、60 目和 100 目的筛并分类装存于棕色玻璃瓶，最后保存在-4℃环境中直至分析。

6.2.3.2　土壤样品的测定

1. PAHs

（1）试剂及药品。PAHs 混合标样，购自 Supelco（Bellefonte, PA, USA）公司，混合标样包括 16 种 PAHs：萘、苊烯、苊、芴、菲、蒽、荧蒽、芘、苯并(a)蒽、䓛、苯并(b)荧蒽、苯并(k)荧蒽、苯并(a)芘、茚并(1,2,3-cd)芘、二苯并(a,h)蒽、苯并(g,h,i)苝。每种化合物的浓度为 2000μg/mL。硅胶（100～200 目）购自青岛海洋化工有限公司，使用前通过丙酮、二氯甲烷和正己烷依次抽提后在通风橱中晾干，然后在 130℃烘箱中活化 16h，最后保存于正己烷中待用。无水硫酸钠在 450℃马弗炉中灼烧 5h，然后存放在干燥器中待用。以上涉及的所有溶剂均为 HPLC（色谱纯）级。

（2）提取与净化。用天平（精确到 0.001g）精确秤取 5g 土样，与 5g 无水硫酸钠混合均匀后，用滤筒加以包裹，放进索氏提取器的抽滤筒中；在索氏提取器的平底烧瓶中依次加入 100mL 的二氯甲烷和正己烷混合液（V/V=1∶1）、2g 活化的铜片，连续索氏提取 24小时；把索氏提取后的提取液在旋转蒸发仪上浓缩至约 2mL 后，加入 10mL 正己烷，继续浓缩至 1～2mL 以转换溶剂。

将浓缩后的提取液加入预先制作好的硅胶层析柱进行分离净化。净化柱为 25cm ×1cm 内径，底部装有玻璃棉以及 Teflon 活塞的玻璃柱，采用正己烷湿法装柱，依次装入棉花、5g 硅胶以及 2cm 的无水硫酸钠；浓缩液上柱后，分别用 15mL 正己烷、50mL 的二氯甲烷和正己烷混合液（V/V=2∶3）进行淋洗，其中前面的 15mL 正己烷只用于淋洗正构烷烃，不做收集处理，弃之，后面的 50mL 混合溶剂用于淋洗 PAHs，做收集处理。收集后的溶液用正己烷转换溶剂后，用高纯氮吹至 1mL，装入 GC 瓶，上机待测。

（3）仪器分析及参数设置。用气相色谱质谱联用仪（Shimadzu QP2010 Ultra）对浓缩液中的 PAHs 进行定量分析。色谱柱为 Rtx-5MS（长度 30m，内径 0.5mm，涂层 0.25μm），载气为氦气。色谱柱的升温程序设置如下：初始温度为 80℃保持 2min，然后以每分钟20℃的升温速度达到 180℃后保持 5min，最后以每分钟 10℃的升温速度达到 290℃后保持 15min。进样口温度设置为 290℃。采用不分流进样，进样量设定为 1μL。接口和离子源的温度分别设置成 280℃和 230℃。离子源采用 EI 模式，数据采集则选择 SIM 模式。PAHs 的定性主要根据参考离子及标准样品在 GC/MS 上的保留时间。

（4）质量控制与质量保证。样品处理过程中，每 6 个样品，增加 1 个空白和基质空白实验；每 12 个样品做 1 次重复实验，如果偏差超过 15%则作重新测试处理。16 种 PAHs采用外标法测定，标准曲线的溶液浓度依次为：4μg/L、10μg/L、50μg/L、100μg/L、400μg/L、800μg/L。通过基质添加标样的方法来做回收率实验，结果表明，萘的平均回收率为73.8%，剩余的 15 种化合物平均回收率为 84.5%～104.2%，符合环境样品分析要求。方法检出限以基质样品中能够产生 3 倍信噪比（S/N）的样品量来确定。16 种 PAHs 检测的参考离子、工作曲线及相关系数 R^2、检出限、平均回收率等信息具体见表 6-2。图 6-5 为标准样品（浓度为 100μg/L）的色谱峰。

表 6-2　多环芳烃目标离子、参考离子、方法检出限、标准曲线及回收率

化合物	目标离子	参考离子	检出限/(ng/g)	标准曲线	R^2	回收率/%
Nap	128	127、129	0.165	$Y=440.86X$	0.9995	73.8
Acy	152	151、153	0.274	$Y=392.99X$	0.9987	97.7
Ace	154	153、152	0.329	$Y=255.44X$	0.9991	94.8
Fl	166	165、167	0.309	$Y=295.09X$	0.9987	97.7
Phe	178	179、176	0.261	$Y=392.79X$	0.9987	85.4
Ant	178	179、176	0.298	$Y=397.78X$	0.9982	84.5
Flu	202	200、203、101	0.229	$Y=395.87X$	0.9980	91.2
Pyr	202	200、203、101	0.168	$Y=424.80X$	0.9976	91.5
BaA	228	226、229、114、113	0.231	$Y=362.12X$	0.9944	103.2
Chr	228	226、229、114、113	0.231	$Y=387.37X$	0.9957	104.2
BbF	252	253、250	0.252	$Y=391.51X$	0.9947	92.0
BkF	252	253、250	0.266	$Y=428.77X$	0.9966	90.1
BaP	252	253、250	0.414	$Y=383.75X$	0.9924	104.2
InP	276	277	0.656	$Y=386.79X$	0.9913	87.2
DBA	278	279	0.779	$Y=415.12X$	0.9943	87.2
BP	276	274	0.632	$Y=438.98X$	0.9928	86.2

注：标准曲线的建立是依据标准样品（100μg/L）的响应峰面积。

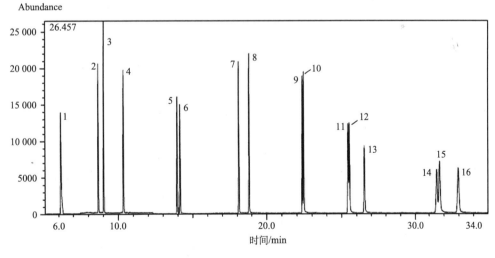

1. 萘 Naphthalene; 2. 苊烯 Acenaphthylene; 3. 苊 Acenaphthene; 4. 芴 Fluroene; 5. 菲 Phenanthrene; 6. 蒽 Anthracene;
7. 荧蒽 Fluoranthene; 8. 芘 Pyrene; 9. 苯并（a）蒽 Benz[a]anthrancene; 10. 䓛 Chrysene; 11. 苯并（b）荧蒽 Benz[b]
fluoranthene; 12. 苯并（k）荧蒽 Benz[k]fluoranthene; 13. 苯并（a）芘 Benz[a]pyrene; 14. 茚并（1,2,3-cd）芘 Indeno[1,2,3-cd]
perylene; 15. 二苯并（a,h）蒽 Benz[a,h]anthrancene; 16. 苯并[g,h,i]芘 Benz[g,h,i]perylene

图 6-5　多环芳烃标准样品色谱峰

2. 黑炭

(1)酸处理部分：用天平准确称取3g过100目筛的风干土样至塑料离心管，加入15mL浓度为3mol/L的HCl以去除碳酸钙，反应24h；放入离心机（5000r/min，10~25min）离心使溶液与土样分离，去除溶液后，加入15mL的浓度分别为10mL/L的HF和1mL/L的HCl混合溶液，以去除硅酸盐，在此过程中用涡旋搅拌器进行多次涡旋搅拌（2h一次），反应24h；通过离心机离心后，加入15mL浓度为10mol/L的HCl，以去除可能生成的CaF$_2$，反应24h。

(2)氧化处理部分：通过上述操作以后，去除溶液转移到玻璃离心管中，加入15mL浓度分别为0.1mol/L的K$_2$Cr$_2$O$_7$和2mol/L的H$_2$SO$_4$混合溶液，放置于温度控制在55℃的水浴锅中，以去除有机碳，此过程中每2h用涡旋搅拌器搅拌一次，反应60h；最后在烘箱中以60℃的温度烘干（24~48h）。

(3)烘干后的样品放入以P$_2$O$_5$为干燥剂的干燥器中平衡24h，以去除样品中可能存在的吸附水和部分结合水，最后用元素分析仪（CHN-O-Rapid）测定碳含量。

3. 土壤有机质、粒度和pH

土壤有机质采用重铬酸钾-硫酸消化法测定；土壤粒度采用英国马尔文土壤颗粒激光粒度仪测定；土壤pH采用电位法测定。

6.2.3.3　大气样品的采集与处理

样点主要布设于南京市主城区，由于城区情况较为复杂，采样点分布尽量按照分布均匀的原则。采样时间为2015年1月12日~10月24日，进行了4个周期的采样，为保证采样时间在吸附线性阶段，4个采样周期均小于3个月，具体采样时间分别为1月12日~3月22日，3月21日~6月1日，5月30日~8月13日，8月11日~10月24日，平均采样天数71天。最终布设了28个有效样点。其中样点20位于紫金山，样点21位于长江江边，其他样点基本布设在城区公园、学校和路旁（图6-6）。不同采样周期内均有部分被动采样器丢失，四个采样周期内分别有效布设了16个、11个、25个、21个，回收率为65%，其中主城区核心地带回收率低于其他地区。

大气样采用聚氨酯泡沫（polyurethane foam, PUF）对大气中的PAHs进行被动采集，该装置购自北京赛福莱博科技有限公司。设备结构可见图6-7，该装置主要由两个相向的不锈钢圆盖和一根作为主轴的螺旋杆构成，两个圆盖上下下小，下面圆盖分布有均匀的孔洞，PUF碟片中心穿过螺旋杆，置于圆盖中间。空气可以通过圆盖间缝隙和下方圆盖孔洞流通，从而通过PUF碟片吸附大气PAHs。

大气样品采集前，将PUF用去离子水漂洗，晾干后将PUF碟片放入索氏提取器中，用丙酮、正己烷（V/V =1：1）萃取24h，干燥后放入密封袋中，置于-18℃下保存。被动采样器及PUF密封运送至采样点，现场进行组装及固定。当到达采样天数后，将PUF碟片取出，装入密封袋，并用丙酮擦洗被动采样器，随后装入新PUF碟片，进行下一周期的采样。密封带回的PUF碟片登记编号后置于冰箱中低温保存，待分析。

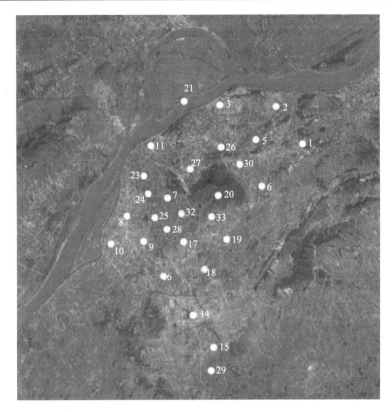

图 6-6　样点分布图

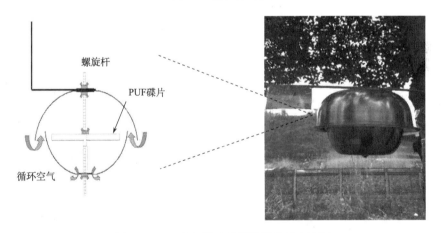

图 6-7　PUF 大气被动采样器结构及实物图

　　样品前处理的过程是首先将 PUF 碟片从冰柜取出并恢复至室温，用事先清洗干净的铁丝网将 PUF 碟片包好，放入索氏提取器的抽提管中，在平底烧瓶中加入 100mL 丙酮和正己烷(V/V =1：1)，并加入 2g 铜片用于脱硫(铜片纯度>99%，用 10%的稀盐酸洗去表面氧化膜，然后用蒸馏水反复冲洗去除盐酸，再用丙酮和二氯甲烷分别清洗 3 次，备用)，接着用微量注射器加入等量回收率指示剂 20ng 后，接好抽滤装置，并在 75℃下水浴 24h，抽提结束后，将溶液倒入旋转蒸发仪底瓶，在旋转蒸发仪（80～90r/min，水浴温度 30～35℃）中将溶液旋蒸至 3mL，加入 15mL 正己烷继续旋蒸进行溶剂置换，最终浓缩至 2mL 左右，待过柱净化。在玻璃层析柱中，依次装入 6g 去活化硅胶、2.5g 无水硫酸钠，正己烷湿法装柱，浓缩液移入硅胶柱后，用少量正己烷润洗烧瓶 3 次，随后用正己烷、二氯甲烷混合液 50mL（V/V =1：1）淋洗硅胶柱，将淋洗完的液体进行二次旋蒸，方法同上，浓缩至 2mL，最终经高纯氮吹至 1mL，装入 GC 瓶，上机待测。上机测定过程基本同土壤样品，这里不作赘述。

6.2.3.4　水样品的采集与测定

采集水样时，取表层（0～0.5m）水样 2000mL 置于预先用铬酸洗液、蒸馏水及二氯甲烷洗净的棕色玻璃瓶中，然后用冰袋保护立即运回实验室存放于 4℃冰箱中保存，并且在 24h 内完成上机测试前处理。水样的测定所使用的设备包括 Supelco12 管固相萃取装置、Supelco 3 mL C$_{18}$ 固相萃取小柱、北京兴创实验仪器有限公司 RE 100-Pro 旋转蒸发仪、上海安谱实验科技股份有限公司 DC-12 氮吹仪、岛津 GC/MS QP2010 Ultra 气相色谱质谱联用仪、1000mL 抽滤瓶、上海亚荣生化仪器厂 SHZ-Ⅲ 型循环水真空泵。

前处理过程为首先取出存放于冰箱中的水样放至恒温，过孔径为 0.45μm 的 GF/F Whatman 玻璃纤维滤膜（滤膜已放在马弗炉 450℃下 4h 至恒重），以去除悬浮颗粒及泥沙的影响。然后取 1000mL 清液通过 C$_{18}$ 固相萃取小柱（活化后）以后，用 10mL 蒸馏水冲洗 C$_{18}$ 小柱，再用真空泵抽滤直至小柱干燥。接着用 5mL 二氯甲烷浸泡 5min 后，将样品洗脱收集，对收集的洗脱液用硅胶层析柱进行净化，最后收集洗脱液用旋转蒸发仪和氮吹仪浓缩定容至 1mL，上机待测。上机测定过程基本同土壤样品，这里不作赘述。

6.3　城市土壤-大气多环芳烃的空间分布与来源

6.3.1　城市土壤多环芳烃的污染水平与空间差异

6.3.1.1　城市-郊区-农村土壤多环芳烃的含量和组成

为比较城市土壤 PAHs 含量的大小，本书对南京郊区及农村土壤 PAHs 的含量进行了相关统计。南京城市、郊区及农村土壤 PAHs 的含量见表 6-3。由表可知在城市土壤中，16 种 PAHs 的总含量范围在 58.6～18 000ng/g，平均含量为 3330ng/g。7 种致癌性 PAHs 的总含量范围在 20.2～8830ng/g，平均含量为 1730ng/g，占到 16 种 PAHs 总含量的 22.6%～65.8%。由图 6-8 可知，4 环和 5 环占据了总 PAHs 含量的大部分，分别占到 44.9% 和 26.5%；其次为 6 环（13.9%）和 3 环（13.1%）；2 环占据的比例最小，只有 1.6%，这可能跟土壤 PAHs 的主要来源以及 PAHs 的理化性质密切相关。BaP 是目前公认的 16 种 PAHs 中最具致癌性的化合物，它在城市土壤中的含量范围为 2.2～1700ng/g，平均含量是 278ng/g。在所有单个化合物的比较中，Flu、BbF、Pyr、Chr 和 Phe 占据了主要部分，它们占据的比例依次为：14.2%、13.4%、12.0%、10.7%和 9.1%。

表 6-3　南京城市、郊区及农村土壤多环芳烃的含量　　　　（单位：ng/g）

化合物	城市				郊区				农村			
	最小值	最大值	平均值	标准偏差	最小值	最大值	平均值	标准偏差	最小值	最大值	平均值	标准偏差
Nap	ND	158	28.7	35.3	ND	147	25.1	35.4	ND	30.5	14.7	12.2
Acy	ND	198	17.3	32.7	ND	140	9.2	20.3	ND	15.2	3.7	4.5
Ace	ND	153	20.1	29.6	ND	56.8	9.3	10.5	ND	30.5	9.4	10.5
Fl	ND	137	18.8	22.0	ND	39.5	11.2	10.5	ND	23.8	8.7	8.9
Phe	1.1	1400	259	314	1.0	880	141	154	0.9	342	94.3	109
Ant	ND	430	58.1	87.2	ND	127	25.8	30.8	0.3	46.0	13.1	13.5
Flu	ND	3320	519	726	2.9	1300	245	311	2.9	413	140	135
Pyr	4.4	2640	429	596	2.3	1110	208	261	2.2	368	117	119
BaA	4.8	1700	287	394	1.9	831	144	190	1.9	277	85.3	91.4
Chr	ND	1700	328	395	1.0	994	181	204	3.6	412	130	132
BbF	4.7	2210	443	549	3.4	1460	216	271	3.7	444	153	151
BkF	ND	792	131	175	0.9	465	65.1	86.3	1.0	130	43.6	44.6
BaP	2.2	1700	278	379	ND	869	131	174	1.4	288	77.5	93.0
InP	0.7	1190	212	275	ND	901	115	159	1.3	193	72.0	70.6
DBA	ND	278	52.3	64.8	ND	169	26.0	32.9	ND	63.9	14.3	19.7
BP	ND	1460	254	323	ND	824	126	161.0	1.6	276	82.0	88.3
∑7cPAHs	20.2	8830	1730	2170	17.2	7020	1190	1470	16.7	2330	747	756
∑16PAHs	58.6	18 000	3330	4250	24.3	9310	1680	1980	21.5	3350	1060	1070

注：ND 表示低于检出限；∑7cPAHs 包括 BaA、Chr、BbF、BkF、BaP、InP 和 DBA；表中数据原则上最多保留三个有效数字，千位以上最高取三位，剩余数字作四舍五入处理；下同。

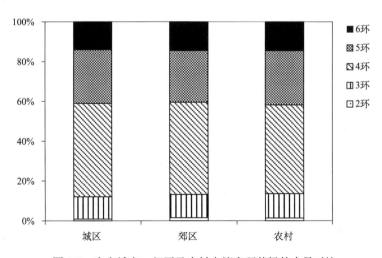

图 6-8　南京城市、郊区及农村土壤多环芳烃的含量对比

　　在郊区土壤中，16 种 PAHs 的总含量范围在 24.3～9310ng/g，平均含量为 1680ng/g。7 种致癌性 PAHs 的总含量范围在 17.2～7020ng/g，平均含量为 1190ng/g，占到 16 种 PAHs

总含量的 49.4%～78.9%。4 环和 5 环依然占到了总 PAHs 含量的 45.3%和 25.0%,其次从大到小依次为 6 环、3 环和 2 环,它们占据的比例分别为 14.1%、13.1%和 2.5%。BaP 的含量范围在 ND～869ng/g,平均含量是 131ng/g。单个化合物中,主要成分的组成与城市土壤相同。在农村土壤中,16 种 PAHs 的总含量范围在 21.5～3350ng/g,平均含量为 1060ng/g。7 种致癌性 PAHs 的总含量范围在 16.7～2330ng/g,平均含量为 747ng/g,占到 16 种 PAHs 总含量的 61.7%～77.8%。不同环数 PAHs 所占 PAHs 总含量的比例从高到低依次为 4 环、5 环、6 环、3 环和 2 环,它们的比值分别是 44.3%、26.5%、14.3%、12.6%和 2.3%。BaP 的含量范围为 1.4～288ng/g,平均含量是 77.5ng/g。主要成分的组成与城市土壤相同。

由上述分析可知,南京城市及其郊区和农村土壤中 PAHs 的含量存在较大差异,并且呈现出一定规律:土壤 PAHs 含量从高到低依次为城市、郊区和农村,即随着和城市距离增大,土壤 PAHs 含量也随之降低。这表明城市土壤 PAHs 的含量与城镇化因素紧密相关。

与其他相关城市相比(表 6-4),南京城市 7 种致癌性 PAHs 总含量要高于上海城市土壤和韩国蔚山郊区、城市以及农村土壤,说明南京城市土壤 PAHs 具有较高的致癌风险。南京城市土壤 16 种 PAHs 的总含量与上海城市土壤总含量相当,但高于塞尔维亚的贝尔格莱德城市土壤、中国北京城市土壤以及韩国蔚山城市土壤;低于中国大连城市土壤、英国格拉斯哥城市土壤以及挪威卑尔根城市土壤。在郊区和农村土壤中,本书的研究结果要高于中国大连的郊区土壤和农村土壤,韩国蔚山的农村土壤以及北京农村土壤。可见中国南京郊区及农村土壤 PAHs 的污染程度相对于其他城市严重。此外,根据 Yin 等(2008)对南京郊区土壤 PAHs 的研究表明,中国南京土壤 PAHs 的浓度范围在 21.9～534ng/g,平均含量为 178ng/g,要低于本书的研究结果,这可能是由于南京市城镇化水平不断提高、汽车数量不断增加,以及土壤 PAHs 具有时间累积性。

表 6-4　相关城市土壤多环芳烃的含量

城市	所属区位	化合物	平均含量/(ng/g)	文献来源
中国上海	城市	∑7cPAHs	1040	Wang et al., 2013
中国上海	城市	∑16PAHs	3290	Jiang et al., 2009
塞尔维亚贝尔格莱德	城市	∑16PAHs	375	Crnković et al., 2007
中国北京	城市	∑16PAHs	1228	Peng et al., 2011
中国大连	城市	∑16PAHs	6440	Wang et al., 2009
英国格拉斯哥	城市	∑16PAHs	11 930	Morillo et al., 2007
挪威卑尔根	城市	∑16PAHs	6780	Haugland et al., 2008
	郊区		407	
中国大连	农村	∑16PAHs	223	Wang et al., 2007
韩国蔚山	农村	∑16PAHs	220	Kwon and Choi, 2014
	城市		390	
中国北京	郊区	∑16PAHs	1308	Ma et al., 2005
	农村		464	
中国南京	郊区	∑16PAHs	178	Yin et al., 2008

6.3.1.2　不同功能区土壤多环芳烃的含量和组成

城市往往是一个地区土壤 PAHs 含量最高的区域，这与高强度的人为活动如工业、交通活动等密切相关。本书在此基础上依据土样所处的功能区，对所采集的城市样品进行了人为划分，以便更好地探究其分布规律，具体分为公路边样品、绿化带样品、公共绿地样品、商业区样品和居民区样品。各个功能区土壤 PAHs 含量见表 6-5。由表可知，16 种 PAHs 和 7 种致癌性 PAHs 的总含量平均值从高到低依次为：公路边、绿化带、公共绿地、商业区和居民区，它们对应的 16 种 PAHs 浓度值分别是：4270ng/g、3080ng/g、2370ng/g、2060ng/g、1370ng/g；7 种致癌性 PAHs 浓度值分别为：2220ng/g、1580ng/g、1230ng/g、1070ng/g 和 714ng/g。公路边样品由于受到高强度汽车尾气排放的影响，此外也可能受到工业用煤污染和居民生活等的影响，其含量最高；绿化带与公路边的样品同样受到高强度的汽车尾气的污染以及工业用煤和居民生活的部分影响，但可能因植被的部分阻挡，其含量要低于公路边土样；居民区土壤 PAHs 含量最低的原因可能跟其远离工业、交通等高强度人为活动有关。以上分析表明，土壤 PAHs 含量的高低很大程度上取决于一些特定的人为活动，如工业和交通活动的密切程度或者距离远近，这些活动是城市土壤 PAHs 的最主要来源。关于城市土壤 PAHs 来源的具体分析可见 6.3.3 节。

不同功能区土壤 PAHs 的组分见图 6-9。由图可知，4 环和 5 环土壤 PAHs 在公路边、绿化带、公共绿地和商业区占据了大部分比重；在居民区，6 环 PAHs 的比重最大，这可能跟居民区以前大量使用煤炭燃烧并在土壤中不断累积有关。而在其他功能区，更多的是受到交通等活动的影响，公路边和绿化带的 PAHs 组分中 4 环和 5 环占据的比重较大也印证了这一点，但这些功能区可能也受到了工业用煤燃烧排放 PAHs 的部分影响，因此，其他苯环数的 PAHs 也占了一定比重。从单个化合物的组成上来看，不同功能区的 BaP 含量高低排序与 16 种 PAHs 总含量高低排序相同。公路边和绿化带土壤中，Flu、BbF、Pyr、Chr 和 BaA 占据了主要成分；商业区、居民区和公共绿地土壤中，Flu，BbF、Pyr、Chr 和 Phe 为主要成分。

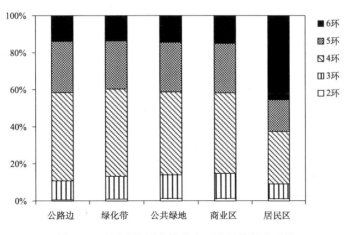

图 6-9　不同功能区土壤的多环芳烃的组分对比

表6-5 不同功能区土壤多环芳烃的含量

（单位：ng/g）

化合物	公路边			绿化带			公共绿地			商业区			居民区		
	最小值	最大值	平均值	最小值	最大值	平均值	最小值	最大值	平均值	最小值	最大值	平均值	最小值	最大值	平均值
Nap	0.2	94.2	25.7	ND	158	31.7	1.2	132	31.4	1.4	87.5	28.6	ND	111	24.9
Acy	0.4	198	33.4	0.4	198	21.0	1.1	31.3	10.3	2.2	35.5	11.9	ND	38.1	7.8
Ace	0.3	76.6	16.5	ND	153	28.7	0.5	42.2	18.3	5.7	29.2	15.3	ND	53.1	9.7
Fl	0.4	73.0	16.0	ND	137	22.6	0.4	34.5	18.9	8.8	31.4	19.6	ND	42.5	10.0
Phe	5.0	1400	291	2.8	1400	305	5.9	568	217	47.2	426	200	1.1	571	119
Ant	ND	430	78.8	ND	430	77.2	2.49	142	36.4	11.9	66.5	30.4	0.7	95.1	22.9
Flu	9.8	3320	687	9.8	3320	627	36.0	1470	342.9	44.3	727	283	ND	933	1969
Pyr	4.4	2640	559	4.4	2640	510	33.2	1260	292	40.6	605	242	6.4	743	159
BaA	4.8	1700	372	4.8	1700	341	29.1	927	194	27.7	361	156	5.6	466	106
Chr	5.3	1700	420	5.3	1700	365	12.8	864	235	40.0	492	217	ND	645	144
BbF	4.7	2210	569	4.7	2210	484	54.3	1220	319	41.7	644	281	6.3	879	192
BkF	1.1	792	177	1.1	792	150	14.1	411	89.1	13.8	179	75.6	ND	252	53.4
BaP	2.2	1700	371	2.2	1700	321	23.7	881	188	24.3	398	159	4.8	433	98.8
InP	1.1	1190	249	1.1	1190	253	23.2	666	161	24.6	343	147	0.7	456	101
DBA	1.0	277	65.8	1.0	277	57.7	5.0	167	40.8	6.4	93.8	36.7	ND	92.9	19.4
BP	3.1	1460	342	3.1	1460	275	26.9	656	179	25.2	399	161	ND	476	104
∑7cPAHs	20.2	8830	2220	32.9	8660	1580	196	5130	1230	179	2480	1070	26.6	3220	714
∑16PAHs	61.5	18000	4270	68.5	16800	3080	316	9370	2370	367	4680	2060	58.6	6290	1370

6.3.1.3　城市土壤多环芳烃的空间分布特征

图 6-10 是研究区各个采样点土壤不同环数 PAHs 含量及 16 种 PAHs 总含量的实测值，

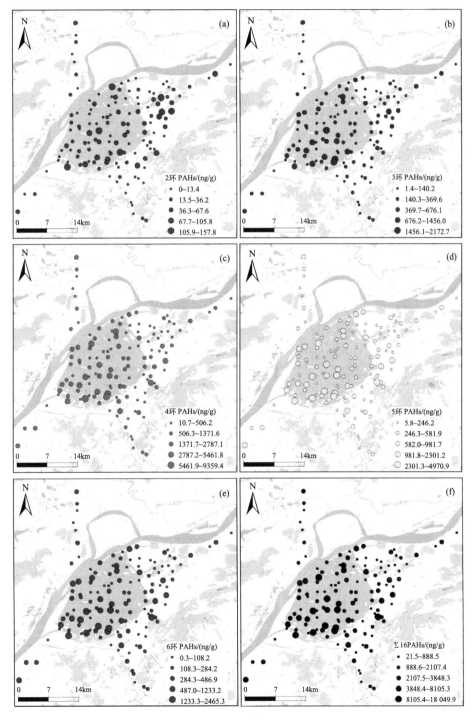

图 6-10　研究区土壤不同环数多环芳烃的空间分布

以此反映南京城市以及部分郊区和农村土壤 PAHs 的空间分布特征。根据 Maliszewska-Kordybach(1996)推荐的标准,研究区域内的大部分土壤 16 种 PAHs 总含量可以归类于"污染"范围(600~1000ng/g),而且有超过一半的区域属于"严重污染"范围(>1000ng/g)。土壤 16 种 PAHs 总含量和高分子量 PAHs(4~6 环)含量最高的主要位于城市中南部,而含量最低的则位于一些农村地区。此外,城市到农村的土壤总 PAHs 和高分子量 PAHs 含量存在一个明显的梯度带(东南方),说明人为活动的影响程度对土壤 PAHs 的分布存在重要影响。

商业中心主要位于研究区的中南部,这些区域往往分布有密集的交通网络,因此每天都有大量的 PAHs 产生。城市南部也是南京老城区所在地,这些老城区土壤由于受人类活动影响时间较长,累积了大量 PAHs。此外,南京南站和南京机动车检测站也位于城区南部,这些区域每天都聚集有大量的机动车车辆,易产生高分子量 PAHs,从高分子量 PAHs 的空间分布情况也可以看出上述的分布特征。因此,这些区域应该引起更多关注。在一些较为知名的工业区,如金陵石化公司所在区域土壤的总 PAHs 含量要远低于城区某些商业中心土壤的总 PAHs 含量,因此,交通网络和商业中心对南京城市 PAHs 的产生具有重要影响。虽然高分子量 PAHs 的空间分布特征与总 PAHs 的分布特征相似,但低分子量 PAHs 则表现出了一些特殊性。从土壤低分子量 PAHs 的分布图(a)和(b)可以看出,研究区域内有多个较高含量的低分子量 PAHs 区域,这些区域不仅分布在城市,也出现在郊区和农村。造成这种现象的主要原因是 2 环 PAHs 的熔点和沸点相对于其他环的 PAHs 更低,在土壤环境中更容易受气温的影响蒸发,并且低分子量 PAHs 更易进行长距离的迁移。此外,城市地区土壤 PAHs 的主要来源是汽车尾气和煤炭燃烧,这些过程都容易产生高分子量 PAHs,这些原因使得城市土壤 2 环 PAHs 所占比例较低并且与高分子量 PAHs 和总 PAHs 含量的分布特征相关程度也较弱。土壤 2 环 PAHs 含量最高位于郊区东北部,这可能与其附近分布的石化企业有密切关系。

不同环数 PAHs 在 16 种 PAHs 中所占比重的空间分布特征可见图 6-11。由图 6-11 可知,城市土壤主要以高分子量 PAHs(4 环及 4 环以上)为主,而东北方的部分郊区土壤中 2 环和 3 环 PAHs 也占有一定的比重,这可能与该处分布有石化企业有关。延伸带郊区和农村的土壤 PAHs 构成与城市土壤较相似,表明南京地区土壤 PAHs 污染已趋向面源化。

6.3.2　城市大气 PAHs 时空分布特征

城市大气的 PAHs 浓度要远远高于农村地区,城市中分布着大量的排放源(化石燃料燃烧、煤炭燃烧、汽车尾气等),最初释放到环境中的 PAHs 主要存在于城市大气中,随后通过 PAHs 的迁移、扩散等方式影响到其他区域和介质。研究 PAHs 在大气中的含量、分布、时空差异及源解析对城市污染综合调控具有重大意义。因为研究区域面积较小,气象等因素差异较小,所以参照文献确定了采样效率为 3.5m³/d(Tue et al., 2013),大气 PAHs 的浓度计算公式为

$$C = \frac{S/d}{R} \tag{6-1}$$

式中,C 为大气污染物浓度(ng/m³);d 代表采样天数;R 为采样效率,为 3.5m³/d。

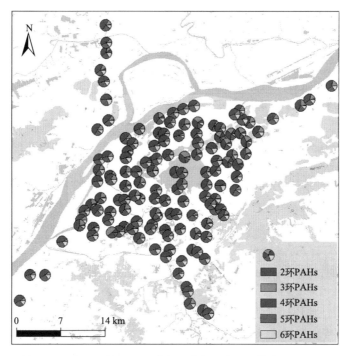

图 6-11　研究区土壤不同环数多环芳烃所占比重的空间分布特征

6.3.2.1　城市大气多环芳烃的空间差异

2015 年 1～10 月，南京 16 种优控 PAHs 浓度为 7.94～87.4ng/m³，年平均大气 PAHs 浓度为 31.6ng/m³。这一结果比刘向等(2007)在南京、上海测得的结果略小(春冬两季平均浓度为 40～50ng/m³，本书中冬季平均浓度为 37.3ng/m³)。这有可能与近年来南京及其周边政府积极推动节能减排与排放源的总量减少有关，这一点也与 Shen 等(2013)建立的排放清单相呼应。南京市大气多环芳烃主要以 3 环和 4 环为主，高环(5 环和 6 环)多环芳烃所占比例极小，2 环、3 环、4 环、高环的全年平均比例分别为 12.3%、59.5%、24.3%、3.9%。南京的大气 PAHs 污染在全国范围内处于较低水平，但因为采样点在主城区核心地带分布较少，所以可能会对南京平均 PAHs 浓度有所低估。长三角地区内，上海的大气 PAHs 浓度为 36 ng/m³(Wang et al., 2010)，比南京地区略高；长三角城市群大气多环芳烃浓度在 10.1～367 ng/m³ 之间(张利飞等，2013)。全国范围内，中国中部大城市的大气 PAHs 浓度较高，平均 294.75ng/d，若按照采样效率为 3.5m³/d 计算，为 84.2 ng/m³ (Liu et al., 2007)，浓度约为南京的 2.7 倍。放眼全球，南京 PAHs 浓度高于一些地区浓度，比如美国五大湖地区、韩国重工业城市浦项、智利的特木科等地，但显著低于印度等部分发展中国家的相关地区。

南京城区大气 PAHs 的分布与排放源有关系。大气 PAHs 浓度较高值一般分布在西部区域(图 6-12)，南京主城区西部区域交通网络发达，且人为活动强烈。将所有有效样点依次按照空间和季节平均后，得出西部年平均大气 PAHs 浓度为 36.1ng/m³，高于东部的 27.3ng/m³。上文对南京土壤 PAHs 的测定也得出了相似的结果，呈现出大气–土壤 PAHs

分布较为一致的情况。距离南京核心区域新街口地区最近的采样点 7 也位于南京西部，是浓度最高的样点，平均大气 PAHs 浓度为 85.8ng/m³。但受到微地形的作用，西部也有部分样点 PAHs 浓度不高，如位于朝天宫公园内的样点 25，四周树木茂密，对该区域大气中的 PAHs 有着拦截和吸收作用，其 6～10 月的 PAHs 浓度仅 18.6 ng/m³。虽然东部地区 PAHs 平均浓度较低，但是南京城区东北部地区有金陵石化等多家重工业企业，排放了大量 PAHs 到大气和环境中，所以距离金陵石化最近的样点 2 的年平均大气多环芳烃浓度较高，为 38.4ng/m³，显著高于东部其他样点及西部平均 PAHs 浓度。此外，西部大气 PAHs 较高还受到气象因素的影响，南京盛行风向以东风、东南风和东北风为主，风会携带大气 PAHs 将其向西传输，甚至会影响到安徽省部分地区。

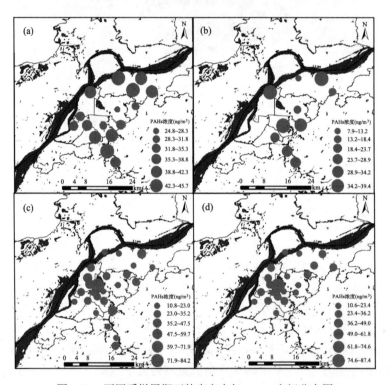

图 6-12　不同采样周期下的南京大气 PAHs 空间分布图

有研究表明大气 PAHs 存在梯度差异，城市区域 PAHs 会高于郊区及农村地区，本书在南京城区南部也设定了一个梯度带(样点 17、18、14、15、29)，由于采样周期的有效样点不同，在此仅分析第三次采样周期的梯度变化。随着离主城区距离的增大，样点大气 PAHs 的浓度分别为：25.8ng/m³、36.3ng/m³、16.3ng/m³、17.1ng/m³、20.4ng/m³，结果表明距离核心城区较近的样点(样点 17、18)浓度要高于剩下三个样点，即城区＞郊区，但是并没有出现显著的梯度变化。究其原因可能是：①样点 14、15、29 位于江宁区，样点区域虽然距离核心区域较远，但是经济发展十分迅速，属于南京的一个都市新区，区域内亦分布有火电厂及其他重工业等，排放源差异对大气 PAHs 空间分布有一定的影响，样点 29 位于火电厂附近。②设定的采样梯度条带范围较小，由于大气 PAHs 受风速、温度等气象参数的影响，尤其在夏季，大气扩散条件良好，小范围的采样点梯度可能并不能显著代表城乡梯度。刘书臻(2008)也发现了在夏季城乡大气 PAHs 差异不显著。

南京大气 PAHs 并不像土壤 PAHs 一样存在显著的城市—郊区—农村依次递减的梯度规律。土壤具有极端异质性，且可通过有机质等来不断吸附 PAHs，具有累积效应。而大气 PAHs 的空间分布则更多取决于风速、温度等气象参数和排放源的综合影响。总而言之，大气和土壤 PAHs 的空间分布一定程度上呈现出一致性，这也表明：土壤作为大气 PAHs 的汇，若想进一步降低土壤 PAHs 污染，不仅要考虑土壤对 PAHs 的吸附，还要考虑如何有效降低大气 PAHs 的污染。

6.3.2.2　城市大气多环芳烃的季节差异

虽然受条件限制，采样时间为 2015 年 1~10 月，并不是全年采样，但仍能在很大程度上反映出南京城区大气 PAHs 的季节差异。本书提取出了 4 次采样周期内 3 次有值的样点，采样周期平均浓度为：42.7ng/m³(冬)、29.7ng/m³(春)、27.2ng/m³(夏)、33.6ng/m³(秋)。发现季节差异显著，即冬＞秋＞春夏(图 6-13)。大量研究也证明冬季生物质和煤炭等的燃烧以及不利的大气扩散条件是冬季的大气 PAHs 较高的主要原因；南京盛行东亚季风，夏季大气 PAHs 的迁移扩散条件较好，且降雨频繁，综合导致了南京春夏大气 PAHs 浓度低。

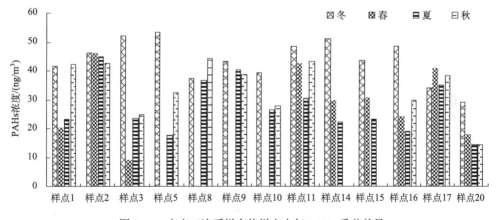

图 6-13　南京三次采样有值样点大气 PAHs 季节差异

冬季大气 PAHs 浓度是夏季的 1.6 倍,低于环渤海区域冬夏大气 PAHs 的比例(2 倍)，主要原因是南京地区包括南方一些城市(如广州等)市内的秸秆、薪柴燃烧及冬季用煤比例较低，冬季排放的大气 PAHs 量较北方少。从 InP/(InP+BP) 的比值可以确定 PAHs 的来源是否为煤或生物质燃烧，当比值越大时，代表煤或生物质燃烧对大气 PAHs 的贡献越大。南京冬季 InP/(InP+BP) 的比值(0.5)稍稍高于其他三个季节(0.45)，说明冬季生物质及煤炭燃烧虽然对 PAHs 有贡献，但贡献比例不大。

研究同样发现部分样点并没有显著的季节差异或冬季浓度高于春季的现象。样点 2 距离金陵石化较近，排放源在全年较为稳定，季节差异不明显。样点 1、样点 8、样点

17 位于郊区，由于秋季生物质焚烧比例最大，会排放大量 PAHs 到郊区大气中，并且南京冬季生活用煤量较少，排放量远低于秋季的生物质燃烧量，该部分样点秋季大气 PAHs 含量达到最高。

6.3.3　城市土壤-大气多环芳烃的来源解析

PAHs 的来源途径众多，具体可分为自然来源和人为来源，在一些城镇化水平或者工业化程度较高的城市地区，人为来源是其主要来源，这些来源主要包括煤炭燃烧、汽车尾气排放、居民或饭店的烹饪，以及生物质燃烧(秸秆燃烧)等。目前，关于 PAHs 来源的解析方法较多，且各有优缺点。因此，选择多个合理有效的方法来解析土壤 PAHs 的来源显得较为重要。本章选取正定矩阵因子分解法(PMF)来对城市土壤和大气的来源进行定量解析。

6.3.3.1　正定矩阵因子分解法

正定矩阵因子分解法是由 Paatero 和 Tapper(1994)提出的多元统计分析方法。PMF 模型主要通过最小二乘法来确定受体介质的污染源及其贡献率。它的数学原理表达如下：

定义矩阵 X，该矩阵可表达为 $n \times m$，其中，n 表示样品个数，m 表示污染物的数目；令矩阵 X 分解成两个因子矩阵和一个残差矩阵，分别是 $G(n \times p)$、$F(p \times m)$ 和 $E(n \times m)$，p 为污染源的数目；数学公式表达为 $X=GF+E$，矩阵 F 表示因子负荷，矩阵 G 表示因子贡献率，矩阵 E 表示残差矩阵，定义为实际数据与解析结果之间的差值。

矩阵转换如下：

$$x_{ij} = \sum_{k=1}^{p} g_{ik} f_{kj} + e_{ij} \tag{6-2}$$

式中，x_{ij} 表示第 i 个样品的第 j 种污染物的含量(浓度)；g_{ik} 表示来源 k 对第 i 个样品的贡献率；f_{kj} 表示来源 k 中第 j 种污染物的含量(浓度)；e_{ij} 表示残差矩阵。

同时，PMF 模型定义了一个目标函数：

$$Q(E) = \sum_{i=1}^{n} \sum_{j=1}^{m} \left(\frac{e_{ij}}{u_{ij}} \right)^2 \tag{6-3}$$

式中，u_{ij} 表示第 i 个样品的第 j 种污染物的不确定度。不确定度主要根据样品测量的不确定度(MU)和方法检出限(MDL)来计算。当样品的含量(浓度)小于或等于 MDL 时，不确定度 u 的计算公式为

$$u = \frac{5}{6} \times \text{MDL} \tag{6-4}$$

当样品的含量(浓度)大于 MDL 时，不确定度 u 的计算公式为

$$u = \sqrt{(\text{MU} \times \text{concentration})^2 + (\text{MDL})^2} \tag{6-5}$$

PMF 模型以信噪比(S/N)作为标准进行测量数据的筛选，信噪比越大表明这种污染物被检出的可能性越大，越适合模型的计算。PMF 模型的运算方式主要是基于 Multilinear engine-2 算法进行迭代计算，不断地分解原始矩阵 X，使目标函数 $Q(E)$ 趋于自由度值，

即 $i \times j$，最终得到最优矩阵 G 和 F。PMF 模型不限定因子数目，本书建议因子为 3～6 个。本书选取因子数的原则是运行 3～6 个因子的所有结果，根据各个因子数的运行结果，结合研究区域的具体情况，选择认为最符合实际情况的因子数作为最终的结果。最后，南京城市土壤和大气 PAHs 分别选取 5 个和 4 个因子作为 PMF 模型输入的因子数目。

6.3.3.2 城市土壤多环芳烃的来源解析

PMF 模型解析的南京城市土壤 PAHs 成分谱见图 6-14。城市土壤中，因子 1 的成分谱主要由 Ace、Fl 和 Phe 构成，其对南京城市土壤Σ16PAHs（16 种 PAHs 总和）的贡献率为 15%，有研究表明 Fl 和 Phe 主要来源于炼焦炉，而且 Fl 是炼焦炉最主要的分子标记。因此，因子 1 判断为焦炭(焦油)。因子 2 的成分谱主要由 NaP 构成，Ace 和 Fl 也占了适当的比重，其对南京城市土壤Σ16PAHs 的贡献率为 10%，相关研究表明 2 环和 3 环占主要成分的 PAHs 往往跟石油挥发相关；而 NaP 的来源也跟不完全燃烧有关，Chen 等(2013)研究表明 NaP 可作为石油挥发来源的一个标记。因此，因子 2 判定为石油。因子 3 主要由 BaA、BaP、DBA、BP、Chr、BkF 和 BbF 构成。此外，Pyr、Flu 和 InP 也占据了一

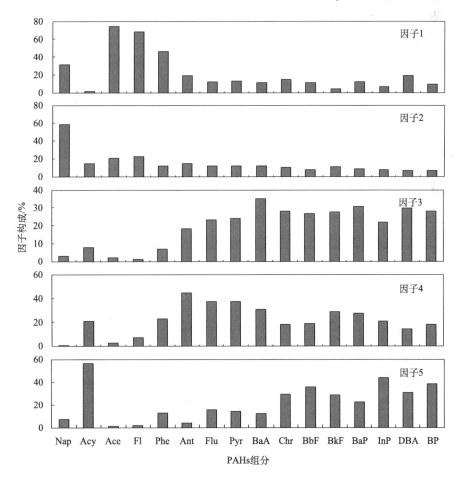

图 6-14　PMF 模型解析的源成分谱

部分比重，该因子对南京城市土壤Σ16PAHs的贡献率为25%。在这些化合物中，BP、InP、BbF、BkF和Chr一般被认定为交通隧道空气的标记化合物；BaA、Chr、InP和BkF则是柴油机燃烧的成分谱。Wang等(2009)表明高分子量PAHs(如BbF、Flu、InP、Chr、Pyr以及BP)代表了汽油机燃烧的分子标记物。因此，因子3被判定为机动车废气。因子4主要由Ant、Flu、Pyr、BaA、BkF和BaP构成，Phe也有一定比重，其对南京城市土壤Σ16PAHs的贡献率为26%，这些化合物均为煤炭燃烧的分子标记物。因此，因子4被判定为煤炭。因子5主要由Acy以及5环和6环PAHs构成，该因子对南京城市土壤Σ16PAHs的贡献率为24%，这种分子组合模式与来源于焚烧木头的分子标记物相似。也有研究将Acy作为木头焚烧的标记分子化合物。因此，因子5判定为生物质燃烧源。各个因子对南京城市土壤Σ16PAHs的贡献率见图6-15。

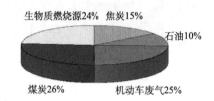

图6-15　PMF解析出的各种因子的贡献率

6.3.3.3　城市大气多环芳烃的来源解析

根据美国环保局推荐的PMF方法对南京市4个采样周期分别进行了源解析。首先将各样点浓度及其不确定性导入PMF中，综合对比Q值的下降及谱图的解译程度，最终确定了最佳因子个数为4，并将拟合值和实测值进行回归，拟合结果与实测数据相关性较高，回归斜率接近于1，R^2均值为0.93。

PMF模型识别的4个南京大气PAHs的来源为：炼焦、煤及生物质燃烧、石油源及石油精炼、交通源(图6-16)。因子1中优势物种为Acy、Ace、Fl、Phe，其中Fl的载荷最高，Fl被认为是炼焦生产的排放特征PAHs(Simcik et al., 1999)，并且因子1的季节贡献率基本保持稳定，所以因子1被确定为炼焦。因子2中Flu、Pyr、Chr、Ant、Phe是该因子的主要物种，其中Flu、Pyr是秸秆等生物质燃烧的最主要物种(Jenkins et al., 1996)，生物质燃烧在该因子中有一定的贡献。还有大量研究表明Ant、Chr、Pyr、Flu等物种是煤燃烧的主要指示物(Kannan et al., 2005)。因此因子2被确定为煤及生物质燃烧源的综合影响。因子3中NaP、Acy等2~3环的多环芳烃贡献较大，且NaP的载荷最高。2~3环的多环芳烃主要来自石油源(Wang et al., 2013)，并且南京市炼油用油量巨大，有着大量的炼油厂，因此因子3识别为石油源及石油精炼。因子4中主要以高环多环芳烃为主，DBA、BaA、BkF、InP、BaP、BP是该因子的主要物种，DBA、BP可以被识别为柴油燃烧源(Wu et al., 2014)，BbF、BkF、BaP、InP为汽油燃烧源，还有研究表明BaA、Chr、InP和BkF代表柴油燃烧源，并且DBA在因子4中所占比例最大，可以作为交通排放的特征化合物(Simcik et al., 1999)，因此综合起来将因子4识别为交通源。

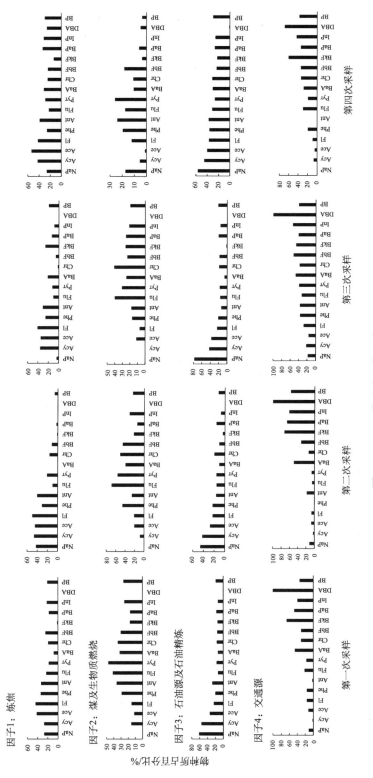

图 6-16　PMF 模型确定的源谱

通过 PMF 模型得到的 4 个源在不同采样周期中贡献有所不同(图 6-17),大气 PAHs 的源主要与工业活动相关,交通源所占比例较低。4 次采样周期内炼焦、石油源及石油精炼的贡献相对稳定,主要是炼焦和石油精炼作为工业性行为,受季节波动不明显。4 个源中变化最为显著的是煤及生物质燃烧,南京地区市内煤及生物质燃烧比例较小,据《2014 年中国能源统计年鉴》统计,江苏全省年生活用煤量 12.26 万吨,仅占全国生活用煤量的 0.39%。江苏全省煤燃烧主要来源于发电等工业用煤,季节波动不大,而市内燃烧秸秆量也较少,因此煤及生物质燃烧源的变化可以间接反映各采样周期内野外生物质燃烧量的变化。春夏两季秸秆野外焚烧比例较低,而秋季由于秸秆的野外焚烧,对大气 PAHs 的贡献比例升高,并达到最大值 30%,冬季有所回落,但比春夏两季高,说明南京城区冬季市内煤及生物质燃烧有一定贡献。

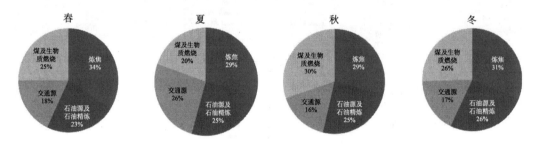

图 6-17　不同采样周期内的 PAHs 源贡献比例

与土壤 PAHs 的源解析结果不同,大气 PAHs 的来源存在显著的季节差异,这主要是煤及生物质燃烧具有显著季节差异。煤及生物质燃烧源两者呈现较好一致性,但其他来源则有所差异,其主要受 PAHs 的自身性质和土壤的累积特性影响。以石油源为例,其 2~3 环的多环芳烃贡献较大,多为气相 PAHs,土壤中的低环 PAHs 占比较少,其更倾向于吸附颗粒相的 PAHs,而大气更多以气相 PAHs 为主,故导致了上述来源不同。另外,交通源排放的 PAHs 以高环 PAHs(如 BbF、BkF、BP 等)为主,由于分子量较大,会通过沉降等多种过程降落到地面,并被土壤最终吸附,土壤中的交通源占比要高于大气。

6.4　城市环境多环芳烃的多介质空间分布模拟

应用多介质逸度模型是目前研究持久性有机污染物环境迁移和传输最为有效的手段之一。多介质逸度模型假设污染物在所有环境相的含量(浓度)是均匀的,并且规定有机碳含量(浓度)是影响各个环境相吸附容量的最关键因素,但是有越来越多的研究表明城市地区 PAHs 与黑炭的相关性更好。本书基于上述发现,试图应用多介质逸度模型对不同分子量 PAHs 进行环境迁移和传输模拟,分别假设有机碳和黑炭含量(浓度)是影响各个环境相吸附容量的最关键因素,模拟 PAHs 的环境迁移和传输,通过两种模拟结果确定最优模型。在此基础上,模拟不同分子量 PAHs 在城市各个环境介质中的分配。此外,为克服多介质逸度模型均匀假设的缺陷,本书先将研究区域进一步划分成若干个子区域,再对每一个子区域分别进行 PAHs 模拟,实现环境迁移和传输的空间化模拟。在本书中,将原模型命名为 OC-Model，改进模型命名为 BC-Model。

6.4.1 多环芳烃排放量估算

研究区网格化示意图可见图 6-18。由于涉及的 PAHs 较多，本书用菲(Phe)来代表低分子量 PAHs，苯并芘(BaP)来代表高分子量 PAHs。PAHs 的来源途径主要包括化石能源燃烧和生物质燃烧，由于本书的研究区是南京的城市地区，对 PAHs 来源之一的生物质燃烧(如秸秆、薪柴等)不作考虑。PAHs 来源之一的化石能源主要包括煤和石油，为提高 PAHs 排放因子的计算精度，将煤进一步细分为生活用煤、工业用煤和炼焦用煤，石油进一步细分为交通用油和非交通用油。其中，南京市所处的江苏省是生活用煤的使用量全国最低的省份之一，而且近几年来政府部门对煤炭使用极力控制，南京城市的生活用煤几乎已经被其他能源(如电力、煤气、天然气)完全替代，因此，生活用煤也不在本书的统计范围内。本书所统计 PAHs 的排放清单主要参考了四种主要来源途径：工业用煤、炼焦用煤、交通用油和非交通用油。

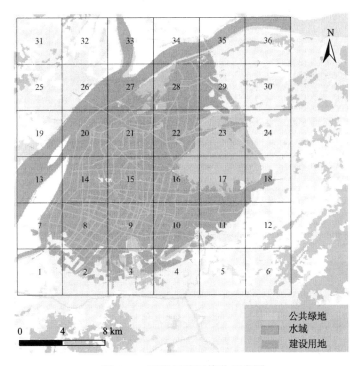

图 6-18 研究区域网格化示意图

本书采用 Zhang 等(2007)建立的 PAHs 排放因子数据库，为提高研究区域 PAHs 排放清单的分辨率，本书以城市街道为基本单位来计算 PAHs 的排放量。但是由于缺乏城市街道为单位的能源消耗数据，应用了回归方法，发现交通用油、非交通用油以及工业用煤的消耗量与第二产业和第三产业的总产值(GDP$_{23}$)呈现较好的线性关系。本书省级到城市各个街道的 GDP$_{23}$ 数据收集于各种统计年鉴或公开资料。此外，炼焦用煤的数据来自南京各区焦炭生产量的用煤折合率(70%)。根据上述统计资料和数据，应用 ArcGIS

10.0 中的 union 工具将南京主城各个街道的能源消耗数据跟单元格相结合,并利用排放因子数据库得到南京城市 Phe 和 BaP 的总排放量。2013 年南京城市 Phe 和 BaP 的总排放量分别是 3.70t 和 0.64t。炼焦用煤、交通用油、工业用煤和非交通用油对于 Phe 的总排放量贡献率分别是 90.9%、8.72%、0.23% 和 0.15%,而对 BaP 的贡献率则分别是 98.62%、1.00%、0.12% 和 0.26%。图 6-19 为南京城市各单元格中 Phe 和 BaP 排放量的空间分布情况。由图可知,南京城市 Phe 和 BaP 的排放量的分布特征为中部偏西南侧最高而城区周边最低,同时北部也出现了高排放量的单元格,这可能跟该单元格的分布有石化企业有关。

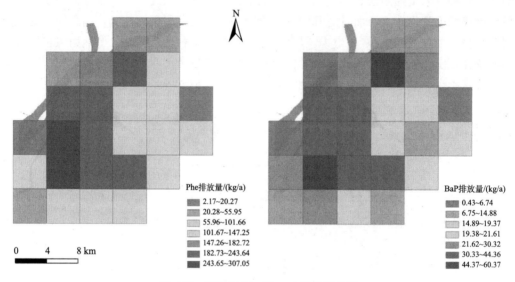

图 6-19　研究区 Phe 和 BaP 的总排放量

6.4.2　多介质逸度Ⅲ级模型及其参数

6.4.2.1　模型结构

为克服多介质逸度模型均匀相假设的缺陷,本书以城市街道为基本单元,将每个单元的规格设为 4km×4km,因此研究区可划分成 36 个单元。本书引入Ⅲ级稳态的城市多介质模型(multimedia urban model, MUM)(Diamond et al., 2001)模拟 PAHs 的环境归趋,将每个单元格分成 6 种环境介质,分别是大气相、水相、土壤相、沉积物相、植被相和城市不透水层或有机膜相,而对一些不在研究区域内的单元格(如 6、25、31 等)作舍弃处理。图 6-20 是城市多介质模型的网格化结构示意图,图中不同的箭头代表污染物在不同环境介质之间的传输过程,图中字母所代表的具体含义在下文中有详细说明。

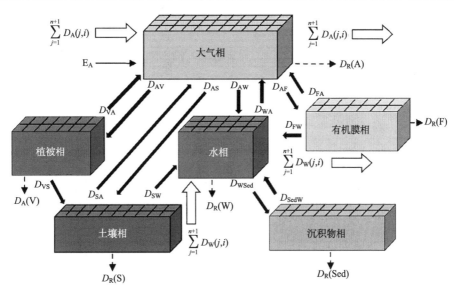

图 6-20　环境相及其相间污染物传输过程示意图

注：图中各个字母所代表的具体含义可见表 6-6。

城市多介质模型同其他多介质逸度模型一样，由 3 个关键变量构成，包括逸度、逸度容量和迁移系数。逸度(f)是一个热力学量，指实际气体对理想气体的校正压力，或某一物质脱离某一相倾向的大小，单位为 Pa；逸度容量(Z)表示在给定的逸度下，环境中的某一介质所能容纳污染物的能力，其大小主要受污染物性质、环境介质特性、温度、压力以及浓度等因素的影响，单位为 mol/(m³·Pa)；迁移系数(D)表示环境各相之间的迁移和转化过程，这些过程包括扩散、平流、降解等与化学迁移通量相关的过程，单位为 mol/(Pa·h)。

6.4.2.2　模型计算公式

关于环境各相的逸度容量 Z 值的计算公式见表 6-6，表中提供了有机碳(OC-Model)或黑炭(BC-Model)为环境介质吸附容量最关键因素两种假设的方程。公式中的字母具体含义已在表格下面的注释中有详细说明。

表 6-6　OC-Model 与 BC-Model 逸度容量 Z 值的计算公式

环境相	OC-Model	BC-Model
大气气相	$Z_A = 1/RT$	$Z_A = 1/RT$
大气颗粒物相	$Z_{PA} = Z_A y_{(OC)} K_{OA} (\rho_Q/1000)$	$Z_{PA} = Z_A y_{(BC)} K_{BC-A} (\rho_Q/1000)$
大气总相	$Z_{BA} = Z_A + (Z_{PA} \times V_{PA})$	$Z_{BA} = Z_A + (Z_{PA} \times V_{PA})$
水溶解相	$Z_W = 1/H$	$Z_W = 1/H$
水悬浮颗粒物相	$Z_{PW} = Z_W \times \rho_{PW} \times K_{OC} \times f_{OC-PW}$	$Z_{PW} = Z_W \times \rho_{PW} \times K_{BC} \times f_{BC-PW}$
水总相	$Z_{BW} = Z_W + (Z_{PW} \times V_{PW})$	$Z_{BW} = Z_W + (Z_{PW} \times V_{PW})$
土壤相	$Z_S = Z_W \times \rho_S \times K_{OC} \times f_{OC-S}$	$Z_S = Z_W \times \rho_S \times K_{BC} \times f_{BC-S}$
土壤总相	$Z_{BS} = (Z_A \times V_A) + (Z_W \times V_W) + (Z_S \times V_S)$	$Z_{BS} = (Z_A \times V_A) + (Z_W \times V_W) + (Z_S \times V_S)$

续表

环境相	OC-Model	BC-Model
沉积物土相	$Z_{Sed} = Z_W \times \rho_{Sed} \times K_{OC} \times f_{OC \cdot Sed}$	$Z_{Sed} = Z_W \times \rho_{Sed} \times K_{BC} \times f_{BC \cdot Sed}$
沉积物总相	$Z_{BSed} = (Z_W \times V_W) + (Z_{Sed} \times V_{Sed})$	$Z_{BSed} = (Z_W \times V_W) + (Z_{Sed} \times V_{Sed})$
植物叶表皮相	$Z_V = Z_W \times K_{OC} \times f_{OC \cdot V}$	$Z_V = Z_W \times K_{BC} \times f_{BC \cdot V}$
植被总相	$Z_{BV} = (Z_A \times V_A) + (Z_W \times V_W) + (Z_V \times V_V)$	$Z_{BV} = (Z_A \times V_A) + (Z_W \times V_W) + (Z_V \times V_V)$
有机膜溶解相	$Z_F = Z_A \times K_{OA} \times f_{OC \cdot F}$	$Z_F = Z_A \times K_{BC \cdot A} \times f_{BC \cdot F}$
有机膜颗粒物相	$Z_{PF} = Z_A y_{(OC)} K_{OA} (\rho_Q / 1000)$	$Z_{PF} = Z_A y_{(BC)} K_{BC \cdot A} (\rho_Q / 1000)$
有机膜总相	$Z_{BF} = (Z_F \times \Phi_F) + (Z_{PF} \times \Phi_{PF})$	$Z_{BF} = (Z_F \times \Phi_F) + (Z_{PF} \times \Phi_{PF})$

注: A、PA、W、PW、S、Sed、V、F 分别代表大气、大气颗粒物、水、悬浮颗粒物、土壤、沉积物、植被和有机膜; B 代表环境介质总相; H 代表亨利系数(Pa m³/mol); f_{OC} 和 f_{BC} 分别代表有机碳分数和黑炭分数, ρ 代表密度(kg/L), V 代表体积分数, Φ 代表质量分数。

D 值计算公式以及Ⅲ级稳态质量平衡方程分别见表 6-7 和表 6-8。表 6-7 提供了污染物在不同环境介质之间传输的各个过程以及流动相介质(大气和水)的平流传输过程,这也可作为图 6-20 的具体说明。

表 6-7　迁移系数 D 值的计算公式

传输	过程	公式
大气—水	气体扩散	$D_{VW} = 1 / [(1/K_{VA}A_WZ_A) + (1/K_{VW}A_WZ_W)]$
	气体湿沉降	$D_{RW} = A_WZ_WU_R$
	颗粒物湿沉降	$D_{PW} = A_WZ_{PA}U_RQV_{PA}$
	颗粒物干沉降	$D_{DW} = A_WZ_{PA}U_PV_{PA}$
	总过程	$D_{A-w} = D_{VW} + D_{RW} + D_{PW} + D_{DW}$
水—大气	气体扩散	$D_{W-A} = 1 / [(1/K_{VA}A_WZ_A) + (1/K_{VW}A_WZ_W)]$
大气—土壤	气体扩散	$D_{VS} = 1 / [(1/K_{AS}A_SZ_A) + (Y_3/A_S(B_{A3}Z_A + B_{W3}Z_W))]$
	气体湿沉降	$D_{RS} = A_SZ_WU_R$
	颗粒物湿沉降	$D_{PS} = A_SZ_{PA}U_RQV_{PA}$
	颗粒物干沉降	$D_{DS} = A_SZ_{PA}U_PV_{PA}$
	总过程	$D_{A-S} = D_{VS} + D_{RS} + D_{PS} + D_{DS}$
土壤—大气	气体扩散	$D_{S-A} = 1 / [(1/K_{AS}A_SZ_A) + (Y_3/A_S(B_{A3}Z_A + B_{W3}Z_W))]$
土壤—水	土壤流失	$D_{SRW} = A_SZ_SU_{SW}$
	雨水径流	$D_{WRW} = A_SZ_WU_{WW}$
	总过程	$D_{S-w} = D_{SRW} + D_{WRW}$
沉积物—水	扩散	$D_r = 1 / (1/K_{Sedw}A_{Sed}Z_W + Y_4/B_{W4}A_{Sed}Z_W)$
	再悬浮	$D_{RSed} = A_{Sed}Z_{PSed}U_{RSed}$
	总过程	$D_{Sed-w} = D_r + D_{RSed}$
水—沉积物	扩散	$D_r = 1 / (1/K_{Sedw}A_{Sed}Z_W + Y_4/B_{W4}A_{Sed}Z_W)$
	沉降	$D_{RSed} = A_{Sed}Z_{PW}U_{DP}$
	总过程	$D_{W-Sed} = D_r + D_{DSed}$

续表

传输	过程	公式
大气—有机膜	气体扩散	$D_{VF}=1/[(1/K_{AF}A_FZ_A)+(1/K_{FF}A_FZ_F)]$
	气体湿沉降	$D_{RF}=A_FZ_WU_R$
	颗粒物湿沉降	$D_{PF}=A_FZ_{PA}U_RQV_{PA}$
	颗粒物干沉降	$D_{DF}=A_FZ_{PA}U_PV_{PA}$
	总过程	$D_{A\text{-}F}=D_{VF}+D_{RF}+D_{PF}+D_{DF}$
有机膜—大气	气体扩散	$D_{F\text{-}A}=1/[(1/K_{AF}A_FZ_A)+(1/K_{FF}A_FZ_F)]$
有机膜—水	雨水冲刷	$D_{F\text{-}W}=A_FK_{FW}Z_{BF}$
大气—植被	气体扩散	$D_{VV}=1/[(1/K_{AV}A_VZ_A)+(1/K_{VV}A_VZ_V)]$
	气体湿沉降	$D_{RV}=FrUF\times U_RA_VZ_W$
	颗粒物湿沉降	$D_{PV}=FrUF\times A_VZ_{PA}U_RQV_{PA}$
	颗粒物干沉降	$D_{DV}=A_VZ_{PA}U_PV_{PA}$
	总过程	$D_{A\text{-}V}=D_{VV}+D_{RV}+D_{PV}+D_{DV}$
植被—大气	气体扩散	$D_{V\text{-}A}=1/[(1/K_{AV}A_VZ_A)+(1/K_{VV}A_VZ_V)]$
植被—土壤	冠层滴下	$D_{CD}=(1\text{-}FrUF)(D_{RV}+D_{PV})$
	蜡侵蚀	$D_{WE}=A_VK_{WE}Z_V$
	凋落物	$D_{LF}=V_VR_{LF}Z_{BV}$
	总过程	$D_{V\text{-}S}=D_{CD}+D_{WE}+D_{LF}$
水平流动过程		$D_{A(j)}=G_{(j)}Z_{(j)}$
降解反应过程		$D_{R(j)}=K_{(j)}V_{(j)}Z_{(j)}$

注：A 代表环境介质面积（m^2）；K 代表质量迁移系数（m/h）；U_R 代表降雨速率（m/h）；U_P 代表干沉降速率（m/h）；Q 代表清除率；V 表示环境介质体积；FrUF 代表植被叶片截留分数；R_{LF} 代表叶片掉落速率常数。

表 6-8　质量平衡方程

环境介质	质量平衡方程
大气	$E_A+G_AC_A+D_{W\text{-}A}f_W+D_{S\text{-}A}f_S+D_{V\text{-}A}f_V+D_{F\text{-}A}f_F=(D_{A\text{-}W}+D_{A\text{-}S}+D_{A\text{-}V}+D_{A\text{-}F}+D_{R(A)}+D_{A(A)})$
水	$E_W+G_WC_W+D_{A\text{-}W}f_A+D_{S\text{-}W}f_S+D_{F\text{-}W}f_F+D_{Sed\text{-}W}f_{Sed}=(D_{W\text{-}A}+D_{W\text{-}Sed}+D_{R(W)}+D_{A(W)})f_W$
土壤	$D_{A\text{-}S}f_A+D_{V\text{-}S}f_V=(D_{S\text{-}A}+D_{S\text{-}W}+D_{R(S)})f_S$
沉积物	$D_{W\text{-}Sed}f_W=(D_{Sed\text{-}W}+D_{R(Sed)})f_{Sed}$
植被	$D_{A\text{-}V}f_A=(D_{V\text{-}A}+D_{V\text{-}S}+D_{R(V)})f_V$
有机膜	$D_{A\text{-}F}f_A=(D_{F\text{-}A}+D_{F\text{-}W}+D_{R(F)})f_F$

6.4.2.3　模型输入参数

用于模型计算的参数包括不同环境介质参数，Phe 和 BaP 的物理化学性质以及不同环境介质之间的迁移参数。具体参数数值以及来源已列于表 6-9～表 6-12，且一些未列出参数已在表注中做了详细说明。其中，表 6-12 中 K_{VV} 和 K_{FF} 的计算公式为

$$K_{FF}=K_{VV}=3600P_c(1/K_{AW}) \tag{6-6}$$

式中，P_c（m/s）是渗透速率，按照公式（6-7）计算：

$$\lg P_c = \left[\left(0.704 \lg K_{OW} - 11.2 \right) + \left(-3.47 - 2.79 \lg M + 0.970 \lg K_{OW} \right) \right]/2 \qquad (6\text{-}7)$$

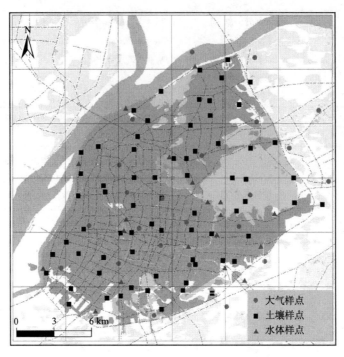

图 6-21　大气、土壤、水采样点分布示意图

　　由于模型考虑了大气和水环境介质的流动性特点,除上述参数外,还需要考虑外部来源 PAHs 对研究区域的影响。南京城市年均风速数据取自耿孝勇和曹广超(2014),本书对大气外部来源 PAHs 浓度数据的获取方式是根据南京多年年均风速和风向,在研究区域范围内的多处地点布设基于聚氨酯泡沫(polurethane foam, PUF)材料的大气被动采样器(图 6-7),通过测定各个地点的大气 PAHs 浓度值来作为各单元格外部来源 PAHs 浓度以及验证的数据。各个单元格外部大气来源 PAHs 输入浓度确定的方法为将采样器所处单元格及其邻近位置采样器中 PAHs 的平均浓度作为其外部来源 PAHs 浓度。这里需要指出的是,基于 PUF 材料的大气被动采样器,其设计初衷只是对大气气相中的有机污染物进行被动采集,因此只能在一定程度内收集大气颗粒物中的 PAHs,这可能会对模型的模拟结果产生显著性影响。基于此,本书参考相关文献材料(金银龙等,2011)对大气被动采样器中的颗粒态 PAHs 数据进行了对数单位的统一调整以适应模型精度的要求。水体外部来源 PAHs 浓度数据获取方式类似于大气浓度数据,在南京城市的各条河流和湖泊中共采集了 20 个样品作为各单元格外部来源 PAHs 浓度以及验证的数据(图6-21)。南京地区河流流速及流量的数据主要参考 2014 年的《南京市水资源公报》。

表 6-9　研究区域环境参数

参数	大气	水	土壤	沉积物	植被	膜
深度 (d, m)	1000	4	0.05	0.02	0.0002	7.00E-08
密度 $(\rho, \text{kg/m}^3)$	1.19	1000	1460	1500	850	
有机碳/黑炭含量 (f_{OC}/f_{BC})	0.2/0.0588	0.02/0.0024	*	0.0134/0.0048	0.02/0.0022	0.74/0.3
气相体积比例 (V_A)	1	—	0.2		0.18	
水相体积比例 (V_W)	—	1	0.3	0.41	0.8	—
颗粒物体积比例 (V_{PA})	1.04×10^{-10}	2.2×10^{-4}	0.5	0.59	—	0.7
酯类物体积比例 (V_{lipid})	—	—	—	—	0.02	0.3

注: 各单元格中不同环境介质表面积数据获取是应用 ArcGIS 10.0 对遥感图像各类环境介质进行识别; *表示缺省。

表 6-10　研究区域不同单元格中各环境介质的面积

单元格	环境介质面积/m²					
	大气	水	土壤	沉积物	植被	有机膜
1	2.79×10^6	4.57×10^5	3.14×10^5	4.57×10^5	4.72×10^5	7.04×10^5
2	9.94×10^6	9.57×10^3	2.68×10^6	9.57×10^3	4.01×10^6	3.79×10^5
3	1.00×10^7	5.98×10^4	4.06×10^6	5.98×10^4	6.09×10^6	4.21×10^6
4	5.15×10^6	8.10×10^4	1.84×10^6	8.10×10^3	2.76×10^6	2.04×10^6
7	1.25×10^7	1.26×10^6	1.56×10^6	1.26×10^6	2.35×10^6	3.65×10^6
8	1.50×10^7	1.23×10^3	4.38×10^6	1.23×10^3	6.57×10^6	1.02×10^7
9	1.50×10^7	3.97×10^5	5.03×10^6	3.97×10^5	7.54×10^6	9.48×10^6
10	1.50×10^7	6.97×10^5	4.45×10^6	6.97×10^5	6.67×10^6	9.14×10^6
11	9.41×10^6	1.17×10^5	2.41×10^6	1.17×10^5	3.62×10^6	5.37×10^6
13	1.25×10^7	7.35×10^6	1.38×10^5	7.35×10^6	2.07×10^5	3.22×10^5
14	1.50×10^7	1.26×10^6	3.94×10^6	1.26×10^6	5.90×10^6	9.09×10^6
15	1.50×10^7	7.58×10^5	4.28×10^6	7.58×10^5	6.42×10^6	9.87×10^6
16	1.50×10^7	1.19×10^6	6.66×10^6	1.19×10^6	9.98×10^6	7.09×10^6
17	1.50×10^7	1.36×10^4	1.13×10^7	1.36×10^4	1.69×10^7	3.45×10^6
18	8.06×10^6	1.55×10^4	3.73×10^6	1.55×10^4	5.60×10^6	1.87×10^6
19	3.57×10^6	2.70×10^6	1.29×10^4	2.70×10^6	1.93×10^4	3.00×10^4
20	1.45×10^7	4.45×10^6	2.89×10^6	4.45×10^6	4.34×10^6	6.75×10^6
21	1.50×10^7	1.32×10^6	4.20×10^6	1.32×10^6	6.29×10^6	9.41×10^6
22	1.50×10^7	6.70×10^5	5.23×10^6	6.70×10^5	7.85×10^6	9.05×10^6
23	1.49×10^7	8.42×10^4	1.27×10^7	8.42×10^4	1.90×10^7	1.94×10^6
24	2.03×10^6	1.26×10^5	1.67×10^6	1.26×10^5	2.51×10^6	4.08×10^4
26	5.65×10^6	3.87×10^6	2.73×10^6	3.87×10^6	4.09×10^5	6.37×10^5
27	1.34×10^7	5.87×10^6	3.21×10^6	5.87×10^6	4.81×10^6	3.43×10^6
28	1.50×10^7	6.00×10^5	6.07×10^6	6.00×10^5	9.10×10^6	7.82×10^6
29	9.16×10^6	7.48×10^3	2.34×10^6	7.48×10^3	3.51×10^6	4.57×10^6
34	5.73×10^6	4.29×10^6	2.44×10^6	4.29×10^6	3.66×10^5	5.65×10^5
35	4.85×10^6	3.35×10^6	2.48×10^5	3.35×10^6	3.71×10^5	5.78×10^5

表 6-11　菲和苯并芘的物理化学性质

参数	符号	Phe	BaP
摩尔质量/(g/mol)	M	178.20	252.30
固体蒸汽压/Pa	VP P_S	0.02	7.00×10^{-7}
液体蒸汽压/Pa	VP P_L	0.113	2.10×10^{-5}
黑炭–空气分配系数	lgK_{BC-A}	8.8[a]	12.4
黑炭–水分配系数	lgK_{BC-W}	5.9[a]	8.3
辛醇–水分配系数	lgK_{OW}	4.7	6.04
辛醇–空气分配系数	lgK_{OA}	7.45	10.8
亨利常数/(Pa·m³/mol)	H	3.24	0.046

表 6-12　环境迁移参数

符号	参数	数值
K_{WA}	大气—水界面大气侧质量传输系数/(m/h)	3.00×10^{0}
K_{AW}	大气—水界面水侧质量传输系数(m/h)	3.00×10^{-2}
U_R	降水速率/(m/h)	1.03×10^{-4}
Q	清除率	2.00×10^{5}
U_P	干沉降速率/(m/h)	1.08×10^{1}
K_{AS}	大气—土壤界面土侧质量传输系数/(m/h)	1.00×10^{0}
Y_3	分子在土壤中扩散路径长/m	5.00×10^{-2}
B_{A3}	大气中分子扩散系数/(m²/h)	4.00×10^{-2}
B_{W3}	水中分子扩散系数/(m²/h)	4.00×10^{-6}
B_{W4}	沉积物孔隙水中分子有效扩散系数/(m²/h)	2.49×10^{-6}
U_{WW}	径流速率/(m/h)	3.80×10^{-5}
U_{SW}	流失速率/(m/h)	2.30×10^{-8}
K_{SedW}	水—沉积物界面水侧质量传输系数/(m/h)	1.00×10^{-2}
Y_4	分子在沉积物中扩散路径长/m	5.00×10^{-3}
U_{DP}	沉积物沉降速率/(m/h)	3.88×10^{-7}
U_{RSed}	沉积物再悬浮速率/(m/h)	1.42×10^{-7}
U_{BS}	沉积物埋藏速率/(m/h)	2.45×10^{-7}
K_{AF}	大气—有机膜质量传输系数/(m/h)	4.65×10^{1}
R_{LF}	凋落物(树叶)凋落速率常数/(m/h)	2.31×10^{-4}
K_{WE}	叶子蜡侵蚀质量传输系数/(m/h)	8.05×10^{-8}
W	有机膜冲刷速率常数	2.50×10^{-1}
K_{FW}	有机膜—水质量传输系数/(m/h)	3.50×10^{-8}
K_{AV}	大气—植被界面边界层扩散质量传输系数/(m/h)	6.97×10^{1}
P_{cV}	叶表皮浸透速率/(m/h)	2.34×10^{-6}
K_{VV}	叶侧质量传输系数/(m/h)	公式(6-6)
FrUF	叶截留分数	2.00×10^{-1}
U_{AF}	颗粒干沉降至叶表面速率/(m/h)	1.50×10^{1}
P_{cF}	有机膜渗透速率/(m/h)	2.34×10^{-6}
K_{FF}	有机膜侧质量传输系数/(m/h)	公式(6-7)

6.4.3　OC-Model 与 BC-Model 模拟结果对比与选择

对比 OC-Model 和 BC-Model 的模拟结果，同时也跟实际观测值进行对比以验证两种模型的有效性。由于一定的局限性，本书只对个别单元格中的大气、土壤和水介质进行了 PAHs 的测定。在大气介质中，Phe 的 OC-Model 与 BC-Model 的模拟值差异并不明显，而与实际观测值的最大差距也保持在 0.14 个对数单位内(图 6-22)，因此，OC-Model 和 BC-Model 对于大气介质的模拟效果均较为理想。水介质中除了个别单元格如 2、17 和 21 的 OC-Model 与 BC-Model 的模拟值有较大差异外，其他单元格中的模拟值并没有显著差异，造成这种现象的主要原因是对这些单元格进行模拟时，水体介质面积较小而没有考虑外源水体 PAHs 的输入。与实际观测值比较也可以发现，这些没有外源水体 PAHs 输入单元格的模拟值与观测值存在较大的差距，而考虑了外源水体 PAHs 输入的单元格的模拟值与观测值的差距最大保持在 1 个对数单位范围内。可见即使是水介质面积较小，也应在模拟时考虑外源水体 PAHs 的输入才能进一步提高模拟精度。在土壤介质中，OC-Model 与 BC-Model 模拟值的差异较大，BC-Model 与实际观测值差异范围在 0.11～1.14 个对数单位(单元 29 差异为 1.55 个对数单位)，平均为 0.49 个对数单位，但是 OC-Model 的模拟值与实际观测值差距达到 0.83～1.93 个对数单位(单元 29 差异为 0.46 个对数单位)，平均为 1.52 个对数单位。可见，土壤介质中 BC-Model 的模拟精度较 OC-Model 更为理想。

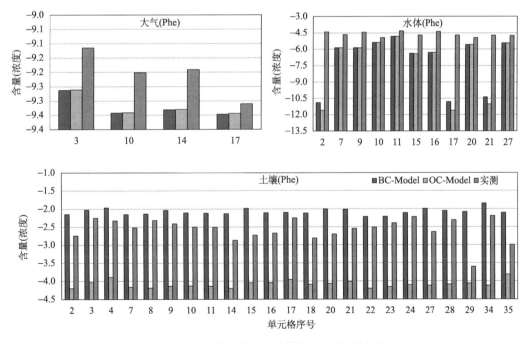

图 6-22　不同单元格 Phe 的模拟值与实测值比较

为全面比较 BC-Model 与 OC-Model 的模拟精度，本书也对 Phe 在其他环境介质中的含量(浓度)以及没有实测值的单元格进行了比较。由图 6-23 可知，Phe 在大气介质中

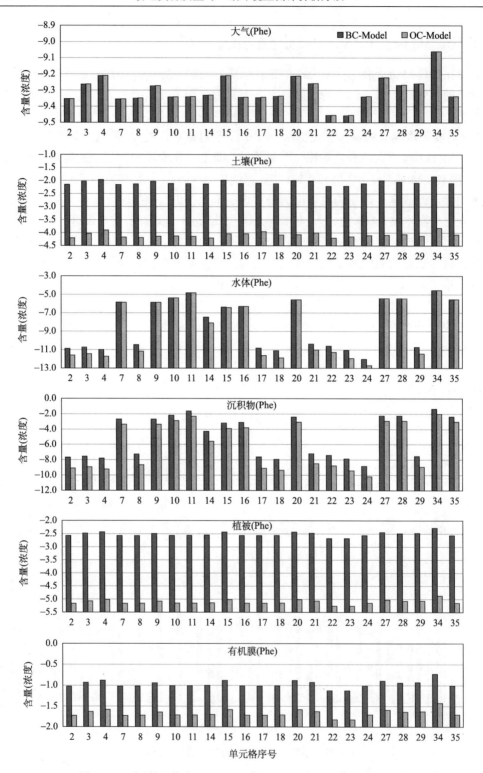

图 6-23　不同单元格中 BC-Model 与 OC-Model Phe 模拟值的比较

的两种模拟值基本一致，而在其他环境介质中存在较大差异。本书通过求取平均模拟值的方式对模型的模拟精度进行评估。在 BC-Model 中，Phe 在沉积物、植被和有机膜中的平均模拟值分别是 1.18ng/g、627.00ng/g 和 18.94g/m³。在 OC-Model 中，Phe 在沉积物、植被和有机膜中的平均模拟值分别是 0.1ng/g、1.62ng/g 和 3.8g/m³。由于在这些环境介质中没有实测值，本书亦收集了南京地区环境介质中 PAHs 含量分布情况的文献来比较模拟值的可靠性。汪福旺等(2010)对南京城市公园松针中 PAHs 的富集特征进行了研究，发现 Phe 的平均含量值为 591.4ng/g，显然 BC-Model 的模拟值更接近该实测值。杨雪贞等(2008)对南京城区外秦淮河疏浚后底泥中 PAHs 的分布特征及其变化进行了研究，发现河道疏浚后三个月底泥中 Phe 的含量范围为 0.37～28.80ng/g，平均值为 5.05ng/g，疏浚后六个月底泥中 Phe 的含量范围为 0.97～63.47ng/g，平均值为 13.89ng/g。可见城市河道底泥中 Phe 的含量会随着沉积时间的增加而增加，并且其含量值与 BC-Model 的模拟值更接近。根据上述的分析与讨论，不论与实测值的比较还是与相关文献中提供的实测值比较，BC-Model 的模拟精度都要优于 OC-Model(由于有机膜介质缺乏相关报道，未得到验证)，而且区域范围内各介质模型误差范围在 0.5 个对数单位被认为是完全符合区域多介质模型的精度要求(Tao et al., 2003)，因此本书用 BC-Model 模拟以 Phe 为代表的低分子量 PAHs 的环境归趋。

　　由图 6-24 可知，BaP 的两种模拟方法的模拟值差异较 Phe 的两种模拟值差异要小，并且都保持在 0.1 个对数单位内，可见，OC-Model 与 BC-Model 的模拟结果对于高分子量 PAHs 来说并没有显著性差异。实测值在大气介质中略低于模拟值；在水介质中，实测值与模拟值的平均差异为 0.7 个对数单位，其原因可能是采集的水样品为表层水样且均取自岸边，相对于模拟值来说，这可能会造成实测数值的偏大；在土壤介质中，大部

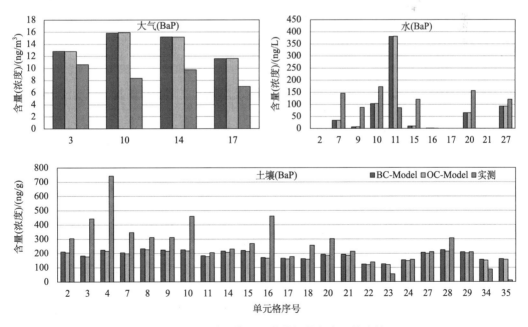

图 6-24　不同单元格 BaP 的模拟值与实测值比较

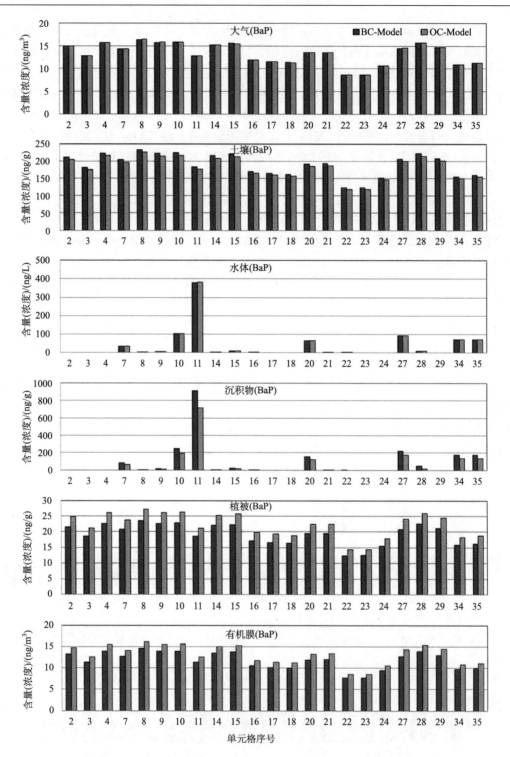

图 6-25　不同单元格中 BC-Model 与 OC-Model BaP 模拟值的比较

分单元格中的实测值要略高于模拟值且与 BC-Model 的模拟值更为接近。由图 6-25 可知两种模拟方法的模拟值在沉积物、植被和有机膜的差异也都在 0.1 个对数单位内。与文献报道值相比，模拟的植被和沉积物介质的平均差距均在 0.5 个对数单位左右。因此，OC-Model 和 BC-Model 模拟高分子量 PAHs 的环境迁移和传输过程并没有显著性区别。本书结合实测值以及为突出研究重点，决定采用 BC-Model 来模拟以 BaP 为代表的高分子量 PAHs 的环境迁移和传输。

6.4.4　BC-Model 模拟多环芳烃的空间分布

Phe 在不同单元格各环境介质中的含量(浓度)分布情况见图 6-26。由图可知，Phe 在大气、土壤、植被和有机膜的空间分布特征呈现较好的一致性，而水与沉积物介质呈现了较好的一致性。Phe 在大气、土壤、植被和有机膜介质从北延城区中轴线往南的含量(浓度)较高，而紫金山附近区域(单元格 23)的含量(浓度)最低。由于这四种环境介质容易受到大气平流输入的显著影响，它们的空间分布特征在很大程度上是受外源输入所致，研究区各单元格内部的 Phe 排放量相对于外源输入来讲，其浓度要低于外源输入 Phe 1 个对数单位以上，研究区 Phe 排放量对于造成当前 Phe 在各环境介质中分配量的贡献率较小。此外，低分子量 PAHs 的化学性质相对高分子量 PAHs 要活泼，容易迁移至远处，这些因素可能都对各个单元格的外源输入 Phe 浓度产生了重要影响，加之南京城市交通布局、人口分布等因素，对当前 Phe 在各环境介质中的分布特征都起到了影响。Phe 在水体和沉积物介质中含量较高的单元格主要分布于长江和城市东南方的一些以水介质为主的单元格，其主要原因是这些单元格受到了水体外源 Phe 输入的影响，而城市东南河流 Phe 浓度较高可能跟该区位分布有工业区有关。上述结果均较好地模拟了南京城市中水体和沉积物介质中 Phe 空间分布的实际情况。表 6-13 为 Phe 在不同单元格各环境介质中的模拟含量(浓度)值和比例。由表可知，在大部分单元格中，土壤是 Phe 环境归趋最重要的环境介质，而在一些水体面积占有一定比例且考虑了外源水体 Phe 输入的单元格如 1、13、19、26、34、35，则以水体和沉积物为最主要的环境归趋介质。

BaP 在研究区不同单元格各环境介质中的含量(浓度)分布情况见图 6-27。由图可知，BaP 在大气、土壤、植被和有机膜 4 种环境介质中的空间分布特征呈现了较好的一致性，而 BaP 在这 4 种环境介质中的分布特征与 BaP 在各单元格的源排放量特征也呈现了较好的一致性，这表明大气、土壤、植被和有机膜介质的 BaP 含量(浓度)高的地点往往分布在 BaP 源排放量高的区域，其原因可能跟 BaP 化学性质较稳定、外源输入来源 BaP 的分布较为均匀等相关。相对于 BaP 的源排放量空间分布特征，水体和沉积物介质则表现出了一些特殊性，其主要的分布特征是 BaP 含量(浓度)高的区域往往是水体占有一定比例并且有水体外源 BaP 输入的单元格，这与 Phe 在水体和沉积物介质中的空间分布特征具有相似性，表明河流的流动传输是影响水体和沉积物介质 BaP 含量高低的一个重要因素。

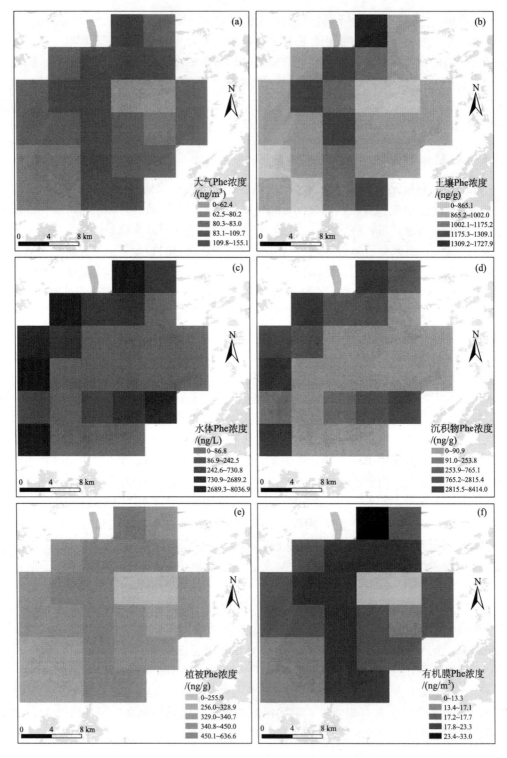

图 6-26　研究区 Phe 在不同环境介质中的模拟值

表 6-13　Phe 在不同单元格各环境介质中的比例和浓度

单元格	大气		土壤		水体		沉积物		植被		有机膜	
	Per.	Conc.	Per.	Conc.	Per.	Conc.	Per.	Conc.	Per.	Conc.	Per.	Conc.
1	0.2	7.9×10^{-8}	18.0	1.3×10^{0}	9.5	6.0×10^{-3}	72.3	9.2×10^{0}	0.0	4.8×10^{-1}	0.0	16.9
2	0.5	7.9×10^{-8}	99.3	1.3×10^{0}	0.0	2.4×10^{-9}	0.0	3.7×10^{-6}	0.2	4.7×10^{-1}	0.0	16.8
3	0.3	9.7×10^{-8}	99.5	1.7×10^{0}	0.0	3.4×10^{-9}	0.0	5.1×10^{-6}	0.2	5.8×10^{-1}	0.0	20.7
4	0.3	1.1×10^{-7}	99.5	1.9×10^{0}	0.0	1.8×10^{-9}	0.0	2.8×10^{-6}	0.2	6.6×10^{-1}	0.0	23.3
7	0.9	7.9×10^{-8}	89.3	1.3×10^{0}	1.1	2.4×10^{-4}	8.5	3.7×10^{-1}	0.2	4.7×10^{-1}	0.0	16.7
8	0.4	8.0×10^{-8}	99.4	1.3×10^{0}	0.0	6.3×10^{-9}	0.0	9.6×10^{-6}	0.2	4.8×10^{-1}	0.0	16.9
9	0.3	9.5×10^{-8}	98.7	1.6×10^{0}	0.1	2.4×10^{-4}	0.7	3.7×10^{-1}	0.2	5.7×10^{-1}	0.0	20.2
10	0.4	8.1×10^{-8}	94.0	1.4×10^{0}	0.6	7.3×10^{-4}	4.8	1.1×10^{0}	0.2	4.8×10^{-1}	0.0	17.2
11	0.4	8.1×10^{-8}	93.2	1.4×10^{0}	0.7	2.7×10^{-3}	5.5	4.1×10^{0}	0.2	4.9×10^{-1}	0.0	17.3
13	0.0	8.1×10^{-8}	0.5	1.4×10^{0}	11.5	8.0×10^{-3}	88.0	1.2×10^{1}	0.0	4.9×10^{-1}	0.0	17.3
14	0.5	8.3×10^{-8}	99.2	1.3×10^{0}	0.0	6.1×10^{-6}	0.1	9.4×10^{-3}	0.2	5.0×10^{-1}	0.0	17.7
15	0.4	1.1×10^{-7}	98.9	1.9×10^{0}	0.1	7.4×10^{-5}	0.4	1.1×10^{-1}	0.2	6.6×10^{-1}	0.0	23.3
16	0.3	8.1×10^{-8}	98.8	1.4×10^{0}	0.1	8.7×10^{-5}	0.7	1.3×10^{-1}	0.2	4.8×10^{-1}	0.0	17.1
17	0.2	8.0×10^{-8}	99.6	1.4×10^{0}	0.0	2.8×10^{-9}	0.0	4.3×10^{-6}	0.2	4.8×10^{-1}	0.0	17.1
18	0.3	8.2×10^{-8}	99.5	1.4×10^{0}	0.0	1.4×10^{-9}	0.0	2.1×10^{-6}	0.2	4.9×10^{-1}	0.0	17.4
19	0.1	8.1×10^{-8}	0.4	1.4×10^{0}	11.5	2.1×10^{-3}	87.9	3.2×10^{0}	0.2	4.9×10^{-1}	0.0	17.3
20	0.5	1.1×10^{-7}	77.6	1.8×10^{0}	2.5	4.7×10^{-4}	19.2	7.1×10^{-1}	0.2	6.5×10^{-1}	0.0	23.2
21	0.4	9.8×10^{-8}	99.4	1.7×10^{0}	0.0	7.5×10^{-9}	0.0	1.1×10^{-5}	0.2	5.9×10^{-1}	0.0	20.9
22	0.3	6.2×10^{-8}	99.5	1.1×10^{0}	0.0	4.5×10^{-9}	0.0	6.9×10^{-6}	0.2	3.7×10^{-1}	0.0	13.3
23	0.1	6.2×10^{-8}	99.7	1.1×10^{0}	0.0	1.6×10^{-9}	0.0	2.4×10^{-6}	0.2	3.7×10^{-1}	0.0	13.2
24	0.1	8.1×10^{-8}	99.6	1.4×10^{0}	0.0	1.7×10^{-10}	0.0	2.6×10^{-7}	0.2	4.9×10^{-1}	0.0	17.3
26	0.1	8.2×10^{-8}	2.9	1.4×10^{0}	11.2	4.7×10^{-3}	85.8	7.2×10^{0}	0.0	4.9×10^{-1}	0.0	17.4
27	0.3	1.1×10^{-7}	68.0	1.8×10^{0}	3.6	6.6×10^{-4}	27.8	1.0×10^{0}	0.1	6.4×10^{-1}	0.0	22.7
28	0.3	9.6×10^{-8}	96.7	1.6×10^{0}	0.3	6.6×10^{-4}	2.4	1.0×10^{0}	0.2	5.8×10^{-1}	0.0	20.4
29	0.5	9.8×10^{-8}	99.2	1.5×10^{0}	0.0	3.5×10^{-9}	0.0	5.4×10^{-6}	0.2	5.9×10^{-1}	0.0	20.9
34	0.1	1.6×10^{-7}	3.9	2.5×10^{0}	11.1	5.2×10^{-3}	84.9	7.9×10^{0}	0.0	9.3×10^{-1}	0.0	33.0
35	0.5	8.2×10^{-8}	22.5	1.4×10^{0}	8.9	5.1×10^{-4}	68.0	7.8×10^{-1}	0.0	4.9×10^{-1}	0.0	17.4

注：Per.表示百分比(单位：%)；Conc.表示含量或浓度，下同。

表 6-14 为 BaP 在不同单元格各环境介质中的模拟含量(浓度)值和比例。由表 6-14 可知，在大部分单元格中，BaP 在土壤中的分配比例都超过了 90%，而在一些单元格如 13、19、26、34 和 35，BaP 在沉积物中的比例都占到了 80% 以上，这主要是由于这些单元格都分布有一定面积的水环境介质以及有外源水体 BaP 的输入。因此，土壤和沉积物是 BaP 最主要的归趋环境介质。究其原因，BaP 的挥发性较弱，具有亲脂性并且具有较高的 K_{BC} 值，且 BaP 在土壤和沉积物介质中的停留时间较其他环境介质长，上述的这些因素都促成了 BaP 向土壤和沉积物的累积。此外，各单元格中的土壤和沉积物介质的体积也是累积 BaP 的一种重要因素，如 BaP 在有机膜中的含量最高，但由于有机膜的体积较小，其所占的总量较低。

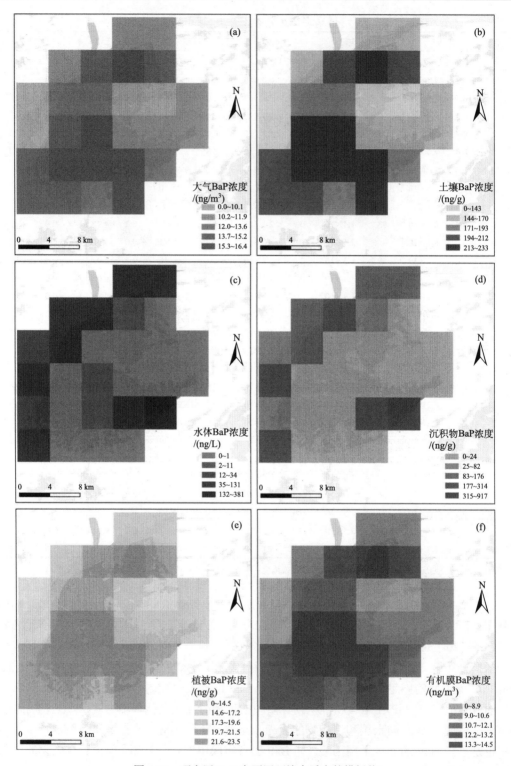

图 6-27　研究区 BaP 在不同环境介质中的模拟值

表 6-14　BaP 在不同单元格各环境介质中的比例和浓度

单元格	大气		土壤		水体		沉积物		植被		有机膜	
	Per.	Conc.	Per.	Conc.	Per.	Conc.	Per.	Conc.	Per.	Conc.	Per.	Conc.
1	0.44	1.4×10^{-8}	51.21	0.3	2.61	1.3×10^{-4}	45.7	4.6×10^{-1}	0.03	0.030	0.01	12.84
2	0.36	1.5×10^{-8}	99.57	0.3	0.00	1.8×10^{-10}	0.0	6.2×10^{-7}	0.06	0.031	0.01	13.22
3	0.24	1.3×10^{-8}	99.70	0.3	0.00	1.7×10^{-10}	0.0	6.0×10^{-7}	0.06	0.027	0.01	11.31
4	0.27	1.6×10^{-8}	99.66	0.3	0.00	1.0×10^{-10}	0.0	3.5×10^{-7}	0.06	0.033	0.01	13.91
7	0.67	1.4×10^{-8}	87.32	0.3	0.64	3.4×10^{-5}	11.3	1.2×10^{-1}	0.05	0.030	0.01	12.67
8	0.33	1.6×10^{-8}	99.60	0.3	0.00	5.2×10^{-10}	0.0	1.8×10^{-6}	0.06	0.034	0.01	14.52
9	0.29	1.6×10^{-8}	99.38	0.3	0.01	7.3×10^{-6}	0.3	2.6×10^{-2}	0.06	0.033	0.01	13.91
10	0.30	1.6×10^{-8}	92.82	0.3	0.37	1.0×10^{-4}	6.4	3.6×10^{-1}	0.06	0.033	0.01	13.95
11	0.34	1.3×10^{-8}	90.29	0.3	0.50	3.8×10^{-4}	8.8	1.3×10^{0}	0.05	0.027	0.01	11.40
13	0.20	1.0×10^{-8}	2.25	0.2	5.26	1.1×10^{-4}	92.3	4.0×10^{-1}	0.00	0.021	0.00	8.94
14	0.37	1.5×10^{-8}	99.49	0.3	0.00	4.9×10^{-7}	0.1	1.7×10^{-3}	0.06	0.032	0.01	13.46
15	0.33	1.6×10^{-8}	98.80	0.3	0.04	9.8×10^{-6}	0.8	3.4×10^{-2}	0.06	0.032	0.01	13.72
16	0.22	1.2×10^{-8}	99.59	0.3	0.01	1.2×10^{-6}	0.1	4.3×10^{-3}	0.06	0.025	0.01	10.57
17	0.13	1.2×10^{-8}	99.81	0.3	0.00	1.3×10^{-10}	0.0	4.7×10^{-7}	0.06	0.024	0.00	10.22
18	0.21	1.1×10^{-8}	99.73	0.2	0.00	7.0×10^{-11}	0.0	2.5×10^{-7}	0.06	0.024	0.00	10.08
19	0.57	9.7×10^{-9}	2.12	0.2	5.22	3.0×10^{-5}	92.1	1.0×10^{-1}	0.00	0.020	0.00	8.60
20	0.31	1.4×10^{-8}	64.97	0.3	1.87	6.6×10^{-5}	32.8	2.3×10^{-1}	0.04	0.028	0.01	11.95
21	0.34	1.4×10^{-8}	99.58	0.3	0.00	4.5×10^{-10}	0.0	1.6×10^{-6}	0.06	0.029	0.01	12.05
22	0.28	8.7×10^{-9}	99.65	0.2	0.00	2.6×10^{-10}	0.0	9.2×10^{-7}	0.06	0.018	0.01	7.69
23	0.11	8.7×10^{-9}	99.83	0.2	0.00	6.4×10^{-11}	0.0	2.3×10^{-7}	0.06	0.018	0.00	7.73
24	0.12	1.1×10^{-8}	99.82	0.2	0.00	7.0×10^{-12}	0.0	2.5×10^{-8}	0.06	0.022	0.00	9.43
26	0.28	1.1×10^{-8}	14.02	0.2	4.62	6.7×10^{-5}	81.1	2.4×10^{-1}	0.01	0.023	0.00	9.87
27	0.22	1.5×10^{-8}	54.19	0.3	2.45	9.3×10^{-5}	43.1	3.3×10^{-1}	0.03	0.030	0.00	12.76
28	0.24	1.6×10^{-8}	98.79	0.3	0.03	1.1×10^{-5}	0.9	7.3×10^{-2}	0.06	0.033	0.01	13.95
29	0.38	1.5×10^{-8}	99.55	0.3	0.00	2.1×10^{-10}	0.0	7.3×10^{-7}	0.06	0.031	0.01	12.99
34	0.24	1.1×10^{-8}	10.61	0.2	4.81	7.3×10^{-5}	84.3	2.6×10^{-1}	0.01	0.023	0.00	9.72
35	0.26	1.1×10^{-8}	13.80	0.2	4.63	7.3×10^{-5}	81.3	2.6×10^{-1}	0.01	0.024	0.00	10.02

6.5　城市土壤多环芳烃累积变化的模拟重建与预测

城市土壤中的污染物累积是伴随着城市化水平不断变化的，仅仅从静态角度研究污染物的空间分布特征及环境迁移和传输过程并不能使我们充分地了解和掌握城市的不断发展对城市生态环境和居民形成的潜在影响。根据前面的研究结论，可以发现城市土壤 PAHs 累积受到包括人口密度、道路密度、城市扩张距离、城镇化历史等人为因素和土壤有机碳、粒度、黑炭等自然因素的多重影响；根据多介质逸度模型的灵敏度分析则表明，PAHs 在土壤环境中分配主要受到了大气平流输入、辛醇-水分配系数（K_{OW}）、土壤深度、土壤密度等因素的显著影响。但必须指出的是，PAHs 的主要来源是人为活动如工业活动中煤炭和石油的燃烧、汽车尾气的排放等，按目前的发展模式来说这些能源消耗以及废气排放数量的多少与城镇化水平紧密联系。因此，从动态角度来研究城市土壤 PAHs 的累积过程必须紧扣城镇化发展水平。

此外，土壤环境具有特殊性，土壤中的污染物在短时间内变化幅度较小，要动态了解和掌握土壤污染物含量的变化规律，必须长期持续地进行动态监测，这必然会使研究成本提高，同时也无法预先对污染趋势做出相应的防治措施，而数值模型可以通过相关原理和参数的计算来预测污染物的分布、传输、分配以及风险评估等，是研究污染物动态变化规律的一种理想工具。基于此，本章开创性地利用基于多元线性回归模型建立的城市土壤 PAHs 累积影响因素的方程耦合多介质逸度Ⅳ级模型来模拟城市土壤 PAHs 的历史累积过程，并用动态模型结合情景模拟来预测土壤 PAHs 的累积趋势。由于涉及的 PAHs 较多，本章对研究区域进行网格化并选取 Phe 和 BaP 分别代表低分子量 PAHs 和高分子量 PAHs 来进行动态模拟。

6.5.1　多介质逸度Ⅳ级模型及其参数

6.5.1.1　模型计算公式

多介质逸度Ⅳ级模型的公式主要包括输入与输出两个过程，其建立的依据是在多介质逸度Ⅲ级稳态模型的基础上增加了一个时间响应特征，其数学公式表达如下：

$$\frac{\mathrm{d}m_i}{\mathrm{d}_t} = E_i + \sum_{i \neq j}(D_{ji}f_j) - D_{Ti}f_i \tag{6-8}$$

式中，E_i 为输入速率；各项 $D_{ji}f_j$ 为介质间的输入迁移；$D_{Ti}f_i$ 为总输出。

相关研究表明，城市土壤低分子量和高分子量 PAHs 的累积过程在短时间内的变化都是随着城镇化发展呈近似线性状（Peng et al., 2015）。因此，本书假设 PAHs 在土壤介质中的输入和输出通量之差即增量[ng/(g·a)]在短时间内保持恒定。基于此，将公式(6-8)用隐式欧拉法(implicit Euler method)推导得到下列近似公式：

$$\frac{M_i^n - M_i^{n-1}}{\Delta t} = E_i^n + \sum_{i \neq j}(D_{ji}^n f_i^n) - D_{Ti}^n f_i^n \tag{6-9}$$

式中，Δt 为时间步长。我们定义时间点 n 代表现在，$n–1$ 代表过去的某一时间点，因此，可以将公式(6-9)进一步转化成：

$$\frac{Z_i^n V_i^n f_i^n - M_i^{n-1}}{\Delta t} = E_i^n + \sum_{i \neq j}(D_{ji}^n f_i^n) - D_{Ti}^n f_i^n \tag{6-10}$$

对于单一的土壤环境介质来说，公式(6-10)可以具体表达为

$$\frac{Z_S^n V_S^n f_S^n - V_S^{n-1}C_S^{n-1}}{\Delta t} = N_{A-S}^n + N_{V-S}^n - D_{TS}^n f_S^n \tag{6-11}$$

式中，V_S 为介质土壤的体积；Z_S 为土壤相的逸度容量；N 代表介质间的传输通量(mol/a)；S 代表土壤；A 代表大气；V 代表植被；TS 代表土壤介质总输出。我们无法获取研究区

域过去时间点 PAHs 含量的数据，因此借助相关的模型来进行重建推算。本书利用多元线性回归模型来建立城市土壤 PAHs 累积方程，并耦合于公式(6-12)来重建过去土壤 PAHs 的含量。研究将公式(6-11)中的 C_S^{n-1} 定义为

$$y=\alpha_0+\alpha_1X_1+\alpha_2X_2+\cdots+\alpha_nX_n \tag{6-12}$$

式中，y 代表土壤环境中污染物的含量；X_1，X_2，$\cdots$，X_n 代表影响污染物含量的关键因素；α_0 代表常数项；α_1，α_2，$\cdots$，α_n 代表各个影响因子对污染物含量(浓度)的影响程度。

6.5.1.2　模型参数及关键变量

多介质逸度模型参数的详细信息可见 6.4 节研究方法。本节提供了多介质逸度模型几个关键变量的信息。表 6-15 为各个单元格逸度容量 Z 值[mol/(m³·Pa)]和迁移系数 D 值[mol/(Pa·a)]，表 6-16 为各个单元格环境介质之间的迁移速率 N 值(mol/a)，涉及土壤介质 N 值的环境介质主要包括大气和植被向土壤介质的传输通量，由于我们无法直接获取研究区大气介质和植被介质向土壤介质传输的年通量，这里的数据主要参考了Ⅲ级稳态模型的模拟结果，各单元格土壤介质体积信息可见表 6-10。

表 6-15　Z 值和 D 值计算结果

单元格	Phe Z_S-BC Model	BaP Z_S-BC Model	Phe D_{TS}-BC Model	BaP D_{TS}-BC Model
1	1.40×10^3	2.47×10^7	8.58×10^6	1.42×10^{11}
2	$8.35E\times10^2$	1.48×10^7	4.56×10^7	7.22×10^{11}
3	$2.26E\times10^3$	3.99×10^7	1.75×10^8	2.96×10^{12}
4	3.60×10^3	6.36×10^7	1.24×10^8	2.14×10^{12}
7	7.88×10^2	1.39×10^7	2.53×10^7	3.98×10^{11}
8	1.11×10^3	1.96×10^7	9.66×10^7	1.57×10^{12}
9	2.61×10^3	4.62×10^7	2.49×10^8	4.24×10^{12}
10	1.96×10^3	3.46×10^7	1.67×10^8	2.81×10^{12}
11	1.43×10^3	2.53×10^7	6.73×10^7	1.12×10^{12}
13	1.38×10^3	2.44×10^7	3.71×10^6	6.14×10^{10}
14	7.52×10^2	1.33×10^7	6.10×10^7	9.56×10^{11}
15	1.64×10^3	2.91×10^7	1.36×10^8	2.27×10^{12}
16	2.17×10^3	3.85×10^7	2.76×10^8	4.68×10^{12}
17	4.30×10^3	7.61×10^7	9.06×10^8	1.57×10^{13}
18	1.32×10^3	2.33×10^7	9.63×10^7	1.59×10^{12}
19	1.38×10^3	2.44×10^7	3.47×10^5	5.73×10^9
20	9.37×10^2	1.66×10^7	5.46×10^7	8.75×10^{11}
21	4.08×10^3	7.22×10^7	3.20×10^8	5.53×10^{12}
22	3.52×10^3	6.22×10^7	3.45×10^8	5.94×10^{12}
23	6.75×10^3	1.19×10^8	1.58×10^9	2.76×10^{13}
24	1.74×10^3	3.07×10^7	5.61×10^7	9.39×10^{11}
26	1.38×10^3	2.44×10^7	7.35×10^6	1.22×10^{11}
27	1.53×10^3	2.71×10^7	9.56×10^7	1.59×10^{12}

单元格	Phe Z_S-BC Model	BaP Z_S-BC Model	Phe D_{TS}-BC Model	BaP D_{TS}-BC Model
28	$1.11×10^3$	$1.97×10^7$	$1.34×10^8$	$2.18×10^{12}$
29	$4.83×10^2$	$8.55×10^6$	$2.48×10^7$	$3.65×10^{11}$
34	$9.67×10^2$	$1.71×10^7$	$4.74×10^6$	$7.62×10^{10}$
35	$2.22×10^3$	$3.93×10^7$	$1.05×10^7$	$1.77×10^{11}$

注：Z 值单位为 mol/(m³·Pa)，D 值单位为 mol/(Pa·a)。

表 6-16　N 值计算结果

单元格	Phe N_{A-S}-BC Model	Phe N_{V-S}-BC Model	BaP N_{A-S}-BC Model	BaP N_{V-S}-BC Model
1	$8.80×10^{-1}$	$4.50×10^1$	$4.78×10^0$	$2.02×10^0$
2	$7.43×10^0$	$3.79×10^2$	$4.22×10^1$	$1.78×10^1$
3	$1.39×10^1$	$7.10×10^2$	$5.49×10^1$	$2.33×10^1$
4	$7.11×10^0$	$3.63×10^2$	$3.06×10^1$	$1.29×10^1$
7	$4.33×10^0$	$2.21×10^2$	$2.37×10^1$	$1.00×10^1$
8	$1.23×10^1$	$6.27×10^2$	$7.56×10^1$	$3.19×10^1$
9	$1.68×10^1$	$8.59×10^2$	$8.34×10^1$	$3.53×10^1$
10	$1.27×10^1$	$6.47×10^2$	$7.41×10^1$	$3.13×10^1$
11	$6.89×10^0$	$3.52×10^2$	$3.27×10^1$	$1.38×10^1$
13	$3.94×10^{-1}$	$2.01×10^1$	$1.46×10^0$	$6.19×10^{-1}$
14	$1.15×10^1$	$5.88×10^2$	$6.30×10^1$	$2.69×10^1$
15	$1.65×10^1$	$8.44×10^2$	$7.02×10^1$	$2.94×10^1$
16	$1.89×10^1$	$9.64×10^2$	$8.37×10^1$	$3.54×10^1$
17	$3.18×10^1$	$1.63×10^3$	$1.38×10^2$	$5.81×10^1$
18	$1.07×10^1$	$5.49×10^2$	$4.48×10^1$	$1.90×10^1$
19	3.67E-02	$1.88×10^0$	$1.32×10^{-1}$	$5.58×10^{-2}$
20	$1.11×10^1$	$5.68×10^2$	$4.13×10^1$	$1.75×10^1$
21	$1.45×10^1$	$7.41×10^2$	$6.03×10^1$	$2.54×10^1$
22	$1.15×10^1$	$5.87×10^2$	$4.79×10^1$	$2.02×10^1$
23	$2.77×10^1$	$1.42×10^3$	$1.17×10^2$	$4.92×10^1$
24	$4.79×10^0$	$2.45×10^2$	$1.89×10^1$	$7.99×10^0$
26	$7.88×10^{-1}$	$4.02×10^1$	$3.21×10^0$	$1.36×10^0$
27	$1.21×10^1$	$6.17×10^2$	$4.90×10^1$	$2.07×10^1$
28	$2.05×10^1$	$1.05×10^3$	$1.00×10^2$	$4.24×10^1$
29	$8.10×10^0$	$4.14×10^2$	$3.63×10^1$	$1.53×10^1$
34	$1.33×10^0$	$6.81×10^1$	$2.83×10^0$	$1.19×10^0$
35	$7.13×10^{-1}$	$3.64×10^1$	$2.96×10^0$	$1.25×10^0$

注：N 值单位为 mol/a。

6.5.2　城市土壤多环芳烃累积变化模拟重建与预测的方法

6.5.2.1　城市土壤多环芳烃分布累积影响因子的回归分析

为了确定城市土壤 PAHs 累积的影响因子本书参考了大量文献，并选取了相对来说较为关键的几个因子，然后通过各种途径和手段来获取这些数据。对于土地利用回归模型中的土地类型的相关数据由城市土壤 PAHs 累积的人为影响因素代替，最后对这些影响因子进行相关性分析以确定其影响是否显著。本章将土壤 PAHs 以碳环归类，分成 2 环 PAHs、3 环 PAHs、4 环 PAHs、5 环 PAHs、6 环 PAHs 及 16 种 PAHs 的总含量六类，将筛选出来的影响因子分别跟这些不同环数 PAHs 及 16 种 PAHs 总含量进行相关显著性检验，其分析结果汇总于表 6-17。由表可知，本章筛选的大部分影响因子对土壤不同环数 PAHs 都呈现显著性($p<0.05$)或者极显著性($p<0.01$)，而其中的工业生产总值(GDP_2)、土壤 pH 及采样点海拔对土壤 PAHs 的累积没有产生显著影响，故作舍弃处理。

表 6-17　城市土壤多环芳烃和影响因子相关性

影响因子		2 环 PAHs		3 环 PAHs		4 环 PAHs		5 环 PAHs		6 环 PAHs		Σ16PAHs	
		R	p	R	p	R	p	R	p	R	p	R	p
人口密度 /(1000 人 /km²)	X_1	**0.352**	**<0.01**	**0.547**	**<0.01**	**0.509**	**<0.01**	**0.481**	**<0.01**	**0.468**	**<0.01**	**0.508**	**<0.01**
道路网密度 /(km /km²)	X_2	0.008	0.95	**0.281**	**<0.05**	**0.35**	**<0.01**	**0.345**	**<0.01**	**0.351**	**<0.01**	**0.345**	**<0.01**
GDP_2/亿元	X_3	−0.023	0.851	−0.054	0.658	−0.048	0.698	−0.054	0.659	−0.07	0.566	−0.054	0.661
城镇化暴露 时间/a	X_4	**0.336**	**<0.01**	**0.393**	**<0.01**	**0.418**	**<0.01**	**0.426**	**<0.01**	**0.45**	**<0.01**	**0.429**	**<0.01**
城市扩张距 离/km	X_5	−0.155	0.204	**−0.312**	**<0.01**	**−0.275**	**<0.05**	**−0.28**	**<0.05**	**−0.302**	**<0.05**	**−0.288**	**<0.05**
有机碳含量 /%	X_6	**0.312**	**<0.01**	**0.326**	**<0.01**	**0.304**	**<0.01**	**0.28**	**<0.05**	0.212	0.08	**0.293**	**<0.05**
黑炭含量/%	X_7	0.19	0.118	**0.421**	**<0.01**	**0.595**	**<0.01**	**0.608**	**<0.01**	**0.497**	**<0.01**	**0.574**	**<0.01**
粗砂粒含量 /%	X_8	**0.373**	**<0.01**	**0.416**	**<0.01**	**0.372**	**<0.01**	**0.373**	**<0.01**	**0.387**	**<0.01**	**0.386**	**<0.01**
土壤 pH	X_9	−0.008	0.95	0.102	0.406	0.146	0.231	0.144	0.239	0.16	0.19	0.144	0.238
采样点海拔 /m	X_{10}	0.128	0.296	−0.086	0.482	−0.125	0.305	−0.128	0.295	−0.133	0.278	−0.123	0.314

本书选取不同环数 PAHs 的关键影响因子，这些关键影响因子确定的依据是满足它们之间的相关性至少呈现显著性。其中，土壤粒度中的粗砂粒含量与各环 PAHs 的相关性呈现极显著性，并且为正相关，因此只选取粗砂粒含量来代表土壤粒度；此外，土壤有机碳和黑炭两者之间具有较大的重叠性，并且对不同分子量 PAHs 相关性也不同，故在两者之中选其一，并且依据 R 值的大小来进行最后确定。根据上述分析以及表 6-17

的分析结果，利用 SPSS 20.0 回归分析的强行进入法(enter)，构建土壤不同环数 PAHs 及 16 种 PAHs 总含量的多元线性回归方程，具体结果见表 6-18。

表 6-18　城市土壤多环芳烃的多元线性回归方程

	方程	R^2	F	p
2 环	$y=0.265X_1+0.655X_4+10.649X_6+0.869X_8-14.069$	0.32	7.41	0.000
3 环	$y=9.617X_1+47.486X_2+6.432X_4+5.858X_5+114.822X_7+8.312X_8-177.748$	0.48	9.40	0.000
4 环	$y=36.963X_1+445.089X_2+27.951X_4+66.952X_5+883.409X_7+25.369X_8-1749.502$	0.61	16.17	0.000
5 环	$y=16.599X_1+232.259X_2+17.195X_4+27.338X_5+504.934X_7+15.403X_8-851.388$	0.61	16.06	0.000
6 环	$y=6.867X_1+102.918X_2+10.055X_4+5.754X_5+186.17X_7+9.713X_8-295.481$	0.52	11.27	0.000
$\Sigma16PAHs$	$y=70.427X_1+821.073X_2+62.395X_4+106.327X_5+1691.235X_7+59.763X_8-3065.661$	0.59	15.13	0.000

　　本书通过比较南京部分郊区土壤 PAHs 测定数据与预测数据来验证构建的土壤不同环数 PAHs 的土地利用回归模型的精确度。需要指出的是，本书所指的郊区与城市并没有严格意义的社会经济或者自然界限，而且和城市存在密切的联系，在一定程度上可理解为城市的延伸，而且用未在统计范围内的数据作验证，对于检测多元线性回归模型的精确性具有较大的可信度。本章共选取城市的 69 个土壤样点数据用来建立多元回归方程，随机选取靠近主城区的 21 个土壤样点作为验证数据。图 6-28 为城市土壤 PAHs 实测值与预测值的散点图，由图可以看出利用多元线性回归模型来预测未知样点的土壤 PAHs 含量具有较好的拟合能力，且表现为环数越高拟合能力越强，这与高分子量 PAHs 的化

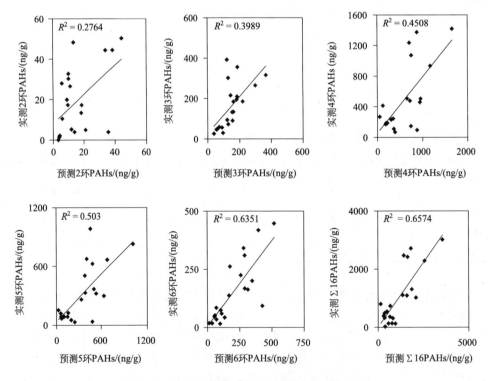

图 6-28　城市土壤多环芳烃实测值与预测值比较

学性质较稳定有关。综上，城市土壤 PAHs 的含量变化可以转化到一些社会经济指标以及土壤理化性质上来，这对于预测未知样点以及重建过去土壤 PAHs 含量具有重大意义，同时也可以为相关数值模型提供基本数据和检验功能。

6.5.2.2　城市土壤多环芳烃累积变化模拟重建方法

要预测土壤 PAHs 的累积趋势就必须探明其历史的累积过程，找出土壤 PAHs 的历史累积规律，从而更准确地预测其未来累积趋势。关于土壤 PAHs 累积过程的研究，需要获取过去土壤 PAHs 含量的信息，依据上一小节给定的关于土壤 PAHs 关键影响因子的分析方法，找出影响土壤 Phe 和 BaP 含量的关键因子，然后利用多元线性回归模型来建立方程。研究区土壤 Phe 和 BaP 与关键影响因子的相关性系数见表 6-19。

表 6-19　城市土壤菲和苯并芘与影响因子的相关性

	人口密度	道路网密度	城镇化暴露时间	城市扩张距离	黑炭含量	粗砂粒含量
Phe	0.546**	0.288*	0.394**	−0.329**	0.408**	0.422**
BaP	0.482**	0.360**	0.425**	−0.267*	0.610**	0.356**

*表示显著性($p<0.05$)；**表示极显著性($p<0.01$)

表 6-19 提供了土壤 Phe 和 BaP 与影响因子的相关性系数，这些影响因子与城市土壤 Phe 和 BaP 都呈现显著性或极显著性，因此利用 SPSS 回归分析的强行进入法得到关系的定量表征，数学公式表达如下：

$$C_{Phe} = 6.253X_{PD} + 32.400X_{RD} + 4.359X_{UH} + 1.646X_{UD} + 73.120X_{BC} \\ + 5.781X_{CG} - 92.878 \tag{6-13}$$

$$C_{BaP} = 5.807X_{PD} + 85.686X_{RD} + 5.351X_{UH} + 11.749X_{UD} + 166.848X_{BC} \\ + 4.3X_{CG} - 326.053 \tag{6-14}$$

式中，PD 表示人口密度；RD 表示道路网密度；UH 表示城镇化暴露时间；UD 表示城市扩张距离；BC 表示黑炭含量；CG 表示土壤粗砂粒含量。

根据公式(6-13)和(6-14)给出的回归方程，本书假定城市土壤 PAHs 的含量随着上述影响因子的变化而变化，因此要重建过去某一时间点土壤 PAHs 的含量，只需要获取影响土壤 PAHs 累积关键因子的过去某一时间点的数据。选取 1978 年作为研究城市土壤 PAHs 开始累积的年份并且假设 1978 年以前的土壤 PAHs 含量不受城镇化暴露因素影响，因此影响因子"城镇化暴露时间"全部归零，作删除处理。1978 年的相关统计数据收集于《南京统计年鉴》和《南京土壤志》等相关资料。

6.5.2.3　城市土壤多环芳烃累积变化的预测方法

利用公式(6-7)，对预测时间点的环境参数进行相应的修改来进行预测模拟。依据对未来环境参数的不确定性，研究设定了几种情景假设来分别模拟不同情境下土壤 PAHs 含量的变化过程。本章选定 2030 年为预测的时间点，首先将公式(6-8)通过隐式欧拉法转换为

$$\frac{Z_S^{n+1} V_S^{n+1} f_S^{n+1} - Z_S^n V_S^n f_S^n}{\Delta t} = N_{A-S}^{n+1} + N_{V-S}^{n+1} - D_{TS}^{n+1} f_S^{n+1} \tag{6-15}$$

式中，$n+1$ 为预测时间点 2030 年，未来充满着许多不确定性，为此本章结合了政府部门公布的《南京市城市总体规划(2007—2030)》(以下简称《规划》)，可以在一定程度上实现对应参数较准确的预测。此外，也需要考虑较为悲观的情景，研究设定了三种情景假设来分别进行模拟：

(1)情景 I，到 2030 年研究区的各环境参数保持不变，土壤 PAHs 含量依然按当前累积的趋势不断增加。

(2)情景 II，结合多介质逸度模型的敏感参数，根据《规划》目标，将各单元格的植被和土壤介质面积提高 10%，各级部门加强对环境污染的防控，并极大地推进环境治理工程，因此各单元格的外源输入和排放的 PAHs 较目前 PAHs 排放量均降低 50%。

(3)情景 III，结合多介质逸度模型的敏感参数，根据《规划》目标，将各单元格的植被和土壤介质面积提高 10%，但是由于城市人口剧增，各级部门对环境的管控措施缺乏有效性，因此各单元格的外源和排放 PAHs 较目前 PAHs 排放量均提高 50%。

6.5.3　1978～2013 年城市土壤多环芳烃的累积变化与未来预测

6.5.3.1　1978～2013 年城市土壤多环芳烃累积的变化特征

利用土壤 PAHs 累积的回归方程耦合于多介质逸度IV级模型，动态模拟了土壤 Phe 和 BaP 在 1978～2013 年间的累积过程。表 6-20 为研究区 1978 年和 2013 年土壤 Phe 和 BaP 的动态模拟结果，由表 6-20 可知研究区各单元格在 35 年间，土壤 Phe 和 BaP 的含量都呈现了大幅度的增加，土壤 Phe 含量增大 8.65～30.46 倍，平均为 12.42 倍；土壤 BaP 含量增大 13.85～784.76 倍，平均为 89.41 倍。图 6-29 为土壤 Phe 和 BaP 含量平均值在 1978～2013 年累积变化示意图，这 35 年间土壤 Phe 和 BaP 含量平均值呈现快速增长态势，说明城市经济的快速发展对 PAHs 在土壤中的累积具有重要影响。

表 6-20　1978 年和 2013 年土壤 Phe 和 BaP 含量模拟结果　　(单位：ng/g)

单元格	Phe		BaP	
	$C_S(1978)$	$C_S(2013)$	$C_S(1978)$	$C_S(2013)$
1	74.83	853.77	5.04	190.32
2	74.83	813.34	5.04	197.16
3	88.89	1069.86	3.11	169.18
4	90.37	1222.86	6.59	208.03
7	75.97	806.29	8.81	189.95
8	83.73	841.66	8.53	215.99
9	100.88	1051.58	5.30	207.54
10	87.33	885.47	0.67	208.14
11	76.87	873.58	2.05	169.64

续表

单元格	Phe		BaP	
	C_S (1978)	C_S (2013)	C_S (1978)	C_S (2013)
13	88.78	872.71	3.96	132.92
14	89.59	848.54	5.80	200.95
15	128.89	1189.83	5.13	204.61
16	102.45	886.48	1.46	157.28
17	74.84	898.06	1.07	152.41
18	87.70	875.38	8.86	150.76
19	86.33	870.75	6.73	128.48
20	86.33	1137.29	6.73	178.62
21	84.23	1097.72	0.82	179.38
22	72.07	696.64	0.15	114.25
23	64.14	702.29	1.45	115.00
24	63.53	882.27	7.60	141.44
26	71.23	879.22	2.25	147.05
27	71.23	1152.21	2.25	190.75
28	69.39	1014.73	4.52	206.99
29	61.97	944.58	14.05	194.44
34	53.08	1616.73	5.29	144.98
35	55.52	897.86	10.85	149.94

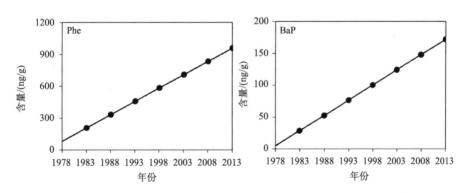

图 6-29　1978～2013 年土壤 Phe 和 BaP 含量的变化

6.5.3.2　不同预测情景下城市土壤多环芳烃累积的未来变化

利用多介质逸度Ⅳ级模型并结合政府部门颁布的研究区的未来规划预测了不同情景下土壤 Phe 和 BaP 的含量。图 6-30 为不同情景下土壤 Phe 和 BaP 含量的平均预测值，不同情景下土壤 Phe 和 BaP 的含量都出现了不同的预测值（表 6-21），其中情景Ⅱ的含量最低，情景Ⅲ的含量最高。值得注意的是，各个单元格情景Ⅰ与情景Ⅲ的预测值都比较接近，土壤 Phe 含量的平均差距为 0.04 倍，土壤 BaP 含量的平均差距则为 0.03 倍，但

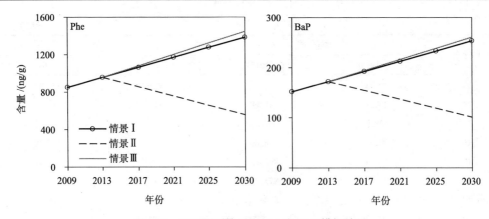

图 6-30 不同预测情景下 Phe 和 BaP 模拟结果

表 6-21 2030 年土壤 Phe 和 BaP 含量预测模拟结果　　　　　　（单位：ng/g）

单元格	Phe			BaP		
	情景 I	情景 II	情景 III	情景 I	情景 II	情景 III
1	1232.11	497.30	1288.78	280.31	112.16	288.42
2	1172.05	471.14	1227.02	290.47	116.24	298.95
3	1546.33	625.18	1615.36	249.84	99.70	256.40
4	1772.93	716.38	1847.72	305.87	122.62	315.33
7	1161.01	466.67	1216.24	277.93	111.77	287.32
8	1209.80	488.89	1269.30	316.76	127.71	328.59
9	1513.35	614.52	1586.55	305.77	122.67	315.61
10	1273.14	516.60	1335.64	308.90	123.22	317.16
11	1260.55	508.90	1318.54	251.04	100.09	257.46
13	1253.48	507.86	1316.08	195.55	78.35	201.50
14	1217.17	490.51	1279.00	295.75	117.96	303.14
15	1705.14	693.05	1793.64	301.50	120.53	309.93
16	1267.29	517.03	1335.80	232.96	93.03	239.39
17	1297.91	526.15	1356.24	225.92	90.13	231.95
18	1257.97	509.25	1320.21	219.68	88.68	227.96
19	1251.76	506.79	1313.33	187.62	75.69	194.62
20	1647.76	660.27	1717.54	262.11	105.05	270.04
21	1589.98	643.26	1658.47	266.11	105.67	271.77
22	1000.00	407.42	1050.65	169.67	67.30	173.08
23	1012.26	411.69	1060.09	170.16	67.67	174.00
24	1279.94	515.13	1333.10	206.44	83.36	214.34
26	1271.68	512.22	1327.63	217.38	86.81	223.33
27	1677.26	672.52	1742.03	282.31	112.89	290.53
28	1473.90	590.44	1533.31	305.34	121.80	313.15
29	1373.27	543.20	1426.63	282.06	114.34	293.88
34	2376.22	941.10	2448.12	212.84	85.39	219.56
35	1306.99	525.29	1357.65	217.49	88.13	226.48

是随着时间推进，两者之间的差距也在逐渐增大；而情景Ⅰ较之于情景Ⅱ，其土壤 Phe 和 BaP 含量的平均差距分别达到 1.48 倍和 1.50 倍，说明未来研究区若将来自城市、郊区或农村的 PAHs 排放量减少一半，城市土壤 PAHs 含量将会大幅度降低，其污染状况将得到显著改善。

6.5.4　城市土壤多环芳烃累积变化的时空特征

图 6-31 为土壤 Phe 和 BaP 分别在 1978 年、2013 年以及 2030 年不同预测情景下的空间分布特征。由图 6-31 可知，1978 年研究区城市中心附近是土壤 Phe 含量最高的区域，其总体上呈现从市中心向四周递减的分布特征，此外，土壤 Phe 的含量普遍也较低；2013 年土壤 Phe 含量的空间分布特征较 1978 年发生了变化，污染中心由市中心向城区北部转移，其原因可能跟城区北部建立大型炼油厂等因素密切相关，此外，各个单元格的土壤 Phe 含量出现了大幅度的提高；2030 年不同情景下土壤 Phe 的空间分布特征的模拟结果都呈现相似性，这与本章对研究区所有单元格的环境参数进行统一调整有关。三种不同情景下土壤 Phe 的分布主要区别在于含量的高低，各个单元格土壤 Phe 含量从高到低依次是情景Ⅲ、情景Ⅰ和情景Ⅱ。由于预测是建立在 2013 年土壤 Phe 的空间分布特征之上，三种不同情景下的空间分布特征与 2013 年土壤 Phe 的空间分布特征相似。

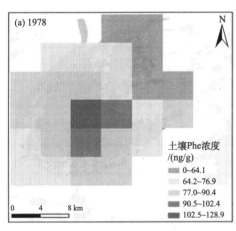
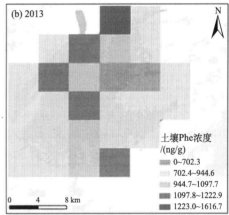
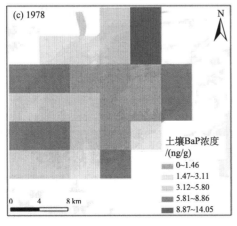
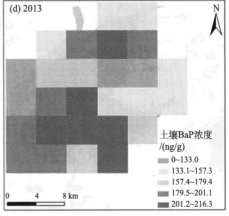

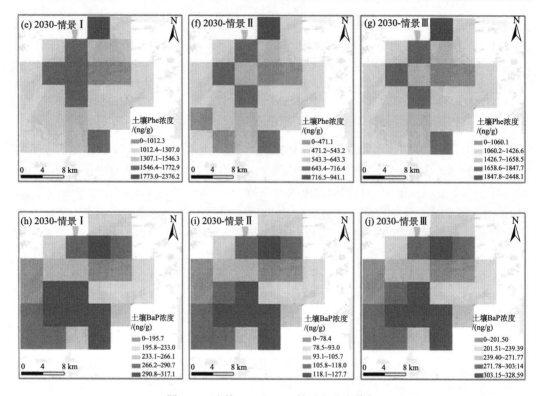

图 6-31　土壤 Phe 和 BaP 的时空分布特征

注：(a)、(b) 是 Phe 分别在 1978 年和 2013 年的空间分布图，(c)、(d) 是 BaP 分别在 1978 年和 2013 年的空间分布图，
(e)～(g) 是 Phe 在不同预测情景下的空间分布图，(h)～(j) 是 BaP 在不同预测情景下的空间分布图。

　　1978 年，土壤 BaP 含量在各个单元格都普遍较低 (< 15 ng/g)，最大值与最小值之间的差距只有 13.90 ng/g，空间分布特征主要表现为研究区内的大型山体 (紫金山) 和湖泊 (玄武湖) 周边土壤 BaP 含量最低，而四周都呈现出相对较高的含量。2013 年，土壤 BaP 的含量都有了大幅度的增加，同时空间分布特征也出现了变化，污染中心以城区南部为主，同时北部也出现了较高的含量值，形成这种现象主要跟交通网结构变化、居民汽车数量增加、大型排污企业建立等因素密切相关。2030 年，不同情景下土壤 BaP 的空间分布特征的模拟结果同样也都呈现相似性，其模拟过程和形成原因同土壤 Phe 相同，这里不再赘述。

6.6　城市土壤多环芳烃累积的风险评估与预警

　　经过前面几节对城市土壤 PAHs 的模拟可以发现，研究区自 1978 年以来 PAHs 污染越来越严重。按目前的发展模式来预测，未来研究区土壤 PAHs 污染形势不容乐观。面对着未来 PAHs 累积加重的趋势，关于 PAHs 对人体的健康风险和危害等相关问题就不得不引起我们的重视。土壤 PAHs 的累积对人体的健康风险问题主要包括目前的污染程度对人体的健康风险程度有多少，主要的影响途径是什么，未来的累积趋势会对人体的健康风险造成多大程度的影响等。因此，要解决这些问题就必须围绕人体健康风险评估这个概念来展开。

事实上，城市经济的快速发展势必会产生环境问题，关键的问题是如何调控两者关系，如果任由城市经济发展而忽视环境问题，必然会导致一系列社会问题甚至发生灾难，这方面的例子屡见不鲜。因此，解决或者协调好城市经济发展与环境问题这两者之间的矛盾关键在于做好管控。面对城市地区 PAHs 污染不断加重的趋势，根据污染现状采取相应的管控措施可能是缓解污染的根本途径。基于以上分析，本章的研究内容主要包括城市土壤 PAHs 的含量对人体健康风险的影响，结合人体暴露模型和 BaP 浓度法划定健康风险预警等级，最后根据研究结果提出环境管理的相关政策建议。

6.6.1　健康风险评估和预警的方法

6.6.1.1　BaP 当量法

在实际研究中，对 PAHs 的混合物进行定量风险评价时，研究者需要将单个 PAHs 的风险值进行累计相加得到总风险值，但是由于各个 PAHs 的致癌性不同，因此通常采用 BaP 等效因子来表示单个 PAHs 所引起的风险，这样使得单个 PAHs 的致癌性有了统一的参照值，最后对这些具有 BaP 等效因子的单个 PAHs 的风险值进行相加得到一个总风险值，即 BaP 当量法。表 6-22 列出了一些研究者或者研究机构所测定或推算的 16 种优控 PAHs 的毒性当量系数。本章综合了这些研究者或研究机构所颁布的毒性当量系数，将 16 种优控 PAHs 采用的毒性当量系数列于表 6-23。

表 6-22　前人研究中的 16 种多环芳烃的相对效应因子

PAHs	Nisbet 和 LaGoy (1992)	Malcolm 和 Dobon (1994)	USEPA (1993)	Kroese 等 (2001)	Collins 等 (1998)	Muller 等 (1997)
NaP	0.001	0.001				
Acy	0.001	0.001	0.01			
Ace	0.001	0.001	0.001	0		
Fl	0.001	0.001	0			
Phe	0.001	0.001	0			0.00064
Ant	0.01	0.01	0.01			
Flu	0.001	0.001	0.01			
Pyr	0.001	0.001	0.001			0
BaA	0.1	0.1	0.1	0.1	0.1	0.014
Chr	0.01	0.01	0.01	0.001	0.1	0.026
BbF	0.1	0.1	0.1	0.1	0.1	0.11
BkF	0.1	0.1	0.1	0.01	0.1	0.037
BaP	1.0	1.0	1.0	1.0	1.0	1.0
InP	0.1	0.1	0.1	0.1	0.1	0.067
DBA	5	1.0	1.0	1.0	1.0	0.89
BP	0.01	0.01	0.01			0.012

注：本表改自段小丽等 (2011)。

表 6-23　本书采用的 16 种多环芳烃的相对效应因子

NaP	Acy	Ace	Fl	Phe	Ant	Flu	Pyr
0.001	0.001	0.001	0.001	0.001	0.01	0.001	0.001

BaA	Chr	BbF	BkF	BaP	InP	DBA	BP
0.1	0.01	0.1	0.1	1	0.1	1	0.01

所有单个 PAHs 的毒性都统一于 BaP，因此将各个单个 PAHs 的毒性记作 BaP$_{eq}$，这样 16 种优控 PAHs 总风险值的计算公式可表达如下：

$$\text{Total BaP}_{eq} = \sum C_i \times \text{TEF}_i \tag{6-16}$$

式中，C_i 表示单个 PAHs 的含量；TEF$_i$ 表示毒性当量系数。

6.6.1.2　暴露模型与风险预警

1. 暴露模型

癌症是目前医学上较难治愈同时也是引起人类死亡率较高的病症之一，而引起癌症的原因之一就是环境污染。根据世界卫生组织(WHO)发布的资料，人类癌症的发病率很大一部分与环境因素有关，其中最主要的又与化学因素有关，因此人们最为关注那些会引起癌症的环境污染物以及这些污染物在环境中的含量(浓度)可能引起的人体致癌风险等问题。目前对环境污染物的致癌风险评估常用终生致癌风险(ILCRs)来进行度量，而人体与土壤相关的暴露途径主要包括皮肤接触、误食土壤、呼吸土壤颗粒物和食物吸收(土壤种植植物)。不过城市土壤一般不用作粮食或蔬菜的种植，因此，本书对食物吸收不作考虑。关于人体与土壤各暴露途径的计算方法分别表达如下：

(1) 经皮肤接触而摄入受 PAHs 污染的土壤。

$$\text{ILCR}_{\text{皮肤接触}} = \frac{\text{CS} \times \left(\text{CSF}_{\text{皮肤接触}} \times \sqrt[3]{\text{BW}/70} \right) \times \text{SA} \times \text{AF} \times \text{ABS} \times \text{EF} \times \text{ED}}{\text{BW} \times \text{AT} \times 10^6} \tag{6-17}$$

式中，CS 为土壤 PAHs 的含量(mg/kg)；CSF 为致癌斜率因子[mg/(kg·d)]；BW 为人体平均体重(kg)；SA 为接触土壤的皮肤面积(cm^2/d)；AF 为土壤附着因子(mg/cm^2)；ABS 为皮肤吸附系数；EF 为暴露频率(d/a)；ED 为暴露年数(a)；AT 为人均寿命(d)；10^6 为土壤污染物含量的转换系数(mg/kg)。

(2) 误食土壤，由于误吞经口直接摄入受 PAHs 污染的土壤。

$$\text{ILCR}_{\text{误食土壤}} = \frac{\text{CS} \times \left(\text{CSF}_{\text{误食}} \times \sqrt[3]{\text{BW}/70} \right) \times \text{IR}_{\text{误食}} \times \text{EF} \times \text{ED}}{\text{BW} \times \text{AT} \times 10^6} \tag{6-18}$$

式中，IR $_{\text{误食}}$ 为土壤摄取速率(mg/d)。

(3) 呼吸土壤颗粒，通过土壤尘经过人体呼吸而摄入受 PAHs 污染的土壤颗粒。

$$\text{ILCR}_{\text{呼吸}} = \frac{\text{CS} \times \left(\text{CSF}_{\text{呼吸}} \times \sqrt[3]{\text{BW}/70} \right) \times \text{IR}_{\text{呼吸}} \times \text{EF} \times \text{ED}}{\text{BW} \times \text{AT} \times \text{PEF}} \tag{6-19}$$

式中，IR $_{\text{呼吸}}$ 为呼吸速率(m^3/d)；PEF 为土壤尘形成系数(m^3/kg)。

人体结构年龄关系存在较大差异，因此将暴露人群分为儿童（小于或等于 6 岁）和成人（大于或等于 24 岁）。表 6-24 为所收集的参数具体数值，目前暴露参数的研究以国外的居多，国内相关研究由于起步较晚，很多参数都是参考国外暴露手册的推荐值，其中尤以美国环保局居多。然而国内外人种以及饮食习惯不同，很多参数都存在较大差异，这样可能会导致评估结果的不精确，因此本书收集的参数数据多以我国具体国情以及可收集到的研究区数据为主。其中，人均寿命收集于南京统计局公布的数据，取值为 80 岁；暴露频率、土壤摄取速率、接触土壤的皮肤面积和土壤附着因子收集于段小丽（2012）所发布的数据；体重和呼吸速率取自王宗爽等（2009）论文数据；皮肤吸附系数和土壤尘形成系数取自 USEPA（2011）；致癌斜率因子取自 Peng 等（2011）。

表 6-24　终生致癌风险模型参数

参数	单位	暴露群体		数据来源
		儿童	成人	
体重（BW）	kg	6.94	58.55	王宗爽等，2009
暴露频率（EF）	d/a	350	350	段小丽，2012
暴露年数（ED）	a	6	24	—
呼吸速率（IR 呼吸）	m³/d	5.65	13.04	王宗爽等，2009
土壤摄取速率（IR 误食）	mg/d	200	100	段小丽，2012
接触土壤的皮肤面积（SA）	cm²/d	2800	5700	段小丽，2012
土壤附着因子（AF）	mg/cm²	0.2	0.07	段小丽，2012
皮肤吸附系数（ABS）		0.13	0.13	USEPA，2011
人均寿命（AT）	d	80×365	80×365	南京统计年鉴
土壤尘形成系数（PEF）	m³/kg	$1.36×10^9$	$1.36×10^9$	USEPA，2011
皮肤接触致癌斜率因子（CSF 皮肤接触）	[mg/(kg·d)]	25	25	Peng 等，2011
摄食致癌斜率因子（CSF 误食）	[mg/(kg·d)]	7.3	7.3	Peng 等，2011
呼吸致癌斜率因子（CSF 呼吸）	[mg/(kg·d)]	3.85	3.85	Peng 等，2011

2. 健康风险临界值与风险预警

通常将 ILCRs 模型得到的值范围<10^{-6} 表示健康风险可以接受；ILCRs 的值范围在 10^{-6}～10^{-4} 表示存在潜在风险；ILCRs 的值范围>10^{-4} 表示存在高危健康风险。基于充分保护人体健康的考虑，我们将 ILCRs 的值等于 10^{-5} 设定为健康风险临界值（其含义为污染导致每十万人中增加一个癌症患者）。这样，城市土壤 PAHs 含量的健康风险评估程序可以设定为首先建立 ILCRs 与 BaP_{eq} 的数量关系式；其次根据 ILCRs 模型得到两者之间的数量关系；然后推算出 BaP_{eq} 的健康风险临界值；最后来判定所在地点的土壤 PAHs 含量是否超过临界值。这样的健康风险评估程序可为评估城市土壤 PAHs 含量对人体健康风险提供一个参考标准，判断依据为凡是达到或者超过该临界值的地点就应该引起相关部门的重点关注。

风险指的是预期与结果之间的不确定性，预警是对危机或危险状态的一种事前信息警报或警告，因此，风险预警属于环境管理的范畴，相对于健康风险评估，它主要强调土壤污染物对人体健康存在风险的警示研究，即对当前或者未来研究区土壤污染物的污染情况按污染水平或对人体的危害程度进行人为划分，从而对不同划分区域进行不同的管理方法，实现环境管理效率的最优化。关于土壤污染物的健康风险预警研究，目前报道较多的主要集中在土壤重金属方面，而对土壤 PAHs 开展预警研究则相对较少，因此目前对于土壤 PAHs 污染程度的划分并没有一个统一的标准。本书根据上述现状，结合 ILCRs 模型及其所设定的健康风险临界值，将研究区城市土壤 PAHs 污染的预警信息划分成四个等级（表 6-25）：Ⅰ级（绿色警戒），表示土壤环境质量状态相对安全；Ⅱ级（黄色警戒），表示土壤 PAHs 对人体健康可能产生轻度危害；Ⅲ级（橙色警戒），表示土壤环境质量超过健康风险临界值；Ⅳ级（红色警戒），表示土壤 PAHs 污染对人体健康可能产生重度危害。

表 6-25　多环芳烃含量健康风险预警等级与 ILCRs 模型值的对应关系

预警等级	颜色标记	含义	ILCRs 模型值
Ⅰ级	●	土壤环境质量相对安全	$< 10^{-6}$
Ⅱ级	●	土壤环境可产生轻度危害	$10^{-6} \sim 10^{-5}$
Ⅲ级	●	土壤环境质量超过健康风险临界值	$10^{-5} \sim 10^{-4}$
Ⅳ级	●	土壤环境可产生重度危害	$> 10^{-4}$

6.6.2　城市土壤多环芳烃累积的健康风险评估

根据 ILCRs 模型和表 6-25 提供的参数数据，人体与土壤相关的三种暴露途径的 ILCR 值及总 ILCRs 与 BaP_{eq} 的数量关系汇总情况见表 6-26。基于对总暴露途径和保障所有人群健康风险的考虑，我们将 BaP_{eq} 的健康风险临界值设定为 700 ng/g。这样，评估研究区土壤 PAHs 污染水平对人体致癌风险有了一个定量的参考值，就可以比较方便地对土壤环境质量进行管理。

表 6-26　ILCR 与 BaP_{eq} 的数量关系

暴露途径	暴露人群	
	儿童	成人
皮肤接触	ILCR $_{皮肤接触}$=$BaP_{eq} \times (8.73 \times 10^{-6})$	ILCR $_{皮肤接触}$=$BaP_{eq} \times (6.00 \times 10^{-6})$
误食土壤	ILCR $_{误食土壤}$=$BaP_{eq} \times (7.00 \times 10^{-6})$	ILCR $_{误食土壤}$=$BaP_{eq} \times (3.38 \times 10^{-6})$
呼吸	ILCR $_{呼吸}$=$BaP_{eq} \times (7.67 \times 10^{-11})$	ILCR $_{呼吸}$=$BaP_{eq} \times (1.71 \times 10^{-11})$
总暴露途径	ILCRs=$BaP_{eq} \times (1.57 \times 10^{-5})$	ILCRs=$BaP_{eq} \times (9.38 \times 10^{-6})$

6.6.2.1　当前土壤多环芳烃累积的健康风险评估

当前研究区城市土壤 PAHs 含量的数据采用实测数据，研究区城市土壤 PAHs 平均含量对人体不同暴露途径累计概率为 90% 时的致癌风险和总风险值见表 6-27。由表可知，土壤 PAHs 平均含量对儿童和成人的致癌总风险都达到了 10^{-6}，表明研究区土壤总体上存在着潜在的致癌风险。在儿童和成人的不同暴露途径中，各暴露途径对总致癌风险的贡献率按大到小排列都依次为：皮肤接触>误食土壤>呼吸摄入。由于生活习惯和人体结构的差异，儿童和成人在各个暴露途径的致癌风险上出现了差异，如儿童的皮肤接触和误食土壤产生的致癌风险要高于成人，而成人在呼吸摄入的暴露途径产生的致癌风险要高于儿童。

表 6-27　PAHs 平均含量对人体不同暴露途径累计概率为 90%时的致癌风险值

暴露途径	暴露人群	
	儿童	成人
皮肤接触	4.87×10^{-6}	3.36×10^{-6}
误食土壤	3.85×10^{-6}	1.86×10^{-6}
呼吸摄入	4.36×10^{-11}	9.73×10^{-11}
总暴露途径	8.50×10^{-6}	5.08×10^{-6}

研究区城市土壤 BaP_{eq} 值的空间分布情况见图 6-32。虽然南京城市土壤 PAHs 含量总体上未达到健康风险临界值(700ng/g)，但是还是有较多的单元格超过了该临界值(图中红色表示超过临界值，橙色代表位于临界值附近，其他颜色表示低于临界值)，这些地点主要分布于城区中南部，此外北部也有部分单元格超过了健康临界值。分析其原因，这些具有较大健康风险的单元格主要位于南京老城区以及南京交通枢纽附近，而北部出

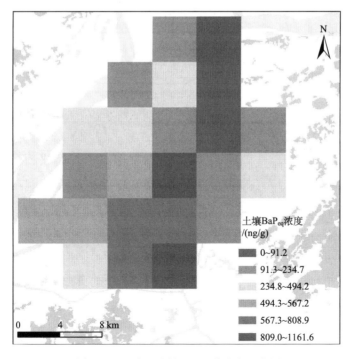

图 6-32　研究区土壤 BaP_{eq} 值分布示意图

现超过临界值的单元格可能受到了炼油厂废气排放的影响，而与上述单元格形成鲜明对比的是南京紫金山地区(单元格23)，这里的土壤 BaP_{eq} 低于健康风险临界值，这与其所处的位置受到城市人为影响的强度较低密切相关。

6.6.2.2　未来不同预测情景下土壤多环芳烃累积的健康风险评估

未来不同预测情景下土壤 PAHs 含量数据均采用模拟值。根据 Phe 和 BaP 在不同情景下的预测模拟结果，以 Phe 对应所有低分子量 PAHs，BaP 对应所有高分子量 PAHs，对当前的城市土壤 PAHs 含量值进行相应的调整可以得到 2030 年不同情景下土壤 BaP_{eq} 值。2030 年不同预测情景下研究区城市土壤 PAHs 平均含量对人体不同暴露途径累计概率为 90%时的致癌风险和总风险值见表 6-28。由表可知，不同情景下城市土壤 BaP_{eq} 的健康风险值从低到高的排序依次为：情景Ⅱ<情景Ⅰ<情景Ⅲ，这主要受城市土壤 PAHs 含量的影响。三种情景下 ILCR 总值都达到了 10^{-6}，情景Ⅰ和情景Ⅲ的儿童土壤总暴露途径 ILCR 总值则达到了 10^{-5}，表明均存在潜在的致癌风险。此外，各暴露途径对总致癌风险的贡献率按大到小排列都依次为：皮肤接触>误食土壤>呼吸摄入。这些表明未来南京城市土壤 PAHs 的致癌风险形势不容乐观，尤其是情景Ⅰ和情景Ⅲ中对儿童的致癌风险影响会大大增加。

表 6-28　不同情景下 PAHs 含量对人体各暴露途径累计概率为 90%时致癌风险值

暴露途径	情景Ⅰ		情景Ⅱ		情景Ⅲ	
	儿童	成人	儿童	成人	儿童	成人
皮肤接触	$7.18×10^{-6}$	$4.89×10^{-6}$	$2.86×10^{-6}$	$1.98×10^{-6}$	$7.33×10^{-6}$	$5.04×10^{-6}$
误食土壤	$5.65×10^{-6}$	$2.75×10^{-6}$	$2.25×10^{-6}$	$1.09×10^{-6}$	$5.83×10^{-6}$	$2.82×10^{-6}$
呼吸摄入	$6.49×10^{-11}$	$1.44×10^{-10}$	$2.58×10^{-11}$	$5.75×10^{-11}$	$6.67×10^{-11}$	$1.48×10^{-10}$
总暴露途径	$1.25×10^{-5}$	$7.52×10^{-6}$	$5.01×10^{-6}$	$3.00×10^{-6}$	$1.29×10^{-5}$	$7.71×10^{-6}$

2030 年不同预测情景下南京城市土壤 BaP_{eq} 值的空间分布情况见图 6-33。由图可知，情景Ⅲ中超过健康风险临界值的单元格要多于情景Ⅰ和情景Ⅱ，情景Ⅱ中的所有单元格均低于健康风险临界值，但城区南部依然有部分单元格含有较高的 BaP_{eq} 值。三种情景

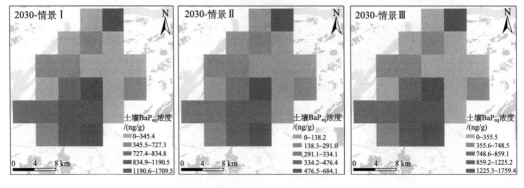

图 6-33　不同预测情景下研究区土壤 BaP_{eq} 值分布示意图

下土壤 BaP_{eq} 值的空间分布特征与当前土壤 BaP_{eq} 值的空间分布特征相同，这主要是由于预测 2030 各样点土壤 PAHs 含量值的调整都是基于 2013 年的土壤 PAHs 含量值且采用了相同的调整系数。根据当前以及未来不同情境预测研究区城市 BaP_{eq} 值的空间分布特征，城区中南部以及北部炼油厂附近土壤是环境管理的重点区域。

6.6.3　城市土壤多环芳烃累积的健康风险预警

根据表 6-25 和表 6-26 提供的关于 ILCRs 值与 BaP_{eq} 值之间的数量关系以及健康风险预警等级与 ILCRs 值之间的对应关系，综合健康风险临界值的设定办法，我们将预警等级与 BaP_{eq} 值之间的对应关系设定为 I 级(绿色警戒)($<70ng/g$)，II 级(黄色警戒)($70\sim$ $700ng/g$)，III 级(橙色警戒)($700\sim7000ng/g$)和 IV 级(红色警戒)($>7000ng/g$)(表 6-29)。设定这样的对应关系，对于提高城市土壤 PAHs 的精细化管理具有重要意义。

表 6-29　健康风险预警等级与 BaP_{eq} 的对应关系

预警等级	ILCRs 模型值	$BaP_{eq}/(ng/g)$
I 级(绿色警戒)	$<10^{-6}$	<70
II 级(黄色警戒)	$10^{-6}\sim10^{-5}$	$70\sim700$
III 级(橙色警戒)	$10^{-5}\sim10^{-4}$	$700\sim7000$
IV 级(红色警戒)	$>10^{-4}$	>7000

6.6.3.1　当前土壤多环芳烃累积的健康风险预警

研究区不同单元格土壤 PAHs 污染的健康风险预警等级见表 6-30。由表可知，研究区的大部分单元格当前土壤 PAHs 含量的健康风险预警等级都属于 II 级(黄色警戒)，总体上属于相对安全等级。但是仍有几个单元格属于 III 级(橙色警戒)，位于这些单元格的主要地标包括南京南站、秦淮区夫子庙、玄武区南京市政府、栖霞区南京经济技术开发区等，这些区域的土壤 PAHs 含量总体上已经超过健康风险临界值，是环境管理部门需要重点关注的区域。

表 6-30　研究区不同单元格的健康风险预警等级

健康风险预警等级	单元格
I 级(绿色警戒)	29
II 级(黄色警戒)	2,3,7,8,11,14,15,17,18,20,21,22,23,24,27,28,34
III 级(橙色警戒)	4,9,16,35
IV 级(红色警戒)	—

6.6.3.2　未来不同预测情景下土壤多环芳烃累积的健康风险预警

研究区未来不同预测情景下土壤 PAHs 含量的健康风险预警等级见表 6-31。由表可知，情景Ⅰ和情景Ⅲ中，土壤 PAHs 含量的健康风险预警等级较当前土壤 PAHs 含量有更多的单元格属于Ⅲ级（橙色预警）且将近有一半区域属于该预警等级，而情景Ⅱ所有单元格土壤 PAHs 含量的健康风险预警等级均低于Ⅲ级（橙色预警）。可见，只有严格控制城市以及附近郊区和农村的 PAHs 排放源，才能从根本上降低土壤 PAHs 污染对人体的潜在健康危害，而如果依然按照目前的发展模式或者只求单方面经济发展而忽略环境问题，未来研究区的环境形势将异常严峻。

表 6-31 不同预测情景下研究区各单元格的健康风险预警等级

预测情景	预警等级	单元格
情景Ⅰ	Ⅰ级（绿色警戒）	29
	Ⅱ级（黄色警戒）	11、14、17、18、21、22、23、24、27、34
	Ⅲ级（橙色警戒）	2、3、4、7、8、9、10、15、16、20、28、35
	Ⅳ级（红色警戒）	—
情景Ⅱ	Ⅰ级（绿色警戒）	23、29
	Ⅱ级（黄色警戒）	2、3、4、7、8、9、10、11、14、15、16、17、18、20、21、22、24、27、28、34、35
	Ⅲ级（橙色警戒）	—
	Ⅳ级（红色警戒）	—
情景Ⅲ	Ⅰ级（绿色警戒）	29
	Ⅱ级（黄色警戒）	11、14、17、18、22、23、24、27、34
	Ⅲ级（橙色警戒）	2、3、4、7、8、9、10、15、16、20、21、28、35
	Ⅳ级（红色警戒）	—

6.7 本章小结

本章研究选取具有一定代表意义的南京主城区作为研究区域。首先，分析了城市土壤和大气 PAHs 的污染水平和组分特征，并明确了其时空差异和来源组成；其次，结合监测数据，利用改进的多介质城市模型模拟了当前城市环境中 PAHs 在各环境介质中的分配过程，获取了 PAHs 在土壤介质中传输过程的相关参数；然后，将所得城市土壤 PAHs 关系方程耦合于多介质逸度动态模型来模拟城市土壤 PAHs 的历史累积过程，并结合情景模拟预测了其未来累积趋势；最后，根据模拟和预测结果分析了研究区城市土壤 PAHs 累积的时空变化特征，评估了当前及未来研究区城市土壤 PAHs 累积对人体造成的致癌风险，并提出了环境管理的相关政策建议。研究得出的主要结论如下：

（1）南京城市—郊区—农村土壤 PAHs 含量梯度特征明显，平均含量分别为3330ng/g、1680 ng/g、1060 ng/g。城市不同功能区土壤 PAHs 含量从高到低依次为公路边、绿化带、公共绿地、商业区和居民区，但化合物组成均以 4 环和 5 环的高分子量 PAHs 为主。空间分布特征表现为商业中心和老城区的污染最为严重，其中土壤高分子量 PAHs 与 Σ16PAHs 相似，而土壤低分子量 PAHs 表现出了一些特殊性。校正比值法和正定矩阵因子分解法（PMF）表明南京城市土壤 PAHs 来源途径多样但以汽车尾气排放、煤炭以及生物质燃烧为主。

(2)南京城区平均大气 PAHs 浓度为 31.6ng/m³，其中以 3 环和 4 环为主(占比 84%)。PAHs 分布主要受排放源和气象因素的综合影响，呈现西部高(36.1 ng/m³)东部低(27.3 ng/m³)的趋势，南京城区大气 PAHs 具有明显的季节性差异：冬季＞秋季＞春夏。虽然核心区年均大气 PAHs 浓度高于郊区，但是由于江宁作为都市新区，有大量工业园区，并没有发现有明显的城市—郊区的梯度递减规律。大气 PAHs 主要以煤及生物质燃烧、炼焦、石油及炼油为主。土壤和大气 PAHs 的来源比例不同主要受 PAHs 的自身性质和土壤的累积特性影响。

(3)利用黑炭替换多介质逸度模型中的关键参数有机碳，可显著提高低分子量 PAHs 的模拟精度，但对高分子量 PAHs 的效果并不显著。网格化的多介质逸度模型进一步揭示了 PAHs 在城市环境中具有明显的空间差异性。研究发现，假设黑炭为环境介质吸附 PAHs 最关键因素的多介质逸度模型(BC-Model)，对于低分子量 PAHs 在各环境介质中的模拟结果比原模型(OC-Model)更接近实测值。对于高分子量 PAHs，BC-Model 与 OC-Model 均实现了较好的模拟效果且两者之间的差异较小。研究区网格化可以克服多介质逸度模型环境介质均匀化假设的缺陷，进一步揭示 PAHs 在城市环境中具有空间差异性。

(4)多元线性回归方程耦合多介质逸度Ⅳ模型的研究方法可以有效重建土壤 PAHs 的历史累积过程，而结合情景预测法可以预测其未来累积趋势。基于城市土壤 PAHs 分布影响因素的多元线性回归方程耦合于多介质逸度Ⅳ级模型，较好地重建了 1978~2013 年南京城市土壤 Phe 和 BaP 的历史累积变化过程，研究发现城市土壤 Phe 和 BaP 含量都出现了大幅度的增加，城镇化快速发展对其累积变化具有重要影响。通过情景预测法则表明，如果未来研究区将 PAHs 排放量和外源输入通量减少一半，其含量将会实现大幅度降低。

(5)人体健康风险评估研究发现当前研究区土壤总体上存在着潜在的致癌风险,在儿童和成人的不同暴露途径中，各暴露途径对总致癌风险的贡献率按大到小排列为皮肤接触、误食土壤和呼吸摄入。健康风险预警研究表明研究区部分区域土壤 PAHs 含量值已经超过了健康风险临界值，这些区域应该引起相关部门的重视。当前只有控制 PAHs 的排放量和外源输入通量，才能从根本上缓解土壤 PAHs 累积对人体造成的健康危害。因此，PAHs 的排放量和外源输入通量的控制是降低人体健康风险的关键策略。

参 考 文 献

段凤魁, 贺克斌, 马永亮. 2009. 北京 PM₂.₅ 中多环芳烃的污染特征及来源研究[J]. 环境科学学报, 29(7): 1363-1371.

段小丽. 2012. 暴露参数的研究方法及其在环境健康风险评价中的应用[M]. 北京: 科学出版社.

段小丽, 陶澍, 徐东群, 等. 2011. 多环芳烃污染的人体暴露和健康风险评价方法[M]. 北京: 中国环境科学出版社.

耿孝勇, 曹广超. 2014. 1960—2004 年南京市风速变化及其成因研究[J]. 青海气象, 1: 12-18.

金银龙, 李永红, 常君瑞, 等. 2011. 我国五城市大气多环芳烃污染水平及健康风险评价[J]. 环境与健康杂志, 28(9): 758-761.

刘书臻, 2008. 环渤海西部地区大气中的 PAHs 污染[D]. 北京: 北京大学.

刘向, 张干, 李军, 等. 2007. 利用 PUF 大气被动采样技术监测中国城市大气中的多环芳烃[J]. 环境科学, 28(1): 26-31.

汪福旺, 王芳, 杨兴伦, 等. 2010. 南京公园松针中多环芳烃的富集特征与源解析[J]. 环境科学, 31(2): 503-508.

王宗爽, 段小丽, 刘平, 等. 2009. 环境健康风险评价中我国居民暴露参数探讨[J]. 环境科学研究, 22(10): 1164-1170.

杨雪贞, 樊曙先, 汤莉莉, 等. 2008. 外秦淮河疏浚后底泥中多环芳烃分布特征及其变化[J]. 环境科学研究, 21(4): 114-118.

张利飞, 杨文龙, 董亮, 等. 2013. 利用 PUF 被动采样技术研究长三角城市群大气中多环芳烃的时空分布及来源[J]. 环境科学, 34(9): 3339-3346.

Cachada A, Pato P, Rocha-Santos T, et al. 2012. Levels, sources and potential human health risks of organic pollutants in urban soils[J]. Science of the Total Environment, 430: 184-192.

Chen M, Huang P, Chen L. 2013. Polycyclic aromatic hydrocarbons in soils from Urumqi, China: distribution, source contributions, and potential health risks[J]. Environmental Monitoring & Assessment, 185(7): 5639-5651.

Collins J F, Brown J P, Alexeeff G V, et al. 1998. Potency equivalency factors for some polycyclic aromatic hydrocarbons derivatives[J]. Regul Toxicol Pharm. 28 (1): 45-54.

Crnković D, Ristić M, Jovanović A, et al. 2007. Levels of PAHs in the soils of Belgrade and its environs[J]. Environmental Monitoring & Assessment, 125(1-3): 75-83.

Diamond M L, Priemer D A, Law N L. 2001. Developing a multimedia model of chemical dynamics in an urban area[J]. Chemosphere, 44(7): 1655-1667.

Haugland T, Ottesen R T, Volden T. 2008. Lead and polycyclic aromatic hydrocarbons(PAHs) in surface soil from day care centres in the city of Bergen, Norway[J]. Environment Pollution, 153(2): 266-272.

Hung H, Blanchard P, Halsall C J, et al. 2005. Temporal and spatial variabilities of atmospheric polychlorinated biphenyls(PCBs), organochlorine(OC)pesticides and polycyclic aromatic hydrocarbons (PAHs)in the Canadian Arctic: Results from a decade of monitoring[J]. Science of the Total Environment, 342(1): 119-144.

Jenkins B M, Jones A D, Turn S Q, et al. 1996. Emission factors for polycyclic aromatic hydrocarbons from biomass burning[J]. Environmental Science & Technology,30(8): 2462-2469.

Jiang Y F, Wang X T, Wang F, et al. 2009. composition profiles and sources of polycyclic aromatic hydrocarbons in urban soil of Shanghai, China[J]. Chemosphere, 75(8): 1112-1118.

Kannan K, Johnson-Restrepo B, Yohn S S, et al. 2005. Spatial and temporal distribution of polycyclic aromatic hydrocarbons in sediments from Michigan Inland Lakes[J]. Environmental Science & Technology, 39(13): 4700-4706.

Kroese E D, Muller J J A, Mohn G R, et al. 2001. Tumorigenic Effects in Wistar Rats Orally Administered Benzo[a]pyrene for Two Years (Gavage Studies). Implications for Human Cancer Risks Associated with Oral Exposure to Polycyclic Aromatic Hydrocarbons[M]. Bilthoven: National Institute of Public Health and the Environment, Netherlands.

Kwon H O, Choi S D. 2014. Polycyclic aromatic hydrocarbons (PAHs) in soils from a multi-industrial city, South Korea[J]. Science of the Total Environment, 470: 1494-1501.

Law N. 1996. A Preliminary Multi-media Model to Estimate Contaminant Fate in an Urban Watershed[M]. Toronto: Department of Geography, University of Toronto.

Li J, Zhang G, Li X, et al. 2006. Source seasonality of polycyclic aromatic hydrocarbons (PAHs) in a subtropical city, Guangzhou, South China[J]. Science of the Total Environment, 355 (1): 145-155.

Liu S, Xia X, Yang L, et al. 2010. Polycyclic aromatic hydrocarbons in urban soils of different land uses in Beijing, China: distribution, sources and their correlation with the city's urbanization history[J]. Journal of Hazardous Materials, 177 (1-3): 1085-1092.

Liu X, Zhang G, Li J, et al. 2007. Polycyclic aromatic hydrocarbons (PAHs) in the air of Chinese cities[J]. Journal of Environmental Monitoring, 9 (10): 1092-1098.

Mackay D. 1991. Multimedia Environmental Models : the Fugacity Approach[M]. Boca Raton: CRC Press.

Malcolm H, Dobson S. 1994. The Calculation of an Environmental Assessment Level (EAL) for Atmospheric PAHs Using Relative Potencies[M]. London: Department of the Environment.

Maliszewska-Kordybach B. 1996. Polycyclic aromatic hydrocarbons in agricultural soils in Poland: preliminary proposals for criteria to evaluate the level of soil contamination[J]. Applied Geochemistry, 11 (1-2): 121-127.

Ma L L, Chu S G, Wang X T, et al. 2005. Polycyclic aromatic hydrocarbons in the surface soils from outskirts of Beijing, China[J]. Chemosphere, 58 (10): 1355-1363.

Meijer S N, Sweetman A J, Halsall C J, et al. 2008. Temporal trends of polycyclic aromatic hydrocarbons in the U. K. Atmosphere: 1991-2005[J]. Environmental Science & Technology, 42 (9): 3213-3218.

Morillo E, Romero A S, Maqueda C, et al. 2007. Soil pollution by PAHs in urban soils: a comparison of three European cities[J]. Journal of Environmental Monitoring, 9 (9): 1001-1008.

Muller P, Leece B, Raha D. 1997. Scientific Criteria Document for Multimedia Standards Development. Polycyclic Aromatic Hrdrocarbons (PAHs). Part 1: Hazard Identification and Dose-response Assessment [M]. Toronto: Ontario Ministry of the Environment, Standards Development Branch.

Nisbet I C T, Lagoy P K. 1993. Toxic equivalency factors (TEFs) for polycyclic aromatic hydrocarbons (PAHs) [J]. Regulatory Toxicology and Pharmacology, 16 (3): 290-300.

Paatero P, Tapper U. 1994. Positive matrix factorization: A non-negative factor model with optimal utilization of error estimates of data values[J]. Environmetrics, 5 (2): 111-126.

Peng C, Chen W, Liao X, et al. 2011. Polycyclic aromatic hydrocarbons in urban soils of Beijing: status, sources, distribution and potential risk[J]. Environmental Pollution, 159 (3): 802-808.

Peng C, Wang M, Chen W, et al. 2015. Mass balance-based regression modeling of PAHs accumulation in urban soils, role of urban development[J]. Environmental Pollution, 197: 21-27.

Shen H, Huang Y, Wang R, et al. Global atmospheric emissions of polycyclic aromatic hydrocarbons from 1960 to 2008 and future predictions[J]. Environmental Science & Technology, 47 (12): 6415-6424.

Simcik M F, Eisenreich S J, Lioy P J. 1999. Source apportionment and source/sink relationships of PAHs in the coastal atmosphere of Chicago and Lake Michigan[J]. Atmospheric Environment, 33 (30): 5071-5079.

Sun P, Blanchard P, Brice K A, et al. 2006. Trends in polycyclic aromatic hydrocarbon concentrations in the great lakes atmosphere[J]. Environmental Science & Technology, 40(20): 6221-6227.

Tao S, Cao H Y, Liu W X, et al. 2003. Fate modeling of phenanthrene with regional variation in Tianjin, China[J]. Environmental Science & Technology, 37(11): 2453-2459.

Tobiszewski M, Namieśnik J. 2012. PAH diagnostic ratios for the identification of pollution emission sources[J]. Environmental Pollution, 162(5): 110-119.

Tue N M, Takahashi S, Suzuki G, et al. 2013. Contamination of indoor dust and air by polychlorinated biphenyls and brominated flame retardants and relevance of non-dietary exposure in Vietnamese Informal E-waste Recycling Sites[J]. Environment International, 51: 160-167.

USEPA. 1993. Provisional Guidance for Quantitative Risk Assessment of Polycyclic Aromatic Hydrocarbons [M]. Cincinnati: Environmental Criteria and Assessment Office.

USEPA. 2011. Exposure Factors Handbook. Office of Research and Development, National Center for Environmental Assessment, U. S. [R]. Washington D. C.: Environmental Protection Agency.

Wang D G, Yang M, Jia H L, et al. 2009. Polycyclic aromatic hydrocarbons in urban street dust and surface soil: comparisons of concentration, profile, and source[J]. Archives of Environmental Contamination and Toxicology, 56(2): 173-180.

Wang X T, Miao Y, Zhang Y, et al. 2013. Polycyclic aromatic hydrocarbons(PAHs)in urban soils of the megacity Shanghai: Occurrence, source apportionment and potential human health risk[J]. Science of the Total Environment, 447(1): 80-89.

Wang X Y, Li Q B, Luo Y M, et al. 2010. Characteristics and sources of atmospheric polycyclic aromatic hydrocarbons(PAHs)in Shanghai, China[J]. Environmental Monitoring & Assessment, 165(1-4): 295-305.

Wang Z, Chen J, Qiao X, et al. 2007. Distribution and sources of polycyclic aromatic hydrocarbons from urban to rural soils: a case study in Dalian, China[J]. Chemosphere, 68(5): 965-971.

Wilcke W. 2000. Synopsis polycyclic aromatic hydrocarbons(PAHs)in soil —— a review[J]. Journal of Plant Nutrition & Soil Science, 163(3): 229-248.

Wu Y, Yang L, Zheng X, et al. 2014. Characterization and source apportionment of particulate PAHs in the roadside environment in Beijing[J]. Science of the Total Environment, 470: 76-83.

Yin C Q, Jiang X, Yang X L, et al. 2008. Polycyclic aromatic hydrocarbons in the vicinity of Nanjing, China[J]. Chemosphere, 73(3): 389-394.

Zhang X L, Tao S, Liu W X, et al. 2005. Source diagnostics of polycyclic aromatic hydrocarbons based on species ratios: a multimedia approach[J]. Environmental Science & Technology, 39(23): 9109-9114.

Zhang Y, Tao S, Cao J, et al. 2007. Emission of polycyclic aromatic hydrocarbons in China by county[J]. Environmental Science & Technology, 41(3): 683-687.

Zhen W, Chen J W, Qian X L, et al. 2007. Distribution and sources of polycyclic aromatic hydrocarbons from urban to rural soils: a case study in Dalian, China[J]. Chemosphere,68(5): 965-971.

第7章　基于溪流溶解态有机质监测的土地利用、土壤环境变化的效应评价

7.1　溪流溶解态有机质性状及土地利用、土壤环境变化的影响

7.1.1　溪流有机质的生物地球化学功能

源头溪流长度可达到总河网的 2/3 以上，是陆地景观与河流间重要的连接枢纽和第一道"阀门"，其内部活跃的有机质可以真实地反映土地利用、土壤环境的演变特征(何伟等, 2016)。概括地讲，溪流有机质生物地球化学功能为在异养微生物群落的呼吸、分解等生态过程作用下，溪流在有机质与其无机形态间相互转化过程中所发挥的功能和作用。溪流有机质的来源、组成及生物有效性等性状及其动态变化都深刻地影响着有机质的生物地球化学功能，进而深刻地影响着全球碳收支、水环境及水生生态系统的结构与功能。目前，溪流的有机质生物地球化学过程越来越受到环境和生态学家的关注，并被作为评价土地利用环境效应和溪流生态系统健康功能的指标。

溪流生态系统的有机质包括溶解态有机质(DOM)和颗粒态有机质(POM)，其中通常将通过 0.45μm 或 0.7μm 滤膜的滤液中的组分称为 DOM，留在滤膜中的组分被称为 POM。DOM 是连接陆地土壤环境和水生生态系统物质生物地球化学循环过程重要的信号物质，对维持溪流生态系统的结构与功能发挥着至关重要的作用(图 7-1)。目前，一些研究者将有色溶解态有机质(CDOM)和荧光有机质(FDOM)作为代理指标，长期监测溪流有机质或重金属的通量、迁移及转化等生物地球化学过程(Looman et al., 2015; Zhao et al., 2018)。从元素种类来看，大多数的研究使用溶解态有机碳(DOC)作为 DOM 研究代理测量组分，而很少考虑使用溶解态有机氮(DON)作为 DOM 的代理指标。实际上，DOC 和DON 的生物地球化学过程并非总是耦合在一起的，DOM 的 C/N 比值往往会随其迁移转化过程而发生变化。DON 具有更高的有效性，可能引起河口或湖泊生态系统结构和功能退化甚至导致富营养化(Pellerin et al., 2006)。DOM 的特征能更加准确、全面地示踪有机质生物化学功能的变异特征，对于人为活动诱导的土壤环境变化对溪流中 DON 和 DOC来源与组成动态特征的监测评价，可为流域土地利用、土壤与水资源的管理提供科学依据。

7.1.2　溪流溶解态有机质的来源

溪流中 DOM 的形成、迁移及转化经历着错综复杂的生物地球化学过程，其来源不仅与陆地土壤环境演变过程有关，也与浮游生物的生长、代谢与分解过程密切相关。目前，主要将溪流 DOM 分为内源(autochthonous)和外源(allochthonous)两种。内源 DOM主要来自水生藻类、维管植物和异养微生物的代谢相关产物。水体生物群衍生的内源性DOC 或 DON 主要通过以下几种机制：①水体中自养和异养微生物经过死亡、衰老、病

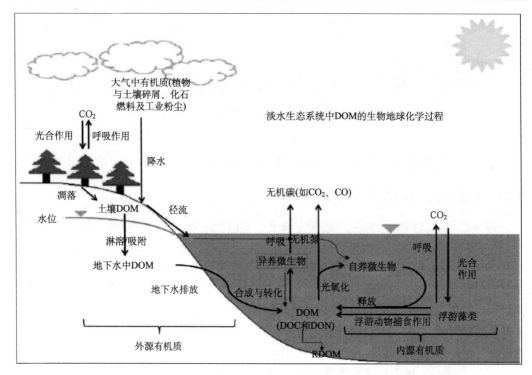

图 7-1　溶解态有机质在陆地和水生生态系统中的生物地球化学过程(据 Li, 2014 改绘)

毒性裂解或食草作用所产生的细胞凋落物;②水中初级生产者通过细胞膜的被动渗透或主动分泌;③自养微生物释放的细胞外基质(Johnson et al., 2013)。外源 DOM 即陆源主要包括土壤有机质、土壤微生物次生代谢产物、植物凋落物和根系分泌物等降解及淋溶产物。在人为活动扰动较大的流域,大气干湿沉降有机气溶胶中包含大量植物碎屑、化石燃料燃烧产物(黑炭、多环芳烃)等,它们可能改变土壤环境进而影响水环境 DOM 的来源。

　　通常,溪流中的外源 DOM 主要来自土壤流失。陆源有机质的非点源输入是溪流水环境溶解态有机质的重要来源。非点源的输入途径具有不定时性和复杂性,其过程与降水特征(降水强度、持续时间、间隔时间等)、地表径流和流域的特征(土壤性质、土地利用方式、水文路径、地形等)密切相关(Wu et al., 2016)。因此,更加准确地估算水环境中陆源有机质输入通量,可以迅速反映流域土地利用、土壤环境变化的影响(Ongley et al., 2010),可为研究陆源土地利用、土壤环境变化对溪流生态系统有机质的生物地球化学过程的影响提供必要的科学基础。

7.1.3　溪流溶解态有机质的组成

　　DOM 由一系列不同质量、化学结构、反应特性等的分子组成。DOM 主要由腐殖质和非腐殖质组分构成,其中腐殖质构成 DOM 的主要成分,含量高达 50%~80%,主要包括腐殖酸(HA)和富啡酸(FA);非腐殖质组分(10%~30%)较为复杂,是 DOM 的主要活性组分,主要包括碳水化合物、氨基酸、蛋白质、脂肪酸、木质素、纤维素等。基于超滤膜技术往往可将 DOM 分为高分子量(HWMS,>1 kDa)和低分子量组分(LMWS,<1 kDa),一般情况下 HMWS 组分占主导地位。根据 DOM 的亲水—疏水以及酸碱性可将其分为 6 种组分:①亲水的酸性组分(HPIA)——低分子量的有机质;②疏水的酸性组分(HPOA)——胡敏酸和富里酸等;③亲水的中性组分(HPIN)——醇类、双糖以及多糖等简单的小分子;④疏水的中性组分(HPON)——长链的脂肪酸以及结构简单的腐殖质;⑤亲水的碱性组分(HPIB)——简单的类蛋白物质及氨基酸;⑥疏水的碱性组分(HPOB)——芳香族胺类化合物等。Petrone 等(2009)对澳大利亚西南部分别由森林、农业和城市主导的流域水体 DOM 研究发现,DOC 含量主要集中在疏水的腐殖酸和富里酸中,而 DON 主要集中在疏水和亲水的非腐殖质组分中;疏水的 DOC 与其生物有效性是密切相关的,亲水的 DON 组分决定有效态 DON 的大小。

7.1.4　土地利用、土壤环境变化对溪流溶解态有机质性状的影响

土地利用/覆被变化已成为改变地球表面各个圈层变化的关键驱动力,它们通过影响流域的土壤环境来改变水环境中有机质性状。城市扩张和农业集约化已成为影响流域土地利用、土壤和水体环境、生态系统功能的关键因素。在全球范围内,城市化水平迅速提升,尤其是在发展中国家,这种势头将延续到 2050 年。据中国国家统计局报告,1980~2012 年,我国的城镇化率已由 19.4%上升到 52.6%(Yang, 2013)。快速的人口增长及城市化在不断地挤压农业土地利用空间,并深刻地改变着农业生产结构,提高农业的生产强度,破坏流域的景观和生态的连通性,增加景观的破碎化,形成有高度空间异质的城乡交错景观带。

城乡交错景观带(peri-urban area)是土地利用、土壤和水体环境变化剧烈的区域,其生态系统包含城市生态系统和农业生态系统。城市生态系统属于人工生态系统,主要由不透水表面斑块组成,该系统中消费者消耗大量有机物和氧气并产生大量的废弃物,无法分解的有机质会随着地表径流或大气沉降的方式进入水生生态系统中,巨大的物质和能量的流动将会对自然的生态系统产生巨大的冲击。农业生态系统属于半人工的生态系统,介于人工和自然生态系统之间,具有一定的自净能力,但人为的施肥、耕作及灌溉会将大量物质及能量迁移到水生生态系统中。在城乡交错景观带,流域的城市化或农业集约化共同改变流域的土壤过程、水文路径和溪流水体理化性质(无机离子、pH、溶解氧、温度和电导率等),进而改变溪流中有机质输入、含量、来源、组成,以及溪流 DOM 含量与组成(Schmidt et al., 2011),最终从根本上改变溪流水生生态系统结构与功能。国内外的相关研究也证明,城市生态系统输入水环境中的有机质要明显高于自然生态系统及半自然的农业生态系统。Gücker 等(2016)研究巴西 Rio das Mortes 流域土地利用和有机质输出量关系时发现,城市生态系统溪流的有机质输出量显著高于自然森林生态系统、牧场生态系统及农业生态系统的溪流的输出量。Lee 等(2014)对 Shihwa 湖入湖溪流的有机质研究发现,工业区溪流输出的有机质的通量显著高于城市区和农村区溪流有机质的输出量。城乡交错景观带的生态环境敏感而脆弱,被称为研究土地利用、土壤环境变化的生态环境效应的"天然实验室"。然而,当前有关城乡交错景观带土地利用、土壤环境变化对溪流有机质生物地球化学特征影响的研究非常缺乏。

土地利用、土壤环境变化对溪流溶解态有机质性状的影响，主要体现在以下方面。

1. 对溶解态有机质含量和输出量的影响

总的来看，全球自然水体中 DOM 平均值为 5 mg/L，但因流域和纬度不同，其含量差异较大。从不同类型溪流来看，自然的泥炭地或湿地影响下的溪流会输出更高的 DOC 和 DON 含量，远远高于森林影响下溪流中的含量，甚至高于农业和城市区域溪流中的含量。与自然湿地和森林流域的溪流相比，人为活动影响较大的溪流(农业和城市)输出的 DOM 具有更低的 C/N 比值(DOC/DON)，且具有更高的生物有效性。其中，农业土地利用对溪流 DOM 含量影响的结论并不一致。一些学者发现，在多种地类混合存在的流域，农业土地利用比例与溪流有机质的含量无关(Wilson and Xenopoulos, 2008)或负相关(Cronan et al., 1999)。在单一地类主导的流域中，Heinz 等(2015)通过比较农业和森林流域的溪流发现，农业显著地提高了流域有机质的单位输出量率。城市流域的表面被封闭的或半封闭的不透水表面取代，大大提高产流比，提高流域对降水的响应速度。Hosen 等(2014)研究发现，溪流 DOC 与流域不透水表面的百分比呈显著的正相关。在自然或人为扰动较小的溪流中，DON 往往成为主要的溶解态氮源，具有更高的 DON/TDN 比值；而高强度的人为活动提高了氮沉降和输入，使得 DON/TDN 比值下降。Scott 等(2007)通过 850 个观测站对美国境内多条河流或溪流的长期观测发现：即使在人为干扰较为严重的溪流中，DON 仍然在总氮库中占主导地位。

在城乡交错景观带流域中，人工的排水系统极大地改变了流域的土壤环境、水文路径，提高了溪流流量对降水的响应程度，进而显著地改变了溪流流量的时间变异性。研究表明，农业溪流的 DOM 含量与输出量都与流量显著正相关，表明其具有显著的时间变异性。在城市流域中，流域扩张的不透水面积显著地提高流域的产流量，形成显著的季节性流量变化。短期来看，DOC 和 DON 输出呈现明显季节变化，在流量的洪峰(或暴雨径流)来临之时具有更高的 DOC 和 DON 含量，而在低流量(或基流)时输出的含量显著降低。尤其热带或亚热带的小流域往往会受密集的降水事件影响，这些气象事件对土壤侵蚀及有机质流失起着重要的作用。Martin 和 Harrison(2011)在研究农业灌溉区水文过程对 DOM 通量的影响时，将由暴雨或融雪引起的流量上升完整过程称为脉冲事件(pulse event)，与之相对应的平稳流量时期成为基流事件(base-flow event)；将脉冲时期与基流时期的 DOC 或 DON 含量之比(P∶B)来表征水文过程对 DOM 输出的影响特征。当 P∶B>1 时，说明暴雨事件引发的洪流显著地提高了陆源有机质的输入并增加了溪流中的 DOM 含量。大部分的土地利用的背景下，P∶B 值大于 1；但在蓄水池控制的系统中，P∶B< 1，这可能是由于来自蓄水池的低有机质的水稀释了径流所带来的陆源有机质的浓度。从长期来看，区域的土地利用/覆被变化作为全球变化最为剧烈的因子，对全球的淡水生态系统中 DOM 的含量动态产生深远的影响。基于欧美等国对 DOC 的长期监测的结果，全球的淡水生态系统的 DOC 含量及输出量呈现增加的趋势。然而在我国，有关土地利用、土壤环境变化对主要淡水环境(如地下水、地表水及土壤水)中 DOC 或 DON 的监测研究极少。

2. 对溶解态有机质来源和组成的影响

人为主导的土地利用方式通过改变流域土壤过程、植被特征和水文特征、人为相关的输入，来改变有机质来源与组成。土壤有机质（SOM）和植物凋落物作为主要来源，其在土壤中的动态变化会对溪流中 DOM 的特征产生深远影响。 Schmidt 等（2011）研究表明土壤有机质的持久性与土壤的环境状况密切相关，而非仅仅相关于有机质本身固有特征。农业的深耕和施肥措施都极大地改变了自然土壤环境，进而刺激了土壤有机质周转和微生物的降解，增加 DOM 的释放。在城市开放区域包括街道、停车场、城市草坪等，会通过地表径流运输大量的 DOM 进入地表水中，显著地改变了 DOM 的来源和组成。Aitkenhead-Peterson 等（2009）对美国得克萨斯州 0～100%城市梯度的流域 DOC 和 DON 的含量进行监测，发现在没有污水处理厂的流域，城市开放区域如高尔夫球场、运动场、社区公园、城市草坪等可以解释 DOC 年平均含量 68%的变异。农业或城市土地利用往往通过提高溪流有机质不稳定组分和微生物转化的产物，降低芳香性和结构复杂性。具体而言，农业来源的 DOM 往往具有较低分子量，以及芳香性、较高的还原性和 C：N：P 比值，极大地提高了 DOM 的生物有效性（Gücker et al., 2016; Heinz et al., 2015）。然而，少量的研究发现 DOM 具有较低还原性，但具有更高比例的结构复杂的腐殖质组分（Graeber et al., 2012; Petrone et al., 2011）。这些研究结果的差异可能受到了研究区流域大小或水体内源性生产过程的影响。除此之外，不同的农业土壤类型、管理方式及耕作历史，都可能成为影响溪流 DOM 含量及组成的重要因素。Hosen 等（2014）研究发现，随着流域城市化率的提高，溪流中人为源的富啡酸和蛋白质组分在增加，而自然来源的腐殖质组分在减少。另外，流域土地利用变化通过改变土壤水文过程，进而改变 DOM 来源与组成特征。Bellmore 等（2015）在具有地下排水系统的农业流域溪流中研究发现，DOM 的 C/N 比呈现剧烈变化，最高值可达最低值的 4 倍。表明 DOM 的来源在不断地变化，其变化与土壤的水文连通性密切相关。

7.2　溪流溶解态有机质检测效应评价研究内容与方法

7.2.1　研究内容与技术路线

本章研究重点关注城市化、农业集约化引起的土地利用、土壤环境变化对溪流 DOM 性状的影响。研究以北太湖的城乡交错景观带为研究区，沿城市化水平梯度选取 24 个典型源头溪流，分析农田和城市建设用地的土壤环境对溪流陆源有机质输入特征及 DOM 的输出含量、来源、组成的影响及两者之间的差异。该 24 个溪流中包括典型的城市渠道、农田和自然林地溪流各 5 个，以自然林地溪流作为参照。

7.2.1.1　研究内容

1. 流域溪流有机质陆源输入特征及其对土地利用、土壤环境变化的响应

依据高分辨遥感数据（SPOT）解译 14 种土地利用类型，结合气象资料、土壤理化性质、地形因子及地表径流监测数据等，通过耦合 SEDD 和 PLOAD 模型来估算流域水体溶解态和颗粒态有机碳、氮输入通量，并采用多重的景观空间负荷对比指数（LCI）来判别土地利用和土壤环境变化对陆源有机质的输入空间特征影响机制。通过比较不同土地类型主导溪流流域不透水地表面积的百分比与不同形态陆源营养（AOC、DOC、AON、

DON、AIN 和 DIN)输入通量间的相关性,来揭示城乡交错景观带城市化和农业集约化对有机质的输入形态、通量及化学计量比的影响。

2. 典型溪流溶解态有机质含量、组成特征及其对土地利用、土壤环境变化的响应

基于不透水表面的百分比和 DOM 组成指标的皮尔逊相关性,来解释城市化梯度下土地利用、土壤环境变化对溪流 DOC 和 DON 含量、单位面积输出量和组成的影响。然后,着重对典型的自然林地溪流、农田溪流和城市渠道溪流的 DOC 和 DON 特征(输出含量、木质素、荧光特性及 SEC 组成)进行比较,结合水环境理化性质、流量及微生物活性指标,并运用线性混合效应模型(LMEM)、多元方差分析(MANOVA)、主成分分析(PCA)和一般线性模型(GLM),来揭示农田耕作和城市建设条件下土壤环境幻化对自然溪流 DOM 含量、单位输出量、来源与组成差异及其季节变异性的影响机制。

7.2.1.2 研究技术路线

本章研究的技术路线如图 7-2 所示。

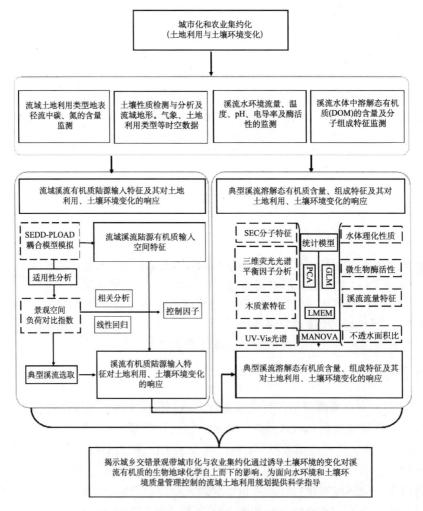

图 7-2 研究技术路线

7.2.2　研究材料与方法

7.2.2.1　研究区概况

本章研究区位于太湖北部梅梁湾地区，介于北纬 31°25′～31°45′和东经 119°55′～120°25′之间。地跨无锡市辖区、常州市武进区和常州市辖区，为长江三角洲经济快速发展的地区，区域城镇化水平居全国之首，农业高度集约化。该流域总面积约 486km²，处在太湖流域上游，南临太湖，西临宜兴市，西北—东南走向，濒近京杭大运河，形成一个相对封闭的入湖流域。另外，该流域处在太湖流域北部重污染控制区，是太湖地区污染最为严重的区域。

该流域地处北亚热带湿润季风气候区，隶属于太湖流域上游的武进港—直湖港水系，四季分明，雨量充沛、热量丰富，常年平均气温 16.2℃，年平均降水量 1035mm，四季降水量分别为春季 263.1mm、夏季 699.2mm、秋季 149.2mm、冬季 126.4mm。降水时间达到全年总时间 1/3 以上，主要集中在 5～10 月。区域地形地貌特征以平原为主，呈低山、残丘零散分布的格局。地势总体呈西南、北高、中间低的分布特征。低山或残丘主要分布在流域南部及东南部沿湖地区。流域位于城市生态系统和乡村生态系统之间的城乡交错景观带，具有高度的景观破碎性和空间异质性，其结构和功能也呈现显著的时空变异性。另外，研究区也具有显著的城市化水平梯度。据 2014 年统计结果，流域土地总面积为 486km²，水域面积（河流或溪流、盐沼湿地和水库及池塘）约占总流域面积的11.44%，农业土地利用（水田、旱田、设施农业和果园及茶园）占总面积的 34.29%，城乡建设用地（居民点、交通运输和商业区等）占总面积的 43.41%，自然生态用地（森林和草地）占总面积的 10.86%。

7.2.2.2　数据和样品的采集

1. 空间数据的采集

DEM 高程数据来源于 ASTER 全球 DEM 数据（http://www.usgs.gov/）。依据监测站气象数据，对流域的降水等数据进行收集。流域土地利用数据来源于第二次全国土地调查数据，根据土地利用现状分类国家标准 GB/T 21010—2007，区内共有二级地类 14 种，流域土地利用空间分布见图 7-3（a）。土壤数据，包括土壤机械组成、有机质、总氮含量，来源于 2013 年 10 月采集土样并分析的结果。土壤类型主要依据《江苏省土壤志》，发现本书研究区共有 9 个土种［图 7-3（b）］。为了验证估算模型的可行性及识别有机质输入的关键区域，依据流域的 DEM 和数字河网，利用 Arc-SWAT 工具将研究区划分成 18 个相对独立的子流域，流域的代码及流域的面积见表 7-1。

2. 野外样点布设和样品采集

经过野外实地考察及流域特征分析，该研究区溪流或河网处于典型的城乡交错景观带之中。以不透水表面的百分比作为依据，选取 24 个溪流（S1～S24）研究流域城市化水平差异对有机质的行为的影响。这些溪流都属于源头溪流（低级溪流），有利于准确地反映与其相连的土地利用影响，也可以避免点源排放和河网纵向的生物地球化学过程的干扰。

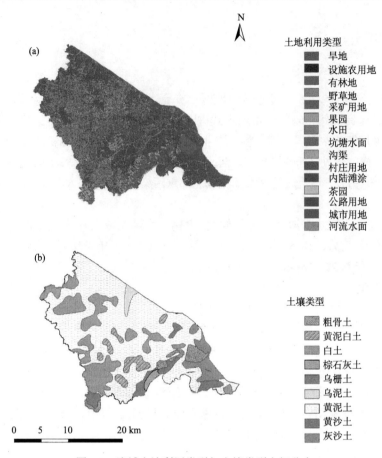

图 7-3　流域土地利用类型与土壤类型空间分布

表 7-1　研究区子流域的编号、面积及二级土地利用类型组成比例

子流域编号	面积/km²	流域土地利用类型的面积比例/%													
		水田	旱地	果园	茶园	有林地	野草地	公路用地	沟渠	坑塘	内陆滩涂	设施农用地	城市用地	村庄用地	采矿用地
		11*	13	21	22	31	43	102	117	114	116	122	201	203	204
1	27.28	1.34	17.65	8.28	2.32	15.90	1.20	9.40	3.31	1.38	0.00	0.08	29.71	9.17	0.25
2	35.18	18.78	11.54	15.09	0.04	4.96	1.02	9.35	4.94	4.34	0.01	0.17	16.77	12.87	0.11
3	36.49	0.69	6.77	3.34	0.16	13.94	2.04	10.88	5.45	0.65	0.00	0.02	51.90	4.12	0.03
4	22.31	8.69	23.21	5.30	0.00	1.85	3.15	6.75	12.14	5.95	0.10	0.16	21.01	11.68	0.02
5	22.63	18.39	30.35	3.77	0.00	6.12	0.12	5.98	8.08	13.15	0.02	0.27	5.53	8.13	0.10
6	37.79	32.62	8.88	7.28	0.00	4.21	0.87	5.43	8.23	9.13	0.09	0.19	7.47	14.36	1.22
7	18.94	23.58	11.20	14.20	0.00	4.21	0.81	5.02	8.82	11.71	0.24	0.27	7.05	12.42	0.46
8	21.09	28.51	11.84	4.11	0.00	4.34	0.71	5.44	11.35	8.75	0.09	0.15	15.71	8.31	0.69
9	29.42	24.97	6.81	11.70	4.82	16.58	0.25	5.76	4.41	6.72	0.01	0.17	9.46	7.29	1.06
10	19.06	8.42	9.19	11.04	2.56	19.56	2.32	7.00	4.73	3.81	0.01	0.22	21.38	9.71	0.02
11	30.25	7.63	22.67	3.00	0.00	4.02	0.98	10.79	5.73	1.38	0.00	0.07	27.37	16.36	0.00

续表

子流域编号	面积/km²	流域土地利用类型的面积比例/%													
		水田 11*	旱地 13	果园 21	茶园 22	有林地 31	野草地 43	公路用地 102	沟渠 117	坑塘 114	内陆滩涂 116	设施农用地 122	城市用地 201	村庄用地 203	采矿用地 204
12	6.20	2.21	28.34	16.91	0.52	4.12	4.20	9.34	2.71	4.77	0.00	0.15	19.78	6.68	0.26
13	7.35	5.03	38.91	3.30	0.00	4.02	0.98	6.31	11.08	3.00	0.00	0.22	16.15	10.99	0.00
14	39.60	0.00	1.75	6.81	0.92	24.34	8.02	6.93	2.27	0.89	0.03	0.02	44.42	2.44	0.16
15	27.54	0.00	1.51	4.46	0.00	4.33	0.67	15.69	3.16	0.01	0.00	0.02	72.07	0.92	0.00
16	44.57	29.51	8.83	3.95	0.00	5.02	0.14	8.27	5.23	5.90	0.00	0.29	19.85	12.68	0.33
17	35.42	11.03	6.48	1.47	0.00	4.78	0.43	7.54	7.80	4.61	0.51	0.14	39.49	15.38	0.33
18	24.76	35.98	9.70	6.44	0.00	4.65	0.53	5.21	8.82	10.80	0.30	0.34	3.20	12.88	1.16

注：*表示按土地利用现状分类国家标准(GB/T 21010—2007)中的二级分类名称及代码。

　　为了研究城市化背景下的农业和城市土地利用对溪流有机质的生物地球化学的影响，在 24 个源头溪流中选取 15 个溪流进行进一步分析。这些溪流分别为农田、城市渠道及自然林地溪流(每种类型各 5 个)，分别标记为农田溪流(A1~A5)、城市渠道溪流(U1~U5)和林地溪流(F1~F5)，自然林地溪流作为参照溪流。所有监测溪流所在流域的编号、流域面积、不透水表面的百分比(ISA)及土地利用构成见表 7-2。在 2014 年 3 月~2015 年 3 月，每隔 1 个月采集涵盖不同季节的水样，共 144 个。与此同时，采集 14 种不同土地利用类型的地表径流，用于有机质和无机氮负载浓度分析，为陆源有机质输入模型提供数据准备。水样先利用聚乙烯塑料瓶进行采集，再装入稀酸泡过的棕色 HDPE 瓶中，放在低温箱中(4℃)保存并带回实验室。2014 年 10 月，对土壤及植物的凋落物进行了采集，为测定木质素的混合模型计算提供原始资料。

7.2.3　样品测试分析

7.2.3.1　水体样品理化性质测定

　　将采集的溪流水样首先通过 0.7μm GF/F 滤膜过滤，滤液被储存在 450℃干烧过的三角瓶中，用于水体的理化及其他性质分析。水体的温度、电导率(EC)、pH、溶解氧(DO)使用多探头水质检测仪进行分析。测定铵态氮和硝态氮的水样在过滤时，先用 0.8μm 醋酸纤维酯，以 3∶10 的体积比进行稀释，然后用 0.1mol/L 盐酸(pH = 2~3)进行酸化处理。然后在流动分析仪上测定水体中溶解态无机氮(DIN)(DIN = $NO_3^- + NO_2^- + NH_4^+$)。总溶解态氮(TDN)，包括溶解态有机氮 DON 和无机氮 DIN，为两者之和。水样可溶性磷(TDP)测定，首先用过硫酸盐进行消解，然后加入钼酸-抗坏血酸进行比色测定。同类型溪流水体理化性质分析结果如表 7-3 所示。每个样点采集水样时，采用声学多普勒流速仪(flow tracker)对溪流流量进行测定。考虑到流域面积可能对溪流流量的影响，通过每次的监测流量与流域面积的比值[L/(s·km²)]来表征溪流单位面积的输出流量(SpQ)。本书研究区处在降水季节差异显著的亚热带地区，高降水季处在夏秋季节，而冬春季节降水相对较少，因此在结果分析中，SpQ 可以作为水环境季节变异性的理想的代理指标。

表 7-2　溪流监测点的微流域编号、面积及二级土地利用类型组成

监测点	流域面积/km²	ISA/%	旱地/%	水田/%	城镇住宅用地/%	商服用地/%	有林地/%	野草地/%	水体/%	流域类型
S1	3.63	25.71	7.48	15.17	34.25	31.91	5.5	1.3	4.39	城郊农田、城镇混合区
S2	3.14	19.03	11.32	25.69	24.04	31.11	3.21	0	4.63	城郊农田、城镇混合区
S3	5.52	20.28	11.92	23.68	18.22	39.86	1.76	0	4.56	城郊农田、城镇混合区
S4	3.97	3.91	28.64	61.88	0	0	3.86	1.34	4.28	农业耕作区 (A1)
S5	4.05	4.28	29.136	61.914	0	0	5.63	1.07	2.25	农业耕作区 (A2)
S6	3.43	3.41	28.02	61.99	0	0	4.87	2.34	2.78	农业耕作区 (A3)
S7	4.93	32.01	5.71	10.76	44.07	33.1	1.09	1.21	4.06	城郊农田、城镇混合区
S8	3.24	31.64	0	0	60.71	34.57	1.78	1.11	1.83	城市核心区 (U1)
S9	3.48	28.77	5.376	12.554	33.45	40.14	2.56	0	5.92	城郊农田、城镇混合区
S10	3.35	4.75	29.512	63.148	0	0	1.94	3.01	2.39	农业耕作区 (A4)
S11	3.07	29.4	0	0	10.21	54.11	32.69	1.01	1.98	城郊城镇、林地混合区 (U2)
S12	3.17	39.2	0	0	43.23	45.55	6.86	0	4.36	城市核心区 (U2)
S13	4.73	12.54	27.22	39.41	28.51	0	2.7	0	2.16	城郊农田、城镇混合区
S14	2.33	4.64	29.48	62.66	0	0	0.92	3.21	3.73	农业耕作区 (A5)
S15	6.04	22.12	11.24	25.08	23.23	34.37	4.73	0	1.35	城郊城镇、农田混合区
S16	2.10	23.39	1.36	3.87	0	0	86.81	5.5	2.46	自然林区 (F1)
S17	3.10	43.87	0	0	13.53	84.15	1.65	0	0.67	城市核心区 (U3)
S18	3.06	39.33	0	0	13.71	80.11	2.78	2.34	1.06	城市核心区 (U4)
S19	3.33	40.81	0	0	8.94	82.48	3.09	2.1	3.39	城市核心区 (U5)
S20	4.10	15.29	1.672	2.288	0	0	93.39	0	2.65	自然林区 (F2)
S21	7.87	11.26	21.24	46.78	23.67	0	5.22	0	3.09	城郊农田、城镇混合区
S22	3.07	2.44	3.56	6.77	0	0	87.56	0	2.11	自然林区 (F3)
S23	1.21	14.95	0.88	1.81	0	0	93.6	0.5	3.21	自然林区 (F4)
S24	2.21	1.34	1.49	3.04	0	0	90.67	3.54	1.26	自然林区 (F5)

表 7-3　溪流水体理化性质测定结果

溪流序号	面积/km²	电导率/(mS/cm)	溶解氧/(mg/L)	pH	TDP/(mg/L)	DIN/(mg/L)
U1	3.24	0.78(0.12)	6.30(2.23)	8.10(0.99)	0.35(0.12)	12.28(4.21)
U2	3.17	0.65(0.22)	7.60(3.48)	7.80(1.38)	0.29(0.09)	17.81(5.23)
U3	3.10	0.83(0.21)	3.90(1.43)	7.50(0.34)	0.21(0.02)	10.66(2.19)
U4	3.06	0.58(0.19)	6.80(4.01)	8.30(1.51)	0.26(0.05)	8.97(1.21)
U5	3.33	0.77(0.09)	5.40(2.34)	8.40(0.55)	0.29(0.05)	10.89(3.22)
A1	3.97	0.91(0.23)	4.90(2.57)	7.20(0.89)	0.17(0.01)	4.03(1.78)
A2	4.05	0.55(0.11)	5.20(2.52)	6.70(1.56)	0.11(0.03)	3.43(0.98)
A3	3.43	0.48(0.12)	5.90(2.11)	6.80(1.98)	0.21(0.08)	2.02(0.23)
A4	3.35	0.65(0.32)	6.20(3.38)	7.30(1.31)	0.19(0.02)	3.87(0.98)
A5	2.33	0.49(0.12)	5.80(2.61)	5.70(1.43)	0.18(0.01)	4.50(1.87)
F1	2.10	0.63(0.23)	4.20(1.19)	6.80(0.29)	0.05(0.002)	0.18(0.02)
F2	4.10	0.43(0.11)	6.50(2.21)	6.20(0.21)	0.08(0.001)	0.13(0.01)
F3	3.07	0.39(0.09)	3.80(2.34)	7.00(0.45)	0.12(0.01)	0.17(0.01)
F4	1.21	0.37(0.08)	6.70(1.59)	6.20(0.38)	0.09(0.01)	0.23(0.01)
F5	2.21	0.38(0.05)	5.40(1.21)	6.70(0.67)	0.11(0.004)	0.13(0.01)

7.2.3.2　酶活性测定

水环境中微生物通过释放胞外酶来捕获不同营养元素(如 C、N 和 P),这些酶活性由水环境中有机质组成和无机营养盐的丰度决定。本书分别测定了糖苷酶(包括 β-D-糖苷酶和 α-D-糖苷酶)、亮氨酸氨肽酶和磷酸酶的活性。

7.2.3.3　有机质组分分析

溪流水样的 DOC 和 DON 直接通过连接有 UV、OCD 及 OND 检测器的 HPLC 进行测定。将 DOC 和 DON 分为以下 4 种组分(He et al., 2016):①非腐殖质高分子量亲水性生物大分子(如蛋白质和多糖),表示为 DOC_{HMWS} 和 DON_{HMWS};②腐殖质高分子量组分,表示为 DOC_{HS} 和 DON_{HS};③腐殖质低分子量组分或腐殖质的降解产物,表示为 DOC_{BB} 和 DON_{BB};④低分子量有机质(如酸、醛、酮、氨基酸等),表示为 DOC_{LMWS} 和 DON_{LMWS}。同时,可以获得 DOM、DOC_{HMWS} 和 DOM_{HS} 的 C/N 比,分别被表示为 C/N_{DOM}、C/N_{HMWS} 和 C/N_{HS}。该系统也可以直接测定 DOC_{HS} 组分在 254nm 波长条件下的特定吸收系数($SUVA_{254}$),可以作为示踪该组分来源的重要信息。另外,对于采集降水径流的水样,首先通过 0.7μm 尼龙滤膜将样品分为溶解态和吸附态,然后分别测定两种形态中有机碳、无机氮和总氮的含量,无机氮的含量通过总氮减去有机氮的含量得出。流域水体陆源有机质年输入通量等于年有机质输入总量与流域的面积之比[t/(km²·a)]。考虑到流域面积可能对溪流中 DOC 和 DON 含量产生影响,通过年总输出有机质量与流域面积的比值[mgC/(s·km²) 或 mgN/(s·km²)]来表征溪流单位面积的输出含量。

7.2.3.4　紫外-可见和荧光光谱分析

采用分光光度计,对过滤后的水样的 200～400nm 波长范围的光谱吸收值进行测定。在 254nm 波长下 DOM 的特定吸收系数($SUVA_{254}$)作为其芳香性的代理指标。将 275～295nm 和 350～400nm 波段的光谱斜率的比值作为坡度比(S_R),通常用来表征 DOM 分子的大小。在室温条件下,使用荧光光度计测定在激发波长(220～450nm)范围、发射波长(250～600 nm)范围内的三维荧光光谱,以 Milli-Q 水作为空白对照,然后将水样的图谱扣除空白对照的图谱进行拉曼校正。由于样品光吸收系数($a_{350} < 2\ m^{-1}$)较小,无须进行内滤效应校正。每 5 个样品测定之后,使用纯水和硫酸奎宁进行校正,样品的荧光密度使用 QSU 单位。运用平行因子法(PARAFAC),通过 Matlab 2010 将所用样品图谱(144 个)划分为 6 个组分(表 7-4),结果可靠性使用折半分析进行验证。与此同时,荧光指数(FI)、腐殖化指数(HIX)及 $\beta:\alpha$ 等指标也被计算出来。

表 7-4　通过 EMM-PARAFAC 模拟的荧光组分

组分	λ_{ex}(nm)/λ_{em}(nm)	来源描述
C1	<250, 280/355	T 峰;类色氨酸和类蛋白质荧光;最新产生有机质的指示剂;降解程度低(Heinz et al., 2015; Stedmon and Markager, 2005);可能来源于自养微生物或陆源新鲜植物及土壤的淋溶产物的蛋白质(Heinz et al., 2015)
C2	<250, 320/398	类腐殖质组分(Hosen et al., 2014);在废水或农业溪流中较为常见(Graeber et al., 2012);与微生物转化有关(Williams et al., 2010)
C3	≤230, 290/386	类富啡酸组分;来自大气沉降中人为源或自养微生物产生物质(Mladenov et al., 2012);主要与人为活动密集的、空气污染的城市区域的降水有关(Zhang et al., 2014)
C4	<250, 345/460	类腐殖质组分;主要来自陆源木质素、丹宁或土壤有机质(Fellman et al., 2010);与酚类官能团呈显著正相关;低分子量的;氧化醌类(Fellman et al., 2009)
C5	<250, 380/510	类腐殖质组分;普遍存在的富啡酸组分;还原态半醌类物质(Stedmon and Markager, 2005);与高等植物密切相关(Fellman et al., 2010);与芳香性官能团呈显著正相关(Graeber et al., 2012; Fellman et al., 2009; Parr et al., 2015)
C6	<250, 325/430	陆源类腐殖质组分;氧化态醌类物质;主要存在于森林、湿地及农业影响的溪流中;不存在于废水中;在土壤中也比较普遍(Stedmon and Markager, 2005; Hosen et al, 2014; Williams et al., 2010; Fellman et al., 2010)

7.2.3.5　木质素测定

过滤后的水样在黑暗的环境下用 pH < 2 的 37% 的盐酸进行酸化,然后通过载有 PPL 柱(Varian bond elut)的固相萃取装置(SPE)对溶解态木质素进行浓缩。富集后的木质素被储存在–20℃环境中保存。在木质素分析之前,先将其在萃取装置暗盒中使用 50 mL 的甲醇进行洗脱,然后在真空离心蒸发浓缩系统中将样品蒸干。随后,根据调整的方法对样品进行氧化铜(CuO)氧化(鲍红艳, 2013)。与此同时,C/V、S/V、3,5-Bd/V、Pn/P、Λ_8、Σ_8、Λ_V 等指标也被计算。为了计算 V 系列组分的混合模型,不同植物凋落物及淋溶液中 V 系列酚类组分的有机碳归一化含量被测定(表 7-5)。

表 7-5　不同样品中 *V* 系列酚类组分的有机碳归一化产量

植物种类	*V* 系列酚类组分的有机碳归一化产量/(mg/100mg OC)		
	凋落物	淋溶液	吸附后清液
樟树	3.08(0.04)	1.15(0.10)	0.89(0.00)
茶树	2.88(0.07)	1.06(0.01)	1.09(0.01)
葡萄树	2.45(0.01)	1.21(0.05)	1.32(0.12)
桃树	3.22(0.14)	1.37(0.03)	1.54(0.13)
栾树	2.76(0.11)	1.54(0.09)	1.32(0.04)
草坪草	2.34(0.07)	1.31(0.07)	1.88(0.09)
水稻	2.13(0.00)	1.61(0.04)	1.72(0.06)
油菜	2.97(0.09)	2.11(0.08)	1.39(0.04)
小麦	3.08(0.03)	1.53(0.11)	1.53(0.03)
玉米	2.59(0.04)	1.71(0.09)	1.71(0.09)
平均值	2.75(0.18)	1.46(0.21)	1.59(0.31)

7.2.4　数据分析

采用 IBM SPSS 22.0 软件数据的单因素方差分析(ANOVA)、多元方差分析(MANOVA)、相关性分析、主成分分析(PCA)、通用线性模型(GLM)、冗余度分析(RDA)、线性混合效应模型(LMEM)等进行分析与模拟。应用 OriginPro 9.1 和 ArcGIS 10.2 对实验数据进行制图;应用 Matlab 2009 软件对三维荧光数据进行平衡因子分析。另外,SEDD-PLOAD 耦合模型的性能通过 Nash-Sutcliffe 系数进行评价。该系数的计算公式为

$$E_{NS} = 1 - \frac{\sum_{i=1}^{N}\left(Q_{obs,i} - Q_{sim,i}\right)^2}{\sum_{i=1}^{N}\left(Q_{obs,i} - \bar{Q}_{obs}\right)^2} \tag{7-1}$$

式中,$Q_{obs,i}$ 和 $Q_{sim,i}$ 分别为第 i 个流域观察和评估的数值;$\bar{Q}_{obs}$ 为算术平均数。

7.3　流域溪流有机质陆源输入特征对土地利用、土壤环境变化的响应

7.3.1　陆源有机质输入估算模型的耦合

7.3.1.1　模型框架

修正通用土壤流失方程(RUSLE),整合气候、土壤、地形、植被及管理 5 个因子来模拟土壤泥沙和吸附态污染物的流失。土壤水土流失包括两个过程:土壤侵蚀和泥沙输移,这些过程导致土壤团聚体崩解加速,并使得包裹土壤有机质的颗粒迁移或溶解在水中。泥沙运移对颗粒态有机质水环境中的迁移与动态起着至关重要的作用,泥沙输移分

布模型(SEDD)将泥沙输移过程作为重要的模块来运行。本书通过整合泥沙输移分布模型和污染负荷应用模型(PLOAD)来评估城乡交错景观带流域的非点源有机质的输入,该模型极大地简化了流失的识别和测量过程。同时,景观空间负荷对比指数(LCI)可以快速、准确地识别出流域不同形态有机质输入通量的空间变异特征,进而为典型溪流陆源有机质输入通量的估算提供模型支持。模型整体结构流程见图7-4。

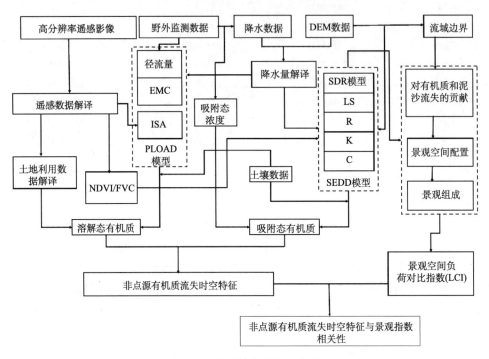

图 7-4　模型整合框架示意图

7.3.1.2　陆源有机质输入估算

1. 吸附态有机质输入估算

采用 SEDD 从栅格水平对流域沉积物、吸附态有机碳(AOC)、有机氮(AON)和无机氮(AIN)输入进行估算。具体公式如下:

$$L_{i,\text{ads}} = A_i \times \text{SDR}_i \times C_{\text{sed}} \tag{7-2}$$

$$A_i = R_i \times K_i \times L_i \times S_i \times C_i \times P_i \tag{7-3}$$

式中,$L_{i,\text{ads}}$代表每个栅格 i 中吸附态有机质输入通量[kg/(km²·a)];A_i代表沉积物输入通量[kg/(km²·a)];SDR_i为泥沙输移比;C_{sed}为每种土地利用下的有机质流失浓度(mg/kg 或 mg/L)(表 7-6);R_i为降水-径流可侵蚀因子[MJ·mm/(km²·h·a)];K_i为土壤可侵蚀因子[t·h/(MJ·mm)];L_i和 S_i分别为坡长(−)[1]和坡度因子(−);C_i为植被覆盖因子;P_i为水土保持因子(−)。

---

① "−"表示无量纲(Wang et al., 2012)。

表 7-6　不同土地利用类型颗粒态和溶解态有机质流失浓度

土地利用类型	AOC /(mg/kg)	DOC /(mg/L)	AON /(mg/kg)	DON /(mg/L)	AIN /(mg/kg)	DIN /(mg/L)
水田	11.07	2.84	0.85	0.38	0.74	0.79
旱地	8.54	2.90	0.71	0.39	0.55	0.85
果园	7.15	1.71	0.58	0.22	0.57	0.54
茶园	6.14	1.52	0.52	0.18	0.49	0.41
有林地	3.63	0.87	0.26	0.09	0.10	0.11
野草地	3.97	0.84	0.31	0.09	0.14	0.11
城市用地	0.95	1.23	0.10	0.14	0.10	0.39
村庄用地	1.35	1.90	0.13	0.23	0.15	0.58
采矿用地	13.42	1.63	1.03	0.17	1.73	0.35
公路用地	1.02	1.26	0.10	0.14	0.13	0.25
设施农用地	3.76	2.89	0.30	0.36	0.17	0.77
坑塘水面	0.00	1.27	0.00	0.12	0.00	0.25
内陆滩涂	3.94	1.57	0.25	0.14	0.08	0.13
沟渠	0.00	1.26	0.00	0.13	0.00	0.30

R_i 因子使用以下公式进行计算：

$$R_i = \sum_{r=1}^{12} 1.735 \times 10^{1.5 \times \lg \frac{P_r^2}{P_u} - 0.8188} \tag{7-4}$$

式中，P_r 为月平均降水量(mm)；P_u 为年平均降水量(mm)。

基于 EPIC 模型可计算 K_i 因子图谱，将 K_i 转换成国际单位制，并获得不同土壤类型下的 K_i 值(表 7-7)。计算过程如下：

$$K_i = \left\{ 0.2 + 0.3 \times \exp\left[-0.0256 \times \mathrm{Sd} \times \left(1 - \frac{\mathrm{Sl}}{100}\right) \right] \right\} \times \left(\frac{\mathrm{Sl}}{\mathrm{Cl} + \mathrm{Sl}} \right)^{0.3}$$
$$\times \left[1.0 - 0.25 \times \frac{\mathrm{Coc}}{\mathrm{Coc} + \exp(3.72 - 2.95 \times \mathrm{Coc})} \right] \tag{7-5}$$
$$\times \frac{1.0 - 0.7 \times (1 - \mathrm{Sd}/100)}{1 - \mathrm{Sd}/100 + \exp\left[-5.51 + 22.9 \times (1 - \mathrm{Sd}/100) \right]}$$

式中，Sd、Sl、Cl 和 Coc 分别为土壤中砂粒、粉粒和黏粒的体积比和有机碳的质量百分比。

坡度-坡长因子往往反映地形对土壤流失的影响。坡长(L_i)和坡度(S_i)因子分别通过以下公式进行计算：

$$L_i = (\lambda/22.13)^m = \begin{cases} m = 0.2 & \theta < 0.5° \\ m = 0.3 & 0.5° \leqslant \theta < 1.5° \\ m = 0.4 & 1.5° \leqslant \theta < 3° \\ m = 0.5 & \theta \geqslant 3° \end{cases} \tag{7-6}$$

$$S_i = \begin{cases} 10.8\sin\theta + 0.03 & \theta \leqslant 5° \\ 16.8\sin\theta + 0.5 & 5° < \theta < 10° \\ 1.9\sin\theta + 0.03 & \theta \geqslant 10° \end{cases} \tag{7-7}$$

表 7-7　不同土壤类型下的 K_i 因子赋值

土壤类型	K_i 值
黄沙土	0.273
黄泥土	0.3344
黄石土	0.2277
黏棕壤	0.3066
白土头	0.4268
白土底	0.5752
夹沙土	0.4603
乌泥土	0.2907
乌栅土	0.3107

植被覆盖因子 C_i 反映的是有关土地利用/覆盖和管理对土壤侵蚀的综合影响。因子 C_i 计算公式如下：

$$C_i = \begin{cases} 1, & \text{FVC}=0 \\ 0.6508 - 0.3436\lg\text{FVC}, & 0<\text{FVC} \leqslant 78.3\% \\ 0, & \text{FVC}>78.3\% \end{cases} \tag{7-8}$$

$$\text{FVC}=\text{NDVI}_S = \frac{\text{NDVI} - \text{NDVI}_{\text{low}}}{\text{NDVI}_{\text{high}} - \text{NDVI}_{\text{low}}} \tag{7-9}$$

式中，NDVI 为归一化植被指数；FVC 为植被覆盖度；NDVI_S 为尺度归一化差值植被指数；NDVI_{low} 和 $\text{NDVI}_{\text{high}}$ 分别指在裸地和稠密植被覆盖时的 NDVI 值。

泥沙输移比(SDR)指土壤侵蚀过程中进入地表水体中的泥沙比例($0\sim1$ 或 $0\sim100\%$)，可以更加真实地反映陆域真正输移到水环境中的物质通量。根据以下公式计算：

$$\text{SDR}_i = \exp(-\beta t_i) \tag{7-10}$$

$$t_i = \sum_{j=1}^{N_P}\left(\frac{l_j}{v_j}\right) \tag{7-11}$$

$$v_j = k\sqrt{S_j} \tag{7-12}$$

式中，t_i 指在 i 个栅格中的泥沙沿着水流路径到达最近河道所用的传播时间(h)；β 为与流域特征密切相关的参数；S_j 为栅格坡度(m/m)；k 为与土地利用密切相关的参数。

水土保持因子 P_i 通过野外调查和农业活动而获得，P_i 值赋值见表 7-8。

表 7-8　不同土地利用类型下的 P_i 因子赋值

土地利用类型	P_i 值
有林地	0.75
野草地	0.25
公路用地	0.1
水田	0.15
旱地	0.35
果园	0.65
茶园	0.7
坑塘水面	0
内陆滩涂	0.2
沟渠	0
设施农用地	0.45
城市用地	0.1
村庄用地	0.1
采矿用地	0.1

2. 溶解态有机质输入估算

PLOAD 模型是在 CH2M-HILL 基础上发展而来的，是典型的基于 GIS 的模型，可以计算不同子流域、土地利用类型以及不同季节、年份的非点源流失量。主要通过以下公式进行计算：

$$\text{PLA}_{i,\text{Dis}} = P_{\text{rain},i} \times Pj_i \times R_{\text{UV},i} \times C_{\text{run}} \tag{7-13}$$

式中，$\text{PLA}_{i,\text{Dis}}$ 指单位面积上溶解态有机质流失率 $[\text{kg}/(\text{km}^2 \cdot \text{a})]$；$Pj_i$ 为产流比或降水量与径流量之比；$R_{\text{UV},i}$ 为每种土地利用的径流系数；C_{run} 为径流中有机质的平均浓度（EMC）（mg/L）；$P_{\text{rain},i}$ 为年平均降水量（mm/a）。

每种土地利用类型的径流系数 $R_{\text{UV},i}$ 计算方法如下：

$$R_{\text{UV},i} = 0.05 + 0.009 \times I_{\text{imp}} \tag{7-14}$$

式中，I_{imp} 为不透水面积比例。I_{imp} 和 $R_{\text{UV},i}$ 的结果见表 7-9。

表 7-9　不同土地利用类型下的 I_{imp} 和 $R_{\text{UV},i}$ 赋值

土地利用类型	I_{imp}/%	$R_{\text{UV},i}$
有林地	15.000	0.185
野草地	10.000	0.140
公路用地	85.000	0.815
水田	5.000	0.095
旱地	15.000	0.185
果园	5.000	0.095
茶园	5.000	0.095
坑塘水面	0.000	0.050

土地利用类型	I_{imp}/%	$R_{UV,i}$
内陆滩涂	2.000	0.068
沟渠	0.000	0.050
设施农用地	25.000	0.275
城市用地	65.000	0.635
村庄用地	35.000	0.365
采矿用地	10.000	0.140

地表径流中物质的平均浓度(EMC)通过以下公式进行计算。

$$EMC = \sum C_n Q_n / \sum Q_i \tag{7-15}$$

式中，Q_n 和 C_n 分别为每次降水所产生径流流量和溶解态有机质的浓度。不同有机质的 EMC 可通过表 7-6 计算得出。

3. 总有机质输入估算

流入水体的有机质总通量为吸附态和溶解态的总和，其计算公式如下：

$$Q_{sum} = \left(\sum_i^n L_{i,Ads} + \sum_i^n PLA_{i,Dis} \right) \times A_U \tag{7-16}$$

式中，Q_{sum} 为流域中总有机质年输入量(kg/a)；A_U 为不同土地利用类型的面积(km^2)。

7.3.1.3　多重景观空间负荷对比指数计算

根据"源-汇"理论，流域的景观特征在非点源物质过程中起到"源""汇"或传输功能。为了揭示景观格局与陆源有机质输入相关生态过程定量关系，通过景观空间负荷对比指数(location-weighted landscape contrast index，LCI)能够监控与识别流域不同景观分布格局对源头溪流陆源有机质输入的空间差异，为流域的管理提供重要的科学指导。

为了描述土地类型对陆源有机质输入在 LCI 中的贡献(LCI_W)，每种"源"或"汇"地类的流失量要进行标准化处理，权重的取值范围为 0~1(表 7-10)。另外，地类景观的组成也代表着流域景观的多样性和丰富性，使用 LCI_P 来表征地类组成比例在 LCI 中的贡献。LCI_W 和 LCI_P 根据以下公式进行计算：

$$LCI_W = lg\left(\frac{\sum_{i=1}^m W_i}{\sum_{j=1}^n W_j} \right) \tag{7-17}$$

$$LCI_P = lg\left(\frac{\sum_{i=1}^m P_i}{\sum_{j=1}^n P_j} \right) \tag{7-18}$$

式中，W 和 P 为每种地类流失权重和面积比例；i 和 j 分别代表每个栅格上源和汇的类型；m 和 n 分别表示源和汇的数量。

表 7-10　不同土地利用类型对陆源有机碳、氮输入的贡献权重

输入形态	源景观类型	OC 权重	ON 权重	汇景观类型	OC 权重	ON 权重
吸附态有机质	水田	0.373	0.467	有林地	0.178	0.92
	旱地	0.826	0.925	野草地	0.188	0.855
	果园	1.000	1.000	公路用地	0.623	0.692
	茶园	0.451	0.496	内陆滩涂	0.151	1.000
	设施农用地	0.515	0.401	城市用地	1.000	0.675
	采矿用地	0.306	0.515	村庄用地	0.766	0.6
溶解态有机质	公路用地	1.000	0.954	有林地	0.396	0.689
	水田	0.272	0.528	野草地	0.476	0.757
	旱地	0.520	0.846	果园	0.397	0.372
	设施农用地	0.762	0.997	茶园	0.458	0.553
	城市用地	0.838	1.000	坑塘水面	1.000	1.000
	村庄用地	0.731	0.903	内陆滩涂	0.597	0.846
	采矿用地	0.293	0.335	沟渠	0.897	0.779
总有机质	公路用地	0.836	0.904	有林地	0.197	0.526
	水田	0.481	0.593	野草地	0.190	0.554
	旱地	1.000	1.000	坑塘水面	0.873	1.000
	果园	0.849	0.596	内陆滩涂	0.195	0.627
	茶园	0.441	0.351	沟渠	1.000	0.779
	设施农用地	0.972	0.985			
	城市用地	0.692	0.945			
	村庄用地	0.615	0.870			
	采矿用地	0.451	0.438			

实际上，景观的空间分布的元素(坡度、高程及到出水口的距离)与有机质输入密切相关。为了简化公式，将相对高程和距离元素用流径长度来表示。流径长度 $\mathrm{LCI}_{S,\mathrm{fl}}$ 和坡度 $\mathrm{LCI}_{S,\mathrm{sl}}$ 指数使用以下公式进行计算。

$$\mathrm{LCI}_{S,\mathrm{fl}}=\lg\left(\frac{\sum_{i=1}^{m}S_{\mathrm{fl},i}}{\sum_{j=1}^{n}S_{\mathrm{fl},j}}\right) \tag{7-19}$$

$$\mathrm{LCI}_{S,\mathrm{sl}}=\lg\left(\frac{\sum_{i=1}^{m}S_{\mathrm{sl},i}}{\sum_{j=1}^{n}S_{\mathrm{sl},j}}\right) \tag{7-20}$$

式中，fl 和 sl 分别代表流径长度和坡度；S 表示在洛伦兹曲线中的流径长度或坡度整合面积。$\mathrm{LCI}_{S,\mathrm{fl}}$ 或 $\mathrm{LCI}_{S,\mathrm{sl}}$ 接近于 0 时，代表相对平均化的景观空间特征对有机质输入的影响不大；大于 0 时，表明有机质流失源的景观空间特征比流失汇的景观空间特征更加不利于土壤的保护，从而促进了有机质的输入；反之亦然。

为了综合考虑不同土地利用类型空间配置的影响，使用以下公式进行计算。

$$\mathrm{LCI}_{\mathrm{fl}}=\lg\left(\frac{\sum_{i=1}^{m}W_i\times P_i\times S_{\mathrm{fl},i}}{\sum_{j=1}^{n}W_j\times P_j\times S_{\mathrm{fl},j}}\right) \tag{7-21}$$

$$\mathrm{LCI}_{\mathrm{sl}}=\lg\left(\frac{\sum_{i=1}^{m}W_i\times P_i/S_{\mathrm{sl},i}}{\sum_{j=1}^{n}W_j\times P_j/S_{\mathrm{sl},j}}\right) \tag{7-22}$$

$$\mathrm{LCI}=\mathrm{LCI}_{\mathrm{fl}}+\mathrm{LCI}_{\mathrm{sl}} \tag{7-23}$$

式中，LCI 为景观空间负荷对比指数。当 LCI 小于 0 时，流域的土地利用景观格局不利于有机质输入；当 LCI 大于 0 时，利于有机质的输入。

为了更加直观地呈现流域景观格局对水环境中有机质输入贡献的空间特征，构建了 30m×30m 网格景观空间负荷对比指数(grid landscape contrast index，GLCI)，计算方法如下：

$$\mathrm{GLCI}=\left(1-\frac{S_{\mathrm{fl},i}}{S_{\mathrm{fl,max}}}\right)\left(1+\frac{S_{\mathrm{sl},i}}{S_{\mathrm{sl,max}}}\right)\left(\sum_{i=1}^{n}W_i\times P_i-\sum_{j=1}^{m}W_j\times P_j\right) \tag{7-24}$$

$$\mathrm{GLCI}_{xy}=\mathrm{GLCI}_x+\mathrm{GLCI}_y \tag{7-25}$$

式中，$S_{\mathrm{fl,max}}$ 和 $S_{\mathrm{sl,max}}$ 分别为受有机质输入影响的最远距离(20km)和理论上最大的坡度(90°)；GLCI_x 和 GLCI_y 代表在每个网格上有机质 x 和 y 的 LCI；GLCI_{xy} 指有机质 x 和 y 综合的 LCI 指数。

7.3.1.4　模型适应性分析

模型结果准确性主要通过每个子流域出水口实地观测值与模型估算值进行对比验证。由图 7-5 可知，年平均 DOC、AOC、TOC、AON、TON 和 DIN 输入通量的模拟值与观测值沿 1∶1 拟合线两侧均匀分布，而泥沙、DON 输入通量预测通过耦合 SEDD-PLOAD 模型成功地估算了研究区的有机质、无机氮和泥沙输入特征，也模拟了吸附态和溶解态物质的输入路径，获得了令人满意的结果。

之前的学者将 SEDD 模型用在地势较为复杂的三峡水库地区和岷江上游流域，来模拟土壤侵蚀和泥沙向水体中的输入通量(Chen et al., 2011; Yang et al., 2012)。在本书中，RULSE 和 SDR 模型也被证实可以在地势较平缓的流域中有效地模拟泥沙和吸附态有机质的输入通量。另外，本书也通过整合 SEDD-PLOAD 模型成功地模拟了人为活动强度较大的城乡交错景观带流域的 AOC、DOC、AON、DON、DIN、AIN 和泥沙向水环境中输入过程。随着城市的快速扩张，自然土壤被不透水或半透水的表面替代，在减少土壤侵蚀的同时会增大产流量，极大改变有机质的运输路径。一些研究者已经通过 ECM、L-THIA 和模糊数学系统对城乡交错景观带的流域非点源流输入通量进行了模拟(Wang et al., 2014; Zhuang et al., 2013)，然而这些方法往往顾此失彼，无法全面地涵盖非点源流失的总量。因此，SEDD-PLOAD 模型更加简便、灵活、准确地描述了有机质流失的过程，同时也为城乡交错景观带溪流的有机质陆源输入的估算打下基础。

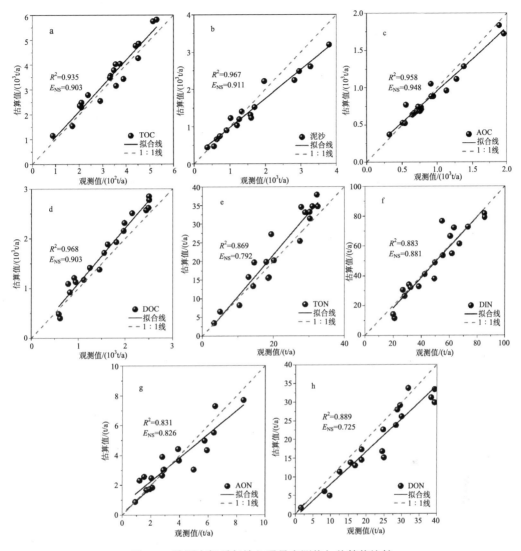

图 7-5　陆源有机质年输入通量实测值与估算值比较

7.3.2　流域水体有机碳、氮陆源输入特征的空间变异

不同子流域的平均泥沙输移比(SDR)空间变异较小，大部分子流域的平均 SDR 都在 0.2~0.3(除了子流域 16 和 18，分别为 0.14 和 0.16)(表 7-11)。高值的 SDR 主要分布于丘陵高山地带，运载的泥沙仅仅占总流失量的 5.36%，这可能是由于良好的植被覆盖减缓了水土流失的过程。流域的大部分地区地势平坦，水流和泥沙有更长的输移时间，使得大量的泥沙在未到达水体之前就沉积下来。尽管平原地区具有更低的 SDR，但高强度的农业耕作提高了土壤侵蚀量，最终成为溪流泥沙的主要来源(李晶, 2009)。

表 7-11　不同子流域水体中陆源泥沙、有机碳、氮和无机氮年输入量

子流域编号	SDR	泥沙产率/[t/(km²·a)]	陆源有机碳					氮和无机氮年输入量									
			AOC/(t/a)	AOC/TOC/%	DOC/(t/a)	DOC/TOC/%	TOC/(t/a)	TDN/(t/a)	TON/(t/a)	DIN/(t/a)	DON/(t/a)	AIN/(t/a)	AON/(t/a)	DON/TON/%	AON/TON/%	DON/TDN/%	TON/TDN/%
1	0.23	170.47	99.80	34.60	188.66	65.40	288.46	56.27	25.62	53.47	22.56	2.81	3.05	88.09	11.91	29.68	31.28
2	0.25	302.66	261.28	54.82	215.32	45.18	476.61	68.63	33.82	61.31	26.12	7.32	7.70	77.23	22.77	29.88	33.01
3	0.29	205.81	85.61	23.09	285.23	76.91	370.84	86.54	38.35	81.69	33.38	4.85	4.97	87.03	12.97	29.01	30.71
4	0.26	182.55	96.13	40.39	141.89	59.61	238.03	43.81	20.32	41.08	17.30	2.73	3.02	85.12	14.88	29.63	31.69
5	0.26	320.88	203.34	62.68	121.06	37.32	324.39	38.89	20.63	34.17	15.12	4.72	5.51	73.30	26.70	30.67	34.66
6	0.26	145.92	143.15	42.58	193.08	57.42	336.22	58.97	28.19	54.78	23.77	4.19	4.43	84.29	15.71	30.26	32.35
7	0.23	189.65	102.27	52.56	92.29	47.44	194.55	28.79	13.92	26.35	11.35	2.44	2.57	81.53	18.47	30.11	32.60
8	0.21	146.60	90.69	44.53	112.97	55.47	203.66	34.70	16.30	32.35	13.82	2.35	2.48	84.78	15.22	29.94	31.97
9	0.27	190.02	128.37	48.18	138.07	51.82	266.45	41.66	20.71	38.03	16.81	3.64	3.91	81.15	18.85	30.65	33.21
10	0.28	278.04	92.77	45.93	109.20	54.07	201.96	33.29	16.07	30.54	13.03	2.76	3.04	81.07	18.93	29.91	32.56
11	0.24	314.20	208.16	47.36	231.35	52.64	439.51	73.25	35.24	66.46	27.95	6.79	7.29	79.31	20.69	29.60	32.48
12	0.27	411.07	60.08	59.82	40.35	40.18	100.42	13.01	6.61	11.53	4.93	1.48	1.68	74.61	25.39	29.96	33.70
13	0.26	428.18	79.45	61.89	48.91	38.11	128.36	16.17	8.39	14.18	6.07	1.99	2.32	72.33	27.67	29.96	34.15
14	0.29	187.34	91.48	26.28	256.68	73.72	348.16	75.39	33.48	72.11	29.82	3.28	3.66	89.07	10.93	29.26	30.75
15	0.27	146.40	34.56	12.11	250.88	87.89	285.44	75.34	31.74	72.56	29.08	2.77	2.66	91.61	8.39	28.61	29.64
16	0.14	51.00	88.49	24.15	277.99	75.85	366.48	80.78	35.52	79.04	33.69	1.74	1.83	94.86	5.14	29.89	30.54
17	0.22	157.73	95.79	26.78	261.85	73.22	357.64	80.97	35.52	76.67	31.17	4.30	4.35	87.75	12.25	28.90	30.49
18	0.16	84.91	93.17	44.27	117.28	55.73	210.45	34.53	16.26	32.89	14.52	1.64	1.74	89.31	10.69	30.63	32.02
平均值	0.24	217.41	114.14	39.98	171.28	60.02	285.42	52.28	24.26	48.85	20.58	3.43	3.68	83.47	16.53	29.81	32.10

注：SDR 代表泥沙输移比；TOC 和 TON 分别代表总有机碳、总输入量；AOC 和 AON 分别代表吸附态有机碳、氮输入量；DOC 和 DON 分别代表通过泥沙输入水体中的溶解态有机碳、氮输入量；AIN 和 DIN 分别代表吸附态无机氮和溶解态无机氮的输入量；TDN 指代总溶解态氮，包括无机氮和有机氮。

如图 7-6 所示，研究区 2014 年 TOC、DOC 和 AOC 年平均输入通量的空间分布特征被呈现。模拟结果表明 AOC 输入通量的范围为 0～13.94 t/(km²·a)，而 DOC 输入通量范围为 0.045～2.552 t/(km²·a)，远小于 AOC 的通量；TOC（包括 AOC 和 DOC）年平均输入通量范围为 0.045～14.232 t/(km²·a)。不同子流域有机碳（TOC、DOC 和 AOC）年输入总量也被统计在表 7-11 中。TOC 年输入总量在不同子流域间变化的范围为 100.42～476.61 t，而 AOC 和 DOC 输入总量的范围分别为 34.56～261.28 t 和 40.35～285.23 t。在整个流域，AOC 和 DOC 输入总量分别达到 2054.59 t 和 3083.06 t，这两种流失形态分别约占总有机碳年输入量的 40%和 60%，说明溶解态有机碳是流域水体的输入主要贡献源。具体来看，AOC 输入贡献率超过 50%的区域主要包括子流域 2、5、7、12 和 13，这些子流域为农业土地利用主导的流域，主要有旱地、水田和果园分布；而在子流域 1、3、14、15 和 16 中，城镇建设用地和居民点集中分布，使得 DOC 输入成为流域水体有机碳主要贡献者。另外，不同子流域的有机碳输入通量如图 7-7 所示。在不同子流域中，TOC 和 AOC 输入通量范围分别为 8.240～17.469 t/(km²·a) 和 1.259～10.809 t/(km²·a)，高值主要分布于农业耕作为主的子流域；而 DOC 输入通量范围为 4.710～9.129 t/(km²·a)，高值主要分布在人为活动密集且地表透水性较低的子流域，因为有更高的产流比和人为的输入，所以增加了流域水体溶解态有机碳的输入。

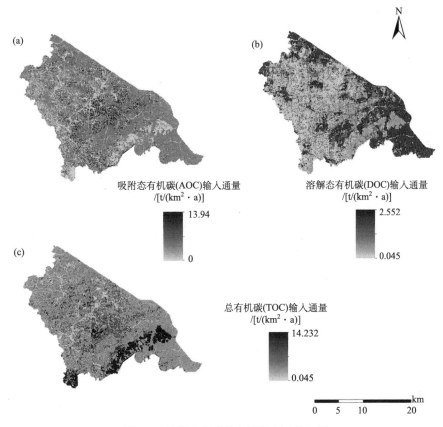

图 7-6　陆源有机碳输入通量空间分布图

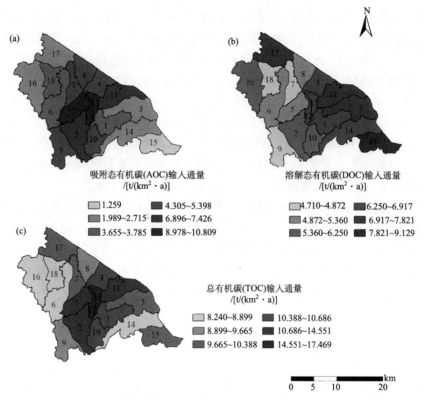

图 7-7　不同子流域中陆源有机碳输入通量的空间分布图

同样,本书也使用 SEDD-PLOAD 模型对有机氮(TON、DON 和 AON)和无机氮(AIN和 DIN)的输入特征进行了估算(图 7-8)。氮的输入量级要远远小于有机碳的输入:TON、DON 和 AON 输入通量范围分别为 0.005~1.561 t/(km²·a)、0.012~1.337 t/(km²·a)和 0~0.445 t/(km²·a),而 DIN 和 AIN 输入通量范围分别为 0~3.46 t/(km²·a)和 0~0.669 t/(km²·a)。不同子流域不同形态氮的年输入量统计结果显示(表 7-11):DIN 年输入量范围为 11.53~81.69 t/a,远远高于其他组分的年输入量(如 AIN, 1.48~7.32 t/a;AON, 1.68~7.70 t/a)。从整个流域来看,每年进入水环境的总无机氮(TIN)和有机氮(TON)输入量分别达到 940.99 t/a 和 436.69 t/a,TON 占总氮(TN)输入量的 31.70%;TON 输入量中,DON和 AON 分别占到 TON 的 83.47%和 16.53%;DON 在总溶解态氮(TDN)中的比例达到29.81%。以上的这些数据表明在流域水体陆源有机质输入过程中,有机氮比有机碳更加容易以溶解态的形式运输到水体中,并为水环境提供重要的氮源。具体来看,除子流域15 和 16 的 AON 输入总量在 TON 所占的比例小于 10%且变异较大之外,其他流域水体各个形态的氮输入在整个氮库中比例比较稳定,并未因流域空间分布的变化而改变。此外,从不同子流域水体的输入通量来看,不同形态有机氮(AON 和 DON)输入通量空间分布特征分别与相应形态有机碳(AOC 和 DOC)输入通量的空间分布特征相似,说明有机质碳、氮元素在输入过程中具有较好的耦合性。另外,不同来源的有机质的 C/N 比值差异,可能也是引起两者流失有所不同的原因之一。

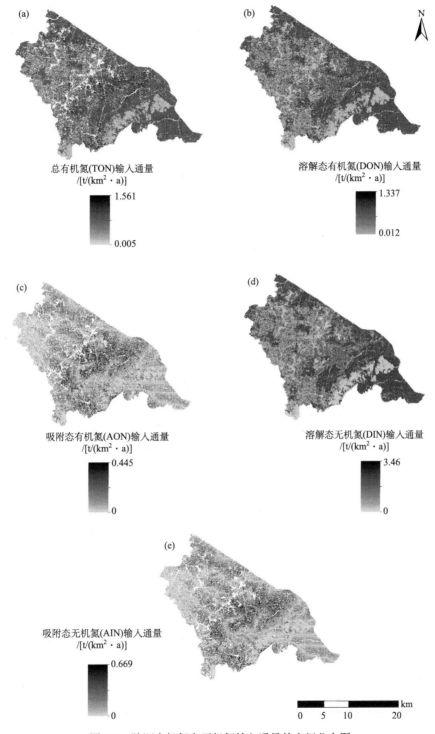

图 7-8　陆源有机氮和无机氮输入通量的空间分布图

　　土壤流失和人为活动是影响流域水环境陆源有机质和营养输入通量的两个重要因素。由于本书研究区主要处于城乡交错景观带，有机质非点源的流失通过泥沙和地表径流共同运移，来源较为复杂，无法准确地识别以上两个来源。为了更加准确地从输入路径分析，本书模拟了溶解态和吸附态有机质输入作为运输主要途径，每种途径都分别包含土壤侵蚀和人为活动相关来源。研究表明通过径流运输的溶解态有机质占主导地位（DOC 约为 60%；DON 为 83.47%）；基于地类分析，影响流域水体陆源有机质输入量的主要地类为村庄用地、水田、公路用地、城市用地、旱地和果园，它们共承担了流域水体大约 95% 以上的 TOC 或 TON 来源。六种主要土地利用类型对有机质的贡献比例大小排序为：城市用地>旱地>村庄用地>水田>公路用地>果园。本书通过对流域水体的泥沙、不同形态的有机碳和氮以及无机氮的年输入量和输入通量进行估算，为进一步研究典型有机质的输入特征提供科学基础。

7.3.3　流域水体有机质陆源输入特征对土地利用、土壤环境变化的响应

7.3.3.1　对土地利用-土壤结构类型差异的响应

流域的景观地类主要包含 14 种二级土地利用，并由此形成相应的错综复杂的土地利用-土壤结构类型，它们对有机质的输入产生不同的相互作用。其中，主要的集中地类对非点源输入过程起着关键作用。

通过对上述流失数据的比较分析发现，耕地（旱地、水田）、园地（茶园、果园等）、城乡建设用地（城市用地、村庄用地等）、自然林地与草地（有林地、野草地等）是影响流域水体有机质输入的主要土地利用-土壤结构类型。基于这四大类土地利用-土壤结构类型和有机质输入通量，将 18 个子流域进行聚类分析并划分为 5 组类别（表 7-12）：子流域 14 以城乡建设用地和自然林地与草地为主；子流域 7 主要由耕地和园地组成；在子流域 3、15、17 中城乡建设用地超过 60%；其他子流域景观地类组成由多种主要地类混合

表 7-12　流域土地利用-土壤结构类型分析和有机碳、氮的平均输入通量

组别	子流域	面积/%	土地利用-土壤结构	平均输入强度/[t/(km²·a)]					
				AOC	DOC	TOC	AON	DON	TON
I	1、10	9.537	自然林地与草地（15%～25%）；城乡建设用地（30%～45%）；耕地（15%～20%）；园地（10%～15%）	4.26	6.32	10.58	0.15	0.81	0.94
II	2、4、11、12、16	28.506	自然林地与草地（<10%）；城乡建设用地（35%～45%）；耕地（30%～40%）；园地（5%～20%）	6.06	6.58	12.64	0.20	0.90	1.07
III	3、15、17	20.467	自然林地与草地（<15%）；城乡建设用地（60%～85%）；耕地（1%～20%）；园地（<5%）	2.11	8.12	10.23	0.13	1.03	1.14
IV	5、6、7、8、9、13、18	33.339	自然林地与草地（<15%）；城乡建设用地（15%～35%）；耕地（30%～50%）；园地（<20%）	5.92	5.26	11.17	0.20	0.79	0.95
V	14	8.150	自然林地与草地（32.3%）；城乡建设用地（53.9%）；耕地（<2%）；园地（<8%）	2.32	6.49	8.81	0.10	0.79	0.87

而成。通常，耕地和园地比例较高的子流域，对水体的 AOC 和 AON 输入通量具有更高的贡献，而更高的城乡建设用地往往会提高溶解态有机质输入通量。由表 7-12 可知，组别 II（包括子流域 2、4、11、12 和 16）和 IV（包括子流域 5、6、7、8、9、13 和 18）的子流域，其耕地的面积都在 30% 以上，具有较高的 AOC 和 AON 输入通量；组别 III 的子流域，由于城乡建设用地比率较高，具有更高的 DOC 和 DON 输入通量。

如表 7-13 所示，LCI_P 指数表征流域"源"和"汇"景观地类的土地利用-土壤结构对有机质输入过程的影响。当 LCI_P 大于 0 时，"源"景观地类的土地利用-土壤结构起

表 7-13　不同形态陆源有机质输入的 LCI 值

组别		I	II	III	IV	V
AOC	LCI_P	−0.357	−0.160	−0.840	0.003	−0.971
	LCI_W	−0.277	−0.176	−0.889	0.090	−0.834
	$LCI_{S,sl}$	0.534	0.120	1.004	−0.020	1.070
	$LCI_{S,fl}$	−0.435	−0.081	−0.839	0.103	−0.737
	LCI	−1.167	−0.633	−3.293	0.269	−3.277
DOC	LCI_P	0.324	0.641	0.747	0.394	0.189
	LCI_W	0.495	0.617	0.830	0.287	0.454
	$LCI_{S,sl}$	0.260	−0.806	−0.302	−0.331	0.253
	$LCI_{S,fl}$	−0.003	0.958	0.660	0.543	−0.171
	LCI	1.894	2.668	3.513	1.574	1.369
TOC	LCI_P	0.593	0.899	0.860	0.597	0.336
	LCI_W	0.857	0.818	0.901	0.529	0.727
	$LCI_{S,sl}$	0.062	−1.359	−0.345	−0.604	0.144
	$LCI_{S,fl}$	0.215	1.976	0.771	0.909	0.061
	LCI	3.175	4.050	3.947	2.558	2.332
AON	LCI_P	−0.310	−0.062	−0.865	0.190	−0.950
	LCI_W	−0.241	0.011	−0.775	0.216	−0.853
	$LCI_{S,sl}$	0.553	0.109	1.009	−0.104	1.070
	$LCI_{S,fl}$	−0.441	−0.076	−0.877	0.137	−0.737
	LCI	−0.990	−0.069	−3.148	0.847	−3.273
DON	LCI_P	0.308	0.616	0.790	0.428	0.189
	LCI_W	0.465	0.735	0.929	0.446	0.373
	$LCI_{S,sl}$	0.282	−0.896	−0.968	−0.825	0.253
	$LCI_{S,fl}$	−0.025	1.017	0.974	0.884	−0.171
	LCI	1.802	2.823	3.444	1.807	1.206
TON	LCI_P	0.581	0.905	0.950	0.614	0.336
	LCI_W	0.711	0.921	1.032	0.586	0.543
	$LCI_{S,sl}$	0.081	−2.823	−3.000	−2.328	0.144
	$LCI_{S,fl}$	0.196	2.952	2.802	2.465	0.061
	LCI	2.861	3.780	3.766	2.536	1.964

着主导作用；当 LCI_P 小于 0 时，"汇"景观地类的土地利用-土壤结构起主导作用。对于吸附态有机质（AOC 和 AON）而言，组别Ⅳ各子流域的 LCI_P 平均值大于 0，其植被类型良好，利于阻止土壤侵蚀和吸附态有机质输入水体中。组别Ⅳ各子流域 40%～70% 的面积被耕地和园地覆盖，这也使得流域水体输入源占据更大优势。对于溶解态或总有机质输入来说，所有的 LCI_P 值都大于 0，说明城市化过程中的土地利用-土壤结构有利于提高溶解态或总有机质向水环境输入的概率。

在研究区内，LCI_P 作为单独的变量是影响土壤和有机质输入通量最显著的影响因子，可以解释该生态过程 85% 的变异。在大多数子流域中，吸附态输入路径的 LCI_P 小于 0，表明大多数流域景观的"源-汇"结构有利于土壤保护。Yang 等（2012）利用回归模型发现，岷江上流泥沙产量超过 90% 的变异是由土地利用类型因子引起的。流域水体中的吸附态输入"源"的比例越高，吸附态有机质输入通量也越高，组别Ⅳ中的子流域比其他子流域水体具有更高比例的吸附态有机质输入"源"景观（耕地和园地），因此产生了更高的吸附态有机质输入通量。然而，溶解态输入路径和总有机质输入路径的 LCI_P 大于 0，表明大多数子流域景观的"源-汇"结构有利于产生更高地表径流量，增加 DOM 和 TOM 的输入通量。为了更加精确地分析特定地类的贡献，将不同的地类作为独立变量进行分离，结果发现耕地和园地可以解释总有机质输入路径下 LCI_P 指数 91% 的变异，紧随其后城乡建设用地解释了 73% 的变异。1980～2000 年，本书流域的建设用地的比例增长了近 30%，扩大的不透水地表面积增加了流域的产流比（Li et al., 2007）。罗璇等（2010）在丹江口库区 15 个小流域的监测发现，流域内旱地、居民用地成为氮素流失的主要"源"，而林地和草地成为氮素流失的主要"汇"。另外，森林对生态过程的动态变化也发挥着重要的功能，作为重要的"汇"景观可以有效地减缓人类活动带来的改变。然而，在本书研究区内，森林主要分布在山地或丘陵地带，并不断被果园和茶园取代，这些都大大地增加了土壤与有机质流失的风险。因此，在农业区与水环境毗邻区、山地区进行植树造林对于减少流域水体有机质输入风险和土壤退化起到至关重要的作用。

7.3.3.2　对土地利用-土壤类型空间配置差异的响应

不同土地利用-土壤类型的空间地形地貌特征，对有机质输入过程也有较大的影响。如图 7-9 所示，不同地类的径流长度和坡度取值的累积分布特征差异显著。水稻田主要沿河道或河网分布，使其到达表面水体出口的距离最短，因而具有最低的径流长度。与水稻田相似，设施农用地的径流长度还不到流域最大值的 20%，使输入河水中的有机质具有更短路径和运移时间。茶园主要分布在山地或丘陵的底部，与河道的距离也较近，径流长度也不到流域最大值的 30%。果园、旱地以及城市用地等，最大径流长度超过了90%，大大提高了有机质输移到水环境中的时间和距离，增加了有机质沉积和渗透的机会。但果园、旱地及城市用地的大部分面积分布在最大径流长度的 10% 范围内，因此产生的有机质也很迅速地进入水体中。对于坡度而言，森林和草地主要分布在坡度陡峭的山地及丘陵地区；其他地类主要分布在平原或地势平缓的地带，有超过 40% 的面积位于平原地带，剩下 60% 的面积的坡度不会超过流域最大坡度的 15%。

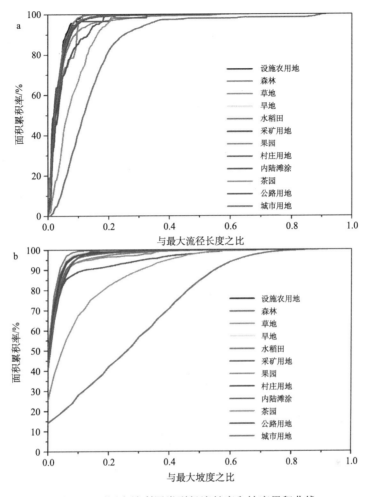

图 7-9 不同土地利用类型径流长度和坡度累积曲线

  $LCI_{S,fl}$ 指数(表 7-13)表征流域不同土地利用-土壤类型的径流长度对有机质输入过程的影响,当 $LCI_{S,fl}$ 值大于 0,说明流域土地利用-土壤类型的径流长度更有利于溶解态或总有机质输入到水环境中。研究区流域内,水稻田、旱地及果园等由于具有更短的径流长度成为吸附态有机质(AOC 和 AON)输入的主要贡献源。因此,以农业为主的类别组Ⅳ中的各子流域 $LCI_{S,fl}$ 平均值大于 0,表明其更利于有机质的输入,而不利于土壤的保护;其他子流域则不利于有机质的输入。森林作为重要"汇"景观,对溶解态有机质输入通量起着至关重要的作用;Ⅰ 和 Ⅴ 组的子流域中具有更密集的自然植被,使得这两组的 $LCI_{S,fl}$ 平均值小于 0,不利于 DOC 和 DON 输入到水环境中。对于 TOC 或 TON 输入来讲,所有子流域的 $LCI_{S,fl}$ 都大于 0,说明整个流域的地形地貌有利于增加有机质的输入通量。

  $LCI_{S,sl}$ 指数表征流域不同土地利用类型的坡度对有机质输入过程的影响。当 $LCI_{S,sl}$ 值大于 0,说明流域土地利用类型的坡度更利于增加水环境有机质输入通量。$LCI_{S,sl}$ 值在不同组别中正负取值与 $LCI_{S,fl}$ 值刚好相反,说明在坡度较大的区域,具有更长的径流路径，并成为影响流域水体有机质和泥沙输入通量的第二个关键景观特征。其中，与径流长度相关的景观配置($LCI_{S,n}$)可以解释有机质流失68%的变异。依据SDR的定义可知：随着地表径流的流径长度的增加，泥沙和有机质输移到水环境中所需的时间就会提高，进而减少进入到水体中的概率。

在本书中，农耕用地和城乡居民点大多数沿着河网的源头溪流分布，具有更短径流长度，因此也成为有机质输入的重要来源。尤其是，城乡建设用地为主的组别III中的子流域和农业用地比例较高的组别IV中的子流域，分别产生更高DOM和AOM的输入通量。本书研究区年平均泥沙输入量为217.41 t/(km²·a)，远远小于太湖流域年平均输入量328.51 t/(km²·a)（曾海鳌等，2008）。与太湖流域西部山区的流域相比，泥沙输入量较低，但其携带有机质输入到水体中的风险加大，这与研究区内快速的城市化和高强度的农业耕作有关。因此，应该根据不同的需求着重从控制不同形态有机质的来源入手，提出具有针对性的管理措施，尤其是对距离河道较近的农业和居民区污染输入源进行有效控制。

7.3.4 典型溪流有机质陆源输入特征对土地利用、土壤环境变化的响应

7.3.4.1 对主导土地利用-土壤类型差异的响应

为了对有机质输入重点区域进行监测，沿城市化梯度选取24个源头溪流进行监测。不同监测溪流中有机碳、氮和无机氮陆源输入通量的空间差异显著（表7-14）。TOC年输入总量在不同流域间变化的范围为14.75～119.21t（平均值为50.77t），而AOC和DOC输入总量的范围分别为2.63～61.12 t（平均值为18.84t）和7.26～62.32t（平均值为31.94t）。在所有调查的溪流中，AOC和DOC输入总量分别达到452.09t和766.46t，这两种流失形态分别约占总有机碳年输入量的37.3%和62.7%，说明源头溪流中陆源有机质的输入依然是以溶解态有机碳为主导。另外，所有调查的溪流的流域面积仅占整个流域的18.96%，但对流域水体AOC和DOC贡献分别达到近1/4。每年进入水环境的总有机氮（TON）输入量达到72.98 t。TON输入量中，DON和AON分别占到TON的80.47%和19.53%；DON在总溶解态氮（TDN）中的比例达32.03%。不难看出所有溪流中有机质输入量的比例组成与流域水体输入通量的调查结果相近，有机质仍主要以溶解态的形式输入到水环境中。同样，DIN年输入量范围为6.7～11.90 t，远远高于其他组分的年输入量（如AON为0.16～1.55 t；DON为0.50～4.99 t）。

表7-14 不同源头溪流中陆源有机碳、氮和无机氮年输入量

监测点	AOC /t	AOC/ TOC/%	DOC /t	DOC/ TOC/%	TOC /t	AON /t	DON /t	TON /t	DIN /t	AON/TO N/%	DON/TO N/%	DON/TD N/%
S1	11.43	22.19	40.11	77.81	51.54	0.45	2.98	3.44	7.50	13.14	86.86	28.47
S2	14.26	31.26	31.36	68.74	45.62	0.47	2.43	2.89	6.01	16.12	83.88	28.77
S3	24.13	30.11	56.02	69.89	80.16	0.81	4.33	5.15	10.71	15.82	84.18	28.80
S4	40.06	67.50	19.29	32.50	59.35	0.93	1.97	2.90	4.36	31.93	68.07	31.18
S5	41.30	67.38	20.00	32.62	61.30	0.95	2.04	2.99	4.48	31.88	68.12	31.24
S6	34.64	67.36	16.78	32.64	51.42	0.80	1.71	2.51	3.76	31.88	68.12	31.26

续表

监测点	AOC /t	AOC/ TOC/%	DOC /t	DOC/ TOC/%	TOC /t	AON /t	DON /t	TON /t	DIN /t	AON/TO N/%	DON/TO N/%	DON/TD N/%
S7	11.79	16.31	60.49	83.69	72.28	0.57	4.43	5.00	11.31	11.41	88.59	28.13
S8	4.35	8.93	44.32	91.07	48.66	0.32	3.17	3.49	8.20	9.29	90.71	27.86
S9	8.89	17.96	40.59	82.04	49.48	0.41	2.99	3.40	7.58	11.98	88.02	28.31
S10	34.55	67.56	16.59	32.44	51.14	0.80	1.70	2.50	3.76	31.96	68.04	31.15
S11	4.87	13.66	30.78	86.34	35.65	0.26	2.19	2.45	5.25	10.67	89.33	29.43
S12	2.63	5.94	41.62	94.06	44.25	0.28	2.96	3.24	7.58	8.67	91.33	28.07
S13	35.75	48.65	37.74	51.35	73.50	0.93	3.19	4.12	7.71	22.55	77.45	29.26
S14	23.83	67.62	11.41	32.38	35.25	0.55	1.17	1.72	2.60	31.99	68.01	31.11
S15	27.40	30.54	62.32	69.46	89.72	0.91	4.81	5.71	11.88	15.89	84.11	28.81
S16	7.49	50.77	7.26	49.23	14.75	0.16	0.50	0.65	6.70	23.88	76.12	41.66
S17	2.80	6.28	41.72	93.72	44.51	0.31	3.01	3.32	7.60	9.27	90.73	28.39
S18	5.26	12.27	37.64	87.73	42.90	0.33	2.76	3.09	6.87	10.83	89.17	28.65
S19	3.20	7.06	42.08	92.94	45.27	0.32	3.04	3.36	7.62	9.49	90.51	28.52
S20	14.43	51.97	13.34	48.03	27.77	0.29	0.90	1.19	1.12	24.54	75.46	44.33
S21	61.12	51.27	58.09	48.73	119.21	1.55	4.99	6.54	11.90	23.71	76.29	29.54
S22	12.28	53.41	10.71	46.59	23.00	0.26	0.76	1.02	1.10	25.27	74.73	40.93
S23	10.92	51.48	10.29	48.52	21.22	0.22	0.68	0.90	0.84	24.28	75.72	44.96
S24	14.71	48.04	15.91	51.96	30.62	0.31	1.08	1.40	1.64	22.36	77.64	39.84

从不同土地利用-土壤类型主导的不同类别溪流有机质陆源输入的差异来看,农田溪流中 AOC 输入贡献率超过 65%,远远高于城市渠道溪流中的贡献率(不到 10%);在城市渠道溪流中,DOC 输入量的贡献率超过 90%;而在林地溪流中,AOC 和 DOC 的输入量的贡献率较为均衡[图 7-10(a)]。就有机氮而言,农田溪流中 DON 贡献率平均值低于林地溪流中比例,而在城市渠道溪流中 DON 对总有机质输入的贡献率高达 90%。如图[7-10(b)],与林地溪流相比,农田溪流显著地提高了 AOC、DOC 和 TOC 的输入通量;而城市渠道溪流却降低了 AOC 输入通量,提高了 DOC 和 TOC 的输入通量。从有机氮的输入来看,农田溪流和城市渠道溪流显著地提高了 DON 和 TON 的输入。

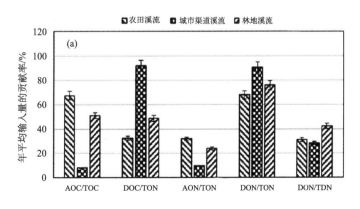

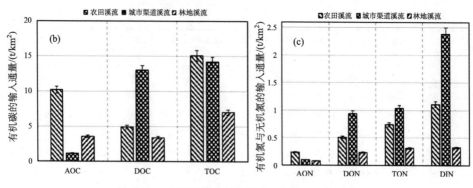

图 7-10　不同类别溪流有机碳、氮陆源输入特征

7.3.4.2　对城市化水平差异的响应

综合来看，随着城市化水平的提高，DOC 和 DON 对总有机质的输入贡献率逐渐提高，而 AOC 和 AON 的比例却在降低(图 7-11)。

另外，AOC 输入通量的范围为 $0.83 \sim 10.20$ t/$(km^2 \cdot a)$，而 DOC 输入通量范围为 $3.21 \sim 13.46$ t/$(km^2 \cdot a)$，与 AOC 的平均输入通量相近；TOC(包括 AOC 和 DOC)年平均输入通量范围为 $6.61 \sim 15.54$ t/$(km^2 \cdot a)$。氮的输入的量级要远远小于有机碳的输入：TON、DON 和 AON 输入通量范围分别为 $0.29 \sim 1.08$t/$(km^2 \cdot a)$、$0.24 \sim 0.98$t/$(km^2 \cdot a)$ 和 $0.07 \sim 0.24$t/$(km^2 \cdot a)$，而 DIN 输入通量范围为 $0.27 \sim 2.53$t/$(km^2 \cdot a)$。随着城市化水平提高，溶解态有机质(DOC、DON)和无机氮(DIN)的输入通量显著增大，而吸附态有机质(AOC、AON)的输入通量却在减小。城市化显著地提高了溪流中 TON 的输入通量，但对 TOC 输入通量的影响不显著。另外，沿着城市化水平梯度的上升，吸附态有机质和溶解态有机质的输入通量 C/N 比值在降低，说明城市化过程中，农业与城市土地利用通过改变土壤有机质的周转和污染物的负载，更加显著地提高溪流陆源有机氮的输入通量。建设用地包括城乡居民区、商业区、停车场及街道，都是由不透水表面构成的，这极大地改变了流域水文路径，促进低 C/N 有机质随地表径流进入到水环境中(Shon et al., 2012)。

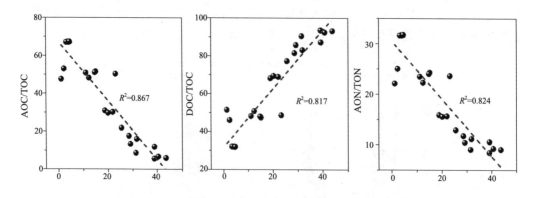

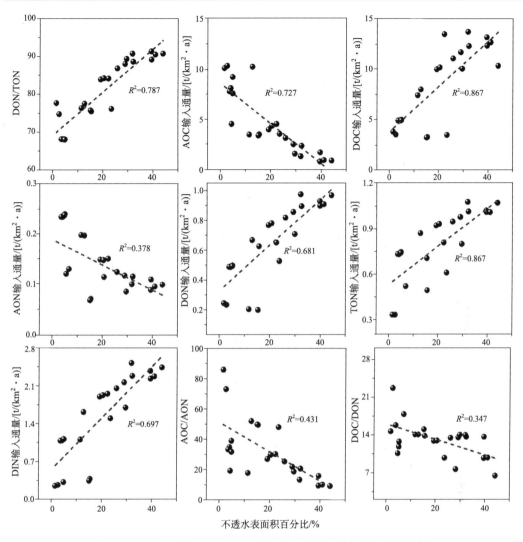

图 7-11　不透水地表面积比例与有机碳、氮输入特征的相关性分析

7.4　典型溪流溶解态有机质性状对土地利用、土壤环境变化的响应

7.4.1　不同土地利用-土壤类型影响溪流中溶解态有机质输出含量的特征差异

7.4.1.1　自然土地利用-土壤类型影响溪流中 DOC 和 DON 输出含量特征

森林和湿地等自然土地利用-土壤类型区内溪流,尤其是森林溪流是调节陆地与水生生态系统间物质与能量交换的重要缓冲地带(石福臣等,2008)。森林溪流广泛分布于森林地表,其流速缓慢,凋落物的分解速率远大于地表的降解速率,深刻地平衡着水生生态系统的结构与功能。因此,调查森林溪流 DOC 和 DON 含量及输出特征,对评估城市化过程中土地利用、土壤环境变化对水环境有机质的输出具有重要的参考价值。在本书中,自然林地溪流中 DOC 和 DON 含量分别为 1.83～6.21mg/L(平均值 3.39mg/L,n

=25，图 7-12）和 0.087～0.279 mg/L（平均值 0.149 mg/L），但不同林地溪流间的变异性并不明显。由表 7-15 可知，地处亚热带的自然林地溪流 DOC 含量显著地高于温带及亚

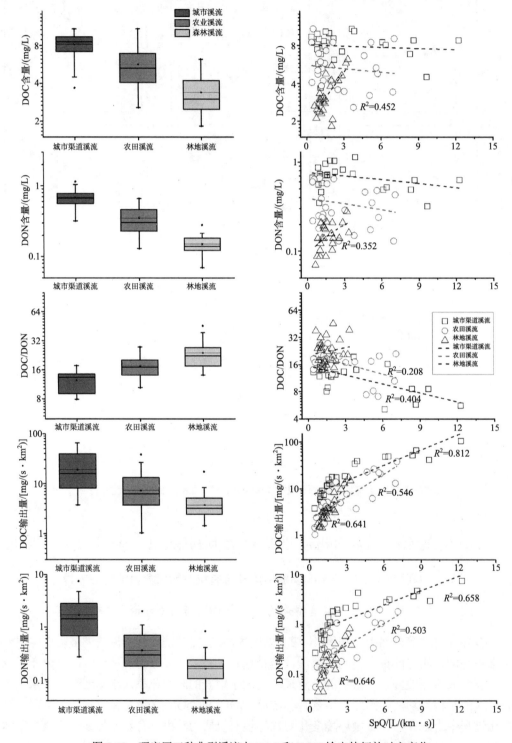

图 7-12　研究区三种典型溪流中 DOC 和 DON 输出特征的时空变化

表 7-15　全球范围内主要气候区森林流域 DOC 和 DON 的含量及单位输出浓度

参考文献	气候带	植被类型	DOC 含量 /(mg/L)	DOC SLOAD /[mg/(s·km²)]	DOC/DON	DON 含量 /(mg/L)	DON SLOAD /[mg/(s·km²)]
Heinz et al., 2015	温带(德国)	落叶、阔叶森林	1.65~3.05	4.9~13.8	12~42	0.04~0.1	0.05~0.4
Graeber et al., 2012	温带(德国)	落叶、阔叶森林	1.3~3.8	1.71~9.35			
Inamadar et al, 2012	温带(美国)	阔叶森林	1.12~5.23	1.65~3.1	8.12~89	0.032~0.14	0.041~0.54
Perakis and Hedin, 2002	亚热带(智利)	常绿阔叶森林			61	0.008~0.135	
	亚热带(阿根廷)	常绿阔叶森林			61	0.008~0.136	
Huang et al, 2015	亚热带(中国武夷山)	常绿阔叶森林	4.0~5.5				
Rantakari et al., 2010	北欧(芬兰)	高山矮林		28.5~111			
	北欧(芬兰)	松柏林		19.7~29.8			
Bott and Newbold, 2013	热带(秘鲁)	热带雨林	0.8		12.3		
	热带(秘鲁)	次生林	7.9		24.3		
Gücker et al., 2016	热带(巴西)	热带雨林	0.9~4.3	1.74~84.3	24.3~77		
Silva et al., 2011	热带(巴西中部)	热带雨林	1.3		8.6		
Markewitz et al., 2006	热带(巴西)	热带雨林	8.1	86.3	78.6		
		荒漠灌丛	2.16		32.8	0.226	
		地中海森林/草地	1.13~1.87		42.9	0.1855	
Martin and Harrison, 2011	全球范围	针叶林/北美带森林	1.43~2.28		62.8	0.227	
		温带森林	1.23~3.99		53.1	0.1235	
		热带森林/草地	2.26		84	0.0545	
Harrison et al.,2005	世界河流平均值	混合类型	5.8		26		

注：SLOAD 为水体在流域内单位面积输出的 DOC 或 DON 浓度[mg/(s·km²)]，简称单位输出量；所有统计数据都统一转化为相同的单位。

热带森林流域输出 DOC 含量，但低于大部分热带河流及全球的平均值，甚至低于中国武夷山地区森林 DOC 输出的浓度，这可能与流域森林种类、生物量及土壤有机层厚度等有关（Benner et al., 1995; McClain et al., 1997）。然而，DON 的含量显著地高于温带自然溪流的含量，略高于或接近热带森林流域溪流 DON 的含量。本书研究区森林溪流 DOC 和 DON 单位面积负载含量分别为 1.43～17.33 mg/(s·km^2)［平均值 4.94 mg/(s·km^2) 和 0.045～7.47 mg/(s·km^2)［平均值 0.917 mg/(s·km^2)］，不同采样点及采样时间的变异性均较大，其输出的中间值普遍低于不同气候带森林溪流的 DOC 及 DON 单位输出量（表7-15）。通常，流域内年平均降水量及产流量紧密地影响陆源有机质的输入通量，本书研究区研究期间的平均降水量为 1035 mm，显著小于热带湿润地区(>1400mm)。有机质中 DOC/DON 之比是调节水体微生物活性的重要因素(Hessen et al., 2004)，在热带或亚热带的自然流域中，生物需氮量或有机质状态特征都有利于溪流输出更高的 DON(Taylor et al., 2015)，这也可能是溪流中的 DOC/DON 更低的原因。由于异养微生物对 DOM 降解的最佳 C/N 为 2.4～10.9(Mouginot et al., 2014)，但在本书研究区的森林溪流中的 DOC/DON 平均值处于中高水平，不利于微生物的降解，可能使得氮成为微生物降解 DOM 的限制因子。通常，无机氮(DIN)也可能成为缓解氮限制的重要来源，但是在自然溪流中，DON 依旧是水中氮库中主要的组成部分，微生物利用 DIN 对缓解氮限制的作用有限。

　　本书中的研究区位于四季分明的亚热带地区，降水呈现明显的季节性变化。不同类型的溪流年平均降水差异并不明显，但具有显著的季节性变化。然而，三种类型溪流流量对降水的响应程度却不同，城市渠道溪流和农田溪流的流量显著地高于自然的林地溪流，其中城市渠道溪流的流量最大。不同类型的溪流流量的时间变异性也具有显著差异（图 7-13），城市渠道溪流在采样周期的 20%的时间内输出 80%的流量，而在农田和林地溪流中输出全年溪流流量的 80%分别需要采样周期的约 40%和 60%的时间，显然城市渠

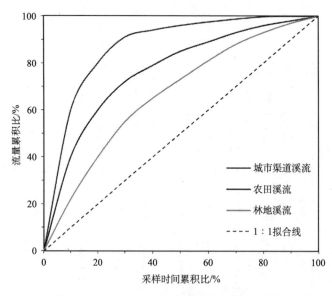

图 7-13　研究区三种典型溪流的流量累积曲线

道溪流在更短时间内输出更大流量，且具有更高的时间或季节变异性。尽管不同类型的溪流流量对降水响应的敏感性有所差异，但是溪流流量随时间的变异特征与降水量变化特征基本一致。因此，流量可以作为溪流中有机质特征的季节性变异的代理指标。

在夏秋季节，降水量与流量都较高；而在冬春季节，降水量与流量显著降低。因此，溪流的流量基本可以代表该研究区的季节变异特征。本书中，林地溪流中流量与 DOC、DON 含量及单位面积输出含量具有显著的正相关，呈现显著的季节性变化；而流量与 DOC/DON 比值没有显著的相关性(图 7-12)，说明 C/N 化学计量比未呈现季节性变化。这样的结果可能被解释为在雨季来临时，迅速提高的降水量形成巨大径流，将从旱季分解的土壤有机质中得到的 DOC 和 DON 迅速冲刷带入水环境中，但有机质的来源单一，未改变 DOM 的 C/N 比值。与之相反，Heinz 等(2015)对德国东北部的低地森林源头溪流的研究发现，溪流的 DOC 和 DON 含量与溪流流量的相关性较弱，未呈现显著的季节性变化；但是 DOC 和 DON 单位输出量呈现显著的季节性变化。Gücker 等(2016)研究发现，在热带雨林的溪流中，DOC 含量、输出量及 DOC/DON 比值都呈现显著的季节性变化。

7.4.1.2　人为干扰土地利用-土壤类型影响溪流中 DOC 和 DON 输出含量特征

总的来看，溪流的 DOC 含量变化范围为 1.83～10.81 mg/L(平均值 5.6 mg/L)，溪流 DON 含量显著地低于 DOC 含量，其含量的变化范围为 0.087～1.14 mg/L(平均值 0.396 mg/L)。DOC 和 DON 单位面积输出含量范围分别为 1.45～103.91 mg/(s·km^2)〔平均值 13.15 mg/(s·km^2)〕和 0.045～7.47 mg/(s·km^2)〔平均值 1.02 mg/(s·km^2)〕，溪流 DOC 和 DON 含量及单位面积输出含量都随着流域不透水地表面积比例的提高而增大(图 7-14)。

在城市化背景下，土地利用、土壤环境变化通过改变流域的水文特征和土壤过程来影响溪流中 DOM 含量及其输出量。流域内扩张的不透水面积显著地提高 DOC 和 DON 含量及输出量，却降低了 DOM 的 C/N。这些结果表明城市化过程中大量的人为建设活动(包括城乡居民点、商业区、交通路网、街道等)极大地提高具有较低 C/N 化学计量比的 DOM(DOC 和 DON)输出量，为水体微生物提供更加丰富、有效的物质和能量来源(Mouginot et al., 2014)。本书与之前的研究结果一致，也就是沿着城市化水平梯度升高趋势，DOC 和 DON 输出量逐渐提高(Hosen et al., 2014; Parr et al., 2015)。

在本书中，三种类型溪流中的 DOC 和 DON 含量及单位面积输出含量大小顺序为：城市渠道溪流>农田溪流>林地溪流(图 7-12)；但城市和农田溪流中 DON 在总溶解态氮库中的平均比例(7.71% 和 11.76%)显著低于林地溪流中的比例(47.97%)。与自然林地溪流相比，城市渠道溪流和农田溪流都显著地提高了水体中 DOC 和 DON 的含量和输出量，但是 DON/TDN 的比值却显著地降低。不同气候区相关研究也印证了农业耕作和城市化过程可以显著地提高溪流有机质的含量与产量(Aitkenhead-Peterson et al., 2009; Graeber et al., 2012; Gücker et al., 2016; Petrone et al., 2011)。

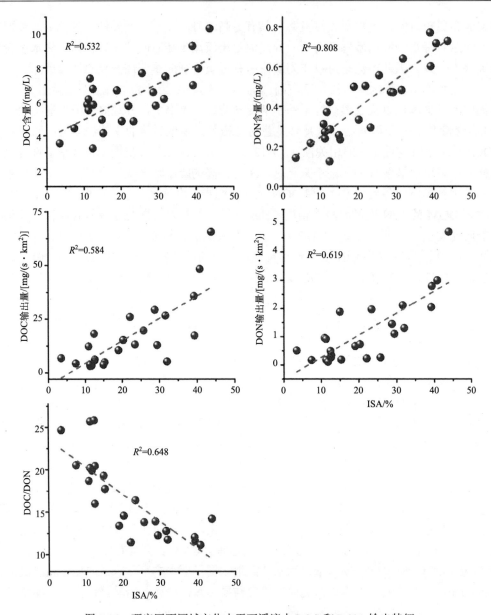

图 7-14 研究区不同城市化水平下溪流中 DOC 和 DON 输出特征

　　然而，也有少量的研究发现流域农业和城市等人为相关的土地利用-土壤类型并未对溪流的 DOC 和 DON 含量产生显著的影响(Cronan et al., 1999; Wilson and Xenopoulos, 2008)。这些不一致的结果可能是由自然湿地或点源污水排放引起的。泥炭湿地或污水排放都可能提高水体中 DOC 或 DON 含量，从而混淆了林地、城市及农业等不同土地利用-土壤类型区溪流输出 DOC 或 DON 的特征(Aitkenhead-Peterson et al., 2009)。对于本书研究区而言，自然湿地和点源污水排放可以明显地被排除掉，是由于城市和农业土地利用通过非点源途径增加溪流中 DOC 和 DON 的含量与单位面积的输出量。农业和城市土地利用通过改变水文路径、提高对降水的响应敏感程度，来改变陆源物质向水环境输入路径。城市土地利用具有较高的不透水面积，往往会增加地表径流量，使地表人为源有机质及无机营养盐输入到水环境中，进一步刺激水体内源性产物的生成。由于城市化和工业化的快速发展，空气中悬浮着大量的低分子量、富含氮的有机质，通过降水过程进入水环境中(Mladenov et al., 2012)。据报道，在太湖流域，这种非点源沉降来源已经占到该区域水环境 DOM 总量的 13.8%(Zhang et al., 2014)。另外，城市化流域中更高含量的无机营养盐(DIN、TDP)及水体化学性质的改变(电导率、pH 等)，通过选择性刺激自养微生物的活性，增加新鲜的微生物固定的有机质含量，降低溪流中 DOM 的 C/N 比值，提高其生物有效性。对于农田流域而言，农业土地利用由于岸堤植被覆盖度减少，极大地增加了土壤有机质的流失率；农田地下的排水系统也减少了土壤水的运移时间，大大增加土壤有机质运移量；深耕、施肥等农业相关管理方式刺激土壤微生物活性、土壤团聚体结构的破坏等，促进土壤 DOM 释放，并经由土壤水进入水环境中，尤其是氮肥的使用会加速 DON 的释放(Heinz et al., 2015)。

与自然林地溪流相比，农田和城市渠道溪流中的 DOC 和 DON 含量与流量都无显著相关性，但由于 DOC 和 DON 的迁移性的差异使得 DOC/DON 比值随径流量呈显著负相关(城市渠道溪流 $R^2 = 0.404$；农田溪流 $R^2 = 0.208$)，呈现显著的季节性变化。城市渠道溪流 DOC 和 DON 单位面积输出含量与溪流流量呈显著的正相关(DOC 输出量 $R^2 = 0.812$；DON 输出量 $R^2 = 0.658$，$p < 0.05$)；农田溪流 DOC 和 DON 单位输出量与溪流流量呈显著的正相关性($R^2 > 0.5$, $p < 0.05$)(图 7-12)。基于线性混合效应模型的结果(表 7-16)，城市和农业土地利用-土壤类型与流量都具有交互效应，都对自然溪流的 DOC 和 DON 含量变化具有负向效应。城市地类与流量对 DOC 和 DON 的输出量具有显著正交互效应，而农业和流量对 DOC 和 DON 输出量的影响不显著(表 7-16)。从 DOC 和 DON 输出的变异性来看，城市渠道和农田溪流的 DOC 输出的时间变异性显著地高于林地溪流的变异性，人为主导的溪流在 36%的采样时间内输出的 DOC 量占总量的 80%；而城市渠道溪流在 40%采样时间内完成 72%的 DON 输出量，显著高于农田溪流(59.3%)和林地溪流(54.2%)(图 7-15)。

表 7-16　线性混合效应模型(LMEM)结果

因变量	固定效应	估计值	标准误差	自由度	T 值	p 值	总效应
DOC 含量	(截距)	3.12	0.08	47	35.61	0.0001	
	地类—城市	1.23	0.12	22	6.54	0.01221	⊥
	地类—农业	0.92	0.09	22	1.67	0.0211	⊥
	流量	3.32	1.06	47	2.63	0.0321	⊥
	地类—城市×流量	−3.43	1.24	47	−2.08	0.0032	⊤
	地类—农业×流量	−2.31	0.78	47	−3.56	0.0056	⊤
DON 含量	(截距)	2.72	0.28	47	27.61	0.0121	
	地类—城市	2.53	0.12	22	3.56	0.01521	⊥
	地类—农业	1.22	0.09	22	1.97	0.0211	⊥
	流量	2.52	1.76	47	2.73	0.005321	⊥
	地类—城市×流量	−2.23	1.07	47	−1.88	0.032	⊤
	地类—农业×流量	−1.21	0.68	47	−2.39	0.0096	⊤

续表

因变量	固定效应	估计值	标准误差	自由度	T 值	p 值	总效应
DOC 输出量	(截距)	0.62	0.08	47	2.61	0.1876	
	地类—城市	1.32	0.19	22	1.54	0.0021	⊥
	地类—农业	0.92	0.09	22	1.67	0.0311	⊥
	流量	9.32	3.06	47	4.38	0.0021	⊥
	地类—城市×流量	13.43	4.24	47	4.08	0.0082	⊥
	地类—农业×流量	8.31	0.78	47	3.98	0.076	ns
DON 输出量	(截距)	1.08	0.34	47	6.61	0.0221	
	地类—城市	0.53	0.12	22	3.56	0.01521	⊥
	地类—农业	0.22	0.09	22	1.97	0.0211	⊥
	流量	2.22	1.76	47	2.03	0.0321	⊥
	地类—城市×流量	−12.43	3.07	47	5.88	0.012	⊥
	地类—农业×流量	−11.51	6.68	47	3.39	0.0916	ns
DOC/DON	(截距)	−8.08	3.34	47	−6.61	0.0321	
	地类—城市	−2.53	0.12	22	−2.96	0.0021	⊤
	地类—农业	−3.45	1.23	22	−3.27	0.0211	⊤
	流量	0.24	0.34	47	0.63	0.0721	ns
	地类—城市×流量	2.23	1.07	47	3.67	0.0022	⊥
	地类—农业×流量	0.51	6.68	47	2.39	0.0016	⊥

注：“⊥”表示显著的正效应；“⊤”表示显著的负效应；“ns”表示无显著效应。

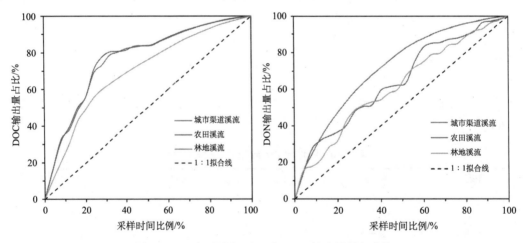

图 7-15　研究区溪流 DOC 和 DON 输出量累积曲线

上述结果表明农业发展与城市建设深刻地改变了 DOC、DON 含量或输出量，以及 C/N 化学计量数的季节变异性。然而，城市和农业土地利用-土壤类型对 DOM 特征的季节性变异的影响机制却不同。城市土地利用类型区全年都提供稳定人为源及内源性的 DON 和 DOC，抵消了季节性流量对 DOC 和 DON 含量、输出的影响，因此对 DOC 和 DON 含量输出特征的季节性变化产生深远的影响。农业土地利用对溪流 DOC 和 DON 含量季节性变化也产生深远的影响(Bücker et al., 2011)。这是因为农业的定期灌溉及其地下排水系统都抵消了自然降水对土壤有机质的冲刷效应,所以 DOC 和 DON 含量的季节性变化特征不明显。因此,在农田溪流,DOC 和 DON 含量缺乏明显的季节性变异特征,且与之前的相关研究不同。造成这种趋势的原因,与农业管理类型、气候特征及在河网中的监测位置有关(Graeber et al., 2012)。在农田溪流中,DOC/DON 比值与溪流的流量无显著的相关性,未发现其季节性变异特征。然而,农业和城市土地利用却提高了溪流中 DOC/DON 比值的季节变异性,这也表明农业和城市土地利用、土壤环境变化深刻地改变了 DOM 来源与组成的季节性差异。

7.4.2　不同土地利用−土壤类型影响溪流中溶解态有机质组成的特征差异

7.4.2.1　木质素的组成特征差异

木质素是陆源维管植物普遍存在的异质性的苯丙芳香有机聚合物,在地球上的含量仅次于纤维素,也是重要的、主要的有机碳汇。

总的看来,经过一年对研究区溪流有机质的监测发现,研究区溪流水体中 8 种木质素组分(Σ_8)的含量为 9.5~48.83 μg/L(平均值 22.28 μg/L),8 种木质素单体的含量在总有机质中的比例(Λ_8)为 0.15~0.94 mg/100mg DOC(平均值 0.45 mg/100mg DOC)。与其他地区的河流相比(表 7-17),研究区溪流溶解态木质素组分(Σ_8)的含量远远小于北极圈附近河流及非洲热带河流中的含量(Amon et al., 2012; Spencer et al., 2015),与长江中下游河段、浙江省主要河流、海南文昌河干流及河口中监测含量相近,却小于红树林湿地中含量(鲍红艳, 2013)。相似的,木质素在溶解态有机质中的比例(Λ_8)也与中国长江流域及海南文昌河相近。

表 7-17　在全球主要河流中溶解态木质素的含量

参考文献	地点		Σ_8/(μg/L)	Λ_8/(mg/100mg DOC)
Amon et al., 2012	北极圈	Yukon	52.94	0.52
		Mackenzie	12.59	0.28
		Ob	66.02	0.61
		Yenisey	108.45	1.03
		Lena	134.76	0.98
Lobbes et al.,2000	俄罗斯西北部	Kolyma	49.55	0.65
		Mezen	231	2.1
		Vizhas	194	1.9
		Vaskina	319	5.2
		Velikaja	122	2.7
		Moroyyakha	125	2.8
		Yensiey delta	246	3.1
		Olenek	258	2.7
		Iena delta	82	1.4
		Indigirka	34	0.8
Spencer et al.,2015	非洲西北部	Congo	76.5	0.72

续表

参考文献	地点		$\Sigma_8/(\mu g/L)$	$\Lambda_8/(mg/100mg\ DOC)$
Hedges et al.,2000	南美洲巴西	Amazon	72.7	0.78
鲍红艳，2013	中国海南	海南文昌河	18.6	0.7
		河口	13.8	0.7
		红树林湿地	74.9	1.3
	长江中下游	长江	7.0～21.1	0.4～1.6
	中国浙江	钱塘江	27	1.3
		曹娥江	16	0.7
		甬江	23	0.55
		椒江	14	0.68
		瓯江	9	0.37
		飞云江	8	0.38
		鳌江	68	0.91

如图 7-16 所示，研究区溪流木质素的总含量及在溶解态有机碳中占比都与 ISA 呈显著的负相关。从不同类型溪流来看，农田溪流中木质素相关酚类的含量(Σ_8)显著地高于林地和城市渠道溪流中的含量；而木质素在有机质中的占比(Λ_8)表明林地溪流中的含量最高，平均含量为$(0.88\pm0.09)\,mg/100mg\ DOC$，显著高于农田溪流的$(0.60\pm0.16)\,mg/100mg\ DOC$ 和城市渠道溪流的$(0.18\pm0.05)\,mg/100mg\ DOC$(表 7-18 和图 7-17)。

C/V 和 S/V 可以反映水体溶解态有机质的来源(Jex et al., 2014)。木本被子或裸子植物组织中几乎不含 C 系列组分，因此 C/V 接近于 0，而裸子植物中的 S/V 接近于 0。本书中，溪流中 S/V 范围为 0.58～1.58，而 C/V 的范围为 0.05～0.8。不同土地利用影响的溪流的地类 C/V 差别显著，城市渠道溪流的 C/V 的取值范围为 0.23～0.55，而农田和林地溪流 C/V 分别分布在两侧为 0.58～0.8 和 0.05～0.25(图 7-18)。以上结果表明木质素主要来自木本被子植物，农田溪流陆源的木质素主要来自被子植物的叶片或禾本科植物，而城市渠道溪流中的木质素主要是来自木本和草本植物混合源，这与流域的植被种类相一致。与其他河流中的木质素含量相比，农田溪流和林地溪流中 S/V 与海南文昌河干流、河口及红树林湿地中的含量相近；而城市渠道溪流中 S/V 与 C/V 的比值与浙江主要的入海河流中比值相近(鲍红艳，2013)，说明这些流域都受到城市化植被较为严重的影响。

木质素 V 系列组分广泛存在于植物中且具有较为稳定的化学反应性，通常使用其在单位有机质中 V 组分的含量作为水体陆源植物的来源的重要示踪物质。研究水体样品中 Λ_V 的含量范围为 $0.23～0.78mg/100mg\ DOC$(平均值 $0.54mg/100mg\ DOC$)，并且与 ISA 呈显著的负相关($R^2 = 0.844$, $p< 0.05$；图 7-16)。在自然林地主导的溪流中 Λ_V 含量显著高于城市渠道和农田溪流中的含量。为了进一步分析土壤吸附、淋溶和植物种类对水体 V 组分的影响，本书对区内不同植物的凋落物、淋溶液以及吸附后的上清液的 V 组分进行分析，与植物残体相比，在淋溶液和上清液中的 Λ_V 分别减少 46.07% 和 45.66%，说明木质素的溶解性和土壤吸附可能是影响水体中 V 组分含量的重要因素，而非降解作用所引起。

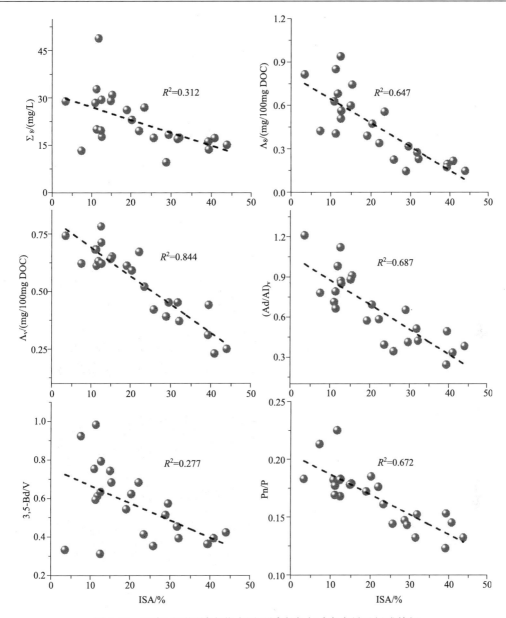

图 7-16　研究区不同城市化水平下溪流中木质素含量及组成特征

表 7-18　研究区不同类型溪流中 DOM 分子组成特征

分子特征	农田溪流	城市渠道溪流	自然林地溪流
C/N_{DOM}	19.82(4.12)b	12.45(3.82)c	25.25(3.19)a
C/N_{HMWS}	12.60(1.92)b	7.39(2.50)c	16.78(2.70)a
C/N_{HS}	21.39(2.31)b	16.72(0.75)c	25.85(2.56)a
$DOC\%_{HS}$	59.63(4.68)b	51.44(2.98)c	69.59(9.22)a
$DOC\%_{BB}$	6.3(2.34)b	14.3(2.11)a	4.2(1.09)b
$DOC\%_{HMWS}$	7.01(1.91)b	18.12(0.78)a	9.48(0.87)b

续表

分子特征	农田溪流	城市渠道溪流	自然林地溪流
DOC%LMWS	27.06(5.45)a	16.14(9.19)b	16.73(8.89)b
DON%HS	55.25(9.87)b	38.24(4.31)c	62.26(5.92)a
DON%BB	16.57(4.5)ab	11.48(5.3)b	18.68(9.3)a
DON%LMWS	16.84(3.9)b	19.69(7.8)a	4.81(4.3)c
DON%HMWS	11.34(3.9)b	30.59(10.2)a	14.26(4.9)b
C1%	7.42(1.34)b	22.95(5.46)a	4.29(1.13)b
C2%	15.05(2.26)a	10.47(2.13)b	4.61(1.23)c
C3%	9.58(1.59)c	21.58(1.47)a	6.96(3.11)d
C4%	22.11(3.15)a	12.33(5.42)c	15.84(6.78)b
C5%	20.38(4.46)b	15.25(4.89)c	28.56(4.34)a
C6%	28.45(3.10)b	17.42(1.98)c	39.75(7.83)a
$SUVA_{254}/[L/(mg·m)]$	4.77(1.98)ab	2.69(1.23)b	5.24(1.29)a
S_R	1.07(0.21)b	1.45(0.27)a	0.83(0.11)c
$\beta{:}\alpha$	0.48(0.12)b	0.72(0.08)a	0.52(0.03)b
FI	1.32(0.16)b	1.54(0.78)a	1.19(0.68)c
HIX	0.91(0.05)b	0.82(0.06)c	0.98(0.18)a
$\Lambda_8/(mg/100mg\ DOC)$	0.60(0.16)b	0.18(0.05)c	0.88(0.09)a
$\Sigma_8/(\mu g/L)$	27.75(10.23)a	16.10(0.96)c	24.21(0.72)ab
$\Lambda_V/(mg/100mg)$	0.65(0.08)ab	0.36(0.06)b	0.76(0.09)a
$(Ad/Al)_V$	0.83(0.12)b	0.32(0.06)c	1.17(0.09)a
3,5-Bd/V	0.74(0.14)a	0.39(0.03)b	0.32(0.06)b
Pn/P	0.19(0.03)a	0.13(0.01)b	0.18(0.03)a

注："a""b"和"c"分别代表显著性检验的结果,同一行中,不同字母标注的结果差异显著。

基于不同植物来源的 V 组分的相关信息可以表征陆源有机质的来源特征。通常在木本植物中 V 组分的含量(mg/100mg DOC)为 2.7～13,但非木本植物中含量为 0.7～3.0。在本书中,10 种植物凋落物中 V 的平均含量为(2.75±0.18)(mg/100mg)DOC,在淋溶液中平均含量为(1.46±0.21)mg/100mg DOC,在土壤上清液中为(1.59±0.31)mg/100mg DOC。使用上清液平均值作为陆源维管植物的 100%端源,基于 V 混合模型发现,城市溪流中平均有 22.83%的有机质来源于陆源维管植物,农田和林地溪流中的有机质来自维管植物的比例分别为 41.32%和 47.93%(图 7-19)。在其他研究中发现,亚马孙河中 V 组分在 DOC 中的占比达到 0.67 mg/100 mg(Hedges et al., 2000),而在密西西比河(Hernes and Benner, 2003)和俄罗斯西北部的河流 (Lobbes et al.,2000) 中的含量分别为 0.44 mg/100 mg 和 0.15 mg/100 mg,由此可以推算出这三个系统中陆源维管植物对水体中 DOM 的贡献率分别为(44 ± 15)%、(29 ± 10)%和(10 ± 3)%。而本书中的农田及林地溪流中的比例显著高于密西西比河和俄罗斯西北部河流中的比例。

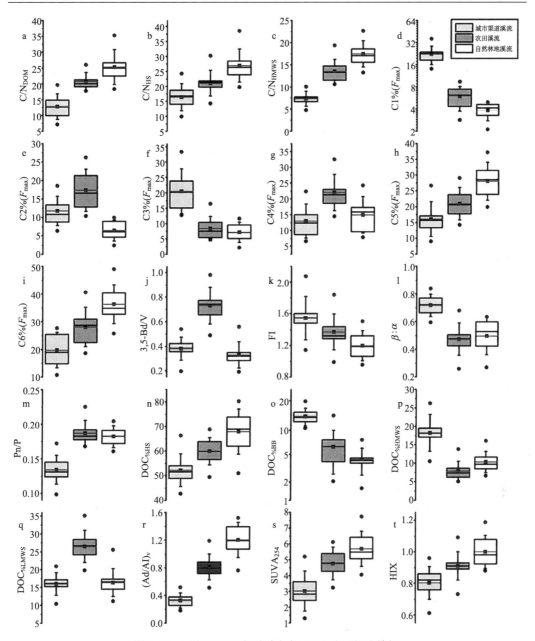

图 7-17　研究区不同类型溪流中 DOM 分子组成特征

$(Ad/Al)_V$ 可以表征木质素的降解程度，其值范围为 0.24～1.21（平均值 0.66），并随 ISA 增大而减小（$R^2 = 0.687$，$p < 0.01$；图 7-16）；农田溪流（0.83±0.12）和自然林地溪流（1.17±0.09）中的含量显著高于城市渠道溪流（表 7-18 和图 7-17）。对比其他研究，农田溪流和林地溪流中的比值与长江水体（0.7～1.4）、海南文昌河水（0.9～1.4；平均值 1.1）及红树林湿地中（0.8～1.0；平均值 0.8）的比值一致（鲍红艳，2013），说明进入河流中的植物残体都经历了较强的降解过程。城市渠道溪流中平均值为 0.32，与浙江甬江中的调查结

果相近，这可能是由于城市化过程中不透水地表面积的增加，减少了叶片的降解过程，使得更多新鲜的植物叶片随着地表径流进入水体中。

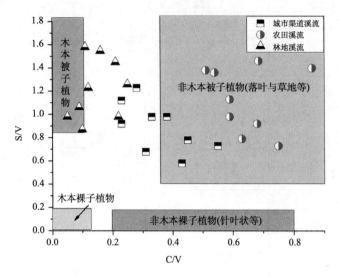

图 7-18　不同类型溪流中 C/V 和 S/V 的组成特征

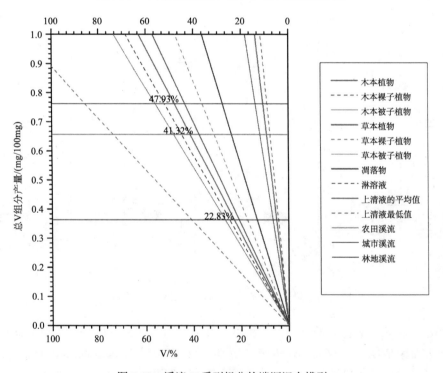

图 7-19　溪流 V 系列组分的端源混合模型

3,5-二羟基苯甲酸(3,5-Bd/V)是来自土壤黑炭、丹宁酸及黄酮类的重要衍生物，3,5-Bd/V 可以表征土壤发生和腐殖化的程度。农田溪流中的 3,5-Bd/V(0.74±0.14)显著地高于城市渠道溪流(0.39±0.03)和农田溪流(0.32±0.06)中的比值。以上的数值表明，城市土壤的封闭作用可以减少经过高度腐殖化的土壤有机质进入到水环境中。p-羟基苯酚类物质氧化产物包括 p-对羟基苯乙酮(Pn)、p-间羟基苯甲醛(Pl)和 p-羟基苯甲酸(Pd)等，来源多样，Pn 主要来自维管植物，Pl 和 Pd 不仅来自木质素，也可能来自水体中多糖和蛋白质的降解产物(Amon et al., 2012)。因此，Pn/P 可以作为陆源维管植物的重要来源。本书发现，Pn/P 的数值范围为 0.12~0.23，随着 ISA 的增大而减小($R^2 = 0.672$, $p < 0.01$；图 7-16)。城市渠道溪流中 Pn/P 显著低于农田和林地溪流中比值，这表明城市溪流受到更多人为干扰，显著地提高溪流中内源性的组分。

7.4.2.2　荧光组分的组成特征差异

通过三维荧光以及平行因子法(PARAFAC)解析荧光图谱可以了解溪流溶解态有机质的组成与来源特征(Fellman et al., 2015)。本书将水体中荧光组分分为 6 种不同的组分(表 7-4)。荧光组分 C1(类蛋白组分)和 C3(类富啡酸组分)的比例随城市化水平(ISA)的梯度增大而提高；组分 C4、C5 和 C6 为三种类腐殖质组分，其比例随着城市化率的增大而减少(图 7-20)。由表 7-4 可知，C1 组分主要是含有色团的蛋白质和多肽等，可能来源于水体内源产物或新鲜植物残体的淋溶液(Stedmon and Markager, 2005; Heinz et al., 2015)。在不同类型的溪流中，城市渠道溪流中 C1 组分的最大荧光百分比(C1%)平均达到 22.95%，显著地高于农田和林地溪流(表 7-18 和图 7-17)。在农田溪流和林地溪流中 C1%与 Λ_V 呈显著的正相关($R^2 = 0.567$, $p < 0.01$)，表明在自然或人为干扰较小的溪流中 C1 组分主要是土壤或植物残体中蛋白质淋溶产生的(Heinz et al., 2015)。C3 组分主要为人为或自养微生物相关类富啡酸组分，由于采样点尽量避开点源的输入，可能与大气沉降有关(Mladen et al., 2012)。因此，在人口稠密的、工业活动集中的城市中，其溪流中 C3% 显著地高于人为活动影响较小的农业和自然林地溪流中。C2%与水体中的 3,5-Bd/V 有显著的正相关性($R^2 = 0.338$, $p < 0.01$)，说明 C2 组分为类腐殖质荧光组分，可能与土壤微生物的腐殖化过程有关(Hosen et al., 2014; Williams et al., 2010)；在农田溪流中的含量显著地高于城市渠道溪流和林地溪流中，说明农业管理方式大大提高了溪流有机质的腐殖化程度。C4%与木质素的含量呈正相关($R^2 = 0.53$, $p < 0.05$)，C4 属于低分子的氧化醌组分，主要来自土壤有机质或木质素的衍生物。C4%在土壤有机质来源丰富的林地和农田溪流中的含量显著地高于在土壤封闭的城市渠道溪流。C5 为高分子量的类腐殖质组分，与 DOM 中芳香性基团呈正相关性($R^2 = 0.36$, $p < 0.05$)(Stedmon and Markager, 2005; Fellman et al., 2010; Graeber et al., 2012; Fellman et al., 2009)。C6 为高度氧化的醌类物质，主要存在于森林、湿地以及受农业影响的土壤中，在水体中也可能与微生物转化有关(Stedmon and Markager, 2005; Williams et al., 2010)，在林地溪流中显著地高于农田和城市渠道溪流。

荧光指数(FI)随着城市化梯度变化逐渐增大($R^2 = 0.652$, $p < 0.02$)(图 7-20)，其中变化范围为 1.17~1.61，增加了 37.6%。在农田和森林溪流中，FI 分别处在 1.3 和 1.2 左右，说明水体 DOM 主要来自陆源土壤和高等植物；而在城市溪流中 FI 处在 1.5 左右，说明主要来自微生物源。新鲜度指数($\beta : \alpha$)也与 ISA 呈显著的正相关，从 0.28 增加到 0.78，说明内源自养微生物 DOM 由低浓度向高浓度转变。当然，在城市溪流中 $\beta : \alpha$ 可以达到

农田溪流和森林溪流中的 1.5 倍。然而,腐殖化指数(HIX)与 ISA 呈显著负相关(R^2= 0.356, p< 0.02),在不同的溪流中的值差别却不是很显著。此外,紫外吸收光谱和可见吸收光

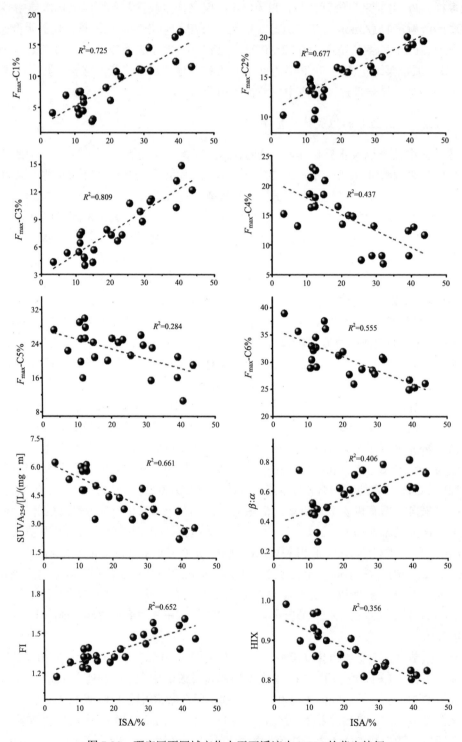

图 7-20　研究区不同城市化水平下溪流中 DOM 的荧光特征

谱也可以反映物质的组成、含量和结构特征(陈诗雨等，2015；Roccaro et al.，2015)。水体 DOM 在 254nm 波长紫外吸光系数($SUVA_{254}$)与 ISA 呈显著负相关，在不同类型溪流中的排序为林地溪流>农田溪流>城市渠道溪流。光谱斜率比值(S_R)随 ISA 的增加而增大，表明 DOM 的分子大小在降低。综合来看，C/N_{DOM} 随着荧光组分 C1 和 C3 的增加而减小($R^2 = 0.49\sim0.54$, $p < 0.01$)，而随着 C5 和 C6 组分的增加而增加($R^2 = 0.25\sim0.38$, $p < 0.01$)。荧光组分 C2、C4、C5 和 C6 作为重要的陆源来源物质，与荧光指数(FI)、新鲜度指数($\beta : \alpha$)密切相关。其中，C4%、C5%和 C6%与 FI($R^2 = 0.25\sim0.38$, $p < 0.05$)和 $\beta : \alpha$($R^2 = 0.36\sim0.39$, $p < 0.01$)呈显著的负相关，但是与 HIX($R^2 = 0.25\sim0.49$, $p < 0.05$)呈显著的正相关。以上数据表明，随着城市化和农业发展，溪流中提高的内源性分子降低了 DOM 的分子大小及芳香性或结构复杂性。

7.4.2.3　SEC 组分的组成特征差异

SEC-OCD-OND 的数据为解析 DOM 的特征、环境行为及来源提供了新的视角(Huber et al.，2011)。基于所有的采样数据，腐殖质组分($DOM_{\%HS}$ 和 $DOM_{\%BB}$)是 DOC 和 DON 的最主要来源，分别可以占到总 DOC 和 DON 的 65.91%和 62%(表 7-18 和图 7-17)。DOC 在低分子量组分中的含量($DOC_{\%LMWS}$ 为 19.75%)显著地高于在非腐殖质高分子组分中的含量($DOC_{\%HMWS}$ 为 13.22%)，而 $DON_{\%HMWS}$(19.77%)与 $DON_{\%LWMS}$(18.23%)的比例相似(表 7-18 和图 7-17)。$DOC_{\%HS}$ 和 $DON_{\%HS}$ 都与 ISA 呈显著的负相关($DOC_{\%HS}$ $R^2 = 0.444$，$DON_{\%HS}$ $R^2 = 0.671$, $p < 0.05$)(图 7-21)；平均的 $DOC_{\%HS}$(57.01%)显著地高于 $DON_{\%HS}$(47.69%)。在不同土地利用-土壤类型影响的溪流中，自然林地溪流中腐殖质碳组分比例[$DOC_{\%HS}$ 为(69.59±9.22)%]显著地高于农田溪流[$DOC_{\%HS}$ 为(59.63±4.68)%]和城市渠道溪流中的含量[$DOC_{\%HS}$ 为(51.44±2.98)%]；林地溪流中腐殖质氮组分比例[$DON_{\%HS}$ 为(62.26±5.92)%]和农田溪流[$DON_{\%HS}$ 为(55.25±9.87)%]显著地高于城市渠道溪流中的含量[$DON_{\%HMWS}$ 为(38.24±4.31)%]。$DOC_{\%LMWS}$ 与 ISA 呈显著的负相关($R^2 = 0.338$, $p < 0.01$)，但 $DON_{\%LMWS}$ 与 ISA 相关性并不显著($p > 0.05$)。在不同类型的溪流中差别显著，在农田溪流中 $DOC_{\%LMWS}$ 显著地高于在城市渠道溪流和林地溪流中所占的比例；而 $DON_{\%LMWS}$ 在城市渠道溪流中显著地高于在农田和林地溪流中的比例。$DOC_{\%HMWS}$ 和 $DON_{\%HMWS}$ 都随着城市化的梯度增大而显著地提高；$DOC_{\%HMWS}$ 比例要显著地低于 $DON_{\%HMWS}$ 的比例，说明非腐殖质的高分子量组分中含有更高的有机氮。在不同类型的溪流中，城市渠道溪流具有更高的 $DOC_{\%HMWS}$ 和 $DON_{\%HMWS}$ 比例。类似地，C/N_{HMWS} 变化范围为 4.23~11.60(平均值 7.48)，显著地低于 C/N_{DOM}(9.89~30.32，平均值 16.29)和 C/N_{HS}(10.68~25.67)特征；由于腐殖质组分具有大量的芳香性组分，C/N_{HS} 显著地高于 C/N_{DOM}。

对腐殖质组分(HS)的吸光系数和分子质量进行分析，也可以反映 DOM 的腐殖质组分转化的路径(Huber et al.，2011)。由图 7-21 发现，随着城市化水平的提高，DOM 的分子大小和复杂性或芳香性在逐渐地降低，表明 HS 的来源发生显著的变化，陆源土壤来源比例逐渐降低，水源性的贡献在增加。在不同类型的溪流中，HS 和 DOM 的分子大小和复杂性或芳香性变化趋势是一致的，在林地溪流中 DOM 的分子大小和分子复杂性或芳香性显著地高于在城市渠道和农田溪流中 DOM 的相关特征。

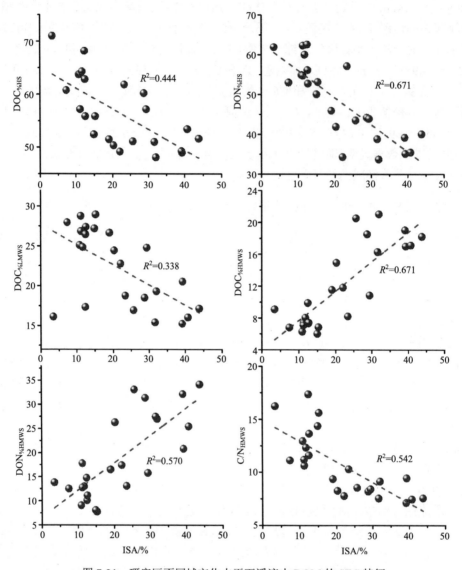

图 7-21　研究区不同城市化水平下溪流中 DOM 的 SEC 特征

7.4.3　溪流溶解态有机质组成对土地利用、土壤环境变化的响应

7.4.3.1　溪流溶解态有机质的来源解析

人类活动已经创造出具有新的生物化学特征的生态系统(Kaye et al., 2006)。本书为解释城市化背景下农业和城市土地利用如何影响溪流有机质的分子组成及来源提供了新的证据。总的来看,SEC 数据表明大部分的 DOC 和 DON 被固定在腐殖质组分中(DOM$_{\%HS}$ 和 DOM$_{\%BB}$),分别占到总 DOC 和 DON 的 60% 和 50% 以上,其中林地溪流中 DOC$_{\%HS}$、

DOC%BB 和 DON%HS、DON%BB 具有更高的比例（表 7-18 和图 7-17）。同样地，荧光光谱数据也再次印证了 DOM 具有较高的腐殖化程度（HIX > 0.80），土壤类腐殖质组分在总荧光强度的占比也达到了 60% 以上（C2、C4、C5 和 C6）。同时，荧光指数（FI）和 $\beta:\alpha$ 指数的数值分别处在 1～1.5 和 0.2～0.8，表明 DOM 主要来自陆源土壤和高等植物的输入（Hosen et al., 2014; Williams et al., 2010）；基于木质素 V 系列组分的端源混合模型（Hernes et al., 2007）（图 7-19）发现来自陆源高等植物的贡献率达 20%～50%。总之，SEC 数据结合荧光和木质素的数据可以很好地揭示城乡交错景观带溪流与其他淡水生态系统一样，陆源土壤和植物来源的有机质起着重要的作用（Chen et al., 2016; Huber et al., 2011）。

结合主成分分析（PCA）和多元方差分析（MANOVA）发现，DOM 组成的空间变异性（$R^2 = 0.51$, $p < 0.001$）比其时间变异性（$R^2 = 0.15$, $p < 0.02$）更加显著。根据多元方差分析（MANOVA）结果发现，来自林地、农田和城市渠道溪流的 DOM 特征呈现显著的不同（$R^2 = 0.35$, $p < 0.002$）。通过对所用采样点水体不同的 DOM 特征（含量、荧光与吸收特性、木质素特征和 SEC 数据）进行主成分分析（PCA），获得了 4 个主要成分。如图 7-22 所示，采集样点和 DOM 特征沿着不同主成分轴呈现明显不同的载荷特征。主成分 1（PC1）与农业土地利用-土壤类型密切相关，大致可以等同于 DOC%LMWS、DON%LMWS、C/N$_{HS}$、FI、3,5-Bd/V 和 Λ_8 变化梯度。主成分 2（PC2）大致可以等同于城市化水平、DOC%HMWS、DON%HMWS、C1%、$\beta:\alpha$ 和 Pn/P 梯度，表明随着城市化水平的提高会产生更多的来自内生源和人为源的有机质。主成分 3 和 4（PC3 和 PC4）分别代表着数据集Ⅲ（C3%、C/N$_{DOM}$、Σ_8、DOC）和数据集 Ⅳ（DON%HS、DOC%HS，C1% 和 C6%）的变化梯度，但并未发现与土地利用-土壤类型有显著的相关性。

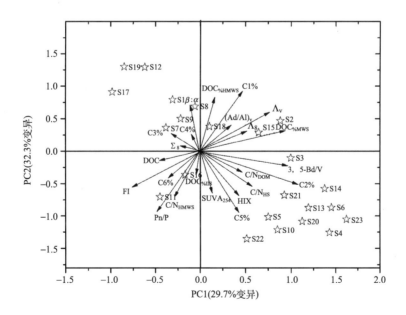

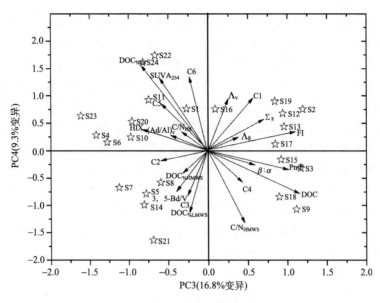

图 7-22　溪流 DOM 分子组成和采样点的主成分分析结果

注：PC1、PC2、PC3 和 PC4 分别为四个不同的主成分；五角星代表溪流监测点的主成分得分；箭头代表 DOM 分子组成指标的因子载荷。箭头所处的象限表示 DOM 分子特征与主成分轴间的正负相关性，箭头连线的长度代表 DOM 分子特征与溪流类型的相关程度，连线越长，相关性越大。箭头连线和主成分轴间的夹角，代表分子指标与主成分轴的相关性，夹角越小，相关性越强。

随着流域城市化水平的提高，溪流中来自陆源土壤或植物的有机质贡献量减少，水体中微生物固定的新鲜的有机质增加。基于主成分分析 (PCA) 和多元方差分析 (MANOVA) 可以发现，将自然林地溪流作为对照，城市与农业土地利用-土壤类型对水体 DOM 的组成及来源产生显著不同的影响。C/N 比值可以为解释来自不同环境中（自然或人为影响）DOM 质量与来源提供有力证据 (Ahearn et al., 2005; Aitkenhead and Mcdowell, 2000)。与自然林地溪流相比，城市渠道溪流中 C/N$_{DOM}$ 和 C/N$_{HS}$ 分别平均减少了 51% 和 35.3%，而农田溪流中 C/N$_{DOM}$ 和 C/N$_{HS}$ 分别平均减少了 21.5% 和 17.3%。显然，与农田溪流相比，城市渠道溪流中 C/N$_{DOM}$ 和 C/N$_{HS}$ 降低比例差距更大；C/N$_{HMWS}$ 的减少率约为 56%，显著地高于农田溪流中变化率。上述结果可以说明，农田溪流 DOM 的 C/N 主要由于土壤有机质 (SOM) 过程变化引起的 DOC 与 DON 动态差异。具体地说，就是农业管理中无机氮肥的使用提高了 DON 释放率，或者农业深耕刺激了土壤微生物对 DOM 的降解，降低了 C/N 比值 (Bowne and Johnson, 2013)。然而，在城市溪流中，人为输入或内源性产生低 C/N 的非腐殖质高分子量蛋白质组分是引起 DOM 具有更低 C/N 的主要原因。

基于 SEC、荧光与吸收光谱及木质素数据，对研究区溪流中 DOM 的来源进行深入探讨。荧光组分 C3 作为与微生物转化过程密切相关的类富啡酸组分，其最大荧光强度的百分比与城市化水平呈正比，可能来自大气干湿沉降，尤其在人口及工业活动密集的城区具有更高的含量 (Petrone et al., 2011)。与林地溪流相比，城市渠道溪流中更高的 FI 和 β:α 指数也表明具有更高比例的水体微生物现场生产的、新鲜的、固定的有机质。同样，更低 Pn/P 也表明更高来自水体自养微生物和细菌的富含蛋白质的有机质组分显著地降低了陆源植物组分的比例，也从侧面反映了城市渠道溪流中产生了更高的内源性有机质(Amon et al., 2012; Jex et al., 2014)。在农田溪流中，荧光组分 C2 和 C4 的比例显著地高于城市渠道溪流。其中，C2 组分主要为经过土壤微生物转化的腐殖质组分(Heinz et al., 2015)；而 C4 主要来自陆源植物或土壤有机质的相关衍生物(如木质素、丹宁等)，其比例与有机质中木质素基团密切相关(Hosen et al., 2014)；农田溪流中与土壤腐殖化程度密切相关的 3,5-Bd/V 也显著地高于林地或城市溪流中相应的比值(Amon et al., 2012)。上述关于农田溪流中有机质数据表明，农业耕作方式加速了土壤有机质的微生物转化及高度腐殖化 DOM 的释放。在林地溪流中，陆源腐殖质组分(C5 和 C6)已经达到总组分的 57% 以上，其中 C5 主要来自高等植物的高分子量及复杂性的腐殖质组分，C6 为湿地与森林中普遍存在的难以降解的腐殖质组分(Graeber et al., 2012; Hosen et al., 2014; Parr et al., 2015; Williams et al., 2010)；这些结果表明在自然或较少人为干扰的溪流中，DOM 具有更高的芳香性和分解稳定性。

　　基于 HS 组分的 SEC 数据绘制的坐标图可知(Huber et al., 2011)，与自然林地溪流相比，城市渠道溪流中 HS 组分具有更低的特征吸光值和表观分子量，HS 组分中具有更高比例的水源性、低分子量与芳香性的富啡酸，这可能是溪流 DOM 具有更低结构复杂性和分子量的重要原因。另外，城市渠道溪流中更低 C/N_{HS} 比值可能与较高的富含氮的水源性以及大气沉降的腐殖质组分有关，有机质中更高比例的氮元素会显著地降低腐殖质的吸光值和分子量。在农田溪流中，HS 组分的芳香性或结构复杂性与林地溪流中 HS 组分相近，但是其分子量却小于林地溪流中的相应组分。这些结果说明农业土壤中较高的土壤微生物活性提高了 HS 组分的降解速率，HS 在被降解为 BB 组分过程中，显著地减少分子量而未明显地改变其芳香性或结构复杂性。$DOC_{\%HMWS}$ 和 $DON_{\%HMWS}$ 作为亲水性非腐殖质高分子组分(如蛋白质、多糖等)(Huber et al., 2011)，DON 在该组分中的比例显著地高于 DOC 在该组分中的占比；而这两种组分在城市渠道溪流中均显著地高于农田溪流和林地溪流中的含量。$DOC_{\%HMWS}$ 与 $DON_{\%HMWS}$ 组分可能与陆域土壤/植被输入以及内源性生产有关。通常，水体微生物生物膜(如细菌和真核微生物)都可以产生属于生物大分子(>10 kDa)的胞外聚合物，这些物质包括多糖、蛋白质和糖蛋白等(Aitkenhead and Mcdowell, 2000; Flemming et al., 2007)。在矿质土层中，微生物的降解及固定过程会提高土壤 HMWS 有机质贡献率；在表层土中，提高的 HMWS 组分主要来自新鲜植物凋落物的降解产物(>10 kDa, 碳水化合物、烯烃及脂肪族化合物)，而深层土壤中 HMWS 主要来自土壤有机质经微生物高度降解的产物(Heinz et al., 2015; Malik and Gleixner, 2013)。在城市渠道溪流中，人为工程设计的水文路径往往会减少或阻碍土壤有机碳在土壤中的纵向迁移过程(Kaushal and Belt, 2012)，减少来自土壤的 HMWS 组分的贡献率。另外，在城市渠道溪流中 C/N_{HMWS} 和 Pn/P 都显著地低于农田和林地溪流中的数值，加之 C1% 分别与 $DOC_{\%HMWS}$、$DON_{\%HMWS}$ 组分具有显著的正相关，这些证据都表明城市渠道溪流中 HMWS 组分更多地来自水环境中自养微生物或细菌的代谢产物。在农业土壤中，农业深耕与施肥通常会刺激土壤微生物活性、加速土壤有机质的降解，进而提高地下水或地表水输移 DOM 的含量(Kaiser and Kalbitz, 2012)。在本书中，农田溪流中更高

的 $(Ad/Al)_V$（平均值：0.83 ± 0.12）和更高的 $3,5\text{-Bd/V}$ 比值（平均值：0.74 ± 0.14），加之 C1% 与 Λ_8 都分别与 $DOC_{\%HMWS}$ 和 $DON_{\%HMWS}$ 呈现显著的正相关。这些证据表明农业土壤经历更强的土壤淋溶与吸附过程，土壤水文连通性比较畅通，便于土壤表层、深层的高分子多糖及蛋白质迁移进入水体中（Amon et al., 2012; Hernes et al., 2007）。$DOC_{\%LMWS}$ 和 $DON_{\%LMWS}$ 组分（如氨基酸、醛、醇及糖等）与 C2% 呈显著的正相关，这些结果表明低分子有机质主要来自高分子或腐殖质组分降解的产物，然后通过降水径流的冲刷进入水环境中（Pereira et al., 2014）。

综上所述，在城乡交错景观带内，农业集约化和城市化都显著地降低了溪流中 DOM 的分子结构复杂性或芳香性与分子大小，但是造成这种变化趋势的原因却有所不同。农业溪流中主要是由更多来自土壤或植物的微生物转化的类腐殖质和低分子物质引起的，而在城市溪流中主要是由更多人为或水源性的富啡酸和蛋白质组分所引起的。

7.4.3.2　土地利用、土壤环境变化对溪流溶解态有机质组成的影响

根据 PCA 分析的结果，四个主成分可以解释 DOM 组成的 88.1% 的变异，其中前两种主要成分与土地利用-土壤类型差异密切相关，可以解释 62% 变异。因此，土地利用-土壤类型对 DOM 组成可产生主导的影响。基于一般线性回归模型（GLM）（表 7-19），对包括土地利用-土壤类型、TDP、pH、DIN、溶解氧、微生物活性、单位流量等多元变量进行筛选发现，土地利用-土壤类型是影响溪流 DOM 分子组成的主控因子，大部分的分子指标主要受到土地利用-土壤类型的影响，这与 PCA 分析的结果一致。另外，少量 DOM 分子组成指标除了受到土地利用-土壤类型影响外，也受到土地利用-土壤类型与其他环境因子交互的影响。

表 7-19　DOM 特征的一般线性回归模型

模型参数	单位	方程	解释变量/%
$SUVA_{254}$	$L/(mg\cdot m)$	$1.16\times10^{-1}\,LU + 0.581\,(LU\times SpQ) - 5.19\times10^{-5}\,(LU\times MA) + 4.387$	85
DOC_{HS}	%	$7.32\,LU + 1.02\,(LU\times SpQ) - 1.59\times10^{-3}\,(LU\times MA) + 55.38$	81
DON_{HS}	%	$3.12\,LU + 1.02\,(LU\times SpQ) + 1.9\times10^{-2}\,(LU\times MA) + 45.25$	72
DOC_{HMWS}	%	$2.83\,LU - 7.56\times10^{-1}\,(LU\times SpQ) + 1.87\times10^{-3}\,(LU\times MA) + 11.65$	88
DON_{HMWS}	%	$2.33\,LU - 1.67\times10^{-3}\,(LU\times MA) - 10.56\times10^{-1}\,(LU\times SpQ) + 21.65$	81
$C1_{Fmax}$	%	$1.01\,LU + 1.12\,(LU\times SpQ) + 2.19\times10^{-4}\,(LU\times MA) + 15.23$	75
$C6_{Fmax}$	%	$1.01\,LU + 2.19\times10^{-4}\,(LU\times MA) + 35.23$	85
Λ_8	mg/100mg	$0.13\,LU - 1.56\times10^{-3}\,(LU\times SpQ) + 0.79$	89

注：LU 为土地利用-土壤类型；MA 为微生物活性［基于胞外亮氨酸氨肽酶活性, nmol/(L·h)］；SpQ 为单位面积输出流量［L/(km²·s)］

具体来看（表 7-19），溪流 DOM 的芳香性（$SUVA_{254}$）主要由土地利用-土壤类型、溪流流量及微生物活性共同解释 85% 变异。DOM 中的腐殖质组分主要由土地利用-土壤类型、溪流流量及微生物活性共同解释 70% 以上变异，其中 DOC_{HS} 和 DON_{HS} 分别被解释 81% 和 72% 的变量。DOM 中非腐殖质高分子量组分（多糖、蛋白质等生物大分子）主要由

土地利用-土壤类型、溪流流量及微生物活性共同解释 80%以上变异,其中 DOC_{HMWS} 和 DON_{HMWS} 分别被解释了 88%和 81%的变异。DOM 中类蛋白荧光组分(C1)主要由土地利用-土壤类型、溪流流量及微生物活性共同解释 75%的变异。DOM 中的氧化型陆源类腐殖质荧光组分(C6)主要由土地利用-土壤类型和溪流微生物活性共同解释 85%的变异。DOM 中陆源木质素的占比 (Λ_8) 由土地利用-土壤类型和溪流流量共同解释 89%的变异。

由此可见,土地利用、土壤环境的变化会通过改变流域水文-生物地球化学过程来影响 DOM 的生物地球化学过程的时空变异特征。

7.5　本章小结

本章研究以北太湖典型城乡交错景观带的梅梁湾流域作为研究区,沿城市化水平梯度[以不透水表面的百分比作为依据],选取 24 个典型源头溪流作为监测对象,其中包括城市渠道、农田及自然林地溪流,每种类型各 5 个,自然林地溪流作为参照。在 2014 年 3 月~2015 年 3 月期间,共采集来自 24 个源头溪流监测点的 144 个水体样品,样品涵盖不同的季节。在此基础上,基于流域内土地利用-土壤类型、地形、降水、土壤性质及地表径流有机质浓度等时空数据,利用泥沙输移分布和污染负荷应用模型对流域水体输入通量进行评估,并综合运用多种分析手段(EEMs-PARAFAC、木质素和排阻液相色谱),着重比较农业集约化和城市建设通过非点源的途径如何改变溪流 DOC 和 DON 的含量、来源与组成,以揭示城市化和农业集约化通过改变土地利用、土壤环境对溪流 DOM 生物地球化学过程的影响机制。研究得出的主要结论如下:

(1)城乡交错景观带农业耕作和城市建设用地都显著地提高了溪流陆源溶解态有机质输入通量,却降低了其有机碳、氮化学计量比。通过整合 SEDD 和 PLOAD 模型成功地估算了城乡交错景观带流域泥沙、有机质和无机营养盐输入通量 $(R^2 > 0.8; E_{NS} > 0.7)$。流域水体中有机质年平均陆源输入量以溶解态为主,DOC 和 DON 分别占到有机质碳、氮输入量约 60%和 83.47%。基于多重"源-汇"结构的景观对比负荷指数(LCI)表明:流域中耕地、园地及城乡建设用地的空间景观配置(流径长度)成为促进溶解态有机碳(DOC)、氮(DON)输入到水体中的关键因素。在不同的溪流中,农田溪流中有机碳年平均陆源输入量以 AOC 为主(67.5%),有机氮主要以 DON(68.1%)为主;城市渠道溪流中有机质年平均陆源输入量以溶解态为主(90%以上)。与自然林地溪流相比,农田溪流显著地提高了吸附态和溶解态有机质的输入通量,而城市渠道溪流显著地提高溶解态有机质的输入通量。随着城市化水平的升高,溶解态有机质(DOC 和 DON)在总有机质(TOC 和 TON)输入量中的比重增加;而吸附态有机质(AOC 和 AON)的比重却在减少。随着城市化水平的提高,溶解态有机质(DOC 和 DON)和无机氮(DIN)的输入通量显著地提高,但 DOC/DON 和 AOC/AON 的比值却在减小。

(2)与自然溪流相比,农田和城市建设用地提高溶解态有机质的输出含量,并降低其分子性和芳香性,但影响机制明显不同。溪流 DOC 和 DON 的变化范围分别为 1.83~10.81 mg/L 和 0.087~1.14 mg/L,以陆源土壤或高等植物衍生的腐殖质组分为主。随城市化水平或非点源有机质输入量的增加,DOC 与 DON 含量与输出量显著地增加,而

DON/TDN 比值却在减小；自然来源的腐殖质组分和木质素比例减少，而大气沉降来源和内源性的富啡酸与蛋白质比例在增加。与自然林地溪流相比，城市渠道和农田溪流都显著地提高了溪流 DOC 和 DON 的含量和输出量，对溪流 DON 影响更加显著。城市建设和农田用地显著地降低 DOM 的 C/N 值（C/N$_{DOM}$）、分子大小和芳香性（或复杂性）。两者的影响机制却明显不同，城市建设用地提高人为来源和内源性富啡酸与蛋白质组分比重；而农田用地主要提高经微生物转化的土壤衍生的腐殖质组分及低分子量组分比重。城市建设和农业集约化也改变了溪流 DOM 含量与组成的季节变异性。在林地溪流中，仅 DOC 和 DON 含量呈现显著的季节性变化，DOM 分子组成未出现明显的季节变化，表明林地溪流中的有机质来源单一且稳定。在农田溪流中，DOC 和 DON 单位输出量、DOM 的芳香性（SUVA$_{254}$）、C/N 化学计量（C/N$_{DOM}$）、腐殖质组分（DOC$_{\%HS}$ 和 DON$_{\%HS}$）、高分子量的非腐殖质组分（DOC$_{\%HMWS}$、DON$_{\%HMWS}$ 和 C1%）、陆源高等植物衍生组分（Λ$_8$）呈现明显季节性变化。其中，由高流量向低流量时期变化，腐殖质组分中水源性的富啡酸的比例在提高。在城市渠道溪流中，DOC 和 DON 单位输出量、C/N$_{DOM}$ 比值和高分子量的非腐殖质组分（DOC$_{\%HMWS}$、DON$_{\%HMWS}$ 和 C1%）比例呈现明显季节性变化。因此，未来要增加城市绿地来减少不透水地表面积的比重和连通性，实行保护性耕作并减少土壤环境恶化的隐患，提高溪流岸基植被生态廊道的质量和数量，合理地控制与调节土地利用规划设计，降低城市化、农业集约化所带来的区域土壤环境和水环境的生态风险。

参 考 文 献

鲍红艳. 2013. 溶解态和颗粒态陆源有机质在典型河流和河口的来源、迁移和转化[D]. 上海: 华东师范大学.

陈诗雨, 李燕, 李爱民. 2015. 溶解性有机物研究中三维荧光光谱分析的应用[J]. 环境科学与技术, 38(5): 64-68, 73.

何伟, 白泽琳, 李一龙, 等. 2016. 水生生态系统中溶解性有机质表生行为与环境效应研究[J]. 中国科学: 地球科学, 46(3): 341-355.

李晶. 2009. 太湖流域水土流失与地貌分形耦合特征研究[D]. 北京: 北京林业大学.

罗璇, 史志华, 尹炜, 等. 2010. 小流域土地利用结构对氮素输出的影响[J]. 环境科学, 31(1): 58-62.

石福臣, 李凤英, 蔡体久, 等. 2008. 不同森林群落类型溪流水化学特征的季节动态[J]. 应用生态学报, 19(4): 717-722.

曾海鳌, 吴敬禄, 林琳. 2008. ^{137}Cs 示踪法研究太湖流域土壤侵蚀分布与总量[J]. 海洋地质与第四纪地质, 28(2): 79-85.

Ahearn D S, Sheibley R W, Dahlgren R A, et al.2005. Land use and land cover influence on water quality in the last free-flowing river draining the western Sierra Nevada, California[J]. Journal of Hydrology, 313: 234-247.

Aitkenhead-Peterson J A, Mcdowell W H. 2000. Soil C:N ratio as a predictor of annual riverine DOC flux at local and global scales[J]. Global Biogeochemical Cycles, 14: 127-138.

Aitkenhead-Peterson J A, Steele M K, Nahar N, et al . 2009. Dissolved organic carbon and nitrogen in urban and rural watersheds of south-central Texas: land use and land management influences[J].

Biogeochemistry, 96: 119-129.

Amon R M W, Rinehart A J, Duan S, et al. 2012. Dissolved organic matter sources in large Arctic rivers[J]. Geochimica Et Cosmochimica Acta, 94: 217-237.

Bellmore R A, Harrison J A, Needoba J A, et al. 2015. Hydrologic control of dissolved organic matter concentration and quality in a semiarid artificially drained agricultural catchment[J]. Water Resources Research, 10. 1002/2015WR016884.

Benner R, Opsahl S, Chin-Leo G, et al. 1995. Bacterial carbon metabolism in the Amazon River system[J]. Limnology & Oceanography, 40: 1262-1270.

Bott T L, Newbold J D. 2013. Ecosystem metabolism and nutrient uptake in Peruvian headwater streams[J]. International Review of Hydrobiology, 98(3): 117-131.

Bowne D R, Johnson E R. 2013. Comparison of soil carbon dioxide efflux between residential lawns and corn fields[J]. Soil Science Society of America Journal , 77: 856-859.

Bücker A, Crespo P, Frede H G, et al. 2011. Solute behaviour and export rates in Neotropical montane catchments under different land-uses[J]. Journal of Tropical Ecology, 27: 305-317.

Chen L, Qian X, Shi Y. 2011. Critical area identification of potential soil loss in a typical watershed of the Three Gorges Reservoir Region[J]. Water Resources Management, 25: 3445-3463.

Chen M, He W, Choi I, et al.2016. Tracking the monthly changes of dissolved organic matter composition in a newly constructed reservoir and its tributaries during the initial impounding period[J]. Environ Sci Pollut Res Int, 23: 1274-1283.

Cronan C S, Piampiano J T, Patterson H H. 1999. Influence of land use and hydrology on exports of carbon and nitrogen in a Maine River Basin[J]. Journal of Environmental Quality, 28: 953-961.

Fellman J B, D'Amore D V, Hood E, et al. 2009. Fluorescence characteristics and biodegradability of dissolved organic matter in forest and wetland soils from coastal temperate watersheds in southeast Alaska[J]. Biogeochemistry, 88: 169-184.

Fellman J B, Hood E, Spencer R G M. 2010. Fluorescence spectroscopy opens new windows into dissolved organic matter dynamics in freshwater ecosystems: A review[J]. Limnology and Oceanography, 55: 2452-2462.

Flemming H C, Neu T R, Wozniak D J. 2007. The EPS matrix: the "house of biofilm cells"[J]. Journal of Bacteriology, 189: 7945-7947.

Graeber D, Gelbrecht J, Pusch MT, et al. 2012. Agriculture has changed the amount and composition of dissolved organic matter in Central European headwater streams[J]. Science of the Total Environment, 438: 435-46.

Gücker B, Silva RC, Graeber D, et al. 2016. Urbanization and agriculture increase exports and differentially alter elemental stoichiometry of dissolved organic matter (DOM) from tropical catchments[J].Science of the Total Environment, 550: 785-792.

Harrison J A, Caraco N, Seitzinger S P. 2005. Global patterns and sources of dissolved organic matter export to the coastal zone: Results from a spatially explicit, global model[J]. Global Biogeochemical Cycles, 19: 1-16.

He W, Choi I , Lee J J et al. 2016. Coupling effects of abiotic and biotic factors on molecular composition of dissolved organic matter in a freshwater wetland[J]. Science of the Total Environment, 544: 525-534.

Hedges J I, Eglinton G, Hatcher P G, et al. 2000. The molecularly-uncharacterized component of nonliving organic matter in natural environments[J]. Organic Geochemistry, 31(10): 945-958.

Heinz M, Graeber D, Zak D, et al. 2015. Comparison of organic matter composition in agricultural versus forest affected headwaters with special emphasis on organic nitrogen[J]. Environ Sci Technol, 49: 2081-2090.

Heinz M, Graeber D, Zak D, et al. 2015. Comparison of organic matter composition in agricultural versus forest affected headwaters with special emphasis on organic nitrogen[J]. Environmental Science & Technology, 49(4): 2081-2090.

Hernes P J, Benner R. 2003. Photochemical and microbial degradation of dissolved lignin phenols: Implications for the fate of terrigenous dissolved organic matter in marine environments[J]. Journal of Geophysical Research, 108(9).

Hernes P J, Robinson A C, Aufdenkampe A K. 2007. Fractionation of lignin during leaching and sorption and implications for organic matter "freshness"[J]. Geophysical Research Letters, 34.

Hessen D O, Agren G I, Anderson T R, et al. 2004. Carbon sequestration in ecosystems: the role of stoichiometry[J]. Ecology, 85: 1179-1192.

Hosen J D, McDonough O T, Febria C M, et al. 2014. Dissolved organic matter quality and bioavailability changes across an urbanization gradient in headwater streams[J]. Environ Sci Technol, 48: 7817-7824.

Huang W, Mcdowell W H, Zou X, et al. 2015. Qualitative differences in headwater stream dissolved organic matter and riparian water-extractable soil organic matter under four different vegetation types along an altitudinal gradient in the Wuyi Mountains of China[J]. Applied Geochemistry, 52: 67-75.

Huber S A, Balz A, Abert M, et al. 2011. Characterisation of aquatic humic and non-humic matter with size-exclusion chromatography--organic carbon detection--organic nitrogen detection (SEC-OCD-OND)[J]. Water Research, 45: 879-885.

Inamdar S, Finger N, Singh S, et al. 2012. Dissolved organic matter (DOM) concentration and quality in a forested mid-Atlantic watershed, USA[J]. Biogeochemistry, 108(1-3): 55-76.

Jex C N, Pate G H, Blyth A J, et al. 2014. Lignin biogeochemistry: from modern processes to Quaternary archives[J]. Quaternary Science Reviews, 87: 46-59.

Johnson L T, Tank J L, Hall R O, et al. 2013. Quantifying the production of dissolved organic nitrogen in headwater streams using 15n tracer additions[J]. Limnology & Oceanography, 58: 1271-1285.

Kaiser K, Kalbitz K. 2012. Cycling downwards--dissolved organic matter in soils[J]. Soil Biology &Biochemistry, 52: 29-32.

Kaushal S S, Belt K T. 2012. The urban watershed continuum: evolving spatial and temporal dimensions[J]. Urban Ecosystems, 15: 409-435.

Kaye J P, Groffman P M, Grimm N B, et al. 2006. A distinct urban biogeochemistry?[J]. Trends in Ecology & Evolution, 21: 192-199.

Lee Y, Hur J, Shin K H. 2014. Characterization and source identification of organic matter in view of land uses and heavy rainfall in the Lake Shihwa, Korea[J]. Mar Pollut Bull, 84: 322-329.

Li H, Yang G, Jin Y. 2007. Simulation of hydrological response of land use change in Taihu Basin[J]. Journal of Lake Sciences, 19: 537-543.

Li X P. 2014. High Resolution Molecular Characterization of Photochemical and Microbial Transformation of

Dissolved Organic Matter in Temperate Streams of Different Watershed Land Use[D]. Tuscaloosa: The University of Alabama.

Lobbes M J, Fitznar H P, Kattner G. 2000. Biogeochemical characteristics of dissolved and particulate organic matter in Russian rivers entering the Arctic Ocean[J]. Geochimica Et Cosmochimica Acta, 64(17): 2973-2983.

Looman A, Santos I, Tait D, et al. 2015. Carbon dynamics and diel cycles of a subtropical headwater stream in drought and flood[C]. Grenada: ASLO.

Malik A, Gleixner G. 2013. Importance of microbial soil organic matter processing in dissolved organic carbon production[J]. Fems Microbiology Ecology, 86: 139-148.

Markewitz D , Resende J , Parron L , et al. 2006. Dissolved rainfall inputs and streamwater outputs in an undisturbed watershed on highly weathered soils in the Brazilian cerrado[J]. Hydrological Processes, 20(12): 2615-2639.

Martin R A, Harrison J A. Effect of high flow events on in-stream dissolved organic nitrogen concentration[J]. Ecosystems, 14(8): 1328-1338.

McClain M E, Richey J E, Bres J A, et al. 1997. Dissolved organic matter and terrestrial-lotic linkages in the central Amazon Basin of Brazil[J]. Global Biogeochemical Cycles, 11: 295-311.

Mladenov N, Williams M W, Schmidt S K, et al. 2012. Atmospheric deposition as a source of carbon and nutrients to an alpine catchment of the Colorado Rocky Mountains[J]. Biogeosciences, 9: 3337-3355.

Mouginot C, Kawamura R, Matulich K L, et al. 2014. Elemental stoichiometry of Fungi and Bacteria strains from grassland leaf litter[J]. Soil Biology & Biochemistry, 76: 278-285.

Ongley E D, Zhang X, Tao Y. 2010. Current status of agricultural and rural non-point source pollution assessment in China[J]. Environmental Pollution, 158: 1159-1168.

Parr T B, Cronan C S, Ohno T, et al. 2015. Urbanization changes the composition and bioavailability of dissolved organic matter in headwater streams[J]. Limnology and Oceanography, 60: 885-900.

Pellerin B A, Kaushal S S, McDowell W H. 2006. Does anthropogenic nitrogen enrichment increase organic nitrogen concentrations in runoff from forested and human-dominated watersheds[J]. Ecosystems, 9: 852-864.

Perakis S S, Hedin L O. 2002. Nitrogen loss from unpolluted South American forests mainly via dissolved organic compounds[J]. Nature, 415: 416-419.

Pereira R, Bovolo C I, Spencer R G M, et al. 2014. Mobilization of optically invisible dissolved organic matter in response to rainstorm events in a tropical forest headwater river[J]. Geophysical Research Letters, 13: 1859-1870.

Petrone K C, Fellman J B, Hood E, et al. 2011. The origin and function of dissolved organic matter in agro-urban coastal streams[J]. Journal of Geophysical Research, 116.

Petrone K C, Richards J S, Grierson P F. 2009. Bioavailability and composition of dissolved organic carbon and nitrogen in a near coastal catchment of south-western Australia[J]. Biogeochemistry, 92: 27-40.

Rantakari M, Mattsson T, Kortelainen P, et al. 2010. Organic and inorganic carbon concentrations and fluxes from managed and unmanaged boreal first-order catchments[J]. Science of the Total Environment 408: 1649-1658.

Roccaro P, Yan M, Korshin G V. 2015. Use of log-transformed absorbance spectra for online monitoring of the reactivity of natural organic matter[J]. Water Research, 84: 136-143.

Schmidt M W, Torn M S, Abiven S, et al. 2011. Persistence of soil organic matter as an ecosystem property[J]. Nature, 478: 49-56.

Scott D, Harvey J, Alexander R, et al. 2007. Dominance of organic nitrogen from headwater streams to large rivers across the conterminous United States[J]. Global Biogeochemical Cycles, 21.

Shon T S, Kim S D, Cho E Y, et al. 2012. Estimation of NPS pollutant properties based on SWMM modeling according to land use change in urban area[J]. Desalination and Water Treatment, 38: 267-275.

Silva J S O, da Bustamante C, Markewitz M M, D. et al. 2011.Effects of land cover on chemical characteristics of streams in the Cerrado region of Brazil[J]. Biogeochemistry, 2011, 105: 75-88.

Spencer R G M, Stubbins A, Hernes P J, et al. 2015. Photochemical degradation of dissolved organic matter and dissolved lignin phenols from the Congo River[J]. Journal of Geophysical Research Biogeosciences, 114(G3): 3010.

Stedmon C A, Markager S. 2005. Resolving the variability in dissolved organic matter fluorescence in a temperate estuary and its catchment using PARAFAC analysis[J]. Limnology and Oceanography, 50: 686-697.

Taylor P G, Wieder W R, Weintraub S, et al. 2015. Organic forms dominate hydrologic nitrogen export from a lowland tropical watershed[J]. Ecology, 96: 1229-1241.

Wang H, Zhang W, Song H, et al. 2014. Spatial evaluation of complex non-point source pollution in urban-rural watershed using fuzzy system[J]. Journal of Hydroinformatics, 16: 114-129.

Wang X, Qiao W, Wu C, et al. 2012. A method coupled with remote sensing data to evaluate non-point source pollution in the xin'anjiang catchment of china[J]. Science of the Total Environment, 430: 132-143.

Williams C J, Yamashita Y, Wilson H F, et al. 2010. Unraveling the role of land use and microbial activity in shaping dissolved organic matter characteristics in stream ecosystems[J]. Limnology and Oceanography, 55: 1159-1171.

Wilson H F, Xenopoulos M A. 2008. Ecosystem and seasonal control of stream dissolved organic carbon along a gradient of land use[J]. Ecosystems, 11(4): 555-568.

Wu Z, Lin C, Su Z, et al. 2016. Multiple landscape "source–sink" structures for the monitoring and management of non-point source organic carbon loss in a peri-urban watershed[J]. Catena, 145: 15-29.

Yang M, Li X, Hu Y, et al. 2012. Assessing effects of landscape pattern on sediment yield using sediment delivery distributed model and a landscape indicator[J]. Ecological Indicators, 22: 38-52.

Yang X J. 2013. China's rapid urbanization[J]. Science, 342: 310-310.

Zhang Y, Gao G, Shi K, et al. 2014. Absorption and fluorescence characteristics of rainwater CDOM and contribution to Lake Taihu, China[J]. Atmospheric Environment, 98: 483-491.

Zhao Y, Song K, Lv L, et al. 2018. Relationship changes between CDOM and DOC in the Songhua River affected by highly polluted tributary, Northeast China[J]. Environmental Science and Pollution Research, 25(25): 25371-25382.

Zhuang Y, Hong S, Zhang W, et al. 2013. Simulation of the spatial and temporal changes of complex non-point source loads in a lake watershed of central China[J]. Water Science & Technology, 67: 2050-2058.

第 8 章　基于污染物湖泊沉积记录的资源环境保护的效应评价

8.1　湖泊沉积与污染物的变化记录

湖泊沉积物能够保存流域土壤、水体和大气污染等引发的湖水生态环境和沉积环境变化等的丰富信息。近代湖泊沉积物由于其时间尺度上的高分辨率、研究指标的多样化，成为重建短尺度环境变化的重要信息载体，其在恢复数百年、十年、年乃至季节性等较短时间尺度的环境变化上有着其他自然历史记录无法替代的优势(Li et al., 2018a)。

8.1.1　湖泊沉积物定年

分析沉积污染物的历史累积之前应先对沉积柱进行定年，在准确定年的基础之上才能开展相应研究。百年尺度上的测年，最常用的是 ^{210}Pb、^{137}Cs 放射性核素定年法。其中 ^{210}Pb 是自然界广泛存在，半衰期为 22.3 年的核素，主要来自 ^{238}U 的一系列衰变，^{238}U 经过衰变后相继产生 ^{226}Ra、^{222}Rn 和 ^{210}Pb。由衰变系列产生的 ^{210}Pb 记作 ^{210}Pb$_{supported}$，来自外界的 ^{210}Pb 为大气中 ^{222}Rn 的衰变而成，记作 ^{210}Pb$_{ex}$；湖泊沉积物中 ^{210}Pb$_{ex}$ 主要来自大气降尘，其沉降速率在年纪尺度上被认为是恒定的，并且其衰变与时间呈指数关系，故可通过沉积物不同沉积层中 ^{210}Pb$_{ex}$ 的活度来计算沉积层的沉积时间。常用的 ^{210}Pb 计年模式有 3 种(Li et al., 2018a)：①CIC 模式，被称为常量比活度模式，沉积物中 ^{210}Pb$_{ex}$ 输入通量随沉积速率变化而变化，因此水体-沉积物界面处的放射性比活度恒定。②CFS 模式，被称为稳定输入通量-稳定沉积物堆积速率模式，当 ^{210}Pb$_{ex}$ 输入通量和沉积物沉积速率均稳定时适用此模式。③CRS 模式，被称为恒定补给速率模式或恒定通量模式，当 ^{210}Pb$_{ex}$ 输入通量恒定，在沉积物堆积速率随时间变化的环境中适用此模式。

由于实际的沉积环境不稳定，通常结合上述模式计算结果与实际数据进行对比分析，以其他测年手段辅助定年。

自然界中基本不存在 ^{137}Cs 放射性核素，它主要来自核武器试验过程，半衰期约 30.2 年，沉积物中 ^{137}Cs 活度与人类核试验强弱密切相关。因此，沉积层中 ^{137}Cs 活度的检出层对应的是 1954 年的核试验起步时期；沉积层中第一个峰值对应的是 1963 年的核试验高峰期(潘少明等，1997)。由于沉积环境的各种扰动，以及 ^{137}Cs 活度的逐渐减弱而难以被检出，只用 ^{137}Cs 对沉积物进行定年造成的误差会较大，因此通常要与其他测年手段结合。

近年来，^{210}Pb 和 ^{137}Cs 测年方法相结合广泛地应用于百年以内的沉积物研究，并取得了很好的进展(Li et al., 2018a)。

8.1.2　湖泊沉积物中多环芳烃的累积变化

Li 等(2016)研究了 2011~2013 年中国 52 个湖泊沉积物中 PAHs 的分布特征，结果显示东部平原地区湖泊沉积物中 PAHs 含量最高，而蒙新高原地区高原湖泊沉积物中 PAHs 含量最低，分布规律为：东部平原地区(均值 666.1ng/g)>云贵高原地区(均值 565.4ng/g)>东北地区(均值 263ng/g)>青藏高原地区(均值 141.3ng/g)>蒙新高原地区(均值 81.9ng/g)，PAHs 来源和类型的变化、人类相关的社会经济因素和地理条件在影响 PAHs 空间分布变化方面具有重要作用。内陆不同湖泊和水库沉积物柱芯中多环芳烃浓度差异性很大，滇池(Guo et al., 2013)和洞庭湖(Li et al., 2014)受到多环芳烃的污染较重，湖泊沉积物柱芯中多环芳烃浓度较高，浓度范围分别为 479~4561 ng/g 和 848~3725ng/g，莲花湖的湖泊沉积物多环芳烃浓度为 477~2247ng/g，这些湖泊沉积物中多环芳烃浓度均高于青藏高原上的高原湖泊。总体而言，内陆湖泊和水库的沉积物中多环芳烃含量明显高于沿海及公海海域沉积物，城市湖泊沉积物中多环芳烃浓度含量最高。

多环芳烃浓度在沉积物柱芯垂直剖面上的变化可以反映多环芳烃的历史输入(刘国卿等，2006；刘娜等，2016；宓莹等，2014)。对公海沉积物柱芯研究发现，多环芳烃垂直分布通常表现为两个阶段：一是深层沉积物多环芳烃相对稳定的阶段，二是上层沉积物中多环芳烃浓度持续增加的阶段。Guo 等(2006)在对东海沉积物柱芯中多环芳烃历史变化规律的研究中发现，19 世纪初~20 世纪 20 年代和 20 世纪 40 年代~21 世纪初，沉积物柱芯中多环芳烃呈现增加趋势，而 20 世纪 20~40 年代期间呈现下降趋势；而对渤海的研究发现，沉积物柱芯中多环芳烃浓度呈现"之"字形上升的趋势，不同时间段多环芳烃浓度变化有显著差异。海湾沉积物柱芯中多环芳烃浓度变化与公海沉积物有所不同，对珠江和辽河海湾地区沉积物的研究发现，20 世纪初~60 年代沉积物中多环芳烃呈现缓慢增长的趋势，20 世纪 70 年代开始，上层沉积物中多环芳烃浓度急剧增加(Li et al., 2019)。

长江三角洲(Guo et al., 2006)地区沉积物柱芯中多环芳烃的历史变化趋势与上述不同，20 世纪 20~70 年代和 20 世纪 80 年代到现在沉积物中多环芳烃浓度呈现增加的趋势，而 20 世纪 70~80 年代沉积物中多环芳烃浓度有降低的趋势。可以看出，不同海湾沉积物中多环芳烃的时间变化趋势并不同步。例如，1985~1998 年，珠江三角洲和长江三角洲沉积物中多环芳烃浓度分别增加了 160%和 260%。同时，黄河三角洲地区沉积物中多环芳烃却减少了 80%，在短暂降低之后，黄河三角洲地区多环芳烃浓度重新增加，并于 2006 年达到了最大值。对内陆湖泊和水库而言，1949 年之前，沉积物柱芯中多环芳烃浓度通常较低；20 世纪 60 年代以后，沉积物柱芯中多环芳烃浓度开始快速增加。对滇池沉积物柱芯中多环芳烃研究发现，在 20 世纪 60 年代之前，沉积物柱芯中多环芳烃浓度稳定且较低，之后，沉积物中多环芳烃浓度快速增加，并在 1994 年左右达到最大值，然后多环芳烃浓度开始降低(Guo et al., 2013)；红枫湖和白洋淀的研究也发现类似规律，这两个湖泊沉积物中多环芳烃浓度最大值分别对应 1996 年和 1990 年。其他如大伙房水库、梁滩河和洱海等，沉积物柱芯中多环芳烃时间变化趋势大致相同，可以粗略地分为两个阶段：深层沉积物中多环芳烃浓度缓慢增长阶段和上层沉积物中多环芳烃浓度快速增加阶段，对应的拐点通常是 1978 年。总结前人研究，可以发现：①中国水环境中多环芳烃污染越来越严重；②内陆湖泊多环芳烃污染通常高于沿海水体；③大多数水体沉积物中多环芳烃都呈现上升的趋势，但特定水体沉积物中多环芳烃垂直变化细节稍有差异；④沉积物中多环芳烃浓度快速增加通常发生在 20 世纪 80 年代之后，即对应中国经济社会快速发展的时期。

与中国相比，传统发达国家沉积物中多环芳烃的时间变化趋势有所差异。发达国家已经度过了多环芳烃排放的最高时期，尽管有多环芳烃新的排放来源（陶澍等，2006；陶澍，2007），但多环芳烃排放量已经呈现多年下降的趋势，但也不排除在某些情况下，多环芳烃沉积记录会出现反弹。例如，美国沉积物记录多环芳烃峰值通常出现在 20 世纪 50 年代~80 年代，之后出现下降或保持稳定。欧洲、日本和加拿大等地区和国家的情况与美国类似，沉积物柱芯记录多环芳烃峰值也多出现在 20 世纪 50~80 年代。对于其他地区而言，由于缺乏足够数据支持，不能对多环芳烃沉积规律提供一个准确的认识。

8.1.3　湖泊沉积物中重金属的累积变化

近年来世界各地的学者通过一系列手段对湖泊、河流和海洋等沉积环境中的重金属污染进行了大量的调查研究，全球多个国家均有相关报道（表 8-1）。

Zhu 等（2016）对中国高原断陷湖泊——阳宗海沉积物岩心重金属污染进行了研究，表层沉积物受到了人类活动的污染，极大地增加了覆盖湖泊大部分区域的 I_{geo}、CF 和富集因子。蔡艳洁等（2017）分析了阳宗海柱状及表层沉积物中金属元素的含量，结合沉积年代学，研究了沉积物重金属污染的时空变化和潜在生态风险特征。成杭新等（2008）研究了太湖近百年来的重金属污染累积变化，发现 1980 年以前太湖沉积物中 Cd、Pb 含量与流域内的自然背景含量相当，1980 年以后湖底沉积物中的 Cd、Pb 含量显著增高，这与我国大规模工业化进程的起始时间基本一致，推测工业化进程是湖底沉积物中 Cd、Pb 含量增加的主要原因。

一些学者（Li et al., 2018b）研究了东太湖、长江和辽东湾沉积物中污染物浓度的历史变化，认为 2000~2003 年是环境污染变化的转折点。许多研究发现，工业的发展确实带来了越来越严重的环境污染，但环境保护也在一定程度上遏制了环境的恶化。Wan 等（2016）研究了中国西部山区贡海湖沉积物中重金属浓度的历史变化，发现 1978 年以来，在工业发展影响下，贡海湖沉积物中的重金属开始出现污染。总体上，重金属的污染水平在 20 世纪 80 年代相对较低，20 世纪 90 年代由于粗加工和高耗能行业的快速发展，沉积物中重金属的增长显著。进入 21 世纪后，沉积物重金属仍处于相对较高的水平，在接下来的几年中，在政府对大气环境实施更严格的管理标准之前，这种状况可能会持续甚至更糟。美国（Sarkar et al., 2015）和西班牙（Cortizas et al., 2012）等发达国家的工业发展较早（大约在 20 世纪初）并较快，在此期间这些国家的环境中重金属等污染物也开始迅速增加，20 世纪 70 年代达到顶峰；随着国家对环境的重视，增加了环境保护力度，环境中污染物的累积逐渐下降。与这些国家相比，中国的污染在 2000 年左右达到顶峰，然后开始稳定下降，比发达国家晚了大约 30 年。

表 8-1 沉积物重金属的累积变化研究

湖泊	沉积物	Cd	Cr	Pb	Zn
春风湖河口 [a]	上层（0~20cm）	1.13	76.13	54.9	157.4
	下层（40~60cm）	0.58	67.82	45.98	137.4
洞庭湖 [b]	上层（0~20cm）	0.501	102	39	127
	下层（150~180cm）	0.429	104	35.9	121
鄱阳湖 [b]	上层	0.238	63	42.3	100
	下层	0.18	61	38.5	86
滇池 [b]	上层	0.519	117	65.4	147
	下层	0.35	93	34.2	95
太湖 [b]	上层	0.08	88	25.7	67
	下层	0.083	86	24.6	74
Tien Estuary（越南）[c]	表层	0.06	50	13.9	62
San Francisco Estuary（美国）[d]	表层	0.21	17.2	20.4	61
Thames Estuary（英国）[e]	表层	0.9	36	63	115

注：a. Huang 等（2019）；b. Cheng 等（2015）；c. Hop 等（2017）；d. Lu 等（2005）；e. Attrill and Thomes（1995）

8.2 湖泊沉积物研究内容与方法

8.2.1 研究内容与技术路线

8.2.1.1 湖泊沉积物研究内容

本章研究的主要内容为以下几个方面：

1. 探究西太湖近百年来沉积物 PAHs 污染的历史变化及 PAHs 的影响因素

基于对沉积物的测年，重建了近百年来西太湖多环芳烃的污染状况；分析了不同历史时期多环芳烃的浓度和比值特征，探究了各种人类活动对沉积物中多环芳烃的影响；确定了对多环芳烃具有吸附作用的环境因子，并定量分析和比较了各种环境因子对物种因子的影响大小；同时分析了各种人类活动，如能量消耗、公路里程等，对 PAHs 的影响。

2. 探究西太湖沉积物中重金属的累积历史，并解析重金属的来源变化

测试了研究区沉积物中的重金属浓度，分析对比了近百年来沉积物中重金属的变化特征和物质来源，计算出了各个历史时期重金属的自然通量和人为通量，并探究了大气降尘对沉积物重金属的贡献率；结合 Pb 同位素和正定矩阵模型 PMF，对重金属的物源进行了探讨；对比分析了沉积物重金属与多环芳烃累积变化异同。

3. 评估沉积物中污染物的风险变化，并对污染物进行模拟预测

运用苯并芘当量法、地累积指数法等，对沉积物中多环芳烃和重金属进行了风险评价。以苯并芘代表多环芳烃，Cd 代表重金属，通过模型训练和模拟，计算出 2003~2016 年环境保护对污染物的控制量，并预测了未来十年研究区的污染状况和所需要的环境保

护力度。

8.2.1.2 研究技术路线

本书以西太湖区域的沉积物、大气降尘和土壤为研究载体,以多环芳烃和重金属这两种典型的有机和无机污染物为研究对象,依据有机和无机地球化学的基本理论和方法,对西太湖沉积污染物的历史累积变化、物质来源以及对污染物的吸附影响等方面进行分析研究,主要步骤有室内准备、野外采样、实验测试、数据分析和评估预测等,具体研究的技术路线如图 8-1 所示。

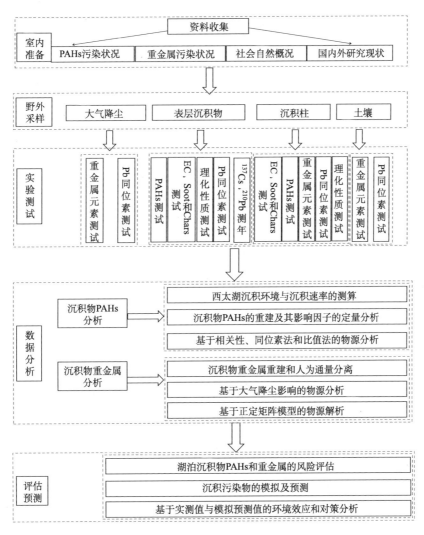

图 8-1 技术路线图

8.2.2 研究区概况

太湖古名震泽,又名笠泽,位于杭州湾、钱塘江与长江下游的尾闾段之间,与鄱阳湖、洞庭湖、巢湖和洪泽湖并称为中国的五大淡水湖。太湖的湖泊面积共计 2427.8km²，水域面积为 2338.1km²，水深平均为 1.89m，最深水深为 2.6m，湖泊岸线长度为 405km，平均宽度为 34km，湖泊总蓄水量共计 44.3×10⁸m³，年均吞吐量 57×10⁸m³，属于典型的浅水湖泊。太湖地区具有盛夏炎热和隆冬寒冷的气候特征,湖区的年平均气温为 15.3～16.0℃，全年平均气温最低在 1 月份，为 2.5～3.3℃，最高平均气温在 7 月份，为 28.1～28.7℃。年平均气温以湖中西山岛为最高，以北岸无锡为最低，且气温年较差大，极端高温为 38.4～39.8℃，极端低温为–14.3～–8.7℃。太湖西及西南临宜溧山和天目山，太湖湖区地势自西向东呈现降低趋势，因而其年降水量的空间分布呈现为西南高而东北低。从地质构造上来看，太湖位于江南古陆的东北端，中生代时期大规模的花岗岩入侵，形成了著名的苏州花岗岩。江南古陆地势西南部高耸，向湖区东北部逐渐侵入平原之下，呈现出东北—西南走向。古生代印支运动发生褶皱，中生代燕山运动以断块作用为主，将湖区截切为许多棋盘格式的断块。断裂构造走向以北东向北西为主。中生代和新生代时期，大陆边缘板块构造发展，导致太湖地区火成岩活动比较频繁。

本书中的西太湖选取太湖湖区的西部，主要为宜兴与太湖的陆-湖界所涉及的湖区，属于宜兴市的行政管辖区。西太湖湖区的湖水来源主要为荆溪水系，又称南溪水系，发源于茅山和界岭山地，受水面积为 6000km²。经宜兴的西氿、东氿和团氿三个湖泊，在大浦口附近的各娄港入太湖。自西向东的水库有大溪水库、沙河水库、横山水库等，对径流有一定的调蓄作用。

8.2.3 样品的采集与测定

8.2.3.1 样品的采集

1. 太湖沉积物的采集

太湖湖水在冬季水位较低，生物活动量小，水环境比较稳定。因此，本书选择了在冬季进行太湖沉积物样品采集。提前用超纯水对准备好的无干扰重力采样器和不锈钢抓斗进行反复清洗。采样的区域分布在西太湖，主要在宜兴的行政区域管辖内。为了减少人类活动对沉积物的影响,样品采集点离岸边一定距离,表层沉积物的采样点间隔约 1km 进行布点。2017 年 1 月 10 日，在西太湖共采集 36 个表层沉积物样品(表层 1cm) 和 3 根沉积柱，其中 2 根柱为平行样和备用。采样过程中用 GPS 定位并记录每个样点的经纬度坐标，每采集一个样品，用湖水对无干扰重力采样器和不锈钢抓斗进行反复清洗，样品采集后用超纯水反复清洗并晾干，放入聚乙烯自封袋密封保存，贴上提前写好的标签，并记录样品编号以及采样点周围环境状况等。船上岸后，立刻在岸边用切割环按照 1cm 间隔对沉积柱进行切分，并用事先冷冻好的冰袋进行降温保存，并将采集的样品送回实验室。经冷冻干燥后，称取部分样品研磨过 100 目筛，放入冰箱内–18℃保存待用。用电子天平称量并记录每根沉积柱在冷冻干燥前后的质量，计算出每个样品的干密度和含水率。

2. 大气降尘的采样

根据研究区的土地利用类型及其可见分布,共布置了 10 个大气降尘采集点(图 8-2)。

布点设计为用两条相互垂直的样品采集带组成"十"字形,一条自东南向西北布设,另一条自西南向东北布设。2016 年 9 月 1 日,完成自制大气降尘采样装置的安装。自制的大气降尘采样装置由聚乙烯塑料桶组成,桶口直径为 20cm,桶深度为 50cm。每个点位放置 3 个降尘采样桶(图 8-2),其中 2 个作为平行样和备用,离地面约 3m 左右。降尘采样桶在放置之前,预先在实验室配制 25%的稀硝酸,倒入桶内 500mL 左右,浸泡 48h,然后用超纯水反复清洗。在清洗干净的降尘采样桶内加入事先配制好的 2%乙二醇水溶液 60~80mL(抑制微生物及藻类的生长),把降尘采样桶放在采样点的固定架上开始收集样品,记录放桶编号、坐标和时间(年、月、日)。本书的样品收集以 3 个月为一个周期,到 2018 年 9 月 1 日将降尘采样桶取回,两年内收集的大气降尘样品数量共计 80 个,平行样和备用样品 160 个。将降尘采样桶取回实验室时,首先用清洗过的镊子将落入桶内的树叶、昆虫等异物取出,将桶内溶液和尘粒分批次转入 500mL 烧杯中,在电热板上加热蒸发,加热过程中要将温度控制在 80℃左右,使体积浓缩到 10~20mL,并用淀帚把杯壁上的尘粒擦扫干净;再将溶液和尘粒全部转移到已烘干至恒重的 25mL 聚四氟乙烯烧杯中,在电热板上小心蒸发至干。整个过程中,严格控制好水温,防止水沸腾而溅到外面;最后放入烘箱内,在 90℃左右烘干至恒重,称量聚四氟乙烯烧杯的质量差,即为每个大气降尘采样桶收集的大气降尘质量。称量完成之后,将样品装袋保存,以备上机测试。

图 8-2　样品采集与实验处理

3. 土壤样品的采集

在宜兴城市和城郊进行土壤样品的采集,共采集表层(0~5cm)土壤样品 10 个,用于与沉积物一起分析研究区污染物的特征和来源。土壤样品的采样方法为五点采样法:把每个采样点划分为一定规格的正方形区域,分别在该正方形区域的四个角和中心部位共计 5 个点位采集土壤样品,用聚乙烯塑料盆将 5 个土壤样品混合均匀,装入采样袋内带回实验室。然后在实验室内将样品摊开,去除其中颗粒物较大的砾石、植物根系或落叶等，常温条件下自然风干。称取部分样品用玛瑙研磨器进行研磨，过 100 目筛子并装于样品袋内 -4℃保存直至分析。

8.2.3.2　样品的测定

1. 沉积物粒度分析

粒度测试前处理的步骤：首先，称取约 0.5g 样品放入 50 mL 的烧杯中，分几次加入少量 10%的过氧化氢，将烧杯放在通风橱 70℃的水浴锅中加热反应，直至没有气泡再生成（目的是去除样品中的有机质成分）；然后，向烧杯中加入 10%的盐酸，水浴加热至没有气泡产生为止（目的是去除样品中的碳酸盐成分）；接着用蒸馏水清洗，装入离心管中离心 2～3 次至中性；最后，加入 20mL 配好的六偏磷酸钠 $[(NaPO_3)_6]$（目的是使颗粒物分散开），用超声波振荡 15min，使样品充分分散，以便进行测试。粒度分析在英国 Malvern 公司生产的 Mastersizer 2000 型激光粒度仪上进行测试，测量范围为 0.02～2000μm，重复测量误差小于 1%。

2. 沉积物 TOC 分析

称取过 100 目筛的沉积物样品 0.1～1g，装入经清洗、高温烘干过的硬质试管中，用量程为 0～5mL 的移液枪准确加入 5mL 的 0.8mol/L 重铬酸钾溶液（$K_2Cr_2O_7$），再加入浓 H_2SO_4 溶液 5mL，15 个硬质试管为一组，用铝块试管座固定，放入 170～180℃的石蜡油浴锅中加热，沸腾保持 5min（从试管内溶液开始沸腾并有气泡产生时开始计时）。液体冷却后倒入 250mL 的三角瓶中，用超纯水清洗试管至三角瓶液体总体积为 60～70mL，通过滴定管用标准的 0.2mol/L 硫酸亚铁（$FeSO_4$）滴定，使用邻菲咯啉作为指示剂（2～3 滴），溶液的变色过程大致为橙黄—蓝绿—砖红，记录标准溶液硫酸亚铁的滴定体积。

3. 重金属和 Pb 同位素测试

用电子天平准确称取 0.1g 左右过 100 目筛子的沉积物、土样和蒸干的大气降尘，放入事先用酸碱振荡清洗过的聚四氟乙烯烧杯（容积为 25mL）中。向烧杯中滴加少量的 Milli-Q 超纯水湿润样品，用移液枪滴加 2mL 浓盐酸以除去样品中的硫化物。短暂加热后加入 6mL 浓硝酸，把聚四氟乙烯烧杯放在 80℃左右的加热板上加热 30min。待烧杯冷却后加入 5mL 氢氟酸（分解硅酸盐矿物等）和 1mL 高氯酸（分解有机质）加热直至溶液澄清（若溶液仍是浑浊，则按照上述加酸步骤继续滴加），揭开烧杯盖子使其蒸干且白烟冒尽。在蒸干的透明的固体中加入 2mL "王水"（浓盐酸：浓硝酸 = 3：1），并用超纯水准确定容至 10mL，上机测试分析。As 的消解步骤为用 Milestone Ethos 1 微波仪消解沉积物、土壤和大气降尘样品，共设定两步：首先，微波仪在 15min 内升至 210℃；其次，微波仪恒温 20min 继续消解。将样品转移至高压密封消化罐的聚四氟乙烯内胆中，加入 3mL 65%的 HNO_3、6mL 65%的 HF 和 0.5mL 65%的 $HClO_4$ 进行消解，冷却后将溶液倒入聚四氟乙烯烧杯中继续消解并蒸至近似干，用移液枪准确定容 10mL 待测。在每批样品消化过程中添加相应的空白样和平行样，其酸解方法与上述一致（吴绍华等，2011；吴绍华等，2008）。消解过程中使用的酸纯度均为优级纯。各种金属 Fe、As、Zn、K、Ti、Sr、Mg、Mn、Al、Cu、Cr 和 Ni 是采用美国 PerkinElmer 公司生产的 Optima 5300DV 型电感耦合等离子体发射光谱仪（ICP-AES）进行测试，元素 Cd 和 Pb 用 Elan 9000 电感耦合等离子体质谱仪(ICP-MS)(美国，PerkinElmer 公司)测定。仪器的系统参数条件见表 8-2，各种金属元素的检测限见表 8-3。为了提高元素含量测试的精度，每隔 5 个样品便测试一次标准物质 GBW07405 进行校正。实验的前处理和上机测试在南京大学地理与海洋科学学院和现代分析测试中心完成。

进行 Pb 同位素测试。根据样品中已测得的 Pb 的浓度，将其稀释至约 30μg/L 的溶液后用 ICP-MS 测试(表 8-2)。使用标准参考材料(SRM981，美国国家标准与技术研究所，NIST)校正本书中测试的 Pb 同位素比率。为了控制 Pb 同位素测定的精密度和准确度，在每两个样品分析后，重复测量标准物质。在 30ng/mL Pb 条件下，$^{207}Pb/^{206}Pb$ 的分析精度为 0.10%，$^{208}Pb/^{206}Pb$ 的分析精度在 0.15%之内。

表 8-2　ICP-MS 和 ICP-AES 工作参数及 Pb 同位素测定参数设置

ICP-MS				ICP-AES	
参数	数值	参数	数值	参数	数值
RF 功率/W	1100	扫描模式	跳峰	燃烧气/(L/min)	15
透镜电压/V	5.7	等离子体气流速/(L/min)	15	雾化流速/(L/min)	1
模拟信号电压/V	−1680	辅助气流速/(L/min)	0.95	观测高度/mm	12
脉冲信号电压/V	1000	进样流速/(mL/min)	1	辅助气流量/(L/min)	1
透镜扫描	能	检测器模式	6	功率/W	1150
检测器模式	脉冲	^{206}Pb 和 ^{207}Pb 驻留时间/ms	25		
扫描阅读次数/次	300	^{208}Pb 驻留时间/ms	10		

表 8-3　各种金属检测线

	As	Cr	Cu	Fe	K	Mg	Mn	Ni	Sr	Ti	Zn	Cd	Pb	Al
DL/(μg/g)	0.1	1.5	0.4	0.035	0.04	0.03	2.5	0.5	0.3	0.45	0.018	0.001	0.006	0.2
QL/(μg/g)	0.3	4.5	1.2	0.105	0.12	0.09	7.5	1.5	0.9	1.6	0.06	0.003	0.02	0.6
RR/%	73.7	109.7	112.3	89.3	85.3	83.7	76.7	83.3	88.0	73.7	95.3	92.3	89.3	85.7

注：DL 为检出限，QL 为定量限，RR 为回收率。

4. 沉积物多环芳烃测试

其测试方法与第 6 章土壤多环芳烃方法一致，不再赘述，由于沉积物中的轻环 PAHs 不稳定，不能代表历史累积状况，故在此未分析 NaP、Acy、Ace、Flu 四种轻环 PAHs，仅对 12 种 PAHs 进行了进一步讨论。

5. 黑炭组分测试

用电子天平准确称取 0.1～0.5g 的沉积物样品，并记录其质量。Han 等(2015)描述了该过程的细节。盐酸(HCl)、氢氟酸(HF)及其混合物被用来去除碳酸盐、金属氧化物和矿物质。剩余的残渣通过 47mm 石英过滤器(0.4μm 孔径，Whatman)过滤，并在 35℃的烘箱中风干。按照改进方案(Han et al., 2007)进行 EC 分析。将过滤器上的 0.526cm² 圆形冲头在纯氦环境中逐步加热至 120℃、250℃、450℃和 550℃，4 种有机碳(OC)组分(OC1、

OC2、OC3 和 OC4)相继挥发氧化成 CO_2,然后还原成 CH_4,用火焰离子化检测器检测。此后,烤箱温度在 2%O_2/98% He 环境中进一步提高到 550℃、700℃和 800℃,挥发 3个黑炭组分(EC1、EC2 和 EC3)。在这一过程中,用激光监测惰性氦气中产生的热分解有机碳(POC),以便将其返回到 OC 部分。因此,改进协议将所有 EC 分数减去 POC 的和定义为焦炭(EC)。Han 等(2015)进一步将黑炭分为焦炭[定义为 EC1 减去 POC,(EC1-POC)]和烟炱[定义为 EC2 和 EC3 之和,(EC2+EC3)]。每次样品测试之前均使用已知的标准 CH_4 进行检验,检验的偏差均小于 0.05。另外,在测试当天使用推荐的标准样品来检测仪器的稳定度,差值在 0.05 之内。每隔 10 个样品做一个平行样,黑炭测试的相对标准偏差小于 0.06,焦炭和烟炱测试的相对标准偏差在 0.1 之内。

6. ^{137}Cs 和 ^{210}Pb 测年

将研磨过 100 目筛子的沉积柱样品准确称量 20~60g,记录质量后,保存在密封塑料容器中静置 30 天,使 ^{210}Pb 和 ^{226}Ra 达到放射性平衡。^{137}Cs、^{210}Pb 和 ^{226}Ra 的活性随后由相对检测效率为 62%的高分辨率 HPGe γ-光谱测定系统测定(GWL-120-15,Ortec,USA)。γ-光谱在 661.6keV 下,从 γ 射线辐射中获得 ^{137}Cs 的活性,分别在 46.5keV 和 351.9keV 下测定 ^{210}Pb 和 ^{226}Ra,样品测量时间为 40 000s,测量误差控制在 95%置信水平,测量数据误差小于 5%。根据恒定初始 ^{210}Pb 浓度(CIC)模型计算日期。沉积物中 ^{137}Cs的定年方式是依据 1952 年受核试验的开始影响致使环境汇中 ^{137}Cs 含量增加,1963 年左右核试验达到高峰从而使环境中 ^{137}Cs 含量出现第一个峰值,1986 年苏联的切尔诺贝利核泄漏事件致使全球环境中 ^{137}Cs 含量再次出现峰值,依据 ^{137}Cs 含量在环境中的变化特征对沉积物进行年龄判别。沉积物中 ^{210}Pb 定年以 CRS 和 CIC 两种模式为主,具体根据沉积柱中 $^{210}Pb_{ex}$ 垂直分布特征来决定采用哪种分析模式。本书采取的沉积柱中 ^{210}Pb 比活度随沉积深度呈现指数衰减,因此本书采用 CIC 模式进行定年分析(Li et al.,2018a)。计算公式如下:

$$T = 1/k \times \ln(A_o/A_z) \tag{8-1}$$

式中,T 和 k 分别是沉积年代(a)和 ^{210}Pb 的放射性衰变常数(λ=0.03114/a);A_o 和 A_z 分别代表 $^{210}Pb_{ex}$ 在沉积物表层和深度 Z(cm)处比活度(Bq/kg)。

8.2.4　数据分析和评价模拟的方法

8.2.4.1　数据分析方法

1. 数据整理和统计分析

本书的数据通过 Excel 进行整理和分类,使用 SPSS 21.0 对整理好的数据进行相关性分析、显著性检验、均值、方差和标准偏差分析等。运用 Surfer 4.0 对大气降尘中重金属的时空特征进行三维分析,结合 Matlab 2012a 对研究区 100 年来的温度、降雨量、沉积物中焦炭和烟炱等进行局部平滑回归分析。用 Canoco 软件将自变量选定为环境因子,因变量选定为物种因子,对沉积物样品进行冗余分析。

2. 沉积柱重金属源解析的 PMF 模型计算

PMF 模型最先应用在大气的来源解析上,其原理是通过最小二乘法来确定受体介质的来源以及来源的贡献率。正定矩阵定义为 $n \times m$ 的矩阵 X,定义中 n 代表样品数,m 代表源的个数；矩阵 $\boldsymbol{X}$ 可表示为一个残差矩阵和两个因子矩阵的结合，依次表示为 $\boldsymbol{F}(p \times m)$ 和 $\boldsymbol{E}(n \times m)$、$\boldsymbol{G}(n \times p)$，矩阵中的 p 代表源的个数。矩阵用统计公式表示为 $\boldsymbol{X} = \boldsymbol{GF} + \boldsymbol{E}$；矩阵 $\boldsymbol{F}$ 代表因子加载，矩阵 $\boldsymbol{G}$ 指代因子贡献，矩阵 $\boldsymbol{E}$ 表示残差矩阵，被认为是实际数据与分析结果之间的差异（Li et al., 2018b）。

$$x_{ij} = \sum_{k=1}^{p} g_{ik} f_{kj} + e_{ij} \tag{8-2}$$

$$Q(E) = \sum_{i=1}^{n} \sum_{j=1}^{m} \left(\frac{e_{ij}}{u_{ij}} \right)^2 \tag{8-3}$$

$$u = \frac{5}{6} \times \mathrm{MDL} \tag{8-4}$$

$$u = \sqrt{(\mathrm{MU} \times \mathrm{concentration})^2 + (\mathrm{MDL})^2} \tag{8-5}$$

公式（8-2）为矩阵的转换公式，式中 x_{ij} 是 i 样品中 j 污染物的含量或浓度；g_{ik} 是 k 源对 i 样品的贡献率；f_{kj} 是 j 污染物在 k 源浓度中的含量或浓度；e_{ij} 代表的是残差矩阵。公式（8-3）为正定矩阵模型中定义的目标函数，式中的 u_{ij} 是 j 污染物在 i 样品中的不确定度。结果的不确定度主要基于测试方法检测限（MDL）和测试样品过程中的不确定度（MU）进行计算。公式（8-4）是当样品浓度小于或者等于检测限（MDL）时，样品检测的不确定度。公式（8-5）是样品浓度大于检测限时样品检测的不确定度。PMF 模型分析是在 USEPA PMF 5.0（USEPA, 2014）上完成的。

8.2.4.2　风险评价方法

1. 地累积指数

地累积指数（Chen et al., 2017）可以定量表示土壤、沉积物或其他物质中重金属的污染程度。表达式为：

$$I_{\mathrm{geo}} = \log_2 [C_i / (k \times B_i)] \tag{8-6}$$

式中，C_i 为测得的重金属 i 含量；B_i 为土壤中元素 i 的背景值；k 为校正天然成岩作用引起的背景值变化的系数，一般取 1.5。根据地累积指数的计算结果，某一区域某一元素的污染程度可分为 7 个等级，具体分级见表 8-4。

表 8-4　重金属地累积指数分类及污染程度

地累积指数	分级	污染水平
$I_{\mathrm{geo}} \leqslant 0$	0	无污染
$0 < I_{\mathrm{geo}} \leqslant 1$	1	轻-中度污染
$1 < I_{\mathrm{geo}} \leqslant 2$	2	中度污染
$2 < I_{\mathrm{geo}} \leqslant 3$	3	中-重度污染
$3 < I_{\mathrm{geo}} \leqslant 4$	4	较强污染
$4 < I_{\mathrm{geo}} \leqslant 5$	5	强污染
$5 < I_{\mathrm{geo}} \leqslant 10$	6	极强污染

2. 潜在生态风险评估

潜在生态风险指数法是基于单因素污染物生态危害指数 E_i 和总潜在生态风险指数 RI 对生态风险进行分类(Hakanson, 1980)。该方法是一种相对简单有效的生态风险评估方法。其公式如下：

$$E_i = T_i \times \frac{C_i}{C_o} \tag{8-7}$$

$$RI = \sum_{i=1}^{n} E_i \tag{8-8}$$

式中，E_i 是该区域重金属元素 i 的潜在生态危害指数，C_i 是样品中重金属 i 的含量，C_o 是环境中重金属的背景值；T_i 是元素 i 的毒性响应系数，它是基于 Hakanson 标准的重金属毒性响应系数，各重金属的取值分别为 Cd = 30，Cr = 2，Pb = 5，Zn = 1；RI 是多种重金属的综合潜在生态风险指数。E_i 和 RI 的具体分类如下(表 8-5)。

表 8-5　生态风险级别分类

风险指数	风险等级				
	轻度	中度	强	很强	极强
E_i	< 40	40~80	80~160	160~320	≥320
RI	< 50	50~100	100~200	200~400	≥400

3. 湖水 PAHs 计算与健康评估

通过了解沉积环境中液相和固相之间 PAHs 各分子的相对分布特征，以预测其环境归宿、毒性行为和生物利用度(Bucheli and Gustafsson, 2000)。

TOC 和溶液之间的平衡分配模型(公式 8-9)可用于估算沉积物中的固液分配系数 (K_d)：

$$K_d = K_{TOC} \cdot f_{TOC} \tag{8-9}$$

式中，K_{TOC} 和 f_{TOC} 分别代表 TOC 归一化分配系数[(mol/kg 有机碳)/(mol/L 溶液)]和固体中 TOC 的比值(有机碳质量/总固体质量)。在本书中，孔隙水 PAHs(C_W)的浓度使用如下公式计算：

$$C_W = C_S / K_d \tag{8-10}$$

式中，C_S 和 C_W 分别代表沉积物和孔隙水中 PAHs 的浓度，该模型已经广泛应用在实际样本中(Han et al., 2015)。本书中使用辛醇-水、碳标准化分配系数和 PAHs 的毒性值比较(表 8-6)。结合 BaP 当量对 PAHs 进行风险评估(表 8-7)。

表 8-6　本书中使用的 PAHs 的毒性值 [a]

毒性	Phe	Ant	Flu	Pyr	BaA	Chr	BbF	BkF	BaP	InP	DBA	BP
急性	0.367	0.300	0.055	0.061	0.010	0.011	0.014	0.009	0.008	0.001	0.001	0.002
慢性	0.055	0.060	0.011	0.012	0.002	0.002	0.003	0.002	0.002	0.0001	0.0003	0.0005

注：[a] Neff 等(2005)。

表 8-7　本书中使用的 BaP 毒性当量因子 [b]

Phe	Ant	Flu	Pyr	BaA	Chr	BbF	BkF	BaP	InP	DBA	BP
0.001	0.01	0.001	0.001	0.1	0.01	0.1	0.1	1	0.1	1	0.01

注：[b] Nisbet 和 LaGoy(1992)。

8.2.4.3　人工神经网络

人工神经网络一般由三层组成，即输入层、输出层和隐含层。本书中，输入层有 3 个神经元，分别为耗能、人口和工业产值，隐含层有 7 个神经元，输出层有 1 个神经元，且各个神经元之间是完全链接的 (Li et al., 2018c)。神经网络使用正则化方法来提高其泛化能力，训练目标函数 F：

$$F = \alpha E_w + \beta E_D \tag{8-11}$$

式中，E_w 是网络中权重的平方和；E_D 是网络响应值和目标值之间残差的平方和；α 和 β 是目标函数参数或超参数。

在贝叶斯框架中，网络的权值一般是随机变量。首先，将函数设置为部分优先分布。观察到数据后，可使用贝叶斯规则更新后向分布的权重：

$$P(w|D,\,\alpha,\beta,G) = \frac{P(D\,|\,w,\beta,G)P(w\,|\,\alpha,G)}{P(D\,|\,\alpha,G)} \tag{8-12}$$

式中，G 代表神经网络模型；w 是网络权重的向量；$P(w\,|\,\alpha,G)$ 是先验概率；$P(D\,|\,w,\beta,G)$ 是似然函数；$P(D\,|\,\alpha,G)$ 代表归一化因子。因此，可以描述为

$$\text{Posterior} = \frac{\text{Likelihood} \cdot \text{Prior}}{\text{Evidence}} \tag{8-13}$$

假设权重和数据概率分布是高斯分布，则似然函数可以表示为

$$P(D|w,\beta,G) = \frac{\exp(-\beta E_D)}{Z_D(\beta)} \tag{8-14}$$

式中，$Z_D(\beta)$ 代表归一化因子：

$$Z_D(\beta) = (\pi/\beta)^{n/2} \tag{8-15}$$

同样，先验概率可写成：

$$P(w|\alpha,G) = \frac{\exp(-\alpha E_W)}{Z_W(\alpha)} \tag{8-16}$$

式中，$Z_W(\alpha)$ 是归一化因子。

$$Z_W(\alpha) = (\pi/\alpha)^{k/2} \tag{8-17}$$

最后，后验概率可写成：

$$P(w|D,\,\alpha,\beta,G) = \frac{\exp\left[-F(w)\right]}{Z_F(\alpha,\beta)} \tag{8-18}$$

本书使用贝叶斯规则来优化目标函数参数 α 和 β。因此，出现以下内容：

$$P(\alpha, \beta | D, G) = \frac{P(D|\alpha, \beta, G)P(\alpha, \beta | G)}{P(D|G)} \tag{8-19}$$

式中，$P(\alpha, \beta | G)$ 是正则化参数 α 和 β 的先验概率；$P(D | \alpha, \beta, G)$ 表示似然函数，它被称为 α 和 β 的证据，可以推断 α 和 β 的值：

$$\alpha = \gamma/2E_W; \ \beta = (n - \gamma)/2E_D; \ \gamma = \sum_{i=1}^{m} m - \alpha \cdot \text{trace}^{-1} A \tag{8-20}$$

式中，γ 是有效参数；n 是样本集的数量；m 是网络中参数的总数；A 是目标函数 $F(w)$ 的 Hessian 矩阵。步骤为：①初始化 α、β 和权重的值；②采用 Levenberg-Marquardt 算法的一个步骤来最小化目标函数 $F(w)$；③使用 Levenberg-Marquardt 训练算法中的 Hessian 矩阵的 Gauss-Newton 近似来计算 γ；④计算目标函数参数 α 和 β 的新值；⑤迭代步骤②~④值。

8.3　西太湖沉积物中多环芳烃的历史变化与物源分析

8.3.1　西太湖沉积环境与沉积速率测算

8.3.1.1　西太湖的沉积环境

1. 有机碳分析

西太湖沉积柱中有机碳浓度范围在 5.72~14.40mg/kg（表 8-8），将沉积柱分上下两部分，上部分沉积物受近些年的环境影响，下部分沉积物受到较早时间段的环境影响。上部分沉积物中有机碳浓度范围为 5.72~14.40mg/kg，均值为 9.22mg/kg，标准偏差和变异系数分别为 1.45 和 0.16；下部分沉积物中有机碳浓度范围为 5.86~10.82mg/kg，均值为 8.27mg/kg，标准偏差和变异系数分别为 2.58 和 0.31。整体上，沉积柱上部有机质含量略高于下部，上下部分有机质浓度的标准偏差和变异系数都比较低，说明有机质含量在整体上保持稳定。

表 8-8　西太湖沉积柱中有机质浓度

沉积柱	平均值 (mg/kg)	最大值 (mg/kg)	最小值 (mg/kg)	标准偏差	变异系数
下部 (30cm)	8.27	10.82	5.86	2.58	0.31
上部 (15cm)	9.22	14.40	5.72	1.45	0.16

2. 沉积粒度分析

沉积物粒径随沉积柱深度的变化表现出一定的特征（图 8-3）。大多数样品可分为黏粒（<4μm）、粉砂（4~63μm）和砂（>63μm）。在沉积柱中，粉砂含量占主体，其比例为 73%~82%，平均含量为 76%；黏粒组分的比例为 9%~27%，平均含量为 17%；砂含量比例为 0.2%~15.6%，平均含量比例为 6.2%。沉积物样品的含砂率由下向上逐渐增大，变化范围为 0~16%。总的来说，沉积柱中的颗粒尺寸从底部到表面呈增大趋势，总体上保持相对稳定，表明沉积柱颗粒直径没有受到历史洪水以及人类活动干扰的影响，沉积环境稳定。表层沉积物的粒度组成，黏粒、粉砂和砂所占的比重分别为 10.8%、80.1%

和 9.1%（图 8-4），同沉积柱的粒度特征一致，粉砂比重最大，砂的比重最小，这也反映了采样区有一个稳定的湖泊沉积环境。

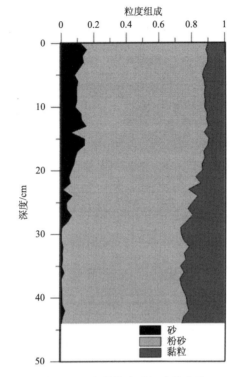

图 8-3　沉积柱粒度随深度的变化

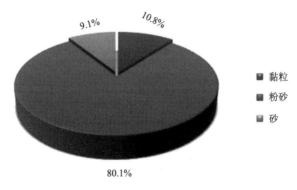

图 8-4　表层沉积物粒度组成

8.3.1.2　西太湖沉积速率测算

沉积柱中 ^{210}Pb 和 ^{137}Cs 活性随深度的变化具有一定规律（图 8-5）。沉积柱中的 ^{210}Pb$_{ex}$ 活性从沉积柱表层的 3507.1Bq/kg 下降到沉积柱最低端的 160.0Bq/kg。样品深度与岩芯中的 $\ln(^{210}$Pb$_{ex})$ 值呈显著相关（$R^2 = 0.765$，$p < 0.001$），这表明沉积物反映了沉积历史的变化。由沉积柱中的有机质、粒度等分析可知，该沉积柱有一个稳定的沉积环境，并且

沉积物深度和 $\ln(^{210}Pb_{ex})$ 呈现显著相关,因此选用 CIC 定年模型。图 8-5 还显示了 ^{137}Cs 峰的情况,在沉积柱的 30cm 处检测到 ^{137}Cs 活性,这与人类刚开始核试验有关,被判定为 1952 年;在 27cm 处出现了第一个峰值,记录了 1963 年核试验规模达到顶峰,导致环境中产生最大核废物沉降,因此该沉积层被判定为 1963 年(潘少明等,1997);再往上也出现了几个峰值,但是不明显,并且不是唯一峰值,因此没有找出 1986 年。^{210}Pb 测年结果与 ^{137}Cs 一致。比如,在 30 cm 深度处,^{137}Cs 活度定年为 1952 年,^{210}Pb 活度的 CIC 模型的定年时间为 1956 年。在沉积柱 27cm 处,^{137}Cs 活动显示峰值判定沉积年龄为 1963 年,^{210}Pb 活度的 CIC 模型定年为 1962 年。两种定年方法的一致性表明 CIC 模型适用于样品芯,并且定年结果可信度高。

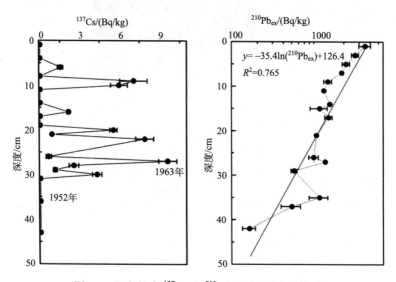

图 8-5　沉积柱中 ^{137}Cs 和 ^{210}Pb 的活性随深度变化

沉积柱的平均沉积速率为 0.381cm/a,上部(前 15cm)的沉积速率为 0.487cm/a,下部(后 30cm)的沉积速率为 0.329cm/a,相比较来看,上部的沉积速率要大于下部,这可能与下部长年的压实作用和干密度大有关。朱金格等(2010)计算出太湖的平均沉积速率为 0.33cm/a,与本书计算的沉积速率基本一致,进一步验证了本书计算的准确性。

8.3.2　西太湖多环芳烃的历史变化

8.3.2.1　多环芳烃历史浓度变化

本书通过对沉积物进行定年,重建了沉积柱中 Σ12PAHs 的浓度(表 8-9,图 8-6,图 8-7),将 12 种多环芳烃按照苯环结构的个数分为 3 环、4 环、5 环和 6 环,其中 3 环有 Phe 和 Ant,在沉积柱中的浓度范围分别为 7.20~208.40ng/g、0.70~97.70ng/g,均值分别为 37.32ng/g 和 8.54ng/g;4 环多环芳烃包括 Flu、Pyr、BaA 和 Chr,在沉积柱中的浓度范围分别为:6.30~244.80ng/g、0.20~32.20ng/g、0.80~58.00ng/g 和 1.50~70.30ng/g,均值分别为:44.04ng/g、6.96ng/g、6.71ng/g 和 9.60ng/g;5 环多环芳烃包括 BbF、BkF、

表 8-9　沉积物中 PAHs、黑炭组分浓度以及其他沉积属性的描述

分子	简写	单位	表层沉积物						沉积柱					
			N	最小	最大	平均	标准差	变异系数	N	最小	最大	平均	标准差	变异系数
phenanthrene	Phe	ng/g	36	12.00	26.60	19.19	3.47	0.18	45	7.20	208.40	37.32	46.13	1.24
anthracene	Ant	ng/g	36	2.10	22.70	5.04	3.90	0.77	45	0.70	97.70	8.54	15.81	1.85
fluoranthene	Flu	ng/g	36	24.90	178.80	60.88	39.26	0.64	45	6.30	244.80	44.04	43.27	0.98
pyrene	Pyr	ng/g	36	1.60	38.00	19.78	11.28	0.57	45	0.20	32.20	6.96	8.89	1.28
benzo (a) anthracene	BaA	ng/g	36	7.80	20.20	13.19	3.48	0.26	45	0.80	58.00	6.71	9.92	1.48
chrysene	Chr	ng/g	36	8.00	35.80	24.04	6.92	0.29	45	1.50	70.30	9.60	12.40	1.29
benzo (b) fluoranthene	BbF	ng/g	36	26.30	61.60	43.51	9.72	0.22	45	4.60	66.10	18.19	16.84	0.93
benzo (k) fluoranthene	BkF	ng/g	36	5.80	14.60	9.55	2.27	0.24	45	0.00	20.60	3.78	4.32	1.14
benzo (a) pyrene	BaP	ng/g	36	8.80	21.30	14.51	3.73	0.26	45	0.00	27.80	4.03	5.69	1.41
Indeno (1,2,3-cd) pyrene	InP	ng/g	36	14.90	119.20	31.19	20.85	0.67	45	0.00	40.80	8.80	10.59	1.20
dibenzo (a,h) anthracene	DBA	ng/g	36	2.30	25.90	5.58	4.36	0.78	45	0.00	17.50	2.41	3.84	1.59
benzo (g,hi) perylene	BP	ng/g	36	14.70	126.30	29.71	21.78	0.73	45	0.00	32.40	8.37	9.12	1.09
Σ12PAHs		ng/g	36	164.10	519.80	276.14	76.92	0.28	45	35.90	578.90	158.80	127.50	0.80
黑炭	EC	mg/g	36	1.20	7.09	3.16	1.17	0.37	45	1.28	4.95	2.69	0.74	0.27
焦炭		mg/g	36	0.46	5.42	2.24	1.01	0.45	45	0.77	3.70	1.98	0.62	0.31
烟炱		mg/g	36	0.51	1.66	0.92	0.22	0.24	45	0.31	1.25	0.71	0.22	0.30
总有机碳	TOC	mg/g	36	3.20	12.70	6.86	1.75	0.26	45	5.70	14.40	8.58	1.97	0.23
焦炭/烟炱			36	0.53	3.68	2.39	0.79	0.21	45	1.42	5.49	2.98	1.10	0.37
黑炭/总有机碳			36	0.21	0.89	0.47	0.16	0.18	45	0.13	0.53	0.33	0.11	0.33
黏粒		%	36	8	15	11	0.02	0.15	45	9	27	18	0.06	0.36
粉砂		%	36	74	86	80	0.04	0.05	45	73	82	76	0.02	0.03
砂		%	36	3	17	9	0.04	0.40	45	0	16	6	0.05	0.82
铅	Pb	mg/kg	36	13.80	36.30	27.70	4.91	0.18	45	17.40	29.40	22.00	3.20	0.15
$^{208}Pb/^{206}Pb$			36	2.089	2.115	2.106	0.005	0.002	45	2.084	2.106	2.095	0.005	0.003
$^{206}Pb/^{207}Pb$			36	1.161	1.177	1.17	0.003	0.003	45	1.167	1.182	1.176	0.004	0.003
有效样品数			36						45					

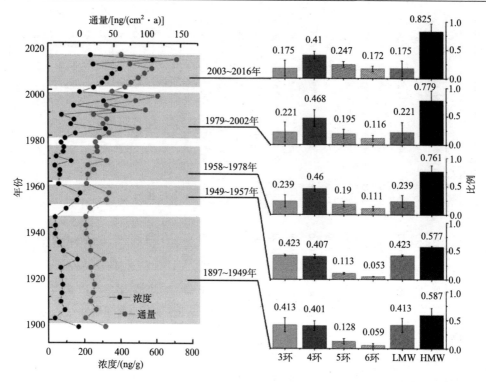

图 8-6　沉积柱中∑12PAHs 的沉积浓度和通量在不同时间段内的相对分布状况

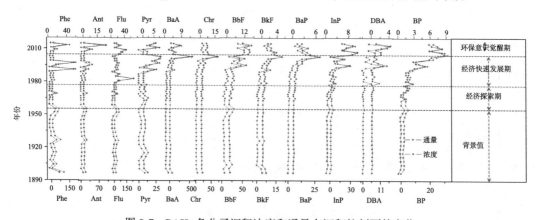

图 8-7　PAHs 各分子沉积浓度和通量在沉积柱剖面的变化

BaP 和 InP，在沉积柱中的浓度范围分别为 4.60～66.10ng/g、0.00～20.60ng/g、0.00～27.80ng/g 和 0.00～40.80ng/g，均值分别为 18.19ng/g、3.78ng/g、4.03ng/g 和 8.80ng/g；6环多环芳烃包括 DBA 和 BP，沉积柱中的浓度变化范围为 0.00～17.50ng/g 和 0.00～32.40ng/g，均值分别为 2.41ng/g 和 8.37ng/g。

　　1949 年前，中国经济落后，主要以农业为主，沉积物中多环芳烃浓度和沉积通量很低，多环芳烃浓度变化范围为 35.94～165.86ng/g，平均浓度为 76.29ng/g；沉积通量变化范围为 7.07～34.57ng/(cm²·a)，平均沉积通量为 18.58ng/(cm²·a)，多环芳烃 3 环、4 环、5 环、6 环、LMW∑PAHs 和 HMW∑PAHs 的均值比重分别为 0.413、0.401、0.128、0.059、

0.413 和 0.587(图 8-6)。1949～1957 年，中华人民共和国成立之后，中国进入一个重建时期，经济快速发展，多环芳烃浓度和沉积通量出现了短期的增长，多环芳烃浓度变化范围为 97.53～176.32ng/g，平均浓度为 144.00ng/g；沉积通量变化范围为 7.86～41.86ng/(cm²·a)，平均沉积通量为 22.12ng/(cm²·a)，多环芳烃 3 环、4 环、5 环、6 环、LMW∑PAHs 和 HMW∑PAHs 的均值比重分别为 0.423、0.407、0.113、0.053、0.423 和 0.577。1958～1978 年，中国经济发展出现波动，多环芳烃浓度和沉积通量有所下降，多环芳烃浓度变化范围为 36.04～126.41ng/g，平均浓度为 69.97ng/g；沉积通量变化范围为 9.26～38.47ng/(cm²·a)，平均沉积通量为 19.49ng/(cm²·a)，多环芳烃 3 环、4 环、5 环、6 环、LMW∑PAHs 和 HMW∑PAHs 的均值比重分别为 0.239、0.46、0.19、0.111、0.239 和 0.761。

1979～2002 年，中国经济迅速崛起，进入了一个快速工业化和城市化时期(Li et al.，2018b)。在这个时期中，化石类燃料是主要的能源物质，导致多环芳烃的浓度和沉积通量迅速增大，多环芳烃浓度变化范围为 73.78～430.35ng/g，平均浓度为 221.09ng/g；沉积通量变化范围为 20.0～115.39ng/(cm²·a)，平均沉积通量为 59.43ng/(cm²·a)，多环芳烃 3 环、4 环、5 环、6 环、LMW∑PAHs 和 HMW∑PAHs 的均值比重分别为 0.221、0.468、0.195、0.116、0.221 和 0.779。2003 年以后，随着人们对环境保护的重视，政府采取了各种措施(Li et al.，2018b)，降低了多环芳烃的浓度和通量的增加速度，并在近几年出现了一定程度的降低，多环芳烃浓度变化范围为 236.40～578.94ng/g，平均浓度为 356.70ng/g；沉积通量变化范围为 60.90～143.92ng/(cm²·a)，平均沉积通量为 94.75ng/(cm²·a)，多环芳烃 3 环、4 环、5 环、6 环、LMW∑PAHs 和 HMW∑PAHs 的均值比重分别为 0.175、0.41、0.247、0.172、0.175 和 0.825。

上述现象与 12 种多环芳烃的历史浓度变化基本一致(图 8-7)，大致可分为四个时间段。1955 年之前，沉积物中多环芳烃各分子浓度很低，保持稳定，只有 Phe 和 Pyr 有轻微的波动，其中各多环芳烃的浓度反映当时多环芳烃的背景值，即自然来源。1955～1978 年，各多环芳烃的浓度表现出轻微的波动，此时中国经济发展出现波动。1979～2002 年，多环芳烃浓度整体上大幅度上升，这一时期中国经济飞速发展，能源消耗量剧增。2003～2016 年，各多环芳烃浓度不再增加，保持稳定，其中 BkF 和 BaP 等浓度开始下降，这一时期中国政府采取了许多环境保护措施，使环境污染得到一定的遏制。

随着中国经济由农业向工业的转型，能源利用类型也逐渐由生物质燃烧转变为石油化石类燃烧。生物质燃烧和石油化石类燃烧所产生的多环芳烃的类型和浓度是不同的，这导致了多环芳烃的构成有所转变：低环和低分子量多环芳烃比重降低，高环和高分子量多环芳烃比重增大，这种趋势表现得很明显。

8.3.2.2　沉积物孔隙水中多环芳烃的历史变化

沉积物中孔隙水的多环芳烃浓度可以代表和反映所处时期湖水多环芳烃的污染状况(Dueri et al.，2008)。本书通过不同沉积层的沉积物 TOC 浓度及其在固相-液相的分配系数，计算出多环芳烃在各沉积层中的浓度，得出了近百年来太湖水中多环芳烃的浓度及污染状况。近百年来多环芳烃 Phe、Ant、Flu、Pyr、BaA、Chr、BbF、BkF、BaP、InP、DBA 和 BP 在太湖沉积物固相-液相的分配系数 lgK_d 变化范围分别为 2.22～2.62、2.30～

2.70、3.15～4.44、2.94～3.34、3.67～4.07、3.62～4.02、3.56～3.96、3.76～4.16、3.80～
4.20、4.76～5.16、4.51～4.91、4.26～4.66，均值分别为 2.39、2.47、4.21、3.11、3.84、
3.79、3.73、3.93、3.97、4.93、4.68 和 4.43（表 8-10）。近百年来太湖孔隙水中多环芳烃
Phe、Ant、Flu、Pyr、BaA、Chr、BbF、BkF、BaP、InP、DBA 和 BP 的浓度变化范围
分别为 33.77～861.12μg/L、2.77～195.61μg/L、0.31～28.96μg/L、0.17～27.83μg/L、0.12～
9.33μg/L、0.20～12.70μg/L、0.73～10.25μg/L、0～2.69μg/L、0～3.32μg/L、0～0.47μg/L、
0～0.30μg/L 和 0～1.10μg/L，平均浓度分别为 139.78μg/L、25.11μg/L、3.41μg/L、5.28μg/L、
0.95μg/L、1.55μg/L、3.31μg/L、0.44μg/L、0.43μg/L、0.10μg/L、0.05μg/L 和 0.31μg/L。

表 8-10　百年来 PAHs 在太湖沉积物中固相-液相分配系数和在太湖孔隙水中的浓度

分子	$\lg K_{TOC}$	$\lg K_d$			$C_{aq}/(\mu g/L)$		
		最大	最小	平均	最大	最小	平均
Phe	4.46	2.62	2.22	2.39	861.12	33.77	139.78
Ant	4.54	2.70	2.30	2.47	195.61	2.77	25.11
Flu	5.22	4.44	3.15	4.21	28.96	0.31	3.41
Pyr	5.18	3.34	2.94	3.11	27.83	0.17	5.28
BaA	5.91	4.07	3.67	3.84	9.33	0.12	0.95
Chr	5.86	4.02	3.62	3.79	12.70	0.20	1.55
BbF	5.80	3.96	3.56	3.73	10.25	0.73	3.31
BkF	6.00	4.16	3.76	3.93	2.69	0	0.44
BaP	6.04	4.20	3.80	3.97	3.32	0	0.43
InP	7.00	5.16	4.76	4.93	0.47	0	0.10
DBA	6.75	4.91	4.51	4.68	0.30	0	0.05
BP	6.50	4.66	4.26	4.43	1.10	0	0.31
Σ12PAHs					961.21	43.06	180.72

　　百年来太湖孔隙水中 Σ12PAHs 的浓度变化趋势与沉积物相似，1978 年前，孔隙水
中 Σ12PAHs 的浓度整体很低，为 43.06～361.62μg/L，平均值为 131.17μg/L。1978 年后，
太湖孔隙水中 Σ12PAHs 的浓度呈现出迅速增长之势，浓度变化范围为 93.99～
961.21μg/L，平均浓度为 279.80μg/L。

　　运用 Neff 等（2005）提出来的湖水多环芳烃风险阈值，对百年来太湖孔隙水各多环芳
烃浓度进行评价（图 8-8）。整体上，1980 年前，各多环芳烃浓度基本上都处于安全线以
内，只有 3 环的 Phe 中一部分浓度处于慢性污染状态，这可能与农业的发展和生物质的
燃烧有关（Li et al.，2019）。1980 年后，随着工业经济的发展，高分子多环芳烃浓度增大，
基本上所有的多环芳烃都已经超标，达到慢性污染状态，Phe 和 Chr 等部分已经达到急
性污染状态，对研究区生态构成严重威胁。

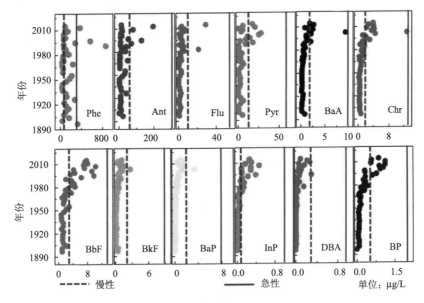

图 8-8　太湖历史孔隙水的风险估算

8.3.2.3　多环芳烃浓度及黑炭组分变化与人类活动的关系

沉积柱中黑炭的浓度变化范围为 1.28～4.95mg/g（表 8-9），平均浓度为 2.69mg/g，远高于青藏高原湖泊沉积物中黑炭的浓度(0.5mg/g)(Li et al., 2019)，可能与能源使用量有关。沉积柱上部(前 15cm，1978 年后)中黑炭浓度变化范围为 2.09～4.95mg/g，均值为 3.03mg/g；沉积柱下部(15～45cm，1978 年前)中黑炭浓度变化范围为 1.28～3.56mg/g，平均值为 2.44mg/g，整体上表现为上部黑炭浓度大于下部。沉积柱中烟炱的变化情况与黑炭类似，上部(前 15cm，1978 年后)中烟炱浓度变化范围为 0.57～1.25mg/g，均值为 0.88 mg/g；沉积柱下部(15～45cm，1978 年前)中黑炭浓度变化范围为 0.31～0.82mg/g，平均值为 0.58mg/g。沉积柱中的焦炭和总有机碳 TOC 上下变化没有一定规律(表 8-9)，浓度变化范围分别为 0.77～3.70mg/g、5.70～14.40mg/g，平均值分别为 1.98mg/g、8.58mg/g。

烟炱的变化趋势大致分为三段。1949 年之前，烟炱的浓度较低；1949～2003 年，烟炱浓度呈现逐步上升趋势；2003 年之后，烟炱浓度有所下降。这可能与研究区的经济发展及环境保护措施有关，1949 年之前，中国经济落后，研究区以农业为主，生物质燃烧占比较大；1949 年后，中国经济迅速发展，逐渐由农业国转变为工业国，燃料由生物质燃烧转变为石油化石类燃烧，这导致了严重的环境污染问题；21 世纪初期，在各级政府大力的环境保护措施下，环境得到一定的改善。这种现象在重金属和多环芳烃的研究中也出现过(Li et al., 2018a; Han et al., 2015; Wan et al., 2016)。由于焦炭主要受局地火灾事件的影响，带有一定的偶然性，因此，焦炭浓度的历史变化规律性相对较弱。近几十年来，温度呈现出上升的趋势，与烟炱具有相似的历史变化趋势(图 8-9)，这可能与环境中烟炱的"温室效应"有关，烟炱可以吸收长波红外辐射，能使大气增温。

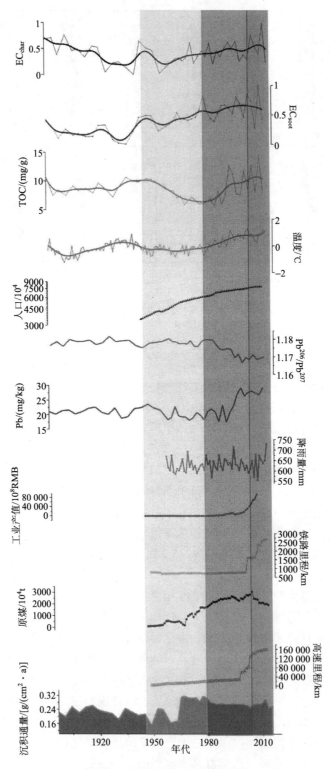

图 8-9　沉积柱指标历史变化趋势

　　1949 年后，PAHs 和黑炭组分与经济发展指标的相关性分析见表 8-11。人口数量、工业产值、铁路里程、公路里程、燃煤数量等指标均与多环芳烃的 4 环、5 环、6 环、高分子量多环芳烃、Σ12PAHs 以及 Pb 表现出显著相关性，但与 3 环和低分子量多环芳烃表现出微弱的相关性，且没有显著性。这表明燃煤、交通等人类活动的影响，主要导致环境中高环 (4 环、5 环、6 环) 多环芳烃、高分子量多环芳烃以及 Pb 浓度的增加，但是对低分子量多环芳烃影响很小。同时也说明 Pb 与多环芳烃在某种程度上具有相同的物质来源。燃煤数量、公路里程、人口数量与黑炭、焦炭、烟炱均表现出显著相关性，说明燃煤数量、公路里程和人口数量是影响黑炭组分的主要因素。

表 8-11　1949 年后 PAHs 和黑炭组分与经济发展之间的相关性分析

		3 环	4 环	5 环	6 环	LMW	HMW	Σ12PAHs	黑炭	焦炭	烟炱	Pb
人口数量	相关性	0.282	**0.619**[**]	**0.827**[**]	**0.798**[**]	0.282	**0.784**[**]	**0.699**[**]	**0.473**[**]	**0.418**[*]	**0.533**[**]	**0.575**[**]
	p 值(双侧)	0.131	0	0	0	0.131	0	0	0.008	0.022	0.002	0.001
工业产值	相关性	0.289	**0.423**[*]	**0.701**[**]	**0.708**[**]	0.289	**0.611**[**]	**0.578**[**]	0.336	0.329	0.27	**0.703**[**]
	p 值(双侧)	0.122	0.02	0	0	0.122	0	0.001	0.069	0.076	0.148	0
铁路里程	相关性	0.252	**0.410**[*]	**0.705**[**]	**0.740**[**]	0.252	**0.611**[**]	**0.560**[**]	0.313	0.314	0.223	**0.696**[**]
	p 值(双侧)	0.18	0.025	0	0	0.18	0	0.001	0.093	0.091	0.235	0
公路里程	相关性	0.223	**0.565**[**]	**0.835**[**]	**0.838**[**]	0.223	**0.763**[**]	**0.655**[**]	**0.398**[*]	**0.368**[*]	**0.392**[*]	**0.801**[**]
	p 值(双侧)	0.236	0.001	0	0	0.236	0	0	0.029	0.045	0.032	0
燃煤数量	相关性	0.218	**0.574**[**]	**0.674**[**]	**0.646**[**]	0.218	**0.679**[**]	**0.593**[**]	**0.404**[*]	0.345	**0.496**[**]	**0.369**[*]
	p 值(双侧)	0.248	0.001	0	0	0.248	0	0.001	0.027	0.062	0.005	0.045

*表示在 0.05 水平(双侧)上显著相关；**表示在 0.01 水平(双侧)上显著相关

　　为进一步定量分析人类活动对 PAHs 和黑炭组分的影响，对人口数量、工业产值、铁路里程、公路里程、燃煤数量等人类活动指标与 PAHs、黑炭及其组分进行冗余分析。以多环芳烃及黑炭组分为物种因子，人类活动各个指标为环境因子 (表 8-12)，轴 I 和轴 II 的特征值分别为 0.668 和 0.06，两轴共解释了人类活动对 PAHs 和黑炭影响的 72.8%。人口数量、工业产值、铁路里程、公路里程、燃煤数量与高分子量多环芳烃、焦炭、烟炱、黑炭及多环芳烃总量变量箭头方向的夹角很小，且公路里程、燃煤数量和人口数量变量的最长，表明其对高分子量多环芳烃、焦炭、烟炱、黑炭及多环芳烃总量有比较重要的正面影响 (图 8-10)。而沉积物粒度、TOC 总体上表现出对 PAHs 和黑炭组分微弱的影响。

表 8-12　对沉积柱中 PAHs 和黑炭组分的冗余分析相关因子总结

分析参数	轴 I	轴 II	轴Ⅲ	轴Ⅳ
特征值	0.668	0.06	0	0
物种-环境相关性	0.872	0.703	0	0
物种数据的累积百分比方差/%	62.8	72.8	0	0
物种-环境关系的累积百分比方差/%	91.7	100	0	0
标准特征值之和	0.728			
特征值之和	1			

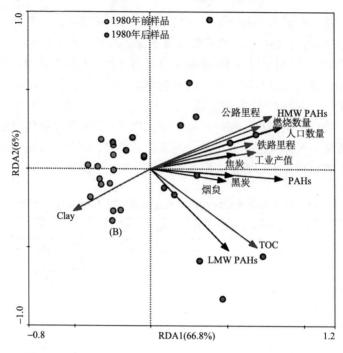

图 8-10　人类活动解释沉积物中多环芳烃丰度的冗余度分析

另外，也分析了沉积柱中每个时间段的样品分布，1980 年前，粒度线段箭头与样品点基本在一个区域，表明粒度对沉积物中样品 PAHs、黑炭及其组分表现出一定的正面影响力；而 1980 年之后，粒度表现出完全相反的趋势。

对各人类活动的重要性进行了排序（表 8-13），人口数量、工业产值、铁路里程、公路里程、燃煤数量等人类活动指标与 TOC 都呈现出显著性关联，$p < 0.01$，说明分析结果的可靠性。其中人口数量、公路里程对 PAHs 和黑炭的解释度最高，分别为 46.9% 和 42.2%，其次为燃煤数量、TOC、工业产值和铁路里程，解释度分别为 34.2%、33.2%、31.1% 和 29.7%。

表 8-13　人类活动对 PAHs 和黑炭组分的重要性影响排序

相关因子	重要性排序	解释度/%	F	p
人口数量	1	46.9	24.74	0.002
公路里程	2	42.2	20.41	0.002
燃煤数量	3	34.2	14.52	0.002
TOC	4	33.2	13.91	0.002
工业产值	5	31.1	12.65	0.006
铁路里程	6	29.7	11.81	0.004
黏粒	7	17.5	5.94	0.014

总体上，公路里程、人口数量、燃煤数量等人类活动因素，是影响 PAHs 和黑炭组分的主要因素；各人类活动指标与 PAHs 含量呈现出强相关，人口数量、公路里程、燃

煤数量与 PAHs 的相关性系数分别为 0.699、0.655、0.593($p<0.01$)。而沉积物的理化性质如粒度、TOC 表现出对 PAHs 和黑炭组分的影响较小。在相同人类活动强度下，粒度对 PAHs 具有明显的吸附作用；而不同时期人类活动强度的差异太大，粒度的影响已被抵消和掩盖。冗余分析结果表明，人类活动对 PAHs 和黑炭组分有着显著的影响。

8.3.3　多环芳烃吸附沉积的影响因素

8.3.3.1　多环芳烃吸附沉积影响因素的相关性分析

表层沉积物中多环芳烃的浓度变化范围为 164.1～519.8ng/g，均值为 276.14ng/g（表 8-9）；其中 3 环多环芳烃 Phe、Ant 浓度范围分别为 12.00～26.60ng/g、2.10～22.70ng/g，平均浓度分别为 19.19ng/g、5.04ng/g；4 环多环芳烃 Flu、Pyr、BaA 和 Chr 的浓度范围分别为 24.90～178.80ng/g、1.60～38.00ng/g、7.80～20.20ng/g 和 8.00～35.80ng/g，浓度平均值分别为 60.88ng/g、19.78ng/g、13.19ng/g 和 24.04ng/g；5 环多环芳烃 BbF、BkF、BaP 和 DBA 的浓度范围分别为 26.30～61.60ng/g、5.80～14.60ng/g、8.80～21.30ng/g 和 2.30～25.90ng/g，浓度平均值分别为 43.51ng/g、9.55ng/g、14.51ng/g 和 5.58ng/g；6 环多环芳烃 InP 和 BP 浓度范围分别为 14.90～119.20ng/g、14.70～126.30ng/g，平均浓度分别为 31.19ng/g、29.71ng/g。

黑炭的浓度变化范围为 1.20～7.09mg/g，均值为 3.16mg/g，而焦炭含量均值为 2.24mg/g（0.46～5.42mg/g），烟炱浓度均值为 0.92mg/g（0.51～1.66mg/g）。TOC 浓度变化范围为 3.20～12.70mg/g，均值为 6.86mg/g。粒度类型黏粒、粉砂、砂的平均占比分别为 11%、80%、9%，可以看出表层沉积物中的粒度特征表现为以细粒为主，并且变异性很小，说明西太湖具有相对稳定的沉积环境。Pb 平均浓度为 27.70mg/kg（13.80～36.30mg/kg）。

对多环芳烃与黑炭、焦炭、烟炱、TOC 以及粒度组成进行了皮尔逊相关性分析和显著性检验，以及回归分析（表 8-14，图 8-11，图 8-12）。$\sum$12PAHs 与黑炭、焦炭、烟炱、TOC 和黏粒表现出显著相关性，相关性系数分别为 0.557、0.459、0.855、0.575 和 0.575，其中烟炱与 $\sum$12PAHs 相关性最大，达到 0.855（$R^2 \geqslant 0.7$）以上。Phe 与黑炭、焦炭、TOC 表现出显著相关性，Ant 与黑炭、焦炭、烟炱呈现出显著相关性，Flu 与 TOC 呈显著相关性，Pyr 与黑炭、焦炭呈现显著相关性，3 环多环芳烃和低分子量多环芳烃与黑炭、焦炭、烟炱、TOC 显著相关，可以看出低分子量多环芳烃与黑炭、焦炭和 TOC 具有很好的相关性，说明受其影响较大。4 环、5 环、6 环以及高分子量多环芳烃与黑炭、焦炭、烟炱、TOC、黏粒表现出显著相关性，尤其是烟炱，与 5 环、6 环和高分子量多环芳烃的相关性分别为 0.740、0.736 和 0.853，表现为强相关性，说明烟炱对高分子量多环芳烃影响最大。Pb 与 $\sum$12PAHs 和 4 环多环芳烃具有显著相关性。而较粗的砂对大部分多环芳烃表现出弱相关且不显著。

总体上，焦炭与多环芳烃的相关性要显著高于 TOC、黑炭；TOC 和黑炭与低分子量多环芳烃具有相似的相关性；焦炭与高分子量多环芳烃的相关性，要明显强于与低分子量多环芳烃的相关性。烟炱作为气态物质凝聚产物，由于同源性和吸附作用，其与多环芳烃尤其高分子量多环芳烃具有强相关性。

表 8-14 太湖表层沉积物中 PAHs 浓度与黑炭组分、有机碳及粒度之间的相关性 (N=36)

组分	指标	Phe	Ant	Flu	Pyr	BaA	Chr	BbF	BkF	BaP	InP	DBA	BP	Σ12PAHs	3环	4环	5环	6环	LMW	HMW
黑炭	相关性	0.389*	0.502**	0.045	0.369*	0.568**	0.452**	0.485**	0.576**	0.503**	0.398*	0.326	0.500**	0.557**	0.551**	0.333*	0.514**	0.455**	0.551**	0.544**
	p 值(双侧)	0.019	0.002	0.793	0.027	0	0.006	0.003	0.001	0.002	0.016	0.053	0.002	0	0	0.048	0.001	0.005	0	0.001
焦炭	相关性	0.386*	0.431**	0.001	0.381*	0.520**	0.409*	0.415*	0.523**	0.433**	0.307	0.235	0.416*	0.459**	0.503**	0.27	0.434**	0.366*	0.503**	0.444**
	p 值(双侧)	0.02	0.009	0.997	0.022	0.001	0.013	0.012	0.001	0.008	0.069	0.167	0.012	0.005	0.002	0.111	0.008	0.028	0.002	0.007
烟炱	相关性	0.298	0.684**	0.236	0.213	0.629**	0.527**	0.672**	0.660**	0.683**	0.706**	0.652**	0.751**	0.855**	0.616**	0.528**	0.740**	0.736**	0.616**	0.853**
	p 值(双侧)	0.078	0	0.165	0.212	0	0.001	0	0	0	0	0	0	0	0	0.001	0	0	0	0
TOC	相关性	0.356*	0.307	0.487**	0.093	0.475**	0.412*	0.539**	0.517**	0.466**	0.190	0.142	0.2	0.575**	0.405*	0.743**	0.484**	0.197	0.405*	0.575**
	p 值(双侧)	0.033	0.069	0.003	0.588	0.003	0.012	0.001	0.001	0.004	0.266	0.408	0.241	0	0.014	0	0.003	0.249	0.014	0
黏粒	相关性	0.254	0.278	0.329	0.077	0.500**	0.482**	0.621**	0.577**	0.546**	0.311	0.285	0.292	0.575**	0.327	0.567**	0.585**	0.304	0.327	0.582**
	p 值(双侧)	0.136	0.1	0.05	0.657	0.002	0.003	0	0	0.001	0.065	0.092	0.084	0	0.052	0	0	0.071	0.052	0
粉砂	相关性	-0.287	-0.281	-0.330*	0.245	0.099	0.172	-0.066	0.064	0.109	0.1	0.127	0.057	-0.091	-0.347*	-0.261	0.025	0.079	-0.347*	-0.067
	p 值(双侧)	0.090	0.097	0.049	0.150	0.567	0.316	0.702	0.712	0.527	0.562	0.459	0.741	0.598	0.038	0.124	0.884	0.649	0.038	0.696
砂	相关性	0.316	0.257	0.360*	-0.242	-0.028	-0.093	0.138	0.001	-0.026	-0.098	-0.12	-0.072	0.129	0.349*	0.321	0.040	-0.085	0.349*	0.107
	p 值(双侧)	0.060	0.131	0.031	0.155	0.873	0.592	0.421	0.995	0.878	0.571	0.487	0.678	0.455	0.037	0.057	0.819	0.621	0.037	0.534
Pb	相关性	0.192	0.293	0.289	0.030	0.213	0.084	0.319	0.322	0.262	0.230	0.209	0.218	0.391*	0.301	0.391*	0.316	0.226	0.301	0.389*
	p 值(双侧)	0.261	0.083	0.088	0.863	0.213	0.626	0.058	0.056	0.123	0.177	0.222	0.201	0.018	0.074	0.018	0.060	0.185	0.074	0.019
焦炭/烟炱	相关性	0.282	0.038	-0.137	0.356*	0.285	0.224	0.139	0.266	0.177	-0.039	-0.08	0.025	0.056	0.188	0.035	0.126	-0.006	0.188	0.044
	p 值(双侧)	0.096	0.828	0.424	0.033	0.092	0.189	0.417	0.117	0.301	0.821	0.641	0.884	0.745	0.273	0.838	0.465	0.972	0.273	0.799
黑炭TOC	相关性	0.095	0.238	-0.264	0.291	0.230	0.169	0.088	0.193	0.172	0.230	0.195	0.319	0.139	0.211	-0.154	0.154	0.278	0.211	0.13
	p 值(双侧)	0.580	0.161	0.119	0.085	0.176	0.323	0.610	0.260	0.315	0.177	0.255	0.058	0.419	0.218	0.369	0.371	0.100	0.218	0.451

注:"*" 表示在 0.05 水平(双侧)上显著相关;"**" 表示在 0.01 水平(双侧)上显著相关。3 环 = Phe+Ant,4 环 = Flu+Pyr+BaA+Chr,5 环 = BbF+BkF+BaP+DBA,6 环 = InP+BP,
p 为显著性。

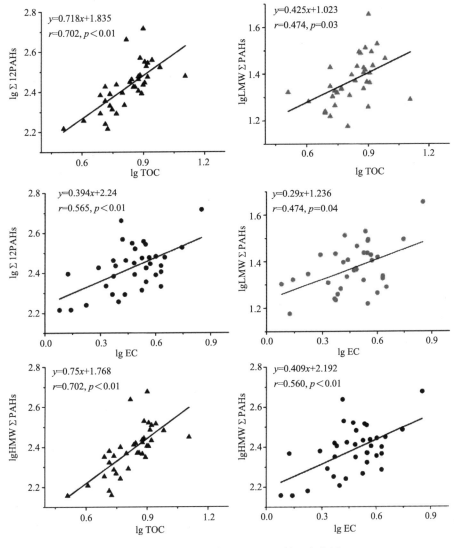

图 8-11　多环芳烃与 TOC、EC 的回归分析

8.3.3.2　多环芳烃吸附沉积重要影响因子的识别

多环芳烃及组成作为物种因子，黑炭、烟炱、TOC 和粒度等作为环境因子，进行冗余分析(表 8-15)，轴Ⅰ、轴Ⅱ的特征值分别为 0.626 和 0.06，两轴的解释度共计 69.7%。

烟炱箭头线段最长，与多环芳烃各分子浓度及总浓度箭头夹角呈锐角且很小(图 8-13)，表明烟炱对沉积物中多环芳烃具有很大的影响。黑炭、焦炭、黏粒与多环芳烃各分子浓度及总浓度箭头夹角呈锐角且相对较小，表明黑炭、焦炭和黏粒对沉积物中多环芳烃具有一定的影响。粉砂和砂箭头方向偏离了多环芳烃的方向，表明较粗颗粒沉积物对多环芳烃基本没有影响。

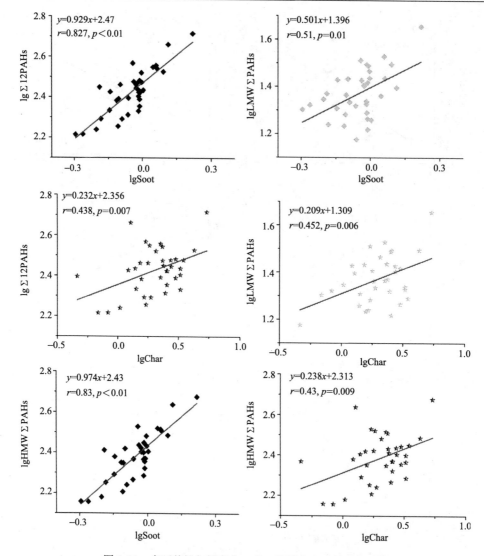

图 8-12 多环芳烃与烟炱(Soot)、焦炭(Char)的回归分析

表 8-15 表层沉积物中对 PAHs 的冗余分析相关因子总结

分析参数	轴Ⅰ	轴Ⅱ	轴Ⅲ	轴Ⅳ
特征值	0.626	0.06	0.009	0.001
物种-环境相关性	0.894	0.583	0.546	0.517
物种数据的累积百分比方差/%	62.6	68.7	69.6	69.7
物种-环境关系的累积百分比方差/%	89.8	98.5	99.8	100
标准特征值之和	0.697			
特征值之和	1			

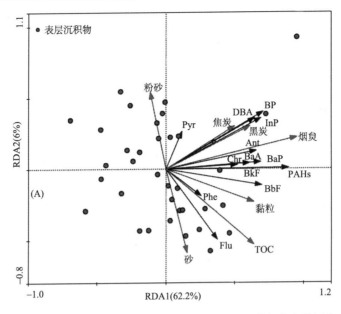

图 8-13　TOC 和黑炭组分及粒度解释表层沉积物中多环芳烃丰度的冗余度分析

黑炭组分、TOC 和粒度对沉积物中多环芳烃的影响程度分析结果见表 8-16。它们对沉积物中多环芳烃的影响大小排序表现为烟炱＞TOC＞黏粒＞黑炭＞焦炭＞砂＞粉砂。烟炱、TOC、黏粒、黑炭和焦炭对多环芳烃的影响均在 $p < 0.01$ 水平显著，影响度分别为 57.2 %、27.6%、26.0%、24.0% 和 16.4%。烟炱表现出了对沉积物中多环芳烃极强的影响，解释度在 50 % 以上，远大于 EC 和 TOC。而砂和粉砂对沉积物中的多环芳烃解释度只有 3.6% 和 2.7%，且表现为不显著。

表 8-16　黑炭和有机碳等对 PAHs 的重要性影响排序

相关因子	重要性排序	解释度/%	F	p
烟炱	1	57.2	45.39	0.002
TOC	2	27.6	12.96	0.002
黏粒	3	26.0	11.97	0.002
黑炭	4	24.0	10.76	0.002
焦炭	5	16.4	6.65	0.002
砂	6	3.6	1.28	0.29
粉砂	7	2.7	0.33	0.334

8.3.4　西太湖多环芳烃的来源分析

8.3.4.1　基于相关性分析的来源分析

对多环芳烃各分子之间进行相关性分析和显著性检验，结果见表 8-17。Phe 与 Pyr、BaA、Chr、BbF、BkF 及 BaP 之间呈现出显著正相关；Ant 与 Flu、BaA、BbF、BkF、

BaP、DBA 及 BP 之间呈现出显著正相关；4 环多环芳烃(BaA)、5 环多环芳烃(BbF、BkF、BaP 和 DBA)和 6 环多环芳烃(BP)分子间均呈现出显著强相关， BaA 与 BkF 之间相关性达到了 0.929，BbF 与 BkF 之间相关性为 0.930，DBA 与 InP 之间相关性达到了 0.991，BP 与 InP 之间相关性达到了 0.963。整体上 3 环多环芳烃分子之间的相关性和显著性低于 4 环、5 环和 6 环多环芳烃分子，这可能是由于低分子不稳定，可能存在一定的生物降解，高分子比较稳定，在沉积环境中能够很好地保存。更重要的是，多环芳烃各分子之间的相关性反映了 4 环、5 环和 6 环多环芳烃分子具有相同的物质来源，这可能有异于低分子多环芳烃的来源。

表 8-17　多环芳烃分子间的相关性分析

	Phe	Ant	Flu	Pyr	BaA	Chr	BbF	BkF	BaP	InP	DBA	BP	PAHs
Phe	1												
Ant	0.325	1											
Flu	−0.047	0.339*	1										
Pyr	0.539**	−0.015	−0.710**	1									
BaA	0.537**	0.334*	−0.199	0.728**	1								
Chr	0.360*	0.179	−0.276	0.695**	0.874**	1							
BbF	0.548**	0.540**	0.142	0.431**	0.846**	0.751**	1						
BkF	0.614**	0.459**	−0.067	0.649**	0.929**	0.818**	0.930**	1					
BaP	0.426**	0.373*	−0.108	0.582**	0.946**	0.811**	0.863**	0.900**	1				
InP	0.116	0.653**	−0.119	0.310	0.559**	0.472**	0.583**	0.590**	0.709**	1			
DBA	0.062	0.582**	−0.139	0.280	0.509**	0.428**	0.529**	0.531**	0.682**	0.991**	1		
BP	0.149	0.773**	−0.093	0.303	0.551**	0.446**	0.567**	0.585**	0.650**	0.963**	0.926**	1	
PAHs	0.359*	0.796**	0.332*	0.191	0.687**	0.553**	0.838**	0.774**	0.783**	0.816**	0.767**	0.825**	1

*表示在 0.05 水平(双侧)上显著相关；**表示在 0.01 水平(双侧)上显著相关

多环芳烃和 Pb 由于疏水性和持久性而易被水体悬浮的颗粒物吸附沉积并保存于底泥中。多环芳烃和 Pb 在环境中普遍存在，它们主要来自人类活动，其中生物质燃烧、石油化石类燃烧、垃圾焚烧等是其主要来源。Pb 的来源在一定程度上可以反映多环芳烃的来源。西太湖表层沉积物和沉积柱中多环芳烃浓度与 Pb 浓度之间的相关分析和回归分析结果可见图 8-14。整体上，沉积物中多环芳烃浓度与 Pb 浓度之间表现为在 $p < 0.01$ 水平上显著正相关，相关性系数为 0.565，为强相关性，沉积物中多环芳烃的浓度随着 Pb 的浓度的增大而增大。这在一定程度上也反映出西太湖沉积物中多环芳烃和 Pb 受到相同或者相似的污染源影响，表现出同源性。

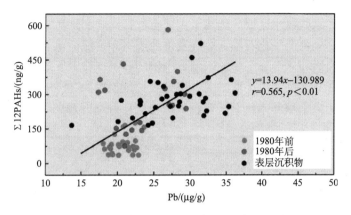

图 8-14　沉积物中∑12PAHs 与 Pb 浓度的相关性

8.3.4.2　基于比值法和 Pb 同位素法的来源分析

特定的多环芳烃之间的比值可以反映多环芳烃的来源，如 Ant/(Ant+Phe) 比值大于 0.1 说明，多环芳烃来源于化石燃料、煤炭石油等的高温燃烧 (Li et al., 2019)；BaA/(BaA+Chr) 比值大于 0.35 代表多环芳烃来源于化石燃料和生物质燃料的燃烧，比值在 0.2～0.35 代表多环芳烃来源于化石燃料的燃烧 (Li et al., 2019)。通过分析表层沉积物中多环芳烃 Ant/(Ant+ Phe) 和 BaA/(BaA+Chr) 的特征分子比 (图 8-15)，发现表层沉积物中的多环芳烃主要来自化石燃料的燃烧，同时也受生物质燃烧的影响。

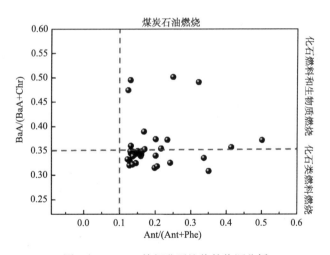

图 8-15　PAHs 特征分子比值的物源分析

西太湖表层沉积物的 Pb 同位素特征表现为：$^{208}Pb/^{206}Pb$ 比值范围为 2.0888～2.1151，平均值为 2.1059；$^{206}Pb/^{207}Pb$ 比值范围为 1.1612～1.1771，平均值为 1.1702。$^{208}Pb/^{206}Pb$ 比值与 $^{206}Pb/^{207}Pb$ 比值的变异系数分别为 0.0024 和 0.0027，标准偏差分别为 0.0050 和 0.0032，数据变异程度低，说明了数据有较好的可信度。

分析 Pb 同位素的特征发现 (图 8-16)，表层沉积物的 Pb 同位素数据落在了化石燃料燃烧及工业废水和家庭污水区域，远离了中国东部花岗岩和未污染土壤区，这表明表层沉积物中的 Pb 污染主要受化石燃料燃烧及工业废水和家庭污水的综合影响，而并不是受到中国东部花岗岩和未污染土壤的影响。中国的经济在快速发展，由农业国逐渐转变为工业国，煤炭、石油的消耗不断增大，这导致了沉积物的 Pb 同位素特征逐渐由中国东部花岗岩及未污染土壤源向化石燃料燃烧源转变 (Li et al., 2018a)。

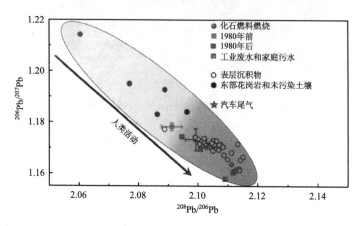

图 8-16　沉积物中 Pb 同位素特征分析

　　综上分析可以看出，西太湖沉积物中多环芳烃和 Pb 的产生在很大程度上受到化石燃料燃烧及工业发展等人类活动的影响，并且随着人类活动的增强，影响增大，这也在 Pb 同位素特征上有所展现。沉积物中多环芳烃和 Pb 在物质来源上具有相似性，都为石油化石类燃烧源。

8.4　西太湖沉积物中重金属的累积历史与来源解析

8.4.1　重金属沉积累积与人为通量的分离

8.4.1.1　重金属历史浓度的累积

　　西太湖沉积柱中各元素浓度的最大值、最小值、平均值情况如表 8-18 所示：沉积柱从下到上，Cr 的浓度变化范围为 43.1～84.0mg/kg，平均值为 59.8mg/kg；Cu 的浓度变化范围为 13.5～36.2mg/kg，平均值为 22.1mg/kg；Fe 的浓度变化范围为 22 284.0～28 965.8mg/kg，平均值为 25490.9mg/kg；Mg 的浓度变化范围为 5286.6～9648.3mg/kg，平均值为 5286.6mg/kg；Mn 的浓度变化范围为 487.6～1231.0mg/kg，平均值为 811.4mg/kg；Ni 的浓度变化范围为 30.6～92.9mg/kg，平均值为 41.7mg/kg；K 的浓度变化范围为 15241.0～21698.0mg/kg，平均值为 18262.7mg/kg；Sr 的浓度变化范围为 67.8～268.5mg/kg，平均值为 155.3mg/kg；Ti 的浓度变化范围为 3894.2～5963.2mg/kg，平均值为 4424.5mg/kg；Zn 的浓度变化范围为 89.2～153.8mg/kg，平均值为 112.5mg/kg；Cd 的浓度变化范围为 81.7～863.3mg/kg，平均值为 274.9mg/kg；Pb 的浓度变化范围为 17.4～29.4mg/kg，平均值为 21.9mg/kg；Al 的浓度变化范围为 21.5～43.6mg/kg，平均值为 31.6mg/kg；As 的

浓度变化范围为 14.9～43.5mg/kg，平均值为 23.8mg/kg。

表 8-18　1980 年前后沉积柱中元素浓度变化

Element	上层（1980 年以后）				下层（1980 年以前）			
	最小 /(mg/kg)	最大 /(mg/kg)	平均 /(mg/kg)	变异系数/%	最小 /(mg/kg)	最大 /(mg/kg)	平均 /(mg/kg)	变异系数/%
Cr	51.3	84.0	70.6	14.9	43.1	67.8	51.9	10.8
Cu	13.5	27.8	19.7	24.2	17.6	36.2	23.9	18.1
Fe	22 284.0	27 289.9	24 972.3	5.3	22 747.9	28 965.8	25869.8	6.3
Mg	5286.6	7783.3	6407.2	11.0	5996.2	9648.3	8216.9	11.2
Mn	504.2	1231.0	810.7	27.1	487.6	1044.2	811.9	20.4
Ni	30.6	92.9	42.5	39.4	34.4	47.1	41.1	8.8
K	15 577.0	18 929.0	17342.0	6.0	15 241.0	21 698.0	18 936.0	10.0
Sr	131.4	268.5	198.6	19.5	67.8	255.9	123.8	38.6
Ti	3984.0	5963.2	4492.8	9.8	3894.2	5128.1	4374.5	7.0
Zn	89.2	153.8	114.7	17.7	94.4	129.2	110.9	9.0
Cd	125.3	836.3	465.1	61.8	81.7	244.3	136.0	30.4
Pb	17.4	29.4	23.6	17.2	18.1	23.7	20.8	7.6
Al	22.0	34.9	27.0	11.8	21.5	43.6	35.0	15.4
As	16.3	33.6	21.5	18.1	14.9	43.5	25.5	27.8

　　结合测年结果，对沉积柱上部（1980 年以后）和下部（1980 年以前）元素的描述和分析表明，上部沉积物中重金属 Cr、Cd、Sr、Pb、Zn 的浓度明显高于下部沉积物。Cr 和 Cd 在上部平均浓度分别为 70.6mg/kg 和 465.1mg/kg，在下部平均浓度分别为 51.9mg/kg 和 136.0mg/kg。各元素的变异系数分析表明，Cr、Cd、Sr、Pb、Zn 等在沉积柱上部的变异系数明显高于下部，尤其是 Cd 和 Pb，沉积柱上部的变异系数是下部的 2～3 倍，这说明沉积物在下部（1980 年以前）中 Cr、Cd、Sr、Pb、Zn 等元素比较稳定，在上部（1980 年以后）变化比较大；其他元素的变异系数不显著，1980 年以后的变异系数略大于 1980 年以前的。

　　沉积柱中重金属 Cd、Pb、Cr 和 Zn 的浓度变化趋势大致可以分为三个时期（图 8-17）：①1978 年前，重金属浓度较低，且保持稳定；②1979～2002 年，重金属 Cd、Pb、Cr 和 Zn 的浓度表现出迅速上升的趋势，变化幅度较大；③2003～2016 年，重金属 Cd、Pb、Cr 和 Zn 的浓度不再上升，保持稳定，并且 Cr 和 Zn 的浓度在一定程度上出现了下滑，表现出逐年递减的趋势。

8.4.1.2　重金属人为通量的分离

　　本书以 Ti 为参照元素，利用下列方程（Wan et al., 2016）计算沉积物样品中重金属 M 的人为通量（$[M]Flux_{anthropogenic}$）$[mg/(cm^2 \cdot a)]$。

$$[M]Flux_{anthropogenic} = [M]_{anthropogenic} \times R \times \rho \times 10 \tag{8-21}$$

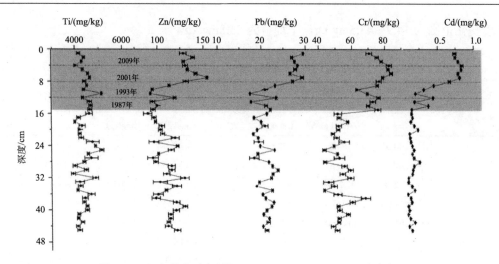

图 8-17　沉积柱中重金属 Zn、Pb、Cr、Cd 和 Ti 的浓度变化

$$[M]_{anthropogenic} = [M]_{sample} - [M]_{natural} \tag{8-22}$$

$$[M]_{natural} = [Ti]_{sample} \times [M]_{background}/[Ti]_{background} \tag{8-23}$$

式中，$[M]_{anthropogenic}$、$[M]_{natural}$ 和$[M]_{sample}$ 分别表示沉积物样品中金属 M 的人为浓度、自然浓度和总浓度；R 为沉积速率(cm/a)；ρ 为沉积物的干容重(g/cm³)；$[Ti]_{background}$ 和$[Ti]_{sample}$ 分别代表沉积物样品中的天然背景物质 Ti 和总 Ti 浓度；$[M]_{natural}$ 表示自然背景材料中金属 M 的浓度，本书以沉积柱的下半部(26~45cm，1965~1892 年)为自然背景材料。

近百年来，太湖沉积物中 Zn、Pb、Cr、Cd 的平均自然通量分别为 27.19μg/(cm²·a)、5.29μg/(cm²·a)、14.01μg/(cm²·a) 和 34.78 ng/(cm²·a)，百年间变化不大，说明自然通量重建结果是可靠的。相比之下，这些重金属的人为通量在过去百年间的变化很大(图 8-18)。

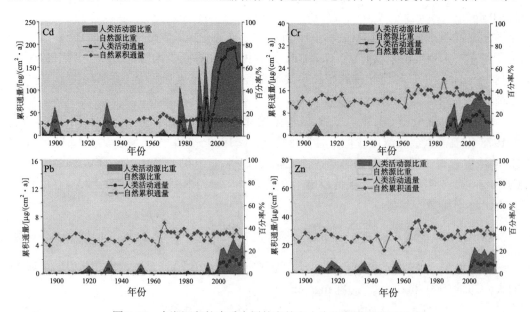

图 8-18　太湖沉积柱中重金属的自然和人为累积通量及百分率

1900～1980 年，Zn、Pb、Cr、Cd 四种金属的人为通量接近于 0，只有轻微的变化。而 1980～2016 年，Zn、Pb、Cr、Cd 的人为通量显著增加，平均值分别为 3.03μg/(cm²·a)、0.86μg/(cm²·a)、4.28μg/(cm²·a) 和 92.34ng/(cm²·a)，而且变幅很大，分别为 0～8.94μg/(cm²·a)、0～2.40μg/(cm²·a)、0～8.77μg/(cm²·a) 和 0～193.64ng/(cm²·a)。Zn 的人为通量在 2000 年前后显著增加，之后保持稳定。20 世纪 90 年代，Pb 的人为通量开始增加，2002 年以后保持稳定。20 世纪 90 年代，Cr 和 Cd 的人为通量开始急剧增加，在 2003 年前后达到最大值，随后下降。人类活动对 Zn、Pb、Cr、Cd 总累积通量的贡献率(最高值)分别是 23.0%、31.6%、39.5%、85.3%。

8.4.2　基于大气降尘影响的物源分析

大气降尘、沉积物-水体和土壤等环境介质中重金属的行为存在相互影响，它们既是重金属重要的"源"，又是其重要的"汇"。大气降尘、沉积物、水体和土壤等所含的重金属会被植物、微生物吸收而进入生物圈，最终通过食物链向人体传递和富集。本书通过采集西太湖 2 年(2016 年 9 月～2018 年 9 月)不同季节的大气降尘，分析西太湖大气降尘对沉积物重金属的物源影响，结合 Pb 同位素特征分析探讨西太湖大气沉降中重金属的来源及其对太湖沉积环境的贡献率。

8.4.2.1　大气降尘重金属的特征分析

研究区大气降尘年均通量为 75.2g/(m²·a)，与国外的大气降尘通量相比，研究区的大气降尘通量略高于美国[71.5g/(m²·a)]和欧洲国家[73.0g/(m²·a)](Vallack and Shillito, 1998)。通量的季节变化比较显著(表 8-19)，春季、夏季、秋季和冬季的大气降尘通量范围分别为 40.8～149.3g/(m²·a)、38.0～83.6g/(m²·a)、40.5～109.4g/(m²·a) 和 48.2～145.8g/(m²·a)，均值分别为 83.9g/(m²·a)、57.1g/(m²·a)、70.0g/(m²·a) 和 89.9g/(m²·a)。整体表现为夏季最低、冬季最高。造成这一结果的主要原因可能是季节性天气，夏季雨水较多，植被丰富，灰尘不易飞扬，造成空气中灰尘较少；冬季气候干燥多风，灰尘很容易随风上升，沙尘暴也时常发生，造成空气中较多的灰尘存在。

表 8-19　大气降尘通量的季节变化　　　　　[单位：g/(m²·a)]

统计	春季	夏季	秋季	冬季
平均	83.9	57.1	70.0	89.9
最大	149.3	83.6	109.4	145.8
最小	40.8	38.0	40.5	48.2
标准差	30.5	14.2	21.7	34.9

大气降尘中重金属含量的季节变化明显(表 8-20)。夏季 Cd、Cr、Pb 含量为全年最低，分别为 4.0mg/kg、69.6mg/kg 和 156.7mg/kg，Zn 的含量也比较低，为 1728.0mg/kg；秋季大气降尘中重金属的含量相对于夏季有所增大，Cd、Cr、Pb 和 Zn 含量分别为 7.7mg/kg、71.4mg/kg、207.9mg/kg 和 2064.6mg/kg；春季 Cd 的含量最高，为 9.7mg/kg，Cr 和 Pb 含量也相对较高，分别为 84.5mg/kg 和 173.2mg/kg；各种重金属含量在冬季表

现都比较高，Cd、Cr、Pb 和 Zn 含量分别为 6.9mg/kg、92.1mg/kg、204.6mg/kg 和 1918.3mg/kg。总的来说，冬季和春季大气尘中重金属含量较高，夏季含量较低，这可能与煤和石油的燃烧、污染物排放的季节变化以及气候变化有关。

表 8-20　不同重金属元素在不同季节的浓度　　　　　　　　（单位：mg/kg）

指标	Cd				Cr				Pb				Zn			
	春	夏	秋	冬	春	夏	秋	冬	春	夏	秋	冬	春	夏	秋	冬
平均	9.7	4.0	7.7	6.9	84.5	69.6	71.4	92.1	173.2	156.7	207.9	204.6	1469.5	1728.0	2064.6	1918.3
最大	43.9	11.1	18.0	11.6	232.3	147.4	175.6	215.2	293.4	735.7	640.8	326.5	7057.4	5421.2	11310.3	8448.3
最小	3.3	1.3	1.6	1.7	7.5	17.6	27.7	18.8	32.7	45.6	55.7	67.1	454.4	505.3	531.9	574.6
标准差	8.8	2.5	5.0	2.7	47.2	29.3	33.3	51.4	67.8	147.0	151.6	67.1	1466.6	1160.9	2260.6	1920.5
年平均	7.1				79.4				185.6				1795.1			

大气降尘中重金属的沉降通量取决于大气沉降的质量通量和重金属的含量。西太湖区域大气降尘中 Cd、Cr、Pb、Zn 的年平均沉积通量分别为 0.55mg/(m²·a)、6.20mg/(m²·a)、14.40mg/(m²·a) 和 148.60mg/(m²·a)。如表 8-21 所示，通过与其他地区大气降尘年平均沉降通量的比较，发现研究区大气降尘中 Cd、Zn 的年平均沉降通量明显高于其他地区，尤其是 Cd，是长三角地区降尘中 Cd 年平均通量的 2 倍，珠三角地区的 8 倍，污染相对较重。前人研究西太湖区域的植被、土壤、沉积物等中 Cd 浓度发现，西太湖区域的植被、土壤和沉积物等已经遭到了严重的 Cd 污染 (Li et al., 2018a; Chen et al., 2018)。这可能与当地的陶瓷工业有关，研究区是中国最大的陶瓷生产基地。陶瓷原料中含有大量的镉、锌等重金属，对当地环境造成严重污染。Zn 的年均通量与长三角和珠三角区域接近，Cr 和 Pb 的年均通量低于长三角区域，但高于全国平均值，这说明西太湖区域也存在一定的 Cr、Pb 和 Zn 污染。

表 8-21　不同地区/国家大气降尘重金属通量的年平均值　　　　[单位：mg/(m²·a)]

年均通量	Cd	Cr	Pb	Zn
本书	0.55	6.20	14.40	148.60
长三角地区	0.27	11.20	35.90	89.50
珠三角地区	0.07	6.40	12.70	104.00
中国	0.27	3.03	4.80	—
比利时	0.02	—	0.25	3.75
新西兰	0.02	2.80	2.40	103.00
日本	0.39	6.20	9.90	

大气降尘中重金属沉积通量和变化幅度，空间和季节规律明显 (图 8-19 和图 8-20)。大气降尘中 Cd、Cr、Pb、Zn 的沉积通量，冬春季最高，夏秋季最低；沉积通量的变化幅度，冬季和春季较大，夏季相对较小。大气降尘中 Cd 的沉积通量在春、夏、秋、冬四季的变化范围分别为 0.20~2.69mg/(m²·a)、0.06~0.89mg/(m²·a)、0.10~1.23mg/(m²·a)、

$0.08 \sim 1.58$mg/(m^2·a)；均值分别为 0.78mg/(m^2·a)、0.25mg/(m^2·a)、0.54mg/(m^2·a)、0.61mg/(m^2·a)。大气降尘中 Cr 的沉积通量在春、夏、秋、冬四季的变化范围分别为 $0.55 \sim 13.73$mg/(m^2·a)、$0.87 \sim 12.32$mg/(m^2·a)、$1.50 \sim 19.21$mg/(m^2·a)、$0.90 \sim 14.42$mg/(m^2·a)；均值分别为 7.11mg/(m^2·a)、4.24mg/(m^2·a)、5.45mg/(m^2·a)、7.81mg/(m^2·a)。大气降尘中 Pb 的沉积通量在春、夏、秋、冬四季的变化范围分别为 $2.39 \sim 32.27$mg/(m^2·a)、$1.90 \sim 37.98$mg/(m^2·a)、$2.41 \sim 59.85$mg/(m^2·a)、$5.35 \sim 35.97$mg/(m^2·a)；均值分别为 14.85mg/(m^2·a)、9.25mg/(m^2·a)、15.23mg/(m^2·a)、18.24mg/(m^2·a)。大气降尘中 Zn 的沉积通量在春、夏、秋、冬四季的变化范围分别为 $27.67 \sim 1053.71$mg/(m^2·a)、$20.58 \sim 347.23$mg/(m^2·a)、$39.67 \sim 1005.34$mg/(m^2·a)、$37.79 \sim 1053.61$mg/(m^2·a)；均值分别为 145.33mg/(m^2·a)、100.91mg/(m^2·a)、153.21mg/(m^2·a)、195.00mg/(m^2·a)。大气尘中重金属的沉积通量在不同季节表现出了相似的变化趋势。

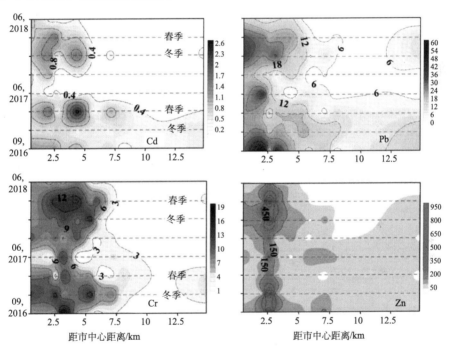

图 8-19　大气降尘中重金属沉积通量的变化特征

注：横轴代表距市中心的距离，纵轴代表时间，重金属沉积通量单位为 mg/(m^2·a)。

宜兴被誉为中国"陶瓷之都"，有着 6000 多年的陶瓷历史和深厚的陶瓷文化。1978 年以来，宜兴市陶瓷产业发展迅速，陶瓷耐火材料工业产值已达 74 亿元。为了改善陶瓷的颜色和光泽，陶瓷原料中富含高浓度的镉，如镉黄、镉红等(Li et al., 2018a)(表 8-22)。随着宜兴陶瓷工业的发展，当地土壤和大气中的 Cd 含量也有所增加。研究区土壤镉含量为 1.33mg/kg，显著高于全国城市土壤(0.88mg/kg)和新疆土壤(0.17mg/kg)(表 8-23)。宜兴地区大气降尘中的镉含量为 9.02mg/kg，显著高于全国大气降尘中 Cd 含量(2.03mg/kg)。西太湖沉积物中镉含量也较高。这表明宜兴陶瓷工业对土壤和大气中的尘埃有很大影响，导致宜兴西太湖附近沉积物中镉的富集。

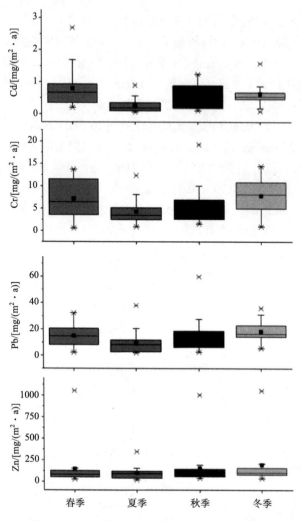

图 8-20　大气降尘中重金属通量的季节变化统计

表 8-22　陶瓷原料中 Cd 的含量　　　　　　　　　　　（单位：mg/kg）

	镉黄	镉红	Co-powder	Ceramics
Cd	48 845	39 820	148	5

表 8-23　宜兴环境中 Cd 的浓度与其他研究区的比较 [a]　　　（单位：mg/kg）

土壤	均值	降尘	均值	湖泊沉积物	均值
宜兴	1.33	宜兴	9.02	西太湖	0.75
全国城市土壤	0.88	全国	2.03	鸭绿江	<0.30
新疆	0.17	上海	1.24	海南岛	0.33
珠三角	0.52	中国东南	4.96	太湖	0.18
贵州	0.75	南京	1.92		

注：[a] 引自 Li 等（2018a）。

8.4.2.2　大气降尘对沉积物重金属的贡献分析

宜兴位于亚热带季风气候区，夏季受副热带高压影响，盛行东南风，将沿海一带的清洁空气带至本地区，同时夏季温度较高，湍流活动剧烈，大气边界层顶较高，使得污染物扩散能力较强，且夏季降水较多，对大气降尘有着较好的清除作用，故大气降尘季节平均质量浓度在夏季全年最低；冬季宜兴地区受大陆冷高压影响，盛行西北风，将内陆地区的污染大气带至本地区，且大气层结较为稳定，空气流动慢，不利于污染物的扩散，使得大气降尘季节平均质量浓度在冬季达到最高值。故夏季大气降尘质量浓度较低，而冬季大气降尘质量浓度较高。

大气降尘是研究区沉积物中重金属的重要物质来源(Li et al., 2018a)，本书通过大气降尘通量、降尘中重金属浓度，结合以下公式计算得出大气降尘对表层沉积物重金属的贡献比：

$$\text{Flux}_{i,j} = \text{Flux}_j \times C_{i,j} \tag{8-24}$$

式中，Flux_j 为环境介质 j 累积的通量；$C_{i,j}$ 为环境介质 j 中重金属元素 i 的浓度或含量；$\text{Flux}_{i,j}$ 表示环境介质 j 中重金属元素 i 的通量。

$$R_{i,j} = \text{Flux}_{i,j} / \text{Flux}_i \tag{8-25}$$

式中，$R_{i,j}$ 为环境介质 j 中重金属元素 i 对沉积物中元素 i 的贡献比；Flux_i 表示沉积物中元素 i 的通量。

大气降尘对西太湖表层沉积物中重金属的贡献较大，并且对沉积物中不同重金属元素的贡献存在差异(表 8-24，图 8-21)。西太湖沉积物中 Cd、Cr、Pb、Zn 分别有 29.0%、3.4%、18.6% 和 40.8% 来自大气降尘，大气降尘中 Cd、Pb、Zn 的贡献度较高，Cr 的贡献度较小。大气降尘随着季节的变化对沉积物重金属的贡献也会不同，其中降尘中 Cd 在春季、夏季、秋季和冬季的重金属贡献率分别为 42.9%、12.0%、28.4% 和 32.8%；Cr 在春季、夏季、秋季和冬季的重金属贡献率分别为 3.9%、2.2%、2.8% 和 4.6%；Pb 在春季、夏季、秋季和冬季的重金属贡献率分别为 19.2%、11.8%、19.2% 和 24.3%；Zn 在春季、夏季、秋季和冬季的重金属贡献率分别为 37.3%、29.9%、43.8% 和 52.3%。整体上，大气降尘对湖泊沉积物重金属的贡献率在冬季和春季高，夏季和秋季相对较少，这一特征趋势与降尘的季节变化和降尘中重金属的浓度变化一致。大气降尘在冬季、春季高，且由于该季节中部分工业活动较强，可能与煤和石油的燃烧、污染物排放的季节变化以及气候变化有关，降尘中重金属浓度偏高，在东亚季风和湖陆风的影响下进入湖泊并沉积。

表 8-24　不同季节大气降尘对沉积物重金属的贡献　　　　　(单位：%)

重金属元素	春季	夏季	秋季	冬季	年平均
Cd	42.9	12.0	28.4	32.8	29.0
Cr	3.9	2.2	2.8	4.6	3.4
Pb	19.2	11.8	19.2	24.3	18.6
Zn	37.3	29.9	43.8	52.3	40.8

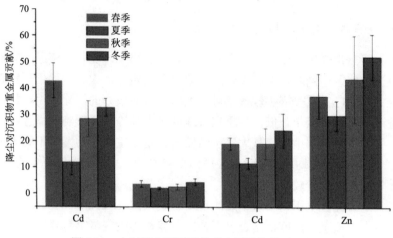

图 8-21　大气降尘不同季节重金属贡献的对比分析

8.4.2.3　基于 Pb 同位素的物源分析

Pb 同位素比值已被用于"指纹"环境污染。不同物质来源中 Pb 的同位素比值具有不同或重叠的同位素比值范围。湖泊沉积物中 Pb 的同位素组成反映了这些来源的组合特征。如果所有 Pb 的潜在物质来源都具有各自特征并具有特定比例范围，则可以定量地确定样品中 Pb 的来源分配(Li et al., 2019)。

大气降尘的 $^{207}Pb/^{206}Pb$ 比值和 $^{208}Pb/^{206}Pb$ 比值范围分别为 0.856～0.863 和 2.096～2.111。沉积物中 $^{207}Pb/^{206}Pb$ 比值范围为 0.853～0.861，$^{208}Pb/^{206}Pb$ 比值范围为 2.102～2.113。本书对西太湖地区大气降尘和沉积物中的 Pb 同位素比值与各种污染源的 Pb 同位素比值进行了比较和分析(图 8-22)。结果表明，西太湖大气降尘中的 Pb 同位素特征点与汽车尾气、工业废水、煤耗落在同一区域，而远离了东部花岗岩的 Pb 同位素区域。这

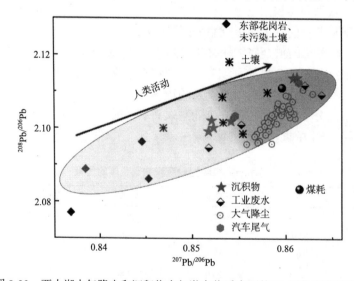

图 8-22　西太湖大气降尘和沉积物中与潜在物质来源的 Pb 同位素特征分析

表明西太湖大气降尘 Pb 污染主要来源于工业、燃煤等人类活动，受自然环境影响较小。西太湖沉积物中 Pb 同位素比值区域与大气降尘的 Pb 同位素比值区域基本重合，表现出相似的特征，这表明西太湖沉积物中 Pb 的来源与大气降尘一致，受工业和燃煤等人类活动的影响。

研究表明，湖泊污染物质来源很大程度上来自大气降尘(Li et al., 2019)。太湖常年受东亚季风和湖陆风的影响，在季风和湖陆风的影响下，西太湖陆地区域的土壤和灰尘被扬起和传输，成为西太湖沉积物主要物质来源区或者重要的物质来源影响区。结合 Pb 同位素的特征分析，可以看出西太湖的沉积物主要来源于西太湖的大气降尘。西太湖大气降尘中的重金属不仅直接危害当地人的身体健康，而且在进入湖水环境之后对太湖生态系统构成严重威胁。

西太湖沉积柱中 15cm 以下(20 世纪 90 年代以前)$^{206}Pb/^{207}Pb$ 比值稳定在 1.175～1.182，平均为 1.178，比值相对较小(图 8-23)。$^{206}Pb/^{207}Pb$ 比值从 15cm 到沉积柱顶部(20 世纪 90 年代以后)持续下降至 1.170，表现出向煤和油的特征值区域漂移的趋势。20 世纪 90 年代以后，研究区工业总产值迅速上升，与沉积物中 Pb 同位素的变化趋势一致。分析绘制 $^{206}Pb/^{207}Pb$ 和 $^{208}Pb/^{206}Pb$ 特征值的散点图，以了解西太湖沉积物和当地土壤与大气降尘的潜在污染源(图 8-24，表 8-25)。沉积柱中 $^{206}Pb/^{207}Pb$ 和 $^{208}Pb/^{206}Pb$ 比值显示出从底部到最上部沉积物的微小波动。$^{208}Pb/^{206}Pb$ 比值逐渐增大，最大值为 2.104，而 $^{206}Pb/^{207}Pb$ 比值下降到 1.169，为整个沉积记录中的最低值。整个趋势表现为从左上角向右下角递变。大气降尘中 $^{206}Pb/^{207}Pb$ 和 $^{208}Pb/^{206}Pb$ 的比值范围分别为 1.151～1.176 和 2.083～2.123，平均值分别为 1.164 和 2.103。研究区土壤样品中 $^{206}Pb/^{207}Pb$ 和 $^{208}Pb/^{206}Pb$ 的比例分别为 1.166～1.175 和 2.098～2.124，平均值分别为 1.170 和 2.110。自 20 世纪 90 年代以来，$^{206}Pb/^{207}Pb$ 和 $^{208}Pb/^{206}Pb$ 的比值发生了显著变化，表明 Pb 的来源发生了变化。此外，西太湖的土壤、大气降尘和太湖附近沉积物中 Pb 同位素的比值基本一致，说明西太湖的土壤、大气降尘和沉积物可能受到相同污染物的影响。

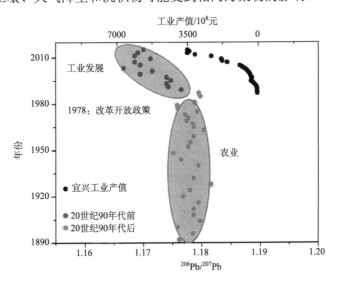

图 8-23　$^{206}Pb/^{207}Pb$ 比值随太湖沉积柱深度的变化

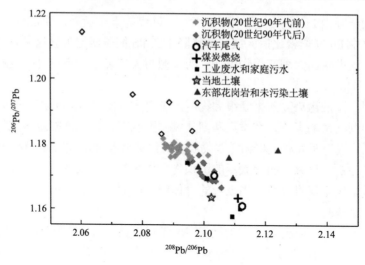

图 8-24　沉积物柱芯中 Pb 同位素组成与已知来源

表 8-25　人为源和天然源的 Pb 同位素组成 (Li et al., 2018a)

分类	来源	$^{208}Pb/^{206}Pb$	$^{206}Pb/^{207}Pb$	文献来源
人为来源	汽车尾气(柴油)	2.103	1.17	Gao et al., 2004
	汽车尾气(汽油)	2.112	1.161	Gao et al., 2004
	煤炭燃烧	2.111	1.163	Tan et al., 2006
	城市污水处理厂 1	2.101	1.169	Hu et al., 2013
	城市污水处理厂 2	2.095	1.174	Hu et al., 2013
	电池厂	2.109	1.158	Hu et al., 2013
	制革厂	2.084	1.18	Hu et al., 2013
	机械厂	2.112	1.16	Hu et al., 2013
自然来源	中国南方未污染土壤	2.077	1.195	Zhu et al., 2001
	中国东部花岗岩	2.086	1.183	Zhu et al., 2001
	中国南方花岗岩	2.096	1.184	Zhu et al., 2001
	中国东部土壤风化层	2.089	1.193	Hu et al., 2013
	中国东部土壤母层	2.061	1.214	Hu et al., 2013

　　很多有关海洋和湖泊沉积物、土壤以及大气降尘中铅的研究表明，工业活动如煤和含铅汽油的燃烧、废物焚烧是土壤、大气降尘中 Pb 污染的主要影响因素 (Li et al., 2018a)。本书分析了西太湖沉积柱、研究区大气降尘和土壤、汽车尾气、煤炭燃烧、工业废水和家庭污水、中国东部花岗岩和未污染土壤中的 $^{206}Pb/^{207}Pb$ 和 $^{208}Pb/^{206}Pb$ 的特征比值(图8-24)。20 世纪 90 年代以前，沉积柱中 Pb 同位素 $^{206}Pb/^{207}Pb$ 和 $^{208}Pb/^{206}Pb$ 比值点落在中国东部花岗岩和未污染土壤 Pb 同位素特征区间的末端，远离煤炭燃烧、汽车尾气、工业废水和家庭污水等 Pb 同位素特征区，表明沉积物中 Pb 主要受到花岗岩和未污染土壤的影响，而不是煤炭燃烧和汽车尾气。20 世纪 90 年代以后，太湖沉积物的 $^{206}Pb/^{207}Pb$ 和 $^{208}Pb/^{206}Pb$ 特征比值落在煤炭燃烧、汽车尾气、工业废水和家庭污水的 Pb 同位素特征

值区，远离中国东部花岗岩和未受污染土壤的 Pb 同位素比值特征区，当地土壤和大气降尘的 Pb 同位素比值表现出与沉积物相似的特征，这表明西太湖沉积物以及当地土壤和大气降尘主要受汽车尾气、煤炭燃烧、工业废水和家庭污水等影响，并且当地土壤和大气降尘近年来已成为西太湖沉积物的主要物质来源。

20 世纪 90 年代之后，西太湖沉积物中 Pb 的浓度显著增加，Pb 同位素的组成特征与煤炭燃烧以及汽车尾气相近，这表明西太湖沉积物、当地土壤和大气降尘受到了一系列工业等人类活动影响。人类活动已经成为西太湖流域 Pb 污染的主要因素。

8.4.3　基于 PMF 模型的重金属来源解析

8.4.3.1　相关性分析

太湖沉积柱中各金属之间的相关性和显著性检验分析见表 8-26，重金属 Cd、Cr、Pb 和 Zn 之间存在显著强相关（$p<0.01$）：Cd 与 Cr、Pb、Zn 之间的相关性分别为 0.80、0.86、0.66；Cr 与 Pb、Zn 之间的相关性分别为 0.65、0.44；Pb 与 Zn 之间的相关性为 0.77。这说明太湖沉积物中重金属 Cd、Cr、Pb 和 Zn 可能来自相同的污染物源（Li et al., 2018a）。此外，Cu、Mg 和 Mn 之间也表现出显著强相关（$p<0.01$）：Cu 与 Mg、Mn 之间的相关性分别为 0.69、0.67，Mg 与 Mn 之间的相关性为 0.49。表明 Cu、Mg 和 Mn 等也受到相似物质来源的影响。总体上，沉积物中各重金属元素之间 $p<0.01$ 和 $p<0.05$ 水平上的显著相关性，不仅说明了沉积物中不同重金属在物质来源上的联系，也反映了重金属数据分析的有效性。

表 8-26　太湖沉积柱中几种元素间的相关性分析

元素	Cr	Cu	Fe	Mg	Mn	Ni	K	Sr	Ti	Zn	Cd	Pb	Al	As
Cr	1													
Cu	−0.06	1												
Fe	−0.17	0.29	1											
Mg	−0.49**	0.69**	0.59**	1										
Mn	0.26	0.67**	0.28	0.49**	1									
Ni	0.34*	0.48**	0.18	0.22	0.44**	1								
K	−0.21	0.63**	0.60**	0.86**	0.57**	0.28	1							
Sr	0.56**	−0.21	0.09	−0.23	0.39**	0.19	0.07	1						
Ti	0.19	−0.25	−0.01	−0.26	−0.45**	0.01	−0.15	−0.16	1					
Zn	0.44**	0.71**	0.36*	0.36*	0.81**	0.60**	0.48**	0.36*	−0.16	1				
Cd	0.80**	0.14	−0.12	−0.37*	0.46**	0.47**	−0.19	0.56**	−0.08	0.66**	1			
Pb	0.65**	0.34*	0.08	−0.09	0.57**	0.49**	0.08	0.34*	−0.09	0.77**	0.86**	1		
Al	−0.53**	0.35*	−0.13	0.45**	0.06	−0.03	0.25	−0.60**	−0.10	−0.18	−0.50**	−0.28	1	
As	−0.25	0.19	0.48**	0.29	−0.01	0.07	0.22	−0.13	−0.04	0.18	−0.07	0.02	−0.04	1

*表示在 0.05 水平（双侧）上显著相关；**表示在 0.01 水平（双侧）上显著相关

8.4.3.2　基于 PMF 的模型分析

通过建立 PMF 模型来分析西太湖沉积物中几种元素的来源,并运用 PMF 模型的 3~6 个因子进行模拟,每次运行的起点不同。选择具有 20 个随机起源的随机种子模式,并检查 3~6 个因子。最后,PMF 分析确定了西太湖沉积物中的 3 个适当因子,并结合不同因子的物源分析标记对各个因子进行初步鉴定。

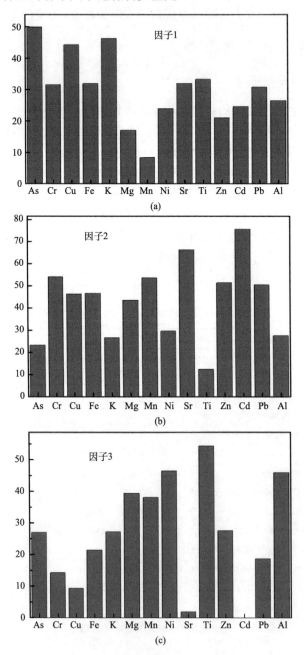

图 8-25　PMF 模型因子的元素载荷

　　根据正定矩阵模型分析，概括 3 个因子的来源组成(图 8-25)，其中因子 1 解释了西太湖沉积物中几种元素总量的 37%，以 Cu、As、K、Sr、Ti 为主。根据以前的研究，施肥能有效提高土壤中 K 的浓度(Li et al.,2018b)，元素如 As 和 Cu 常用于制备农药。因子 1 主要解释了 K、As 和 Cu 元素，因此，因子 1 指示农业来源。因子 2 的解释度为 38%，主要解释了 Cd、Cr、Pb、Sr。这些元素主要产生于工业过程，如采矿、冶金和燃煤、燃油(Li et al., 2018a)，因此因子 2 代表工业来源。因子 3 占 25%，主要为 Ti、Fe 和 Al，其中 Ni 和 Mg 在这一因素中也表现出一定的载荷。Ti、Fe、Al 和 Ni 主要来自河床的侵蚀和矿物的溶解，因此因子 3 代表母质来源(Li et al.,2018b)。

　　根据 PMF 模型对污染源的识别结果，1978 年以前，工业、农业和母质对西太湖沉积物中几种元素的贡献相对稳定，其中母质和农业贡献显著，工业有一定贡献(图 8-26)。1978 年以后，母质对沉积物中几种元素的贡献急剧下降，而工业对沉积物中几种元素的贡献急剧上升，在 2003 年左右达到稳定。1978 年前，工业、农业和母质对沉积物中几种元素的贡献率分别为 21.44%、42.13%和 36.43%，1978 年后的贡献率分别为 54.08%、38.78%和 7.14%　　(图 8-27)。

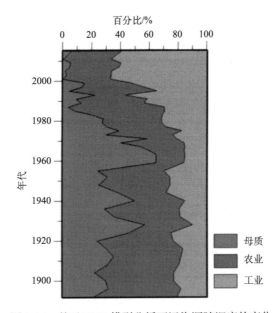

图 8-26　基于 PMF 模型分析下污染源随深度的变化

　　基于 PMF 模型的工业来源比例结果分析(图 8-28)，在 2003 年之前，工业来源与GDP 之间存在显著的正相关。随着 GDP 快速增长，工业源比例迅速上升。然而在 2003年以后，这两个变量呈现相反的趋势，经济发展并没有增加工业活动源的比例。这种现象在其他地区的湖泊和海洋沉积物的记录中也有类似的报道(Li et al., 2018b)。这一结果也表明本书中的 PMF 模型是高度可靠的。

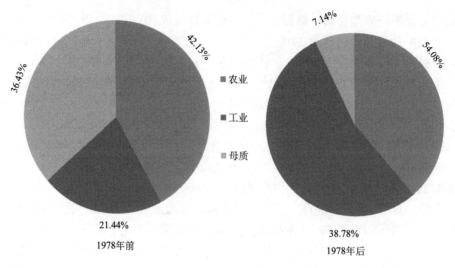

图 8-27　1978 年前后污染源的贡献情况

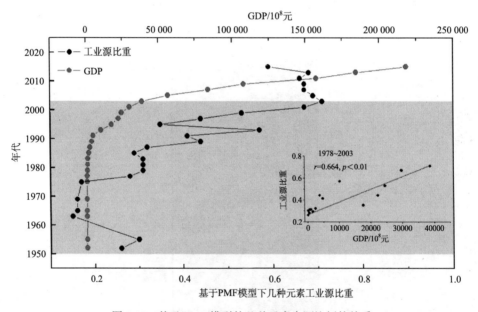

图 8-28　基于 PMF 模型的几种元素来源比例的关系

　　1958 年以前，国内的科技、经济条件有限，国民经济以农业为主。1958～1978 年，中国经济发展出现较大波动，在图 8-28 中得到了较好的反映。1978 年后，中国经济发展迅速，工业、农业产值大幅上升，并带来了较为严重的环境污染问题。之后政府通过实施和加强环境保护，管控经济发展带来的环境污染，环境污染加剧的态势在 2003 年以后得到了遏制，这种现象在图 8-28 中也有很好显示。

8.4.3.3　模型的不确定性分析

　　PMF 模型不限定具体的因子数目，一般选用的因子个数为 3～6 个。本书选定因子个数的过程如下：分别运行 3～6 个因子，结合研究区的具体情况分析不同因子数的运行结果，选择用最符合实际情况的因子数作为最终的结果。基于上述过程，太湖沉积物中的物源分析选取 3 个因子作为模型输入的因子数目。

PMF 模型中的不确定性参数是结合样品测试方法检测限（MDL）和不确定度（MU）分析计算得出的。模型不确定度 U 的计算过程主要分以下两种情形：

（1）当沉积物样品中元素的浓度小于 MDL 时：

$$U = \frac{5}{6} \times \text{MDL} \tag{8-26}$$

（2）当沉积物样品中元素浓度大于 MDL 时：

$$U = \sqrt{(\text{MU} \times \text{concentration})^2 + (\text{MDL})^2} \tag{8-27}$$

根据公式（8-26）、公式（8-27）计算出了各种元素浓度的不确定值（表 8-27），分析了在各种元素浓度的不确定度下 PMF 模型各种污染物来源分析的贡献度（表 8-28）。1978 年前，元素的三种污染源（工业、农业、母质）对沉积物中元素的贡献度基本在 10% 之内，并且标准偏差（SD）都小于 4，这也证明了 PMF 对本书中污染物来源分析的准确性和稳定性。

表 8-27　PMF 模型中各种元素浓度的不确定性

	Cr	Cu	Fe	Mg	Mn	Ni	P	Sr	Ti	Zn	Cd	Pb	Al	As
平均	12	4.4	1529.5	1192	186.6	11.3	274.6	57.5	354	14.6	247.4	3.1	5.7	6.2
最大	16.8	7.2	1737.9	1544	283.1	25.1	425	99.3	477.1	20	752.7	4.1	7.8	11
最小	8.6	2.7	1337	845.9	112.1	8.3	197.3	25.1	311.5	11.6	73.5	2.4	3.9	3.9

注：Cd 的浓度单位是 ng/kg，其他元素单位是 mg/kg。

表 8-28　模型的不确定性分析

不同时期	物源	CV	均值	最大值	最小值	SD
	工业	0.08	20.96	22.9	17.9	1.73
1978 年前	农业	0.06	34.59	37.79	32.69	2.08
	母质	0.02	44.45	45.98	42.29	1.05
	工业	0.05	55.14	61.03	52.16	2.94
1978 年后	农业	0.12	33.14	37.11	26.16	4.01
	母质	0.21	11.71	17.51	10.14	2.5

注：CV 代表变异系数，SD 代表标准偏差。

8.4.4　重金属与多环芳烃沉积变化和来源的对比分析

基于以上研究，仍以人类活动影响较大的 Cd、Cr、Pb、Zn 为代表，进行西太湖近百年来沉积物中重金属与多环芳烃的沉积变化和来源对比分析。沉积物中重金属元素（Cd、Cr、Pb、Zn）与低分子量、高分子量多环芳烃之间的相关性分析见表 8-29。可以看出重金属 Cd、Cr、Pb、Zn 之间表现出显著强相关，低分子量、高分子量多环芳烃分别与总量表现出显著强相关，而低分子与高分子量多环芳烃之间的相关性较弱。重金属各元素与高分子和总量多环芳烃也表现出显著强相关性，与低分子量多环芳烃没有表现出相关性，这说明低分子量多环芳烃与重金属和高分子量多环芳烃在物质来源上存在差异。

表 8-29　重金属与多环芳烃的相关性分析

种类	Cd	Cr	Pb	Zn	低分子	高分子	总量
Cd	1	0.801**	0.861**	0.659**	0.152	0.838**	0.690**
Cr	0.801**	1	0.652**	0.436**	0.288	0.779**	0.708**
Pb	0.861**	0.652**	1	0.773**	0.026	0.632**	0.481**
Zn	0.659**	0.436**	0.773**	1	-0.025	0.443**	0.317*
低分子量多环芳烃	0.152	0.288	0.026	-0.025	1	0.366*	0.723**
高分子量多环芳烃	0.838**	0.779**	0.632**	0.443**	0.366*	1	0.908**
总量	0.690**	0.708**	0.481**	0.317*	0.723**	0.908**	1

*表示在 0.05 水平（双侧）上显著相关；**表示在 0.01 水平（双侧）上显著相关

　　西太湖沉积物中近百年来重金属各元素、低分子、高分子和总量多环芳烃表现出相似的历史趋势（图 8-29），根据其历史变化特征大致可分为三个时期：①1978 年前，沉积物中重金属各元素、低分子量、高分子量和总量多环芳烃整体上比较稳定，浓度相对较低，与当时研究区较低的经济发展水平相吻合；②1979～2002 年，沉积物中重金属各元素、低分子量、高分子量和总量多环芳烃浓度迅速增加并达到最大值，对应时期为 1978年后经济的迅速增长期；③2003 年之后，各污染物增长的速度放慢，基本保持稳定，与

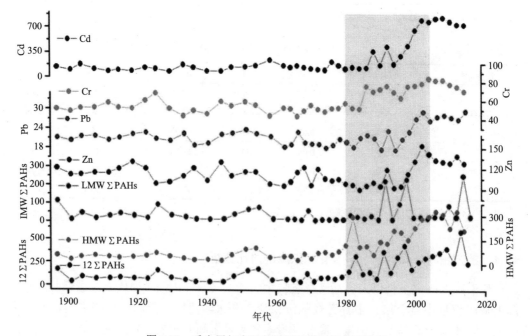

图 8-29　重金属与多环芳烃沉积变化的对比分析

该时期环境保护不断加强相关。由多环芳烃特征分子比值分析可以看出(图 8-30)，多环芳烃的物质来源在 1980 年前后发生显著变化，燃料由生物质燃烧向煤炭石油燃烧转变，该特征与重金属 Pb 同位素指示的结果相似。整体上，西太湖近百年来沉积物中重金属与多环芳烃浓度有着相似的累积变化趋势，物质来源变化也表现出相似的特征。

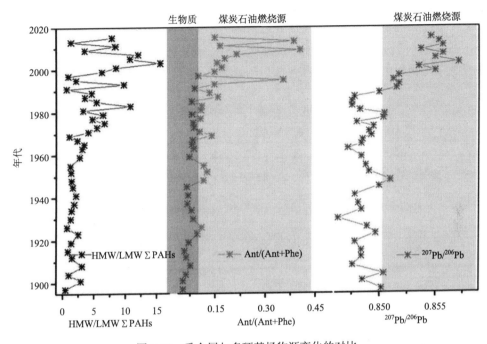

图 8-30　重金属与多环芳烃物源变化的对比

8.5　湖泊沉积污染物变化的模拟预测与资源环境保护的效应评价

为了评估西太湖近百年来的沉积污染状况、近年来环境保护的成效，以及未来环境污染趋势，本书以西太湖近百年来的沉积物为研究对象，建立神经网络对代表性污染物 Cd 和 BaP 进行分析；采用地累积指数和富集指数对近百年来沉积物重金属污染状况及变化进行评估，并对 1978 年前后进行对比；采用苯并芘当量法对近百年来沉积物中多环芳烃污染状况进行评估，同时也分析对比了 1978 年前后的污染状况。另外，通过建立神经网络模型来模拟西太湖沉积物中污染物浓度的历史变化，预测粗放型经济发展情景下未来污染状况；量化环境保护对污染物的减控量，并提出对策。

8.5.1　湖泊沉积多环芳烃和重金属的风险变化

对西太湖沉积物中重金属进行地累积指数和富集指数分析(表 8-30，图 8-31)。1978年后，沉积物中重金属 Cr、Zn、Cd 和 Pb 的地累积指数变化范围分别为 –0.31～0.10、–0.86～–0.12、–0.16～2.06 和 –0.87～–0.11，平均值分别为 –0.05、–0.46、1.40 和 –0.37。Zn 和 Pb 处于安全状态，Cr 只有 8.9%的样品处于轻微污染状态，Cd 污染最为严重，26.7%的样品已经处于污染状态，并且最高污染已经达到 3 级，处于中-重度污染。沉积物中 Cr、Zn、Cd 和 Pb 的富集指数变化范围分别为 1.39~2.37、1.08~2.17、1.89~9.47 和 1.08~2.17，平均值分别为 2.01、1.53、6.09 和 1.63。Zn 和 Pb 基本上处于轻度富集状态，都只有 2.2%的样品轻微污染；Cr 的最高污染级别达到 2 级，处于中度富集，其中有 20%的样品处于中度富集状态；Cd 的富集状态最为严重，28.9%的样品处于富集状态，其中最高富集状态已经达到 3 级，处于显著富集状态。相反，1978 年前，Cr、Zn 和 Pb 所有样品均处于安全清洁状态，Cd 在整体上基本处于安全状态，只有 4.4%的样品轻微超标。图 8-32 反映了沉积物中重金属的潜在生态风险。

表 8-30　沉积物中重金属的污染评价

不同时期		I_{geo}				EF			
		Cr	Zn	Cd	Pb	Cr	Zn	Cd	Pb
1978 年后	平均	−0.05	−0.46	1.40	−0.37	2.01	1.53	6.09	1.63
	最大	0.10	−0.12	2.06	−0.11	2.37	2.17	9.47	2.17
	最小	−0.31	−0.86	−0.16	−0.87	1.39	1.08	1.89	1.08
	ESR/%	8.9	0	26.7	0	20	2.2	28.9	2.2
1978 年前	平均	−0.56	−0.63	−0.56	−0.62	1.1	1.04	1.2	1.05
	最大	−0.05	−0.37	0.88	−0.42	1.86	1.29	3.84	1.38
	最小	−0.86	−0.91	−1.3	−0.81	0.82	0.74	0.51	0.79
	ESR/%	0	0	4.4	0	0	0	4.4	0

注：ESR 是超标比例。

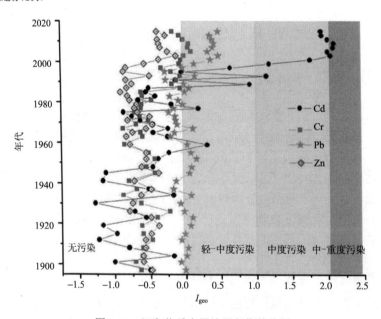

图 8-31　沉积物重金属地累积指数分析

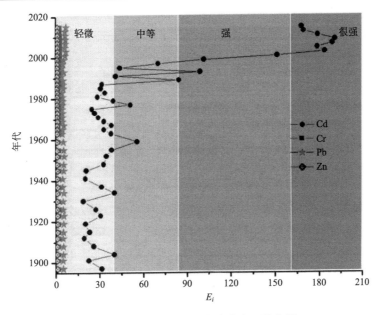

图 8-32　沉积物重金属潜在生态风险分析

对西太湖沉积物中多环芳烃进行 BaP 当量法计算(表 8-31),1978 年后的沉积物中 BaP_{eq} 浓度为 24.420,显著高于 1978 年前沉积物中 BaP_{eq} 浓度(3.613)。但是,无论 1978 年前还是 1978 年后,沉积物中 BaP_{eq} 平均浓度均处于安全范围之内,属于 Level Ⅰ(轻微或者没有风险)。

表 8-31　1978 年前后沉积物中当量法 BaP_{eq} 的浓度变化

PAHs	TEFs	1978 年后	1978 年前
Phe	0.001	0.058	0.027
Ant	0.010	0.171	0.043
Flu	0.001	0.062	0.035
Pyr	0.001	0.015	0.003
BaA	0.100	1.520	0.247
Chr	0.010	0.212	0.038
BbF	0.100	3.654	0.901
BkF	0.100	0.839	0.148
BaP	1.000	9.976	1.063
InP	0.100	1.981	0.328
DBA	1.000	5.745	0.749
BP	0.010	0.187	0.032
总量		24.420	3.613

8.5.2 湖泊沉积污染物变化的模拟与预测

1978 年后，中国各地普遍以粗放型模式发展经济，在促进经济快速发展进程中，忽略了环境保护。科技的落后，原料的浪费，废气、废液、废物的直接排放，导致了日益严重的环境污染问题。2003 年前，太湖沉积物中 Cd 和 BaP 浓度的历史变化，正好与此对应。2003 年后，随着环境保护措施的不断加强，研究区环境污染有了很大改观。太湖沉积物中 Cd 和 BaP 浓度得到了一定的控制，Cd 浓度保持稳定，但浓度依然较高，为背景值的 6.1 倍；BaP 浓度则呈现下降趋势。Wan 等(2016)研究了中国西部山区湖泊沉积物中重金属浓度的历史变化，发现 2003 年是环境质量变化的一个转折点；Lei 等(2016)研究了太湖东部、长江、辽东湾沉积物中污染物浓度的历史变化，认为 2003 年为环境质量变化的转折点，这种趋势与本书结果基本一致；Li 等(2018c)研究了太湖沉积物中重金属和多环芳烃的历史浓度变化，也认为 2003 年是太湖环境质量变化的一个转折点。因此，本书以 2003 年为节点，通过神经网络模拟预测太湖沉积物未来十年的污染状况，分析环境保护对污染物的减排效应。

8.5.2.1 模拟模型的建立和训练

高强度的人类活动导致了环境中污染物种类和含量的增多。工业生产总值可以表征在生产过程中创造了多少价值，也一定程度反映了在生产过程中相应污染物的排放量(Li et al., 2018c)，即在相同条件下，工业生产总值越大，就会带来越多的污染物。庞大的人口数量能导致持续的资源短缺和环境污染，大量农用地和自然林地等被开发利用，城市不断向外扩张，形成若干个"新城开发区""经济带"等，造成了严重的环境污染，其中废水、废气和废物的持续增加，已经致使环境与生态的代价十分沉重。煤炭的生产和燃烧过程中都会产生污染物，如重金属、多环芳烃等，会对环境造成污染；煤炭的使用量越大，随之产生的污染物就会越多。因此，本书选取工业产值、人口和耗能作为经济发展指标，来探究不同历史时期内在经济发展影响下，沉积环境中污染物的累积情况。

本书收集了工业产值、人口以及耗能等经济发展指标数据。为探究各经济发展指标与污染物之间的关系，对其进行了相关性分析、显著性检验以及回归分析(图 8-33、图 8-34)。1950～2003 年，耗能、工业产值以及人口与沉积物中污染物 Cd 和 BaP 表现出显著正相关，其中耗能、工业产值以及人口与 Cd 的相关性系数分别为 0.789、0.881、0.609；耗能、工业产值以及人口与 BaP 的相关性系数分别为 0.824、0.923、0.639。整体上耗能、工业产值以及人口在 1950～1978 年呈现出缓慢增长的趋势，沉积物中 Cd 和 BaP 的浓度也表现出缓慢增长；耗能、工业产值以及人口在 1978～2003 年之间迅速增长，沉积物中 Cd 和 BaP 的浓度也表现出相应的飞速增长的趋势，所选取的经济指标与污染物 Cd 和 BaP 在 1950～2003 年之间具有强相关性，说明选取耗能、工业产值以及人口作为模型参数的合理性、可靠性。

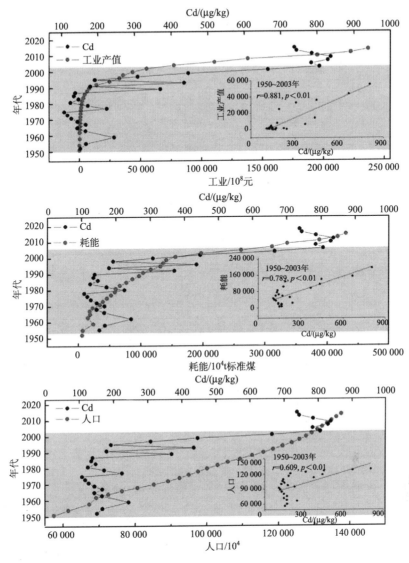

图 8-33　污染物 Cd 与经济发展指标的相关性分析和显著性检验

2003 年之后，耗能、工业产值以及人口持续增长，但污染物 Cd 和 BaP 浓度相对比较稳定，并有一定程度的下降，两者之间呈现为负相关，这就是加强了环境保护措施后的效应（Li et al., 2018c; Wan et al., 2016）。

在神经网络模型建立过程中，由于参数的单位差异，参数值在大小和量级上相差很多，并且没有可比性。在实际应用中，为提高训练速度和灵敏性，一般要求输入数据的值介于–1～1。根据郭庆春（2011），对人口、耗能、工业产值进行标准化处理，使其保持统一。

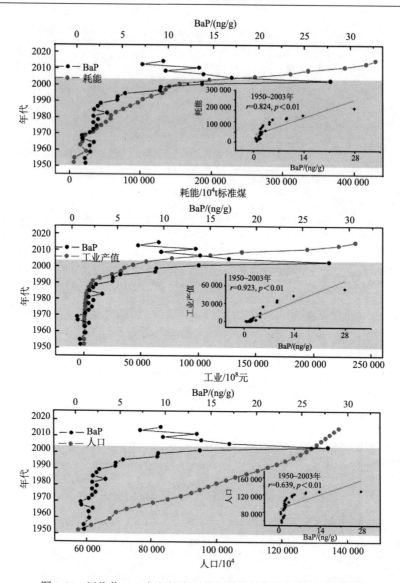

图 8-34　污染物 BaP 与经济发展指标的相关性分析和显著性检验

　　本书以 1950～2003 年的参数数据和污染物 Cd、BaP 数据，建立了第一个神经网络模型（图 8-35），由输入层、隐含层和输出层三部分组成，三层的神经元个数依次为 3、7、1，不同层之间的神经元全互连接。神经网络学习过程的终止条件是达到预设的训练次数或训练误差，若设定的训练次数过大或训练误差过小，神经网络在反复训练过程中会很容易出现过拟合现象，从而影响到结果的准确度。为了避免这种现象的影响，本书采用贝叶斯正则化的方法来训练神经网络。通过调整迭代次数，经过反复训练，使其 RMSE 值达到最小，成功建立好神经网络模型，并导出相应的训练和测试数据。然后利用建好的神经网络，输入研究区 2003～2015 年的参数数据，得出粗放型经济发展情境下研究区 2003～2015 年沉积物 Cd 和 BaP 的浓度。

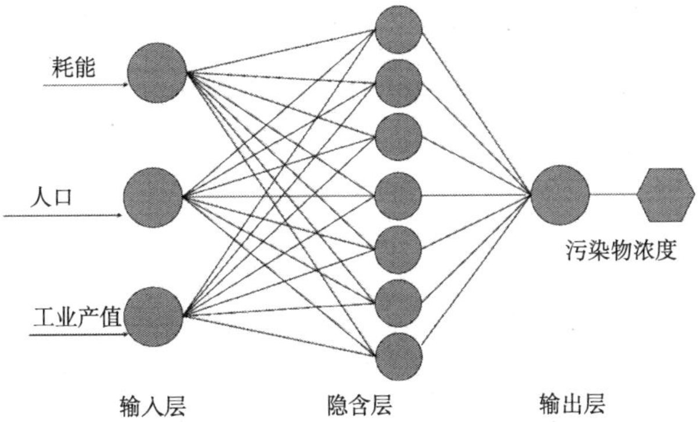

图 8-35　本书神经网络的结构组成

为预测研究区沉积物在粗放型经济发展情境下未来十年的污染物浓度，通过整合上述神经网络模型分析所得出的粗放型经济发展情境下 2003～2015 年沉积物 Cd 和 BaP 的浓度，和 1950～2003 年沉积物 Cd 和 BaP 的实测浓度，作为神经网络训练的输出样本，与标准化后的 1950～2013 年的人口、耗能、工业产值结合，经过反复训练，建立第二个神经网络。该神经网络也是由输入层、隐含层和输出层构成，三层的神经元个数依次为 3、7、1，各层次之间的神经元全互连接。该神经网络用来预测未来十年太湖沉积环境中污染物 Cd 和 BaP 的浓度。

8.5.2.2　模型模拟的精度分析

为了保证所建立的神经网络模型得出结果的可靠性，运用 R^2、NS 和 RMSE 对模型预测值与真实测试值进行分析比较。其中 R^2 和 NS 值越接近于 1，说明模型预测值与测试值越接近，R^2 和 NS 值越接近于 0，说明模型预测值与测试值差距越大。RMSE 越小，则模型预测值与测试值越接近，反之则差距越大。基于 1950～2003 年数据所建立的神经网络模型如图 8-36 所示，对于 Cd 来说，训练数据中 R^2、NS 和 RMSE 值分别为 0.98、0.98、71.5；测试数据中 R^2、NS 和 RMSE 值分别为 1.0、1.0、17.8；整个数据中 R^2、NS 和 RMSE 值分别为 0.98、0.98、65.7。对于 BaP 来说，训练数据中 R^2、NS 和 RMSE 值分别为 0.99、0.99、10.2；测试数据中 R^2、NS 和 RMSE 值分别为 1.0、1.0、2.3；整个数据中 R^2、NS 和 RMSE 值分别为 1.0、0.99、9.3。可以看出，基于 1950～2003 年数据所建立的神经网络模型，无论是 Cd 浓度还是 BaP 浓度，预测值与测试值都很接近，说明了该神经网络型的可靠性很好。

基于 1950～2015 年数据所建立的神经网络模型（图 8-37），对于 Cd 来说，训练数据中 R^2、NS 和 RMSE 值分别为 0.88、0.88、49.2；测试数据中 R^2、NS 和 RMSE 值分别为 1.0、1.0、16.6；整个数据中 R^2、NS 和 RMSE 值分别为 0.93、0.93、45.4。对于 BaP 来说，训练数据中 R^2、NS 和 RMSE 值分别为 0.99、0.99、3.0；测试数据中 R^2、NS 和 RMSE 值分别为 0.99、0.95、3.5；整个数据中 R^2、NS 和 RMSE 值分别为 0.99、0.99、3.1。整体上，基于 1950～2015 年数据所建立的神经网络模型对 Cd 和 BaP 的预测值与测试值都非常接近，模型可信度和准确度很高。

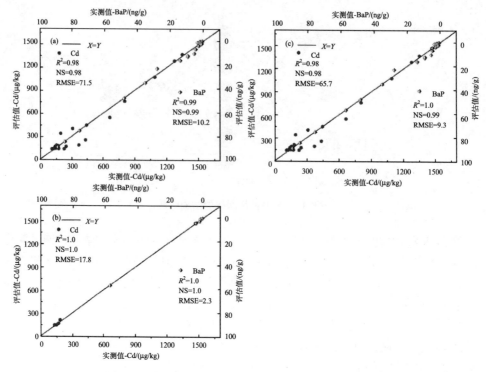

图 8-36　测试值与神经网络模拟值对比（1950～2003 年）

注：（a）为训练，（b）为测试，（c）为整个数据库。

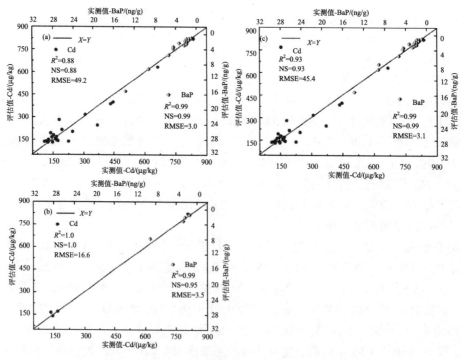

图 8-37　测试值与神经网络模拟值对比（1950～2015 年）

注：（a）为训练，（b）为测试，（c）为整个数据库。

8.5.2.3　湖泊沉积多环芳烃和重金属的预测

为了预测研究区在粗放型经济发展情境下未来十年的污染情况，对参数人口、工业产值、耗能进行回归分析（图 8-38），工业产值的回归函数选用的是模拟程度最高的 S-Function，估计值与真实值之间的相关性 R^2 在 $p < 0.001$ 水平上达到 0.98，模拟程度表现极好；耗能的回归函数选用的也是模拟程度最高的 S-Function，其估计值与真实值之间的相关性 R^2 在 $p < 0.001$ 水平上达到 0.97，模拟程度表现极好；人口的回归函数选用的是模拟程度最高的 Logarithmic-Function，估计值与真实值之间的相关性 R^2 在 $p < 0.001$ 水平上达到 0.99，模拟程度也表现极好。

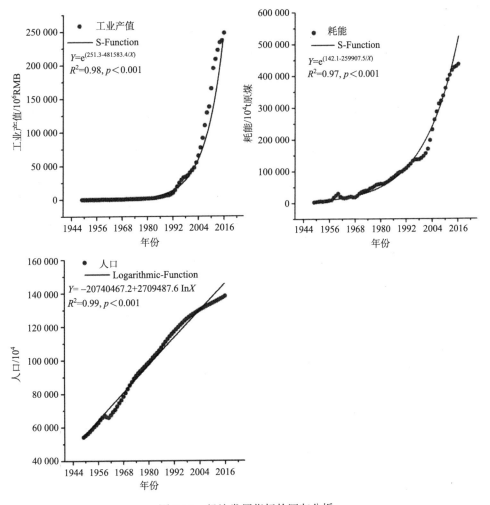

图 8-38　经济发展指标的回归分析

将得到的研究区未来十年的人口、工业产值、耗能数据经过标准化处理后，作为参数输入到已经建好的第二个神经网络中（1950～2015 年），经过神经网络的反复迭代训练、模拟，得到研究区在粗放型经济发展模式下未来十年西太湖沉积物中重金属 Cd 和多环芳烃 BaP 的浓度。2020～2030 年，没有环保政策的保护下，西太湖沉积物中重金属 Cd 和多环芳烃 BaP 的浓度呈现出迅速增长的趋势，Cd 的浓度在 2020、2025 和 2030 年分别为 1631.5μg/kg、1796.9μg/kg 和 2015.5μg/kg，BaP 的浓度在 2020、2025 和 2030 年分别为 147.7ng/g、244.9ng/g 和 407.8ng/g（表 8-32）。

表 8-32　在粗放型经济发展情境下太湖沉积物中污染物的预测

污染物	年份										
	2020	2021	2022	2023	2024	2025	2026	2027	2028	2029	2030
Cd/(μg/kg)	1631.5	1659.3	1689.7	1722.8	1758.5	1796.9	1837.7	1880.5	1924.9	1970.2	2015.5
BaP/(ng/g)	147.7	163.4	180.7	199.9	221.3	244.9	271.1	300.1	332.3	368.1	407.8

8.5.3　基于实测值与模拟值的资源环境保护效应分析

西太湖区域在 1978 年后经济飞速发展，与此同时，环境中污染物不断累积，环境污染问题日益严重。进入 21 世纪以来，研究区环境保护不断加强，遏制环境污染的加剧。为了探究环境保护对污染物减排所产生的效应，本书通过神经网络模拟预测西太湖在粗放型经济发展情境下沉积物污染物的浓度，并与污染物实测值对比分析，来探究环境保护对沉积污染物的具体减排效应，并对未来提出相应对策。

在 BP 神经网络模型下模拟了在粗放型经济发展情境下西太湖沉积物污染物的浓度。沉积物中重金属 Cd 的浓度在粗放型经济发展情境下，2005、2007、2009、2011、2013、2015 年分别达到 1091.8μg/kg、1277.1μg/kg、1351.5μg/kg、1468.9μg/kg、1514.4μg/kg 和 1530.6μg/kg；沉积物中多环芳烃 BaP 浓度在粗放型经济发展情景下，2005、2007、2009、2011、2013、2015 年分别达到 175.3ng/g、240.4ng/g、284.7ng/g、377.5ng/g、424.3ng/g 和 446.5ng/g（表 8-33）。整体上，研究区在粗放型经济发展情境下，沉积污染物浓度呈现出持续增长的趋势，且增长的幅度逐渐增大。

表 8-33　神经网络模拟预测下 Cd 和 BaP 浓度和环境效应

	2005 年	2007 年	2009 年	2011 年	2013 年	2015 年
Cd-情境下	1091.8	1277.1	1351.5	1468.9	1514.4	1530.6
Cd-实测	783.9	828.7	836.3	784.9	743.6	737.4
ΔCd	307.9	448.4	515.2	684.0	770.8	793.2
环保效应	0.28	0.35	0.38	0.47	0.51	0.52
BaP-情境下	175.3	240.4	284.7	377.5	424.3	446.5
BaP-实测	85.0	69.4	48.6	67.1	36.0	47.3
ΔBaP	90.3	171.0	236.1	310.4	388.3	399.2
环保效应	0.52	0.71	0.83	0.82	0.92	0.89

注："Cd-情境下"为粗放型经济发展情境下的模拟预测值；Cd 单位为 μg/kg；BaP 单位为 ng/g。

由于环境保护的实施和不断加强，研究区在 2003 年之后沉积物中 Cd 和 BaP 的浓度并没有增加，在某种程度上反而下降。沉积物中重金属 Cd 的浓度在 2005、2007、2009、

2011、2013、2015 年分别下降 307.9μg/kg、448.4μg/kg、515.2μg/kg、684.0μg/kg、770.8μg/kg
和 793.2μg/kg；2015 年，环境保护对沉积物中 Cd 浓度的减少率达到了 52%，重金属污
染物浓度下降了一半以上。沉积物中 BaP 的浓度在 2005、2007、2009、2011、2013、2015
年分别下降 90.3ng/g、171.0ng/g、236.1ng/g、310.4ng/g、388.3ng/g 和 399.2ng/g；在 2015
年，环境保护对沉积物中 BaP 浓度的减少率达到了 89%，沉积物中的大部分多环芳烃得
到抑制。可见环境保护对沉积污染物重金属和多环芳烃起到了很好的抑制作用。

　　沉积物中重金属 Cd 和多环芳烃 BaP 变化表现出相似的特征（图 8-39），在粗放型经
济发展情境下，大量原料的未充分利用和随意排放，使环境迅速恶化；随着环境保护的
实施和不断加强，环境污染得到遏制，情形出现好转，但是污染物重金属和多环芳烃浓
度仍然很高，需要继续加大环境保护力度。

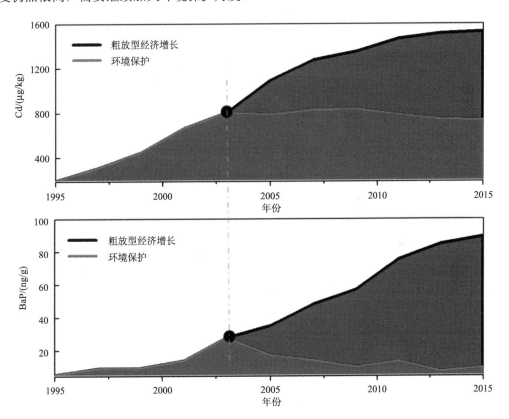

图 8-39　1995～2015 年污染物模拟预测值和真实值分析

8.6　本　章　小　结

　　本章研究选取西太湖作为研究区，分别采集了研究区的湖泊表层沉积物以及沉积柱、
大气降尘、土壤作为研究对象，首先分析了湖泊沉积环境，对沉积柱进行定年并计算了
沉积速率；分析了沉积物中的 PAHs 和重金属的历史浓度变化，运用冗余分析定量计算

了沉积物中黑炭组分、粒度和 TOC 等对 PAHs 的吸附作用，以及各种人类活动对 PAHs 的影响；通过分析大气降尘通量的季节变化和重金属特征，计算了大气降尘在不同季节对沉积物重金属的贡献率，结合 Pb 同位素特征、PMF 模型和特征分子比等方法对沉积物、大气降尘中的污染物进行源解析，其次利用地累积指数、潜在生态风险法和苯并芘当量法等方法对污染物的风险进行评价和定级，最后运用神经网络模型对环境保护效应进行定量分析，并预测了未来十年的污染状况。研究得出的主要结论如下：

（1）西太湖近百年来多环芳烃污染状况与人类活动强度关联性很强，总体随着人类活动增强而加重。结合多环芳烃的历史浓度变化特征及历史经济发展变化，研究区多环芳烃沉积大致可分为四个时间段：1955 年以前，沉积物中 PAHs 各分子浓度很低，保持稳定，各 PAHs 的浓度可反映当时 PAHs 的背景值；1955～1978 年，各 PAHs 的浓度表现出轻微的波动，此时间段中国经济出现了一定波动；1979～2002 年，多环芳烃浓度整体上大幅度上升，该时期中国实行改革开放，经济飞速发展，能源消耗量剧增；2003～2016 年，各 PAHs 浓度不再增加，在各种环境保护措施下，环境污染得到一定的抑制。随着经济的发展，能源利用类型也逐渐由生物质燃烧转变为石油化石类燃烧，PAHs 的构成由低环和低分子量多环芳烃向高环和高分子量多环芳烃转变。其中人口数量和公路里程对 PAHs 和黑炭组分的影响度最高，分别为 46.9% 和 42.2%。

（2）黑炭（EC）、焦炭（Char）、烟炱（Soot）、TOC 和黏粒颗粒均对 PAHs 表现出一定的吸附作用。烟炱作为气态物质凝聚产物，对于 PAHs 尤其高分子量多环芳烃具有强相关性。黑炭及黑炭组分、TOC 和不同粒度成分对湖泊沉积物中 PAHs 影响程度的大小排序表现为：烟炱 > TOC > 黏粒 > 黑炭 > 焦炭 > 砂 > 粉砂。烟炱、TOC、黏粒、黑炭和焦炭等对 PAHs 的影响度分别为 57.2%、27.6%、26.0%、24.0% 和 16.4%。烟炱表现出了对沉积物中 PAHs 极强的影响，解释度在 50% 以上，远高于焦炭和 TOC，而砂和粉砂对沉积物中的 PAHs 解释度只有 3.6% 和 2.7%，且表现为不显著，说明粗颗粒对 PAHs 吸附性很弱。

（3）湖泊沉积物中重金属浓度变化表现出了与多环芳烃相似的特征，在近几十年内出现了快速的增长。20 世纪 80 年代之前，重金属的人为通量占比很小，以自然通量为主。20 世纪 80 年代之后，伴随我国经济体制改革，西太湖流域的经济飞速发展，重金属的人为通量迅速增加，人类活动引起的沉积物中重金属的最大通量百分比 Zn 为 23.0%，Pb 为 31.6%，Cr 为 39.5%，Cd 为 85.3%，沉积物中重金属污染很大程度上受到了人类活动的影响。西太湖表层沉积物中重金属 Cd、Cr、Pb、Zn 分别有 29.0%、3.4%、18.6% 和 40.8% 来自大气降尘，且降尘对沉积物重金属的贡献率表现为冬季和春季高、夏季和秋季低。西太湖沉积物中 PAHs 和 Pb 的产生在很大程度上受到煤炭和石油燃烧及工业发展等人类活动的影响，并且随着人类活动的增强，该影响会增大，这也在 Pb 同位素特征上有所展现。沉积物中 PAHs 和 Pb 在物质来源上具有相似性，都以石油化石类燃烧源为主。

（4）通过神经网络模型的分析，近年来环境保护不断加强对太湖污染物的控制取得了重要成效。随着各种环境保护的实施，2015 年，湖泊沉积物中重金属 Cd 浓度减少率达到了 52%，环境保护下沉积物重金属浓度下降了一半；2015 年，沉积物中 BaP 浓度减少率达到了 89%，沉积物中的大部分 BaP 得到抑制。如果继续在粗放型模式下发展经济，西太湖沉积物中 Cd 和 BaP 的浓度在 2030 年将分别达到 2015.5μg/kg（增加 152%）和 407.8ng/g（增加 766.1%），因此，未来应继续加强环保力度和资金投入。

参 考 文 献

蔡艳洁, 张恩楼, 刘恩峰, 等. 2017. 云南阳宗海沉积物重金属污染时空特征及潜在生态风险[J]. 湖泊科学, 29(5): 1121-1133.

成杭新, 赵传冬, 庄广民, 等. 2008. 太湖流域土壤重金属元素污染历史的重建: 以 Pb、Cd 为例[J]. 地学前缘, 15(5): 167-178.

刘国卿, 张干, 金章东, 等. 2006. 太湖多环芳烃的历史沉积记录, 环境科学学报, 6: 981-986.

刘娜, 印萍, 朱志刚, 等. 2016. 胶州湾大沽河河口表层沉积物中多环芳烃分布特征、来源及生态风险评价[J]. 海洋环境科学, 35(6): 831-837.

宓莹, 黄昌春, 杨浩, 等. 2014. 太湖梅梁湾地区人类活动对湖泊沉积环境的影响[J]. 亚热带资源与环境学报, 9(4): 26-35.

潘少明, 朱大奎, 李炎, 等. 1997. 河口港湾沉积物中的 ^{137}Cs 剖面及其沉积学意义[J]. 沉积学报, 15(4): 67-71.

陶澍, 骆永明, 朱利中, 等. 2006. 典型微量有机污染物的区域环境过程[J]. 环境科学学报, 26(1): 168-171.

陶澍. 2007. 从多环芳烃的排放、迁移与暴露说起[C]. 新观点新学说学术沙龙文集, 9: 环境污染与人体健康.

吴绍华, 周生路, 潘贤章, 等. 2011. 城市扩张过程对土壤重金属积累影响的定量分离[J]. 土壤学报, 48(3): 496-505.

吴绍华, 周生路, 杨得志, 等. 2008. 宜兴市近郊土壤重金属来源与空间分布研究[J]. 科学通报, 53(S1): 162-170.

朱金格, 胡维平, 胡春华. 2010. 太湖沉积速率分布演化及其淤积程度健康评价[J]. 长江流域资源与环境, 19(6): 703-706.

Attrill M J, Thomes R M. 1995. Heavy metal concentrations in sediment from the Thames Estuary, UK. Mar[J]. Pollut. Bull, 30(11): 742-744.

Bucheli T D, Gustafsson Ö. 2000. Quantification of the soot-water distribution coefficient of PAHs provides mechanistic basis for enhanced sorption observations[J]. Environ. Sci. Technol, 34, 5144-5151.

Chen L, Zhou S, Shi Y, et al. 2018. Heavy metals in food crops, soil, and water in the Lihe River Watershed of the Taihu Region and their potential health risks when ingested[J]. Sci. Total Environ, 615: 141-149.

Cheng H, Li M, Zhao C, et al. 2015. Concentrations of toxic metals and ecological risk assessment for sediments of major freshwater lakes in China[J]. J. Geochem. Explora, (157): 15-26.

Cortizas A M, Varela E P, Bindler R, et al. 2012. Reconstructing historical Pb and Hg pollution in NW Spain using multiple cores from the Chao de Lamoso bog(Xistral Mountains)[J]. Geochimica et Cosmochimica Acta, 82(1): 68-78.

Dueri S, Castrojiménez J, Comenges J M. 2008. On the use of the partitioning approach to derive environmental quality standards(eqs)for persistent organic pollutants(pops)in sediments: a review of existing data[J]. Sci. Total Environ, 403(1): 23-33.

Gao Z Y, Yin G, Ni S J, et al. 2004. Geochemical feature of the urban environmental lead isotope in Chendu city. Carsologica Sinica[J]. Geochim. Cosmochimica Acta, 82: 68-78.

Guo J Y, Wu F C, Liao H Q, et al. 2013. Sedimentary record of polycyclic aromatic hydrocarbons and DDTs in Dianchi Lake, an urban lake in Southwest China[J]. Environ. Sci. Pollut. R. , 20(8): 5471-5480.

Guo Z, Lin T, Zhang G, et al. 2006. High-resolution depositional records of polycyclic aromatic hydrocarbons in the central continental shelf mud of the East China Sea[J]. Environ. Sci. Technol, 40(17): 5304-5311.

Hakanson L. 1980. An ecological risk index for aquatic pollution control: a sediment ecological approach[J]. Water Res, 14(8): 975-1001.

Han Y M, Bandowe B A M, Wei C, et al. 2015. Stronger association of polycyclic aromatic hydrocarbons with soot than with char in soils and sediments[J]. Chemosphere, 119: 1335-1345.

Han Y, Cao J J, An Z S, et al. 2007. Evaluation of the thermal/optical reflectance method for quantification of elemental carbon in sediments[J]. Chemosphere,69: 526－533.

Hites R A, Eisenreich S J. 1987. The chemical limnology of nonpolar organic contaminants: polychlorinated biphenyls in Lake Superior[J]. Advances in Chemistry, 8: 393-463.

Hop N, Dieu H, Phong N. 2017. Metal speciation in sediment and bioaccumulation in Meretrix lyrata in the Tien Estuary in Vietnam[J]. Environmental Monitoring and Assessment, 189(6): 299. 1-299. 15.

Hu G, Yu R, Zheng Z. 2013. Application of stable lead isotopes in tracing heavy-metal pollution sources in the sediments[J]. Acta Science Circumstence, 33: 1326-1331.

Huang B, Guo Z, Xiao X, et al. 2019. Changes in chemical fractions and ecological risk prediction of heavy metals in estuarine sediments of Chunfeng Lake Estuary, China[J]. Mar. Pollut. Bull, 138: 575-583.

Lei P, Zhang H, Shan B. 2016. Vertical records of sedimentary PAHs and their freely dissolved fractions in porewater profiles from the northern bays of Taihu Lake, Eastern China[J]. RSC Adv. 6: 98835-98844.

Li F, Huang J , Zeng G, et al. 2014. Integrated source apportionment, screening risk assessment, and risk mapping of heavy metals in surface sediments: A case study of the Dongting Lake, Middle China[J]. Hum. Ecol Risk Assess, 20(5): 1213-1230.

Li S, Hu J. 2016. Photolytic and photocatalytic degradation of tetracycline: Effect of humic acid on degradation kinetics and mechanisms[J]. J. Hazard Mater, 318: 134-144.

Li Y, Mei L, Zhou S, et al. 2018b. Analysis of historical sources of heavy metals in Lake Taihu based on the positive matrix factorization model[J]. Int. J. Environ. Res. Public Health, (15): 1540-1547.

Li Y, Wang G, Wang J, et al. 2019. Determination of influencing factors on historical concentration variations of PAHs in West Taihu Lake, China[J]. Environmental Pollution, 249: 573-580.

Li Y, Zhou S, Jia Z, et al. 2018c. Influence of industrialization and environmental protection on environmental pollution: A case study of Taihu Lake, China[J]. Int. J. Environ. Res. Public Health, 15(12): 2628.

Li Y, Zhou S, Zhu Q, et al. 2018a. One-century sedimentary record of heavy metal pollution in Western Taihu Lake, China[J]. Environ Pollut, 240(1): 709-716.

Lu X Q, Werner I, Young T M. 2005. Geochemistry and bioavailability of metals in sediments from northern San Francisco Bay[J]. Environ Int, 31(4): 593-602.

Neff J M, Stout S A, Gunster D G. 2005. Ecological risk assessment of polycyclicaromatic hydrocarbons in sediments: identifying sources and ecological hazard[J]. Integr. Environ. Assess. Manage, 1: 22-33.

Nisbet I C, LaGoy P K. 1992. Toxic equivalency factors (TEFs) for polycyclic aromatic hydrocarbons (PAHs)

[J]. Regul. Toxicol. Pharmacol, 16(3): 290-300.

Sarkar S, Ahmed T, Swami K, et al. 2015. History of atmospheric deposition of trace elements in lake sediments, ~1880 to 2007[J]. Geophys. Research-Atmospheric, 120: 5658-5669.

Tan M G, Zhang G L, Li X L, et al. 2006. Comprehensive study of lead pollution in Shanghai by multiple techniques[J]. Analytical Chemistry, 78(23): 8044-8050.

Vallack H W, Shillito D E. 1998. Suggested guidelines for deposited ambient dust-Part 1-Deposition CuSum charts applied to the assessment of deposition changes[J]. Atmospheric Environment, 32(8): 2737-2744.

Wan D, Song L, Yang J, et al. 2016. Increasing heavy metals in the background atmosphere of Central North China since the 1980s: Evidence from a 200-year lake sediment record[J]. Atmos. Environ, (138): 183-190.

Zhu B Q, Chen Y W, Peng J H, et al. 2001. Lead isotope geochemistry of the urban environment in the Pearl River Delta[J]. Applied Geochemistry. 16: 409-417.

Zhu X H, Lyu S S, Zhang P P, et al. 2016. Heavy metal contamination in the lacustrine sediment of a plateau lake: influences of groundwater and anthropogenic pollution[J]. Environmental Earth Sciences, 75(2): 98.

第9章 研究结论

9.1 土壤样点、空间预测和赋值方法的优化尤其是综合运用, 能够较好地提升区域耕地资源质量评价的结果精度

通过土壤样点、空间预测和赋值方法优化和综合运用下的江苏省东海县县域耕地资源质量等级评价,可以发现:

1. 基于研究区样点密集区的大量样点数据,在样点稀少区、样点缺失区采用土壤-景观模型,可获得县域耕地质量评价所需的较高精度的土壤属性预测数据

土壤-景观模型对四种土壤属性的预测结果的精度 R^2 均在 0.7000 以上,其中对土壤有机质的预测精度最高,精度拟合方程 R^2 达到 0.8417,黏粒含量、表土层厚度、pH 次之,R^2 分别为 0.7729、0.7627 和 0.7139。对比土壤-景观模型与地统计插值的预测结果,样点稀少区和缺失区土壤-景观模型预测结果的精度明显高于地统计插值,预测结果的相对误差比地统计插值小 30%以上;但在样点密集区地统计插值结果的精度略高于土壤-景观模型,预测结果的相对误差比土壤-景观模型小 10%左右。

2. 考虑土壤属性空间异质性进行模拟退火算法改进,能进一步优化参评土壤样点的数量和空间布局,提高县域耕地质量评价的精度和效率

用普通模拟退火算法对样点密集区的 1300 个样点进行优化,有机质、pH、黏粒含量、表土层厚度四种土壤属性的优化后样点数分别为 226 个、78 个、418 个和 95 个。将土壤属性的空间变异值作为参数加入模型对模拟退火算法进行改进,退火过程中优先选择并保留空间异质性强的样点。退火优化后,样点密集区有机质、pH、黏粒含量、表土层厚度四种土壤属性的最优样点数,由 1300 个分别优化减少至 178 个、72 个、315 个和 70 个。四种土壤属性优选样点来源于耕地地力调查、多目标地球化学调查和耕地质量等级监测样点的比例平均为 78.0%、18.2%、3.8%。优化后样点的数量明显减少,但优选样点对土壤属性的预测精度则比三种来源的原始数据提高 5%以上。

3. 最优空间插值方法的选取与单元赋值方法优化选择的结合应用,可实现耕地质量评价土壤属性数据由点到面、由面到评价单元的最优赋值

通过反距离加权法、径向基函数法、普通克里金法、协同克里金法四种空间插值方法结果的比较,确定研究区四种土壤属性的最优空间插值方法,有机质为协同克里金插值(高程、指数模型),预测结果的标准均方根误差 RMSSE 为 0.8978,较其他方法提高3.0%~8.6%;pH 为普通克里金插值(球状模型),RMSSE 为 0.7848,较其他方法提高0.4%~7.3%;黏粒含量为径向基函数插值(规则样条),RMSSE 为 0.6445,较其他方法提高 3.7%~3.9%;表土层厚度为径向基函数插值(反高次曲面样条),RMSSE 为 0.7785,较其他方法提高 9.2%~25.8%。在此基础上,结合单元赋值方法的优化选择,可进一步

提高耕地质量评价单元土壤属性的精度。其中，均质单元赋值法四种土壤属性赋值精度的 R^2 为 0.8118～0.8313，面积加权赋值法的 R^2 可达 0.8697～0.9042。

4. 通过样点稀缺区土壤属性优化预测、密集区参评土壤样点数量与布局优化、评价单元土壤属性赋值方法优化的综合运用，可提高县域耕地质量评价的精度

本书参照《农用地质量分等规程》（GB/T 28407—2012）自然质量评价的方法和参数体系，基于样点稀缺区优化预测的土壤属性、样点密集区最优的参评样点数量和布局、最优的评价单元土壤属性赋值方法进行东海县域耕地质量评价，评价结果精度的 R^2 可达 0.8958，明显高于以耕地地力调查和多目标地球化学调查数据为基础，未进行土壤样点多方面优化应用的耕地质量等级成果补充完善评价结果精度的 R^2 值 0.7319。

9.2 大数据分析可以有效开展省域大尺度耕地资源质量评价，综合提升耕地质量评价的效率、精度和精细化水平

通过引入大数据方法开展江苏省域大尺度的耕地质量等级评价，分析比较大数据方法进行耕地质量评价的可行性及其优劣性，可以发现：

1. 通过大数据分析的耕地资源质量评价能够实现区域耕地质量评价的精细化，并有效提升评价的效率

大数据分析的耕地资源质量评价，通过构建全卷积网络深度学习框架，组合卷积层、池化层、激活层、逆卷积层等多尺度计算流程得到与原始图像尺度相同的预测图像，实现像素级别的耕地质量等级预测，精细化程度达到 30m×30m。依据所建立的基础大数据集，采用 loss 函数，通过批处理的方法对模型进行训练，所有耕地质量及关联特征均从数据中学习获得，不需要预先设定参评因子的指标权重，实现了完全基于数据驱动并一次性获得评价结果，有效提升区域耕地资源质量评价的效率，并避免传统逐级汇总方法造成的数据丢失与不一致性问题。

2. 大数据深度学习方法能够较精确地开展省域大尺度耕地质量的精细化

对不同等别的耕地无论是在位置、分布都有较好的预测效果，总体精度可达到 0.759。采用准确性、召回系数和精度 F1 值对模型表现进行评估，深度学习模型整体表现较好，且表现稳定，三幅示例图像的准确率分别为 0.741、0.719 和 0.696，召回系数分别为 0.748、0.713 和 0.692，精度 F1 值分别为 0.745、0.716 和 0.694，准确性较高。

3. 大数据耕地资源质量评价结果的精度总体较高，但仍然可能存在局部地区精度偏低

从不同等别耕地资源质量的评价精度来看，Ⅰ、Ⅱ、Ⅲ等地预测精度 F1 值分别为 0.709、0.787 和 0.707，均有 0.7 以上的精度，可取得较好的预测评价结果。Ⅳ等地的识别效果较差，F1 值仅有 0.271，其主要原因在于江苏省内Ⅳ等地面积过少，仅占 0.00145%，不能提供有效区分度。从耕地资源质量评价精度的空间分布来看，在江苏省中部、北部地区能够实现 0.72 以上的 F1 值，而在西南部的部分地区，精度在 0.44 以下。沿海、沿湖、沿江两岸耕地资源质量评价的精度较差。

4. 在深度学习中融合面向对象方法之后，大数据耕地资源质量评价的精度有小幅提升，结果的空间分布表达得到较大优化

本书中 a、b、c 三个样例深度学习融合面向对象的大数据耕地资源质量评价的精度均有小幅提升，其中样例 a 的评价精度 F1 值范围为 0.754~0.759，均值 0.756，精度提高 1.54%，样例 b 的评价精度 F1 值范围为 0.723~0.731，均值 0.726，精度提高 1.39%，样例 c 的评价精度 F1 值范围为 0.724~0.738，均值 0.729，精度提高 5.04%。从视觉效果上来看，采用深度学习融合面向对象方法的耕地资源质量评价结果更为规整，与实际情况更为接近，更加符合真实情况，更有利于管理、决策与成果推广。

9.3　基于农田大气–土壤–作物多介质系统监测和来源综合解析，可以有效揭示耕地系统重金属污染的综合风险及其来源

通过位于太湖湖西宜兴蠡河流域大气–土壤–作物多介质系统监测开展的耕地污染风险综合评价和来源综合解析，可以发现：

1. 研究区耕地系统大气、土壤和作物重金属污染的时空分布特征明显，生态风险形势严峻，其中 Cd 生态风险最高

蠡河流域大气降尘 Cd、Cr、Cu、Ni、Pb 和 Zn 的沉降通量分别为 0.630、5.994、10.906、3.317、16.385 和 156.575 mg/(m²·a)，并在区域内呈现城镇和城郊高于耕地和林地的空间分布特征以及秋冬高于春夏的季节变化趋势。土壤 Cd 的平均含量高于国家土壤环境质量二级标准，其他元素均低于此标准。土壤 Cd、Pb、Cu 和 Zn 含量的高值区主要分布于研究区中部的农业集中连片区和东部的城镇区，Cr 和 Ni 的含量在整个研究区的分布相对均一。小麦籽粒中 Cd、Pb 和 Zn 的含量及水稻籽粒中 Ni 和 Pb 的含量均高于国家规定的粮食重金属的限量标准。籽粒重金属元素含量（尤其是 Cd）的空间分布趋势与土壤中的分布呈现高度一致性，籽粒 Cd 的含量与土壤的相关系数在 0.5 以上（$p<0.01$）。

地累积指数结果表明，蠡河流域大气降尘 Cd、Cu、Pb 和 Zn 属于"中等–强污染"级别以上，其中 Cd 达到极严重污染，Ni 和 Cr 分别属于"轻度–中等污染"和无污染。6 种元素的潜在生态风险指数为 2225，属于极强生态危害级别，其中 Cd 也达到极强程度；土壤重金属的内梅罗综合污染指数为 1.24，属于轻度污染，潜在生态风险指数为 134.4，属于强生态危害，其中 Cd 的单因素污染指数和潜在生态危害系数在 6 种元素中均最高。风险评估编码结果表明，土壤 Pb、Cu 和 Cd 属于"高"或"极高"风险等级；小麦籽粒重金属的内梅罗综合污染指数（P_c=1.62）和潜在生态风险指数（RI=355.3）高于水稻（P_c=1.32，RI=212.6）。籽粒重金属属于轻度污染，强或中等生态风险，其中 Cd 的风险最高。

2. 通过定性源识别与定量源解析方法的联用，揭示研究区耕地系统大气、土壤和作物重金属污染来源主要有燃煤工业、交通活动、农业活动和地质背景，但各介质和不同元素之间污染来源比例差异较大

污染源解析的定性方法主要用于识别来源的类型，定量方法主要用于确定来源的贡献。定性源识别与定量源解析方法联用的步骤：首先，利用源识别方法，确定介质重金

属污染源的类型；然后，联用 PMF 分析和清单法进行来源贡献率的定量计算；其次，选取少量代表性样点，利用 Pb 同位素分析法验证清单和 PMF 分析中元素 Pb 的解析结果；最后，将源解析结果进行综合。

研究区大气降尘中主要来源于燃煤工业活动的元素有 Cd(82.38%)、Cu(51.85%)、Ni(51.15%)和 Pb(67.35%)，Zn 主要来源于交通排放(75.66%)，Cr 主要受控于地质背景(66.34%)；耕作土中主要来源于工业和交通活动的元素有 Cd(79.3%)、Cu(62.1%)、Pb(70.6%)和 Zn(58.9%)，4 种元素农业活动源的比例基本在 20% 左右，Cr 和 Ni 主要来源于地质背景(42.4% 和 40.8%)，农业活动源占比为 30% 左右；非耕作土 Cd 主要来源于燃煤工业活动(75.7%)，Cu、Pb 和 Zn 的交通排放源比例(37.8%、47.0% 和 35.4%)略高于工业活动来源贡献比例(22.1%、39.6% 和 32.0%)，Cr 和 Ni 主要来源于地质背景(58.6% 和 58.3%)；小麦和水稻籽粒 Pb 来源于大气降尘的比例分别为 91.2% 和 77.7%，来源于土壤的比例分别为 8.8% 和 22.3%。燃煤工业源为籽粒初级 Pb 污染的主要来源(>60%)，地质背景来源为 22% 左右，汽车尾气、化肥和灌溉水来源比例较低(<10%)；三类环境介质中的典型元素(Cd 和 Pb)均主要来源于燃煤工业活动。

3. 区分耕地系统大气、土壤和作物等不同介质，针对性采用相应对策措施开展重金属污染防治和风险管控

耕地系统大气降尘污染防治与风险管控方面：研究区大气重金属污染源的解析结果可知，元素 Cd、Cu、Ni 和 Pb 的燃煤工业活动源占比为 51.15%~82.38%，因此，对大气降尘中以上四种元素的防治关键在于控制燃煤工业活动，采取的具体措施为调整能源战略、合理使用煤炭资源、采用清洁能源等。与以上 4 种元素不同的是，Cr 主要为自然来源输入，外源输入中燃煤工业活动占比 90%，交通源占比仅为 10%，因此，为防止大气降尘出现 Cr 污染，也需要控制燃煤工业活动。元素 Zn 主要来自交通排放，来源占比为 75.66%，因此，控制大气降尘 Zn 污染的关键在于交通活动的控制，如鼓励大众使用新能源交通工具及出行多使用公共交通等。

耕地系统土壤重金属污染防治与风险管控方面：研究区土壤重金属污染源的解析结果发现，土壤中重金属 Cd、Cr、Cu、Pb 和 Zn 的人为来源中，大气降尘的贡献比例在 60%~90% 之间，大气降尘源是 5 种重金属污染的主要途径。因此，对土壤重金属污染的预防，最有效的措施是减少大气降尘重金属的排放。对于土壤中元素 Ni 来讲，灌溉水的贡献比例(50%)高于大气降尘的贡献比例(37.8%)，因此，对于土壤中元素 Ni 的防控，除了降低大气降尘重金属的污染以外，其他措施还有用清洁灌溉水进行农业灌溉，减少污灌等。

作物重金属污染防控与风险管控方面：研究区重金属健康风险综合评价结果表明，摄入籽粒是研究区重金属对人体产生健康风险的最主要来源，因此，对籽粒重金属污染管控是降低区域重金属污染人体健康风险的最重要的途径。根据籽粒重金属污染源解析结果，小麦和水稻籽粒的重金属直接来源为大气降尘(91.2% 和 77.7%)和土壤(8.8% 和 22.3%)，籽粒初级污染源解析的结果表明，燃煤工业活动源的贡献比例在 60% 以上。因此作物籽粒重金属污染的防治，必须对研究区土壤及大气降尘重金属的污染进行有效的治理，尤其是对燃煤工业活动的有效控制是关键。

9.4　基于监测-模拟可较好地进行城市土壤多环芳烃累积的模拟预测，揭示其时空特征和健康风险

通过结合城市土壤和大气的监测数据，将关键参数有机碳替换成黑炭对多介质逸度模型进行改进，并用监测数据和改进后的模型开展南京城市土壤多环芳烃累积模拟和预测预警，可以发现：

1. 南京城市土壤和大气多环芳烃含量空间差异明显，表现为西部高于东部，土壤和大气多环芳烃来源比例具有显著差异

南京城市土壤 PAHs 的分布受到多种因素的影响，而不同环数 PAHs 的分布受到的影响因素各有差异。通过相关性分析发现，城市土壤 PAHs 分布的影响因素可分为自然因素和人为因素，这些因素主要包括人口密度、道路网密度、城镇化暴露时间、土壤粒度等。但是，不同环数 PAHs 的控制因素各有侧重，这种差异最明显的体现在 2 环 PAHs 和其他环数 PAHs。南京城市平均大气 PAHs 浓度为 31.6ng/m^3，其中以 3 环和 4 环为主（占比 84%）。大气 PAHs 分布主要受排放源和气象因素的综合影响，呈现西部高东部低的趋势，南京城区大气 PAHs 具有明显的季节性差异：冬季＞秋季＞春夏。

南京城市—郊区—农村土壤 PAHs 含量梯度特征明显，平均含量分别为 3330 ng/g、1680 ng/g、1060 ng/g。城市不同功能区土壤 PAHs 含量从高到低依次为公路边、绿化带、公共绿地、商业区和居民区，但化合物组成均以 4 环和 5 环的高分子量 PAHs 为主。空间分布特征表现为商业中心和老城区的污染最为严重，其中土壤高分子量 PAHs 与 Σ16PAHs 相似，而土壤低分子量 PAHs 表现出了一些特殊性。南京大气 PAHs 并不像土壤 PAHs 一样存在显著的梯度规律。

利用 PMF 进行源解析表明，南京城市土壤 PAHs 来源途径多样，但以汽车尾气排放、煤炭以及生物质燃烧为主，大气 PAHs 主要以煤和生物质燃烧、炼焦、石油及炼油为主。土壤和大气 PAHs 的来源比例不同主要受 PAHs 的自身性质和土壤的累积特性影响。

2. 通过黑炭替换有机质作为关键参数并与多元线性回归方程耦合改进后，多介质逸度模型能够较好地进行城市土壤多环芳烃累积的模拟预测

多元线性回归方程耦合多介质逸度Ⅳ模型的研究方法可以有效重建土壤 PAHs 的历史累积过程，而结合情景预测法可以预测其未来累积趋势。基于城市土壤 PAHs 分布影响因素的多元线性回归方程耦合于多介质逸度Ⅳ级模型，较好地重建了 1978~2013 年南京城市土壤 Phe 和 BaP 的历史累积变化过程，研究发现城市土壤 Phe 和 BaP 含量都出现了大幅度的增加，城镇化快速发展对其累积变化具有重要影响。通过情景预测法则表明，如果未来研究区将 PAHs 排放量和外源输入通量减少一半，其含量将会实现大幅度的降低。

利用黑炭替换多介质逸度模型中的关键参数——有机碳，可显著提高低分子量 PAHs 的模拟精度，但对高分子量 PAHs 的效果并不显著。网格化的多介质逸度模型进一步揭示了 PAHs 在城市环境中具有明显的空间差异性。研究发现，假设黑炭为环境介质吸附 PAHs 最关键因素的多介质逸度模型（BC-Model），对于低分子量 PAHs 在各环境介质中的模拟结果比原模型（OC-Model）更接近实测值。对于高分子量 PAHs，BC-Model 与

OC-Model 均实现了较好的模拟效果且两者之间的差异较小。研究区网格化可以克服多介质逸度模型环境介质均匀化假设的缺陷,进一步揭示 PAHs 在城市环境中具有空间差异性。

3. 南京城市土壤多环芳烃存在潜在风险并会不断加剧,应加强管控和动态监测

研究区的大部分区域当前土壤 PAHs 含量的健康风险属于 II 级(黄色警戒),总体为相对安全等级。但局部属于 III 级(橙色警戒),分布于南京南站、秦淮区夫子庙、玄武区南京市政府、栖霞区南京经济技术开发区等区域,这些区域土壤 PAHs 含量总体上已经超过健康风险临界值。而 2030 年研究区可能会有将近一半区域土壤 PAHs 含量的健康风险等级达到 III 级(橙色预警),形势将异常严峻。

研究区内各类能源对 16 种 PAHs 总排放量贡献比例中,炼焦用煤占比超过了四分之三,交通用油也占据了一定的比例,而工业用煤和非交通用煤所占的比例都较小,这说明炼焦用煤和交通用油的使用是造成研究区 16 种 PAHs 污染的重要因素。结合研究区城市土壤 PAHs 的来源解析结果来分析,土壤 PAHs 的主要来源为煤炭 26%、焦炭 15%、石油 10%、机动车废气 25% 以及生物质燃烧 24%,说明南京城市的能源消耗并不是土壤 PAHs 的主要来源,郊区或者农村排放的一些能源如秸秆燃烧、家用煤的使用以及邻近地区大中型企业的能源消耗可能对城市土壤 PAHs 的累积起到了更重要的影响,因此减少外源 PAHs 的输入是控制南京城市土壤 PAHs 污染的关键措施。

土壤是城市环境低分子量和高分子量 PAHs 的最主要汇聚地,土壤 PAHs 通量在整个城市生态系统中所占比例一般都可以达到 90% 以上,因此必须明确土壤在承载城市生态系统相关污染物的核心地位和作用。因此,需要建立由环保部门或农业部门主导的土壤 PAHs 动态监测制度,建立长期监测网点。另外,不同分子量 PAHs 在土壤与其他环境介质之间的传输通量存在差异性,其中低分子量 PAHs 主要通过植被-土壤方式,而高分子量主要通过大气-土壤方式。因此,对于土壤不同分子量 PAHs 应该采取不同的管控措施,才能提高土壤 PAHs 污染的管控效率。

9.5　土地利用变化显著影响溪流溶解态有机质的来源和组成特征,基于溪流溶解态有机质监测可有效评价土壤环境变化的影响效应

通过北太湖典型城乡交错景观带梅梁湾流域溪流溶解态有机质组成、来源特征差异对区域土地利用变化的响应研究,可以发现:

1. 城乡交错景观带农业耕作和城市建设用地都显著地提高溪流陆源溶解态有机质输入通量,却降低了其有机碳、氮化学计量比

通过耦合 SEDD 和 PLOAD 模型估算城乡交错景观带流域泥沙、有机质和无机营养盐输入通量($R^2>0.8$,$E_{NS}>0.7$)的结果发现,流域水体中有机质年平均陆源输入量以溶解态为主,DOC 和 DON 分别占到有机质碳、氮输入量约 60% 和 83.47%。基于多重"源-汇"结构的景观对比负荷指数表明:流域中耕地、园地及城乡建设用地的空间景观配置(流径长度)成为促进溶解态有机碳(DOC)、氮(DON)输入到水体中的关键因素。在不同的溪流中,农田溪流中有机碳年平均陆源输入总量以 AOC 为主(67.5%),有机氮主要以

DON(68.1%)为主；城市渠道溪流中有机质年平均陆源输入量以溶解形式为主(90%以上)。与自然林地溪流相比，农田溪流显著地提高了吸附态和溶解态有机质的输入通量，而城市渠道溪流显著地提高溶解态有机质的输入通量。随着城市化水平的升高，溶解态有机质(DOC 和 DON)在总有机质(TOC 和 TON)年平均输入量中的比重增加；而吸附态有机质(AOC 和 AON)的比重却在减小。随着城市化水平的提高，溶解态有机质(DOC和 DON)和无机氮(DIN)的输入通量显著提高，但 DOC/DON 和 AOC/AON 的比值却在减小。

2. 与自然溪流相比，农田和城市建设用地提高溶解态有机质的输出含量，并降低其分子性和芳香性，但影响机制明显不同

溪流 DOC 和 DON 的变化范围分别为 1.83～10.81 mg/L 和 0.087～1.14 mg/L，主要以陆源土壤或高等植物衍生的腐殖质组分为主。随城市化水平或非点源有机质输入量的增加，DOC 与 DON 含量与输出量显著地增加，而 DON/TDN 比值却在减小；自然来源的腐殖质组分和木质素比例减少，而大气沉降来源和内源性的富啡酸与蛋白质比例在增加。与自然林地溪流相比，城市渠道和农田溪流都显著地提高了溪流 DOC 和 DON 的含量和输出量，对溪流 DON 影响更加显著。城市建设和农田用地显著地降低 DOM 的 C/N值(C/N$_{DOM}$)、分子大小和芳香性(复杂性)，两者的影响机制却明显不同，城市建设用地提高人为来源和内源性富啡酸与蛋白质组分比重；而农田用地主要提高经微生物转化的土壤衍生的腐殖质组分及低分子量组分比重。城市建设和农业集约化也改变了溪流 DOM含量与组成的季节变异性。在林地溪流中，仅 DOC 和 DON 输出量呈现显著的季节性变化，DOM 分子组成未出现明显的季节变化，表明林地溪流中的有机质来源单一且稳定。在农田溪流中，DOC 和 DON 单位输出量、DOM 的芳香性(SUVA$_{254}$)、C/N 化学计量(C/N$_{DOM}$)、腐殖质组分(DOC$_{\%HS}$ 和 DON$_{\%HS}$)、高分子量的非腐殖质组分(DOC$_{\%HMWS}$、DON$_{\%HMWS}$ 和 C1%)、陆源高等植物衍生组分(Λ_8)呈现明显季节性变化。其中，由高流量向低流量时期变化，腐殖质组分中的水源性的富啡酸的比例在提高。在城市渠道溪流中、DOC 和 DON 单位输出量、C/N$_{DOM}$ 比值和高分子量的非腐殖质组分(DOC$_{\%HMWS}$、DON$_{\%HMWS}$ 和 C1%)比例呈现明显季节性变化。

3. 通过溪流溶解态有机质来源和组成特征差异的监测，可以较好地评价土壤环境变化的影响效应

9.6　利用湖泊沉积记录能够较好地重建模拟区域污染历史，评价资源环境保护的影响效应

通过西太湖污染物沉积历史的重建、模拟及其与区域资源环境保护的对应比较，可以得到 3 点结论。

1. 西太湖沉积物中 PAHs 和重金属不同历史时间段的浓度特征变化明显

多环芳烃的历史浓度变化大致可分为四个时间段：1955 年之前，沉积物中多环芳烃各分子浓度很低并保持稳定，主要为自然来源；1955～1978 年，各多环芳烃的浓度表现

出轻微的波动，此时间段为中国经济的探索前进期；1979~2002 年，多环芳烃浓度整体上大幅度上升，这与中国实施改革开放政策相吻合，经济飞速发展，能源消耗量剧增；2003~2016 年，各多环芳烃浓度不再增加并且出现一定程度的下降，该时期各地政府和百姓的环保意识增强，采取了许多环境保护措施，使环境污染得到一定的遏制。随着经济的发展，能源利用类型也逐渐由生物质燃烧转变为石油化石类燃烧，这导致了多环芳烃的构成有所转变：低环和低分子量多环芳烃比重降低，高环和高分子量多环芳烃比重增大。通过重建的太湖孔隙水中 $\Sigma12PAHs$ 的浓度变化趋势与沉积物相似。

沉积物中重金属的历史浓度变化也表现出相似的特征。重金属的人为通量在 1900~1980 年间很小，受人类活动的影响较弱。在 1980 年以来，随着我国经济体制改革，西太湖流域的经济迅速增长，代表性重金属的人为通量开始增加。人类活动引起的沉积物中重金属的最大通量百分比 Zn 为 23.0%，Pb 为 31.6%，Cr 为 39.5%，Cd 为 85.3%，表明沉积物中重金属污染很大程度上受到了人类活动的影响。西太湖工业和宜兴陶瓷业的快速发展导致当地沉积物中重金属的富集，使研究区的沉积物、大气降尘、土壤中 Cd 含量明显高于其他地区。

2. 近几十年来，西太湖沉积物中多环芳烃和重金属来源主要为人为活动源

沉积物重金属 Cr、Cd、Pd 和 Zn 之间表现出了显著强相关性，表明研究区重金属 Cr、Cd、Pd 和 Zn 受到了相似污染源的影响。基于正定矩阵模型分析，将西太湖沉积物中污染源分为三大类：农业、工业和母质。分析计算了三种来源在各样品中的贡献率，总体上表现为：在 1978 年之前，研究区经济发展主要以农业为主，沉积物中污染物的来源以农业和母质为主，相对稳定，农业和母质的贡献率分别为 42.13% 和 36.43%。1978 年以后，随着经济的快速发展，工业和农业成为沉积物中污染物的主要来源，分别占 54.08% 和 38.78%。正定矩阵模型简便有效，是解决沉积物中污染源的有效方法。

1978 年之前，沉积柱中的 Pb 同位素特征与东部花岗岩和未污染土壤的 Pb 同位素特征接近，主要受到自然源的影响。1978 年之后，西太湖沉积物中 Pb 同位素比值区域与大气沉积的 Pb 同位素比值区域基本重合，Pb 同位素特征点与汽车尾气、工业废水、燃煤等落在同一区域，而远离了东部花岗岩的 Pb 同位素区域，这表明西太湖大气尘 Pb 污染主要来源于工业、燃煤等人类活动，受自然环境影响较小。西太湖沉积物中多环芳烃和 Pb 的产生在很大程度上受到煤炭和石油燃烧及工业发展等人类活动的影响，并且随着人类活动的增强，该影响会增大，这也在 Pb 同位素特征上有所展现；沉积物中多环芳烃和 Pb 在物质来源变化上也具有相似性，都是从自然源向石油化石类燃烧源转变。

3. 利用湖泊沉积记录能够较好地评价区域资源环境保护的影响效应

1978 年后，对西太湖沉积物中重金属进行地累积指数分析得出，Zn 和 Pb 处于安全状态，Cr 只有 8.9% 的样品处于轻微污染状态，Cd 污染最为严重，26.7% 的样品已经处于污染状态，并且最高污染已经达到 3 级，处于中-重度污染；富集指数分析得出，Zn 和 Pb 基本上处于安全状态，只有 2.2% 的样品轻微污染；Cr 的最高污染级别达到 2 级，处于中度富集，其中有 20% 的样品处于中度富集状态；Cd 的富集状态最为严重，28.9% 的样品处于富集状态，其中最高富集状态已经达到 3 级，处于显著富集状态。1978 年前，Cr、Zn 和 Pb 所有样品均处于安全清洁状态，Cd 在整体上基本处于安全状态。西太湖沉

积物中多环芳烃进行 BaP 当量法计算结果显示，无论 1978 年前还是 1978 年后，沉积物中 BaP$_{eq}$ 平均浓度均处于安全范围之内，属于 Level Ⅰ（轻微或者没有风险）。

　　虽然近年来环境保护措施对研究区多环芳烃和重金属减排起到较好的作用，但未来需要保持或加大环保力度和资金投入。基于神经网络模型分析得出了 2005 年以来，在粗放型经济发展情景模式下太湖沉积污染物的浓度。沉积物中污染物 Cd 和 BaP 浓度在粗放型经济发展情景模式下，2015 年分别达到 1530.6 μg/kg 和 446.5 ng/g。但是由于各种环保政策的实施，在 2005 年之后西太湖沉积物中 Cd 和 BaP 浓度并没有增加，在某种程度上反而下降。在 2015 年，这种环境保护对沉积物中 Cd 和 BaP 浓度的减少率分别达到了 52% 和 89%，污染物浓度下降了一半以上。如果研究区继续在粗放型情景模式下发展经济，沉积物中 Cd 和 BaP 的浓度在 2030 年将分别达到 2015.5 μg/kg（增加 152%）和 407.8 ng/kg（增加 766.1%），这表明未来应继续加强环保力度和资金投入。

后　　记

　　本书是在总结课题组近年耕地资源质量和土壤环境变化、监测和评价研究方面成果的基础上，吸收参考国内外相关研究的新发展，由周生路、李如海拟订大纲并组织研究参加人员集体写作而成。具体分工如下：第 1 章，李如海、刘斌、王黎明、周生路；第 2 章，王晓瑞、施振斌、赖明华、李莉；第 3 章，王君櫹、张扬、佘江峰、周生路；第 4 章，陈莲、施振斌、王君櫹、徐翠兰；第 5 章，周生路、陆春锋、陈莲、隋雪艳；第 6 章，王春辉、李保杰、王君櫹、吴绍华；第 7 章，吴治澎、张扬、王君櫹、周生路；第 8 章，李岩、王君櫹、陆春锋、周生路；第 9 章，刘斌、王黎明、李如海、周生路。全书最后由周生路、王君櫹负责统稿，李如海、周生路审定。

　　耕地资源质量和土壤环境变化、监测、评价相关项目的研究，得到了郧文聚教授、赵烨教授、吴克宁教授、张凤荣教授、张幼宽教授、季峻峰教授、季荣教授、顾雪元教授、朱锦期院长、陈杰院长、郝社锋院长、廖启林研究员、许伟伟研究员、吴新民研究员、朱青研究员、郑光辉副教授、黄朝奎局长、吴跃平局长等的热情指导，以及宜兴市自然资源与规划局、东海县自然资源局的大力帮助与参与。当时参加相关项目研究的还有博士研究生杨得志、朱江、李志、魏宗强、吴巍、周华、李京涛、吕立刚、张志飞、周宇杰、颜道浩、邹萌萌，硕士研究生王亚坤、汪婧、何佳、李达、任金华、徐昌瑜、戴靓、田兴、易昊旻、徐康、周兵兵、昌亭、陈龙、吴莹莹、臧玉珠、苏全龙、刘露、肖姚、曾菁菁、刘瑞程、葛亮、黄赵麟、郭天威等。书稿统稿过程中，王晓瑞、李岩、陆春锋等付出了许多辛勤劳动。在此表示衷心感谢！

　　由于时间仓促，加之水平有限，书中错误在所难免，恳切期望得到专家、学者及同行和读者的批评与指正！

作　者

2019 年 12 月 30 日